Visual C++ 2017网络编程实战

朱晨冰 著

清華大学出版社
北 京

内 容 简 介

本书从初学者的角度出发，以通俗易懂的语言，配合丰富多彩的实例，详细地介绍了使用 Visual C++ 2017 进行网络编程应该掌握的各方面知识，以及网络编程的常见场景和较难技术，快速提高开发技能。

全书共分 18 章，内容包括 TCP/IP 协议、本机网络信息编程、多线程编程、套接字编程、简单网络服务器设计、基于 IO 模型的网络开发、网络性能工具 iperf 的使用、WinInet 开发浏览器实例、HTTP 编程、Web 编程、中国象棋网络对弈实例、winpcap 编程、ICE 网络编程和 IPv6 网络编程。

本书适合 Visual C++网络编程初学者阅读，可供开发人员查阅参考，也适合作为高等院校相关专业的教学参考书。

图书在版编目（CIP）数据

Visual C++ 2017 网络编程实战 / 朱晨冰著. —北京：清华大学出版社，2020.1

ISBN 978-7-302-54020-5

Ⅰ. ①V… Ⅱ. ①朱… Ⅲ. ①C++语言—程序设计—高等学校—教材 Ⅳ. ①TP312.8

中国版本图书馆 CIP 数据核字（2019）第 237144 号

责任编辑：夏毓彦
封面设计：王　翔
责任校对：闫秀华
责任印制：宋　林

出版发行：清华大学出版社
　　网　　址：http://www.tup.com.cn，http://www.wqbook.com
　　地　　址：北京清华大学学研大厦 A 座　　**邮　　编：**100084
　　社 总 机：010-62770175　　**邮　　购：**010-62786544
　　投稿与读者服务：010-62776969，c-service@tup.tsinghua.edu.cn
　　质量反馈：010-62772015，zhiliang@tup.tsinghua.edu.cn

印 装 者：清华大学印刷厂
经　　销：全国新华书店
开　　本：190mm×260mm　　印　　张：34.25　　字　　数：877 千字
版　　次：2020 年 1 月第 1 版　　印　　次：2020 年 1 月第 1 次印刷
定　　价：108.00 元

产品编号：081103-01

前 言

Visual C++2017（简称 VC 2017）在 Windows 应用程序开发工具中占有重要的地位，也是业界进行 VC 开发的主流版本工具，而网络编程又是 VC 一线开发中的重中之重。针对当前介绍使用 VC2017 进行网络开发的书籍不是很多、也不够全面等特点，本书作者决定撰写一本面对初中级读者的 VC2017 网络开发方面的书。作者在平时工作中经常使用许多 VC 系列开发工具，积累了不少技术心得和开发经验，知道初学者或刚刚踏上工作岗位的同仁难点在哪里，将所涉及的技巧和方法讲述出来。如果本书能对大家有所帮助，这将是一件很荣幸的事。作者所做的一切工作均来源于长期的实践。对于 VC2017 中的网络开发理论和开发技巧，都从基本的内容讲起，然后稍微提高（循序渐进是本书一大原则）。软件开发是一门需要实践的技术，本书理论尽量用简单易懂的语言表达，并配合以相应的实例，避免空洞的说教，对于其中的技术细节，都尽量讲深讲透，为读者提供翔实可靠的技术资料。

另外，本书假定读者有 C/C++的基础和 VC2017 基本编程能力，关于 VC2017 的基础开发知识，可以参考作者的《Visual C++ 2017 从入门到精通》。

代码下载与支持邮箱

本书代码下载地址可扫描右边二维码获得。

如果下载有问题，请联系 booksaga@163.com，邮件主题为“Visual C++ 2017 网络编程实战”。

本书作者

除了封面署名人员外，李建英老师也参与了本书的创作，在此表示感谢。虽然作者尽了最大努力，但是本书难免会存在瑕疵，希望读者朋友不吝赐教。

作 者

2019 年 10 月

目录

第 1 章

TCP/IP协议基础

本章讲述 Windows 网络编程所需的基础理论概念。这是一个很广的话题，如果要全面论述，一本厚书都不够，根本不可能在一章里讲完。本章将主要讲解 Windows 网络编程中经常涉及的 TCP/IP 概念等。

1.1 什么是 TCP/IP

TCP/IP 是 Transmission Control Protocol/Internet Protocol 的简写，中译名为传输控制协议/因特网互联协议，又名网络通信协议，是 Internet 最基本的协议、Internet 国际互联网络的基础。TCP/IP 协议不是指一个协议，也不是 TCP 和 IP 这两个协议的合称，而是一个协议簇，包括多个网络协议，比如了 IP 协议、IMCP 协议、TCP 协议以及我们更加熟悉的 HTTP 协议、FTP 协议、POP3 协议等。TCP/IP 定义了计算机操作系统如何连入因特网，以及数据如何在它们之间传输的标准。

TCP/IP 协议是为了解决不同系统的计算机之间的传输通信而提出的一个标准，不同系统的计算机采用了同一种协议后就能相互进行通信，从而能够建立网络连接，实现资源共享和网络通信了。就像两个不同语言国家的人，都用英语说话后，就能相互交流了。

1.2 TCP/IP 协议的分层结构

TCP/IP 协议簇按照层次由上到下，可以分成 4 层，分别是应用层、传输层、网际层和网络接口层。其中，应用层（Application Layer）包含所有的高层协议，比如虚拟终端协议（TELecommunications NETwork，TELNET）、文件传输协议（File Transfer Protocol，FTP）、电子邮件传输协议（Simple Mail Transfer Protocol，SMTP）、域名服务（Domain Name Service，DNS）、网上新闻传输协议（Net News Transfer Protocol，NNTP）和超文本传输协议（HyperText Transfer Protocol，HTTP）等。TELNET 允许一台机器上的用户登录到远程机器上，并进行工作；FTP 提供有效地将文件从一台机器上移到另一台机器上的方法；SMTP 用于电子邮件的收发；DNS 用于把主机名映射到网络地址；NNTP 用于新闻的发布、检索和获取；HTTP 用于在

WWW 上获取主页。

应用层的下面一层是传输层（Transport Layer），著名的 TCP 协议和 UDP 协议就在这一层。TCP（Transmission Control Protocol，传输控制协议）是面向连接的协议，提供可靠的报文传输和对上层应用的连接服务。为此，除了基本的数据传输外，它还有可靠性保证、流量控制、多路复用、优先权和安全性控制等功能。UDP（User Datagram Protocol，用户数据报协议）是面向无连接的不可靠传输的协议，主要用于不需要 TCP 的排序和流量控制等功能的应用程序。

传输层下面一层是网际层（Internet Layer，也称 Internet 层或网络层），该层是整个 TCP/IP 体系结构的关键部分，其功能是使主机可以把分组发往任何网络，并使分组独立地传向目标。这些分组可能经由不同的网络，到达的顺序和发送的顺序也可能不同。互联网层使用协议有 IP（Internet Protocol，因特网协议）。

网络层下面是网络接口层（Network Interface Layer），或称数据链路层。该层是整个体系结构的基础部分，负责接收 IP 层的 IP 数据包，通过网络向外发送；或接收处理从网络上来的物理帧，抽出 IP 数据包，向 IP 层发送。链路层是主机与网络的实际连接层，下面就是实体线路了（比如以太网络、光纤网络等）。链路层有以太网、令牌环网等标准，链路层负责网卡设备的驱动、帧同步（就是说从网线上检测到什么信号算作新帧的开始）、冲突检测（如果检测到冲突就自动重发）、数据差错校验等工作。交换机是工作在链路层的网络设备，可以在不同的链路层网络之间转发数据帧（比如十兆以太网和百兆以太网之间、以太网和令牌环网之间），由于不同链路层的帧格式不同，交换机要将进来的数据帧拆掉链路层首部重新封装之后再转发。

不同的协议层对本层数据单元有不同的称谓，在传输层叫作数据段，简称段（segment），在网络层叫作数据包（packet）或 IP 包、分组等，在链路层叫作帧（frame），简称数据帧。数据封装成帧后发到传输介质上，到达目的主机后每层协议再剥掉相应的首部，最后将应用层数据交给应用程序处理。

不同层包含不同的协议，我们可以用图 1-1 来表示各个协议及其所在的层。

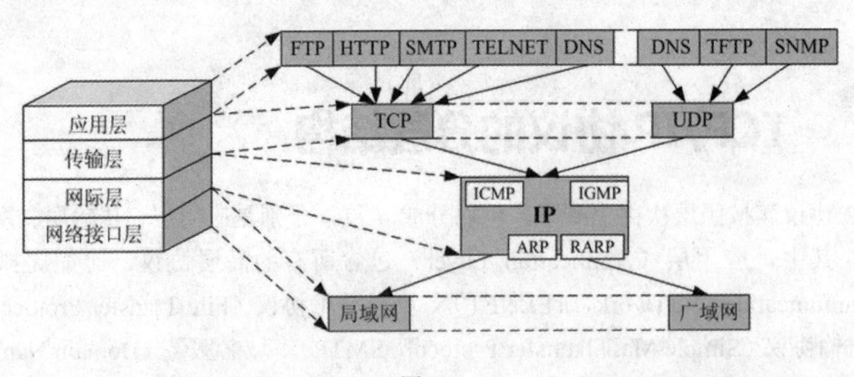

图 1-1

在主机发送端，从传输层开始，会把上一层的数据加上一个报头形成本层的数据，这个过程叫作数据封装；在主机接收端，从最下层开始，每一层数据会去掉首部信息，该过程叫作数据解封，如图 1-2 所示。

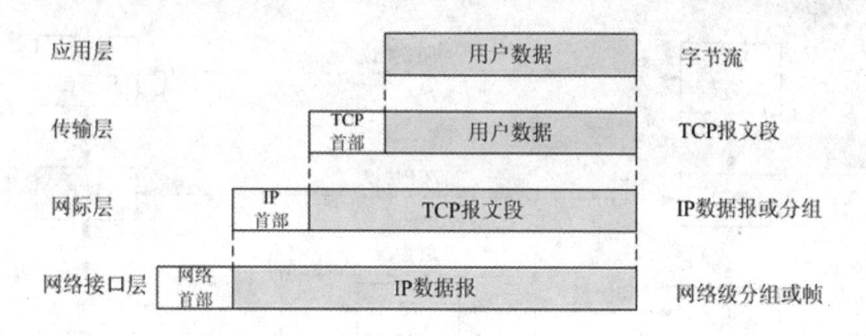

图 1-2

我们来看一个例子。以浏览某个网页为例，看看浏览网页的过程中 TCP/IP 各层做了哪些工作。

发送方：

（1）打开浏览器，输入网址“www.xxx.com”，按回车键，访问网页，其实就是访问 Web 服务器上的网页。在应用层采用的协议是 HTTP，浏览器将网址等信息组成 HTTP 数据，并将数据送给下一层传输层。

（2）传输层在数据前面加上了 TCP 首部，并标记端口为 80（Web 服务器默认端口），将这个数据段传给下一层网络层。

（3）网络层在这个数据段前面加上了自己机器的 IP 和目的 IP，这时这个段被称为 IP 数据包（也可以称为报文），然后将这个 IP 包给了下一层网络接口层。

（4）网络接口层先将 IP 数据包前面加上自己机器的 MAC 地址，以及目的 MAC 地址，这时加上 MAC 地址的数据称为帧，网络接口层通过物理网卡将这个帧以比特流的方式发送到网络上。

互联网上有路由器，它会读取比特流中的 IP 地址进行选路，到达正确的网段，之后这个网段的交换机读取比特流中的 MAC 地址，找到对应要接收的机器。

接收方：

（1）网络接口层用网卡接收到了比特流，读取比特流中的帧，将帧中的 MAC 地址去掉，就成了 IP 数据包，传递给了上一层网络层。

（2）网络层接收了下层传上来的 IP 数据包，将 IP 从包的前面拿掉，取出带有 TCP 的数据（数据段）交给了传输层。

（3）传输层拿到了这个数据段，看到 TCP 标记的端口是 80 端口，说明应用层协议是 HTTP，之后将 TCP 头去掉并将数据交给应用层，告诉应用层对方要求的是 HTTP 的数据。

（4）应用层发送方请求的是 HTTP 数据，调用 Web 服务器程序，把 www.xxx.com 的首页文件发送回去。

如果两台计算机在不同的网段中，那么数据从一台计算机到另一台计算机传输的过程中要经过一个或多个路由器，如图 1-3 所示。

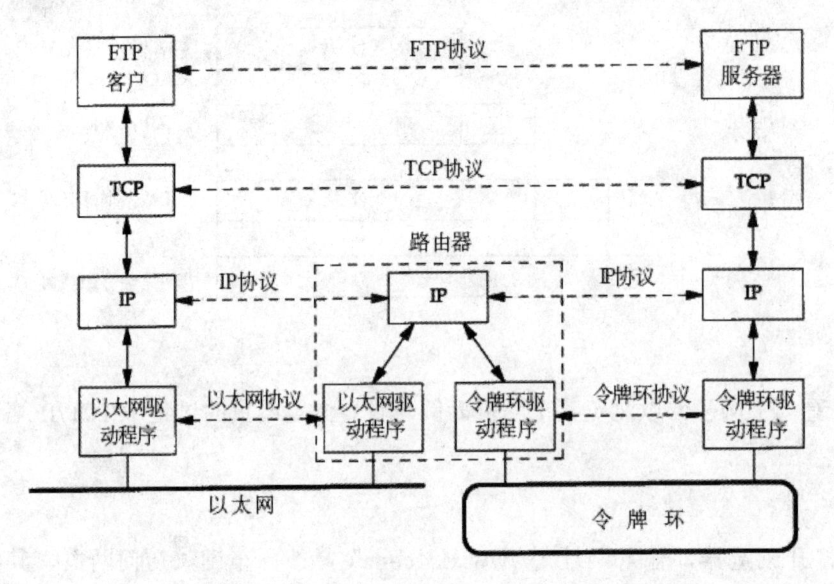

图 1-3

目的主机收到数据包后，如何经过各层协议栈最后到达应用程序呢？整个过程如图 1-4 所示。

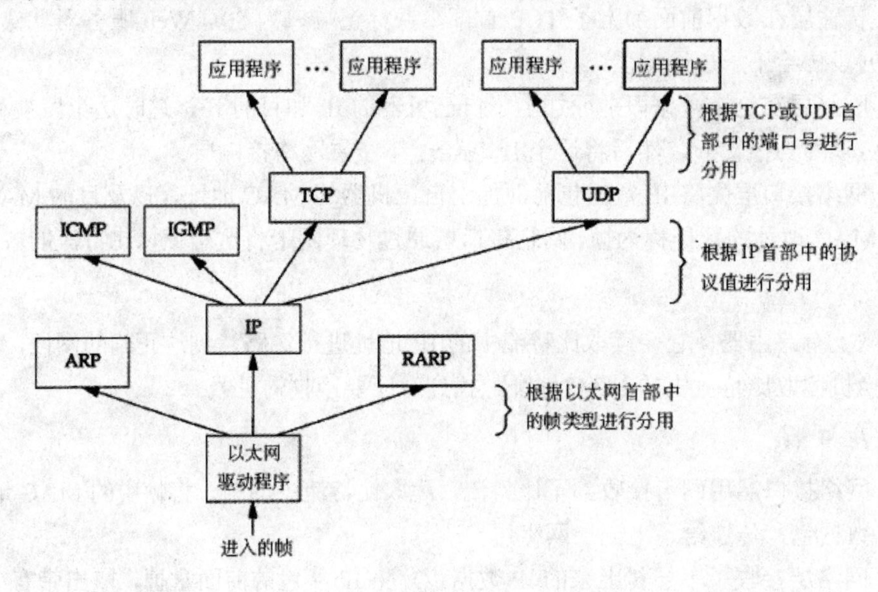

图 1-4

以太网驱动程序首先根据以太网首部中的“上层协议”字段确定该数据帧的有效载荷（payload，指除去协议首部之外实际传输的数据）是 IP、ARP 还是 RARP 协议的数据包，然后交给相应的协议处理。假如是 IP 数据报，IP 协议再根据 IP 首部中的“上层协议”字段确定该数据报的有效载荷是 TCP、UDP、ICMP 还是 IGMP，然后交给相应的协议处理。假如是 TCP 段或 UDP 段，TCP 或 UDP 协议再根据 TCP 首部或 UDP 首部的“端口号”字段确定应该将应用层数据交给哪个用户进程。IP 地址是标识网络中不同主机的地址，而端口号就是同一台主机上标识不同进程的地址，IP 地址和端口号合起来标识网络中唯一的进程。

注意，虽然 IP、ARP 和 RARP 数据报都需要以太网驱动程序来封装成帧，但是从功能上划分，ARP 和 RARP 属于链路层，IP 属于网络层。虽然 ICMP、IGMP、TCP、UDP 的数据都需要 IP 协议来封装成数据报，但是从功能上划分，ICMP、IGMP 与 IP 同属于网络层，TCP 和 UDP 属于传输层。

上面可能说得有点繁杂，这里用一张简图（见图 1-5）来总结一下 TCP/IP 协议模型对数据的封装。

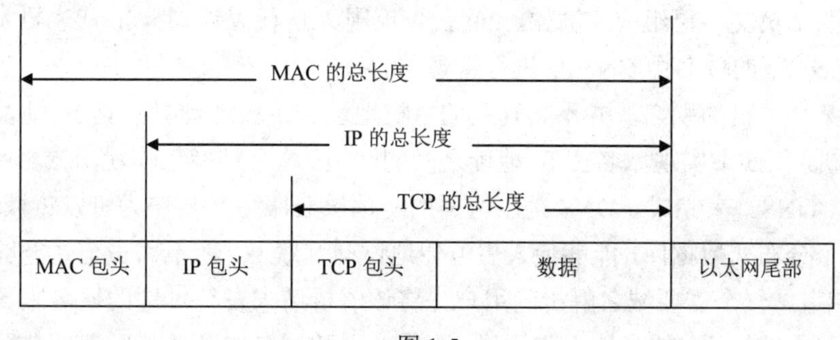

图 1-5

1.3 应用层

应用层位于 TCP/IP 最高层，该层的协议主要有以下几种：

（1）远程登录协议（Telnet）。

（2）文件传送协议（file transfer protocol，FTP）。

（3）简单邮件传送协议（simple mail transfer protocol，SMTP）。

（4）域名系统（domain name system，DNS）。

（5）简单网络管理协议（simple network management protocol，SNMP）。

（6）超文本传送协议（hyperText transfer protocol，HTTP）。

（7）邮局协议（POP3）。

其中，从网络上下载文件时使用的是 FTP 协议，上网游览网页时使用的是 HTTP 协议；在网络上访问一台主机时，通常不直接输入 IP 地址，而是输入域名，用的是 DNS 服务协议，它会将域名解析为 IP 地址；通过 outlook 发送电子邮件时，使用 SMTP 协议，接收电子邮件时会使用 POP3 协议。

1.3.1 DNS

因特网上的主机通过 IP 地址来标识自己，但由于 IP 地址是一串数字，人们记住这个数字去访问主机比较难，因此，因特网管理机构又采用了一串英文来标识一个主机，这串英文是有一定规则的，它的专业术语叫域名（Domain Name）。对用户来讲，用户访问一个网站的时候，既可以输入该网站的 IP 地址，也可以输入其域名，对访问而言两者是等价的。例如，微软公司的 Web 服务器的域名是 www.microsoft.com，不管用户在浏览器中输入的是 www.microsoft.com 还是 Web 服务器的 IP 地址，都可以访问其 Web 网站。

域名由因特网域名与地址管理机构（Internet Corporation for Assigned Names and Numbers，ICANN）管理，这是为承担域名系统管理、IP 地址分配、协议参数配置，以及主服务器系统管理等职能而设立的非营利机构。ICANN 为不同的国家或地区设置了相应的顶级域名，这些域名通常都由两个英文字母组成。例如，.uk 代表英国、.fr 代表法国、.jp 代表日本。中国的顶级域名是.cn，.cn 下的域名由 CNNIC 进行管理。

域名只是某个主机的别名，并不是真正的主机地址。主机地址只能是 IP 地址，为了通过域名来访问主机，就必须实现域名和 IP 地址之间的转换。这个转换工作就由域名系统（Domain Name System，DNS）来完成。DNS 是因特网的一项核心服务。它作为可以将域名和 IP 地址相互映射的一个分布式数据库，能够使人更方便地访问互联网，而不用去记住能够被机器直接读取的 IP 数字串。一个需要域名解析的用户先将该解析请求发往本地的域名服务器，如果本地的域名服务器能够解析，就直接得到结果；否则本地的域名服务器将向根域名服务器发送请求；依据根域名服务器返回的指针再查询下一层的域名服务器；以此类推，最后得到所要解析域名的 IP 地址。

1.3.2 端口的概念

我们知道，网络上的主机通过 IP 地址来标识自己，方便其他主机上的程序和自己主机上的程序建立通信。主机上需要通信的程序有很多，那么如何才能找到对方主机上的目的程序呢？IP 地址只是用来寻找目的主机的，最终通信还需要找到目的程序。为此，人们提出了端口这个概念，它就是用来标识目的程序的。有了端口，一台拥有 IP 地址的主机可以提供许多服务，比如 Web 服务进程用 80 端口提供 Web 服务、FTP 进程通过 21 端口提供 FTP 服务、SMTP 进程通过 23 端口提供 SMTP 服务，等等。

如果把 IP 地址比作一间旅馆的地址，那么端口就是这家旅馆内某个房间的房号。旅馆的地址只有一个，但房间却有很多个，因此端口也有很多个。端口是通过端口号来标记的，端口号是一个 16 位的无符号整数，范围是从 0 到 65535（2^{16}-1），并且前面 1024 个端口号是留作操作系统使用的，我们自己的应用程序如果要使用端口，通常用 1024 后面的整数作为端口号。

1.4 传输层

传输层为应用层提供会话和数据报通信服务。传输层最重要的两个协议是 TCP 和 UDP。TCP 协议提供一对一、面向连接的可靠通信服务，它能建立连接，对发送的数据包进行排序和确认，并恢复在传输过程中丢失的数据包。与 TCP 不同，UDP 协议提供一对一或一对多、无连接的不可靠通信服务。

1.4.1 TCP 协议

TCP（Transmission Control Protocol，传输控制协议）是面向连接、保证高可靠性（数据无丢失、数据无失序、数据无错误、数据无重复到达）的传输层协议。TCP 协议会给应用层数据加上一个 TCP 头，组成 TCP 报文。TCP 报文首部（TCP 头）的格式如图 1-6 所示。

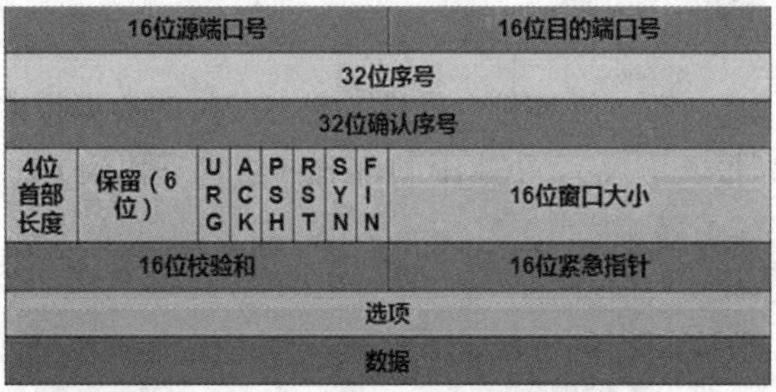

16位源端口号								16位目的端口号
32位序号								
32位确认序号								
4位首部长度	保留（6位）	URG	ACK	PSH	RST	SYN	FIN	16位窗口大小
16位校验和								16位紧急指针
选项								
数据								

图 1-6

如果用 C 语言来定义，可以这样写：

```
typedef struct _TCP_HEADER       //TCP 头定义，共 20 个字节
{
 short  sSourPort;               // 源端口号 16bit
 short  sDestPort;               // 目的端口号 16bit
 unsigned int  uiSequNum;        // 序列号 32bit
 unsigned int  uiAcknowledgeNum; // 确认号 32bit
 short  sHeaderLenAndFlag;       // 前 4 位：TCP 头长度；中 6 位：保留；后 6 位：标志位
 short  sWindowSize;             // 窗口大小 16bit
 short  sCheckSum;               // 检验和 16bit
 short  surgentPointer;          // 紧急数据偏移量 16bit
}TCP_HEADER, *PTCP_HEADER;
```

1.4.2 UDP 协议

UDP（User Datagram Protocol，用户数据报协议）是无连接、不保证可靠的传输层协议。它的协议头相对比较简单，如图 1-7 所示。

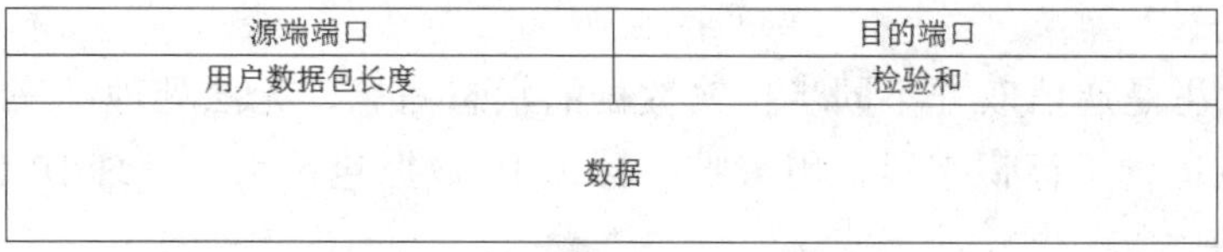

源端端口	目的端口
用户数据包长度	检验和
数据	

图 1-7

如果用 C 语言来定义，可以这样写：

```
typedef struct _UDP_HEADER           // UDP 头定义，共 8 个字节
{
 unsigned short m_usSourPort;        // 源端口号 16bit
 unsigned short m_usDestPort;        // 目的端口号 16bit
 unsigned short m_usLength;          // 数据包长度 16bit
```

```
    unsigned short m_usCheckSum;         // 校验和 16bit
}UDP_HEADER, *PUDP_HEADER;
```

1.5 网络层

网络层向上层提供简单灵活、无连接、尽最大努力交付的数据报服务。该层重要的协议有IP、ICMP（Internet 控制报文协议）、IGMP（Internet 组管理协议）、ARP（地址转换协议）、RARP（反向地址转换协议）等。

1.5.1 IP 协议

IP（Internet Protocol，网际协议）是 TCP/IP 协议簇中最为核心的协议。它把上层数据包封装成 IP 数据包后进行传输。如果 IP 数据包太大，还要对数据包进行分片后再传输，到了目的地址处再进行组装还原，以适应不同物理网络对一次所能传输数据大小的要求。

1.5.1.1 IP 协议的特点

（1）不可靠

不可靠的意思是它不能保证 IP 数据包能成功地到达目的地。IP 协议仅提供最好的传输服务。发生某种错误时，如某个路由器暂时用完了缓冲区，IP 有一个简单的错误处理算法：丢弃该数据包，然后发送 ICMP 消息包给信源端。任何要求的可靠性必须由上层协议（如 TCP）来提供。

（2）无连接

无连接的意思是 IP 协议并不维护任何关于后续数据包的状态信息。每个数据包的处理是相互独立的。这也说明，IP 数据包可以不按发送顺序接收。如果一信源向相同的信宿发送两个连续的数据包（先是 A，然后是 B），每个数据包都是独立地进行路由选择，可能选择不同的路线，因此 B 可能在 A 到达之前先到达。

（3）无状态

无状态的意思是通信双方不同步传输数据的状态信息，无法处理乱序和重复的 IP 数据包；IP 数据包提供了标识字段，用来唯一标识 IP 数据包，用来处理 IP 分片和重组，不指示接收顺序。

1.5.1.2 IPv4 数据包的包头格式

IPv4 数据包的包头格式如图 1-8 所示。

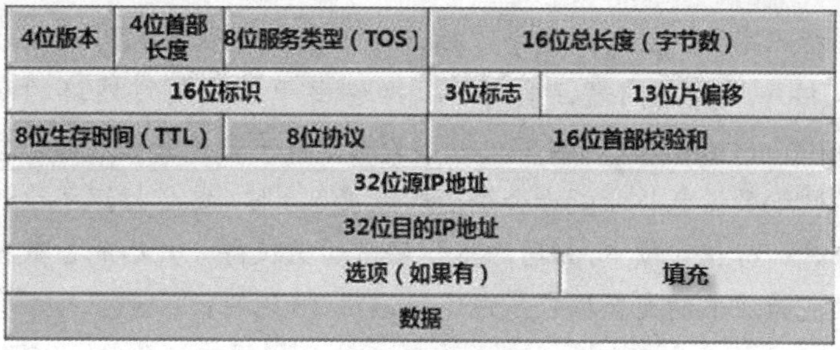

<table>
<tr><td>4位版本</td><td>4位首部长度</td><td>8位服务类型（TOS）</td><td colspan="2">16位总长度（字节数）</td></tr>
<tr><td colspan="3">16位标识</td><td>3位标志</td><td>13位片偏移</td></tr>
<tr><td colspan="2">8位生存时间（TTL）</td><td>8位协议</td><td colspan="2">16位首部校验和</td></tr>
<tr><td colspan="5">32位源IP地址</td></tr>
<tr><td colspan="5">32位目的IP地址</td></tr>
<tr><td colspan="4">选项（如果有）</td><td>填充</td></tr>
<tr><td colspan="5">数据</td></tr>
</table>

图 1-8

这里主要说 IPv4 的包头结构，IPv6 结构与之不同。图 1-8 中的“数据”以上部分就是 IP 包头的内容。因为有了选项部分，所以 IP 包头长度是不定长的。如果选项部分没有，那么 IP 包头的长度为（4+4+8+16+16+3+13+8+8+16+32+32）bit=160bit=20 字节，这也就是 IP 包头的最小长度。

- 版本（Version）：占用 4 个比特，标识目前采用的 IP 协议的版本号，一般的值为 0100（IPv4）后 0110（IPv6）。
- 首部长度：IP 包头长度（Header Length）。该字段占用 4 比特，由于在 IP 包头中有变长的可选部分，为了能多表示一些长度，因此采用 4 字节（32 bit）为本字段数值的单位。比如，4 比特最大能表示为 1111，即 15，单位是 4 字节，因此最多能表示的长度为 15 × 4 =60 字节。
- 服务类型（Type of Service，TOS）：占用 8 比特，可用 PPPDTRC0 这 8 个字符来表示。其中，PPP 定义了包的优先级，取值越大，表示数据越重要，含义如表 1-1 所示。

表 1-1　PPP 取值及含义

PPP 取值	含义	PPP 取值	含义
000	普通（Routine）	100	疾速（Flash Override）
001	优先（Priority）	101	关键（Critic）
010	立即（Immediate）	110	网间控制（Internetwork Control）
011	闪速（Flash）	111	网络控制（Network Control）

- ➢ D：时延，0 表示普通，1 表示延迟尽量小。
- ➢ T：吞吐量，0 表示普通，1 表示流量尽量大。
- ➢ R：可靠性，0 表示普通，1 表示可靠性尽量大。
- ➢ M：传输成本，0 表示普通，1 表示成本尽量小。
- ➢ 0：这是最后一位，被保留，恒定为 0。
- ➢ 总长度：占用 16 比特空间，表示以字节为单位的 IP 包的总长度（包括 IP 包头部分和 IP 数据部分）。如果该字段全为 1，就是最大长度了，即 2^{16}-1= 65535 字节≈63.9990234375KB，有些书上写最大是 64KB，其实是达不到的，最大长度只能是 65535 字节，而不是 65536 字节。
- ➢ 标识：在协议栈中保持着一个计数器，每产生一个数据报，计数器就加 1，并将此值赋给标识字段。注意，这个“标识符”并不是序号，IP 是无连接服务，数据报不存在按序接收的问题。当 IP 数据包由于长度超过网络的 MTU（Maximum Transmission Unit,最大传输单元）而必须分片（分片会在后面讲到，意思就是把一个大的网络数据包拆分成一个个小的数据包）时，这个标识字段的值就被复制到所有小分片的标识字段中。相同的标识字段的值使得分片后的各数据包片最后能正确地重装成为原来的大数据包。该字段占用 16 比特。

- 标志（Flags）：占用 3 比特，最高位不使用，第二位称 DF（Don't Fragment）位，DF 位设为 1 时表明路由器不要对该上层数据包分片。如果一个上层数据包无法在不分段的情况下进行转发，那么路由器会丢弃该上层数据包并返回一个错误信息。最低位称 MF（More Fragments）位，为 1 时说明这个 IP 数据包是分片的，并且后续还有数据包，为 0 时说明这个 IP 数据包是分片的，但已经是最后一个分片了。
- 片偏移：该字段的含义是某个分片在原 IP 数据包中的相对位置。第一个分片的偏移量为 0。片偏移以 8 字节为偏移单位。这样，每个分片的长度一定是 8 字节（64 位）的整数倍。该字段占 13 比特。

● 生存时间也称存活时间（Time To Live，TTL）：表示数据包到达目标地址之前的路由跳数。TTL 是由发送端主机设置的一个计数器，每经过一个路由节点就减 1，减到为 0 时，路由就丢弃该数据包，向源端发送 ICMP 差错报文。这个字段的主要作用是防止数据包不断在 IP 互联网络上永不终止地循环转发。该字段占 8 比特。

- 协议：该字段用来标识数据部分所使用的协议，比如取值 1 表示 ICMP、取值 2 表示 IGMP、取值 6 表示 TCP、取值 17 表示 UDP、取值 88 表示 IGRP、取值 89 表示 OSPF。该字段占 8 比特。
- 首部校验和（Header Checksum）：用于对 IP 头部的正确性检测，但不包含数据部分。前面提到，每个路由器会改变 TTL 的值，所以路由器会为每个通过的数据包重新计算首部校验和。该字段占 16 比特。
- 起源和目标地址：用于标识这个 IP 包的起源和目标 IP 地址。值得注意的是，除非使用 NAT（网络地址转换），否则在整个传输的过程中，这两个地址不会改变。这两个地址都占用 32 比特。
- 选项（可选）：这是一个可变长的字段。该字段属于可选项，主要是给一些特殊的情况使用。最大长度是 40 字节。
- 填充（Padding）：IP 包头长度（Header Length）这个字段的单位为 32bit，因此必须为 32bit 的整数倍，因此在可选项后面 IP 协议会填充若干个 0，以达到 32bit 的整数倍。

在 Linux 源码中，IP 包头的定义如下：

```
struct iphdr {
#if defined(__LITTLE_ENDIAN_BITFIELD)
 __u8    ihl:4,
    version:4;
```

```
#elif defined (__BIG_ENDIAN_BITFIELD)
    __u8    version:4,
            ihl:4;
#else
#error  "Please fix <asm/byteorder.h>"
#endif
    __u8    tos;
    __be16  tot_len;
    __be16  id;
    __be16  frag_off;
    __u8    ttl;
    __u8    protocol;
    __sum16 check;
    __be32  saddr;
    __be32  daddr;
    /*The options start here. */
};
```

这个定义可以在源码目录的 include/uapi/linux/ip.h 中查到。

1.5.1.3　IP 数据包分片

IP 协议在传输数据包时，将数据包分为若干分片（小数据包）后进行传输，并在目的系统中进行重组。这一过程称为分片（fragmentation）。

要理解 IP 分片，首先要理解下 MTU（最大传输单元，后面数据链路层还会讲到），物理网络一次传送的数据是有最大长度的，因此网络层的下层（数据链路层）的传输单元（数据帧）也有一个最大长度，这个最大长度值就是 MTU，每一种物理网络都会规定链路层数据帧的最大长度，比如以太网的 MTU 为 1500 字节。

IP 协议在传输数据包时，若 IP 数据包加上数据帧头部后长度大于 MTU，则将数据包切分成若干分片（小数据包）后再进行传输，并在目标系统中进行重组。IP 分片既可能在源端主机进行，也可能发生在中间的路由器处，因为不同的网络的 MTU 是不一样的，而传输的整个过程可能会经过不同的物理网络。如果传输路径上某个网络的 MTU 比源端网络的 MTU 要小，路由器就可能对 IP 数据包再次进行分片。分片数据的重组只会发生在目的端的 IP 层。

1.5.1.4　IP 地址的定义

IP 协议中有个概念叫 IP 地址。所谓 IP 地址，就是 Internet 中主机的标识。Internet 中的主机要与别的主机通信，必须具有一个 IP 地址。就像房子要有一个门牌号，这样邮递员才能根据信封上的家庭地址送到目的地。

IP 地址现在有两个版本，分别是 32 位的 IPv4 和 128 位的 IPv6，后者是为了解决前者不够用而产生的。每个 IP 数据包都必须携带目的 IP 地址和源 IP 地址，路由器依靠此信息为数据包选择路由。

这里以 IPv4 为例，IP 地址是由 4 个数字组成的，数字之间用小圆点隔开，每个数字的取值范围在 0~255 之间（包括 0 和 255）。通常有两种表示形式：

（1）十进制表示，比如 192.168.0.1。

（2）二进制表示，比如 11000000.10101000.00000000.00000001。

两种方式可以相互转换，每 8 位二进制数对应一位十进制数，如图 1-9 所示。

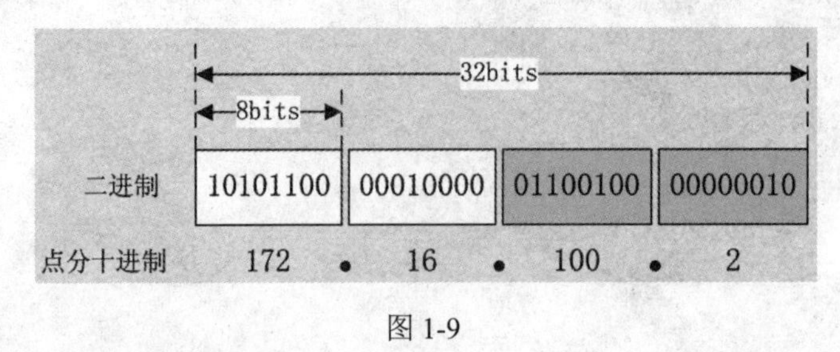

图 1-9

实际应用中多用十进制表示，比如 172.16.100.2。

1.5.1.5 IP 地址的两级分类编址

因特网由很多网络构成，每个网络上都有很多主机，这样便构成了一个有层次的结构。IP 地址在设计的时候就考虑到地址分配的层次特点，把每个 IP 地址分割成网络号（NetID）和主机号（HostID）两部分，网络号表示主机属于互联网中的哪一个网络，而主机号则表示其属于该网络中的哪一台主机，两者之间是主从关系，同一网络中绝对不能有主机号完全相同的两台计算机，否则会报出 IP 地址冲突。IP 地址分为两部分后，IP 数据包从网际上的一个网络到达另一个网络时，选择路径可以基于网络而不是主机。在大型的网际中，这一点优势特别明显，因为路由表中只存储网络信息而不是主机信息，这样可以大大简化路由表，方便路由器的 IP 寻址。

根据网络地址和主机地址在 IP 地址中所占的位数可将 IP 地址分为 A、B、C、D、E 5 类，每一类网络可以从 IP 地址的第一个数字看出，如图 1-10 所示。

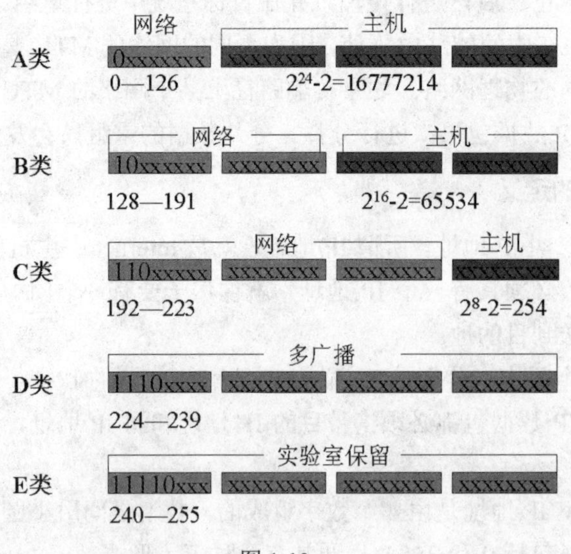

图 1-10

A 类地址的第一位为 0，第二至八位为网络地址，第九至三十二位为主机地址，这类地址适用于为数不多的主机数大于 2 的 16 次方的大型网络。A 类网络地址的数量最多不超过 126（2 的 7 次方减 2）个，每个 A 类网络最多可以容纳 16777214（2 的 24 次方减 2）台主机。

B 类地址前两位分别为 1 和 0，第三至第十六位为网络地址，第十七至三十二位为主机地址，此类地址用于主机数介于 2 的 8~16 次方之间的中型网络，B 类网络数量最多 16382（2 的 14 次方减 2）个。

C 类地址前三位分别为 1、1、0，四到二十四位为网络地址，其余为主机地址，用于每个网络只能容纳 254（2 的 8 次方减 2）台主机的大量小型网，C 类网络数量上限为（2 的 21 次方减 2）个。

D 类地址前四位为 1、1、1、0，其余为多目地址。

E 类地址前五位为 1、1、1、1、0，其余位数留待后用。

A 类 IP 的第一个字节范围是 0 到 126，B 类 IP 的第一个字节范围是 128 到 191，C 类 IP 的第一个字节范围是 192 到 223，所以看到 192.X.X.X 肯定是 C 类 IP 地址，大家根据 IP 地址的第一个字节范围就能够推导出该 IP 属于 A 类还是 B 或 C 类。

IP 地址以 A、B、C 两类为主，又以 B、C 两类地址较为常见。除此之外，还有一些特殊用途的 IP 地址：广播地址（主机地址全为 1，用于广播，这里的广播是指同时向网上所有主机发送报文，不是指我们日常听的那种广播）、有限广播地址（所有地址全为 1，用于本网广播）、本网地址（网络地址全 0，后面的主机号表示本网地址）、回送测试地址（127.X.X.X 型，用于网络软件测试及本地机进程间通信）、主机位全 0 地址（这种地址的网络地址就是本网地址）及保留地址（网络号全 1 和 32 位全 0 两种）。由此可见，网络位全 1 或全 0 和主机位全 1 或全 0 都是不能随意分配的。这也就是前面的 A、B、C 类网络的网络数及主机数要减 2 的原因。

总之，主机号全为 0 或全为 1 时分别作为本网络地址和广播地址使用，这种 IP 地址不能分配给用户使用。D 类网络用于广播，可以将信息同时传送到网上的所有设备，而不是点对点的信息传送，可以用来召开电视电话会议。E 类网络常用于进行试验。网络管理员在配置网络时不应该采用 D 类和 E 类网络。我们把特殊的 IP 地址放在表 1-2 中。

表 1-2　特殊 IP 地址及含义

特殊 IP 地址	含义
0.0.0.0	表示默认的路由，这个值用于简化 IP 路由表
127.0.0.1	表示本主机。使用这个地址，应用程序可以像访问远程主机一样访问本主机
网络号全为 0 的 IP 地址	表示本网络的某主机，如 0.0.0.88 将访问本网络中结点为 88 的主机
主机号全为 0 的 IP 地址	表示网络本身
网络号或主机号位全为 1	表示所有主机
255.255.255.255	表示本网络广播

当前，A 类地址已经全部分配完，B 类也不多了，为了有效并连续地利用剩下的 C 类地址，互联网采用 CIDR（Classless Inter-Domain Routing，无类别域间路由方式）把许多 C 类地

址合起来作为 B 类地址分配，整个世界被分为四个地区，每个地区分配一段连续的 C 类地址：欧洲（194.0.0.0～195.255.255.255）、北美（198.0.0.0～199.255.255.255）、中南美（200.0.0.0～201.255.255.255）、亚太地区（202.0.0.0～203.255.255.255）、保留备用（204.0.0.0～223.255.255.255）。这样每一类都约有 3200 万网址供用。

1.5.1.6 网络掩码

在 IP 地址的两级编址中，IP 地址由网络号和主机号两部分组成。如果我们把主机号部分全部置零，此时得到的地址就是网络地址。网络地址可以用于确定主机所在的网络，为此路由器只需计算出 IP 地址中的网络地址，然后跟路由表中存储的网络地址相比较即可知道这个分组应该从哪个接口发送出去。当分组达到目的网络后再根据主机号抵达目的主机。

要计算出 IP 地址中的网络地址，需要借助于网络掩码，或称默认掩码。它是一个 32 位的数，左边连续 n 位全部为 1，后边 32-n 位连续为 0。A、B、C 三类地址的网络掩码分别为 255.0.0.0、255.255.0.0 和 255.255.255.0。我们通过 IP 地址和网络掩码进行与运算，得到的结果就是该 IP 地址的网络地址。网络地址相同的两台主机处于同一个网络中，它们可以直接通信，而不必借助于路由器。

举个例子，现在有两台主机 A 和 B:A 的 IP 地址为 192.168.0.1，网络掩码为 255.255.255.0；B 的 IP 地址为 192.168.0.254，网络掩码为 255.255.255.0。我们先对 A 做运行，把它的 IP 地址和子网掩码每位相与：

IP ：　　11010000.10101000.00000000.00000001
子网掩码：11111111. 11111111. 11111111.00000000
AND 运算
网络号：　11000000.10101000.00000000.00000000
转换为十进制：　　192.168.0.0

再把 **B** 的 IP 地址和子网掩码每位相与：

IP ：　　11010000.10101000.00000000.11111110
子网掩码：11111111. 11111111. 11111111.00000000
AND 运算
网络号：　11000000.10101000.00000000.00000000
转换为十进制：　　192.168.0.0

A 和 B 两台主机的网络号是相同的，因此可以认为它们处于同一网络。

IP 地址越来越不够用，为了不浪费，人们又对每类网络进一步划分出子网，为此 IP 地址的编址又有了三级编址的方法，即子网内的某个主机 IP 地址={<网络号>,<子网号>,<主机号>}，该方法中有了子网掩码的概念。后来又提出了超网、无分类编址和 IPv6。限于篇幅，这里不再叙述。

1.5.2　ARP 协议

网络上的 IP 数据包到达最终目的网络后，必须通过 MAC 地址来找到最终目的主机，而数据包中只有 IP 地址，为此需要把 IP 地址转为 MAC 地址，这个工作就由 ARP 协议来完成。ARP 协议是网际层中的协议，用于将 IP 地址解析为 MAC 地址。通常，ARP 协议只适用于局域网中。ARP 协议的工作过程如下：

（1）本地主机在局域网中广播 ARP 请求，ARP 请求数据帧中包含目的主机的 IP 地址。这一步所表达的意思就是“如果你是这个 IP 地址的拥有者，请回答你的硬件地址”。

（2）目的主机收到这个广播报文后，用 ARP 协议解析这份报文，识别出是询问其硬件地址。于是发送 ARP 应答包，里面包含 IP 地址及其对应的硬件地址。

（3）本地主机收到 ARP 应答后，知道了目的地址的硬件地址，之后的数据包就可以传送了。同时，会把目的主机的 IP 地址和 MAC 地址保存在本机的 ARP 表中，以后通信直接查找此表即可。

我们在 Windows 操作系统的命令行下可以使用“arp –a”命令来查询本机 arp 缓存列表，如图 1-11 所示。

图 1-11

另外，可以使“arp -d”命令清除 ARP 缓存表。

ARP 协议通过发送和接收 ARP 报文来获取物理地址的，ARP 报文的格式如图 1-12 所示。

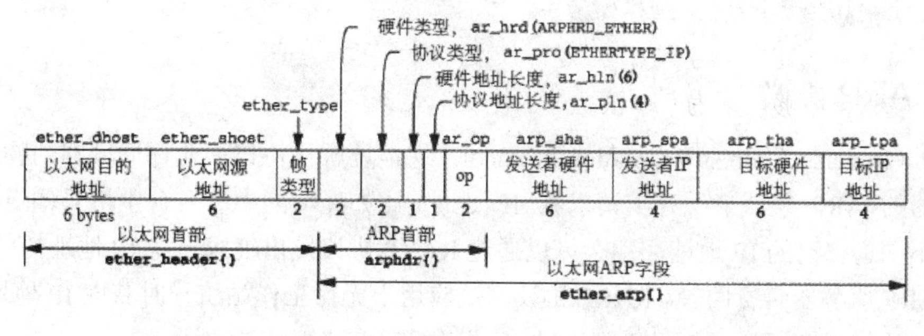

图 1-12

结构 ether_header 定义了以太网帧首部；结构 arphdr 定义了其后的 5 个字段，其信息用于在任何类型的介质上传送 ARP 请求和回答；ether_arp 结构除了包含 arphdr 结构外，还包含源主机和目的主机的地址。如果这个报文格式用 C 语言表述，可以写成这样：

```
//定义常量
#define EPT_IP   0x0800    /* type: IP */
#define EPT_ARP   0x0806    /* type: ARP */
#define EPT_RARP 0x8035    /* type: RARP */
#define ARP_HARDWARE 0x0001    /* Dummy type for 802.3 frames */
#define ARP_REQUEST 0x0001    /* ARP request */
#define ARP_REPLY 0x0002    /* ARP reply */
//定义以太网首部
typedef struct ehhdr
{
unsigned char eh_dst[6];   /* destination ethernet addrress */
unsigned char eh_src[6];   /* source ethernet addresss */
unsigned short eh_type;   /* ethernet pachet type */
}EHHDR, *PEHHDR;
//定义以太网 arp 字段
typedef struct arphdr
{
//arp 首部
unsigned short arp_hrd;    /* format of hardware address */
unsigned short arp_pro;    /* format of protocol address */
unsigned char arp_hln;    /* length of hardware address */
unsigned char arp_pln;    /* length of protocol address */
unsigned short arp_op;     /* ARP/RARP operation */

unsigned char arp_sha[6];    /* sender hardware address */
unsigned long arp_spa;    /* sender protocol address */
unsigned char arp_tha[6];    /* target hardware address */
unsigned long arp_tpa;    /* target protocol address */
}ARPHDR, *PARPHDR;

//定义整个 arp 报文包，总长度 42 字节
typedef struct arpPacket
{
EHHDR ehhdr;
ARPHDR arphdr;
} ARPPACKET, *PARPPACKET;
```

1.5.3 RARP 协议

RARP（Reverse Address Resolution Protocol，逆地址解析协议）允许局域网的物理机器从网关服务器的 ARP 表或者缓存上请求其 IP 地址。比如局域网中有一台主机只知道自己的物理地址而不知道自己的 IP 地址，那么可以通过 RARP 协议发出征求自身 IP 地址的广播请求，然后由 RARP 服务器负责回答。RARP 协议广泛应用于无盘工作站引导时获取 IP 地址。RARP 允许局域网的物理机器从网关服务器 ARP 表或者缓存上请求其 IP 地址。

RARP 协议的工作过程如下：

（1）主机发送一个本地的 RARP 广播，在此广播包中，声明自己的 MAC 地址并且请求任何收到此请求的 RARP 服务器分配一个 IP 地址。

（2）本地网段上的 RARP 服务器收到此请求后，检查其 RARP 列表，查找该 MAC 地址对应的 IP 地址。

（3）如果存在，RARP 服务器就给源主机发送一个响应数据包并将此 IP 地址提供给对方主机使用。

（4）如果不存在，RARP 服务器对此不做任何响应。

（5）源主机收到从 RARP 服务器的响应信息，就利用得到的 IP 地址进行通信。如果一直没有收到 RARP 服务器的响应信息，表示初始化失败。

RARP 的帧格式同 ARP 协议，只是帧类型字段和操作类型不同。

1.5.4　ICMP 协议

ICMP（Internet Control Message Protocol，Internet 控制报文协议）是网络层的一个协议，用于探测网络是否连通、主机是否可达、路由是否可用等。简单地讲，它是用来查询诊断网络的。

虽然和 IP 协议同处网络层，但是 ICMP 报文却是作为 IP 数据包的数据，然后加上 IP 包头后再发送出去的，如图 1-13 所示。

图 1-13

IP 首部的长度为 20 字节。ICMP 报文作为 IP 数据包的数据部分，当 IP 首部的协议字段取值为 1 时其数据部分是 ICMP 报文。ICMP 报文格式如图 1-14 所示。

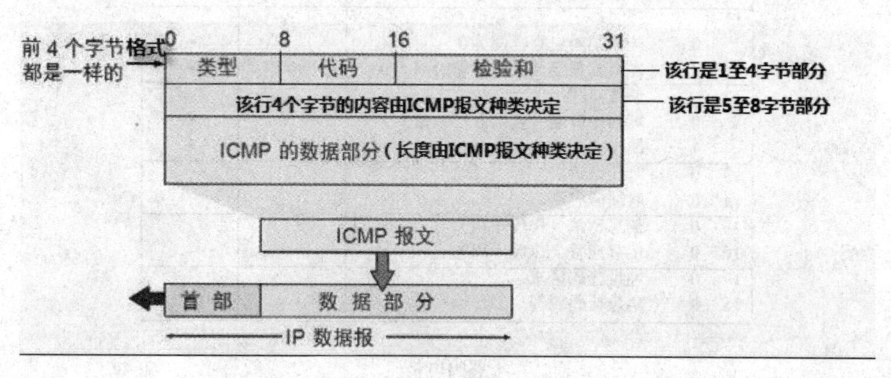

图 1-14

其中，最上面的（0　8　16　31）指的是比特位，所以前 3 个字段（类型、代码、检验和）一共占了 32 比特（类型占 8 位，代码占 8 位，检验和占 16 位），即 4 字节。所有 ICMP 报文前 4 个字节的格式都是一样的，即任何 ICMP 报文都含有类型、代码和校验和这 3 个字段，

8 位类型和 8 位代码字段一起决定了 ICMP 报文的种类。紧接着后面 4 个字节取决于 ICMP 报文种类。前面 8 个字节就是 ICMP 报文的首部，后面的 ICMP 数据部分的内容和长度取决于 ICMP 报文种类。16 位的检验和字段是对包括选项数据在内的整个 ICMP 数据报文的校验和，其计算方法和 IP 头部校验和的计算方法一样。

ICMP 报文可分为两大类别：差错报告报文和查询报文。每一条（或称每一种）ICMP 报文要么属于差错报告报文，要么属于查询报文，具体如图 1-15 所示。

类型	代码	描　述	查　询	差　错
0	0	回显应答(Ping应答)	•	
3		目的不可达：		
	0	网络不可达		•
	1	主机不可达		•
	2	协议不可达		•
	3	端口不可达		•
	4	需要进行分片但设置了不分片比特		•
	5	源站选路失败		•
	6	目的网络不认识		•
	7	目的主机不认识		•
	8	源主机被隔离（作废不用）		•
	9	目的网络被强制禁止		•
	10	目的主机被强制禁止		•
	11	由于服务类型TOS，网络不可达		•
	12	由于服务类型TOS，主机不可达		•
	13	由于过滤，通信被强制禁止		•
	14	主机越权		•
	15	优先权中止生效		•
4	0	源端被关闭（基本流控制）		•
5		重定向		•
	0	对网络重定向		•
	1	对主机重定向		•
	2	对服务类型和网络重定向		•
	3	对服务类型和主机重定向		•
8	0	请求回显（Ping请求）	•	
9	0	路由器通告	•	
10	0	路由器请求	•	
11		超时：		
	0	传输期间生存时间为0		•
	1	在数据报组装期间生存时间为0		•
12		参数问题：		
	0	坏的IP首部（包括各种差错）		•
	1	缺少必需的选项		•
13	0	时间戳请求	•	
14	0	时间戳应答	•	
15	0	信息请求（作废不用）	•	
16	0	信息应答（作废不用）	•	
17	0	地址掩码请求	•	
18	0	地址掩码应答	•	

图 1-15

从图 1-15 我们可以看出，每一行都是一条（或称每一种）ICMP 报文，要么属于查询，要么属于差错。

1.5.4.1　ICMP 差错报告报文

我们从图 1-15 中可以发现属于差错报告报文的 ICMP 报文蛮多的，为了归纳方便，根据其类型的不同，可以将这些差错报告报文分为 5 种类型：目的不可达（类型=3）、源端被关闭（类型=4）、重定向（类型=5）、超时（类型=11）和参数问题（类型=12）。

从图 1-15 中可以看到，代码字段不同的取值进一步表明了该类型 ICMP 报文的具体情况。比如类型为 3 的 ICMP 报文都是表明目的不可达的，但目的不可达是什么原因呢？此时就用代码字段再进一步说明，比如代码为 0 表示网络不可达、代码为 1 表示主机不可达……

ICMP 协议规定，ICMP 差错报文必须包括产生该差错报文的源数据包的 IP 首部，还必须包括跟在该 IP（源 IP）首部后面的前 8 个字节，这样 ICMP 差错报文的 IP 包长度=本 IP 首部（20 字节）+本 ICMP 首部（8 字节）+ 源 IP 首部（20 字节）+源 IP 包的 IP 首部后的 8 字节=56 字节。我们可以用图 1-16 来表示 ICMP 差错报文。

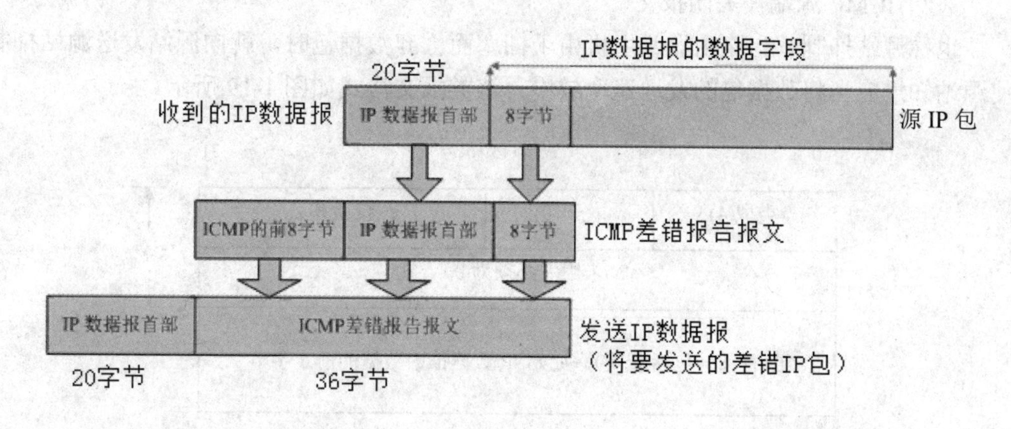

图 1-16

比如我们来看一个具体的 UDP 端口不可达的差错报文，如图 1-17 所示。

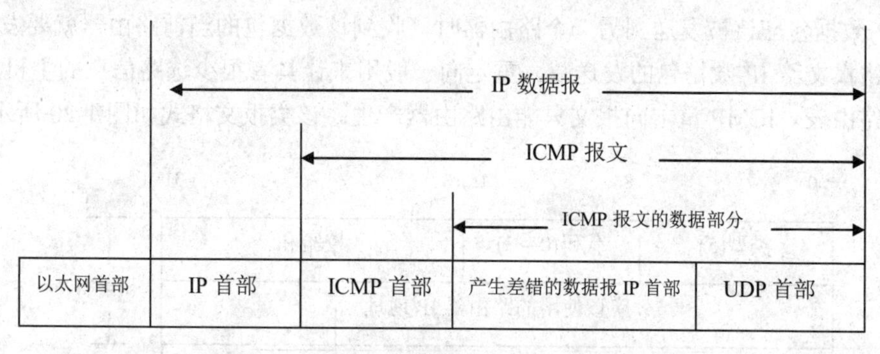

图 1-17

从图 1-17 可以看到 IP 数据包的长度是 56 字节。为了让大家更形象地了解这五大类差错报告报文格式，我们用图形来表示每一类报文：

（1）ICMP 目的不可达报文

目的不可达也称终点不可达，可分为网络不可达、主机不可达、协议不可达、端口不可达、需要分片但 DF 比特已置为 1 以及源站选路失败等 16 种报文，其代码字段分别置为 0 至 15。当出现以上 16 种情况时就向源站发送目的不可达报文。目的不可达报文的格式如图 1-18 所示。

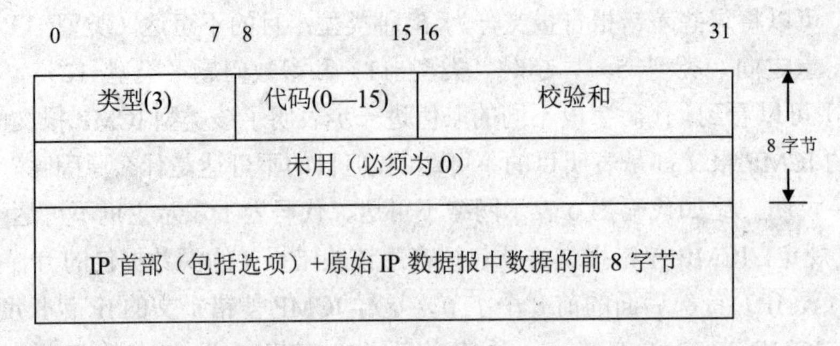

图 1-18

（2）ICMP 源端被关闭报文

也称源站抑制，当路由器或主机由于拥塞而丢弃数据包时，就向源站发送源站抑制报文，使源站知道应当将数据包的发送速率放慢。该类报文格式如图 1-19 所示。

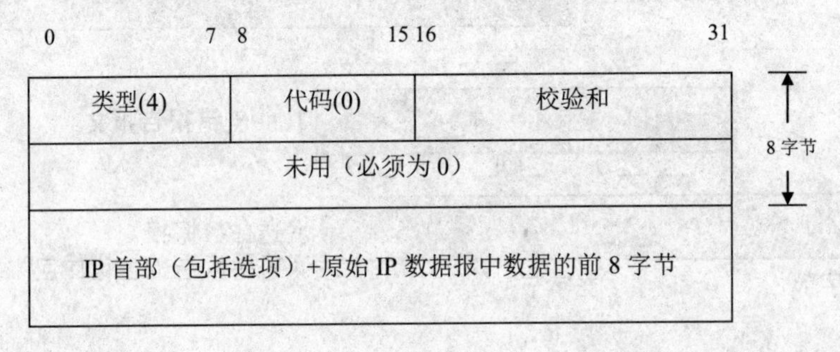

图 1-19

（3）ICMP 重定向报文

当 IP 数据包应该被发送到另一个路由器时，收到该数据包的当前路由器就要发送 ICMP 重定向差错报文给 IP 数据包的发送端。重定向一般用来让具有很少选路信息的主机逐渐建立更完善的路由表。ICMP 重定向报文只能由路由器产生。该类报文格式如图 1-20 所示。

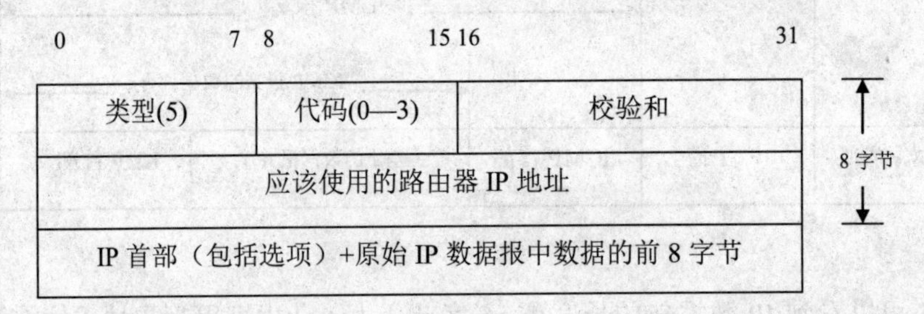

图 1-20

（4）ICMP 超时报文

当路由器收到生存时间为零的数据包时，除丢弃该数据包外，还要向源站发送时间超过报文。当目的站在预先规定的时间内不能收到一个数据包的全部数据包片时，就将已收到的数据包片都丢弃，并向源站发送时间超时报文。该类报文格式如图 1-21 所示。

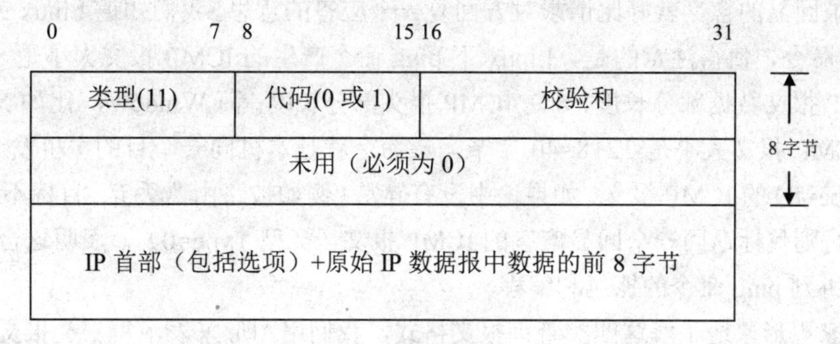

图 1-21

（5）ICMP 参数问题

当路由器或目的主机收到的数据包的首部中的字段值不正确时，就丢弃该数据包，并向源站发送参数问题报文。该类报文格式如图 1-22 所示。

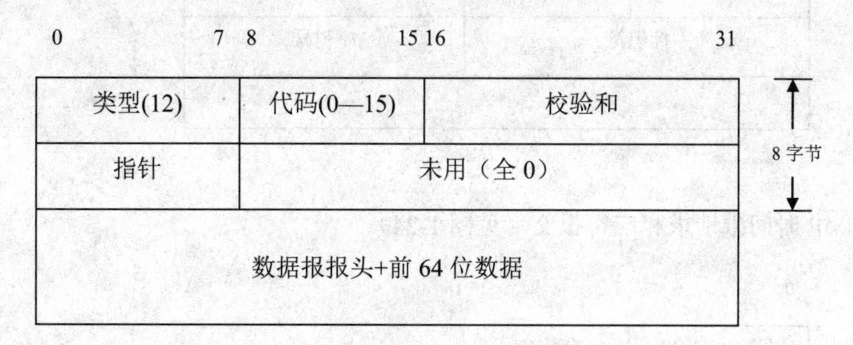

代码为 0 时，数据报某个参数错，指针域指向出错的字节。
代码为 1 时，数据报缺少某个选项，无指针域。

图 1-22

1.5.4.2　ICMP 查询报文

根据功能的不同，ICMP 查询报文可以分为 4 大类：请求回显（Echo）或应答、请求时间戳（Timestamp）或应答、请求地址掩码（Address mask）或应答、请求路由器或通告。请提起精神，后面 ping 编程的时候会用到这方面的理论知识。前面提到，种类由类型和代码字段（见表 1-3）决定。

表 1-3　ICMP 查询报文的类型、代码及含义

类型（TYPE）	代码	含义
8、0	0	回送请求（TYPE=8）、应答（TYPE=0）
13、14	0	时间戳请求（TYPE=13）、应答（TYPE=14）
17、18	0	地址掩码请求（TYPE=17）、应答（TYPE=18）
10、9	0	路由器请求（TYPE=10）、通告（TYPE=9）

这里要提一下回送请求和应答，Echo 的中文翻译为回声，有的文献用回送或回显，本书用“回显”。请求回显的含义就好比请求对方回复一个应答的意思。我们知道 Linux 或 Windows 下有一个 ping 命令，值得注意的是，Linux 下 ping 命令产生的 ICMP 报文大小是 56+8=64 字节，56 是 ICMP 报文数据部分长度，8 是 ICMP 报头部分长度；而 Windows（比如 XP）下 ping 命令产生的 ICMP 报文大小是 32+8=40 字节。该命令就是本机向一个目的主机发送一个请求回显（类型 Type=8）的 ICMP 报文，如果途中没有异常（例如被路由器丢弃、目标不回应 ICMP 或传输失败），则目标返回一个回显应答的 ICMP 报文（类型 Type=0），表明这台主机存在。后面章节还会讲到 ping 命令的抓包和编程。

为了让大家更形象地了解这四类查询报文格式，我们用图形来表示每一类报文。

（1）ICMP 请求回显和应答回显报文格式（见图 1-23）

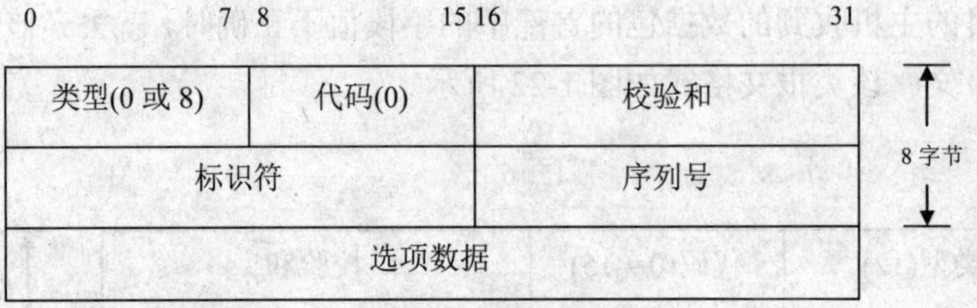

0
7 8
15 16
31
类型(0 或 8)
代码(0)
校验和
标识符
序列号
8 字节
选项数据

图 1-23

（2）ICMP 时间戳请求和应答报文（见图 1-24）

0
7 8
15 16
31
类型(13 或 14)
代码(0)
校验和
标识符
序列号
20 字节
发起时间戳
接收时间戳
传送时间戳

图 1-24

（3）ICMP 地址掩码请求和应答报文（见图 1-25）

0
7 8
15 16
31
类型(17 或 18)
代码(0)
校验和
标识符
序列号
12 字节
32 位子网掩码

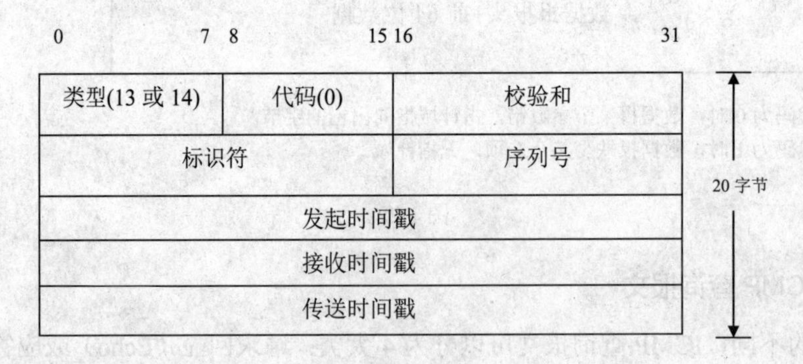

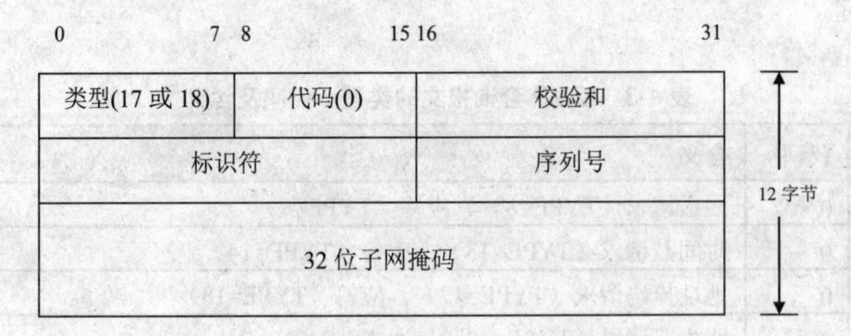

图 1-25

（4）ICMP 路由器请求报文和通告报文（见图 1-26、图 1-27）

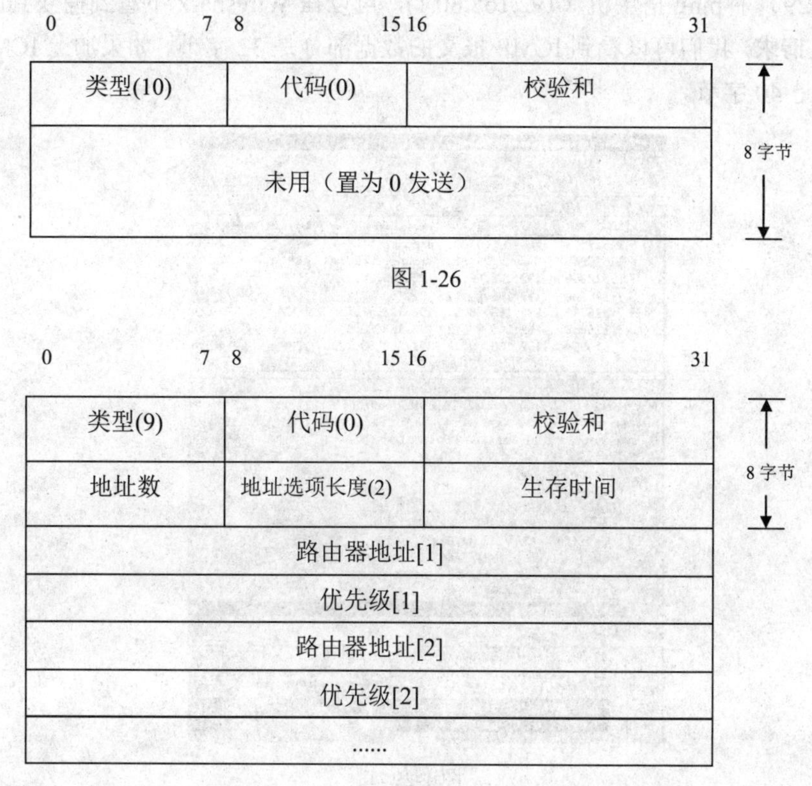

图 1-26

图 1-27

【例 1.1】抓包查看来自 Windows 的 ping 包

（1）启动 Vmware 下的 xp，设置网络连接方式为 NAT，则虚拟机 xp 会连接到虚拟交换机 VMnet8 上。

（2）在 Windows 7 安装并打开抓包软件 Wireshark，选择要捕获网络数据包的网卡是“VMware Virtual Ethernet Adapter for VMnet8”，如图 1-28 所示。

图 1-28

双击图 1-28 中选中的网卡，就开始在该网卡上捕获数据。此时我们在虚拟机 xp（192.168.80.129）下 ping 宿主机（192.168.80.1），可以在 Wireshark 下看到捕获到的 ping 包，图 1-29 是回显请求，我们可以看到 ICMP 报文的数据部分是 32 字节，如果加上 ICMP 报头（8 字节），那就是 40 字节。

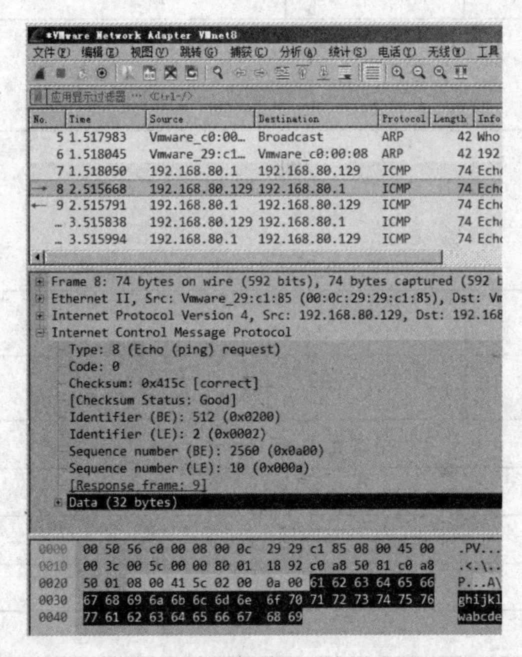

图 1-29

我们可以再一看下回显应答，ICMP 报文的数据部分长度依然是 32 字节，如图 1-30 所示。

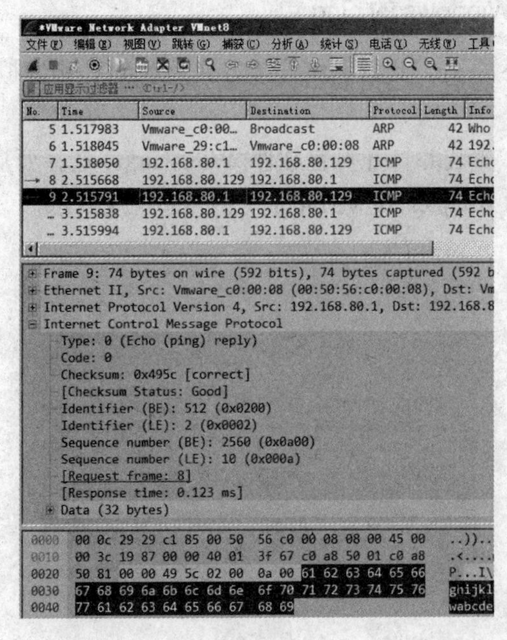

图 1-30

【例 1.2】抓包查看来自 Linux 的 ping 包

（1）启动 Vmware 下的 Linux，设置网络连接方式为 NAT，则虚拟机 Linux 会连接到虚拟交换机 VMnet8 上。

（2）在 Windows 7 中安装并打开抓包软件 Wireshark，选择要捕获网络数据包的网卡是“VMware Virtual Ethernet Adapter for VMnet8”（可参考上例）。

我们在虚拟机 Linux（192.168.80.128）下 ping 宿主机（192.168.80.1)，可以在 Wireshark 下看到捕获到的 ping 包。图 1-31 是回显请求，我们可以看到 ICMP 报文的数据部分是 56 字节，如果加上 ICMP 报头（8 字节），那就是 64 字节。

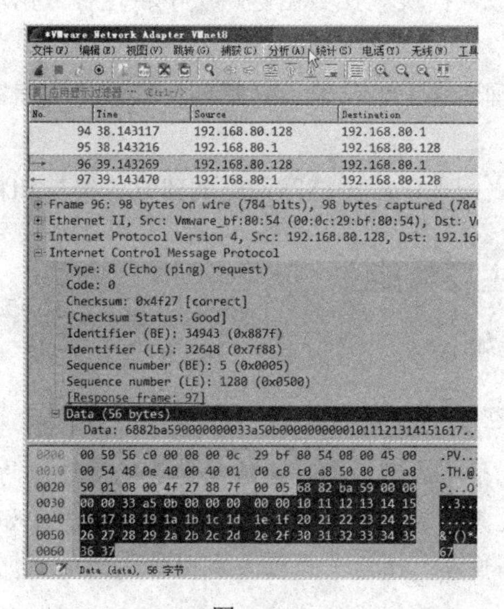

图 1-31

我们可以再看一下回显应答，ICMP 报文的数据部分长度依然是 56 字节，如图 1-32 所示。

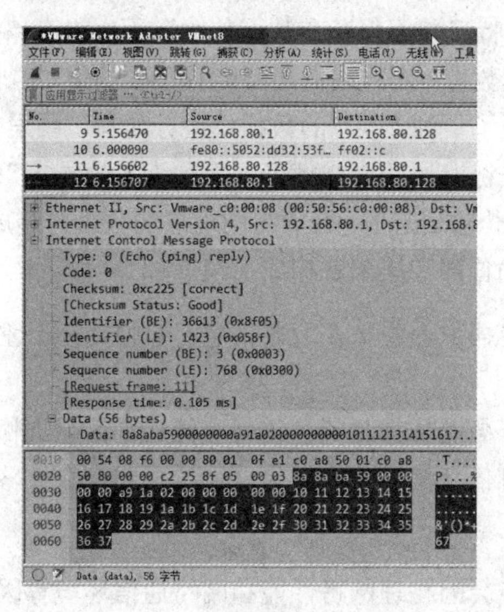

图 1-32

1.6 数据链路层

1.6.1 数据链路层的基本概念

数据链路层最基本的服务是将源计算机网络层来的数据可靠地传输到相邻节点目标计算机的网络层。为达到这一目的，数据链路层主要解决以下 3 个问题：

（1）如何将数据组合成数据块（在数据链路层中将这种数据块称为帧，帧是数据链路层的传送单位）。

（2）如何控制帧在物理信道上的传输，包括如何处理传输差错，如何调节发送速率以使之与接收方相匹配。

（3）在两个网络实体之间提供数据链路通路的建立、维持和释放管理。

1.6.2 数据链路层的主要功能

数据链路层的主要功能如下：

（1）为网络层提供服务

- 无确定的无连接服务，适用于实时通信或者误码率较低的通信信道，如以太网。
- 有确定的无连接服务，适用于误码率较高的通信信道，如无线通信。
- 有确定的面向连接服务，适用于通信要求比较高的场合。

（2）成帧、帧定界、帧同步、透明传输的功能

为了向网络层提供服务，数据链路层必须使用物理层提供的服务。我们知道，物理层是以比特流进行传输的，这种比特流并不保证在数据传输过程中没有错误，接收到的位数量可能少于、等于或者多于发送的位数量，而且它们还可能有不同的值。这时数据链路层为了能实现数据有效的差错控制，就采用了一种“帧”的数据块进行传输。要采帧格式传输，就必须有相应的帧同步技术，这就是数据链路层的“成帧”（也称为“帧同步”）功能。

成帧：两个工作站之间传输信息时，必须将网络层的分组封装成帧，以帧的形式进行传输。将一段数据的前后分别添加首部和尾部就构成了帧。

- 帧定界：首部和尾部中含有很多控制信息，它们的一个重要作用就是确定帧的界限，即帧定界。
- 帧同步：接收方应当能从接收的二进制比特流中区分出帧的起始和终止。
- 透明传输：不管所传数据是什么样的比特组合都能在链路上传输。

（3）差错控制功能

在数据通信过程中可能会因物理链路性能和网络通信环境等因素出现一些传送错误，为了

确保数据通信的准确，就必须使得这些错误发生的概率尽可能低。这一功能也是在数据链路层实现的，就是“差错控制”功能。

（4）流量控制

在双方的数据通信中，如何控制数据通信的流量同样非常重要。它既可以确保数据通信的有序进行，还可以避免通信过程中因为接收方来不及接收而造成的数据丢失。这就是数据链路层的“流量控制”功能。

（5）链路管理

数据链路层的“链路管理”功能包括数据链路的建立、链路的维持和释放三个主要方面。当网络中的两个结点要进行通信时，数据的发送方必须确知接收方是否已处在准备接收的状态。为此，通信双方必须先要交换一些必要的信息，以建立一条基本的数据链路，在传输数据时要维持数据链路，而在通信完毕时释放数据链路。

（6）MAC 寻址

这是数据链路层中 MAC 子层的主要功能。这里所说的“寻址”与“IP 地址寻址”是完全不一样的，因为此处所寻找的地址是计算机网卡的 MAC 地址，也称“物理地址”“硬件地址”“局域网地址（LAN Address）”“以太网地址（Ethernet Address）”，而不是 IP 地址。在以太网中，采用媒体访问控制（Media Access Control，MAC）地址进行寻址，MAC 地址被烧入每个以太网网卡中的。

网络接口层中的数据通常称为 MAC 帧，帧所用的地址为媒体设备地址，即 MAC 地址，也就是通常所说的物理地址。每一块网卡都有一个全世界唯一的物理地址，它的长度固定为 6 字节，比如 00-30-C8-01-08-39。我们在 Linux 操作系统的命令行下用 ifconfig -a 可以看到系统中所有网卡的信息。

MAC 帧的帧头定义如下：

```
typedef struct _MAC_FRAME_HEADER  //数据帧头定义
{
 char  cDstMacAddress[6];     //目的 MAC 地址
 char  cSrcMacAddress[6];     //源 MAC 地址
 short m_cType;               //上一层协议类型，如 0x0800 代表 IP 协议、0x0806 代表 ARP
}MAC_FRAME_HEADER,*PMAC_FRAME_HEADER;
```

1.7 一些容易混淆的术语

1.7.1 MTU

MTU 是最大传输单元（Maximum Transfer Unit）。各种物理网络技术都制定了一个物理帧的大小，这个大小的限值被称为最大传输单元。

不同物理网络技术的 MTU 不同，寸于一个网络而言,其 MTU 值是由其采用的物理技术决定的,而且通常保持不变。

1.7.2 IP 分组的分片问题

IP 数据包从网络层到了链路层，就会封装成数据帧。如果一个 IP 数据包无法封装在一个数据帧中,就将数据包分成几个长度小于 MTU 的分片。每个分片又叫作数据报，IP 分片也叫作 IP 数据报。然后将分片封装在帧中进行传输。这些分解的分片都传输到目的地后再将这些分片重新组成原来的 IP 数据包。

当一个 IP 数据包从 MTU 大的网络发往 MTU 小的网络时,IP 数据包往往就在路由器上进行分片。

IP 数据包的分片可能在源主机和网络路由器上发生，但重组只在目标主机中进行。

IP 数据包对数据包进行分片时，每一个分片都会独立地成为一个 IP 数据包，分片后的数据包都有自己的 IP 包头和数据区。这一句话很重要，大家要记住，也就是说每个分片（IP 数据报）都有自己的 IP 包头和数据区。

若新网络的 MTU 值不小于原有 MTU，就不必进行分片。

1.7.3 数据段

数据段（segment）是传输层的信息单元。

1.7.4 数据报

数据报（datagram）在不同场合有不同的含义。

第一个场合专指 UDP 数据报，面向无连接的数据传输。采用数据报方式传输时，被传输的分组称为数据报。例如，传输层 TCP 的分组叫作数据段，UDP 的分组叫作数据报。

还有一种场合的数据报是数据包的分组。IP 数据包大于 MTU 值时就需要分片，分成的每片数据是一个 IP 数据报。因此存在分片时，一个完整的 IP 数据包由一个或多个 IP 数据报组成。

1.7.5 数据包

数据包（packet）是网络层传输的数据单元，也称为 IP 包，包中带有足够的寻址信息（IP 地址），可独立地从源主机传输到目的主机。

数据包是 IP 协议中完整的数据单元，由一个或多个数据报组成。也就是说，一个完整的数据包是由若干个数据报组成的。

1.7.6　数据帧

数据帧（frame）是数据链路层的传输单元。为网络层传入的数据添加一个头部和尾部，组成帧。帧根据 MAC 地址寻址。

1.7.7　比特流

比特流（bit）是在物理层的介质上直接实现无结构 bit 流传送的，也就是高低电平信号。

第 2 章

本机网络信息编程

俗话说，千里之行，始于足下。网络编程也要从认识自己的电脑网络信息开始。本章将对常见的本机网络信息进行阐述。本章不难，主要是一些函数的使用。所有的本机网络信息都是通过调用 Win32 API 函数获得的。

2.1 获取本地计算机的名称和 IP

网络中的主机通常有一个主机名称和一个或多个 IP 地址。有了这些标识，其他主机就能找到我们，就能和我们通信。

2.1.1 gethostname 函数

gethostname 函数用来检索本地计算机的标准主机名，函数声明如下：

```
int gethostname(char *name, int namelen);
```

其中，参数 name 指向接收本地主机名的缓冲区的指针；namelen 表示 name 所指缓冲区的长度，以字节为单位。如果没有出现错误，那么函数返回零；否则，它将返回 SOCKET_ERROR，可以通过调用 WSAGetLastError 来检索特定的错误代码。

例如，我们可以利用下面的代码来获取本地计算机的名称：

```
char szHostName[128];
char szT[20];
if( gethostname(szHostName, 128) == 0 )
  puts("本地计算机名称是:%s", szHostName);
```

2.1.2 gethostbyname 函数

gethostbyname 函数从主机数据库中检索与主机名对应的主机信息，比如 IP 地址等，函数声明如下：

```
hostent * gethostbyname( const char *name);
```

其中，参数 name 是本地计算机的名称，可以用 gethostname 获得。如果没有出现错误，就将返回指向 hostent 结构的指针；否则，将返回一个空指针，并且可以通过调用 WSAGetLastError 来检索特定的错误号，比如错误号是 WSANOTINITIALISED，表示没有预先成功调用 WSAStartup 函数。

hostent 是一个结构体，定义如下：

```
typedef struct hostent {
  char  *h_name;
  char  **h_aliases;
  short  h_addrtype;
  short  h_length;
  char  **h_addr_list;
} HOSTENT, *PHOSTENT, *LPHOSTENT;
```

其中，h_name 表示主机的正式名称。h_aliases 指向以 NULL 结尾的主机别名数组；h_addrtype 返回地址类型；h_length 表示 ip 地址的长度，ipv4 对应 4 个字节；一般主机可以有多个 ip 地址，比如 www.163.com 就有 121.14.228.43 和 121.11.151.72 两个 ip，h_addr_list 就用来保存多个 ip 地址。

在 Internet 环境下为 AF-INET；h_length 表示地址的字节长度；h_addr_list 指向一个以 NULL 结尾的数组，包含该主机的所有地址。

例如，下面的代码可以获得本机所有的 IP 地址：

```
struct hostent * pHost;
int i;
pHost = gethostbyname(szHostName);
for( i = 0; pHost!= NULL && pHost->h_addr_list[i]!= NULL; i++ )
{
     char str[100];
     char addr[20];
     int j;
     LPCSTR psz=inet_ntoa (*(struct in_addr *)pHost->h_addr_list[i]);
     m_IPAddr.AddString(psz);
}
```

2.1.3　inet_ntoa 函数

inet_ntoa 该函数将一个十进制网络字节序转换为点分十进制 IP 格式的字符串，函数声明如下：

```
char*inet_ntoa(struct  in_addr  in);
```

其中，参数 in 表示 Internet 主机地址的结构，结构体 in_addr 在第 7 章中会介绍。如果函数正确，就返回一个字符指针，指向一块存储着点分格式 IP 地址的静态缓冲区；如果错误，就返回 NULL。

下面我们看一个例子，是一个对话框程序，用来获取本机的名称和 IP 地址。如果大家对于对话框编程不熟悉，可以参考笔者关于 VC2017 开发的书籍《Visual C++ 2017 从入门到精通》。

【例 2.1】获取本机名称和 IP 地址

（1）新建一个对话框工程，工程名是 test。

（2）切换到资源视图，打开对话框编辑器，在对话框上添加一个编辑框、一个列表框（List Box）和一个按钮。其中，编辑框用来显示本机名称，列表框用来显示本机的 IP 地址。设置按钮的标题是“查询”。为编辑添加控件类型变量 m_HostName，为列表框添加控件变量 m_IPAddr。

（3）设置工程属性。打开工程属性对话框，设置工程为多字节字符工程，如图 2-1 所示。

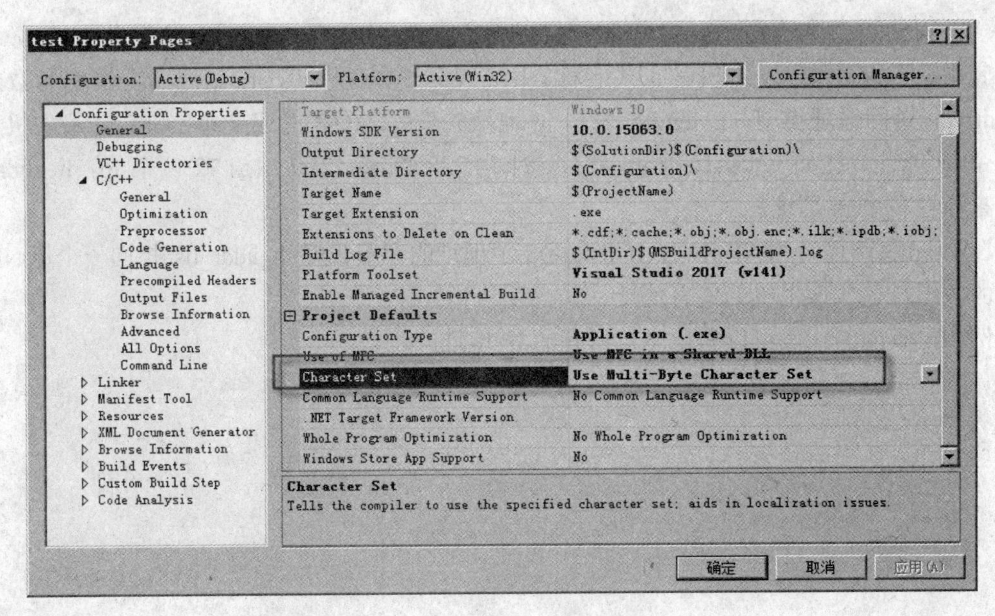

图 2-1

展开“C/C++”→“Preprocessor”，在右边第一行“Preprocessor Definitions”旁的开头添加一个宏：

```
_WINSOCK_DEPRECATED_NO_WARNINGS;
```

注意有个分号。有了这个宏，就可以使用一些传统函数了，而不会出现警告，如图 2-2 所示。

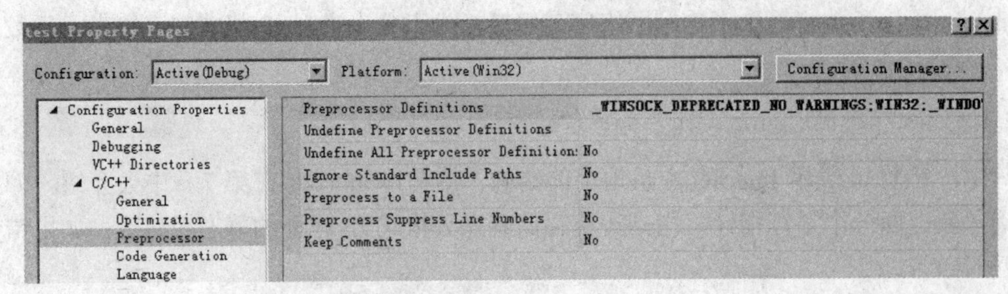

图 2-2

（4）切换类视图，选择 CtestApp，对其成员函数 InitInstance 双击，在 InitInstance 函数中添加 Winsock 库初始化代码：

```
if (!AfxSocketInit())
{
    AfxMessageBox("AfxSocketInit failed");
    return FALSE;
}
```

在 test.h 开头添加头文件包含：

```
#include <afxsock.h>
```

（5）切换到资源视图，在对话框界面中的“查询”按钮上双击，添加事件响应代码：

```
void CtestDlg::OnBnClickedButton1()
{
 // TODO: Add your control notification handler code here
 char szHostName[128];
 char szT[20];

 if (gethostname(szHostName, 128) == 0)//获取本机名称
 {
     // Get host adresses
     m_HostName.SetWindowText(szHostName);//本机名称显示在编辑框中
     struct hostent * pHost;
     int i;
     pHost = gethostbyname(szHostName);//获取本机网络信息
     for (i = 0; pHost != NULL && pHost->h_addr_list[i] != NULL; i++)
     {
         char str[100];
         char addr[20];
         int j;
         LPCSTR psz = inet_ntoa(*(struct in_addr *)pHost->h_addr_list[i]);
         m_IPAddr.AddString(psz); //把 IP 字符串显示在列表框中
     }
 }
}
```

在代码中，首先获取了本机名称，然后显示在编辑框中，接着获取本机网络信息，最后显示在列表框中。

（6）保存工程并运行，结果如图 2-3 所示。

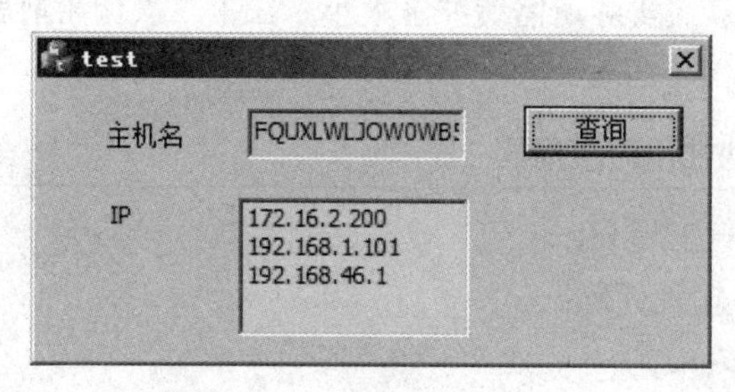

图 2-3

2.2 获取本机子网 IP 地址和子网掩码

子网掩码（subnet mask）又叫网络掩码、地址掩码、子网络遮罩，用来指明一个 IP 地址的哪些位标识的是主机所在的子网以及哪些位标识的是主机的位掩码。子网掩码不能单独存在，必须结合 IP 地址一起使用。子网掩码只有一个作用，就是将某个 IP 地址划分成网络地址和主机地址两部分。

GetAdaptersInfo 函数

GetAdaptersInfo 函数用来检索本地计算机的适配器信息，函数声明如下：

```
ULONG GetAdaptersInfo(PIP_ADAPTER_INFO  pAdapterInfo,  PULONG  pOutBufLen);
```

其中，pAdapterInfo 指向接收 IP 适配器信息结构链表的缓冲区的指针，注意 pAdapterInfo 指向的是一个链表节点的指针；参数 pOutBufLen 指向 ulong 变量的指针，该变量指定 pAdapterInfo 参数指向的缓冲区大小，如果此大小不足以保存适配器信息，pAdapterInfo 将使用所需的大小填充此变量，并返回错误代码 ERROR_BUFFER_OVERFLOW。如果函数成功，返回值为 ERROR_SUCCESS。如果函数失败，返回值是以下错误代码之一：

- ERROR_BUFFER_OVERFLOW：表示接收适配器信息的缓冲区太小。如果 poutbuflen 参数指示的缓冲区大小太小，无法容纳适配器信息，或者 pAdapterInfo 参数为空指针，返回此错误代码时，pOutBufLen 参数指向所需的缓冲区大小。因此，我们可以让 pAdapterInfo 为 NULL 来获得所需缓冲区的大小，然后就可以给 pAdapterInfo 分配空间了。
- ERROR_INVALID_DATA：检索到无效的适配器信息。
- ERROR_INVALID_PARAMETER：存在某个参数无效。如果 pOutBufLen 参数为空指针，或者调用进程对 pOutBufLen 指向的内存没有读/写访问权限，或者调用进程对 pAdapterInfo 参数指向的内存没有写访问权限，就返回此错误。
- ERROR_NO_DATA：本地计算机不存在适配器信息。
- ERROR_NOT_SUPPORTED：本地计算机上运行的操作系统不支持 GetAdaptersInfo 函数。

这个函数在调用的时候，一般分两次调用。第一次调用的时候 pAdapterInfo 设为 NULL，这样 pOutBufLen 将指向获得实际所需缓冲区大小，在第二次调用前就可以为 pAdapterInfo 分配实际所需大小了。下面看例子。

【例 2.2】获取本机 IP 地址和对应掩码

（1）新建一个控制台工程 test。

（2）打开 test.cpp，输入代码：

```
#include "stdafx.h"
#include <atlstr.h>
#include <IPHlpApi.h>
```

```
#include <iostream>
#pragma comment(lib, "Iphlpapi.lib")

using namespace std;

int _tmain(int argc, _TCHAR* argv[])
{
 CString szMark;
 PIP_ADAPTER_INFO pAdapterInfo=NULL;
 PIP_ADAPTER_INFO pAdapter = NULL;
 DWORD dwRetVal = 0;

 ULONG ulOutBufLen  = sizeof(IP_ADAPTER_INFO);

 // 第一次调用 GetAdapterInfo 获取 ulOutBufLen 大小
 if (GetAdaptersInfo(NULL, &ulOutBufLen) == ERROR_BUFFER_OVERFLOW)
     pAdapterInfo = (IP_ADAPTER_INFO *)malloc(ulOutBufLen);

 if ((dwRetVal = GetAdaptersInfo(pAdapterInfo, &ulOutBufLen)) == NO_ERROR)
 {
     pAdapter = pAdapterInfo;
     while (pAdapter)
     {
         PIP_ADDR_STRING pIPAddr;
         pIPAddr = &pAdapter->IpAddressList;
         while (pIPAddr)
         {
             cout << "IP:" << pIPAddr->IpAddress.String << endl;
             cout << "Mask:" << pIPAddr->IpMask.String << endl;
             cout << endl;
             pIPAddr = pIPAddr->Next;
         }
         pAdapter = pAdapter->Next;
     }
 }

 if (pAdapterInfo)
     free(pAdapterInfo);

 getchar();
 return 0;
}
```

（3）保存工程并运行，结果如图 2-4 所示。

图 2-4

从这个例子和上个例子可以看出，获取本机 IP 地址的方法不止一种。

2.3 获取本机物理网卡地址信息

网卡地址也就是 MAC 地址，是一个用来确认网上设备位置的地址。它的长度是 48 比特（6 字节），由 16 进制的数字组成，分为前 24 位和后 24 位。在 Windows 下，单击【开始】按钮，选择【运行】菜单，输入“cmd”，然后输入“ipconfig /all”（或者输入“ipconfig-all”）就可以看到网卡地址了，如图 2-5 所示。

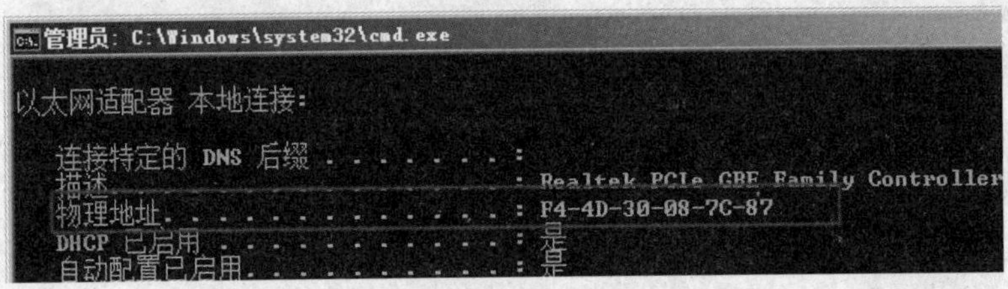

```
管理员: C:\Windows\system32\cmd.exe

以太网适配器 本地连接:

   连接特定的 DNS 后缀 . . . . . . . :
   描述. . . . . . . . . . . . . . . : Realtek PCIe GBE Family Controller
   物理地址. . . . . . . . . . . . . : F4-4D-30-08-7C-87
   DHCP 已启用 . . . . . . . . . . . : 是
   自动配置已启用. . . . . . . . . . : 是
```

图 2-5

获取网卡 MAC 地址的方法很多，如 Netbios、SNMP、GetAdaptersInfo 等。经过测试发现：Netbios 方法在网线拔出的情况下获取不到 MAC；而 SNMP 方法有时会获取多个重复的网卡的 MAC；还是 GetAdaptersInfo 方法比较好，即使在网线拔出的情况下也可以获取 MAC，而且很准确，不会重复获取网卡。

GetAdaptersInfo 方法也不是十全十美的，也存在一些问题：

- 如何区分物理网卡和虚拟网卡。
- 如何区分无线网卡和有线网卡。
- “禁用”的网卡获取不到。

关于问题 1 和问题 2，笔者的处理办法是：

- 区分物理网卡和虚拟网卡：pAdapter->Description 中包含"PCI"的是物理网卡。（试了 3 台机器可以。）
- 区分无线网卡和有线网卡：pAdapter->Type 为 71 的是无线网卡。（试了 2 个无线网卡可以。）

这些都是笔者的心血啊！希望大家不要再走弯路。关于函数 GetAdaptersInfo，上面已经介绍过了，这里不再赘述。

【例 2.3】获取本机物理网卡的地址信息

（1）新建一个控制台工程 test。

（2）在 test.cpp 中输入如下代码：

```
#include "stdafx.h"
#include <atlbase.h>
#include <atlconv.h>
#include "iphlpapi.h"
#pragma comment ( lib, "Iphlpapi.lib")

int main(int argc, char* argv[])
{
 PIP_ADAPTER_INFO pAdapterInfo;
 PIP_ADAPTER_INFO pAdapter = NULL;
 DWORD dwRetVal = 0;

 pAdapterInfo = (IP_ADAPTER_INFO*)malloc(sizeof(IP_ADAPTER_INFO));
 ULONG ulOutBufLen = sizeof(IP_ADAPTER_INFO);

 if (GetAdaptersInfo(pAdapterInfo, &ulOutBufLen) != ERROR_SUCCESS)
 {
     GlobalFree(pAdapterInfo);
     pAdapterInfo = (IP_ADAPTER_INFO*)malloc(ulOutBufLen);
 }

 if ((dwRetVal = GetAdaptersInfo(pAdapterInfo, &ulOutBufLen)) == NO_ERROR)
 {
     pAdapter = pAdapterInfo;
     while (pAdapter)
     {
// pAdapter->Description 中包含"PCI"的为物理网卡;pAdapter->Type 是 71 的为无线网卡
     if (strstr(pAdapter->Description, "PCI") > 0 || pAdapter->Type == 71)
         {
             printf("------------------------------\n");
             printf("AdapterName: \t%s\n", pAdapter->AdapterName);
             printf("AdapterDesc: \t%s\n", pAdapter->Description);
             printf("AdapterAddr: \t");
             for (UINT i = 0; i <pAdapter->AddressLength; i++)
             {
                 printf("%X%c", pAdapter->Address[i],
                     i == pAdapter->AddressLength - 1 ? '\n' : '-');
             }
             printf("AdapterType: \t%d\n", pAdapter->Type);
             printf("IPAddress: \t%s\n",
pAdapter->IpAddressList.IpAddress.String);
             printf("IPMask: \t%s\n", pAdapter->IpAddressList.IpMask.String);
         }
         pAdapter = pAdapter->Next;
     }
 }
 else
 {
     printf("Callto GetAdaptersInfo failed.\n");
 }
 return 0;
```

```
}
```

（3）保存工程并运行，结果如图 2-6 所示。

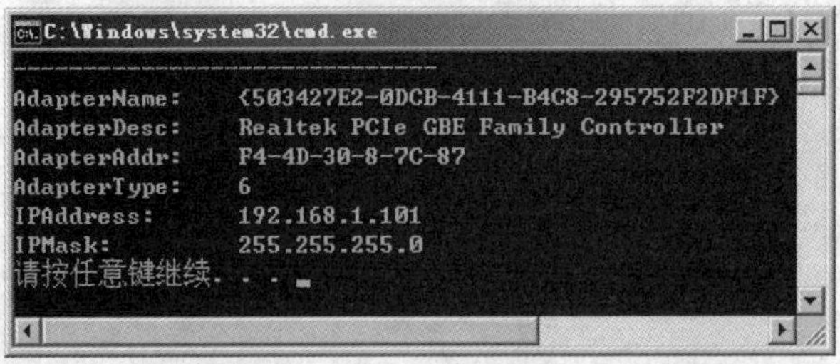

```
C:\Windows\system32\cmd.exe
--------------------------------------
AdapterName:     {503427E2-0DCB-4111-B4C8-295752F2DF1F}
AdapterDesc:     Realtek PCIe GBE Family Controller
AdapterAddr:     F4-4D-30-8-7C-87
AdapterType:     6
IPAddress:       192.168.1.101
IPMask:          255.255.255.0
请按任意键继续. . .
```

图 2-6

2.4 获取本机所有网卡（包括虚拟网卡）的列表和信息

前一节我们获取了物理网卡的信息。有时候电脑上还存在虚拟网卡，比如安装 VMware 之类的软件，就会自动生成虚拟网卡。本机要获取的是包括虚拟网卡在内的所有网卡的信息，获取的方法依然是使用 GetAdaptersInfo（该函数前面已经介绍过了，这里不再赘述）。

【例 2.4】获取本机所有网卡信息

（1）新建一个控制台工程 test。

（2）打开 test.cpp，输入如下代码：

```
#include "stdafx.h"
#include <Windows.h>
#include <IPHlpApi.h>
#include <iostream>
#pragma comment(lib,"IPHlpApi.lib")
using namespace std;

BOOL GetLocalAdaptersInfo()
{
 //IP_ADAPTER_INFO 结构体
 PIP_ADAPTER_INFO pIpAdapterInfo = NULL;
 pIpAdapterInfo = new IP_ADAPTER_INFO;

 //结构体大小
 unsigned long ulSize = sizeof(IP_ADAPTER_INFO);

 //获取适配器信息
 int nRet = GetAdaptersInfo(pIpAdapterInfo, &ulSize);

 if (ERROR_BUFFER_OVERFLOW == nRet)
 {
```

```
        //空间不足，删除之前分配的空间
        delete[]pIpAdapterInfo;

        //重新分配大小
        pIpAdapterInfo = (PIP_ADAPTER_INFO) new BYTE[ulSize];

        //获取适配器信息
        nRet = GetAdaptersInfo(pIpAdapterInfo, &ulSize);

        //获取失败
        if (ERROR_SUCCESS != nRet)
        {
            if (pIpAdapterInfo != NULL)
            {
                delete[]pIpAdapterInfo;
            }
            return FALSE;
        }
    }

    //MAC 地址信息
    char szMacAddr[20];
    //赋值指针
    PIP_ADAPTER_INFO pIterater = pIpAdapterInfo;
    while (pIterater)
    {
        cout << "网卡名称：" << pIterater->AdapterName << endl;

        cout << "网卡描述：" << pIterater->Description << endl;

        sprintf_s(szMacAddr, 20, "%02X-%02X-%02X-%02X-%02X-%02X",
            pIterater->Address[0],
            pIterater->Address[1],
            pIterater->Address[2],
            pIterater->Address[3],
            pIterater->Address[4],
            pIterater->Address[5]);

        cout << "MAC 地址：" << szMacAddr << endl;

        cout << "IP 地址列表：" << endl << endl;

        //指向 IP 地址列表
        PIP_ADDR_STRING pIpAddr = &pIterater->IpAddressList;
        while (pIpAddr)
        {
            cout << "IP 地址：  " << pIpAddr->IpAddress.String << endl;
            cout << "子网掩码：" << pIpAddr->IpMask.String << endl;

            //指向网关列表
            PIP_ADDR_STRING pGateAwayList = &pIterater->GatewayList;
            while (pGateAwayList)
            {
                cout << "网关：    " << pGateAwayList->IpAddress.String << endl;
```

```
                pGateAwayList = pGateAwayList->Next;
            }

            pIpAddr = pIpAddr->Next;
        }
        cout << endl << "--------------------------" << endl;
        pIterater = pIterater->Next;
    }

    //清理
    if (pIpAdapterInfo)
    {
        delete[]pIpAdapterInfo;
    }

    return TRUE;
}

int _tmain(int argc, _TCHAR* argv[])
{
    GetLocalAdaptersInfo();

    cin.get();
    return 0;
}
```

（3）保存工程并运行，结果如图 2-7 所示。

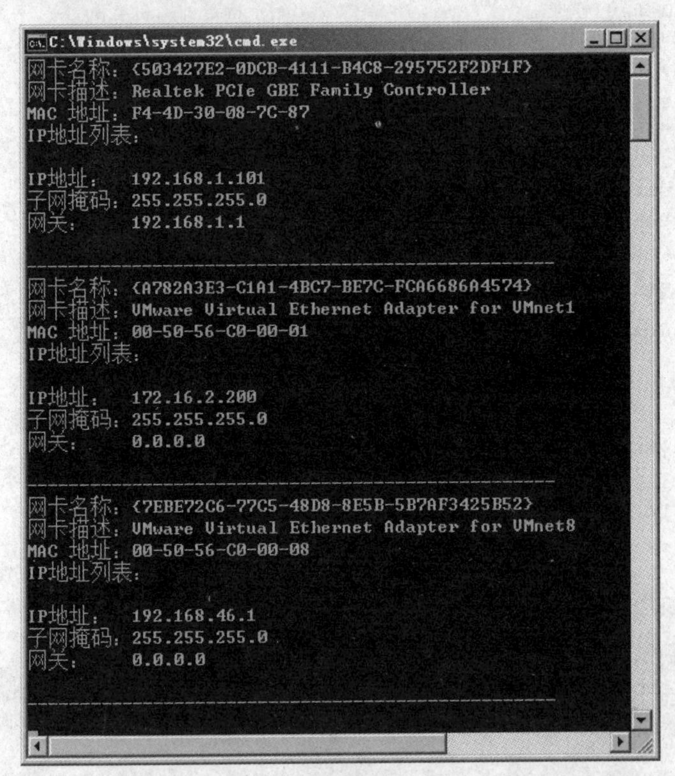

图 2-7

我们可以看到包括 VMware 的虚拟网卡在内的网卡信息也获取到了。

2.5 获取本地计算机的 IP 协议统计数据

通过函数 GetIpStatistics 可以获取当前主机的 IP 协议的统计数据，比如已经收到了多少个数据包。该函数声明如下：

```
ULONG GetIpStatistics(PMIB_IPSTATS pStats);
```

其中，参数 pStats 指向 MIB_IPSTATS 结构的指针，该结构接收本地计算机的 IP 统计信息。如果函数成功，返回值为 NO_ERROR。如果函数失败，返回值是以下错误代码：

- ERROR_INVALID_PARAMETER：pStats 参数为空，或者 GetIpStatistics 无法写入 pStats 参数指向的内存。

结构体 MIB_IPSTATS 的定义如下：

```
typedef struct _MIB_IPSTATS
{
// dwForwarding 指定 IPv4 或 IPv6 的每个协议转发状态，而不是接口的转发状态
    DWORD       dwForwarding;
    DWORD  dwDefaultTTL;             //起始于特定计算机上的数据包的默认初始生存时间
    DWORD       dwInReceives;        //接收到的数据包数
    DWORD       dwInHdrErrors;       //接收到的有头部错误的数据包数
    DWORD       dwInAddrErrors;      //收到的具有地址错误的数据包数
    DWORD       dwForwDatagrams;     //转发的数据包数
    DWORD       dwInUnknownProtos;   //接收到的具有未知协议的数据包数
    DWORD       dwInDiscards;        //丢弃的接收数据包的数目
    DWORD       dwInDelivers;        //已传递的接收数据包的数目
// IP 请求传输的传出数据包数。此数目不包括转发的数据包
    DWORD       dwOutRequests;
    DWORD       dwRoutingDiscards;   //丢弃的传出数据包的数目
    DWORD       dwOutDiscards;       //丢弃的传输数据包数
//此计算机没有到目标 IP 地址的路由的数据包数，这些数据包被丢弃
    DWORD       dwOutNoRoutes;
//允许碎片数据包的所有部分到达的时间量。如果在这段时间内所有数据块都没有到达，数据包将被丢弃
    DWORD       dwReasmTimeout;
    DWORD       dwReasmReqds;        //需要重新组装的数据包数
    DWORD       dwReasmOks;          //成功重新组合的数据包数
    DWORD       dwReasmFails;        //无法重新组合的数据包数
    DWORD       dwFragOks;           //成功分段的数据包数
//由于 IP 头未指定分段而未分段的数据包数，这些数据包被丢弃
    DWORD       dwFragFails;
    DWORD       dwFragCreates;       //创建的片段数
    DWORD       dwNumIf;             //接口的数目
    DWORD       dwNumAddr;           //与此计算机关联的 IP 地址数
    DWORD       dwNumRoutes;         //IP 路由选项卡中的路由数
```

```
} MIB_IPSTATS, *PMIB_IPSTATS;
```

GetIpStatistics 函数返回当前计算机上 IPv4 的统计信息。如果还需要获得 IPv6 的 IP 统计信息，可以用其扩展函数 GetIpStatisticsEx。

【例 2.5】获取本机的 IP 统计数据

（1）新建一个对话框工程，工程名是 Demo。

（2）切换到资源视图，在对话框上放一个列表框和一个按钮。其中，列表框的 ID 是 IDC_LIST。双击按钮，为其添加事件响应代码：

```
void CDemoDlg::OnTest()
{
CListBox* pListBox = (CListBox*)GetDlgItem(IDC_LIST);
pListBox->ResetContent();

MIB_IPSTATS IPStats;

//获得 IP 协议统计信息
if (GetIpStatistics(&IPStats) != NO_ERROR)
{
    return;
}

CString strText = _T("");
strText.Format(_T("IP forwarding enabled or disabled:%d"),
    IPStats.dwForwarding);
pListBox->AddString(strText);
strText.Format(_T("default time-to-live:%d"),
    IPStats.dwDefaultTTL);
pListBox->AddString(strText);
strText.Format(_T("datagrams received:%d"),
    IPStats.dwInReceives);
pListBox->AddString(strText);
strText.Format(_T("received header errors:%d"),
    IPStats.dwInHdrErrors);
pListBox->AddString(strText);
strText.Format(_T("received address errors:%d"),
    IPStats.dwInAddrErrors);
pListBox->AddString(strText);
strText.Format(_T("datagrams forwarded:%d"),
    IPStats.dwForwDatagrams);
pListBox->AddString(strText);
strText.Format(_T("datagrams with unknown protocol:%d"),
    IPStats.dwInUnknownProtos);
pListBox->AddString(strText);
strText.Format(_T("received datagrams discarded:%d"),
    IPStats.dwInDiscards);
pListBox->AddString(strText);
strText.Format(_T("received datagrams delivered:%d"),
```

```
        IPStats.dwInDelivers);
    pListBox->AddString(strText);
    strText.Format(_T("outgoing datagrams requested to send:%d"),
        IPStats.dwOutRequests);
    pListBox->AddString(strText);
    strText.Format(_T("outgoing datagrams discarded:%d"),
        IPStats.dwOutDiscards);
    pListBox->AddString(strText);
    strText.Format(_T("sent datagrams discarded:%d"),
        IPStats.dwOutDiscards);
    pListBox->AddString(strText);
    strText.Format(_T("datagrams for which no route exists:%d"),
        IPStats.dwOutNoRoutes);
    pListBox->AddString(strText);
    strText.Format(_T("datagrams for which all frags did not arrive:%d"),
        IPStats.dwReasmTimeout);
    pListBox->AddString(strText);
    strText.Format(_T("datagrams requiring reassembly:%d"),
        IPStats.dwReasmReqds);
    pListBox->AddString(strText);
    strText.Format(_T("successful reassemblies:%d"),
        IPStats.dwReasmOks);
    pListBox->AddString(strText);
    strText.Format(_T("failed reassemblies:%d"),
        IPStats.dwReasmFails);
    pListBox->AddString(strText);
    strText.Format(_T("successful fragmentations:%d"),
        IPStats.dwFragOks);
    pListBox->AddString(strText);
    strText.Format(_T("failed fragmentations:%d"),
        IPStats.dwFragFails);
    pListBox->AddString(strText);
    strText.Format(_T("datagrams fragmented:%d"),
        IPStats.dwFragCreates);
    pListBox->AddString(strText);
    strText.Format(_T("number of interfaces on computer:%d"),
        IPStats.dwNumIf);
    pListBox->AddString(strText);
    strText.Format(_T("number of IP address on computer:%d"),
        IPStats.dwNumAddr);
    pListBox->AddString(strText);
    strText.Format(_T("number of routes in routing table:%d"),
        IPStats.dwNumRoutes);
    pListBox->AddString(strText);
}
```

在 DemoDlg.cpp 开头包括文件和引用库文件：

```
#include <Iphlpapi.h>
#pragma comment(lib,"IPHlpApi.lib")
```

（3）保存工程并运行，结果如图 2-8 所示。

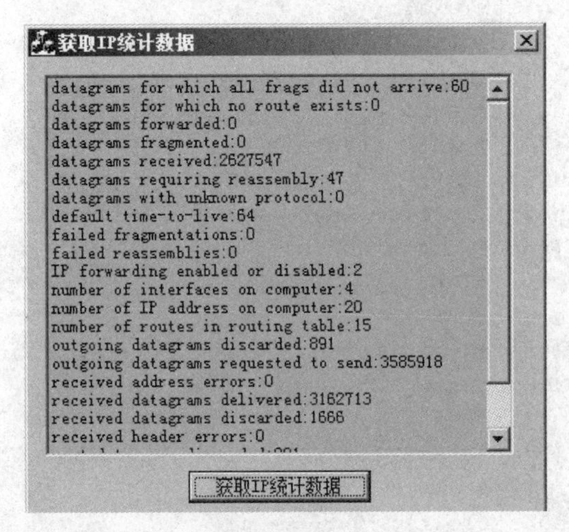

图 2-8

2.6 获取本机的 DNS 地址

DNS（Domain Name System，域名系统）是互联网的一项服务。它作为将域名和 IP 地址相互映射的一个分布式数据库，能够使人更方便地访问互联网。DNS 使用 TCP 和 UDP 端口 53。当前，对于每一级域名长度的限制是 63 个字符，域名总长度则不能超过 253 个字符。

DNS 是万维网上作为域名和 IP 地址相互映射的一个分布式数据库，能够使用户更方便地访问互联网，而不用去记住能够被机器直接读取的 IP 数串。DNS 查询过程如图 2-9 所示。

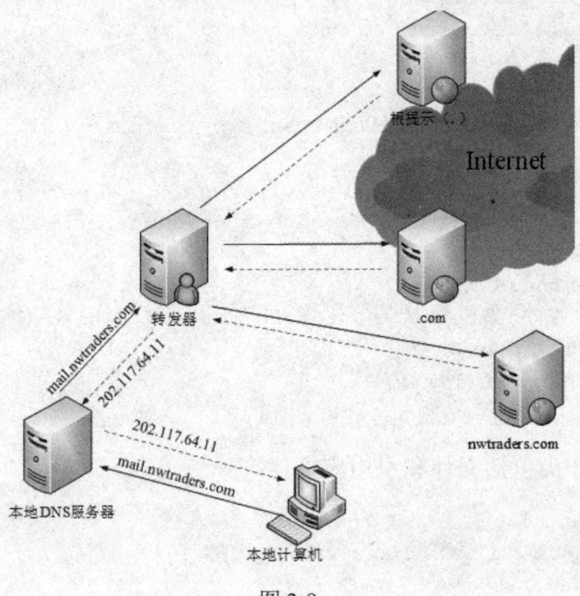

图 2-9

通过函数 GetNetworkParams 可以获得本机上所有配置好的 DNS 地址。该函数声明如下：

```
DWORD GetNetworkParams(PFIXED_INFO pFixedInfo,PULONG      pOutBufLen);
```

其中，参数 pFixedInfo 指向一个缓冲区的指针，该缓冲区包含一个固定的信息结构，该结构接收本地计算机的网络参数（如果函数成功），调用 GetNetworkParams 函数之前，调用方必须分配此缓冲区；pOutBufLen 指向一个 ULONG 变量的指针，该变量指定固定信息结构的大小。如果此大小不足以容纳信息，函数将使用所需大小填充此变量，并返回错误代码 ERROR_BUFFER_OVERFLOW。如果函数成功，返回值为 ERROR_SUCCESS；如果函数失败，将返回错误代码。

【例 2.6】获取本机所有 DNS 地址

（1）新建一个控制台工程 test。

（2）在 test.cpp 中输入代码如下：

```
#include "stdafx.h"
#include <windows.h>
#include <Iphlpapi.h>
#pragma comment(lib,"IPHlpApi.lib")

int main()
{
 DWORD nLength = 0;
 //先获取实际大小，并存入 nLength
 if (GetNetworkParams(NULL, &nLength) != ERROR_BUFFER_OVERFLOW)
 {
     return -1;
 }
 //根据实际所需大小，分配空间
 FIXED_INFO* pFixedInfo = (FIXED_INFO*)new BYTE[nLength];

 //获得本地计算机网络参数
 if (GetNetworkParams(pFixedInfo, &nLength) != ERROR_SUCCESS)
 {
     delete[] pFixedInfo;
     return -1;
 }

 //获得本地计算机 DNS 服务器地址
 char strText[500] = "本地计算机的 DNS 地址：\n";
 IP_ADDR_STRING* pCurrentDnsServer = &pFixedInfo->DnsServerList;
 while (pCurrentDnsServer != NULL)
 {
     char strTemp[100] = "";
     sprintf(strTemp, "%s\n", pCurrentDnsServer->IpAddress.String);
     strcat(strText, strTemp);
     pCurrentDnsServer = pCurrentDnsServer->Next;
 }
 puts(strText);
```

```
    delete[] pFixedInfo;

    return 0;
}
```

（3）保存工程并运行，运行结果如图 2-10 所示。

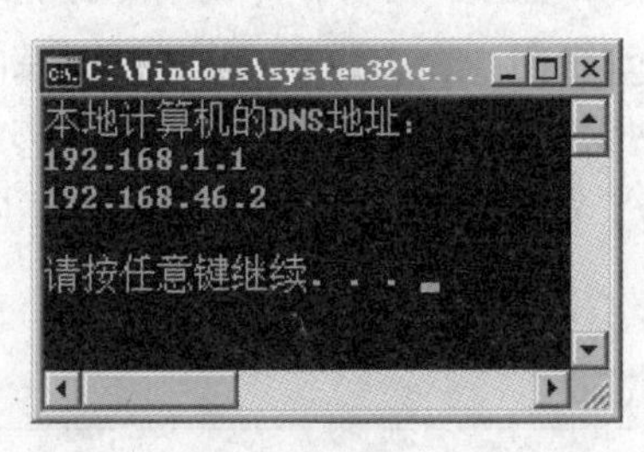

图 2-10

此时大家可以通过 ipconfig/all 来对比确认。

2.7 获取本机上的 TCP 统计数据

前面有例子获取了本机的 IP 协议统计数据，现在我们来获取 TCP 协议的统计数据。该功能可以通过函数 GetTcpStatistics 实现，该函数声明如下：

```
ULONG GetTcpStatistics(  PMIB_TCPSTATS pStats);
```

其中，参数 pStats 指向 MIB_TCPSTATS 结构的指针，该结构接收本地计算机的 TCP 统计信息。如果函数成功，返回值为 NO_ERROR；如果函数失败，返回值是以下错误代码：

- ERROR_INVALID_PARAMETER：pStats 参数为空，或者 GetTcpStatistics 无法写入 pStats 参数指向的内存。

结构体 MIB_TCPSTATS 定义如下：

```
typedef struct _MIB_TCPSTATS
{
    DWORD       dwRtoAlgorithm;         //正在使用的重传超时（RTO）算法
    DWORD       dwRtoMin;               // 以毫秒为单位的最小 RTO 值
    DWORD       dwRtoMax;               // 以毫秒为单位的最大 RTO 值
    DWORD    dwMaxConn;// 最大连接数。若此成员为-1，则最大连接数是可变的
    //活动打开的次数。在活动打开状态下，客户端正在启动与服务器的连接
    DWORD       dwActiveOpens;
    //被动打开的次数。在被动打开中，服务器正在侦听来自客户端的连接请求
    DWORD       dwPassiveOpens;
    DWORD       dwAttemptFails;         // 连接尝试失败的次数
    DWORD       dwEstabResets;          // 已重置的已建立连接数
    DWORD       dwCurrEstab;            // 当前建立的连接数
    DWORD       dwInSegs;               // 接收的段数
```

```
    DWORD       dwOutSegs;              // 传输的段数。此数字不包括重新传输的段
    DWORD       dwRetransSegs;          // 重新传输的段数
    DWORD       dwInErrs;               // 收到的错误数
    DWORD       dwOutRsts;              // 使用重置标志集传输的段数
    //系统中当前存在的连接数。此总数包括除侦听连接之外所有状态的连接
    DWORD       dwNumConns;
} MIB_TCPSTATS, *PMIB_TCPSTATS;
```

【例 2.7】获取本机 TCP 协议的统计数据

（1）新建一个对话框工程 Demo。

（2）切换到资源视图，在对话框上放一个列表框和一个按钮。其中，列表框的 ID 是 IDC_LIST。双击按钮，为其添加事件响应代码：

```
void CDemoDlg::OnTest()
{
 CListBox* pListBox = (CListBox*)GetDlgItem(IDC_LIST);
 pListBox->ResetContent();

 MIB_TCPSTATS TCPStats;

 //获得 TCP 协议统计信息
 if (GetTcpStatistics(&TCPStats) != NO_ERROR)
 {
     return;
 }

 CString strText = _T("");
 strText.Format(_T("time-out algorithm:%d"),
     TCPStats.dwRtoAlgorithm);
 pListBox->AddString(strText);
 strText.Format(_T("minimum time-out:%d"),
     TCPStats.dwRtoMin);
 pListBox->AddString(strText);
 strText.Format(_T("maximum time-out:%d"),
     TCPStats.dwRtoMax);
 pListBox->AddString(strText);
 strText.Format(_T("maximum connections:%d"),
     TCPStats.dwMaxConn);
 pListBox->AddString(strText);
 strText.Format(_T("active opens:%d"),
     TCPStats.dwActiveOpens);
 pListBox->AddString(strText);
 strText.Format(_T("passive opens:%d"),
     TCPStats.dwPassiveOpens);
 pListBox->AddString(strText);
 strText.Format(_T("failed attempts:%d"),
     TCPStats.dwAttemptFails);
 pListBox->AddString(strText);
 strText.Format(_T("established connections reset:%d"),
     TCPStats.dwEstabResets);
```

```
    pListBox->AddString(strText);
    strText.Format(_T("established connections:%d"),
        TCPStats.dwCurrEstab);
    pListBox->AddString(strText);
    strText.Format(_T("segments received:%d"),
        TCPStats.dwInSegs);
    pListBox->AddString(strText);
    strText.Format(_T("segment sent:%d"),
        TCPStats.dwOutSegs);
    pListBox->AddString(strText);
    strText.Format(_T("segments retransmitted:%d"),
        TCPStats.dwRetransSegs);
    pListBox->AddString(strText);
    strText.Format(_T("incoming errors:%d"),
        TCPStats.dwInErrs);
    pListBox->AddString(strText);
    strText.Format(_T("outgoing resets:%d"),
        TCPStats.dwOutRsts);
    pListBox->AddString(strText);
    strText.Format(_T("cumulative connections:%d"),
        TCPStats.dwNumConns);
    pListBox->AddString(strText);
}
```

在 DemoDlg.cpp 开头包含头文件和引用库文件：

```
#include <Iphlpapi.h>                        //包含头文件
#pragma comment(lib,"IPHlpApi.lib")          //引用库文件
```

（3）保存工程并运行，运行结果如图 2-11 所示。

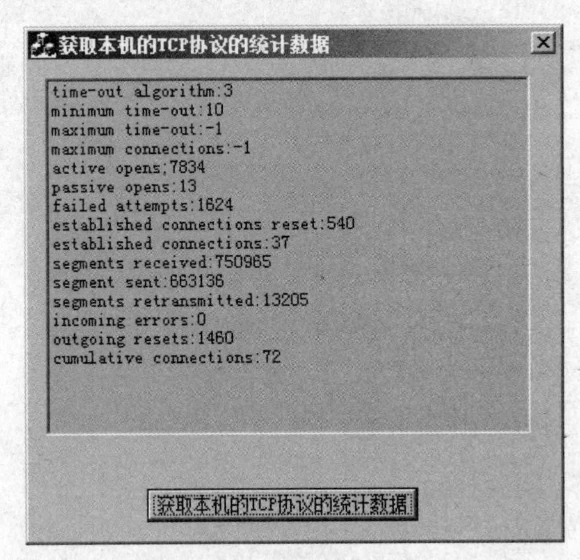

图 2-11

2.8 获取本机上的 UDP 统计数据

前面有例子获取了本机的 TCP 协议统计数据，现在我们来获取 UDP 协议的统计数据。该功能可以通过函数 GetUdpStatistics 实现，函数声明如下：

```
ULONG GetUdpStatistics(  PMIB_UDPSTATS pStats);
```

其中，参数 pStats 指向接收本地计算机的 UDP 统计信息的 MIB_UDPTABLE 结构的指针，PMIB_UDPSTATS 是 MIB_UDPTABLE 结构的指针类型。如果函数成功，返回值为 NO_ERROR；如果函数失败，使用 FormatMessage 获取返回错误的消息字符串。

结构体 MIB_UDPSTATS 定义如下：

```
typedef struct _MIB_UDPSTATS
{
   DWORD       dwInDatagrams;          // 接收的数据包数
   DWORD       dwNoPorts;              //由于指定的端口无效而丢弃的接收的数据包数
   //接收到的错误数据包的数目。此数字不包括 dwNoPorts 成员包含的值
   DWORD       dwInErrors;
   DWORD       dwOutDatagrams;         // 传输的数据包数
   DWORD       dwNumAddrs;             // UDP 侦听器表中的条目数
} MIB_UDPSTATS,*PMIB_UDPSTATS;
```

要获取 IPv6 协议的 UDP 统计信息，可以使用其扩展函数 GetUdpStatisticsEx。

【例 2.8】获取本机的 UDP 协议的统计数据

（1）新建一个对话框工程 Demo。

（2）切换到资源视图，在对话框上放一个列表框和一个按钮。其中，列表框的 ID 是 IDC_LIST。双击按钮，为其添加事件响应代码：

```
void CDemoDlg::OnTest()
{
 CListBox* pListBox = (CListBox*)GetDlgItem(IDC_LIST);
 pListBox->ResetContent();

 MIB_UDPSTATS UDPStats;

 //获得 UDP 协议统计信息
 if (GetUdpStatistics(&UDPStats) != NO_ERROR)
 {
     return;
 }

 CString strText = _T("");
 strText.Format(_T("received datagrams:%d\t\n"),
     UDPStats.dwInDatagrams);
 pListBox->AddString(strText);
 strText.Format(_T("datagrams for which no port exists:%d\t\n"),
```

```
        UDPStats.dwNoPorts);
    pListBox->AddString(strText);
    strText.Format(_T("errors on received datagrams:%d\t\n"),
        UDPStats.dwInErrors);
    pListBox->AddString(strText);
    strText.Format(_T("sent datagrams:%d\t\n"),
        UDPStats.dwOutDatagrams);
    pListBox->AddString(strText);
    strText.Format(_T("number of entries in UDP listener table:%d\t\n"),
        UDPStats.dwNumAddrs);
    pListBox->AddString(strText);
}
```

在 DemoDlg.cpp 开头包含头文件和引用库文件：

```
#include <Iphlpapi.h>
#pragma comment(lib,"IPHlpApi.lib")
```

（3）保存工程并运行，运行结果如图 2-12 所示。

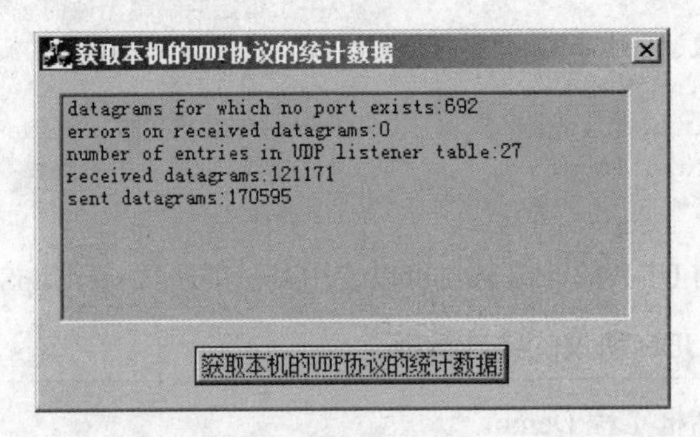

图 2-12

2.9 获取本机上支持的网络协议信息

可以通过函数 WSAEnumProtocols 检索有关可用网络传输协议的信息。该函数声明如下：

```
int WSAAPI WSAEnumProtocols( LPINT                lpiProtocols,
  LPWSAPROTOCOL_INFOA lpProtocolBuffer,
  LPDWORD            lpdwBufferLength);
```

其中，参数 lpiProtocols 指向协议值数组；lpProtocolBuffer 指向用 WSAPROTOCOL_INFOA 结构填充的缓冲区的指针；lpdwBufferLength 在输入时，传递给 WSAEnumProtocols 的 lpProtocolBuffer 缓冲区中的字节数。输出时，可以传递给 WSAEnumProtocols 以检索所有请求信息的最小缓冲区大小。如果函数没有出现错误，WSAEnumProtocols 将返回要报告的协议数；否则，将返回 SOCKET_ERROR 的值，并且可以通过调用 WSAGetLastError 来检索特定的错误代码。

值得注意的是，在调用 WSAEnumProtocols 之前要先调用 WSAStartup 函数，否则会得到 WSANOTINITIALISED 的错误码。WSAStartup 启动对 winsock dll 的使用。另外，使用了 WSAStartup 后，结束的时候要用 WSACleanup 进行清理，这两个函数要配套使用。

【例 2.9】获取本机上支持的网络协议信息

（1）新建一个对话框工程 Demo。

（2）切换到资源视图，在对话框上放一个列表框和一个按钮。其中，列表框的 ID 是 IDC_LIST。双击按钮，为其添加事件响应代码：

```
void CDemoDlg::OnTest()
{
//初始化 WinSock
WSADATA WSAData;
if (WSAStartup(MAKEWORD(2,0), &WSAData)!= 0)
{
    return;
}

int nResult = 0;

//获得需要的缓冲区大小
DWORD nLength = 0;
nResult = WSAEnumProtocols(NULL, NULL, &nLength);
if (nResult != SOCKET_ERROR)
{
    return;
}
if (WSAGetLastError() != WSAENOBUFS)
{
    return;
}

WSAPROTOCOL_INFO* pProtocolInfo = (WSAPROTOCOL_INFO*)new BYTE[nLength];

//获得本地计算机协议信息
nResult = WSAEnumProtocols(NULL, pProtocolInfo, &nLength);
if (nResult == SOCKET_ERROR)
{
    delete[] pProtocolInfo;
    return;
}
for (int n = 0; n < nResult; n++)
{
    m_ctrlList.AddString(pProtocolInfo[n].szProtocol);
}

delete[] pProtocolInfo;
```

```
    //清理 WinSock
    WSACleanup();
}
```

在 DemoDlg.cpp 开头包含头文件和引用库文件：

```
#include <Winsock2.h>
#pragma comment(lib,"Ws2_32.lib")
```

（3）保存工程并运行，运行结果如图 2-13 所示。

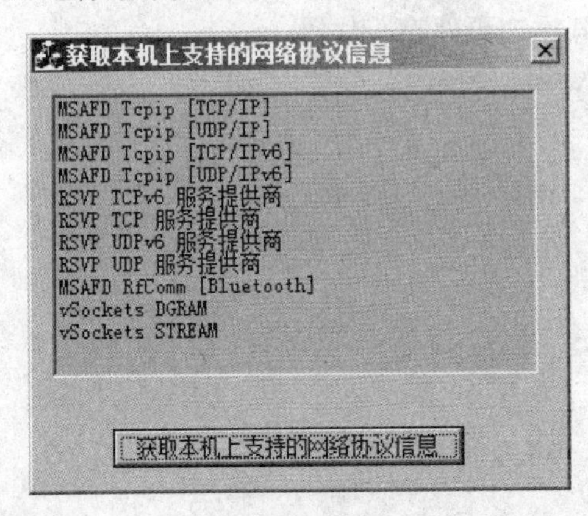

图 2-13

2.10 获取本地计算机的域名

域名（Domain Name）或称网域，是由一串用点分隔的名字组成的 Internet 上某一台计算机或计算机组的名称，用于在数据传输时标识计算机的电子方位（有时也指地理位置）。

可以通过函数 GetNetworkParams 来获取本地计算机的域名。这个函数其实可以检索本地计算机的网络参数，包括域名、主机名等。当然如果本机没有设置域名，那么得到的域名字段内容就是一个空字符串。该函数声明如下：

```
DWORD GetNetworkParams(PFIXED_INFO pFixedInfo,  PULONG    pOutBufLen);
```

其中，参数 pFixedInfo 指向一个缓冲区的指针，该缓冲区包含一个固定的信息结构，该结构接收本地计算机的网络参数（如果函数成功），调用 GetNetworkParams 函数之前，调用方必须分配正确大小的缓冲区才会获得内容信息，如果该参数为 NULL，那么 pOutBufLen 能获得实际所需要的缓冲区大小；参数 pOutBufLen 指向一个 ULONG 变量的指针，该变量指定固定信息结构的大小。如果此大小不足以容纳信息，GetNetworkParams 将使用所需大小填充此变量，并返回错误代码 ERROR_BUFFER_OVERFLOW。如果函数成功，返回值为 ERROR_SUCCESS；如果函数失败，返回值是错误代码。

【例 2.10】获取本机的域名

（1）新建一个对话框工程 Demo。

（2）切换到资源视图，在对话框上放一个按钮，然后添加事件代码：

```
void CDemoDlg::OnTest()
{
 //获得需要的缓冲区大小
 DWORD nLength = 0;
 if (GetNetworkParams(NULL, &nLength) != ERROR_BUFFER_OVERFLOW)
 {
     return;
 }

 FIXED_INFO* pFixedInfo = (FIXED_INFO*)new BYTE[nLength];

 //获得本地计算机网络参数
 if (GetNetworkParams(pFixedInfo, &nLength) != ERROR_SUCCESS)
 {
     delete[] pFixedInfo;
     return;
 }

 //获得本地计算机域名
 CString strText = _T("");
 strText.Format(_T("本地计算机的域名：\n%s"), pFixedInfo->DomainName);
 AfxMessageBox(strText);

 delete[] pFixedInfo;
}
```

（3）保存工程并运行，运行结果如图 2-14 所示。

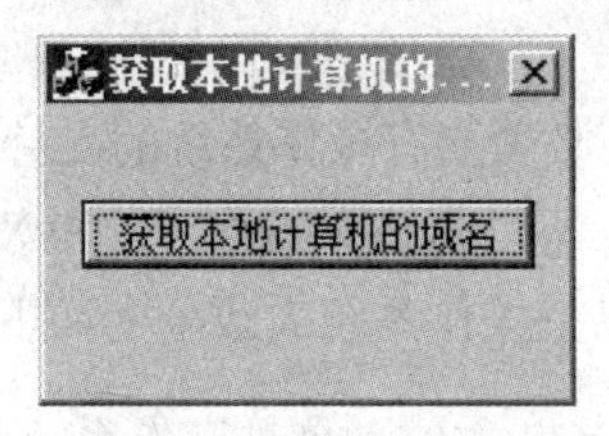

图 2-14

第 3 章
多线程编程

3.1 多线程编程的基本概念

3.1.1 为何要用多线程

前面的绝大多数程序都是单线程程序，如果程序中有多个任务，比如读写文件、更新用户界面、网络连接、打印文档等操作，比如按照先后次序，先完成前面的任务才能执行后面的任务。如果某个任务持续的时间较长，比如读写一个大文件，那么用户界面也无法及时更新，这样看起来程序像死掉一样，用户体验很不好。怎么解决这个问题呢？人们提出了多线程编程技术。在采用多线程编程技术的程序中，多个任务由不同的线程去执行，不同线程各自占用一段CPU时间，即使线程任务还没有完成，也会让出CPU时间给其他线程有机会去执行。这样在用户角度看起来，好像是几个任务同时进行的，至少界面上能得到及时更新了，大大改善了用户对软件的体验，提高了软件的友好度。

3.1.2 操作系统和多线程

要在应用程序中实现多线程，必须要有操作系统的支持。Windows 32位或64位操作系统对应用程序提供了多线程的支持，所以Windows NT/2000/XP/7/8/10是一个多线程操作系统。根据进程与线程的支持情况，可以把操作系统大致分为如下几类：

（1）单进程、单线程，MS-DOS大致是这种操作系统。

（2）多进程、单线程，多数UNIX（及类UNIX的Linux）是这种操作系统。

（3）多进程、多线程，Win32（Windows NT/2000/XP/7/8/10等）、Solaris 2.x和OS/2都是这种操作系统。

（4）单进程、多线程，VxWorks是这种操作系统。

具体到VC2017++开发环境，它提供了一套Win32 API函数来管理线程。用户既可以直接使用这些Win32 API函数，也可以通过MFC类的方式来使用，只不过MFC把这些API函数进行了简单的封装。

3.1.3　进程和线程

在了解线程之前，首先要理解进程的概念。简单地说，进程就是正在运行的程序。比如邮件程序正在接收电子邮件就是一个进程，杀毒软件正在杀毒就是一个进程，病毒软件正在传播病毒、破坏系统也是一个进程。程序是指计算机质量的静态集合，是一个静态的概念，而进程是一个动态的概念。Windows 操作系统中能同时运行多个进程，比如正在使用 Word 软件在打字的同时，又用语音聊天工具在聊着天，等等。每个进程都有自己的内存地址空间和 CPU 运行时间等一系列资源。进程有 3 种状态：

（1）运行态：正在 CPU 中运行。

（2）就绪态：运行准备就绪，但其他进程正在运行，所以只能等待。

（3）阻塞态：不能得到所需要的资源而不能运行。

现代操作系统大多支持多线程概念，每个进程中至少有一个线程，所以即使没有使用多线程编程技术，进程也含有一个主线程，所以也可以说，CPU 中执行的是线程，线程是程序的最小执行单位，是操作系统分配 CPU 时间的最小实体。一个进程的执行说到底就是从主线程开始的，如果需要，可以在程序任何地方开辟新的线程，其他线程都是由主线程创建的。一个进程正在运行，也可以说是一个进程中的某个线程正在运行。一个进程的所有线程共享该进程的公共资源，比如虚拟地址空间、全局变量等。每个线程也可以拥有自己私有的资源，如堆栈、在堆栈中定义的静态变量和动态变量、CPU 寄存器的状态等。

线程总是在某个进程环境中创建的，并且会在这个进程内部销毁，正所谓生于进程而挂于进程。线程和进程的关系是：线程是属于进程的，线程运行在进程空间内，同一进程所产生的线程共享同一内存空间，当进程退出时该进程所产生的线程都会被强制退出并清除。线程可与属于同一进程的其他线程共享进程所拥有的全部资源，但是其本身基本上不拥有系统资源，只拥有一点在运行中必不可少的信息（如程序计数器、一组寄存器和线程栈，线程栈用于维护线程在执行代码时需要的所有函数参数和局部变量）。

相对于进程来说，线程所占用资源更少，比如创建进程，系统要为它分配进程很大的私有空间，占用的资源较多，而对多线程程序来说，由于多个线程共享一个进程地址空间，因此占用资源较少。此外，进程间切换时，需要交换整个地址空间，而线程之间切换时只是切换线程的上下文环境，因此效率更高。在操作系统中引入线程带来的主要好处是：

（1）在进程内创建、终止线程比创建、终止进程要快。

（2）同一进程内的线程间切换比进程间的切换要快，尤其是用户级线程间的切换。

（3）每个进程具有独立的地址空间，而该进程内的所有线程共享该地址空间。因此，线程的出现可以解决父子进程模型中子进程必须复制父进程地址空间的问题。

（4）线程对解决客户/服务器模型非常有效。

虽然多线程给应用开发带来了不少好处，但是并不是所有情况下都要去使用多线程，要具体问题具体分析，通常在下列情况下可以考虑使用：

（1）应用程序中的各任务相对独立。

（2）某些任务耗时较多。

（3）各任务有不同的优先级。

（4）一些实时系统应用。

值得注意的是，一个进程中的所有线程共享它们父进程的变量，但同时每个线程可以拥有自己的变量。

3.1.4 线程调度

进程中有了多个线程后，就要管理这些线程如何去占用 CPU，这就是线程调度。线程调度通常由操作系统来安排，不同的操作系统其调度方法不同，比如有的操作系统采用轮询法来调度。Windows NT 以后的操作系统是一个优先级驱动、抢占式操作系统，也就是说线程具有优先级，具有高优先级的可运行的（就绪状态下的）线程总是先运行。如果出现一个更高优先级的线程就绪，正在运行的这个线程就可能在未完成其时间片前被抢占；甚至一个线程可能在未开始其时间片前就被抢占了，而要等待下一次被选择运行。

Windows 调度线程是在内核中进行的。当发生下面这些事件时将触发内核进行线程调度：

（1）线程的状态变成就绪状态，例如一个新创建的线程或者从等待状态释放出来的线程。

（2）线程的时间片结束而离开运行状态。它可能运行结束了，或者进入等待状态。

（3）线程的优先级改变了。

（4）出现了其他更高优先级的线程。

当 Windows 系统进行线程切换的时候，将执行一个上下文转换的操作，即保存正在运行的线程的相关状态，装载另一个线程的状态，开始新线程的执行。

每个线程都被赋予了一个优先级，优先级的取值范围从 0（最低）到 31（最高），并且规定只有 0 页线程（一个系统线程）可以拥有 0 优先级。

线程最初的优先级（值）也称为基础优先级（值），由两个因素决定：进程的优先级类别和线程所处的优先级层次。每个进程都属于某个优先级类别，进程的优先级类别可以分为以下几类（按照从低到高）：

（1）IDLE_PRIORITY_CLASS

该类别被称为空闲优先级类别，该类别的进程中的线程只在系统处于空闲的时候才运行，并且这些线程会被更高优先类别的进程中的线程抢占。屏幕保护程序就是拥有该类别优先级的典型例子。空闲优先级类别能被子进程继承，即拥有空闲优先级类别的进程所创建的子进程也具有空闲优先级类别。该类别定义如下：

```
#define IDLE_PRIORITY_CLASS                0x00000040
```

（2）BELOW_NORMAL_PRIORITY_CLASS

该类别比空闲优先级类别高，但比正常优先级类别低。Windows 2000 以下操作系统不支持该级别。该类别定义如下：

```
#define BELOW_NORMAL_PRIORITY_CLASS       0x00004000
```

（3）NORMAL_PRIORITY_CLASS

该类别被称为正常优先级类别，是进程默认的优先级类别。该类别定义如下：

```
#define NORMAL_PRIORITY_CLASS            0x00000020
```

（4）ABOVE_NORMAL_PRIORITY_CLASS

该类别比正常优先级类别高，但低于高优先级类别。Windows 2000 以下操作系统不支持该级别。该类别定义如下：

```
#define ABOVE_NORMAL_PRIORITY_CLASS       0x00008000
```

（5）HIGH_PRIORITY_CLASS

该类别被称为高优先级类别。拥有该类别的进程通常要完成实时性的任务，即比如必须要立即执行的任务。该进程中的线程可以抢占正常优先级类别进程和空闲优先级类别进程中的线程。使用该优先级别应该特别慎重，因为一个拥有高优先级类别的进程几乎可以使用所有 CPU 能提供的运行时间，如果该优先级别的进程长时间运行，那么其他线程很可能一直得不到处理器时间。如果在同一时间设置了多个高优先级别的进程，那么它们的线程效率将降低。该类别定义如下：

```
#define       HIGH_PRIORITY_CLASS       0x00000080
```

（6）REALTIME_PRIORITY_CLASS

该类别被称为实时优先级类别，是最高的优先级类别。拥有该类别的进程中的线程能抢占其他所有进程中的线程，包括正在完成重要工作的操作系统进程。比如，该类别的进程在执行过程中可能会能让磁盘缓存不刷新或者鼠标出现停顿没反映。对于该优先级类别，或许应该永远不去使用，因为它会中断操作系统的工作，只有在直接和硬件打交道或完成的任务非常简短时才适合用该优先级类别。该类别定义如下：

```
#define REALTIME_PRIORITY_CLASS          0x00000100
```

上面这些宏都定义在 WinBase.h 中。在用函数 CreateProcess 创建进程的时候，可以指定其优先级类别。此外，还可以通过函数 GetPriorityClass 来获取某个进程的优先级类别，并能通过函数 SetPriorityClass 来改变某个进程的优先级类别。

在进程的每个优先级类别中，不同的线程属于不同优先级层次。从低到高有如下优先级层次：

```
#define THREAD_PRIORITY_IDLE             -15
#define THREAD_PRIORITY_LOWEST          -2
#define THREAD_PRIORITY_BELOW_NORMAL    -1
#define THREAD_PRIORITY_NORMAL          0
#define THREAD_PRIORITY_ABOVE_NORMAL     1
#define THREAD_PRIORITY_HIGHEST         2
#define THREAD_PRIORITY_TIME_CRITICAL   15
```

所有线程在创建（使用函数 CreateThread）的时候都属于 THREAD_PRIORITY_NORMAL 优先级层次，如果要修改优先级层次，可以在调用 CreateThread 时传入 CREATE_SUSPENDED 标志，让线程创建不马上执行。此时，我们再调用函数 SetThreadPriority 修改线程优先级层次，接着调用函数 ResumeThread 让线程变为可调度。通常，对于进程中用于接收用户输入的线程，建议使用 THREAD_PRIORITY_ABOVE_NORMAL 或者 THREAD_PRIORITY_HIGHEST 优先级层次，这样可以保证即时响应用户。对于那些后台工作的线程，尤其是密集使用处理器的线程，可以使用 THREAD_PRIORITY_BELOW_NORMAL 或者 THREAD_PRIORITY_LOWEST 优先级层次，这样可以确保必要的时候能被其他线程抢占，不至于它们老是占用处理器。如果低优先级层次的线程在等待高优先级层次的线程，为了让低优先级层次的线程能得到执行，可以在高优先级层次的线程中使用等待函数 Sleep 或 SleepEx，或者线程切换函数 SwitchToThread。

有了进程的优先级类别和线程的优先级层次，就可以确定一个线程的基础优先级了，具体数值见表 3-1。数值部分就是某个线程的基础优先级值。

表 3-1　线程基础优先级

	线程优先级层次					
进程优先级类别	idle	below normal	normal	above normal	high	real-time
time-critical	15	15	15	15	15	31
highest	6	8	10	12	15	26
above normal	5	7	9	11	14	25
normal	4	6	8	10	13	24
below normal	3	5	7	9	12	23
lowest	2	4	6	8	11	22
idle	1	1	1	1	1	16

表 3-1 中的数值是线程的基础优先级值，是线程开始时拥有的优先级。线程的优先级可以是动态变化的，后来系统可能升高或降低线程的优先级，以确保没有线程处于饥饿状态（好久没有运行）。对于基础优先级处于 16 到 31 之间的线程，系统不会再提高这些线程的优先级，只有基础优先级在 0 到 15 之间的线程才会被系统动态地提高优先级。

系统公平地对待同一优先级的所有线程。比如，对应最高优先级的所有线程，系统将以轮询的方式为这些线程分配时间片，如果这些线程一个都没有准备好运行，那么系统会对下一个最高优先级的所有线程采取轮询的方式分配时间片。如果后来更高优先级的线程运行准备就绪了，那么系统会停止运行低优先级的线程，即使该线程的时间片还没用完也会被停止运行，同时会为高优先级的线程分配完整的时间片。每个线程的优先级取决于两个因素：进程的优先级类别和线程的优先级层次。

线程调度程序不会考虑线程所属的进程，比如进程 A 有 8 个可运行的线程，进程 B 有 3 个可运行的线程，而且这 11 个线程的优先级别相同，那么每一个线程将会使用 1/11 的 CPU 时间，而不是将 CPU 的一半时间分配给进程 A，另一半时间分配给进程 B。

3.1.5　线程函数

线程函数就是线程创建后要执行的函数。执行线程，说到底就是执行线程函数。这个函数是我们自定义的，然后在创建线程的函数时把函数名作为参数传入线程创建函数。

同理，中断线程的执行就是中断线程函数的执行，以后再恢复线程的时候就会在前面线程函数暂停的地方开始继续执行下面的代码。结束线程也就不再运行线程函数了。线程的函数可以是一个全局函数或类的静态函数，通常这样声明：

```
DWORD WINAPI ThreadProc( LPVOID lpParameter);
```

其中，参数 lpParameter 指向要传给线程的数据，这个参数是在创建线程的时候作为参数传入线程创建函数中的。函数的返回值应该表示线程函数运行的结果：成功还是失败。注意，函数名 ThreadProc 可以是自定义的函数名，这个函数是用户先定义好再由系统来调用的。

线程函数必须返回一个值，这个返回值会成为该线程的退出代码。

3.1.6　线程对象和句柄

为了方便操作系统对线程进行管理，在创建线程时，系统会开辟一小块内存数据结构来存放线程统计信息，这块数据结构就是线程对象。由于它存在于内核中，因此线程对象是一个内核对象。线程内核对象不是线程本身，而是操作系统用来管理线程的一个小的数据结构。为了引用该对象，系统使用线程句柄来代表线程对象。句柄就是一个 32 位整数值，操作系统会通过这个句柄值来找到所需的内核对象。

内核对象是操作系统创建和管理的，比如创建线程的同时，系统在内核中就创建了一个线程对象。既然线程对象这个数据结构存在于内核中，那么应用程序就不能在内存中直接访问这个数据结构，也不能改变它们的内容，而只能通过 Win32 API 函数来操作，比如关闭线程对象可以用函数 CloseHandle。

另外需要注意的是，这里所说的对象的含义和 C++中面向对象的对象概念不同，这里的对象可以理解为操作系统在内核中的一块数据结构，存放一些管理和统计所需的信息。除了线程对象外，内核对象还包括进程对象、文件对象、事件对象、临界区对象、互斥对象和信号量对象等，也有句柄标识。

知道了线程对象的概念，我们就应该知道线程对象句柄的关闭函数 CloseHandle 并不能用来结束线程。

3.1.7　线程对象的安全属性

线程对象是一个内核对象，内核中的东西非常重要，系统通常会为内核对象指定一个安全属性。安全属性是在创建时指定的，主要描述这个对象的访问权限，比如谁可以访问该对象，谁不能访问该对象。系统会在线程对象创建的时候用一个结构体 SECURITY_ATTRIBUTES 来描述其安全性，通常会把这个结构体作为参数传入创建线程对象的函数（也就是创建线程的函数）中。该结构体定义如下：

```
typedef struct _SECURITY_ATTRIBUTES {  DWORD nLength;
 LPVOID lpSecurityDescriptor;  BOOL bInheritHandle;
} SECURITY_ATTRIBUTES, *PSECURITY_ATTRIBUTES;
```

其中，字段 nLength 表示该结构体的大小，单位是字节；lpSecurityDescriptor 指向线程对象的安全描述符，用来控制该线程对象是否能共享访问，如果该字段为 NULL，则内核对象被赋予一个默认的安全描述符；bInheritHandle 表示内核对象创建函数返回的句柄能否被新创建的进程所继承，如果该字段为 TRUE，则新的进程可以继承线程句柄。

3.1.8 线程标识

既然句柄是用来标识线程对象的，那么线程本身用什么来标识呢？在创建线程的时候，系统会给线程分配一个唯一的 ID 作为线程的标识，这个 ID 号从线程创建开始存在，一直伴随着线程的结束才消失。线程结束后该 ID 就会自动消失，我们不需要显式清除它。

通常线程创建成功后会返回一个线程 ID。

3.1.9 多线程编程的 3 种库

在 VC2017 开发环境中，通常有 3 种方式来开发多线程程序，分别是利用 Win32 API 函数来开发多线程程序、利用 CRT 库（C Runtime Library）函数来开发多线程程序和利用 MFC 库来开发多线程程序。这 3 种方式各有利弊，但有一点要注意，在 Win32 API 创建的线程（函数）中最好不要使用 CRT 库函数，因为这会引起少许的内存泄漏，原因是当 Win32 API 创建的线程在终止时不能正确地清理由 CRT 函数为静态数据和静态缓冲区分配的内存，对长时间运行的线程会引起不可预测的结果。CRT 库函数要用在 CRT 库函数创建的线程中。或许有人要说，要在 Win32 API 创建的线程中写控制台或开辟内存怎么办呢？答案是都用相应的 Win32 API 函数来代替，无论是读写控制台或者是内存管理，Win32 API 完全可以替代 CRT。这里讲的不要混用，是指不要在线程函数中混用，主线程中还是可以使用 CRT 函数的。

大家要知道，CRT 问世的时候，当时还没有多线程的概念，CRT 库函数都是针对单线程版本的。后来多线程出来了，微软和其他开发工具公司都针对 CRT 进行了多线程版本的改造。单线程版本的 CRT 在现在的 VC2017 中已经不用了。

这 3 种开发方式只是利用的库不同而已，但它们都可以用在不同类型的程序中，比如 MFC 程序或非 MFC 程序。

3.2 利用 Win32 API 函数进行多线程开发

在用 Win32 API 线程函数进行开发之前，我们首先要熟悉这些 API 函数。常见的与线程有关的 API 函数见表 3-2。

表 3-2　与线程有关的 API 函数

API 函数	含义
CreateThread	创建线程
CreateRemoteThread	在其他进程中创建线程
GetCurrentThreadId	得到当前线程的 ID
GetCurrentThread	得到当前线程的伪句柄
GetThreadId	得到某个指定线程的 ID
GetThreadPriority/ SetThreadPriority	得到/设置线程的优先级水平
GetThreadTimes	得到与线程相关的时间信息
OpenThread	得到某个存在的线程对象句柄
GetExitCodeThread	得到线程的退出码
SuspendThread/ ResumeThread	暂停/继续一个线程
Sleep/ SleepEx	暂停线程
TerminateThread	结束一个线程
ExitThread	正常结束一个线程

3.2.1　线程的创建

在 Win32 API 中，创建线程的函数是 CreateThread，该函数声明如下：

```
HANDLE CreateThread( LPSECURITY_ATTRIBUTES lpThreadAttributes,
  SIZE_T dwStackSize, LPTHREAD_START_ROUTINE lpStartAddress,
  LPVOID lpParameter, DWORD dwCreationFlags, LPDWORD lpThreadId);
```

其中，参数 lpThreadAttributes 是指向线程对象安全属性结构 SECURITY_ATTRIBUTES 的指针，该参数决定返回的句柄是否可以被子进程所继承，如果为 NULL 表示不能被继承；dwStackSize 表示线程堆栈的初始大小，如果为零采用默认的堆栈大小；lpStartAddress 指向线程函数的地址，线程函数就是线程创建后要执行的函数；lpParameter 指向传给线程函数的参数；dwCreationFlags 表示线程创建的方式，如果该参数为零，则线程创建后立即执行（就是立即执行线程函数），如果该参数为 CREATE_SUSPENDED，则线程创建后不会执行，一直要等到调用函数 ResumeThread 后才会执行；lpThreadId 指向一个 DWORD 变量，用来得到线程标识符（线程的 ID）。如果函数成功，返回线程的句柄（严格地讲，应该是线程对象的句柄），若函数失败则返回 NULL，可以用函数 GetLastError 来查看错误码。

CreateThread 创建完子线程后，主线程会继续执行 CreateThread 后面的代码，这就可能会出现创建的子线程还没执行完主线程就结束了，比如控制台程序，主线程结束就意味着进程结束了。在这种情况下，我们就需要让主线程等待，等待子线程全部运行结束后再继续执行主线程。还有一种情况，主线程为了统计各个子线程的工作的结果而需要等待子线程结束完毕后再继续执行，此时主线程就要等待了。VC2017 提供了等待函数来阻止某个线程的运行，直到某个指定的条件被满足，等待函数才会返回。如果条件没有满足，调用等待条件的函数将处于等待状态，并且不会占用 CPU 时间。

等待线程结束可以用等待函数 WaitForSingleObject 或 WaitForMultipleObjects。前者用于

等待一个线程对象的结束，后者用于等待多个线程对象的结束，但最多只能等待 64 个线程对象。这两个函数在线程同步中会详细解释。

线程创建之后，系统会为线程创建一个相关的内核对象——线程对象，该对象用线程句柄来引用，CreateThread 如果创建成功后会返回线程对象句柄（简称线程句柄），并且该线程对象的引用计数加 1。系统和用户可以利用线程句柄来对相应的线程进行必要的操纵，比如暂停、继续、等待完成等。如果我们不需要这些线程控制操作，则可以调用函数 CloseHandle 来关闭句柄，该函数声明如下：

```
BOOL  CloseHandle(HANDLE  hObject);
```

其中，参数 hObject 是传入的线程句柄。如果函数成功就返回非零，否则返回零。

CloseHandle 函数会使得线程对象的引用计数减 1，当变为 0 时，系统删除该内核对象。关闭线程句柄和线程退出并没有联系，所以可以在线程退出之前关闭，甚至刚刚创建成功的时候关闭句柄，比如可以这样写：

```
CloseHandle(CreateThread(…));
```

当然前提是不需要对线程进行控制的。如果不使用 CloseHandle 函数来关闭线程句柄，当整个应用程序结束时，系统也会对其进行回收，但这是一个不好的习惯。况且在很多情况下，我们在程序运行期间需要频繁地开启线程，如果不去关闭句柄就会导致系统资源越来越少，导致程序的不稳定。因此，每个线程句柄都应该要去关闭。

下面看一个例子，该例中会创建 500 个线程，每个线程函数中会向屏幕打印传入的线程参数。我们可以看到每个线程执行的时间不是固定的。

【例 3.1】在控制台程序中创建线程

（1）新建一个控制台工程。

（2）在 Test.cpp 输入如下代码：

```
#include "stdafx.h"
#include <windows.h>
#include <strsafe.h>

#define MAX_THREADS 500 //要创建的线程个数
#define BUF_SIZE 255

typedef struct _MyData {  //定义传给线程的参数的类型
 int val1;
 int val2;
} MYDATA, *PMYDATA;

DWORD WINAPI ThreadProc(LPVOID lpParam) //线程函数
{
 HANDLE hStdout;
 PMYDATA pData;

 TCHAR msgBuf[BUF_SIZE];
```

```
    size_t cchStringSize;
    DWORD dwChars;

    hStdout = GetStdHandle(STD_OUTPUT_HANDLE); //得到标准输出设备的句柄，为了打印
    if (hStdout == INVALID_HANDLE_VALUE)
        return 1;
    pData = (PMYDATA)lpParam; //把线程参数转为实际的数据类型
    //用线程安全函数来打印线程参数值
    StringCchPrintf(msgBuf, BUF_SIZE, _T("Parameters = %d, %d\n"), //构造字符串
        pData->val1, pData->val2);
    //得到字符串长度，存于 cchStringSize
    StringCchLength(msgBuf, BUF_SIZE, &cchStringSize);
    //在终端窗口输出字符串
    WriteConsole(hStdout, msgBuf, cchStringSize, &dwChars, NULL);
    HeapFree(GetProcessHeap(), 0, pData); //释放分配的空间

    return 0;
}

int _tmain(int argc, _TCHAR* argv[])
{
    PMYDATA pData;
    DWORD dwThreadId[MAX_THREADS]; //线程 ID 数组
    HANDLE hThread[MAX_THREADS]; //线程句柄数组
    int i;
    printf("-----------begin----------------------\n");
    //创建 MAX_THREADS 个线程
    for (i = 0; i < MAX_THREADS; i++)
    {
        //为线程参数数据分配空间
        pData = (PMYDATA)HeapAlloc(GetProcessHeap(),HEAP_ZERO_MEMORY,sizeof(MYDATA));
        if (pData == NULL) //如果分配失败，则结束进程
            ExitProcess(2);

        //为每个线程产生唯一的数据
        pData->val1 = i;
        pData->val2 = i;
        //创建线程
        hThread[i] = CreateThread(NULL,0, ThreadProc,pData,0,&dwThreadId[i]);
        if (hThread[i] == NULL) //如果创建失败则结束进程
            ExitProcess(i);
    }//for

    for (i = 0; i < MAX_THREADS; i++)
    {
        WaitForSingleObject(hThread[j], INFINITE); //等待第 j 个线程结束
    CloseHandle(hThread[i]); //线程创建后关闭对应的线程对象句柄，以释放资源
    }
    printf("-----------end----------------------\n");
    return 0;
}
```

在上述代码中，我们首先用 Win32 API 函数 HeapAlloc 为线程参数的数据开辟空间，该函数在指定的堆上开辟一块内存空间。函数 HeapAlloc 分配的内存要用函数 HeapFree 来释放。CRT 中的内存管理函数完全可以用 Win32 API 中的内存管理函数所代替。

在 for 循环里创建所有线程后，主线程会继续执行，由于我们在 for 后面调用了函数 WaitForSingleObject 来循环等待每一个线程的结束，因此主线程就一直在这里等待所有子线程运行结束，并且每当一个线程结束，就关闭其线程对象的句柄以释放资源。函数 WaitForSingleObject 用了参数 INFINITE，表示无限等待的意思，只要子线程不结束，调用（该函数的）线程将一直等待下去。

在线程函数 ThreadProc 中，只是把传入的线程参数的结构体字段打印到控制台上。函数 StringCchPrintf 是 sprintf 的替代者，StringCchLength 是 strlen 的替代者，CRT 中的函数完全可以用 Win32 API 中的字符串处理函数所代替。

Win32 API 函数 GetStdHandle 用来获取标准输出设备的句柄，最后由 WriteConsole 代替了 CRT 库中的 printf 函数，来打印输出到控制台窗口。这两个函数都是 Win32 中关于控制台编程的 API 函数。

再次强调，CreateThread 创建的线程函数中最好不要使用 CRT 库函数，我们完全可以用对应的 Win32 API 函数来替代 CRT 库函数，上面的代码证实了这一点。

函数 ExitProcess 用来结束一个进程及其所有线程，声明如下：

```
VOID ExitProcess(  UINT uExitCode);
```

其中，参数 uExitCode 是进程退出码，可以用 API 函数 GetExitCodeProcess 来获取它。

（3）保存工程并运行，运行结果如图 3-1 所示。

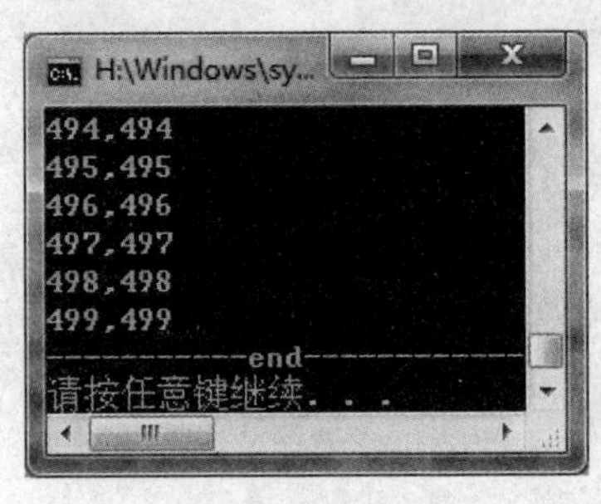

图 3-1

由于我们打印了 502 行数据，而控制台窗口默认显示的行没有这么多，因此导致开始很多行数据没有显示，可以在图 3-1 的控制台窗口标题栏上右击，然后选择“属性”命令，通过属性对话框（见图 3-2）来设置。在属性对话框中选择“布局”选项卡，然后在“屏幕缓冲区大小”下面的“高度”文本框中输入 600，那么控制台窗口最多就可以显示 600 行了，最后别忘了单击“确定”按钮，然后重新运行我们的程序。

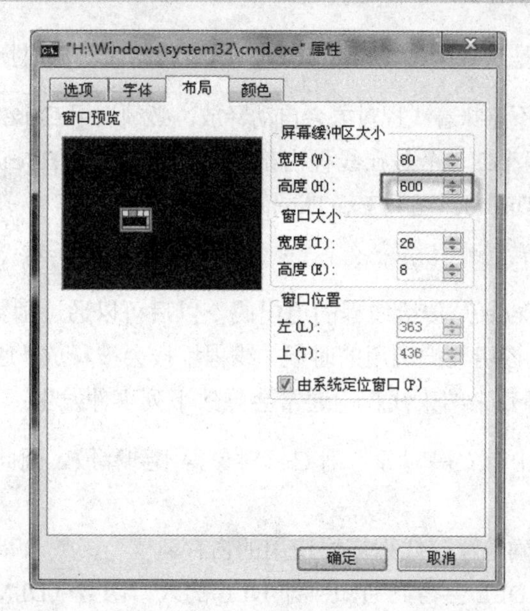

图 3-2

3.2.2 线程的结束

线程的结束通常由以下原因所致：

（1）在线程函数中调用 ExitThread 函数。

（2）线程所属的进程结束了，比如进程调用了 TerminateProcess 或 ExitProcess。

（3）线程函数执行结束后（return）返回了。

（4）在线程外部用函数 TerminateThread 来结束线程。

第 1 种方式最好不用，因为线程函数如果有 C++对象，则 C++对象不会被销毁；第 2 和 4 种方式尽量避免使用，因为它们不让线程有机会做清理工作、不会通知与线程有关的 DLL、不会释放线程初始栈。第 3 种方式推荐使用，线程函数执行到 return 后结束，是最安全的方式，尽量应该将线程设计成这样的形式，即想让线程终止运行时，它们就能够 return（返回）。当用该方式结束线程的时候，会导致下面事件的发生：

（1）在线程函数中创建的所有 C++对象均将通过它们的撤销函数正确地撤销。

（2）操作系统将正确地释放线程堆栈使用的内存。

（3）与线程有关的 DLL 会得到通知，即 DLL 的入口函数（DllMain）会被调用。

（4）线程的结束状态从 STILL_ACTIVE 变为线程函数的返回值。

（5）由线程初始化的 I/O 等待都会取消。

（6）线程拥有的任何资源（比如窗口和钩子）都会得到释放。

（7）线程对象会被设为有信号状态，所以可以用函数 WaitForSingleObject 来等待线程的结束，比如：

```
WaitForSingleObject(hThread, INFINITE);
```

（8）如果当前线程是进程中的唯一主线程，则线程结束的同时所属的进程也结束。

另外，线程结束时并不意味着线程对象会自动释放，必须调用 CloseHandle 来释放线程对象。

结束线程的函数有两个：一个是在线程内部使用的函数 ExitThread，另外一个是在线程外部使用的函数 TerminateThread。函数 ExitThread 声明如下：

```
VOID ExitThread(DWORD dwExitCode);
```

其中，参数 dwExitCode 是传给线程的退出码，以后可以通过函数 GetExitCodeThread 来获取一个线程的退出码。该函数被调用的时候，线程堆栈会被释放。通常该函数在线程函数中调用。调用 ExitThread 函数来结束线程，通常会导致下列事件发生：

（1）如果线程函数中有 C++对象，则 C++对象得不到释放，因此有 C++对象的线程函数不调用 ExitThread。

（2）操作系统将正确地释放线程堆栈使用的内存。

（3）与线程有关的 DLL 会得到通知，即 DLL 的入口函数（DllMain）会被调用。

（4）线程的结束状态码为从 STILL_ACTIVE 变为 dwExitCode 参数确定的值。

（5）由线程初始化的 I/O 等待都会取消。

（6）线程拥有的任何资源（比如窗口和钩子）都会得到释放。

（7）线程对象会被设为有信号状态，所以可以用函数 WaitForSingleObject 来等待线程的结束，比如：

```
WaitForSingleObject(hThread, INFINITE);
```

（8）如果当前线程是进程中的唯一主线程，则线程结束的同时所属的进程也会结束。

由此可见，只有第一条和线程函数返回结束时的情况不同。

函数 GetExitCodeThread 用来获取线程的结束状态值。该函数声明如下：

```
BOOL GetExitCodeThread(HANDLE  hThread,  LPDWORD  lpExitCode);
```

其中，参数 hThread 是线程句柄；lpExitCode 是一个指针，指向用于存放获取到的线程结束状态的变量。如果函数成功就返回非零，否则返回零。如果线程还没有结束，则获取到的结束状态值为 STILL_ACTIVE，如果线程已经结束，则结束状态值可能是由函数 ExitThread 或 TerminateThread 的参数确定的值，或者是线程函数的返回值。

函数 TerminateThread 用来强制结束一个线程，这个函数尽量少用，因为它会导致一些线程资源没有机会释放。该函数声明如下：

```
BOOL  TerminateThread( HANDLE  hThread,  DWORD  dwExitCode);
```

其中，参数 hThread 是要关闭的线程的句柄；dwExitCode 为传给线程的退出码。如果函数成功就返回非零，否则返回零。该函数是一个危险的函数，非一些极端场合不要使用，比如线程中有网络阻塞函数 recv，此时结束线程通常没有更好的办法，只能使用 TerminateThread 了。

下面看几个线程结束有关的例子。

【例 3.2】得到线程的退出码

（1）新建一个控制台工程。

（2）在 Test.cpp 中输入如下代码：

```
#include "stdafx.h"
#include "windows.h"
#include <strsafe.h>
#define BUF_SIZE 255 //字符串缓冲区长度

DWORD WINAPI ThreadProc(LPVOID lpParameter)
{
 HANDLE hStdout;
 TCHAR msgBuf[BUF_SIZE]; //字符串缓冲区
 size_t cchStringSize; //存储字符串长度
 DWORD dwChars;

 hStdout = GetStdHandle(STD_OUTPUT_HANDLE);//得到标准输出设备的句柄，为了在终端打印
 if (hStdout == INVALID_HANDLE_VALUE)
    return 1;
 StringCchPrintf(msgBuf, BUF_SIZE, _T("线程 ID = %d\n"),
GetCurrentThreadId());//构造字符串
//得到字符串长度，存于 cchStringSize
 StringCchLength(msgBuf, BUF_SIZE, &cchStringSize);
//在终端窗口输出字符串
 WriteConsole(hStdout, msgBuf, cchStringSize, &dwChars, NULL);
//在终端窗口输出字符串
 WriteConsole(hStdout, _T("线程即将结束\n"), 7, &dwChars, NULL);
 ExitThread(5); //结束本线程
 WriteConsole(hStdout, _T("这句话不会有机会打印了\n"), 12, &dwChars, NULL);
 return 0;
}
int _tmain(int argc, _TCHAR* argv[])
{
 HANDLE h;
 DWORD dwCode,dwID;

 h = CreateThread(NULL, 0, ThreadProc, NULL, 0, &dwID); //创建子线程
 Sleep(1500); //主线程等待 1.5 秒
 GetExitCodeThread(h, &dwCode); //得到线程退出码
 printf("ID 为%d 的线程退出码: %d\n", dwID,dwCode); //输出结果
 CloseHandle(h); //关闭线程句柄
}
```

函数 GetCurrentThreadId 可以在线程函数中得到本线程的 ID，该值在 CreateThread 创建线程时确定，如果 CreateThread 函数最后一个参数为 NULL，子线程也会有 ID。

函数 ExitThread 设置了线程退出码为 5，因此 GetExitCodeThread 函数得到的子线程的退出码为 5。

（3）保存工程并运行，运行结果如图 3-3 所示。

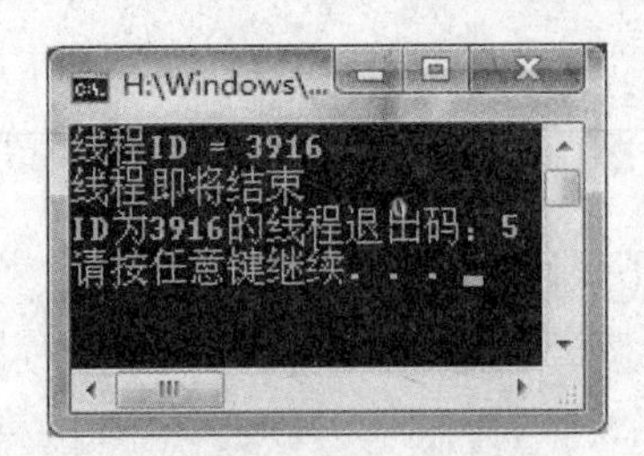

图 3-3

函数 TerminateThread 用来强制结束一个线程，声明如下：

```
BOOL TerminateThread( HANDLE hThread, DWORD dwExitCode);
```

其中，参数 hThread 是要结束的线程的句柄；dwExitCode 是传给线程的退出码，可以以后用函数 GetExitCodeThread 来获取该退出码。如果函数成功就返回非零，否则返回零。函数 TerminateThread 是具有危险性的函数，只应该在某些极端情况下使用。当 TerminateThread 结束线程时，线程将没有任何机会去执行用户模式下的代码以及释放初始栈。并且，依附在该线程上的 DLL 将不会被通知到该线程结束了。此外，如果要结束的目标线程拥有一个临界区，则临界区将不会被释放；如果要结束的目标线程从堆上分配了空间，则分配的堆空间将不会被释放。因此，这个函数尽量不去使用，比如下面的例子将产生死锁。

【例 3.3】TerminateThread 结束线程导致死锁

（1）新建一个控制台工程。

（2）在 Test.cpp 中输入如下代码：

```
#include "stdafx.h"
#include "windows.h"
DWORD WINAPI ThreadProc(LPVOID lpParameter)
{
 char* p;
 while (1) //循环的分配和释放空间
 {
     p = new char[5];
     delete []p;
 }
}

int _tmain(int argc, _TCHAR* argv[])
{
 HANDLE h;
 char* q;

 h = CreateThread(NULL, 0, ThreadProc, NULL, 0, NULL); //创建子线程
 Sleep(1500); //主线程等待 1.5 秒
 TerminateThread(h, 0); //结束子线程
 q = new char[2]; //主线程中分配空间，但程序停在此行，不再执行下去，因为死锁了
 printf("分配成功\n");
 delete[]q;
```

```
    CloseHandle(h); //关闭线程句柄

    return 0;
}
```

在上面的代码中，主线程执行到“q = new char[2];”时停滞不前了，因为发生了死锁。为什么会产生死锁呢？这是因为子线程中用了 new/delete 操作符向系统申请和释放堆空间，进程在其分配和回收内存空间时都会用到同一把锁。如果该线程在占用该锁时被杀死，即线程临死前还在进行 new 或 delete 操作，其他线程就无法再使用 new 或 delete 了，所以主线程中再用 new 时就无法成功执行了。

（3）保存工程并运行，运行结果如图 3-4 所示。

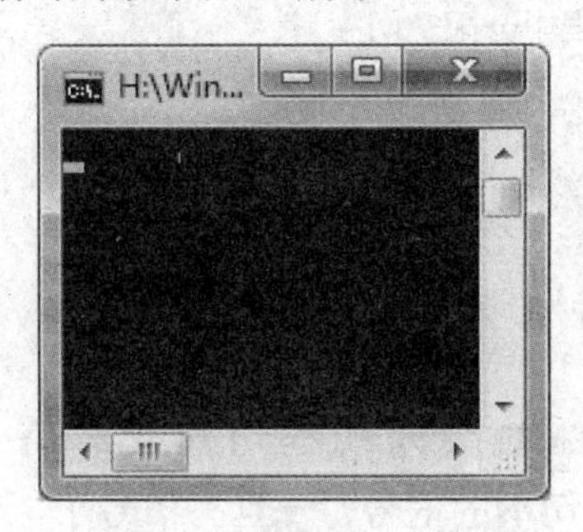

图 3-4

这个例子说明一旦函数 TerminateThread 结束线程，线程函数就将立即结束，非常暴力。那么上面的例子应该如何让线程优雅地退出呢？简单的方法是用一个全局变量和 WaitForSingleObject 函数。

【例 3.4】控制台下结束线程

（1）新建一个控制台工程。

（2）在 Test.cpp 中输入如下代码：

```
#include "stdafx.h"
#include "windows.h"

BOOL gbExit=TRUE; //控制子线程中的循环是否结束

DWORD WINAPI ThreadProc(LPVOID lpParameter)
{
 char* p;
 while (gbExit)
 {
     p = new char[5];
     delete[]p;
 }
 return 0;
}
```

```
int _tmain(int argc, _TCHAR* argv[])
{
 HANDLE h;
 char* q;

 h = CreateThread(NULL, 0, ThreadProc, NULL, 0, NULL); //创建线程
 Sleep(1500); //主线程休眠一段时间，让出 CPU 给子线程运行一段时间

 gbExit = FALSE; //设置标记，让子线程中的循环结束，以结束子线程
 WaitForSingleObject(h, INFINITE); //等待子线程的退出

 h = NULL;
 q = new char[2]; //主线程中分配空间
 printf("分配成功\n");
 delete[]q; //释放空间
 CloseHandle(h); //关闭子线程句柄

 return 0;
}
```

由于子线程结束的时候系统会向线程句柄发送信号，因此可以使用等待函数 WaitForSingleObject 来等待线程句柄的信号，一旦有信号了，就说明子线程结束，主线程就可以继续执行下去了。由于子线程是线程函数正常返回后退出的，因此 new/delete 的锁不再被占用，主线程就可以正常使用 new/delete 了。

（3）保存工程并运行，运行结果如图 3-5 所示。

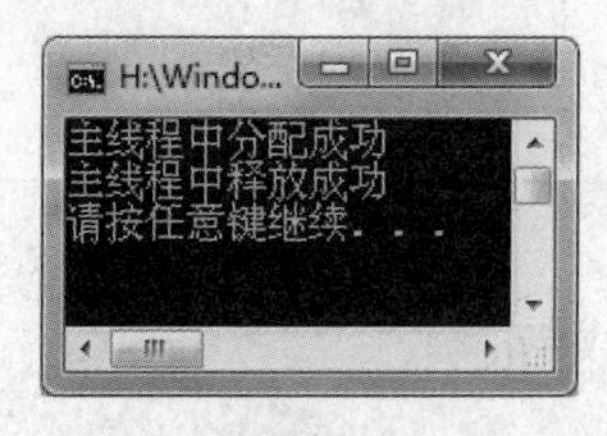

图 3-5

【例 3.5】图形界面下结束线程

（1）新建一个对话框工程。

（2）切换到资源视图，打开对话框设计器，然后删除上面所有的控件，并添加两个按钮，标题分别设为“开启线程”和“结束线程”。接着为“开启线程”按钮添加事件处理函数，代码如下：

```
void CTestDlg::OnBnClickedButton1()
{
 // TODO: 在此添加控件通知处理程序代码
 CClientDC dc(this);
 dc.TextOut(0, 0, _T("线程已启动")); //在对话框上显示线程已启动
GetDlgItem(IDC_BUTTON1)->EnableWindow(0); //设置“开启线程”按钮不可用
```

```
gbExit = TRUE;
 ghThread = CreateThread(NULL, 0, ThreadProc, m_hWnd, 0, NULL); //创建线程
}
```

ghThread 是一个全局变量，保存线程句柄，定义如下：

```
HANDLE ghThread;
```

然后添加线程函数：

```
DWORD WINAPI ThreadProc(LPVOID lpParameter)
{
 while (gbExit)
     ;
 return 0;
}
```

代码很简单，gbExit 是控制循环结束的全局变量，定义如下：

```
BOOL gbExit = TRUE;
```

为"结束线程"添加事件处理函数，代码如下：

```
void CTestDlg::OnBnClickedButton2()
{
 // TODO:  在此添加控件通知处理程序代码
 if (!gbExit)
     return; //如果已经结束则直接返回
 gbExit = FALSE; //设置循环结束变量
 WaitForSingleObject(ghThread, INFINITE); //等待子线程退出
CloseHandle (ghThread);//关闭线程句柄
GetDlgItem(IDC_BUTTON1)->EnableWindow();//设置"开启线程"按钮可用
 CClientDC dc(this);
 dc.TextOut(0, 0, _T("线程已结束")); //在对话框上显示已经结束
}
```

这种方式结束线程是优雅的，尽量不要使用 TerminateThread 函数来结束线程。

（3）保存工程并运行，运行结果如图 3-6 所示。

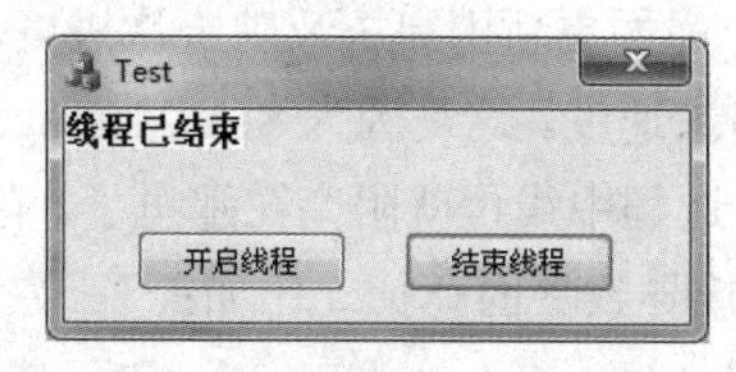

图 3-6

3.2.3　线程和 MFC 控件交互

在 MFC 程序中，经常有这样的需求，需要把在线程计算的结果显示在某个 MFC 控件上，或者后台线程的工作时间较长，需要在界面上反映出它的进度。

那线程如何和界面打交道呢？或许有人会想到启动线程时把 MFC 控件对象的指针传参给

线程函数，然后直接在线程函数中使用 MFC 控件对象并调用其方法来显示，但这种方式是不规范的，有可能会出现问题，因为 MFC 控件对象不是线程安全的，不能跨线程使用，或许此种方式在小程序中不会出问题，但是不出问题不等于没有问题，放在大型程序中早晚要出问题。再次强调：不要在子线程中操作主线程中创建的 MFC 控件对象，否则会带来意想不到的问题。在主线程中界面控件应该由主线程来控制，如果在子线程中也操作了界面控件，就会导致两个线程同时操作一个控件，若两个线程没有进行同步，就可能会发生错误。

那么在 MFC 程序中用 Win32 API 进行多线程开发时，应该如何和界面打交道呢？不同的情况有不同的处理方式。

如果仅仅是把线程计算的结果显示一下，第一种方法是把控件句柄传给线程，然后在线程函数中调用 Win32 API 函数或发送控件消息来操作控件；第二种方法是把界面主窗口的句柄传给线程，然后在线程函数中向主窗口发送自定义消息，接着可以在主窗口的自定义消息处理函数中调用控件对象的方法来操作控件。总之，如果涉及界面操作，应该传主窗口或控件窗口的句柄给子线程，而不要传主窗口或控件的对象指针，比如主窗口的 this。另外，窗口句柄传给线程后，不要试图去通过句柄来获得窗口对象指针，比如想通过 FromHandle 函数把 HWND 转为（对话框）窗口对象指针：

```
    CMyDialog *pDlg = static_cast<CMyDialog*>(CWnd::FromHandle(reinterpret_cast<
HWND> ( pData ) ) );
```

这种情况系统会分配一个临时的窗口对象给你，而不是真正的主窗口对象。原因是强调 HWND 和 CWnd 的映射关系只能在一个线程模块（THREAD_MODULE_STATE）中使用，即不能跨线程同时也不能跨模块转换两者。

如果后台工作比较耗时，用户希望它尽快完成工作并且想知道其处理进度，则不能在线程函数中发送消息来更新界面，因为这样会拖慢子线程的工作速度。此时，应该设置一个进度变量（比如一个全局变量），放在子线程中不断累加，而在主线程中采用每隔一段时间去获取该变量值，并转换成百分比，然后把百分比以字符串或进度条的形式显示在界面上。这种方式相当于主线程主动轮询的方式，但界面操作依然是在主线程中完成。如果要增强同步程度，可以把间隔时间设置短一点，但代价也是降低工作效率。或许有人想完全和计算进度同步，想在线程函数中每计算一步就发送一个界面更新消息去反映一次进度，但这样会拖慢线程工作的计算效率，如果你的线程计算需要追求速度。这是因为 SendMessage 是一个阻塞函数，必须要等界面更新完毕后才能返回，在这个过程中线程就阻塞在那里了。有人或许又想到了非阻塞发送消息函数 PostMessage，这个将直接导致界面死掉。比如：

```
    DWORD WINAPI ThreadProc(LPVOID lpParameter)
    {
     HWND hPos = (HWND)lpParameter; //获取进度条控件的句柄
     i = 0;
     for (i = 0; i < 88;i++) //循环做 88 次计算工作
     {
         myComputeWork();//计算工作
         ::PostMessage(hPos,PBM_SETPOS, i, 0); //发送设置进度的消息
         //Sleep(1);
```

```
    }

    return 0;
}
```

在上面的线程函数中，不停地循环做计算工作 myComputeWork，并且每计算完一次，就向进度条控件发送一次进度前进的消息。由于 PostMessage 是非阻塞函数，它向消息队列扔一条消息后就会立即返回，而界面操作通常比较慢，因此线程函数的循环向消息队列扔 PBM_SETPOS 消息会非常快，导致线程结束前消息队列中其他界面消息（比如鼠标点击、菜单操作等）无法进入消息队列，就不能接收用户操作了，看起来就像卡死了。如果我们让线程函数慢点扔消息呢？比如在 PostMessage 后面加一个 Sleep 函数，这样界面虽然不会卡死了，但是，通常这种循环计算工作用户对速度都是有要求的，人为的减慢将是不可接受的。虽然每隔一段时间去轮询进度的方法不能完全同步线程计算工作，但通常用户不会对此有严格的要求，只要有一个大概的反映进度就可以了。

下面我们看几个例子来加深一下理解。第一个例子通过在线程中把计算结果向控件发送控件消息来显示。第二个例子向主窗口发送自定义消息，然后在自定义消息处理函数中调用控件对象的方法来显示结果。两个例子传给线程函数的都是窗口句柄。相比较而言，第二种方法更简单些，因为控件消息大家使用起来不习惯，尤其对于 SDK 编程不熟悉的人来讲，更喜欢用 MFC 的方式来操作控件。

【例 3.6】发送控件消息在状态栏中显示线程计算的结果

（1）新建一个单文档工程。

（2）切换到资源视图，打开菜单设计器，然后在“视图”菜单下添加菜单项“开始计算”，ID 为 ID_WORK。当用户点击该菜单项的时候，将开启一个线程，线程中将进行一个计算工作，然后把计算结果发送控件消息显示到状态栏上去。

为“开始计算”菜单项添加 CMainFrame 类下的事件处理函数：

```
void CMainFrame::OnWork()
{
 // TODO:  在此添加命令处理程序代码
 CreateThread(NULL, 0, ThreadProc, m_wndStatusBar.m_hWnd, 0, NULL); //创建线程
}
```

代码很简单，使用 API 函数 CreateThread 来创建一个线程：线程函数是 ThreadProc，线程参数是状态栏的句柄 m_wndStatusBar.m_hWnd。由于 LPVOID 类型占用 4 个字节，而 m_hWnd 也占用 4 个字节，所以可以把句柄直接给 LPVOID。

（3）在 MainFrame.cpp 中添加一个全局的线程函数，代码如下：

```
DWORD WINAPI ThreadProc(LPVOID lpParameter)
{
 HWND hwnd = (HWND)lpParameter; //把参数转为句柄
 int nCount = 4; //定义状态栏的 4 个部分
 //定义状态栏每个部分的大小，每个元素是每部分右边的纵坐标
```

```
    int array[] = { 100, 200, 300, -1 };
    //向状态栏发送分割部分消息，把状态栏分为 4 个部分，array 存放每部分右边的纵坐标
    ::SendMessage(hwnd, SB_SETPARTS, (WPARAM)nCount, (LPARAM)array);
   //把计算结果发送给控件
    ::SendMessage(hwnd, SB_SETTEXT, (LPARAM)0, (WPARAM)TEXT("1+1=2"));
    ::SendMessage(hwnd, SB_SETTEXT, (LPARAM)1, (WPARAM)TEXT("2+2=4"));
    ::SendMessage(hwnd, SB_SETTEXT, (LPARAM)2, (WPARAM)TEXT("3+3=4"));
    ::SendMessage(hwnd, SB_SETTEXT, (LPARAM)3, (WPARAM)TEXT("4+4=8"));
    return 0;
}
```

我们把状态栏分为 4 个部分，每个部分显示一个计算结果，当然这里也没有什么计算过程，直接把计算结果发送出去了。数组 array 存放每部分右边的纵坐标，这个坐标是客户区坐标，都是相对于客户区左边的，最后一个元素“-1”表示状态栏剩下部分的纵坐标一直持续到状态栏右边结束。消息 SB_SETPARTS 是状态栏进行分割的消息，SB_SETTEXT 是为状态栏某个部分设置文本的消息。

（4）定位到函数 CMainFrame::OnCreate，把该函数中的一个语句注释掉：

```
//m_wndStatusBar.SetIndicators(indicators, sizeof(indicators)/sizeof(UINT));
```

这条语句是框架用来切分状态栏部分的。为了防止和我们分割状态栏发生冲突，所以注释掉，否则每次最大化窗口的时候我们的分割就会失效。

（5）保存工程并运行，运行结果如图 3-7 所示。

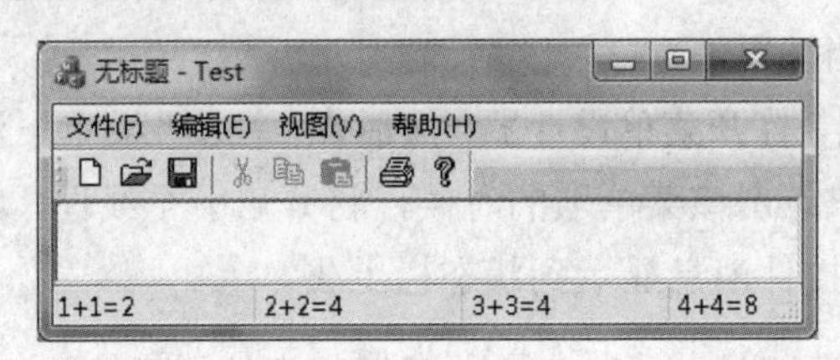

图 3-7

【例 3.7】发送自定义消息在状态栏中显示线程计算的结果

（1）新建一个单文档工程。

（2）切换到资源视图，打开菜单设计器，然后在“视图”菜单下添加菜单项“开始计算”，ID 为 ID_WORK。当用户点击该菜单项的时候，将开启一个线程，并把主框架窗口的句柄传给线程函数，线程函数中将把计算结果向主框架窗口发送自定义消息，然后在自定义消息处理函数中调用状态栏对象的方法来显示结果。

为“开始计算”菜单项添加 CMainFrame 类下的事件处理函数：

```
void CMainFrame::OnWork()
{
 // TODO:  在此添加命令处理程序代码
 CreateThread(NULL, 0, ThreadProc, m_hWnd, 0, NULL); //创建线程
}
```

代码很简单，就用 API 函数 CreateThread 来创建一个线程，线程函数是 ThreadProc，线程参数是主框架窗口的句柄 m_hWnd。由于 LPVOID 类型占用 4 个字节，而 m_hWnd 也占用 4 个字节，因此可以把句柄直接给 LPVOID。接着添加线程函数：

```
DWORD WINAPI ThreadProc(LPVOID lpParameter)
{
 HWND hwnd = (HWND)lpParameter; //把参数转为句柄
 CString strRes = _T("结果是100b/s");
 ::SendMessage(hwnd, MYMSG_SHOWRES, WPARAM(&strRes), NULL);
 return 0;
}
```

我们把 CString 对象的地址作为消息参数传给消息处理函数。MYMSG_SHOWRES 是在 MainFrame.cpp 开头定义的自定义消息，定义如下：

```
#define MYMSG_SHOWRES  WM_USER +10
```

然后在消息映射表中添加消息映射：

```
ON_MESSAGE(MYMSG_SHOWRES, OnShowRes)
```

OnShowRes 是自定义消息 MYMSG_SHOWRES 的处理函数，定义如下：

```
LRESULT CMainFrame::OnShowRes(WPARAM wParam, LPARAM lParam)
{
 CString* pstr = (CString*)wParam;

 m_wndStatusBar.SetPaneInfo(1, 10001, SBPS_NORMAL, 300);
 m_wndStatusBar.SetPaneText(1, *pstr);

 return 0;
}
```

该函数把接收到的字符串显示在状态栏第一个窗格上：SetPaneInfo 用来设置状态栏第一个窗格的宽度为 300，函数 SetPaneText 用来把收到的字符串显示在第一个窗格上。注意：窗格次序从 0 开始，最左边的是第 0 个窗格。

最后，在 MainFrame.h 中对该函数进行声明：

```
afx_msg LRESULT OnShowRes(WPARAM wParam, LPARAM lParam);
```

该声明写在 DECLARE_MESSAGE_MAP()前面，并且因为是消息处理函数，所以开头要加上 afx_msg。

（3）保存工程并运行，运行结果如图 3-8 所示。

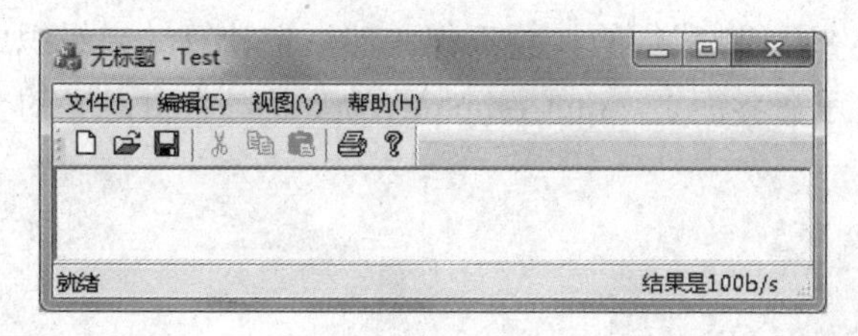

图 3-8

【例 3.8】主动轮询并显示线程工作的进度

（1）新建一个对话框工程。

（2）切换到资源视图，打开对话框编辑器，删除上面的所有控件，然后添加一个按钮和进度条控件，按钮标题是“开启线程”，并为两个控件添加控件变量，分别为 m_btn 和 m_pos。为按钮添加事件处理函数：

```
void CTestDlg::OnBnClickedButton1()
{
 // TODO:  在此添加控件通知处理程序代码
 gjd = 0; //初始化线程工作进度变量
 m_btn.EnableWindow(0); //开启线程时按钮变灰
 m_pos.SetRange(0, 100); //设置进度条范围
 m_pos.SetPos(0); //设置进度条起点位置
 SetTimer(1, 50, NULL); //开启计时器，每隔 50 毫秒轮询一次进度
 //开启线程并关闭句柄
 CloseHandle(CreateThread(NULL, 0, ThreadProc, m_hWnd, NULL, NULL));
}
```

其中，gjd 是整型全局变量，用来记录线程的计算工作进度。由于我们不需要对线程进行控制，因此线程句柄可以开始就关闭了。

添加线程函数：

```
DWORD WINAPI  ThreadProc(LPVOID lpParameter)
{
 int  i=0;
 float res=0.01;
 CString strRes;
 HWND hwnd = (HWND)lpParameter; //把参数转为句柄
 for (i = 0; i < 88;i++)
 {
     res += myComputeWork();//计算工作
     gjd++;
 }

 //发送计算结果自定义消息更新界面
 strRes.Format(_T("计算结果%.2lf"), res);
 ::SendMessage(hwnd, MYMSG_SHOWRES, WPARAM(&strRes), NULL);

 return 0;
}
```

代码很简单，循环 88 次做我们的计算工作，然后把计算结果组织成字符串并通过自定义消息发送出去，以此显示在界面上。myComputeWork 是一个自定义的全局函数，定义如下：

```
float myComputeWork()
{
 int i=0,j;
 double d = 1.0;
 while (i < 2000)
```

```
    {
        i++;
        for (j = -600; j < 600; j++)
                d += sin(0.01);
    }
    return d;
}
```

因为使用了正弦函数 sin，所以文件开头不要忘了包含 math.h。

接着，添加自定义消息 MYMSG_SHOWRES 的定义、消息映射以及消息处理函数：

```
LRESULT CTestDlg::OnShowRes(WPARAM wParam, LPARAM lParam)
{
 CString* pstr = (CString*)wParam;
 KillTimer(1); //停止计时器
 m_pos.SetPos(100); //设置进度条最右边
 m_btn.EnableWindow(1); //让“开启按钮”使能
 CClientDC dc(this);
 dc.TextOut(0, 0, *pstr); //在对话框左上角显示结果字符串

 return 0;
}
```

（3）为对话框添加计时器消息处理函数：

```
void CTestDlg::OnTimer(UINT_PTR nIDEvent)
{
 // TODO:  在此添加消息处理程序代码和/或调用默认值
 float f = gjd / 87.0;
 int per = f * 100;
 m_pos.SetPos(per);

 CDialogEx::OnTimer(nIDEvent);
}
```

这是主动轮询的核心所在，我们用一个计时器每隔一段时间来获取进度变量的值，并换算成百分百，然后显示在进度条上。这样看起来进度条就和线程计算工作在几乎同时前进了。

（4）保存工程并运行，运行结果如图 3-9 所示。

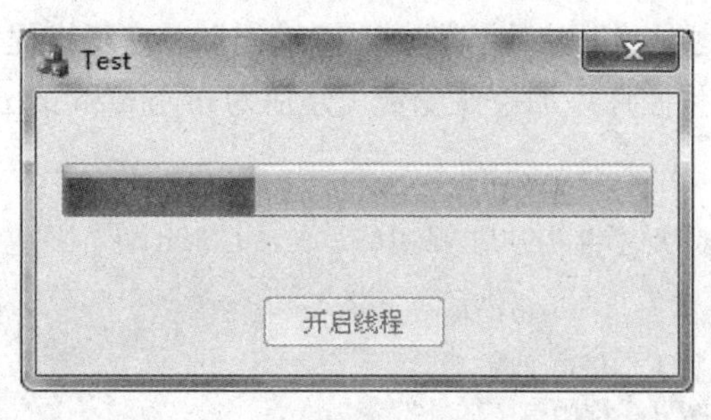

图 3-9

3.2.4 线程的暂停和恢复

在上面的程序中，线程句柄似乎没啥用，这小节讲述线程的暂停和恢复继续运行，线程句柄就很重要了。暂停线程执行的 API 函数是 SuspendThread，声明如下：

```
DWORD SuspendThread( HANDLE hThread);
```

其中，参数 hThread 是要暂停的线程句柄，该句柄必须要有 THREAD_SUSPEND_RESUME 访问权限。如果函数成功就返回以前暂停的次数，否则返回-1，此时可以用 GetLastError 来获得错误码。当函数成功的时候，线程将暂停执行，并且线程的暂停次数递增一次。每个线程都有一个暂停计数器，最大值为 MAXIMUM_SUSPEND_COUNT，如果暂停计数器大于零，线程则暂停执行。另外，这个函数一般不用于线程同步，如果对一个拥有同步对象（比如信号量或临界区）的线程调用 SuspendThread 函数，则有可能会引起死锁，尤其当被暂停的线程想要获取同步对象的时候。

恢复线程执行的函数是 ResumeThread，但不是说调用该函数线程就会恢复执行，该函数主要是减少暂停计数器的次数。线程的暂停计数器如果恢复到零，线程才会恢复执行。该函数声明如下：

```
DWORD ResumeThread( HANDLE hThread);
```

其中，参数 hThread 是要减少暂停次数的线程句柄，该句柄必须要有 THREAD_SUSPEND_RESUME 访问权限。如果函数成功就返回以前的暂停次数，若返回值大于 1，则表示线程依旧处于暂停状态，如果函数失败就返回-1，此时可以用 GetLastError 来获得错误码。函数 ResumeThread 会检查线程的暂停计数器，如果 ResumeThread 返回值为零，就说明线程当前没有暂停；如果 ResumeThread 返回值大于 1，则暂停计数器减 1，且线程依旧处于暂停状态中；如果 ResumeThread 返回值为 1，则暂停计数器减 1，并且原来暂停的线程将恢复执行。

下面我们来看一个图形界面的例子，演示这几个函数的使用。

【例 3.9】线程的暂停、恢复和中途终止

（1）新建一个对话框工程。

（2）切换到资源视图，打开对话框编辑器，删除上面的所有控件，然后添加 4 个按钮和进度条控件，4 个按钮标题是“开启线程”“暂停线程”“恢复线程”和“结束线程”，并为“开启线程”按钮和进度条控件添加控件变量（分别为 m_btn 和 m_pos）。为“开启线程”按钮添加事件处理函数：

```
void CTestDlg::OnBnClickedButton1()
{
 // TODO: 在此添加控件通知处理程序代码
 gjd = 0; //初始化线程工作进度变量
gbExit = FALSE; //结束线程函数中循环的全局变量
 m_btn.EnableWindow(0); //开启线程时按钮变灰
 m_pos.SetRange(0, 100); //设置进度条范围
 m_pos.SetPos(0); //设置进度条起点位置
```

```
SetTimer(1, 50, NULL); //开启计时器，每隔 50 毫秒轮询一次进度
//开启线程并关闭句柄
ghThread = CreateThread(NULL, 0, ThreadProc, m_hWnd, NULL, NULL);
}
```

其中，gjd 是整型全局变量，用来记录线程的计算工作进度。由于我们不需要对线程进行控制，因此线程句柄可以开始就关闭了。gbExit 是一个 BOOL 型的全局变量，用来控制线程函数中循环的结束。ghThread 是一个全局变量，用来存放线程句柄。

添加线程函数：

```
DWORD WINAPI  ThreadProc(LPVOID lpParameter)
{
 int  i=0;
 float res=0.01;
 CString strRes;
 HWND hwnd = (HWND)lpParameter; //把参数转为句柄
 for (i = 0; i < 88;i++)
 {
     if (gbExit) //控制循环退出
          break;
     res += myComputeWork();//计算工作
     gjd++; // myComputeWork 每执行一次，该进度变量就累加一次
 }

 if (gbExit) strRes.Format(_T("线程被中途结束掉了"), res);
 else strRes.Format(_T("计算结果%.2lf"), res);
 ::SendMessage(hwnd, MYMSG_SHOWRES, WPARAM(&strRes), NULL); //发送自定义消息

 return 0;
}
```

代码很简单，循环 88 次做我们的计算工作，然后把计算结果组织成字符串并通过自定义消息发送出去，以此显示在界面上。gbExit 是用来控制循环退出条件的，当用户点击“结束进程”的时候会置该变量为 TRUE。myComputeWork 是一个自定义的全局函数，模拟一个计算工作，定义如下：

```
float myComputeWork()
{
 int i=0,j;
 double d = 1.0;
 while (i < 2000)
 {
     i++;
     for (j = -600; j < 600; j++)
             d += sin(0.01);
 }
 return d;
}
```

因为使用了正弦函数 sin，所以文件开头不要忘了包含 math.h。

接着，添加自定义消息 MYMSG_SHOWRES 的定义、消息映射以及消息处理函数：

```
LRESULT CTestDlg::OnShowRes(WPARAM wParam, LPARAM lParam)
{
 CString* pstr = (CString*)wParam;
 KillTimer(1); //停止计时器
CloseHandle(ghThread); //关闭进程句柄
 ghThread = NULL;
 m_pos.SetPos(100); //设置进度条最右边
 m_btn.EnableWindow(1); //让“开启按钮”使能
 CClientDC dc(this);
 dc.TextOut(0, 0, *pstr); //在对话框左上角显示结果字符串

 return 0;
}
```

（3）为对话框添加计时器消息处理函数：

```
void CTestDlg::OnTimer(UINT_PTR nIDEvent)
{
 // TODO:  在此添加消息处理程序代码和/或调用默认值
 float f = gjd / 87.0;
 int per = f * 100;
 m_pos.SetPos(per);

 CDialogEx::OnTimer(nIDEvent);
}
```

这是主动轮询的核心所在，我们用一个计时器每隔一段时间来获取进度变量的值，并换算成百分百，然后显示在进度条上。这样看起来进度条就和线程计算工作在几乎同时前进了。

（4）添加“暂停线程”按钮的事件处理函数，代码如下：

```
void CTestDlg::OnBnClickedButton2()
{
 // TODO:  在此添加控件通知处理程序代码
 if (ghThread)
     SuspendThread(ghThread);
}
```

再添加“恢复线程”按钮的事件处理函数，代码如下：

```
void CTestDlg::OnBnClickedButton3()
{
 // TODO:  在此添加控件通知处理程序代码
 if (ghThread)
     ResumeThread(ghThread);
}
```

再添加“结束线程”按钮的事件处理函数，代码如下：

```
void CTestDlg::OnBnClickedButton4()
{
```

```
    // TODO: 在此添加控件通知处理程序代码
    gbExit = TRUE; //通过全局变量来停止线程函数中的循环以此来结束线程
}
```

（5）保存工程并运行，运行结果如图 3-10 所示。

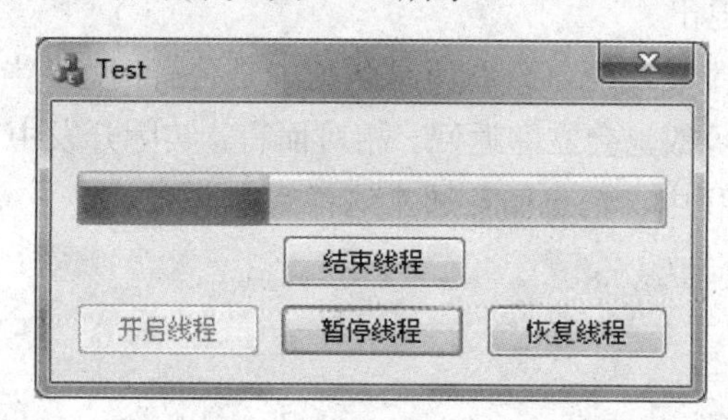

图 3-10

3.2.5 消息线程和窗口线程

前面所创建的线程没有消息循环，也没有在线程中创建窗口，通常把这种线程称为工作线程。其实函数 CreateThread 创建线程还可以拥有消息队列，甚至创建窗口。拥有消息队列的线程称为消息线程。消息线程有两种类型：创建了窗口的消息线程和没有创建窗口的消息线程，前者通常称为窗口线程（或 UI 线程）。窗口线程中既然创建了窗口，那也必须要有窗口过程函数，由窗口过程函数对窗口消息进行处理，并且窗口和消息循环要在一个线程中，因此大家不要跨线程处理 MFC 控件对象，每个控件都是一个窗口，都有各自的消息循环，只是支持 MFC 把它封装掉罢了。

要让一个线程成为消息线程，方法是在线程函数中创建消息循环，并在循环中调用 API 函数的 GetMessage 或 PeekMessage。一旦在线程中调用了这两个函数，系统就会为线程创建一个消息队列，这样这两个函数就可以获取消息了。大家一定要明确：消息队列是系统创建的，消息循环是线程创建的。

函数 GetMessage 声明如下：

```
    BOOL GetMessage(LPMSG  lpMsg, HWND  hWnd,UINT  wMsgFilterMin, UINT
wMsgFilterMax);
```

其中，参数 lpMsg 指向 MSG 结构，该结构存放从线程消息队列中获取到的消息；hWnd 为收到的窗口消息所对应窗口的句柄，这个窗口必须属于当前线程，如果该参数为 NULL，则函数将收到所属当前线程的任一窗口的窗口消息以及当前线程消息队列中窗口句柄为 NULL 的消息，因此如果该参数为 NULL，则不管线程消息是不是窗口消息都将被收到，如果该参数为-1，则只会收到窗口句柄为 NULL 的消息；wMsgFilterMin 指定所收到的消息值的最小值；wMsgFilterMax 指定所收到的消息值的最大值，如果 wMsgFilterMin 和 wMsgFilterMax 为零，那么 GetMessage 将收到所有可得到的消息。如果函数收到的消息不是 WM_QUIT,，就返回非零，否则返回零。要注意的是，如果 GetMessage 从消息队列中取不到消息，就不会返回而阻塞在那里，一直等到取到消息才返回。因此，当线程消息队列中没有消息时 GetMessage 使得线程进入 IDLE 状态，被挂起；当有消息到达线程时 GetMessage 被唤醒，获取消息并返回。另外，该函数获取消息之后将删除消息队列中除 WM_PAINT 消息之外的其他消息，而 WM_PAINT 则只有在其处理之后才被删除。GetMessage 函数只有在接收到 WM_QUIT 消息时才返回 0，此时消息循环退出。

函数 PeekMessage 的主要功能是查看消息队列中是否有消息，当然也可以取出消息。即使消息队列中没有消息，该函数也会立即返回。相对而言，实际开发中 GetMessage 用的多一点。

在没有窗口的消息线程中，消息循环通常这样写：

```
while (GetMessage(&msg, NULL, NULL, NULL))
{
    switch (msg.message)
    {
    case MYMSG1: //自定义的消息
        break;
    case MYMSG2: //自定义的消息
        break;
    }
}
```

对于有窗口的消息线程，消息循环通常这样写：

```
while (GetMessage(&msg, NULL, NULL, NULL))
{
    TranslateMessage(&msg);//如果要字符消息，这句也要
    DispatchMessage(&msg); //把消息派送到窗口过程中去
}
```

函数 TranslateMessage 将虚拟键消息转换为字符消息。函数 DispatchMessage 必须要有，它把收到的窗口消息回传给操作系统，由操作系统调用窗口过程函数对消息进行处理。

向线程发送消息可以使用函数 SendMessage、PostMessage 或 PostThreadMessage。SendMessage 和 PostMessage 根据窗口句柄来发送消息，所以如果要向某个线程中的窗口发送消息，可以使用 SendMessage 或 PostMessage。需要注意的是，SendMessage 要一直等到消息处理完才返回，所以如果它发送的消息不是本线程创建的窗口的窗口消息，则本线程会被阻塞；PostMessage 则不会，它会立即返回。另外，如果 PostMessage 的句柄参数为 NULL，则相当于向本线程发送一个非窗口的消息。

函数 PostThreadMessage 根据线程 ID 来向某个线程发送消息，声明如下：

```
BOOL PostThreadMessage(DWORD idThread, UINT Msg, WPARAM wParam, LPARAM
lParam);
```

其中，参数 idThread 为线程 ID，函数就是向该 ID 的线程投递消息；参数 Msg 表示要投递消息的消息号；wParam 和 lParam 为消息参数，可以附带一些信息。如果函数成功就返回非零，否则返回零。需要注意的是，目标线程必须要有一个消息循环，否则 PostThreadMessage 将失败。此外，PostThreadMessage 发送的消息不需要关联一个窗口，这样目标线程就不需要为了接收消息而创建一个窗口了。

通常，PostThreadMessage 用于消息线程。SendMessage 或 PostMessage 用于窗口线程。

下面我们看几个例子来加深一下对这几个函数使用的理解。

【例 3.10】PostThreadMessage 发送消息给无窗口的消息线程

（1）新建一个对话框工程。

（2）切换到资源视图，打开对话框编辑器，删除上面所有的控件，然后添加 3 个按钮，标题分别是“创建线程”“发送线程消息 1”和“发送线程消息 2”。为“创建线程”按钮添加事件处理函数，代码如下：

```
void CTestDlg::OnBnClickedButton2()
{
 // TODO:  在此添加控件通知处理程序代码
 CloseHandle(CreateThread(NULL, 0, ThreadProc, NULL, NULL, &m_dwThID));
}
```

线程函数是 ThreadProc。因为我们不需要控制线程，所以创建线程后，马上调用函数 CloseHandle 关闭其句柄。线程 ID 保存在 m_dwThID 中，该变量是类 CTestDlg 的成员变量：

```
DWORD m_dwThID;
```

在 TestDlg.cpp 开头定义两个自定义消息：

```
#define MYMSG1 WM_USER+1
#define MYMSG2 WM_USER+2
```

为“发送线程消息 1”按钮添加事件处理函数，代码如下：

```
void CTestDlg::OnBnClickedButton1()
{
 // TODO:  在此添加控件通知处理程序代码
 CString str = _T("祖国");
 //向 ID 为 m_dwThID 的线程发送消息
 PostThreadMessage(m_dwThID, MYMSG1, WPARAM(&str),0);
 Sleep(100); //等待 100 毫秒
}
```

把字符串 str 作为消息参数发送给线程函数，然后主线程等待 100 毫秒，这样可以让子线程有机会把字符串显示一下，如果不等待，因为 PostThreadMessage 函数会立即返回，所以函数 OnBnClickedButton1 会很快结束，则局部变量 str 会很快销毁，子线程将收不到字符串。

同样，为“发送线程消息 2”按钮添加事件处理函数，代码如下：

```
void CTestDlg::OnBnClickedButton3()
{
 // TODO:  在此添加控件通知处理程序代码
 CString str = _T("强大");
 //向 ID 为 m_dwThID 的线程发送消息
 PostThreadMessage(m_dwThID, MYMSG1, WPARAM(&str), 0);
 Sleep(100); //等待 100 毫秒
}
```

把字符串 str 作为消息参数发送给线程函数，然后主线程等待 100 毫秒。

（3）保存工程并运行，运行结果如图 3-11 所示。

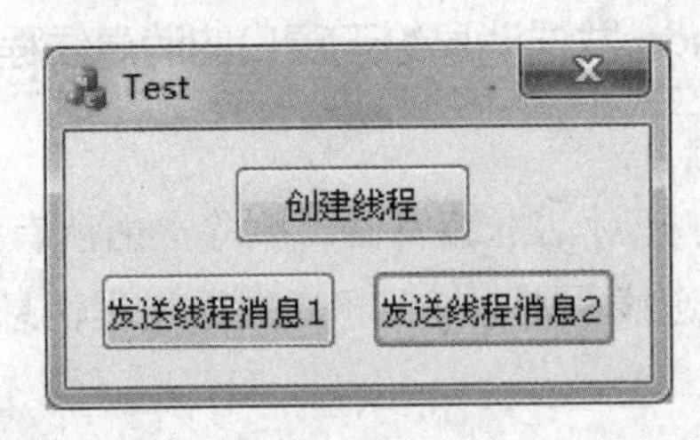

图 3-11

3.2.6 线程同步

线程同步是多线程编程中重要的概念。它的基本意思就是同步各个线程对资源（比如全局变量、文件）的访问。如果不对资源访问进行线程同步，就会产生资源访问冲突的问题。比如，一个线程正在读取一个全局变量，而读取全局变量的这个语句在 C++语言中只是一条语句，但在 CPU 指令处理这个过程的时候需要用多条指令来处理这个读取变量的过程。如果这一系列指令被另外一个线程打断了，也就是说 CPU 还没有执行完全部读取变量的所有指令就去执行另外一个线程了，而另外一个线程却要对这个全局变量进行修改，修改完后又返回原先的线程，继续执行读取变量的指令，此时变量的值已经改变了，这样第一个线程的执行结果就不是预料的结果了。

因此，多个线程对资源进行访问，一定要进行同步。VC2017 提供了临界区对象、互斥对象和事件对象和信号量对象等 4 个同步对象来实现线程同步。

下面我们来看一个线程不同步的例子。模拟这样一个场景，甲乙两个窗口在售票，一共 10 张票，每张票的号码不同，每卖出一张票，就打印出卖出票的票号。我们可以把开辟的两个线程当作两个窗口在卖票，如果线程没有同步，就可能会出现两个“窗口”卖出的“票”是相同的，就发生了错误。

【例 3.11】不用线程同步的卖票程序

（1）新建一个控制台工程。

（2）在 Test.cpp 中输入 main 函数代码：

```
int _tmain(int argc, _TCHAR* argv[])
{
 int i;
 HANDLE h[2];

 for (i = 0; i < 2;i++)
     h[i] = CreateThread(NULL, 0, threadfunc, (LPVOID)i, 0, 0);
 for (i = 0; i < 2; i++)
 {
     WaitForSingleObject(h[i], INFINITE);
```

```
        CloseHandle(h[i]);
    }
   printf("卖票结束\n");
    return 0;
   }
```

首先开启两个线程，线程函数是 threadfunc，并把 i 作为参数传入（为了区分不同的窗口）。最后无限等待两个线程结束，一旦结束就关闭其线程句柄。

在 main 函数上面输入线程函数和全局变量，代码如下：

```
   #define  BUF_SIZE 100
   int gticketId = 10; //当前卖出票的票号
   DWORD WINAPI threadfunc(LPVOID param)
   {
    HANDLE hStdout;
    DWORD  i,dwChars;
    size_t szlen;
    TCHAR chWin, msgBuf[BUF_SIZE];

    if (param == 0) chWin = _T('甲'); //甲窗口
    else chWin = _T('乙'); //乙窗口


    while (1)
    {
        if (gticketId <= 0) //如果票号小于等于零，就跳出循环
            break;
        hStdout = GetStdHandle(STD_OUTPUT_HANDLE); //为了打印，得到标准输出设备的句柄
        if (hStdout == INVALID_HANDLE_VALUE)
        {
            return 1;
        }
        //构造字符串
        StringCchPrintf(msgBuf, BUF_SIZE, _T("%c 窗口卖出的车票号 = %d\n"), chWin,
gticketId);
        StringCchLength(msgBuf, BUF_SIZE, &szlen);  //得到字符串长度
        WriteConsole(hStdout, msgBuf, szlen, &dwChars, NULL);
        gticketId--;//每卖出一张车票，车票就减少一张
    }
   }
```

线程不停地卖票，每次卖出一张票就打印出车票号，同时减少一张。

最后添加所需头文件：

```
   #include "windows.h"
   #include <strsafe.h> //字符串处理函数需要
```

（3）保存工程并运行，从运行结果（见图 3-12）可以看出不同的窗口居然卖出了同号的车票，这就说明没有线程同步的话程序出现问题了。

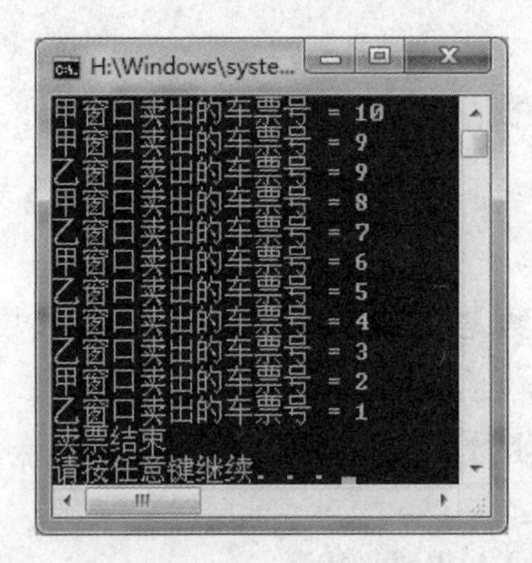

图 3-12

3.2.6.1 临界区对象

临界区对象通过一个所有线程共享的对象来实现线程同步。线程要访问被临界区对象保护的资源，必须先要拥有该临界区对象。如果另一个线程要访问资源，则必须等待上一个访问资源的线程释放临界区对象。临界区对象只能用于一个进程内的不同线程之间的同步。

临界区的意思是一段关键代码，执行代码相当于进入临界区。要执行临界区代码，必须先独占临界区对象。比如可以把对某个共享资源进行访问这个操作看作一个临界区，要执行这段代码（访问共享资源），必须先拥有临界区对象。临界区对象好比一把钥匙，只有拥有了这把钥匙才能对共享资源进行访问。如果这把钥匙在其他线程手里，则当前线程只能等待，一直等到其他线程交出钥匙。VC2017 提供了几个操作临界区对象的函数。

（1）InitializeCriticalSection 函数

该函数用来初始化一个临界区对象。函数声明如下：

```
void  InitializeCriticalSection(LPCRITICAL_SECTION  lpCriticalSection);
```

其中，参数 lpCriticalSection 为指向一个临界区对象的指针。CRITICAL_SECTION 是一个结构体，定义了和线程访问相关的控制信息，具体内容我们不需要去管，它定义在 WinBase.h 中。

通常使用该函数之前会先定义一个 CRITICAL_SECTION 类型的全局变量，然后把地址传入该函数。

（2）EnterCriticalSection 函数

该函数用于等待临界区对象的所有权，如果能获得临界区对象，那么该函数返回，否则函数进入阻塞，线程进入睡眠状态，一直到拥有临界区对象的线程释放临界区对象。该函数声明如下：

```
void  EnterCriticalSection( LPCRITICAL_SECTION  lpCriticalSection);
```

其中，参数 lpCriticalSection 为指向一个临界区对象的指针。

（3）TryEnterCriticalSection 函数

该函数也是用于等待临界区对象的所有权，和 EnterCriticalSection 不同的是，函数

TryEnterCriticalSection 不管有没有获取到临界区对象所有权，都将立即返回，相当于一个异步函数。函数声明如下：

```
BOOL TryEnterCriticalSection( LPCRITICAL_SECTION lpCriticalSection);
```

其中，参数 lpCriticalSection 为指向一个临界区对象的指针。如果成功获取临界区对象所有权，函数就返回非零，否则返回零。

（4）LeaveCriticalSection 函数

该函数用于释放临界区对象的所有权。声明如下：

```
void LeaveCriticalSection( LPCRITICAL_SECTION lpCriticalSection);
```

其中，参数 lpCriticalSection 为指向一个临界区对象的指针。需要注意的是，线程获得临界区对象所有权，在使用完临界区后必须调用该函数释放临界区对象的所有权，让其他等待临界区的线程有机会进入临界区。该函数通常和 EnterCriticalSection 函数配对使用，它们中间的代码就是临界区代码。

（5）DeleteCriticalSection 函数

该函数用来删除临界区对象，释放相关资源，使得临界区对象不再可用。函数声明如下：

```
void DeleteCriticalSection( LPCRITICAL_SECTION lpCriticalSection);
```

其中，参数 lpCriticalSection 为指向一个临界区对象的指针。

下面我们对前面线程不同步的卖票例子进行改造，加入临界区对象，使得线程同步。

【例 3.12】使用临界区对象同步线程

（1）新建一个控制台工程。

（2）在 Test.cpp 中输入如下代码：

```
#include "stdafx.h"
#include "windows.h"
#include <strsafe.h>

#define  BUF_SIZE 100 //输出缓冲区大小
int gticketId = 10; //记录卖出的车票号
CRITICAL_SECTION gcs; //定义临界区对象

DWORD WINAPI threadfunc(LPVOID param)
{
 HANDLE hStdout;
 DWORD  i, dwChars;
 size_t szlen;
 TCHAR chWin,msgBuf[BUF_SIZE];

 if (param == 0) chWin = _T('甲'); //甲窗口
 else chWin = _T('乙'); //乙窗口
 while (1)
 {
```

```
        EnterCriticalSection(&gcs);
        if (gticketId <= 0)
        {
            LeaveCriticalSection(&gcs); //注意要释放临界区对象所有权
            break;
        }

        hStdout = GetStdHandle(STD_OUTPUT_HANDLE); //得到标准输出设备的句柄，为了打印
        if (hStdout == INVALID_HANDLE_VALUE)
        {
            LeaveCriticalSection(&gcs); //注意要释放临界区对象所有权
            return 1;
        }
        //构造字符串
        StringCchPrintf(msgBuf, BUF_SIZE, _T("%c 窗口卖出的车票号 = %d\n"), chWin,
gticketId);          StringCchLength(msgBuf, BUF_SIZE, &szlen); //得到字符串长度
        WriteConsole(hStdout, msgBuf, szlen, &dwChars, NULL); //在终端打印车票号
        gticketId--;//车票减少一张
        LeaveCriticalSection(&gcs); 释放临界区对象所有权
        Sleep(1); //让出 CPU，让另外的线程有机会执行
    }
   }
   int _tmain(int argc, _TCHAR* argv[])
   {
    int i;
    HANDLE h[2];

    InitializeCriticalSection(&gcs); //初始化临界区对象

    for (i = 0; i < 2; i++)
        h[i] = CreateThread(NULL, 0, threadfunc, (LPVOID)i, 0, 0); //开辟两个线程
    for (i = 0; i < 2; i++)
    {
        WaitForSingleObject(h[i], INFINITE); //等待线程结束
        CloseHandle(h[i]);
    }
    DeleteCriticalSection(&gcs); //删除临界区对象
    printf("卖票结束\n");
    return 0;
   }
```

程序中使用了临界区对象来同步线程。gcs 是临界区对象，通常定义成一个全局变量。在线程函数中，我们把用到全局变量 gticketId 的地方都包围进临界区内，这样一个线程在使用共享的全局变量 gticketId 时，其他线程就只能等待了。

（3）保存工程并运行，可以看到每次卖出的车票的号码都是不同的，运行结果如图 3-13 所示。

图 3-13

3.2.6.2　互斥对象

互斥对象也称互斥量（Mutex），它的使用和临界区对象有点类似。互斥对象不仅能保护一个进程内的共享资源，还能保护系统中进程间的资源共享。互斥对象属于系统内核对象。

只有拥有互斥对象的线程才具有访问资源的权限，由于互斥对象只有一个，因此就决定了任何情况下共享资源都不会同时被多个线程所访问。互斥对象的使用通常需要结合等待函数，当没有线程拥有互斥对象时，系统会为互斥对象设置有信号状态（相当于向外发送信号），此时若有线程在等待该互斥对象（利用等待函数在等待），则该线程可以获得互斥对象，此时系统会将互斥对象设为无信号状态（不向外发送信号），如果又有线程在等待，则只能一直等待下去，直到拥有互斥对象的线程释放互斥对象，然后系统重新设置互斥对象为有信号状态。

下面先介绍一下等待函数。我们前面已经接触过 WaitForSingleObject 函数，这个就是等待函数，类似的还有 WaitForMultipleObjects。所谓等待函数，就是用来等待某个对象产生信号的函数，比如一个线程对象在线程生命期内是处于无信号状态的，当线程终止时系统会设置线程对象为有信号状态，因此我们可以用等待函数来等待线程的结束。类似的，互斥对象没有被任何线程拥有的时候，系统会将它设置为有信号状态，一旦被某个线程拥有，就会设为无信号状态。线程可以调用等待函数来阻塞自己，直到信号产生后等待函数才会返回，线程才会继续执行。

函数 WaitForSingleObject 用来等待某个对象的信号，它知道对象有信号或等待超时才返回，函数声明如下：

```
DWORD  WaitForSingleObject(HANDLE hHandle, DWORD dwMilliseconds);
```

其中，参数 hHandle 是对象句柄；dwMilliseconds 表示等待超时的时间，单位是毫秒，如果该参数是 0，那么函数测试对象信号状态后立即返回，如果参数是宏 INFINITE，表示函数不设超时时间一直等待对象有信号为止。如果函数成功，那么函数返回值如下：

- WAIT_ABANDONED，表示指定的对象是互斥对象，该互斥对象在拥有它的线程结束时没有被释放，互斥对象的所有权将被赋予调用本函数的线程，同时互斥对象被设为无信号状态。
- WAIT_OBJECT_0，表示指定的对象处于有信号状态了。
- WAIT_TIMEOUT，表示等待超时，同时对象仍处于无信号状态。

如果函数失败，则返回 WAIT_FAILED ((DWORD)0xFFFFFFFF)，相当于-1。

WaitForMultipleObjects 可以用来等待多个对象，但数目不能超过 64。该函数相当于在循环中调用 WaitForSingleObject，一般用 WaitForSingleObject 即可。

下面介绍与互斥对象有关的 API 函数。

（1）CreateMutex 函数

该函数创建或打开一个互斥对象。声明如下：

```
HANDLE CreateMutex( LPSECURITY_ATTRIBUTES lpMutexAttributes,
BOOL bInitialOwner, LPCTSTR lpName );
```

其中，参数 lpMutexAttributes 为指向 PSECURITY_ATTRIBUTES 结构的指针，该结构表示互斥的安全属性，主要决定函数返回的互斥对象句柄能否被子进程继承，如果该参数为 NULL，则函数返回的句柄不能被子进程继承；bInitialOwner 决定调用该函数创建互斥对象的线程是否拥有该互斥对象的所有权，如果该参数为 TRUE，表示创建该互斥对象的线程拥有该互斥对象的所有权；lpName 是一个字符串指针，用来确定互斥对象的名称，该名称区分大小写，长度不能超过 MAX_PATH，如果该参数为 NULL，则不给互斥对象起名（为互斥对象起名字的目的是在不同进程之间进行线程同步）。如果函数成功就返回互斥对象句柄，否则函数返回 NULL。

（2）ReleaseMutex 函数

该函数用来释放互斥对象的所有权，这样其他等待互斥对象的线程就可以获得所有权。函数声明如下：

```
BOOL  ReleaseMutex( HANDLE hMutex);
```

其中，参数 hMutex 是互斥对象的句柄。如果函数成功就返回非零，否则返回零。需要注意的是，函数 ReleaseMutex 是用来释放互斥对象所有权的，并不是销毁互斥对象。当进程结束的时候，系统会自动关闭互斥对象句柄，也可以使用 CloseHandle 函数来关闭互斥对象句柄，当最后一个句柄被关闭的时候系统销毁互斥对象。

下面我们通过互斥对象实现线程同步来改写例 3.11。

【例 3.13】使用互斥对象同步线程

（1）新建一个控制台工程。

（2）在 Test.cpp 中输入如下代码：

```
#include "stdafx.h"
#include "windows.h"
#include <strsafe.h>

#define  BUF_SIZE 100 //输出缓冲区大小
int gticketId = 10;  //记录卖出的车票号
HANDLE ghMutex; //互斥对象句柄

DWORD WINAPI threadfunc(LPVOID param)
```

```
{
 HANDLE hStdout;
 DWORD  i, dwChars;
 size_t szlen;
 TCHAR chWin, msgBuf[BUF_SIZE];

 if (param == 0) chWin = _T('甲'); //甲窗口
 else chWin = _T('乙'); //乙窗口
 while (1)
 {
     WaitForSingleObject(ghMutex, INFINITE); //等待互斥对象有信号
     if (gticketId <= 0) //如果车票全部卖出了，则退出循环
     {
         ReleaseMutex(ghMutex); //释放互斥对象所有权
         break;
     }

     hStdout = GetStdHandle(STD_OUTPUT_HANDLE); //得到标准输出设备的句柄，为了打印
     if (hStdout == INVALID_HANDLE_VALUE)
     {
         ReleaseMutex(ghMutex);
         return 1;
     }
     //构造字符串
     StringCchPrintf(msgBuf, BUF_SIZE, _T("%c 窗口卖出的车票号 = %d\n"), chWin,
gticketId);
     StringCchLength(msgBuf, BUF_SIZE, &szlen);
     WriteConsole(hStdout, msgBuf, szlen, &dwChars, NULL); //控制台输出
     gticketId--;//车票减少一张
     ReleaseMutex(ghMutex); //释放互斥对象所有权
     //Sleep(1); //这句可以不用了
 }
}
int _tmain(int argc, _TCHAR* argv[])
{
 int i;
 HANDLE h[2];

 printf("使用互斥对象同步线程\n");
 ghMutex = CreateMutex(NULL, FALSE, _T("myMutex")); //创建互斥对象

 for (i = 0; i < 2; i++)
     h[i] = CreateThread(NULL, 0, threadfunc, (LPVOID)i, 0, 0); //创建线程
 for (i = 0; i < 2; i++)
 {
     WaitForSingleObject(h[i], INFINITE); //等待线程结束
     CloseHandle(h[i]); //关闭线程对象句柄
 }
 CloseHandle(ghMutex); //关闭互斥对象句柄
 printf("卖票结束\n");
 return 0;
```

```
}
```

程序通过互斥对象来实现线程同步。主线程中首先创建互斥对象，并把句柄存在全局变量 ghMutex 中，创建的时候第二个参数是 FALSE，意味着主线程不拥有该互斥对象所有权。在线程函数中，在用到共享的全局变量 gticketId 之前调用等待函数 WaitForSingleObject 来等待互斥对象有信号，一旦等到，就可以进行关于 gticketId 的操作了。等操作完毕后再用函数 ReleaseMutex 来释放互斥对象所有权，使得互斥对象重新有信号，这样其他等待该互斥对象的线程可以得以执行。

与例 3.12 使用临界区对象来实现线程同步相比，该例的线程函数中不需要用 Sleep(1)来使得当前线程让出 CPU，因为其他线程已经在等待信号对象的信号了，一旦拥有互斥对象的线程释放所有权，其他线程马上可以等待结束，得以执行。

（3）保存工程并运行，由运行结果（见图 3-14）可以看出每次卖出的车票的号码都是不同的。

图 3-14

3.2.6.3 事件对象

事件对象也属于系统内核对象。它的使用方式和互斥对象有点类似，但功能更多一些。当等待的事件对象有信号状态时，等待事件对象的线程得以恢复，继续执行；如果等待的事件对象处于无信号状态，则等待该对象的线程将挂起。

事件可以分为两种：手动事件和自动事件。手动事件的意思是当事件对象处于有信号状态时，它会一直处于这个状态，一直到调用函数将其设置为无信号状态为止。自动事件是指当事件对象处于有信号状态时，如果有一个线程等待到该事件对象的信号后，事件对象就变为无信号状态了。

事件对象也要使用等待函数，比如 WaitForSingleObject。关于等待函数上一节已经介绍过了，这里不再赘述。

下面介绍有关事件对象的几个 API 函数。

（1）CreateEvent 函数

该函数用于创建或打开一个事件对象，声明如下：

```
HANDLE  CreateEvent(LPSECURITY_ATTRIBUTES lpEventAttributes, BOOL
```

```
bManualReset,BOOL bInitialState, LPCTSTR lpName);
```

其中，参数 lpEventAttributes 是指向 SECURITY_ATTRIBUTES 结构的指针，该结构表示一个安全属性，如果该参数为 NULL，表示函数返回的句柄不能被子进程继承；bManualReset 用于确定是创建一个手动事件还是一个自动事件；bInitialState 用于指定事件对象的初始状态，如果为 TRUE 就表示事件对象创建后处于有信号状态，否则为无信号状态；lpName 指向一个字符串，该字符串表示事件对象的名称，该名称字符串是区分大小写的，长度不能超过 MAX_PATH，如果该参数为 NULL，则表示创建一个无名字的事件对象，事件对象的名称不能和其他同步对象的名称（比如互斥对象的名称）相同。如果函数成功就返回新创建的事件对象句柄，否则返回 NULL。

（2）SetEvent 函数

该函数将事件对象设为有信号状态。

```
BOOL  SetEvent( HANDLE  hEvent);
```

其中，参数 hEvent 表示事件对象句柄。如果函数成功就返回非零，否则返回零。

（3）ResetEvent 函数

该函数将事件对象重置为无信号状态。声明如下：

```
BOOL  ResetEvent(HANDLE  hEvent);
```

其中，参数 hEvent 是事件对象句柄，如果函数成功就返回非零，否则返回零。

当进程结束的时候，系统会自动关闭事件对象句柄，也可以调用 CloseHandle 来关闭事件对象句柄，当与之关联的最后一个句柄被关掉后，事件对象被销毁。

下面我们通过事件对象实现线程同步来改写例 3.11。

【例 3.14】使用事件对象同步线程

（1）新建一个控制台工程。

（2）在 Test.cpp 中输入如下代码：

```
#include "stdafx.h"
#include "windows.h"
#include <strsafe.h>

#define  BUF_SIZE 100 //输出缓冲区大小
int gticketId = 10;  //记录卖出的车票号
HANDLE ghEvent; //事件对象句柄

DWORD WINAPI threadfunc(LPVOID param)
{
 HANDLE hStdout;
 DWORD  i, dwChars;
 size_t szlen;
 TCHAR chWin, msgBuf[BUF_SIZE];
```

```
    if (param == 0) chWin = _T('甲'); //甲窗口
    else chWin = _T('乙'); //乙窗口
    while (1)
    {
        WaitForSingleObject(ghEvent, INFINITE); //等待事件对象有信号
        if (gticketId <= 0) //如果车票全部卖出了，就退出循环
        {
            SetEvent(ghEvent); //设置事件对象有信号
            break;
        }

        hStdout = GetStdHandle(STD_OUTPUT_HANDLE); //得到标准输出设备的句柄，为了打印
        if (hStdout == INVALID_HANDLE_VALUE)
        {
            SetEvent(ghEvent); //释放事件对象所有权
            return 1;
        }
        //构造字符串
        StringCchPrintf(msgBuf, BUF_SIZE, _T("%c窗口卖出的车票号 = %d\n"), chWin,
gticketId);
        StringCchLength(msgBuf, BUF_SIZE, &szlen);
        WriteConsole(hStdout, msgBuf, szlen, &dwChars, NULL); //控制台输出
        gticketId--;//车票减少一张
        SetEvent(ghEvent); //设置事件对象有信号
        //Sleep(1); //这句可以不用了
    }
  }
  int _tmain(int argc, _TCHAR* argv[])
  {
    int i;
    HANDLE h[2];
    printf("使用事件对象同步线程\n");
    ghEvent = CreateEvent(NULL, FALSE, TRUE,_T("myEvent")); //创建事件对象

    for (i = 0; i < 2; i++)
        h[i] = CreateThread(NULL, 0, threadfunc, (LPVOID)i, 0, 0); //创建线程
    for (i = 0; i < 2; i++)
    {
        WaitForSingleObject(h[i], INFINITE); //等待线程结束
        CloseHandle(h[i]); //关闭线程对象句柄
    }
    CloseHandle(ghEvent); //关闭事件对象句柄
    printf("卖票结束\n");
    return 0;
  }
```

程序利用事件对象来同步两个线程。首先创建一个事件对象，并在开始时设置有信号状态。然后在使用共享的全局变量 gticketId 之前需要等待，等到事件对象的信号后线程开始操作与 gticketId 有关的代码，同时事件对象处于无信号状态，一旦与 gticketId 有关操作完成就利用 SetEvent 函数设置事件对象为有信号状态，以便其他在等待事件对象的线程能得以执行。

（3）保存工程并运行，由运行结果（见图 3-15）可以看出每次卖出的车票的号码都是不同的。

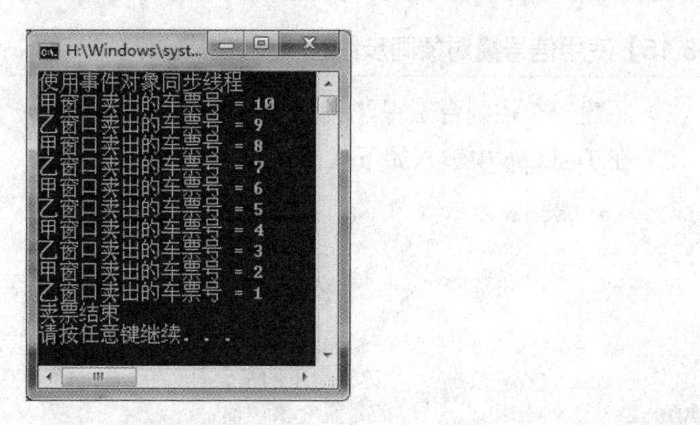

图 3-15

3.2.6.4　信号量对象

信号量对象也是一个内核对象。它的工作原理是：信号量内部有计数器，当计数器大于零时，信号量对象处于有信号状态，此时等待信号量对象的线程得以继续进行，同时信号量对象的计数器减一；当计数器为零时，信号量对象处于无信号状态，此时等待信号量对象的线程将被阻塞。下面介绍和信号量操作有关的 API 函数。

（1）CreateSemaphore 函数

该函数创建或打开一个信号量对象，声明如下：

```
HANDLE  CreateSemaphore (LPSECURITY_ATTRIBUTES lpSemaphoreAttributes,
    LONG lInitialCount, LONG lMaximumCount, LPCTSTR lpName);
```

其中，参数 lpSemaphoreAttributes 指向 SECURITY_ATTRIBUTES 结构的指针，该结构表示安全属性，如果为 NULL，就表示函数返回的句柄不能被子进程继承；lInitialCount 表示信号量的初始计数，该参数必须大于等于零，并且小于等于 lMaximumCount；lMaximumCount 指定信号量对象计数器的最大值，该参数必须大于零；lpName 指向一个字符串，该字符串指定信号量对象的名称，区分大小写，并且长度不能超过 MAX_PATH，如果为 NULL，则创建一个无名信号量对象。如果函数成功就返回信号量对象句柄，如果指定名字的信号量对象已经存在，就返回那个已经存在的信号量对象的句柄，如果函数失败就返回 NULL。

（2）ReleaseSemaphore 函数

该函数用来为信号量对象的计数器增加一定数量，声明如下：

```
BOOL  ReleaseSemaphore(HANDLE hSemaphore, LONG lReleaseCount, LPLONG
lpPreviousCount);
```

其中，参数 hSemaphore 为信号量对象句柄；lReleaseCount 指定要将信号量对象的当前计数器增加的数目，该参数必须大于零，如果该参数使得计数器的值大于其最大值（在创建信号量对象的时候设定），计数器值将保持不变，并且函数返回 FALSE；lpPreviousCount 指向一个变量，该变量存储信号量对象计数器的前一个值。如果函数成功就返回非零，否则返回零。

下面我们通过信号量对象实现线程同步来改写例 3.11。

【例 3.15】使用信号量对象同步线程

（1）新建一个控制台工程。

（2）在 Test.cpp 中输入如下代码：

```
#include "stdafx.h"
#include "windows.h"
#include <strsafe.h>

#define  BUF_SIZE 100 //输出缓冲区大小
int gticketId = 10;  //记录卖出的车票号
HANDLE ghSemaphore; //信号量对象句柄

DWORD WINAPI threadfunc(LPVOID param)
{
 HANDLE hStdout;
 DWORD  i, dwChars;
 size_t szlen;
 LONG cn;
 TCHAR chWin, msgBuf[BUF_SIZE];

 if (param == 0) chWin = _T('甲'); //甲窗口
 else chWin = _T('乙'); //乙窗口
 while (1)
 {
        WaitForSingleObject(ghSemaphore, INFINITE); //等待信号量对象有信号
        if (gticketId <= 0) //如果车票全部卖出了，就退出循环
        {
            ReleaseSemaphore(ghSemaphore,1,&cn); //释放信号量对象所有权
            break;
        }

        hStdout = GetStdHandle(STD_OUTPUT_HANDLE); //得到标准输出设备的句柄，为了打印
        if (hStdout == INVALID_HANDLE_VALUE)
        {
            ReleaseSemaphore(ghSemaphore,1, &cn); //释放信号量对象所有权
            return 1;
        }
        //构造字符串
        StringCchPrintf(msgBuf, BUF_SIZE, _T("%c 窗口卖出的车票号 = %d\n"), chWin,
gticketId);
        StringCchLength(msgBuf, BUF_SIZE, &szlen);
        WriteConsole(hStdout, msgBuf, szlen, &dwChars, NULL); //控制台输出
        gticketId--;//车票减少一张
        ReleaseSemaphore(ghSemaphore,1, &cn); //释放信号量对象所有权
        //Sleep(1); //这句可以不用了
 }
```

```
}
int _tmain(int argc, _TCHAR* argv[])
{
 int i;
 HANDLE h[2];
 printf("使用信号量对象同步线程\n");
 ghSemaphore = CreateSemaphore(NULL, 1, 50, _T("mySemaphore"));//创建信号量对象

 for (i = 0; i < 2; i++)
     h[i] = CreateThread(NULL, 0, threadfunc, (LPVOID)i, 0, 0); //创建线程
 for (i = 0; i < 2; i++)
 {
     WaitForSingleObject(h[i], INFINITE); //等待线程结束
     CloseHandle(h[i]); //关闭线程对象句柄
 }
 CloseHandle(ghSemaphore); //关闭信号量对象句柄
 printf("卖票结束\n");
 return 0;
}
```

上面的代码通过信号量对象来同步两个线程。首先创建一个计数器为 1 的信号量对象，因为信号量计数器大于 0，所以信号量对象处于有信号状态，然后在子线程中的等待函数就可以等到该信号，并且信号量对象计数器减一变为零，则其他等待函数就只能阻塞了，等到共享的全局变量 gticketId 操作完成后，让信号量对象计数器加 1，计数器大于零了则信号量对象重新变为有信号状态，其他线程得以等待返回继续执行。

（3）保存工程并运行，运行结果如图 3-16 所示。

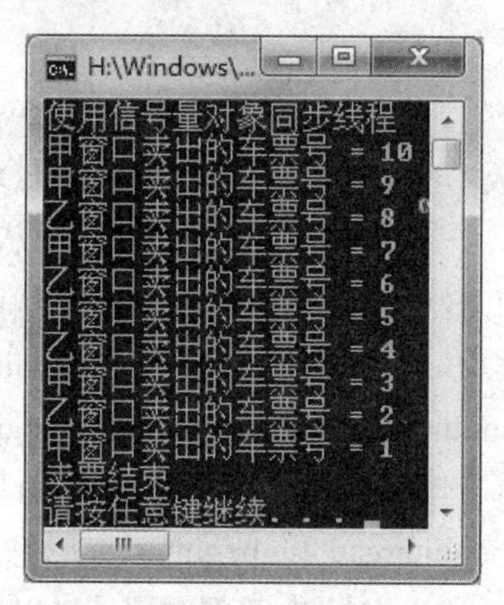

图 3-16

3.3 CRT 库中的多线程函数

CRT 库的全称是 C Run-time Libraries，即 C 运行时库，包含了 C 常用的函数（如 printf、 malloc、strcpy 等），为运行 main 做了初始化环境变量、堆、IO 等资源，并在结束后清理。在 Windows 环境下，VC2017 提供的 C Run-time Libraries 分为动态运行时库、静态运行时库、调试版本（Debug）、发行版本（Release）等，它们都是支持多线程的，以前老的 VC 版本还有单线程版本 CRT，现在单线程版本 CRT 已经淘汰了。我们可以在 IDE 工程属性中进行设置，选择不同版本的 CRT，比如打开工程属性对话框，然后在左边选择“C/C++”→“代码生成”，在右边的“运行库”旁边可以选择不同的 CRT 库，如图 3-17 所示。

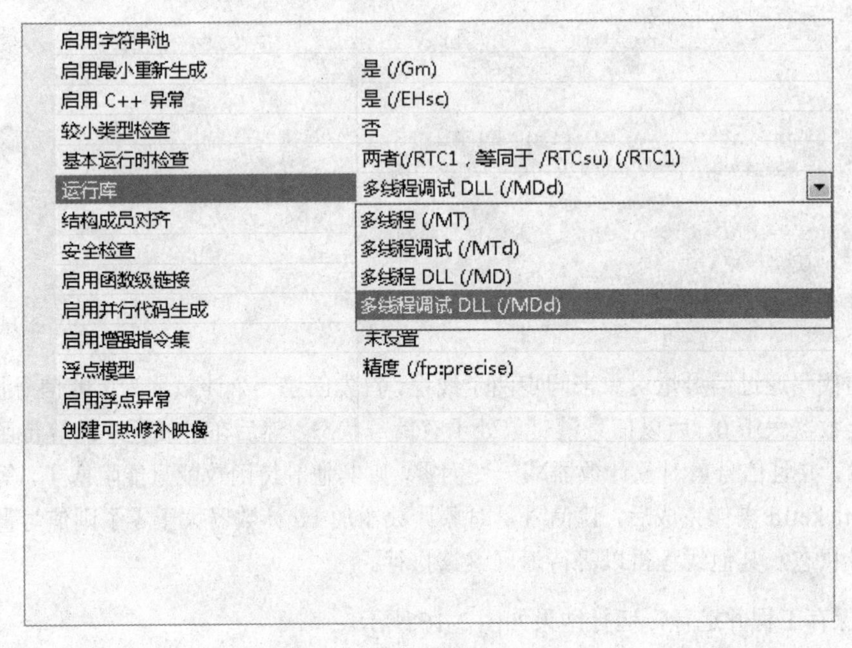

图 3-17

其中，/MT 表示多线程静态链接的 Release 版本的 CRT 库，在 LIBCMT.LIB 中实现。/MTd 表示多线程静态链接的 Debug 版本的 CRT 库，在 LIBCMTD.LIB 中实现。/MD 表示多线程 DLL 的 Release 版本的 CRT 库，在 MSVCRT.LIB 中实现。/MDd 表示多线程 DLL 的 Debug 版本的 CRT 库，在 MSCVRTD.LIB 中实现。通常这里保持默认即可。

CRT 库中提供了创建线程和结束线程的函数，比如创建线程函数_beginthread 和_beginthreadex、结束线程函数_endthread 和_endthreadex。_beginthread 和_endthread 对应使用，_beginthreadex 和_endthreadex 对应使用。前面 Win32 API 函数 CreateThread 创建的线程中不应使用 CRT 库中的函数，现在_beginthread 和_beginthreadex 创建的线程则可以使用 CRT 库函数。其实，在_beginthread 和_beginthreadex 内部都调用了 API 函数 CreateThread，但在调用该 API 函数前做了很多初始化工作，在调用后又做了不少检查工作，这使得线程能更好地支持 CRT 库函数。函数_endthread 和_endthreadex 的内部其实调用了 API 函数 ExitThread，但它们还做了许多善后工作。

如果要在控制台程序下使用 CRT 中的线程函数，就要包括头文件 process.h。

函数_beginthread 声明如下：

```
uintptr_t _beginthread( void( *start_address )( void * ), unsigned stack_size,
```

```
void *arglist );
```

其中，参数 start_address 是线程函数的起始地址，该线程函数的调用约定必须是__cdecl 或__clrcall（用于托管）；stack_size 是线程的堆栈大小，如果为零，就使用系统默认值；arglist 指向传给线程函数参数的指针。函数如果成功就返回线程句柄（根据平台不同，uintptr_t 可能为 unsigned integer 或 unsigned __int64），如果失败就返回-1。需要注意的是，如果创建的线程很快退出了，则_beginthread 可能返回一个无效句柄。

_beginthread 创建的线程可以用函数_endthread 来结束，该函数声明如下：

```
void _endthread();
```

如果在线程函数中使用_endthread，该函数后面的代码将得不到执行。此外，当线程函数返回的时候系统也会自动调用_endthread，并且_endthread 会自动关闭线程句柄。正因为这个原因，我们不需要再去显式调用 CloseHandle 函数来关闭线程句柄，而且也不应该在主线程中使用等待函数（比如 WaitForSingleObject）来等待子线程句柄的方式去判断子线程是否结束，比如如下代码可能会出现句柄无效的异常报错：

```
WaitForSingleObject((HANDLE)ghThread1, INFINITE); //等待子线程退出
CloseHandle((HANDLE)ghThread1);//关闭线程句柄
```

单步调试时很容易报错，如图 3-18 所示。

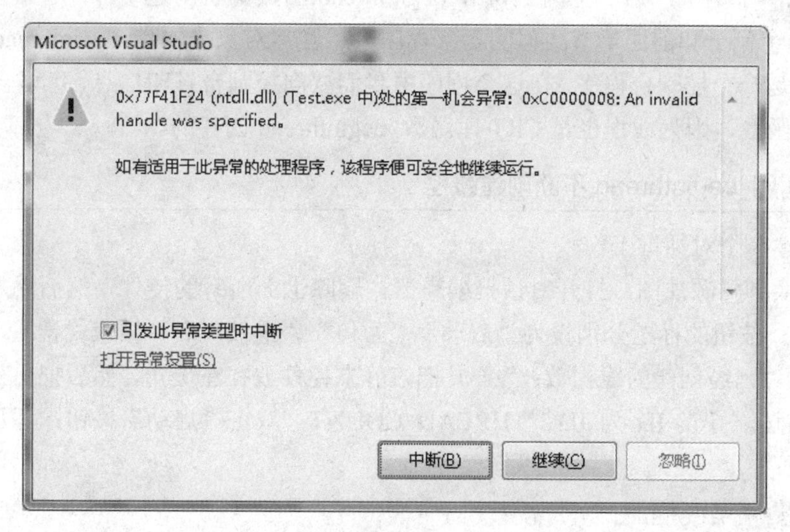

图 3-18

正确的方式是如果要等待_beginthread 创建的线程结束，就可以使用同步对象，比如事件等，后面的例子我们会演示。

函数_beginthreadex 比_beginthread 功能强大一些，并且更安全些，声明如下：

```
uintptr_t _beginthreadex(void *security, unsigned stack_size, unsigned
( *start_address )( void * ),void *arglist, unsigned initflag, unsigned *thrdaddr );
```

其中，参数 security 表示线程的安全描述符；stack_size 是线程的堆栈大小，如果为零，就使用系统默认值；start_address 是线程函数的起始地址，该线程函数的调用约定必须是

__stdcall 或__clrcall（用于托管）；arglist 指向传给线程函数参数的指针；initflag 用于指示线程创建后是否立即执行，0 表示立即执行，CREATE_SUSPENDED 表示创建后挂起；thrdaddr 指向一个 32 位的变量，该变量用来存放线程 ID。函数如果成功就返回线程句柄（根据平台不同，uintptr_t 可能为 unsigned integer 或 unsigned __int64），如果失败就返回 0。

_beginthread 相当于_beginthreadex 的功能子集，但是使用_beginthread 既无法创建带有安全属性的新线程，也无法创建初始能暂停的线程，还无法获得线程 ID。

_beginthreadex 的功能类似于 API 函数 CreateThread，虽然功能类似，但是推荐使用_beginthreadex，这是因为不少人对 CRT 函数更熟悉些，所以在线程函数中的某些需求经常会想用 CRT 函数去解决。前面提到过，在 CreateThread 创建的线程中使用 CRT 函数会产生一些内存泄漏。

_beginthreadex 创建的线程可以使用函数_endthreadex 来结束，如果在线程函数中调用_endthreadex，那么该函数后面的代码将都不会执行。同样，_beginthreadex 创建的线程函数返回时，系统会自动调用_endthreadex，但_endthreadex 并不会去关闭线程句柄，所以要开发者显式地调用 CloseHanlde 来关闭线程句柄。因为_endthreadex 并不会去关闭线程句柄，所以可以在主线程中使用等待函数（比如 WaitForSingleObject）来等待子线程句柄，以此判断子线程是否结束。_beginthreadex 函数的使用流程和 CreateThread 几乎一样。

下面看几个小例子，第一个例子利用_beginthread 函数不断创建线程，看最多能创建多少个线程。第二个例子和前面章节类似的卖票程序，用互斥对象来同步_beginthread 函数创建的两个线程，这是一个控制台程序，在这个程序中我们要向控制台打印信息，可以直接使用 CRT 库中的 printf 函数，因为线程也是 CRT 库函数_beginthread 创建的。

【例 3.16】利用_beginthread 不断创建线程

（1）新建一个对话框工程。

（2）切换到资源视图，打开对话框编辑器，删除上面所有的控件，然后添加 4 个按钮和 2 个静态控件，按钮的标题分别设为“启动”“暂停”“继续”和“结束线程”，一个静态控件的标题设为“已经创建的线程数：”，并把该静态控件放在左上角，然后把另外一个静态控件放在它的右边，并设 ID 为 IDC_THREAD_COUNT。双击“启动”按钮，添加事件处理函数，代码如下：

```
void CTestDlg::OnBnClickedButton1()
{
 // TODO:  在此添加控件通知处理程序代码
 if (_beginthread(threadFunc1, 0, m_hWnd) != -1) //创建线程
     GetDlgItem(IDC_BUTTON1)->EnableWindow(FALSE); //按钮变为不可用
 if (!ghEvent)
     ghEvent = CreateEvent(NULL, FALSE, FALSE, NULL);
}
```

一旦成功创建线程，按钮就变为不可用。其中，ghEvent 是一个事件句柄，是全局变量，定义如下：

```
HANDLE ghEvent = NULL;
```

通过这个事件句柄我们将用于等待子线程的退出。threadFunc1 是线程函数，并把对话框句柄 m_hWnd 作为参数传给线程函数。threadFunc1 函数的代码如下：

```
void threadFunc1(void *pArg)
{
 HWND hWnd = (HWND)pArg;
 g_nCount = 0;
 g_bRun = true;
 while (g_bRun) //不断地创建新的线程
 {
     if (_beginthread(threadFunc2, 0, hWnd) == -1)
     {
         g_bRun = false; //如果创建失败了，就置 false，准备退出循环
         break;
     }
 }
 ::PostMessage(hWnd, WM_SHOW_THREADCOUNT, 1, 0); //发送消息通知，线程结束
SetEvent(ghEvent); //设置事件状态
}
```

代码很简单，就是不停地在循环中创建线程，一直到失败。需要注意的是，程序结尾用 PostMessage ，不要用 SendMessage，因为我们后面主线程会等待子线程的结束，等待的时候主线程会挂起，所以如果用 SendMessage，SendMessage 就会无法返回（因为主线程挂起了），这样子线程和主线程互相等待了。其中，g_nCount 和 g_bRun 都是全局变量，定义如下：

```
bool g_bRun = false; // 控制循环结束
long g_nCount = 0; //统计所创建的线程个数
```

WM_SHOW_THREADCOUNT 是自定义消息，定义如下：

```
#define WM_SHOW_THREADCOUNT WM_USER+5
```

threadFunc2 也是线程函数，定义如下：

```
void threadFunc2(void *pArg)
{
 HWND hWnd = (HWND)pArg;

 g_nCount++; //线程个数累加
 ::SendMessage(hWnd, WM_SHOW_THREADCOUNT, 0, g_nCount);//发送消息显示线程个数
 while (g_bRun) //如果程序还在创建线程，则每个子线程一直运行
     Sleep(1000);
}
```

threadFunc2 线程函数只是把当前已经创建的线程个数通过发送消息去显示。接着添加 WM_SHOW_THREADCOUNT 的消息处理函数：

```
LRESULT CTestDlg::OnMyMsg(WPARAM wParam, LPARAM lParam)
{
 CString str;
```

```
    if (wParam == 1)
        GetDlgItem(IDC_BUTTON1)->EnableWindow(TRUE);  //线程准备结束了，则让按钮使能
    else
    {
        str.Format(_T("%d"), g_nCount);
        GetDlgItem(IDC_THREAD_COUNT)->SetWindowText(str); //显示线程个数
        UpdateData(FALSE);
    }
    return 0;
}
```

别忘了添加消息映射：

```
ON_MESSAGE(WM_SHOW_THREADCOUNT, OnMyMsg)
```

（3）切换到资源视图，打开对话框编辑器，双击“暂停”按钮，为其添加事件处理函数，代码如下：

```
void CTestDlg::OnBnClickedButton2()
{
 // TODO:  在此添加控件通知处理程序代码
 if (ghThread1)
     SuspendThread((HANDLE)ghThread1); //用 API 函数暂停线程的执行
}
```

再为“恢复”按钮添加事件处理函数，代码如下：

```
void CTestDlg::OnBnClickedButton3()
{
 // TODO:  在此添加控件通知处理程序代码
 if (ghThread1)
     ResumeThread((HANDLE)ghThread1); //用 API 函数恢复线程的执行
}
```

再为“结束线程”按钮添加事件处理函数，代码如下：

```
void CTestDlg::OnBnClickedButton4()
{
 // TODO:  在此添加控件通知处理程序代码
 if (!ghThread1)
     return;

 if (!g_bRun)
     return; //如果已经结束就直接返回
 g_bRun = false; //设置循环结束变量

WaitForSingleObject(ghEvent, INFINITE); //无限等待事件有信号
 CloseHandle(ghEvent); //关闭事件句柄
 ghEvent = NULL;
 GetDlgItem(IDC_BUTTON1)->EnableWindow();//设置“开启线程”按钮可用
}
```

（3）保存工程并运行，运行结果如图 3-19 所示。

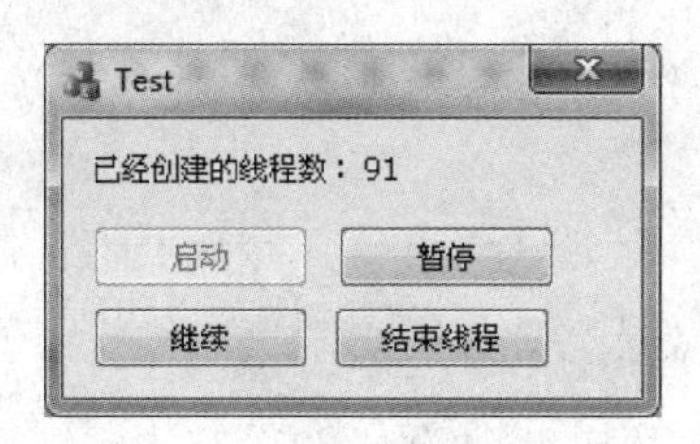

图 3-19

【例 3.17】利用互斥对象同步_beginthread 创建的线程

（1）新建一个控制台工程。

（2）打开 Test.cpp，在其中输入如下代码：

```
#include "stdafx.h"
#include "windows.h"
#include "process.h"
#include <clocale>

int gticketId = 10;  //记录卖出的车票号
CCriticalSection gcs; // 定义 CCriticalSection 对象

void threadfunc(LPVOID param)
{
 TCHAR chWin;

 if (param == 0) chWin = _T('甲'); //甲窗口
 else chWin = _T('乙'); //乙窗口
 while (1)
 {
     gcs.
     if (gticketId <= 0) //如果车票全部卖出了，则退出循环
     {
         ReleaseMutex(ghMutex); //释放互斥对象所有权
         break;
     }
     setlocale(LC_ALL, "chs"); //为控制台设置中文环境
     _tprintf(_T("%c 窗口卖出的车票号 = %d\n"), chWin, gticketId); //打印信息
     gticketId--;//车票减少一张
     ReleaseMutex(ghMutex); //释放互斥对象所有权
 }
}
int _tmain(int argc, _TCHAR* argv[])
{
 int i;
 uintptr_t h[2];

 printf("使用互斥对象同步线程\n");
 ghMutex = CreateMutex(NULL, FALSE, _T("myMutex")); //创建互斥对象
```

```
    for (i = 0; i < 2; i++)
        h[i] = _beginthread(threadfunc, 0,(LPVOID)i); //创建线程
    for (i = 0; i < 2; i++)
    {
        WaitForSingleObject((HANDLE)h[i], INFINITE); //等待线程结束
        CloseHandle((HANDLE)h[i]); //关闭线程对象句柄
    }
    CloseHandle(ghMutex); //关闭互斥对象句柄
    printf("卖票结束\n");
    return 0;
}
```

（3）保存工程并运行，运行结果如图 3-20 所示。

图 3-20

【例 3.18】_beginthreadex 函数的简单示例

（1）新建一个控制台工程。

（2）在 Test.cpp 中输入如下代码：

```
#include "pch.h"
#include <tchar.h>
#include <windows.h>
#include <stdio.h>
#include <process.h>

unsigned gCounter;
unsigned __stdcall ThreadFunc(void* pArguments)
{
 while (gCounter < 500000) //不断循环累加
     gCounter++;
printf("子线程运行结果:%d\n", gCounter);
 return 0;
}

int _tmain(int argc, _TCHAR* argv[])
{
```

```
    HANDLE hThread;
    unsigned threadID;

    //创建一个子线程
    hThread = (HANDLE)_beginthreadex(NULL, 0, &ThreadFunc, NULL, 0, &threadID);
    WaitForSingleObject(hThread, INFINITE); //等待子线程结束
    printf("子线程运行结果应该是 500000;实际结果是%d\n", gCounter); //打印结果
    CloseHandle(hThread); //关闭线程句柄，销毁线程对象
    return 0;
}
```

_beginthreadex 创建的线程可以使用 WaitForSingleObject 函数来等待子线程句柄 hThread 的方式判断子线程释放结束，并且要显式地关闭子线程句柄。

（3）保存工程并运行，运行结果如图 3-21 所示。

图 3-21

3.4 MFC 多线程开发

前面纯粹使用 Win32 API 函数进行多线程开发，现在我们利用 MFC 库来进行多线程开发。MFC 对多线程的支持是通过对多线程开发相关的 Win32 API 进行简单的封装后实现的。

在 MFC 中，用类 CWinThread 的对象来表示一个线程，比如每个 MFC 程序的主线程都有一个继承自 CWinApp 的应用程序类，而 CWinApp 继承自 CWinThread。类 CWinThread 支持两种线程类型：工作者线程和用户界面线程。工作者线程没有收发消息的功能，通常用于后台计算工作，比如耗时的计算过程、打印机的后台打印等；用户界面线程具有消息队列和消息循环，可以收发消息，一般用于处理独立于其他线程执行之外的用户输入，响应用户及系统所产生的事件和消息等。

类 CWinThread 的成员中不但包含了控制线程的相关成员函数（比如暂停和恢复），而且包括线程的 ID 和句柄，主要成员可以见表 3-3。

表 3-3　类 CWinThread 的成员

类 CWinThread 的成员	含义
m_bAutoDelete	指定线程结束时是否要销毁 CWinThread 对象
m_hThread	当前线程的句柄
m_nThreadID	当前线程的 ID

（续表）

类 CWinThread 的成员	含义
m_pMainWnd	保存指向应用程序的主窗口的指针
m_pActiveWnd	指向容器应用程序的主窗口，当一个 OLE 服务器被现场激活时
CWinThread	构造一个 CWinThread 对象
CreateThread	创建线程
GetMainWnd	查询指向线程主窗口的指针
GetThreadPriority	获取当前线程的优先级
PostThreadMessage	向其他 CWinThread 对象传递一条消息
ResumeThread	减少一个线程的挂起计数
SetThreadPriority	设置当前线程的优先级
SuspendThread	增加一个线程的挂起计数

3.4.1 线程的创建

在 MFC 中有两种方式可以创建线程：一种是调用 MFC 库中的全局函数 AfxBeginThread；另一种是先定义 CWinThread 对象，然后调用成员函数 CWinThread::CreateThread 来创建线程。

函数 AfxBeginThread 是 MFC 库中的全局函数，不是 Win32 API 函数，只能在 MFC 程序中使用。该函数创建并启动一个线程，有两种重载形式，分别用于创建工作者线程（辅助线程）和用户界面线程（UI 线程）。创建工作者线程的函数形式如下：

```
CWinThread* AfxBeginThread(AFX_THREADPROC pfnThreadProc, LPVOID pParam,
  int nPriority = THREAD_PRIORITY_NORMAL,UINT nStackSize = 0, DWORD
dwCreateFlags = 0,LPSECURITY_ATTRIBUTES lpSecurityAttrs = NULL );
```

其中，pfnThreadProc 为工作线程的线程函数地址。工作线程的线程函数形式如下：

```
UINT  __cdecl  MyFunction( LPVOID pParam );
```

需要注意的是，该线程函数的返回值类型是 UINT，并且函数调用约定为__cdecl，而不是 WINAPI，前面 CreateThread 创建的线程函数的返回值类型为 DWORD，调用约定为 WINAPI，即__stdcall。其中，pParam 为传给线程函数的参数；nPriority 为线程的优先级，如果为 0，即宏 THREAD_PRIORITY_NORMAL，则线程与其父线程具有相同的优先级；nStackSize 表示线程为自己分配的堆栈的大小，其单位为字节，如果该参数为 0，则线程的堆栈被设置成与父线程堆栈相同大小；dwCreateFlags 用来确定线程在创建后释放立即开始执行，如果为 0 则线程在创建后立即执行，如果为 CREATE_SUSPEND，则线程在创建后立刻被挂起；lpSecurityAttrs 表示线程的安全属性指针，一般为 NULL。当函数成功时返回 CWinThread 对象的指针，如果失败就返回 NULL。

用户界面线程也可以用 AfxBeginThread 创建，注意不同的是第一个参数。创建用户界面线程的 AfxBeginThread 函数形式如下：

```
CWinThread* AfxBeginThread(CRuntimeClass* pThreadClass,
int nPriority = THREAD_PRIORITY_NORMAL,UINT nStackSize = 0,DWORD dwCreateFlags
```

```
= 0,LPSECURITY_ATTRIBUTES lpSecurityAttrs = NULL );
```

其中，参数 pThreadClass 指向从 CWinThread 派生的子类对象的 RUNTIME_CLASS，RUNTIME_CLASS 可以从一个 C++类名获得运行时的类结构；其他参数和函数返回值与前面介绍的相同，不再赘述。

用户界面线程通常用于处理用户输入和响应用户事件，这些行为独立于该应用程序的其他线程。用户界面线程必须包含有消息循环，以便可以处理用户消息。创建用户界面线程时，必须首先从 CWinThread 派生类，而且必须要重写类的 InitInstance 函数。

实际上，AfxBeginThread 内部会先新建一个 CWinThread 对象，然后调用 CWinThread::CreateThread 来创建线程，最后 AfxBeginThread 会返回这个 CWinThread 对象，如果我们没有把 CWinThread::m_bAutoDelete 设为 FALSE，则当线程函数返回的时候会自动删除这个 CWinThread 对象。因此，注意不要等线程结束的时候去关闭线程句柄，因为此时可能 CWinThread 对象已经销毁了，根本无法引用其成员变量 m_hThread（线程句柄）了。比如：

```
CWinThread *pwinthread1
pwinthread1 = AfxBeginThread(threadfunc, (LPVOID)0);
WaitForSingleObject(pwinthread1->m_hThread, INFINITE); //等待线程结束
CloseHandle(pwinthread1->m_hThread); //可能已经是无效指针
```

该段代码在单步调试的时候会报异常错误，因为最后一句中的 pwinthread1 很可能是无效的。既然删除了 CWinThread 对象，那么我们就不必去关闭线程句柄了。

此外，如果我们把 CWinThread::m_bAutoDelete 设为 TRUE，那么最后要自己去删除 CWinThread 对象（比如 delete pwinthread1;），否则会造成内存泄漏。

CWinThread::CreateThread 内部是通过_beginthreadex 函数来创建线程的。只不过 AfxBeginThread 和 CWinThread::CreateThread 做了更多的初始化和检查工作。在 AfxBeginThread 创建的线程中使用 CRT 库函数是安全的。

下面我们创建一个用户界面线程，在用户界面线程中会创建一个窗口，并且点击窗口的时候会出现一个信息框。

【例 3.19】AfxBeginThread 创建用户界面线程

（1）新建一个单文档工程。

（2）切换到类视图，添加一个 MFC 类 CMyThread（继承于 CWinThread），作以为用户界面类；然添加一个 MFC 类 CMyWnd（继承于 CFrameWnd），用于在界面线程中创建窗口。

（3）打开 MyWnd.h，把 CMyWnd 构造函数的访问属性改为 public，同时添加一个进度条变量：

```
public:
 CProgressCtrl   m_pos; //进度条控件变量
 CMyWnd(); //构造函数
```

为 CMyWnd 添加 WM_CREATE 的消息处理函数 OnCreate。在该函数中我们创建一个进度条控件并设置计时器，代码如下：

```
int CMyWnd::OnCreate(LPCREATESTRUCT lpCreateStruct)
{
 int i;
 if (CFrameWnd::OnCreate(lpCreateStruct) == -1)
     return -1;

 // TODO:  在此添加您专用的创建代码
 //创建进度条
 m_pos.Create(WS_CHILD | WS_VISIBLE, CRect(10, 10, 300, 50), this, 10001);
 m_pos.SetRange(0, 100); //设置范围
 m_pos.SetStep(1); //设置步长
 SetTimer(1, 50, NULL); //开启计时器，时间间隔为50ms
 return 0;
}
```

为 CMyWnd 添加计时器消息 WM_TIMER 的消息处理函数 OnTimer，在其中我们让计时器向前走一步，代码如下：

```
void CMyWnd::OnTimer(UINT_PTR nIDEvent)
{
 // TODO:  在此添加消息处理程序代码和/或调用默认值
 m_pos.StepIt(); //进度条向前走一步
 CFrameWnd::OnTimer(nIDEvent);
}
```

最后为 CMyWnd 添加窗口销毁消息 WM_DESTROY 的消息处理函数 OnDestroy，在其中我们销毁计时器，代码如下：

```
void CMyWnd::OnDestroy()
{
 CFrameWnd::OnDestroy();
 // TODO:  在此处添加消息处理程序代码
 KillTimer(1); //销毁计时器
}
```

好了，我们在线程中创建的窗口完成了，该窗口运行的时候会不停让进度条往前滚动。

（4）打开 MyThread.cpp，找到函数 CMyThread::InitInstance，我们在其中添加创建上述窗口的代码：

```
BOOL CMyThread::InitInstance()
{
 // TODO:    在此执行任意逐线程初始化
   CMyWnd *pFrameWnd = new  CMyWnd(); //分配空间
   pFrameWnd->Create(NULL, _T("线程中创建的窗口" )); //创建窗口
   pFrameWnd->ShowWindow(SW_SHOW);  //显示窗口
   pFrameWnd->UpdateWindow();

   return  TRUE;
}
```

虽然我们用 new 分配了一个窗口的堆空间，但是不要用 delete 去删除它，因为在窗口销毁的时候，系统会自动删除这个 C++对象。最后在该文件开头包含头文件 MyWnd.h。

（5）切换到资源视图，打开菜单设计器，然后在“视图”菜单下添加一个菜单项“创建用户界面线程”，并为其添加视图类 CTestView 的事件处理函数，在其中我们将开启一个界面线程，代码如下：

```
void CTestView::On32771()
{
// TODO:  在此添加命令处理程序代码
AfxBeginThread(RUNTIME_CLASS(CMyThread)); //创建界面线程
}
```

类 CMyThread 就是我们上面创建的界面线程类，最后在文件开头包含头文件 MyThread.h。

（6）保存工程并运行，运行结果如图 3-22 所示。因为这两个窗口是在不同线程中创建的，所以在任务栏里会出现这两个窗口，它们是相互独立的。需要注意的是，如果直接关闭主线程中的窗口，就会导致子线程直接关闭，子线程窗口的销毁动作得不到执行（大家可以 CMyWnd::OnDestroy 中显示一个信息框来验证），从而造成内存泄漏，所以应该先关闭子线程窗口再关闭主线程窗口。

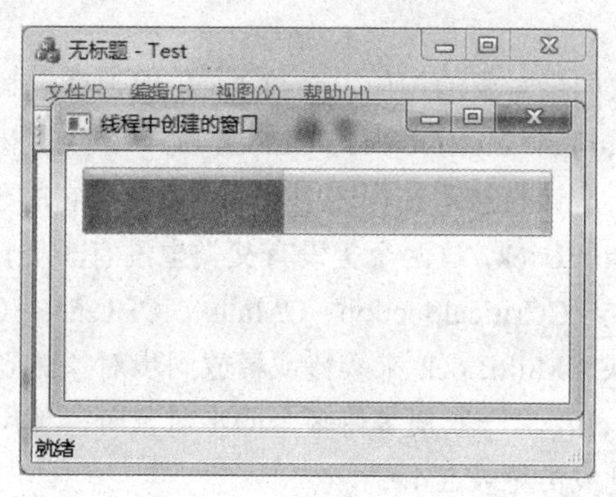

图 3-22

3.4.2　线程同步

我们知道，线程同步可以通过同步对象来实现，前面章节介绍了直接用 Win32 API 进行线程同步。在 MFC 中，对同步对象进行了 C++封装，各个同步函数称为了 C++类的成员函数。在 MFC 中，用于线程同步的类有 CCriticalSection（临界区类）、互斥类（CMutex）、事件类（CEvent）和信号量类（CSemaphore），这些类都从同步对象类 CSyncObject 派生。我们来看一下类 CSyncObject 在 afxmt.h 中的定义：

```
class CSyncObject : public CObject
{
 DECLARE_DYNAMIC(CSyncObject)

// Constructor
public:
 explicit CSyncObject(LPCTSTR pstrName);

// Attributes
```

```
public:
 operator HANDLE() const;
 HANDLE  m_hObject;

// Operations
 virtual BOOL Lock(DWORD dwTimeout = INFINITE);
 virtual BOOL Unlock() = 0;
 virtual BOOL Unlock(LONG /* lCount */, LPLONG /* lpPrevCount=NULL */)
     { return TRUE; }

// Implementation
public:
 virtual ~CSyncObject();
#ifdef _DEBUG
 CString m_strName;
 virtual void AssertValid() const;
 virtual void Dump(CDumpContext& dc) const;
#endif
 friend class CSingleLock;
 friend class CMultiLock;
};
```

其中，m_hObject 存放同步对象的句柄。函数 Lock 用于锁定某个同步对象，它在内部只是简单地调用等待函数 WaitForSingleObject。Unlock 是一个纯虚函数，因此类 CSyncObject 是一个纯虚类，所以该类不应该直接用在程序中，而应该使用它的子类。另外，在末尾有两个友元类 CSingleLock 和 CMultiLock，这两个类没有父类也没有子类，主要用于对共享资源的访问控制。要使用 4 大同步类（CCriticalSection、CMutex、CEvent、 CSemaphore）来同步线程，必须要使用 CSingleLock 或 CMultiLock 来等待或释放同步对象。当一次只需要等待一个同步对象时，使用类 CSingleLock；当一次要等待多个同步对象时，使用类 CMultiLock。

类 CSingleLock 的常见成员见表 3-4。

表 3-4　类 CSingleLock 的常见成员

类 CSingleLock 的常见成员	含义
CSingleLock	构造一个 CSingleLock 对象
IsLocked	判断同步对象释放处于锁定状态
Lock	对同步对象上锁，即等待某个同步对象
UnLock	释放某个同步对象，即解锁

（1）构造函数 CSingleLock 的声明如下：

```
CSingleLock( CSyncObject* pObject, BOOL bInitialLock = FALSE );
```

其中，参数 pObject 为指向同步对象的指针，不可以为 NULL；bInitialLock 表明该同步对象在初始的时候是否锁定同步对象。

（2）函数 Lock 的声明如下：

```
BOOL Lock(DWORD dwTimeOut = INFINITE );
```

其中，参数 dwTimeOut 为等待同步对象变为可用（有信号状态）所用的时间，单位是毫秒，如果为 INFINITE，则函数一直等到同步对象有信号为止。如果函数成功就返回非零，否则返回零。

通常当同步对象变为有信号时，Lock 函数将成功返回，同时线程将拥有该同步对象。如果同步对象处于无信号状态（不可用），那么 Lock 等待 dwTimeOut 毫秒或一直等下去，直到同步对象有信号。等待 dwTimeOut 毫秒时，若等待超时，则 Lock 返回零。

（3）函数 Unlock 用于释放某个同步对象，声明如下：

```
BOOL Unlock();
```

如何函数成功就返回非零，否则返回零。

（4）函数 IsLocked 判断同步对象释放处于锁定状态，声明如下：

```
BOOL IsLocked( );
```

如果同步对象被锁定，函数返回非零，否则返回零。

在使用 CSingleLock 进行线程同步的时候，不要在多个线程中共享一个 CSingleLock 对象，通常在一个线程中定义一个对象。比如：

```
UINT threadfunc() //线程函数
{
// gCritSection 是类 CCriticalSection 的全局对象
CSingleLock singleLock(&gCritSection);
singleLock.Lock(); // 试图对共享资源进行上锁
if (singleLock.IsLocked()) // 判断资源释放上锁
{
 //
    使用共享资源
    //
   singleLock.Unlock(); //使用完毕后解锁
}
}
```

3.4.2.1 临界区类

类 CCriticalSection 对临界区对象的操作进行了 C++封装。关于临界区的概念前面已经介绍过，这里不再赘述。类 CCriticalSection 的常见成员函数见表 3-5。

表 3-5 CCriticalSection 的常见成员函数

类 CCriticalSection 的常见成员	含义
m_sect	结构体 CRITICAL_SECTION 类型的变量
Lock	用于获得临界区对象的访问权
UnLock	释放临界区对象

类 CCriticalSection 的用法有两种：一种是单独使用，另一种是和 CSingleLock 或 CMultiLock 联合使用。

- 单独使用 CCriticalSection 时，首先创建一个 CCriticalSection 对象，然后在需要访问临界区时先调用 CCriticalSection::Lock 函数进行锁定，即获得临界区对象的访问权，然后开始执行临界区代码，在执行完临界区后再调用 CCriticalSection:: UnLock 函数释放临界区对象。

- 第二种方法先定义一个 CSingleLock 对象，并把 CCriticalSection 对象的指针作为参数传入其构造函数。然后在需要访问临界区的地方调用函数 CSingleLock::Lock，用完临界区后再调用函数 CSingleLock:: Unlock，比如：

```
UINT threadfunc()
{
// m_CritSection 是类 CCriticalSection 的对象
CSingleLock singleLock(&m_CritSection);
singleLock.Lock();  // 试图对共享资源进行上锁
if (singleLock.IsLocked())  // 判断资源释放上锁
{
 //
    使用共享资源
 //
    singleLock.Unlock(); //使用完毕后解锁
}
}
```

下面我们来演示一下这两种用法。同前面 Win32 API 线程同步一样，我们也来对例 3.11 进行改造。

【例 3.20】单独使用 CCriticalSection 对象来同步线程

（1）新建一个控制台工程，并在向导的“应用程序设置”界面中勾选“MFC”复选框，这是因为 CCriticalSection 属于 MFC 类，如图 3-23 所示。

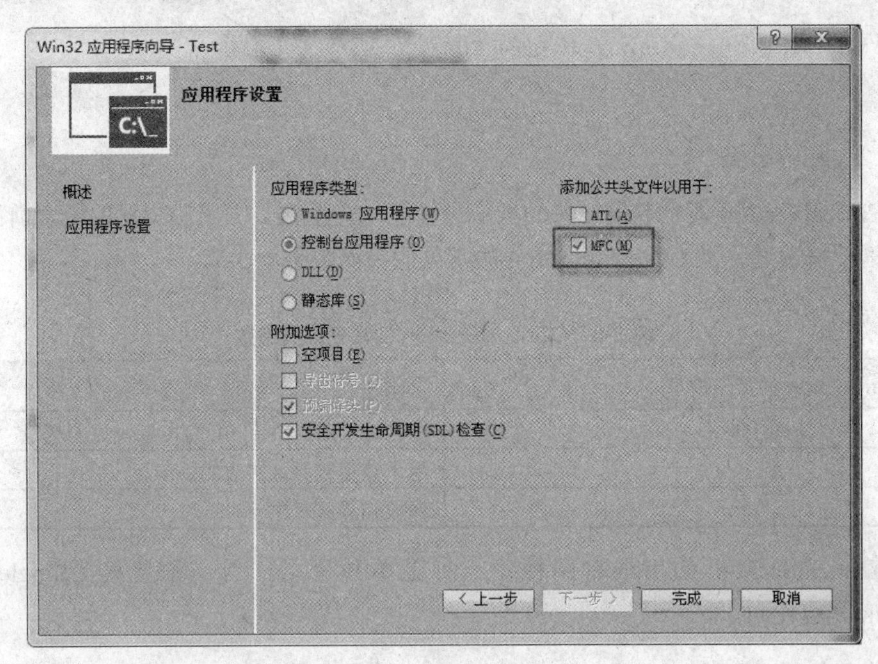

图 3-23

（2）在 Test.cpp 中输入如下代码：

```
// Test.cpp : 定义控制台应用程序的入口点
#include "stdafx.h"
#include "Test.h"
#include "afxmt.h"

#ifdef _DEBUG
#define new DEBUG_NEW
#endif

// 唯一的应用程序对象
CWinApp theApp;
using namespace std;
int gticketId = 10;  //记录卖出的车票号
CCriticalSection gcs; // 定义 CCriticalSection 对象

UINT  threadfunc(LPVOID param)
{
 TCHAR chWin;

 if (param == 0) chWin = _T('甲'); //甲窗口
 else chWin = _T('乙'); //乙窗口
 while (1)
 {
     gcs.Lock();
     if (gticketId <= 0) //如果车票全部卖出了，则退出循环
     {
         gcs.Unlock();
         break;
     }
     setlocale(LC_ALL, "chs"); //为控制台设置中文环境
     _tprintf(_T("%c 窗口卖出的车票号 = %d\n"), chWin, gticketId); //打印信息
     gticketId--;//车票减少一张
     gcs.Unlock(); //释放临界区对象所有权
     Sleep(1); //让出 CPU 让其他线程有机会执行
 }
 return 0;
}

int _tmain(int argc, TCHAR* argv[], TCHAR* envp[])
{
 int nRetCode = 0;
 CWinThread *pwinthread1, *pwinthread2;
 HMODULE hModule = ::GetModuleHandle(NULL);

 if (hModule != NULL)
 {
     // 初始化 MFC 并在失败时显示错误
     if (!AfxWinInit(hModule, NULL, ::GetCommandLine(), 0))
     {
```

```
            // TODO: 更改错误代码以符合您的需要
            _tprintf(_T("错误: MFC 初始化失败\n"));
            nRetCode = 1;
        }
        else
        {
            // TODO: 在此处为应用程序的行为编写代码
            puts("利用 CCriticalSection 同步线程");
            //创建第一个卖票线程
            pwinthread1 = AfxBeginThread(threadfunc, (LPVOID)0);
            //创建第二个卖票线程
            pwinthread2 = AfxBeginThread(threadfunc, (LPVOID)1);
            WaitForSingleObject(pwinthread1->m_hThread, INFINITE); //等待线程结束
            //等待线程结束
            WaitForSingleObject((HANDLE)pwinthread2->m_hThread, INFINITE);
            puts("卖票结束");
        }
    }
    else
    {
        // TODO: 更改错误代码以符合您的需要
        _tprintf(_T("错误: GetModuleHandle 失败\n"));
        nRetCode = 1;
    }

    return nRetCode;
}
```

程序很简单，首先创建两个工作线程，然后主线程就等待它们执行完毕。在线程函数中，每当要卖票了，就先 Lock，卖完票后再 Unlock。

（3）保存工程并运行，运行结果如图 3-24 所示。

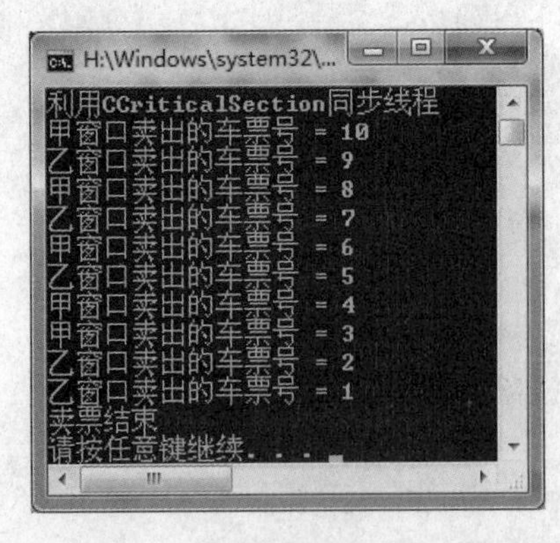

图 3-24

【例 3.21】联合使用类 CCriticalSection 和类 CSingleLock 来同步线程

（1）新建一个控制台工程，并在向导的“应用程序设置”界面中勾选“MFC”复选框。

（2）打开 Test.cpp，在其中输入如下代码：

```
#include "stdafx.h"
#include "Test.h"
#include "afxmt.h" //线程同步类所需的头文件
#ifdef _DEBUG
#define new DEBUG_NEW
#endif

// 唯一的应用程序对象
CWinApp theApp;
using namespace std;
int gticketId = 10;  //记录卖出的车票号
CCriticalSection gcs; // 定义 CCriticalSection 对象

UINT  threadfunc(LPVOID param)
{
 TCHAR chWin;

 if (param == 0) chWin = _T('甲'); //甲窗口
 else chWin = _T('乙'); //乙窗口

 CSingleLock singleLock(&gcs); //定义一个单锁对象，参数为 CCriticalSection 对象地址
 while (1)
 {
     singleLock.Lock(); //上锁
     if (gticketId <= 0) //如果车票全部卖出了，则退出循环
     {
         singleLock.Unlock();
         break;
     }
     setlocale(LC_ALL, "chs"); //为控制台设置中文环境
     _tprintf(_T("%c 窗口卖出的车票号 = %d\n"), chWin, gticketId); //打印信息
     gticketId--;//车票减少一张
     singleLock.Unlock(); //解锁
     Sleep(1); //让出 CPU，让其他线程有机会执行
 }
 return 0;
}
int _tmain(int argc, TCHAR* argv[], TCHAR* envp[])
{
 int nRetCode = 0;
 CWinThread *pwinthread1, *pwinthread2;
 HMODULE hModule = ::GetModuleHandle(NULL);

 if (hModule != NULL)
 {
     // 初始化 MFC 并在失败时显示错误
     if (!AfxWinInit(hModule, NULL, ::GetCommandLine(), 0))
     {
         // TODO:  更改错误代码以符合您的需要
         _tprintf(_T("错误:  MFC 初始化失败\n"));
         nRetCode = 1;
```

```
        }
        else
        {
            // TODO:  在此处为应用程序的行为编写代码
            puts("联合使用类 CCriticalSection 和类 CSingleLock 来同步线程");
            pwinthread1 = AfxBeginThread(threadfunc, (LPVOID)0);
            pwinthread2 = AfxBeginThread(threadfunc, (LPVOID)1);
            WaitForSingleObject(pwinthread1->m_hThread, INFINITE); //等待线程结束
            //等待线程结束
            WaitForSingleObject((HANDLE)pwinthread2->m_hThread, INFINITE);
            puts("卖票结束");
        }
    }
    else
    {
        // TODO:  更改错误代码以符合您的需要
        _tprintf(_T("错误:  GetModuleHandle 失败\n"));
        nRetCode = 1;
    }

    return nRetCode;
}
```

上述代码通过定义 CSingleLock 局部对象来同步两个线程，也可以定义两个全局的 CSingleLock 对象，然后根据不同的线程分别使用不同的全局对象，比如线程函数也可以这样写：

```
CCriticalSection gcs; // 定义 CCriticalSection 对象
CSingleLock singleLock(&gcs);
CSingleLock singleLock2(&gcs);
UINT  threadfunc(LPVOID param)
{
 TCHAR chWin;

 if (param == 0) chWin = _T('甲'); //甲窗口
 else chWin = _T('乙'); //乙窗口
 while (1)
 {
     if (param==0) singleLock.Lock();
     else singleLock2.Lock();
     if (gticketId <= 0) //如果车票全部卖出了，则退出循环
     {
         if (param == 0)  singleLock.Unlock();
         else singleLock2.Unlock();
         break;
     }
     setlocale(LC_ALL, "chs"); //为控制台设置中文环境
     _tprintf(_T("%c 窗口卖出的车票号 = %d\n"), chWin, gticketId); //打印信息
     gticketId--;//车票减少一张
     if (param == 0) singleLock.Unlock();
```

```
        else singleLock2.Unlock();
        Sleep(1);
    }

    return 0;
}
```

两种方式的运行效果相同，但明显第二种方式啰唆了，通常用第一种方式即可。

（3）保存工程并运行，运行结果如图 3-25 所示。

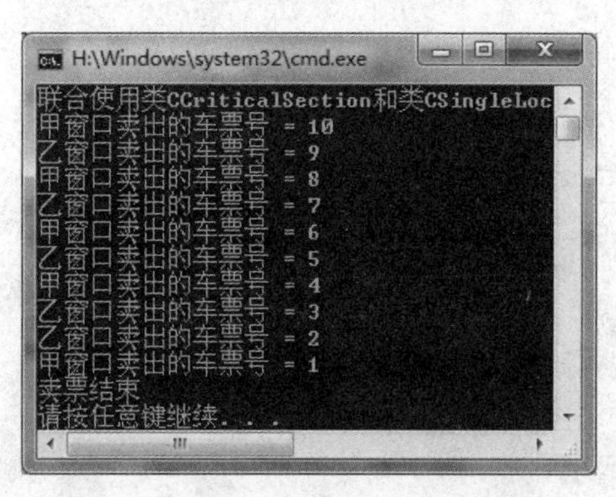

图 3-25

3.4.2.2　互斥类

MFC 中的互斥类 CMutex 封装了利用互斥对象来进行线程同步的操作。互斥类不但能同步一个进程中的线程，还能同步不同进程之间的线程。该类是 CSyncObject 的子类，继承了 Lock 函数并重载了 Unlock 函数，利用这两个函数实现线程同步。

要用互斥类来同步线程也有两种使用方式：一种是 CMutex 类单独使用，另一种是联合 CSingleLock 或 CMultiLock 类一起使用。当在单独使用的时候，先定义一个 CMutex 对象，然后调用该类的 Lock 函数来等待互斥对象的所有权，如果等到就开始访问共享资源，访问完毕后再调用该类的 Unlock 函数来释放互斥对象的所有权。

实际上，CMutex 类只是简单地对 Win32 API 的互斥操作函数进行了封装。比如，CMutex 的构造函数中会调用 API 函数 CreateMutex 来创建互斥对象并判断释放创建成功。如果要等待互斥对象的所有权，就调用其父类 CSyncObject 的 Lock 函数，而 CSyncObject::Lock 中调用了 WaitForSingleObject。该类的 Unlock 函数重载了父类的 Unlock，它的实现如下：

```
BOOL CMutex::Unlock()
{
    return ::ReleaseMutex(m_hObject);
}
```

实际只是简单地调用了 API 函数 ReleaseMutex 来释放互斥对象的所有权。

下面我们单独使用 CMutex 类来改写例 3.11，增加线程的同步功能。

【例 3.22】单独使用 CMutex 类实现线程同步

（1）新建一个控制台工程，并在向导的“应用程序设置”界面中勾选“MFC”复选框。

（2）打开 Test.cpp，在其中输入如下代码：

```
#include "stdafx.h"
#include "Test.h"
#include "afxmt.h"//线程同步类所需的头文件
#ifdef _DEBUG
#define new DEBUG_NEW
#endif

int gticketId = 10;  //记录卖出的车票号
CMutex gmux; // 定义 CMutex 对象

UINT  threadfunc(LPVOID param)
{
 TCHAR chWin;

 if (param == 0) chWin = _T('甲'); //甲窗口
 else chWin = _T('乙'); //乙窗口

 while (1)
 {
     gmux.Lock();
     if (gticketId <= 0) //如果车票全部卖出了，则退出循环
     {
         gmux.Unlock();
         break;
     }
     setlocale(LC_ALL, "chs"); //为控制台设置中文环境
     _tprintf(_T("%c 窗口卖出的车票号 = %d\n"), chWin, gticketId); //打印信息
     gticketId--;//车票减少一张
     gmux.Unlock(); //解锁
     Sleep(1); //让出 CPU，让其他线程有机会执行
 }
 return 0;
}
int _tmain(int argc, TCHAR* argv[], TCHAR* envp[])
{
 int nRetCode = 0;
 CWinThread *pwinthread1, *pwinthread2;
 HMODULE hModule = ::GetModuleHandle(NULL);

 if (hModule != NULL)
 {
     // 初始化 MFC 并在失败时显示错误
     if (!AfxWinInit(hModule, NULL, ::GetCommandLine(), 0))
     {
         // TODO: 更改错误代码以符合您的需要
```

```
            _tprintf(_T("错误： MFC 初始化失败\n"));
            nRetCode = 1;
        }
        else
        {
            // TODO： 在此处为应用程序的行为编写代码
            puts("单独使用类 CMutex 来同步线程");
            pwinthread1 = AfxBeginThread(threadfunc, (LPVOID)0);
            pwinthread2 = AfxBeginThread(threadfunc, (LPVOID)1);
            WaitForSingleObject(pwinthread1->m_hThread, INFINITE); //等待线程结束
            //等待线程结束
            WaitForSingleObject((HANDLE)pwinthread2->m_hThread, INFINITE);
            puts("卖票结束");
        }
    }
    else
    {
        // TODO： 更改错误代码以符合您的需要
        _tprintf(_T("错误： GetModuleHandle 失败\n"));
        nRetCode = 1;
    }

    return nRetCode;
}
```

（3）保存工程并运行，运行结果如图 3-26 所示。

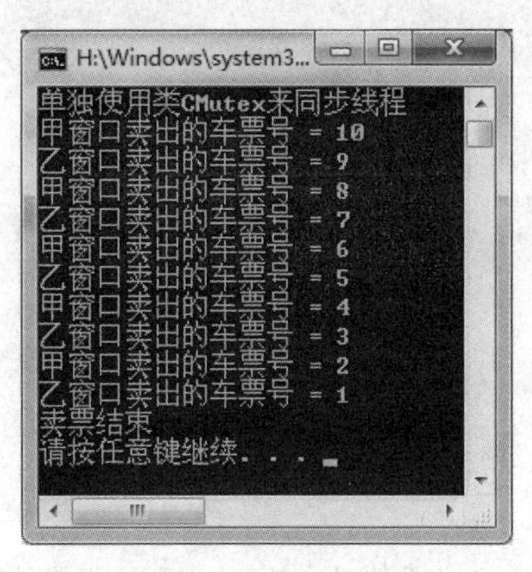

图 3-26

3.4.2.3　事件类

MFC 中的事件类 CEvent 封装了利用事件对象来进行线程同步的操作。关于事件对象概念前面我们已经介绍过了，这里不再赘述。其实该类也是对 Win32 API 事件对象操作进行简单封装。它的常用成员函数如表 3-6。

表 3-6　CEvent 的常用成员函数

CEvent 的常用成员函数	含义
CEvent	构造一个 CEvent 对象
SetEvent	设置事件有信号（可用）
ResetEvent	设置事件无信号（不可用）

如果要等待事件对象变为可用，可以直接使用 API 函数 WaitForSingleObject 或者调用其父类的 Lock 函数（内部也是调用 WaitForSingleObject）。

事件类同步线程也有两种方式：一种是单独使用，另一种是联合 CSingleLock 或 CMultiLock 来使用。

下面我们用事件类为例 3.11 增加线程同步功能。

【例 3.23】单独使用类 CEvent 实现线程同步

（1）新建一个控制台工程，并在向导的“应用程序设置”界面中勾选“MFC”复选框。

（2）打开 Test.cpp，在其中输入如下代码：

```
#include "stdafx.h"
#include "Test.h"
#include "afxmt.h"//线程同步类所需的头文件
#ifdef _DEBUG
#define new DEBUG_NEW
#endif

int gticketId = 10;  //记录卖出的车票号
CEvent gEvent; // 定义 CEvent 对象

UINT  threadfunc(LPVOID param)
{
 TCHAR chWin;

 if (param == 0) chWin = _T('甲'); //甲窗口
 else chWin = _T('乙'); //乙窗口

 while (1)
 {
     gEvent.Lock();
     if (gticketId <= 0) //如果车票全部卖出了，则退出循环
     {
         gEvent.SetEvent();
         break;
     }
     setlocale(LC_ALL, "chs"); //为控制台设置中文环境
     _tprintf(_T("%c 窗口卖出的车票号 = %d\n"), chWin, gticketId); //打印信息
     gticketId--;//车票减少一张
     gEvent.SetEvent();
     //Sleep(1); //让出 CPU，让其他线程有机会执行
 }
 return 0;
```

```
}
int _tmain(int argc, TCHAR* argv[], TCHAR* envp[])
{
 int nRetCode = 0;
 CWinThread *pwinthread1, *pwinthread2;
 HMODULE hModule = ::GetModuleHandle(NULL);

 if (hModule != NULL)
 {
     // 初始化 MFC 并在失败时显示错误
     if (!AfxWinInit(hModule, NULL, ::GetCommandLine(), 0))
     {
         // TODO:  更改错误代码以符合您的需要
         _tprintf(_T("错误:  MFC 初始化失败\n"));
         nRetCode = 1;
     }
     else
     {
         // TODO:  在此处为应用程序的行为编写代码
         puts("单独使用类 CMutex 来同步线程");
         gEvent.SetEvent(); //设置事件处于有信号状态
         pwinthread1 = AfxBeginThread(threadfunc, (LPVOID)0);
         pwinthread2 = AfxBeginThread(threadfunc, (LPVOID)1);
         WaitForSingleObject(pwinthread1->m_hThread, INFINITE); //等待线程结束
         WaitForSingleObject(pwinthread2->m_hThread, INFINITE); //等待线程结束
         puts("卖票结束");
     }
 }
 else
 {
     // TODO:  更改错误代码以符合您的需要
     _tprintf(_T("错误:  GetModuleHandle 失败\n"));
     nRetCode = 1;
 }

 return nRetCode;
}
```

（3）保存工程并运行，运行结果如图 3-27 所示。

图 3-27

3.4.2.4 信号量类

MFC 中的信号量类 CSemaphore 封装了利用信号量对象来进行线程同步的操作。关于信号量概念前面我们已经介绍过了，这里不再赘述。类 CSemaphore 在构造函数中调用了 CreateSemaphore 函数来创建信号量对象，并重载了父类的 UnLock 函数，里面调用了 ReleaseSemaphore 函数。说到底，也是对 Win32 API 的信号量对象操作进行了简单封装。等待信号量对象有信号可以用 API 函数 WaitForSingleObject 或者调用其父类的 Lock 函数（内部也是调用 WaitForSingleObject）。

信号量类同步线程也有两种方式：一种是单独使用，另一种是联合 CSingleLock 或 CMultiLock 来使用。

下面我们用信号量类为例 3.11 增加线程同步功能。

【例 3.24】单独使用类 CSemaphore 实现线程同步

（1）新建一个控制台工程，并在向导的“应用程序设置”界面中勾选“MFC”复选框。

（2）打开 Test.cpp，在其中输入如下代码：

```
#include "stdafx.h"
#include "Test.h"
#include "afxmt.h"//线程同步类所需的头文件
#ifdef _DEBUG
#define new DEBUG_NEW
#endif

int gticketId = 10;  //记录卖出的车票号
CSemaphore gSp( 1, 50, _T("mySemaphore")); // 定义 CSemaphore 对象

UINT  threadfunc(LPVOID param)
{
 TCHAR chWin;

 if (param == 0) chWin = _T('甲'); //甲窗口
 else chWin = _T('乙'); //乙窗口

 while (1)
 {
     gSp.Lock();
     if (gticketId <= 0) //如果车票全部卖出了，则退出循环
     {
         gSp.Unlock();
         break;
     }
     setlocale(LC_ALL, "chs"); //为控制台设置中文环境
     _tprintf(_T("%c 窗口卖出的车票号 = %d\n"), chWin, gticketId); //打印信息
     gticketId--;//车票减少一张
     gSp.Unlock();
 }
 return 0;
```

```
}
int _tmain(int argc, TCHAR* argv[], TCHAR* envp[])
{
 int nRetCode = 0;
 CWinThread *pwinthread1, *pwinthread2;
 HMODULE hModule = ::GetModuleHandle(NULL);

 if (hModule != NULL)
 {
     // 初始化 MFC 并在失败时显示错误
     if (!AfxWinInit(hModule, NULL, ::GetCommandLine(), 0))
     {
         // TODO:  更改错误代码以符合您的需要
         _tprintf(_T("错误:  MFC 初始化失败\n"));
         nRetCode = 1;
     }
     else
     {
         // TODO:  在此处为应用程序的行为编写代码
         puts("单独使用类 CSemaphore 来同步线程");
         pwinthread1 = AfxBeginThread(threadfunc, (LPVOID)0);
         pwinthread2 = AfxBeginThread(threadfunc, (LPVOID)1);
         WaitForSingleObject(pwinthread1->m_hThread, INFINITE); //等待线程结束
         WaitForSingleObject(pwinthread2->m_hThread, INFINITE); //等待线程结束
         puts("卖票结束");
     }
 }
 else
 {
     // TODO:  更改错误代码以符合您的需要
     _tprintf(_T("错误:  GetModuleHandle 失败\n"));
     nRetCode = 1;
 }

 return nRetCode;
}
```

（3）保存工程并运行，运行结果如图 3-28 所示。

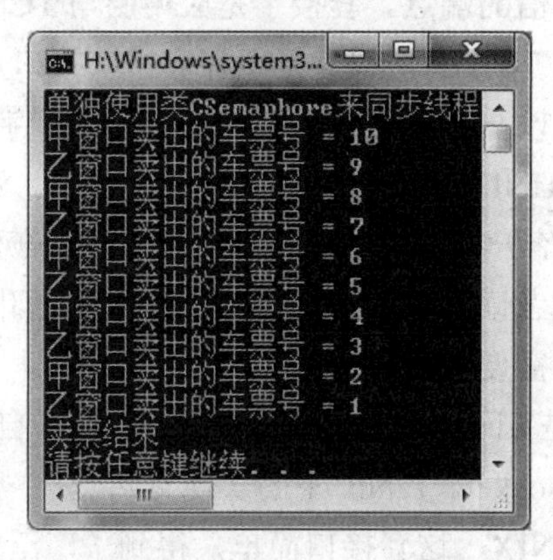

图 3-28

第 4 章

◂ 套接字基础 ▸

接下来几章将讲述具体的网络编程。其实，本书讲述的 Windows 网络编程是指用户态网络编程，因为 Windows 网络编程还包括内核态的网络编程。顾名思义，用户态的网络编程开发的程序都是在用户态运行，内核态网络编程开发的程序都是在内核态运行。本书讲的是用户态的网络编程，内核态的网络编程会在笔者其他书籍中阐述。实际上，内核态网络编程和用户态网络编程的概念都类似。一般掌握了用户态网络编程后，内核态基本也就是替换一下函数形式的问题了。

Windows 用户态的网络编程常见的应用主要基于套接字 API。套接字 API 是 Windows 提供的一组网络编程接口。通过它，开发人员既可以在传输层之上进行网络编程，也可以跨越传输层直接对网络层进行开发。套接字 API 已经是用户态网络编程必须要掌握的内容。套接字编程可以分为 TCP 套接字编程、UDP 套接字编程和原始套接字编程，我们将在后面章节分别叙述之。

4.1 套接字基本概念

Socket 的中文称呼叫套接字或套接口，是 TCP/IP 网络编程中的基本操作单元，可以看作是不同主机的进程之间相互通信的端点。套接字是应用层与 TCP/IP 协议簇通信的中间软件抽象层，一组接口，它把复杂的 TCP/IP 协议簇隐藏在套接字接口后面。某个主机上的某个进程通过该进程中定义的套接字可以与其他主机上同样定义了套接字的进程建立通信，传输数据。

Socket 起源于 UNIX。在 UNIX 一切皆文件的哲学思想下，Socket 是一种“打开—读/写—关闭”模式的实现，服务器和客户端各自维护一个“文件”，在建立连接打开后，可以向自己的文件写入内容供对方读取或者读取对方内容，通信结束时关闭文件。当然，这只是一个大体路线，实际编程还有不少细节需要考虑。

无论在 Windows 平台还是 Linux 平台，都对套接字实现了自己的一套编程接口。Windows 下的 Socket 实现叫 Windows Socket。Linux 下的实现有两套：一套是伯克利套接口（Berkeley sockets），起源于 Berkeley UNIX，这套接口简单，得到了广泛应用，已经成为 Linux 网络编程事实上的标准；另一套实现是传输层接口（TLI ，Transport Layer Interface），是 System V 系统上的网络编程 API，所以这套编程接口更多的是在 UNIX 上使用。

这里简单地说一下 SystemV 和 BSD（Berkeley Software Distribution）。SystemV 的鼻祖正是 1969 年 AT&T 开发的 UNIX，随着 1993 年 Novell 收购 AT&T 后开放了 UNIX 的商标，SystemV 的风格也逐渐成为 UNIX 厂商的标准。BSD 的鼻祖是加州大学伯克利分校在 1975 年开发的 BSDUnix，后被开源组织发展为现在众多的*BSD 操作系统。这里需要说明的是：Linux 不能称为“标准的 UNIX”而只被称为“UNIX Like”的原因有一部分就是来自它的操作风格介乎两者之间（SystemV 和 BSD），而且不同的厂商为了照顾不同的用户，各 Linux 发行版本的操作风格之间也有不小的出入。本书讲述的 Linux 网络编程，都是基于 Berkeley Sockets API。

Socket 是在应用层和传输层之间的一个抽象层，把 TCP/IP 层复杂的操作抽象为几个简单的接口供应用层调用已实现进程在网络中的通信。它在 TCP/IP 中的地位如图 4-1 所示。

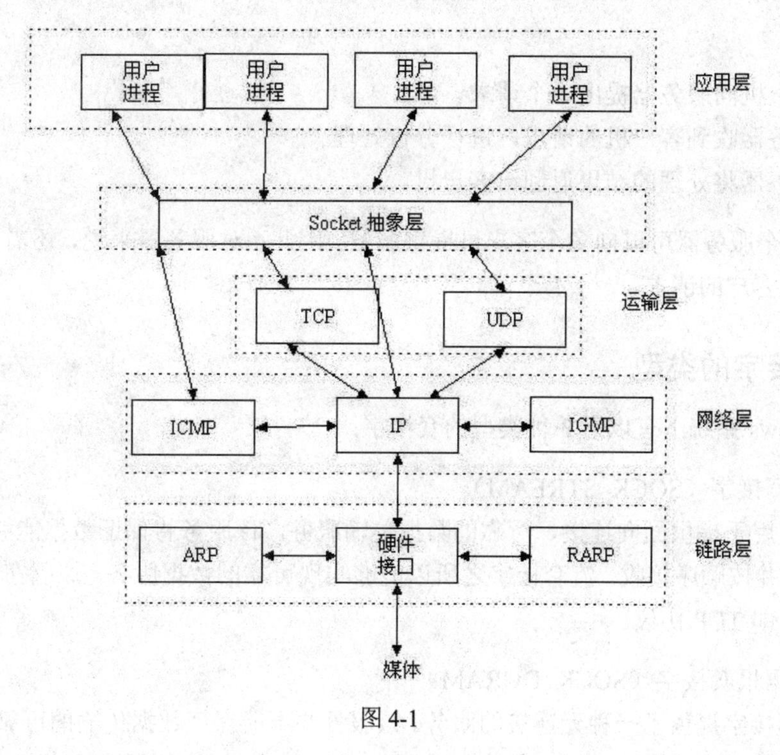

图 4-1

由图 4-1 可以看出，Socket 编程接口其实就是用户进程（应用层）和传输层之间的编程接口。

4.1.1　网络程序的架构

网络程序通常有两种架构：

- 一种是 B/S 架构（Browser/Server，浏览器/服务器），比如我们使用火狐浏览器浏览 Web 网站，火狐浏览器就是一个 Browser，网站上运行的 Web 服务器就是一个服务器。这种架构的优点是用户只需要在自己电脑上安装一个网页浏览器就可以了，主要工作逻辑都在服务器上完成，减轻了用户端的升级和维护的工作量。

- 另外一种架构是 C/S 架构（Client/Server，客户机/服务器），这种架构要在服务器端和客户机端分别安装不同的软件，并且针对不同的应用，客户机端也要安装不同的客户机软件，有时候客户机端的软件安装或升级还比较复杂，因此维护起来成本较大。此种架构的优点是可以较充分地利用两端的硬件能力，较为合理地分配任务。值得注意的是，客户机和服务器实际是指两个不同的进程，服务器是提供服务的进程，客户机是请求服务和接受服务的进程，它们通常位于不同的主机上（也可以是同一主机上的两个进程），这些主机有网络连接，服务器端提供服务并对来自客户端进程的请求做出响应。比如我们常用的 QQ，我们自己电脑上的 QQ 程序就是一个客户端，而在腾讯公司内部还有服务器端程序。

在基于套接字的网络编程中，通常使用 C/S 架构。一个简单的客户机和服务器之间的通信过程如下：

（1）客户机向服务器提出一个请求。
（2）服务器收到客户机的请求，进行分析处理。
（3）服务器将处理的结果返回给客户机。

通常，一个服务器可以向多个客户机提供服务。因此，对服务器来说，还需要考虑如何有效地处理多个客户的请求。

4.1.2 套接字的类型

在 Windows 系统下有以下 3 种类型的套接字：

（1）流套接字（SOCK_STREAM）

流套接字用于提供面向连接、可靠的数据传输服务。该服务将保证数据能够实现无差错、无重复发送，并按顺序接收。流套接字之所以能够实现可靠的数据服务，原因在于其使用了传输控制协议，即 TCP 协议。

（2）数据报套接字（SOCK_DGRAM）

数据报套接字提供了一种无连接的服务。该服务并不能保证数据传输的可靠性，数据有可能在传输过程中丢失或出现数据重复，且无法保证顺序地接收到数据。数据报套接字使用 UDP 协议进行数据的传输。由于数据报套接字不能保证数据传输的可靠性，因此对于有可能出现的数据丢失情况，需要在程序中做相应的处理。

（3）原始套接字（SOCK_RAW）

原始套接字允许对较低层次的协议直接访问，比如 IP、 ICMP 协议。它常用于检验新的协议实现，或者访问现有服务中配置的新设备，因为 RAW SOCKET 可以自如地控制 Linux 下的多种协议，能够对网络底层的传输机制进行控制，所以可以应用原始套接字来操纵网络层和传输层应用。比如，我们可以通过 RAW SOCKET 来接收发向本机的 ICMP、IGMP 协议包，或者接收 TCP/IP 栈不能够处理的 IP 包，也可以用来发送一些自定包头或自定协议的 IP 包。

网络监听技术经常会用到原始套接字。

原始套接字与标准套接字（标准套接字包括流套接字和数据报套接字）的区别在于：原始套接字可以读写内核没有处理的 IP 数据报，而流套接字只能读取 TCP 协议的数据，数据报套接字只能读取 UDP 协议的数据。

4.2 套接字地址

一个套接字代表通信的一端，每端都有一个套接字地址，这个 socket 地址包含了 IP 地址和端口信息。有了 IP 地址，就能从网络中识别对方主机；有了端口，就能识别对方主机上的进程。

socket 地址可以分为通用 socket 地址和专用 socket 地址。前者会出现在一些 socket API 函数中（比如 bind 函数、connect 函数等），这个通用地址原来想用来表示大多数网络地址，但现在有点不方便使用了，因此现在很多网络协议都定义自己的专用网络地址。专用网络地址主要是为了方便使用而提出来的，两者通常可以相互转换。

4.2.1 通用 socket 地址

通用 socket 地址就是一个结构体，名字是 sockaddr。它定义在 ws2def.h 中，该结构体如下：

```
// Structure used to store most addresses
typedef struct sockaddr {
#if (_WIN32_WINNT < 0x0600)
   u_short sa_family;
#else
   ADDRESS_FAMILY sa_family;           // Address family
#endif //(_WIN32_WINNT < 0x0600)
   CHAR sa_data[14];                   // Up to 14 bytes of direct address
} SOCKADDR, *PSOCKADDR, FAR *LPSOCKADDR;
```

其中，sa_family 就是一个无符号短整型（u_short）变量或者 ADDRESS_FAMILY 枚举类型的变量，该变量用来存放地址簇（或协议簇）类型，常用取值如下：

- PF_UNIX：UNIX 本地域协议簇。
- PF_INET：IPv4 协议簇。
- PF_INET6：IPv6 协议簇。
- AF_UNIX：UNIX 本地域地址簇。
- AF_INET：IPv4 地址簇。
- AF_INET6：IPv6 地址簇。

sa_data 用来存放具体的地址数据，即 IP 地址数据和端口数据。

sa_data 只有 14 字节，随着时代的发展，一些新的协议提出来了，比如 IPv6，它的地址长度就不够 14 字节了。不同协议簇的具体地址长度见表 4-1。

表 4-1　协议簇的地址含义和长度

协议簇	地址含义和长度
PF_INET	32 位 IPv4 地址和 16 位端口号，共 6 字节
PF_INET6	128 位 IPv6 地址、16 位端口号、32 位流标识和 32 位范围 ID，共 26 字节
PF_UNIX	文件全路径名，最大长度可达 108 字节

sa_data 太小，容纳不下了，怎么办？Windows 定义了新的通用的地址存储结构：

```
typedef struct sockaddr_storage {
    ADDRESS_FAMILY ss_family;      // address family

    CHAR __ss_pad1[_SS_PAD1SIZE];  // 6 byte pad, this is to make
                                //   implementation specific pad up to
                                //   alignment field that follows explicit
                                //   in the data structure
    __int64 __ss_align;           // Field to force desired structure
    CHAR __ss_pad2[_SS_PAD2SIZE];  // 112 bytes pad to achieve desired size;
                                //   _SS_MAXSIZE value minus size of
                                //   ss_family, __ss_pad1, and
                                //   __ss_align fields is 112
} SOCKADDR_STORAGE_LH, *PSOCKADDR_STORAGE_LH, FAR *LPSOCKADDR_STORAGE_LH;
```

这个结构体存储的地址就大了，而且是内存对齐的，我们可以看到有__ss_align。

4.2.2　专用 socket 地址

上面两个通用地址结构把 IP 地址、端口等数据一股脑放到一个 char 数组中，使得使用起来特不方便。为此，Windows 为不同的协议簇定义了不同的 socket 地址结构体，这些不同的 socket 地址被称为专用 socket 地址。比如，IPv4 有自己专用的 socket 地址，IPv6 有自己专用的 socket 地址。

IPv4 的 socket 地址定义了下面的结构体：

```
typedef struct sockaddr_in {
#if(_WIN32_WINNT < 0x0600)
    short   sin_family;
#else //(_WIN32_WINNT < 0x0600)
    ADDRESS_FAMILY sin_family; //地址簇，取 AF_INET
#endif //(_WIN32_WINNT < 0x0600)
    USHORT sin_port;      //端口号，用网络字节序表示
    IN_ADDR sin_addr;     //IPv4 地址结构，用网络字节序表示
    CHAR sin_zero[8];
} SOCKADDR_IN, *PSOCKADDR_IN;
```

其中，类型 IN_ADDR 在 inaddr.h 中定义如下：

```
// IPv4 Internet address
```

```
// This is an 'on-wire' format structure.
typedef struct in_addr {
        union {
                struct { UCHAR s_b1,s_b2,s_b3,s_b4; } S_un_b;
                struct { USHORT s_w1,s_w2; } S_un_w;
                ULONG S_addr;
        } S_un;
#define s_addr  S_un.S_addr /* can be used for most tcp & ip code */
#define s_host  S_un.S_un_b.s_b2    // host on imp
#define s_net   S_un.S_un_b.s_b1    // network
#define s_imp   S_un.S_un_w.s_w2    // imp
#define s_impno S_un.S_un_b.s_b4    // imp #
#define s_lh    S_un.S_un_b.s_b3    // logical host
} IN_ADDR, *PIN_ADDR, FAR *LPIN_ADDR;
```

其中，成员字段 S_un 用来存放实际的 IP 地址数据，它是一个 32 位的联合体（联合体字段 S_un_b 有 4 个无符号 char 型数据，因此取值 32 位；联合体字段 S_un_w 有两个 USHORT 型数据，因此取值 32 位；联合体字段 S_addr 是 ULONG 型数据，因此取值也是 32 位）。

下面再来看一下 IPv6 的 socket 地址专用结构体：

```
typedef struct sockaddr_in6 {
   ADDRESS_FAMILY sin6_family; // AF_INET6.
   USHORT sin6_port;           // Transport level port number.
   ULONG  sin6_flowinfo;       // IPv6 flow information.
   IN6_ADDR sin6_addr;         // IPv6 address.
   union {
      ULONG sin6_scope_id;     // Set of interfaces for a scope.
      SCOPE_ID sin6_scope_struct;
   };
} SOCKADDR_IN6_LH, *PSOCKADDR_IN6_LH, FAR *LPSOCKADDR_IN6_LH;
```

其中类型 IN6_ADDR 在 in6addr.h 中的定义如下：

```
// IPv6 Internet address (RFC 2553)
// This is an 'on-wire' format structure.
//
typedef struct in6_addr {
   union {
      UCHAR       Byte[16];
      USHORT      Word[8];
   } u;
} IN6_ADDR, *PIN6_ADDR, FAR *LPIN6_ADDR;
```

这些专用的 socket 地址结构体显然比通用的 socket 地址更清楚，它把各个信息用不同的字段来表示。需要注意的是，socket API 函数使用的是通用地址结构，因此我们具体使用的时候最终要把专用地址结构转换为通用地址结构，不过可以强制转换。

4.2.3 IP 地址的转换

IP 地址转换是指将点分十进制形式的字符串 IP 地址与二进制 IP 地址进行相互转换。比如，

“192.168.1.100”就是一个点分十进制形式的字符串 IP 地址。IP 地址转换可以通过 inet_aton、inet_addr 和 inet_ntoa 这 3 个函数完成，这 3 个地址转换函数都只能处理 IPv4 地址，而不能处理 IPv6 地址。使用这些函数需要包含头文件 Winsock2.h，并加入库 Ws2_32.lib。

函数 inet_addr 将点分十进制 IP 地址转换为二进制地址，它返回的结果是网络字节序，该函数声明如下：

```
unsigned long inet_addr(  const char* cp);
```

其中，参数 cp 指向点分十进制形式的字符串 IP 地址，如“172.16.2.6”。如果函数成功返回二进制形式的 IP 地址，类型是 32 位无符号整型，失败则返回一个常值 INADDR_NONE（32 位均为 1）。通常失败的情况是参数 cp 所指的字符串 IP 地址不合法，比如“300.1000.1.1”（超过 255 了）。宏 INADDR_NONE 在 ws2def.h 中定义如下：

```
#define INADDR_NONE            0xffffffff
```

下面我们再看看将结构体 in_addr 类型的 IP 地址转换为点分字符串 IP 地址的函数 inet_ntoa，注意这里说的是结构体 in_addr 类型，即 inet_ntoa 函数的参数类型是 struct in_addr，而不是 inet_addr 返回的结果 unsigned long 类型，函数 inet_ntoa 声明如下：

```
char* FAR inet_ntoa(struct  in_addr  in);
```

其中，in 存放 struct in_addr 类型的 IP 地址。如函数成功就返回字符串指针，指向转换后的点分十进制 IP 地址；如果失败就返回 NULL。

如果想要把 inet_addr 的结果再通过函数 inet_ntoa 转换为字符串形式，该怎么办呢？重要的工作就是要将 inet_addr 返回的 unsigned long 类型转换为 struct in_addr 类型，可以这样：

```
struct  in_addr  ia;
unsigned long dwIP = inet_addr("172.16.2.6");
ia.s_addr = dwIP;
printf("real_ip=%s\n", inet_ntoa(ia));
```

s_addr 就是 S_un.S_addr。S_un.S_addr 是 ULONG 类型的字段，因此可以先把 dwIP 直接赋值给 ia.s_addr，再把 ia 传入 inet_ntoa 中。具体可以看下面的例子。

【例 4.1】IP 地址的字符串和二进制的互转

（1）打开 VC++2017，新建一个控制台工程 test。

（2）在 test.cpp 中输入如下代码：

```
#include "stdafx.h"

#define _WINSOCK_DEPRECATED_NO_WARNINGS
#include <Winsock2.h>

int main(int argc, const char * argv[])
{
 struct in_addr ia;
```

```
    DWORD dwIP = inet_addr("172.16.2.6");
   ia.s_addr = dwIP;
    printf("ia.s_addr=0x%x\n", ia.s_addr);
    printf("real_ip=%s\n", inet_ntoa(ia));
    return 0;
   }
```

代码很简单，先把 IP172.16.2.6 通过函数 inet_addr 转为二进制并存于 ia.s_addr 中，然后以十六进制形式打印出来，接着通过函数 inet_ntoa 转换为点阵的字符串形式。

（3）在工程中加入 Ws2_32.lib。

（4）保存工程并运行，运行结果如下：

```
ia.s_addr=0x60210ac
real_ip=172.16.2.6
```

4.2.4　主机字节序和网络字节序

1. 主机字节序

首先要理解字节顺序。所谓字节顺序，是指数据在主机或网络设备（比如路由器）的内存里的存储顺序。

主机字节序就是在主机内部。数据在主机内存中的存储顺序。学过微机原理的朋友应该知道，不同的 CPU 的字节序是不同的。所谓字节序，就是一个数据的某个字节在内存地址中存放的顺序，即该数据的低位字节是从内存低地址开始存放还是从高地址开始存放。主机字节序通常可以分为两种模式：小端字节序和大端字节序。

为什么会有大、小端模式之分呢？这是因为在计算机系统中，我们是以字节为单位的，一个地址单元（存储单元）都对应着一个字节，即一个存储单元存放一个字节数据。在 C 语言中，除了 8 位的 char 之外，还有 16 位的 short 型、32 位的 long 型（要看具体的编译器）。另外，对于位数大于 8 位的处理器，例如 16 位或者 32 位的处理器，由于寄存器宽度大于一个字节，必然存在着多字节安排的问题，因此就导致了大端存储模式和小端存储模式。例如，一个 16 位的 short 型 x，在内存中的地址为 0x0010，x 的值为 0x1122，那么 0x11 为高字节，0x22 为低字节。对于大端模式，就将 0x11 放在低地址中，即 0x0010 中；0x22 放在高地址中，即 0x0011 中。对于小端模式，则刚好相反。我们常用的 X86 结构是小端模式，而 KEIL C51 则为大端模式。很多的 ARM、DSP 都为小端模式。有些 ARM 处理器还可以由硬件来选择是大端模式还是小端模式。

（1）小端字节序

小端字节序（little-endian）就是数据的低字节存于内存低地址，高字节存于内存高地址。比如一个 long 型数据 0x12345678，采用小端字节序的话，它在内存中的存放情况是这样的：

```
0x0029f458    0x78    //低内存地址存放低字节数据
0x0029f459    0x56
0x0029f45a    0x34
```

0x0029f45b　　0x12　　//高内存地址存放高字节数据

（2）大端字节序

大端字节序（big-endian）就是数据的高字节存于内存低地址，低字节存于内存高地址。比如一个 long 型数据 0x12345678，采用大端字节序的话，它在内存中的存放情况是这样的：

0x0029f458　　0x12　　//低内存地址存放高字节数据
0x0029f459　　0x34
0x0029f45a　　0x56
0x0029f45b　　0x78　　//高内存地址存放低字节数据

可以用下面的小例子来测试主机的字节序。

【例 4.2】测试主机的字节序

（1）新建一个 vc2017 控制台工程，工程名是 Test。

（2）在 test.cpp 中输入如下代码：

```
#include <iostream>
using namespace std;

int main(int argc, char *argv[])
{
 int nNum = 0x12345678;
 char *p = (char*)&nNum;  //p 指向存储 nNum 的内存的低地址
 //判断低地址是否存放的是数据高位
 if (*p == 0x12) cout << "This machine is big endian." << endl;
 else cout << "This machine is small endian." << endl;

 return 0;
}
```

首先定义 nNum 为 int，数据长度为 4 个字节，然后定义字符指针 p 指向 nNum 的地址，因为字符是一个字节，所以赋字符指针 p 的值时会取出存放 nNum 的地址最低字节，即 p 指向低地址。如果*p 为 0x78（0x78 为数据的低位），就为小端；如果*p 为 0x12（0x12 为数据的高位），就为大端。

（3）保存工程并运行，运行结果如图 4-2 所示。

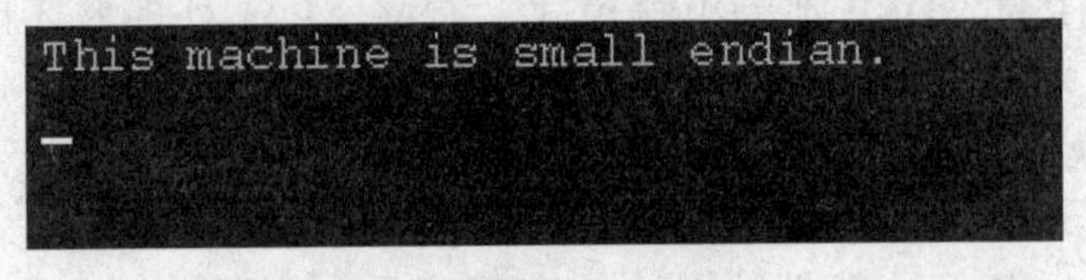

图 4-2

这个机子是 x86 机子，x86 机子基本都是小端模式。

2. 网络字节序

在网络上有着各种各样的主机、路由器等网络设备，彼此的机器字节序都是不同的，但由于它们要相互传输存储数据，必须把它们的字节序进行统一，因此人们提出了网络字节序。网络字节序是 TCP/IP 中规定好的一种数据表示格式，它与具体的 CPU 类型、操作系统等无关，从而可以保证数据在不同主机之间传输时能够被正确解释。网络字节序采用 big endian（大端）排序方式。我们在开发网络程序的时候，应该保证使用网络字节序，为此需要将数据由主机的字节序转换为网络字节序后再发出数据，接收方收到数据后也要先转为主机字节序后再进行处理。这个过程在跨平台开发时尤其重要。

在 VC2017 中，提供了几个主机字节序和网络字节序相互转换的函数。比如：

```
//将 uint16_t（16 位）类型的数据从主机字节序转为网络字节序
uint16_t htons(uint16_t hosts);
//将 uint32_t（32 位）类型的数据从主机字节序转为网络字节序
uint32_t htonl(uint32_t  hostl);
//将 uint16_t（16 位）类型的数据从网络字节序转为主机字节序
uint16_t ntohs(uint16_t  nets);
//将 uint32_t（32 位）类型的数据从网络字节序转为主机字节序
uint32_t ntohl(uint32_t  netl);
```

值得注意的是，对于字节类型，是不存在字节顺序问题的（想想为什么），因此网络编程的发送数据和接收数据的函数的用户缓冲区指针都是字符或字节类型，后面我们会看到这一点。

4.2.5　I/O 工作模式和 I/O 模型

在 Windows 下，套接字有两种 I/O（Input/Output，输入输出）工作模式：阻塞模式（也称同步模式）和非阻塞模式（也称异步模式）。阻塞模式的套接字在一个 I/O 操作完全结束之前会一直挂起等待，直到该 I/O 操作完成后再去处理其他 I/O 操作。对于处于非阻塞模式的套接字，会马上返回而不去等待该 I/O 操作的完成。针对不同的模式，Winsock 提供的函数也有阻塞函数和非阻塞函数。相对而言，阻塞模式比较容易实现中，非阻塞模式就比较复杂了。为了实现套接字的非阻塞模式，微软又提出了套接字的 5 种 I/O 模型。

（1）选择模型，或称 Select 模型，主要是利用 Select 函数实现对 I/O 的管理。

（2）异步选择模型，或称 WSAAsyncSelect 模型，允许应用程序以 Windows 消息的方式接收网络事件通知。

（3）事件选择模型，WSAEventSelect 模型。这个模型类似于 WSAAsynSelect 模型，两者最主要的区别是在事件选择模型下，网络事件发生时会被发送到一个事件对象句柄，而不是发送到一个窗口。

（4）重叠 I/O 模型。该模型下可以要求操作系统为你传送数据，并且在传送完毕时通知你。具体实现时可以使用事件通知或者完成例程两种方式分别实现重叠 I/O（Overlapped I/O）模型。重叠 I/O 模型比上述 3 种模型能达到更佳的系统性能。

（5）完成端口模型。这种模型是最为复杂的一种 I/O 模型，当然性能也是最强大的。当一个应用程序同时需要管理很多个套接字时，可以采用这种模型，往往可以达到最佳的系统性能。

第 5 章

TCP套接字编程

5.1 TCP 套接字编程的基本步骤

流式套接字编程针对的是 TCP 协议通信，即面向连接的通信，分为服务器端和客户端两个部分，分别代表两个通信端点。下面看一下流式套接字编程的基本步骤。

服务器端编程的步骤：

（1）加载套接字库（使用函数 WSAStartup），创建套接字（使用 socket)。

（2）绑定套接字到一个 IP 地址和一个端口上（使用函数 bind）。

（3）将套接字设置为监听模式等待连接请求（使用函数 listen)，这个套接字就是监听套接字了。

（4）请求到来后，接受连接请求，返回一个新的对应于此次连接的套接字（accept）。

（5)用返回的新的套接字和客户端进行通信,即发送或接收数据(使用函数 send 或 recv)，通信结束就关闭这个新创建的套接字（使用函数 closesocket）。

（6）监听套接字继续处于监听状态，等待其他客户端的连接请求。

（7）如果要退出服务器程序，就先关闭监听套接字（使用函数 closesocket），再释放加载的套接字库（使用函数 WSACleanup）。

客户端编程的步骤：

（1）加载套接字库（使用函数 WSAStartup），创建套接字（使用函数 socket）。

（2）向服务器发出连接请求（使用函数 connect）。

（3）和服务器端进行通信，即发送或接收数据（使用函数 send 或 recv）。

（4）如果要关闭客户端程序，就先关闭套接字（使用函数 closesocket），再释放加载的套接字库（使用函数 WSACleanup）。

5.2 协议簇和地址簇

协议簇就是不同协议的集合。在 Windows 中，用宏来表示不同的协议簇，这个宏的形式是以 PF_开头的，比如 IPv4 协议簇为 PF_INET，PF 的意思是 PROTOCOL FAMILY。在 WinSock2.h 中定义了不同协议的宏定义：

```
/*
 * Protocol families, same as address families for now.
 */
#define PF_UNSPEC       AF_UNSPEC
#define PF_UNIX         AF_UNIX
#define PF_INET         AF_INET
#define PF_IMPLINK      AF_IMPLINK
#define PF_PUP          AF_PUP
#define PF_CHAOS        AF_CHAOS
#define PF_NS           AF_NS
#define PF_IPX          AF_IPX
#define PF_ISO          AF_ISO
#define PF_OSI          AF_OSI
#define PF_ECMA         AF_ECMA
#define PF_DATAKIT      AF_DATAKIT
#define PF_CCITT        AF_CCITT
#define PF_SNA          AF_SNA
#define PF_DECnet       AF_DECnet
#define PF_DLI          AF_DLI
#define PF_LAT          AF_LAT
#define PF_HYLINK       AF_HYLINK
#define PF_APPLETALK    AF_APPLETALK
#define PF_VOICEVIEW    AF_VOICEVIEW
#define PF_FIREFOX      AF_FIREFOX
#define PF_UNKNOWN1     AF_UNKNOWN1
#define PF_BAN          AF_BAN
#define PF_ATM          AF_ATM
#define PF_INET6        AF_INET6
```

大家可以看到，各个协议宏由定义成了以 AF_开头的宏，那么以 AF_开头的宏又是哪路神仙呢？其实，它就是地址簇的宏定义。地址簇就是一个协议簇所使用的地址集合（不同的网络协议所使用的网络地址是不同的），也是用宏来表示不同的地址簇，这个宏的形式是以 AF_开头的，比如 IP 地址簇为 AF_INET，AF 的意思是 ADDRESS FAMILY。在 ws2def.h 中定义了不同地址簇的宏定义：

```
#define AF_UNSPEC       0           // unspecified
#define AF_UNIX         1           // local to host (pipes, portals)
#define AF_INET         2           // internetwork: UDP, TCP, etc.
#define AF_IMPLINK      3           // arpanet imp addresses
#define AF_PUP          4           // pup protocols: e.g. BSP
#define AF_CHAOS        5           // mit CHAOS protocols
#define AF_NS           6           // XEROX NS protocols
#define AF_IPX          AF_NS       // IPX protocols: IPX, SPX, etc.
#define AF_ISO          7           // ISO protocols
#define AF_OSI          AF_ISO      // OSI is ISO
#define AF_ECMA         8           // european computer manufacturers
#define AF_DATAKIT      9           // datakit protocols
#define AF_CCITT        10          // CCITT protocols, X.25 etc
#define AF_SNA          11          // IBM SNA
#define AF_DECnet       12          // DECnet
```

```
#define AF_DLI          13          // Direct data link interface
#define AF_LAT          14          // LAT
#define AF_HYLINK       15          // NSC Hyperchannel
#define AF_APPLETALK    16          // AppleTalk
#define AF_NETBIOS      17          // NetBios-style addresses
#define AF_VOICEVIEW    18          // VoiceView
#define AF_FIREFOX      19          // Protocols from Firefox
#define AF_UNKNOWN1     20          // Somebody is using this!
#define AF_BAN          21          // Banyan
#define AF_ATM          22          // Native ATM Services
#define AF_INET6        23          // Internetwork Version 6
#define AF_CLUSTER      24          // Microsoft Wolfpack
#define AF_12844        25          // IEEE 1284.4 WG AF
#define AF_IRDA         26          // IrDA
#define AF_NETDES       28          // Network Designers OSI & gateway
```

现在，地址簇和协议簇的值其实是一样的，说到底都是用来标识不同的一套协议。那为何会有两套东西呢？在很早以前，UNIX 有两种风格的系统，即 BSD 系统和 POSIX 系统：对于 BSD，一直用的是 AF_；对于 POSIX，一直用的是 PF_。Windows 作为晚辈，不敢得罪两位“大哥”，所以索性都支持它们了，这样两位“大哥”的一些应用软件稍加修改就都可以在 Windows 上编译了，说到底就是为了兼容。

既然这里说到“大哥”，必须雁过留名，否则就是不尊重，毕竟都是网络编程界的前辈。很早以前，Bell 实验室的 Ken Thompson 开始利用一台闲置的 PDP-7 计算机开发了一种多用户、多任务操作系统。很快，Dennis Richie 加入了这个项目，在他们共同努力下诞生了最早的 UNIX。Richie 受一个更早的项目——MULTICS 的启发，将此操作系统命名为 UNIX。早期 UNIX 是用汇编语言编写的，但其第三个版本用一种崭新的编程语言 C 重新设计了。C 是 Richie 设计出来并用于编写操作系统的程序语言。通过这次重新编写，UNIX 得以移植到更为强大的 DEC PDP-11/45 与 11/70 计算机上运行。后来发生的一切，正如他们所说，已经成为历史。UNIX 从实验室走出来并成为操作系统的主流，现在几乎每个主要的计算机厂商都有其自有版本的 UNIX。随着 UNIX 成长，后来占领了市场，公司多了，懂的人也多了，就分家了。后来 UNIX 太多太乱，大家编程接口甚至命令都不一样了，为了规范大家的使用和开发，就出现了 POSIX 标准。典型的 POSIX 标准的 UNIX 实现有 Solaris、AIX 等。

BSD 代表“Berkeley Software Distribution，伯克利软件套件”，是 20 世纪 70 年代加州大学伯克利分校对贝尔实验室 UNIX 进行一系列修改后的版本，最终发展成一个完整的操作系统，有着自己的一套标准。现在，有多个不同的 BSD 分支，并且“BSD”并不特指任何一个 BSD 衍生版本，而是类 UNIX 操作系统中的一个分支总称，典型的代表就是 FreeBSD、NetBSD、OpenBSD 等。

5.3 socket 地址

一个套接字代表通信的一端，每端都有一个套接字地址，这个 socket 地址包含了 IP 地址和端口信息。有了 IP 地址，就能从网络中识别对方主机，有了端口就能识别对方主机上的进程。

socket 地址可以分为通用 socket 地址和专用 socket 地址。前者会出现在一些 socket api 函数中（比如 bind 函数、connect 函数等），这个通用地址原来想用来表示大多数网络地址，但现在有点不方便使用了，因此现在很多网络协议都定义自己的专用网络地址，专用网络地址主要是为了方便使用而提出来的，两者通常可以相互转换。

5.3.1 通用 socket 地址

通用 socket 地址就是一个结构体，名字是 sockaddr，定义在 ws2def.h 中，该结构体如下：

```
// Structure used to store most addresses.
typedef struct sockaddr {
#if (_WIN32_WINNT < 0x0600)
    u_short sa_family;
#else
    ADDRESS_FAMILY sa_family;           // Address family.
#endif //(_WIN32_WINNT < 0x0600)
    CHAR sa_data[14];                   // Up to 14 bytes of direct address.
} SOCKADDR, *PSOCKADDR, FAR *LPSOCKADDR;
```

其中，sa_family 是一个无符号短整型（u_short）或枚举 ADDRESS_FAMILY 类型的变量，用来存放地址簇（或协议簇）类型，常用取值如下：

- PF_UNIX：UNIX 本地域协议簇。
- PF_INET：IPv4 协议簇。
- PF_INET6：IPv6 协议簇。
- AF_UNIX：UNIX 本地域地址簇。
- AF_INET：IPv4 地址簇。
- AF_INET6：IPv6 地址簇。

sa_data 用来存放具体的地址数据，即 IP 地址数据和端口数据。

由于 sa_data 只有 14 个字节，随着时代的发展，一些新的协议提出来了，比如 IPv6，它的地址长度不够 14 字节了。不同协议簇的具体地址长度见表 5-1。

表 5-1

协议簇	地址含义和长度
PF_INET	32 位 IPv4 地址和 16 位端口号，共 6 字节
PF_INET6	128 位 IPv6 地址、16 位端口号、32 位流标识和 32 位范围 ID，共 26 字节
PF_UNIX	文件全路径名，最大长度可达 108 字节

sa_data 太小了，容纳不下了，咋办？Windows 定义了新的通用的地址存储结构：

```
typedef struct sockaddr_storage {
    ADDRESS_FAMILY ss_family;       // address family
```

```
    CHAR __ss_pad1[_SS_PAD1SIZE];  // 6 byte pad, this is to make
                                   //   implementation specific pad up to
                                   //   alignment field that follows explicit
                                   //   in the data structure
    __int64 __ss_align;            // Field to force desired structure
    CHAR __ss_pad2[_SS_PAD2SIZE];  // 112 byte pad to achieve desired size;
                                   //   _SS_MAXSIZE value minus size of
                                   //   ss_family, __ss_pad1, and
                                   //   __ss_align fields is 112
} SOCKADDR_STORAGE_LH, *PSOCKADDR_STORAGE_LH, FAR *LPSOCKADDR_STORAGE_LH;
```

这个结构体存储的地址就大了，而且是内存对齐的，我们可以看到有__ss_align。

5.3.2 专用 socket 地址

上面两个通用地址结构把 IP 地址、端口等数据一股脑放到一个 char 数组中，使得使用起来特不方便。为此，Windows 为不同的协议簇定义了不同的 socket 地址结构体，这些不同的 socket 地址被称为专用 socket 地址。比如，IPv4 有自己专用的 socket 地址，IPv6 有自己专用的 socket 地址。

IPv4 的 socket 地址定义了下面的结构体：

```
typedef struct sockaddr_in {
#if(_WIN32_WINNT < 0x0600)
    short   sin_family;
#else //(_WIN32_WINNT < 0x0600)
    ADDRESS_FAMILY sin_family; //地址簇，取 AF_INET
#endif //(_WIN32_WINNT < 0x0600)
    USHORT sin_port; //端口号，用网络字节序表示
    IN_ADDR sin_addr;    //IPv4 地址结构，用网络字节序表示
    CHAR sin_zero[8];
} SOCKADDR_IN, *PSOCKADDR_IN;
```

其中，类型 IN_ADDR 在 inaddr.h 中定义如下：

```
// IPv4 Internet address
// This is an 'on-wire' format structure.
typedef struct in_addr {
        union {
                struct { UCHAR s_b1,s_b2,s_b3,s_b4; } S_un_b;
                struct { USHORT s_w1,s_w2; } S_un_w;
                ULONG S_addr;
        } S_un;
#define s_addr  S_un.S_addr /* can be used for most tcp & ip code */
#define s_host  S_un.S_un_b.s_b2    // host on imp
#define s_net   S_un.S_un_b.s_b1    // network
#define s_imp   S_un.S_un_w.s_w2    // imp
#define s_impno S_un.S_un_b.s_b4    // imp #
#define s_lh    S_un.S_un_b.s_b3    // logical host
} IN_ADDR, *PIN_ADDR, FAR *LPIN_ADDR;
```

其中，成员字段 S_un 用来存放实际的 IP 地址数据，是一个 32 位的联合体（联合体字段 S_un_b 有 4 个无符号 char 型数据，因此取值 32 位；联合体字段 S_un_w 有两个 USHORT 型数据，因此取值 32 位；联合体字段 S_addr 是 ULONG 型数据，因此取值也是 32 位）。

下面再来看一下 IPv6 的 socket 地址专用结构体：

```
typedef struct sockaddr_in6 {
    ADDRESS_FAMILY sin6_family; // AF_INET6.
    USHORT sin6_port;           // Transport level port number.
    ULONG  sin6_flowinfo;       // IPv6 flow information.
    IN6_ADDR sin6_addr;         // IPv6 address.
    union {
        ULONG sin6_scope_id;     // Set of interfaces for a scope.
        SCOPE_ID sin6_scope_struct;
    };
} SOCKADDR_IN6_LH, *PSOCKADDR_IN6_LH, FAR *LPSOCKADDR_IN6_LH;
```

其中，类型 IN6_ADDR 在 in6addr.h 中定义如下：

```
// IPv6 Internet address (RFC 2553)
// This is an 'on-wire' format structure.
//
typedef struct in6_addr {
    union {
        UCHAR       Byte[16];
        USHORT      Word[8];
    } u;
} IN6_ADDR, *PIN6_ADDR, FAR *LPIN6_ADDR;
```

这些专用的 socket 地址结构体显然比通用的 socket 地址更清楚，它把各个信息用不同的字段来表示。需要注意的是，socket API 函数使用的是通用地址结构，因此我们具体使用的时候，最终要把专用地址结构转换为通用地址结构，不过可以强制转换。

5.3.3　IP 地址的转换

IP 地址转换是指将点分十进制形式的字符串 IP 地址与二进制 IP 地址进行相互转换。比如，“192.168.1.100”就是一个点分十进制形式的字符串 IP 地址。IP 地址转换可以通过 inet_aton、inet_addr 和 inet_ntoa 这 3 个函数完成，这 3 个地址转换函数都只能处理 IPv4 地址，而不能处理 IPv6 地址。使用这些函数需要包含头文件 Winsock2.h，并加入库 Ws2_32.lib。

函数 inet_addr 将点分十进制 IP 地址转换为二进制地址，它返回的结果是网络字节序，该函数声明如下：

```
unsigned long inet_addr( const char* cp);
```

其中，参数 cp 指向点分十进制形式的字符串 IP 地址，如“172.16.2.6”。如果函数成功返回二进制形式的 IP 地址，类型是 32 位无符号整型，失败则返回一个常值 INADDR_NONE（32 位均为 1）。通常失败的情况是参数 cp 所指的字符串 IP 地址不合法，比如“300.1000.1.1”（超过 255 了）。宏 INADDR_NONE 在 ws2def.h 中定义如下：

```
#define INADDR_NONE             0xffffffff
```

下面我们再看看将结构体 in_addr 类型的 IP 地址转换为点分字符串 IP 地址的函数 inet_ntoa。注意，这里说的是结构体 in_addr 类型，即 inet_ntoa 函数的参数类型是 struct in_addr，而不是 inet_addr 返回的结果 unsigned long 类型，函数 inet_ntoa 声明如下：

```
char* FAR inet_ntoa(struct  in_addr  in);
```

其中，in 存放 struct in_addr 类型的 IP 地址。如果函数成功就返回字符串指针，此指针指向转换后的点分十进制 IP 地址，如果失败就返回 NULL。

如果想要把 inet_addr 的结果再通过函数 inet_ntoa 转换为字符串形式，怎么办呢？重要的工作就是要将 inet_addr 返回的 unsigned long 类型转换为 struct in_addr 类型，可以这样：

```
struct  in_addr  ia;
unsigned long dwIP = inet_addr("172.16.2.6");
ia.s_addr = dwIP;
printf("real_ip=%s\n", inet_ntoa(ia));
```

s_addr 就是 S_un.S_addr（S_un.S_addr 是 ULONG 类型的字段），因此可以把 dwIP 直接赋值给 ia.s_addr，然后把 ia 传入 inet_ntoa 中，具体可以看下例。

【例 5.1】IP 地址的字符串和二进制的互转

（1）打开 VC2017，新建一个控制台工程 test。

（2）在 test.cpp 中输入如下代码：

```
#include "stdafx.h"

#define _WINSOCK_DEPRECATED_NO_WARNINGS
#include <Winsock2.h>

int main(int argc, const char * argv[])
{
 struct in_addr ia;

 DWORD dwIP = inet_addr("172.16.2.6");
ia.s_addr = dwIP;
 printf("ia.s_addr=0x%x\n", ia.s_addr);
 printf("real_ip=%s\n", inet_ntoa(ia));
 return 0;
}
```

代码很简单，先把 IP172.16.2.6 通过函数 inet_addr 转换为二进制并保存于 ia.s_addr 中，然后以十六进制形式打印出来，接着通过函数 inet_ntoa 转换为点阵的字符串形式。

（3）在工程中加入 Ws2_32.lib。

（4）保存工程并运行，运行结果如下：

```
ia.s_addr=0x60210ac
real_ip=172.16.2.6
```

5.3.4　获取套接字地址

一个套接字绑定了地址就可以通过函数来获取它的套接字地址了。套接字通信需要本地和远程两端建立套接字，这样获取套接字地址可以分为获取本地套接字地址和获取远程套接字地址。其中，获取本地套接字地址的函数是 getsockname，这个函数在下面两种情况下可以获得本地套接字地址：

（1）本地套接字通过 bind 函数绑定了地址（bind 函数在下一节会讲到）。

（2）本地套接字没有绑定地址，但通过 connect 函数和远程建立了连接，此时内核会分配一个地址给本地套接字。

getsockname 函数声明如下：

```
int getsockname(SOCKET s,struct sockaddr* name,int* namelen);
```

其中，参数 s 是套接字描述符；name 为指向存放套接字地址的结构体指针；namelen 是 name 所指结构体的大小。

【例 5.2】绑定后获取本地套接字地址

（1）打开 VC2017，新建一个控制台工程 test。在 test.cpp 中输入如下代码：

```
#include "stdafx.h"
#define _WINSOCK_DEPRECATED_NO_WARNINGS
#include <Winsock2.h>

int main()
{
 int sfp;
 struct sockaddr_in s_add;
 unsigned short portnum = 10051;
 struct sockaddr_in serv = { 0 };
 char on = 1;

 int serv_len = sizeof(serv);

 WORD wVersionRequested;
 WSADATA wsaData;
 int err;

 wVersionRequested = MAKEWORD(2, 2); //制作 Winsock 库的版本号

 err = WSAStartup(wVersionRequested, &wsaData); //初始化 Winsock 库
 if (err != 0) return 0;



 sfp = socket(AF_INET, SOCK_STREAM, 0);
 if (-1 == sfp)
 {
```

```
        printf("socket fail ! \r\n");
        return -1;
    }
    printf("socket ok !\r\n");
   //马上获取
    printf("ip=%s,port=%d\r\n", inet_ntoa(serv.sin_addr), ntohs(serv.sin_port));


    setsockopt(sfp,SOL_SOCKET,SO_REUSEADDR,&on,sizeof(on));//允许地址的立即重用
    memset(&s_add, 0,sizeof(struct sockaddr_in));
    s_add.sin_family = AF_INET;
    s_add.sin_addr.s_addr = inet_addr("192.168.0.2"); //这个IP地址必须是本机上有的
    s_add.sin_port = htons(portnum);
    //绑定
    if (-1 == bind(sfp, (struct sockaddr *)(&s_add), sizeof(struct sockaddr)))
    {
        printf("bind fail:%d!\r\n", errno);
        return -1;
    }
    printf("bind ok !\r\n");
    getsockname(sfp, (struct sockaddr *)&serv, &serv_len); //获取本地套接字地址
   //打印套接字地址里的IP和端口值
    printf("ip=%s,port=%d\r\n", inet_ntoa(serv.sin_addr), ntohs(serv.sin_port));

    WSACleanup(); //释放套接字库
    return 0;
}
```

在上述代码中，我们首先创建了套接字，马上获取它的地址信息，然后绑定了 IP 和端口号，再去获取套接字地址。

（2）保存工程并运行，运行结果如下：

```
socket ok !
ip=0.0.0.0,port=0
bind ok !
ip=192.168.0.2,port=10051
```

可以看到没有绑定 IP 和端口号前获取到的都是 0，绑定后就可以正确获取到地址信息了。

需要注意的是，192.168.0.2 必须是本机上存在的 IP 地址，如果随便乱设一个并不存在的 IP 地址，程序会返回错误。大家可以修改一个并不存在的 IP（比如 0.0.0.0）地址后编译运行，应该会出现下面的结果：

```
socket ok !
ip=0.0.0.0,port=0
bind fail:99!
```

5.4 TCP 套接字编程的相关函数

TCP 套接字编程的相关函数由 windows socket 库（简称 winsock 库）提供。该库分 1.0 和 2.0 两个版本，现在主流是 2.0 版本。2.0 版本的 winsock API 函数的声明在 Winsock2.h 中，在 Ws2_32.dll 中实现。我们编程的时候需要包含头文件 Winsock2.h，同时要加入引用库 ws2_32.lib。

5.4.1 WSAStartup 函数

该函数用于初始化 Winsock DLL 库，这个库提供了所有 Winsock 函数，因此 WSAStartup 必须要在所有 Winsock 函数调用之前调用。函数声明如下：

```
int WSAStartup(WORD  wVersionRequested,  LPWSADATA  lpWSAData);
```

其中，参数 wVersionRequested 指明程序请求使用的 Winsock 规范的版本，高位字节指明副版本，低位字节指明主版本；参数 lpWSAData 返回请求的 Socket 的版本信息，是一个指向结构体 WSADATA 的指针。如果函数成功就返回零，否则返回错误码。

结构体 WSADATA 保存 Windows 套接字的相关信息，定义如下：

```
typedef struct WSAData {
WORD wVersion;  // Winsock 规范的版本号，即文件 Ws2_32.dll 的版本号
WORD wHighVersion;  // Winsock 规范的最高版本号
char szDescription[WSADESCRIPTION_LEN+1];  //套接字的描述信息
char szSystemStatus[WSASYS_STATUS_LEN+1];  //系统状态或配置信息
unsigned short iMaxSockets;  //能打开套接字的最大数目
unsigned short iMaxUdpDg;  //数据报的最大长度，2 或以上的版本中该字段忽略
char FAR* lpVendorInfo;     //套接字的厂商信息，2 或以上的版本中该字段忽略
} WSADATA,  *LPWSADATA;
```

当一个应用程序调用 WSAStartup 函数时，操作系统根据请求的 Winsock 版本来搜索相应的 Winsock 库，然后绑定找到的 Winsock 库到该应用程序中。以后应用程序就可以调用所请求的 Winsock 库中的函数了。比如一个程序要使用 2.0 版本的 Winsock，代码可以这样写：

```
WORD  wVersionRequested = MAKEWORD( 2,0 );
int err = WSAStartup( wVersionRequested, &wsaData );
```

5.4.2 socket/WSASocket 函数

socket 函数用来创建一个套接字，声明如下：

```
SOCKET  WSAAPI  socket( int af,  int type,  int  protocol);
```

其中，参数 af 用于指定套接字所使用的协议簇（地址簇）：对于 IPv4 协议簇，该参数取值为 AF_INET（PF_INET）；对于 IPv6，该参数取值为 AF_INET6。当然不仅仅局限于这两种协议簇，我们可以在 ws2def.h 中看到其他的协议簇定义：

```
#define AF_UNSPEC       0               // unspecified
#define AF_UNIX         1               // local to host (pipes, portals)
#define AF_INET         2               // internetwork: UDP, TCP, etc.
#define AF_IMPLINK      3               // arpanet imp addresses
#define AF_PUP          4               // pup protocols: e.g. BSP
#define AF_CHAOS        5               // mit CHAOS protocols
#define AF_NS           6               // XEROX NS protocols
#define AF_IPX          AF_NS           // IPX protocols: IPX, SPX, etc.
#define AF_ISO          7               // ISO protocols
#define AF_OSI          AF_ISO          // OSI is ISO
#define AF_ECMA         8               // european computer manufacturers
#define AF_DATAKIT      9               // datakit protocols
#define AF_CCITT        10              // CCITT protocols, X.25 etc
#define AF_SNA          11              // IBM SNA
#define AF_DECnet       12              // DECnet
#define AF_DLI          13              // Direct data link interface
#define AF_LAT          14              // LAT
#define AF_HYLINK       15              // NSC Hyperchannel
#define AF_APPLETALK    16              // AppleTalk
#define AF_NETBIOS      17              // NetBios-style addresses
#define AF_VOICEVIEW    18              // VoiceView
#define AF_FIREFOX      19              // Protocols from Firefox
#define AF_UNKNOWN1     20              // Somebody is using this!
#define AF_BAN          21              // Banyan
#define AF_ATM          22              // Native ATM Services
#define AF_INET6        23              // Internetwork Version 6
#define AF_CLUSTER      24              // Microsoft Wolfpack
#define AF_12844        25              // IEEE 1284.4 WG AF
#define AF_IRDA         26              // IrDA
#define AF_NETDES       28              // Network Designers OSI & gateway
```

参数 type 指定要创建的套接字类型：如果要创建流套接字类型，则取值为 SOCK_STREAM；如果要创建数据报套接字类型，则取值为 SOCK_DGRAM；如果要创建原始套接字协议，则取值为 SOCK_RAW。在 Winsock1.1 中，仅仅支持 SOCK_STREAM 和 SOCK_DGRAM；到了 Winsock2，就支持较多的套接字类型了，包括 SOCK_RAW。在 ws2def.h 中定义了套接字类型的宏定义：

```
// Socket types.
#define SOCK_STREAM     1
#define SOCK_DGRAM      2
#define SOCK_RAW        3
#define SOCK_RDM        4
#define SOCK_SEQPACKET  5
```

参数 protocol 指定应用程序所使用的通信协议，即协议簇参数 af 所使用的上层（传输层）协议，比如 IPPROTO_TCP 表示 TCP 协议，IPPROTO_UDP 表示 UDP 协议。这个参数通常和前面两个参数都有关，如果该参数为 0，就表示使用所选套接字类型对应的默认协议，比如如果协议簇是 AF_INET，套接字是 SOCK_STREAM，那么系统默认使用 TCP 协议，而 SOCK_

DGRAM 套接字默认使用的协议是 UDP。一般而言，给定协议簇和套接字类型，如果只支持一种协议，那么用 0 没有问题；如果给定协议簇和套接字类型支持多种协议，就要指定协议参数 protocol 了。这一章我们进行的是 TCP 编程，因此取 IPPROTO_TCP 或 0 即可。如果函数成功返回一个 SOCKET 类型的描述符，那么该描述符可以用来引用新创建的套接字，如果失败就返回 INVALID_SOCKET，可以使用函数 WSAGetLastError 来获取错误码。

SOCKET 的定义如下：

```
typedef  UINT_PTR       SOCKET;
```

UINT_PTR 其实是一个无符号整型，定义如下：

```
typedef  _W64  unsigned int  UINT_PTR
```

WSASocket 函数是 socket 的扩展版本，功能更为强大，通常用 socket 即可。默认情况下，这两个函数创建的套接字都是阻塞（模式）套接字。

5.4.3 bind 函数

该函数让本地地址信息关联到一个套接字上，既可以用于连接的（流式）套接字，也可以用于无连接的（数据报）套接字。当新建了一个 Socket 以后，套接字数据结构中有一个默认的 IP 地址和默认的端口号。服务程序必须调用 bind 函数来给其绑定自己的 IP 地址和一个特定的端口号。客户程序一般不必调用 bind 函数来为其 Socket 绑定 IP 地址和端口号，客户端程序通常会用默认的 IP 和端口来与服务器程序通信。bind 函数声明如下：

```
int bind( SOCKET s,  const struct  sockaddr *  name,   int  namelen);
```

其中，参数 s 标识一个待绑定的套接字描述符；name 为指向结构体 sockaddr 的指针，该结构体包含了 IP 地址和端口号；namelen 确定 name 的缓冲区长度。如果函数成功就返回零，否则返回 SOCKET_ERROR。

结构体 sockaddr 的定义如下：

```
struct sockaddr {
        ushort  sa_family; //协议簇，在 socket 编程中只能是 AF_INET
        char    sa_data[14]; //为套接字存储的目标 IP 地址和端口信息
};
```

这个结构体不是那么直观，所以人们又定义了一个新的结构：

```
struct sockaddr_in {
        short   sin_family; //协议簇，在 socket 编程中只能是 AF_INET
        u_short  sin_port; //端口号（使用网络字节顺序）
        struct  in_addr  sin_addr; //IP 地址，是一个结构
        char    sin_zero[8];//为了与 sockaddr 结构保持大小相同而保留的空字节，填充零即可
};
```

这两个结构长度是一样的，所以可以相互强制转换。

结构 in_addr 用来存储一个 IP 地址，它定义如下：

```
typedef struct in_addr {
  union {
    struct { UCHAR s_b1,s_b2,s_b3,s_b4; } S_un_b;
    struct { USHORT s_w1,s_w2; } S_un_w;
    ULONG S_addr; //一般使用这个，它的字节序为网络字节序
  } S_un;
} IN_ADDR, *PIN_ADDR, FAR *LPIN_ADDR;
```

我们通常习惯用点数的形式表示 IP 地址，为此系统提供了函数 inet_addr，将 IP 地址从点数格式转换成网络字节格式。比如，已知 IP 为 223.153.23.45，我们把它存储到 in_addr 中，可以这样写：

```
sockaddr_in  in;
unsigned long  ip = inet_addr("223.153.23.45");
if(ip!= INADDR_NONE) //如果 IP 地址不合法，inet_addr 将返回 INADDR_NONE
in. sin_addr.S_un.S_addr=ip;
```

我们对套接字进行绑定时，要注意设置的 IP 地址是服务器真实存在的地址，不要输错。比如服务器主机的 IP 地址是 192.168.1.2，而我们却设置绑定到了 192.168.1.3 上，此时 bind 函数会返回错误：

```
//创建一个套接字，用于监听客户端的连接
SOCKET sockSrv = socket(AF_INET, SOCK_STREAM, 0);
SOCKADDR_IN addrSrv;
 addrSrv.sin_addr.S_un.S_addr = inet_addr("192.168.1.3");
 addrSrv.sin_family = AF_INET;
 addrSrv.sin_port = htons(8000);  //使用端口 8000

 int res = bind(sockSrv, (SOCKADDR*)&addrSrv, sizeof(SOCKADDR)); //绑定
 if (res == SOCKET_ERROR)
 {
     printf("bind failed:%d\n", WSAGetLastError());
     return -1;
 }
```

这几行代码会打印：bind failed:10049。通过查询错误码 10049 得知，10049 所代表的含义是“Cannot assign requested address.”，意思就是不能分配所要求的地址，即 IP 地址无效。因此碰到这个错误码，大家应该多多注意是否把 IP 地址写错了。同样，类似的代码在 Linux 下也是会报错误的（但错误码不同），如下所示：

```
int sfd = socket(AF_INET, SOCK_STREAM, 0);
server_address.sin_family = AF_INET;
 server_address.sin_addr.s_addr = inet_addr("192.168.1.3");
 server_address.sin_port = htons(8000);
 if (bind(sfd, (struct sockaddr*)&server_address, sizeof(server_address)) < 0)
 {
printf("bind failed:%d\n", errno);
     return -1;
 }
```

这段代码在 Linux 下输出“bind failed:99”，错误码 errno 是 99，虽然和 Windows 下的错误码不同，但代表的含义也是“Cannot assign requested address.”。总而言之，大家设置 IP 地址时要仔细小心。

能否不具体设置 IP 地址，让系统去选一个可用的 IP 地址呢？答案是肯定的，这也算是对粗心之人的一种帮助吧，见下面这一行：

```
addrSrv.sin_addr.S_un.S_addr = htonl(INADDR_ANY);
```

我们用“htonl(INADDR_ANY);”替换了“inet_addr("192.168.1.3");”，其中 htonl 是把主机字节序转为网络字节序，在网络上传输整型数据通常要转换为网络字节序。宏 INADDR_ANY 告诉系统选取一个任意可用的 IP 地址。

5.4.4 listen 函数

该函数用于服务器端的流套接字，让流套接字处于监听状态，监听客户端发来的建立连接的请求。该函数声明如下：

```
int listen( SOCKET s,  int backlog);
```

其中，参数 s 是一个流套接字描述符，处于监听状态的流套接字 s 将维护一个客户连接请求队列；backlog 表示连接请求队列所能容纳的客户连接请求的最大数量，或者说队列的最大长度。如果函数成功就返回零，否则返回 SOCKET_ERROR。

举个例子，如果 backlog 设置了 5，当有 6 个客户端发来连接请求时，那么前 5 个客户端连接会放在请求队列中，第 6 个客户端会收到错误。

5.4.5 accept/ WSAAccept 函数

accept 函数用于服务程序从处于监听状态的流套接字的客户连接请求队列中取出排在最前的一个客户端请求，并且创建一个新的套接字来与客户套接字创建连接通道，如果连接成功，就返回新创建的套接字的描述符，以后就用新创建的套接字与客户套接字相互传输数据。该函数声明如下：

```
SOCKET accept(  SOCKET  s,  struct  sockaddr  *  addr,  int * addrlen);
```

其中，参数 s 为处于监听状态的流套接字描述符；addr 返回新创建的套接字的地址结构；addrlen 指向结构 sockaddr 的长度，表示新创建的套接字地址结构的长度。如果函数成功就返回一个新的套接字的描述符，该套接字将与客户端套接字进行数据传输；如果失败就返回 INVALID_SOCKET。

下面的代码演示了 accept 的使用：

```
struct  sockaddr_in   NewSocketAddr;
int addrlen;
addrlen=sizeof(NewSocketAddr);
SOCKET  NewServerSocket=accept(ListenSocket, (struct sockaddr *)&
NewSocketAddr, &addrlen);
```

WSAAccept 函数是 accept 的扩展版本。

5.4.6 connect/WSAConnect 函数

connect 函数在套接字上建立一个连接。它用在客户端，客户端程序使用 connect 函数请求与服务器的监听套接字请求建立连接。该函数声明如下：

```
int connect( SOCKET s,  const struct sockaddr* name,  int namelen);
```

其中，s 为还未连接的套接字描述符；name 是对方套接字的地址信息；namelen 是 name 所指缓冲区的大小。如果函数成功就返回零，否则返回 SOCKET_ERROR。

对于一个阻塞套接字，该函数的返回值表示连接是否成功，但如果连接不上通常要等较长时间才能返回，此时可以把套接字设为非阻塞方式，然后设置连接超时时间。对于非阻塞套接字，由于连接请求不会马上成功，因此函数会返回 SOCKET_ERROR，但这并不意味着连接失败，此时用函数 WSAGetLastError 返回错误码将是 WSAEWOULDBLOCK，如果后续连接成功了，就将获得错误码 WSAEISCONN。

函数 WSAConnect 为 connect 的扩展版本。

5.4.7 send/ WSASend 函数

send 函数用于在已建立连接的 socket 上发送数据，无论是客户端还是服务器应用程序都用 send 函数来向 TCP 连接的另一端发送数据。但在该函数内部，它只是把参数 buf 中的数据发送到套接字的发送缓冲区中，此时数据并不一定马上成功地被传到连接的另一端，发送数据到接收端是底层协议完成的。该函数只是把数据发送（或称复制）到套接字的发送缓冲区后就返回了。该函数声明如下：

```
int send( SOCKET s,  const char* buf,  int len,  int flags);
```

其中，参数 s 为发送端套接字的描述符；buf 存放应用程序要发送数据的缓冲区；len 表示 buf 所指缓冲区的大小；flags 一般设零。如果函数复制数据成功，就返回实际复制的字节数，如果函数在复制数据时出现错误，那么 send 就返回 SOCKET_ERROR。

如果底层协议在后续的数据发送过程中出现网络错误，那么下一个 socket 函数就会返回 SOCKET_ERROR（这是因为每一个除 send 外的 socket 函数在执行的最开始总要先等待套接字发送缓冲中的数据被协议传送完毕才能继续，如果在等待时出现网络错误，那么该 socket 函数就返回 SOCKET_ERROR）。

函数 WSASend 是 send 的扩展函数。

5.4.8 recv/ WSARecv 函数

recv 函数从连接的套接字或无连接的套接字上接收数据，该函数声明如下：

```
int recv( SOCKET  s,  char*  buf,  int  len,  int  flags);
```

其中，参数 s 为已连接或已绑定（针对无连接）的套接字的描述符；buf 指向一个缓冲区，该缓冲区用来存放从套接字的接收缓冲区中复制的数据；len 为 buf 所指缓冲区的大小；flags 一般设零。如果函数成功，就返回收到数据的字节数；如果连接被优雅地关闭了，那么函数返回零；如果发生错误，就返回 SOCKET_ERROR。

函数 WSARecv 是 recv 的扩展版本。

5.4.9　closesocket 函数

该函数用于关闭一个套接字。声明如下：

```
int closesocket(SOCKET s);
```

其中，s 为要关闭的套接字的描述符。如果函数成功就返回零，否则返回 SOCKET_ERROR。

5.4.10　inet_addr 函数

该函数用于将一个点分的字符串形式表示的 IP 转换成无符号长整型。函数声明如下：

```
unsigned long inet_addr( const char* cp);
```

其中，参数 cp 指向一个点分的 IP 地址的字符串。如果函数成功就返回无符号长整型表示的 IP 地址，如果函数失败就返回 INADDR_NONE。

下面的代码演示了函数 inet_addr 的使用：

```
sockaddr_in  in;
unsigned long  dwip = inet_addr("223.153.23.45");
//如果 inet_addr 失败，比如 IP 地址不合法，inet_addr 将返回 INADDR_NONE
if(dwip!= INADDR_NONE)
in. sin_addr.S_un.S_addr=ip;
```

也可以写成“in. sin_addr.s_addr= dwip;”，因为：

```
#define  s_addr  S_un.S_addr
```

5.4.11　inet_ntoa 函数

该函数用于将一个 in_addr 结构类型的 IP 地址转换成点分的字符串形式表示的 IP 地址，函数声明如下：

```
char *  inet_ntoa( struct   in_addr  in);
```

其中，参数 in 是 in_addr 结构类型的 IP 地址。如果函数成功就返回点分的字符串形式表示的 IP 地址，否则返回 NULL。

5.4.12　htonl 函数

该函数将一个 u_long 类型的主机字节序转为网络字节序（大端）。函数声明如下：

```
u_long  htonl(  u_long  hostlong);
```

其中，参数 hostlong 是要转为网络字节序的数据。函数返回网络字节序的 hostlong。

5.4.13 htons 函数

该函数将一个 u_short 类型的主机字节序转为网络字节序（大端）。函数声明如下：

```
u_short htons( u_short hostshort);
```

其中，参数 hostshort 是要转为网络字节序的数据。函数返回网络字节序的 hostshort。

5.4.14 WSAAsyncSelect 函数

该函数把某个套接字的网络事件关联到窗口，以便从窗口上接收该网络事件的消息通知。这个函数用于实现非阻塞套接字的异步选择模型，允许应用程序以 Windows 消息的方式接收网络事件通知。该函数调用后会自动把套接字设为非阻塞模式，并且为套接字绑定一个窗口句柄，当有网络事件发生时，便向这个窗口发送消息。函数声明如下：

```
int WSAAsyncSelect( SOCKET s, HWND hWnd, unsigned int wMsg, long
lEvent);
```

其中，参数 s 为网络事件通知所需的套接字描述符；hWnd 为当网络事件发生时，用于接收消息的窗口句柄；wMsg 为网络事件发生时所接收到的消息；lEvent 为应用程序感兴趣的一个或多个网络事件的比特组合码（或称位掩码）。如果函数成功就返回零，否则返回 SOCKET_ERROR。

常见的套接字网络事件位掩码值如表 5-2 所示。

表 5-2 常见的套接字网络事件位掩码值

值	描述
FD_READ	套接字中有数据需要读取时触发的事件
FD_WRITE	刚建立连接或在发送缓冲区从不够到够容纳需要发送的数据时所触发的事件
FD_OOB	接收到外带数据时触发的事件
FD_ACCEPT	接受连接请求时触发的事件
FD_CONNECT	连接完成时触发的事件
FD_CLOSE	套接字上的连接关闭时触发的事件

要注意的是 FD_WRITE，不是说发送数据时就会触发该事件，只是在连接刚刚建立，或者发送缓冲区原先不够容纳所要发送的数据而现在空间够了，才触发该事件。

此外，可以通过消息 wMsg 的消息参数 lParam 来判断错误码和获取事件码。在 Winsock2.h 中有这样的定义：

```
#define WSAGETSELECTERROR(lParam)       HIWORD(lParam)
#define WSAGETSELECTEVENT(lParam)       LOWORD(lParam)
```

其中，通过 WSAGETSELECTERROR(lParam)可以判断是否发生错误，并且此时不能用

WSAGetLastError 来获取错误码，要用 HIWORD(lParam)来获取错误码，错误码定义在 Winsock2.h 中；LOWORD(lParam)里存放了事件码，比如 FD_READ、FD_WRITE 等。

另一个消息参数 wParam 存放发生错误或事件的那个套接字。

5.4.15　WSACleanup 函数

无论是客户端还是服务器端，当程序完成 Winsock 库的使用后，都要调用 WSACleanup 函数来解除与 Winsock 库的绑定并且释放 Winsock 库所占用的系统资源。该函数声明如下：

```
int WSACleanup ();
```

如果函数成功就返回零，否则返回 SOCKET_ERROR。

TCP 套接字编程可以分为阻塞套接字编程和非阻塞套接字编程。两种使用方式不同。

5.5　简单的 TCP 套接字编程

当使用函数 socket 和 WSASocket 函数创建的套接字时，默认都是阻塞模式的。阻塞模式是指套接字在执行操作时，调用函数在没有完成操作之前不会立即返回的工作模式。这意味着当调用 Winsock API 不能立即完成时，线程处于等待状态，直到操作完成。常见的阻塞情况如下：

（1）接受连接函数

函数 accept/WSAAcept 从请求连接队列中接受一个客户端连接。如果以阻塞套接字为参数调用这些函数，那么当请求队列为空时函数就会阻塞，线程将进入睡眠状态。

（2）发送函数

函数 send/WSASend、sendto/WSASendto 都是发送数据的函数。当用阻塞套接字作为参数调用这些函数时，如果套接字缓冲区没有可用空间，函数就会阻塞，线程就会睡眠，直到缓冲区有空间。

（3）接收函数

函数 recv/WSARecv、recvfrom/WSARecvfrom 用来接收数据。当用阻塞套接字为参数调用这些函数时，如果套接字缓冲区没有数据可读，函数就会阻塞，调用线程在数据到来前将处于睡眠状态。

（4）连接函数

函数 connect/WSAConnect 用于向对方发出连接请求。客户端以阻塞套接字为参数调用这些函数向服务器发出连接时，直到收到服务器的应答或超时才会返回。

使用阻塞模式的套接字开发网络程序比较简单，容易实现。在希望能够立即发送和接收数据且处理的套接字数量较少的情况下，使用阻塞套接字模式来开发网络程序比较合适。它的不足之处表现为：在大量建立好的套接字线程之间进行通信时比较困难。当希望同时处理大量套接字时将无从下手，扩展性差。

【例 5.3】一个简单的服务器客户机通信程序

（1）新建一个控制台程序，工程名是 test，我们把 test 工程作为服务器程序。

（2）打开 test.cpp，在其中输入如下代码：

```
#include "stdafx.h"
#define _WINSOCK_DEPRECATED_NO_WARNINGS // 为了使用 inet_ntoa 时不出现警告
#include <Winsock2.h>
#pragma comment(lib, "ws2_32.lib") //Winsock 库的引入库

int _tmain(int argc, _TCHAR* argv[])
{
 WORD wVersionRequested;
 WSADATA wsaData;
 int err;

 wVersionRequested = MAKEWORD(2, 2); //制作 Winsock 库的版本号
 err = WSAStartup(wVersionRequested, &wsaData); //初始化 Winsock 库
 if (err != 0) return 0;

 if (LOBYTE(wsaData.wVersion) != 2 || HIBYTE(wsaData.wVersion) != 2) //判断返
回的版本号是否正确
 {
     WSACleanup();
     return 0;
 }
 //创建一个套接字，用于监听客户端的连接
 SOCKET sockSrv = socket(AF_INET, SOCK_STREAM, 0);

 SOCKADDR_IN addrSrv;
 addrSrv.sin_addr.S_un.S_addr = htonl(INADDR_ANY); //使用当前主机任意可用 IP
 //人为指定一个可用的 IP 地址
 // addrSrv.sin_addr.S_un.S_addr = inet_addr("192.168.1.2");
 addrSrv.sin_family = AF_INET;
 addrSrv.sin_port = htons(8000);  //使用端口 8000

 bind(sockSrv, (SOCKADDR*)&addrSrv, sizeof(SOCKADDR)); //绑定
 listen(sockSrv, 5); //监听

 SOCKADDR_IN addrClient;
 int len = sizeof(SOCKADDR);

 while (1)
 {
     printf("--------等待客户端-----------\n");
     //从连接请求队列中取出排在最前的一个客户端请求，如果队列为空就阻塞
     SOCKET sockConn = accept(sockSrv, (SOCKADDR*)&addrClient, &len);
     char sendBuf[100];
     sprintf_s(sendBuf, "欢迎登录服务器 (%s) ",
```

```
inet_ntoa(addrClient.sin_addr));//组成字符串
        send(sockConn, sendBuf, strlen(sendBuf) + 1, 0); //发送字符串给客户端
        char recvBuf[100];
        recv(sockConn, recvBuf, 100, 0); //接收客户端信息
        printf("收到客户端的信息：%s\n", recvBuf); //打印收到的客户端信息
        closesocket(sockConn); //关闭和客户端通信的套接字
    puts("是否继续监听？(y/n)");
        char ch[2];
    scanf_s("%s", ch, 2); //读控制台两个字符，包括回车符
        if (ch[0] != 'y') //如果不是 y 就退出循环
            break;
    }
    closesocket(sockSrv); //关闭监听套接字
    WSACleanup(); //释放套接字库
    return 0;
    }
```

程序很简单。先新建一个监听套接字，然后等待客户端的连接请求，阻塞在 accept 函数处。一旦有客户端连接请求来了，就返回一个新的套接字，这个套接字和客户端进行通信，通信完毕关掉这个套接字。监听套接字根据用户输入继续监听或退出。在上面的代码中，我们让系统自己选择一个可用的 IP 地址绑定到套接字上，即“addrSrv.sin_addr.S_un.S_addr = htonl(INADDR_ANY);”，如果要人为指定主机的一个可用 IP 地址，可以这样：

```
    addrSrv.sin_addr.S_un.S_addr = inet_addr("192.168.1.2");
```

（3）在 test 解决方案中添加一个新建的控制台工程，工程名为 client。然后打开 client.cpp，在其中输入如下代码：

```
    #include "stdafx.h"
    #define _WINSOCK_DEPRECATED_NO_WARNINGS // 为了使用 inet_ntoa 时不出现警告
    #include <Winsock2.h>
    #pragma comment(lib, "ws2_32.lib")

    int _tmain(int argc, _TCHAR* argv[])
    {
    WORD wVersionRequested;
    WSADATA wsaData;
    int err;

    wVersionRequested = MAKEWORD(2, 2); //初始化 Winsock 库

    err = WSAStartup(wVersionRequested, &wsaData);
    if (err != 0) return 0;

    //判断返回的版本号是否正确
    if (LOBYTE(wsaData.wVersion) != 2 || HIBYTE(wsaData.wVersion) != 2)
    {
        WSACleanup();
        return 0;
    }
```

```
    SOCKET sockClient = socket(AF_INET, SOCK_STREAM, 0);//新建一个套接字

    SOCKADDR_IN addrSrv;
    addrSrv.sin_addr.S_un.S_addr = inet_addr("127.0.0.1"); //服务器的 IP
    addrSrv.sin_family = AF_INET;
    addrSrv.sin_port = htons(8000); //服务器的监听端口
    //向服务器发出连接请求
    err = connect(sockClient, (SOCKADDR*)&addrSrv, sizeof(SOCKADDR));
   if (SOCKET_ERROR == err) //判断连接是否成功
    {
        printf("连接服务器失败，请检查服务器是否启动\n");
        return 0;
    }
    char recvBuf[100];
    recv(sockClient, recvBuf, 100, 0); //接收来自服务器的信息
    printf("收到来自服务器端的信息：%s\n", recvBuf); //打印收到的信息
    send(sockClient, "你好，服务器", strlen("你好，服务器") + 1,0);//向服务器发送信息

    closesocket(sockClient); //关闭套接字
    WSACleanup(); //释放套接字库

    return 0;
}
```

（4）保存工程并运行。运行时先启动服务器程序，再启动客户端程序（可以设为启动项目后再运行）。运行结果如图 5-1 和图 5-2 所示。

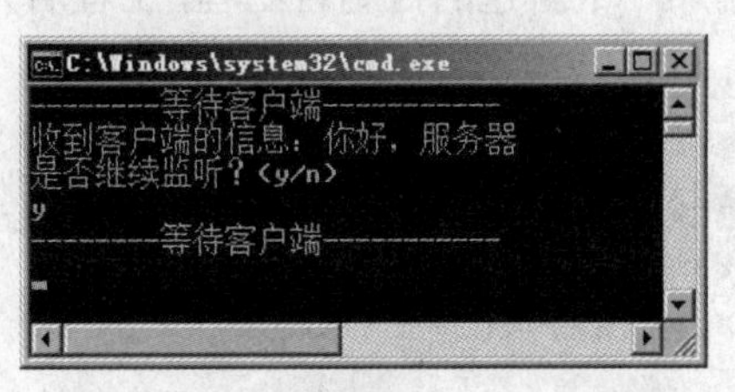

图 5-1

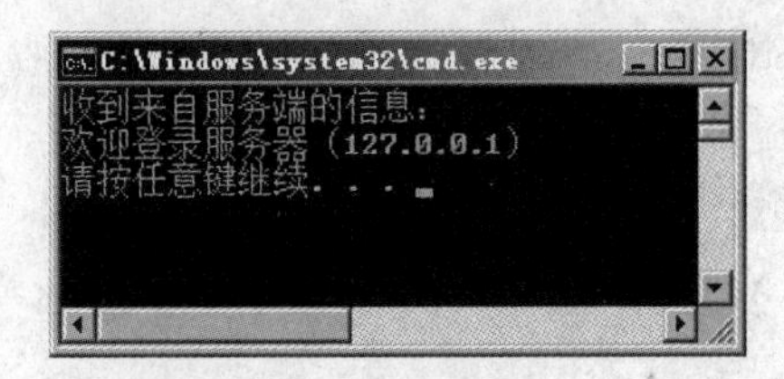

图 5-2

【例 5.4】统计套接字的 connect 超时时间

（1）打开 VC2017，新建一个控制台工程 test。

（2）在 test.cpp 中输入如下代码：

```
#include "stdafx.h"
```

```
#define _WINSOCK_DEPRECATED_NO_WARNINGS // 为了使用 inet_ntoa 时不出现警告
#include <Winsock2.h>
#pragma comment(lib, "ws2_32.lib") //Winsock 库的引入库
#include <assert.h>
#include <stdio.h>
#include <string.h>
#include <errno.h>
#include <stdlib.h>
#include <fcntl.h>
#include <time.h>

#define BUFFER_SIZE 512
int main(int argc, char* argv[])
{

 char ip[] = "120.4.6.99"; //120.4.6.99 是和本机同一网段的地址，但并不存在
 int port = 13334;
 struct sockaddr_in server_address;

 WORD wVersionRequested;
 WSADATA wsaData;
 int err;

 wVersionRequested = MAKEWORD(2, 2); //制作 Winsock 库的版本号
 err = WSAStartup(wVersionRequested, &wsaData); //初始化 Winsock 库
 if (err != 0) return 0;

//判断返回的版本号是否正确
 if (LOBYTE(wsaData.wVersion) != 2 || HIBYTE(wsaData.wVersion) != 2)
 {
     WSACleanup();
     return 0;
 }

 memset(&server_address,0, sizeof(server_address));
 server_address.sin_family = AF_INET;
 DWORD dwIP = inet_addr(ip);
 server_address.sin_addr.s_addr = dwIP;
 server_address.sin_port = htons(port);

 int sock = socket(PF_INET, SOCK_STREAM, 0);
 assert(sock >= 0);

 long t1 = GetTickCount();

 int ret = connect(sock, (struct sockaddr*)&server_address,
sizeof(server_address));
 printf("connect ret code is: %d\n", ret);
    if (ret == -1)
 {
     long t2 = GetTickCount();
```

```
        printf("time used:%dms\n", t2-t1);

        printf("connect failed...\n");
        if (errno == EINPROGRESS)
        {
            printf("unblock mode ret code...\n");
        }
    }
    else
    {
        printf("ret code is: %d\n", ret);
    }
    closesocket(sock);
    WSACleanup(); //释放套接字库
    return 0;
}
```

在代码中，首先定义了和本机 IP 同一子网的不真实存在的 IP（120.4.6.99）。如果不是同一子网，connect 能很快判断出这个 IP 不存在，所以超时时间较短。如果是同一子网的假 IP，则要等网关回复结果后 connect 才知道是否能连通。如果将我们的电脑连上 Internet，再用一个公网上的假 IP，那么超时时间更长，因为要等很多网关、路由器等信息回复后 connect 才能知道是否可以连上。不过，现在我们同一子网里的假 IP 用做测试就够了。

（3）保存并运行，运行结果如图 5-3 所示。

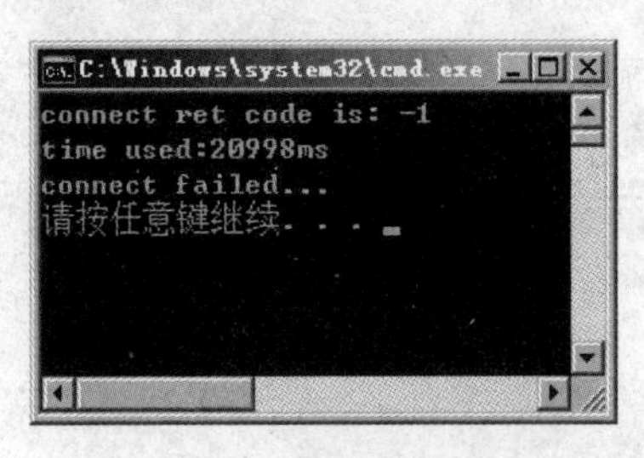

图 5-3

5.6 深入理解 TCP 编程

5.6.1 数据发送和接收涉及的缓冲区

在发送端，数据从调用 send 函数直到发送出去，主要涉及两个缓冲区：第一个是调用 send 函数时程序员开辟的缓冲区，需要把这个缓冲区地址传给 send 函数，这个缓冲区通常称为应用程序发送缓冲区（简称为应用缓冲区）；第二个缓冲区是协议栈自己的缓冲区，用于保存 send 函数传给协议栈的待发送数据和已经发送出去的数据但还没得到确认的数据，这个缓冲区通常称为 TCP 套接字发送缓冲区（因为处于内核协议栈，所以有时也简称为内核缓冲区）。数据从调用 send 函数开始到发送出去，涉及两个主要写操作：第一个是把数据从应用程序缓冲区中复制到协议栈的套接字缓冲区；第二个是从套接字缓冲区发送到网络上去。

数据在接收过程中也涉及两个缓冲区，首先数据达到的是 TCP 套接字的接收缓冲区（也就是内核缓冲区），在这个缓冲区中保存了 TCP 协议从网络上接收到的与该套接字相关的数据。接着，数据写到应用缓冲区，也就是调用 recv 函数时由用户分配的缓冲区（也就是应用缓冲区，这个缓冲区作为 recv 参数），这个缓冲区用于保存从 TCP 套接字的接收缓冲区收到并提交给应用程序的网络数据。和发送端一样，两个缓冲区也涉及两个层次的写操作：从网络上接收数据保存到内核缓冲区（TCP 套接字的接收缓冲区），然后从内核缓冲区复制数据到应用缓冲区中。

5.6.2　TCP 数据传输的特点

（1）TCP 是流协议，接收者收到的数据是一个个字节流，没有“消息边界”。

（2）应用层调用发送函数只是告诉内核我需要发送这么多数据，但不是说调用了发送函数，数据马上就发送出去了。发送者并不知道发送数据的真实情况。

（3）真正可以发送多少数据由内核协议栈根据当前网络状态而定。

（4）真正发送数据的时间点也是由内核协议栈根据当前网络状态而定。

（5）接收端在调用接收函数时并不知道接收函数会实际返回多少数据。

5.6.3　数据发送的 6 种情形

知道了 TCP 数据传输的特点，我们要进一步结合实际来了解发送数据时可能会产生的 6 种情形。假设现在发送者调用了 2 次 send 函数，分别先后发送了数据 A 和数据 B。我们站在应用层来看，先调用 send(A)，再调用 send(B)，想当然地以为 A 先送出了，然后是 B。其实不一定如此。

（1）网络情况良好，A 和 B 的长度没有受到发送窗口、拥塞窗口和 TCP 最大传输单元的影响。此时协议栈将 A 和 B 变成两个数据段发送到网络中。在网络中，它们如图 5-4 所示。

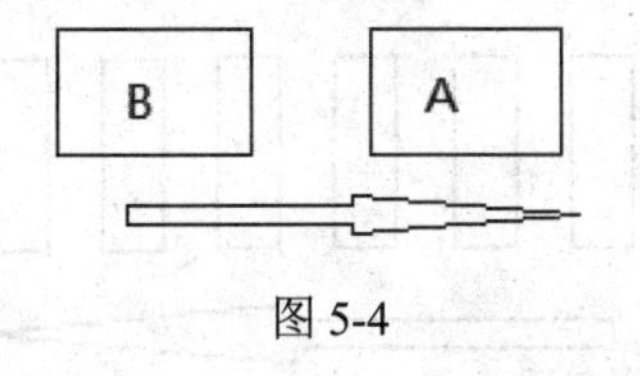

图 5-4

（2）发送 A 的时候网络状况不好，导致发送 A 被延迟，此时协议栈将数据 A 和 B 合为一个数据段后再发送，并且合并后的长度并未超过窗口大小和最大传输单元。在网络中，它们如图 5-5 所示。

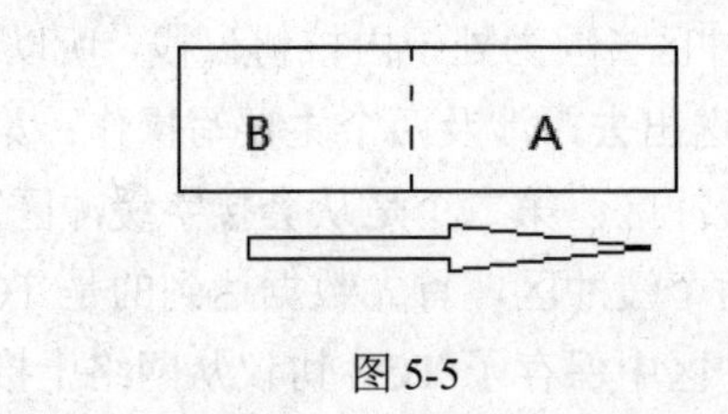

图 5-5

（3）A 发送被延迟了，协议栈把 A 和 B 合为一个数据，但合并后数据长度超过了窗口大小或最大传输单元。此时协议栈会把合并后的数据进行切分，假如 B 的长度比 A 大得多，则切分的地方将发生在 B 处，即协议栈把 B 的部分数据进行切割，切割后的数据第二次发送。在网络中，它们如图 5-6 所示。

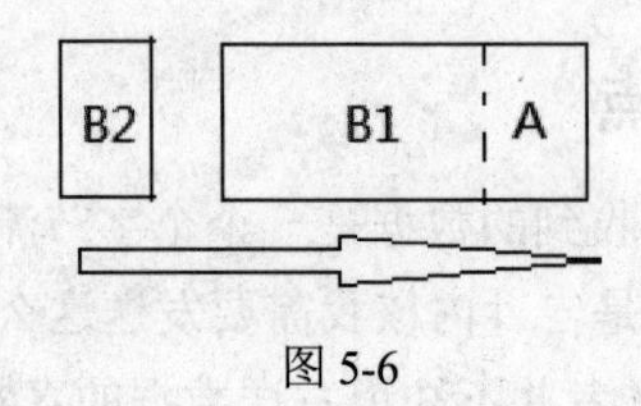

图 5-6

（4）A 发送被延迟了，协议栈把 A 和 B 合为一个数据，但合并后数据长度超过了窗口大小或最大传输单元。此时协议栈会把合并后的数据进行切分，如果 A 的长度比 B 大得多，则切分的地方将发生在 A 处，即协议栈把 A 的部分数据进行切割，切割后的部分 A 先发送，剩下的部分 A 和 B 一起合并发送。在网络中，它们如图 5-7 所示。

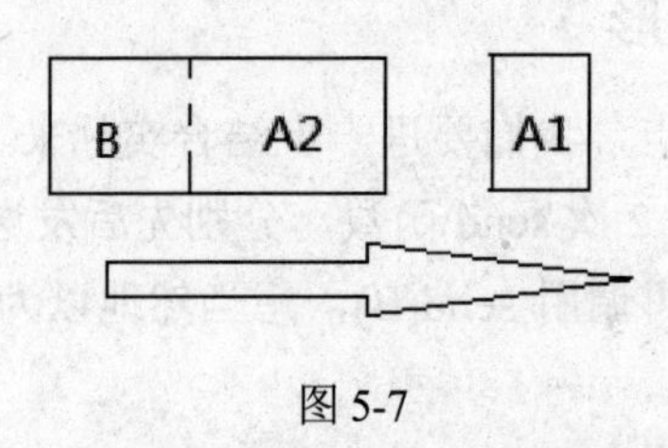

图 5-7

（5）接收方的接收窗口很小，内核协议栈会将发送缓冲区的数据按照接收方的接收窗口大小进行切分后再依次发送。在网络中，它们如图 5-8 所示。

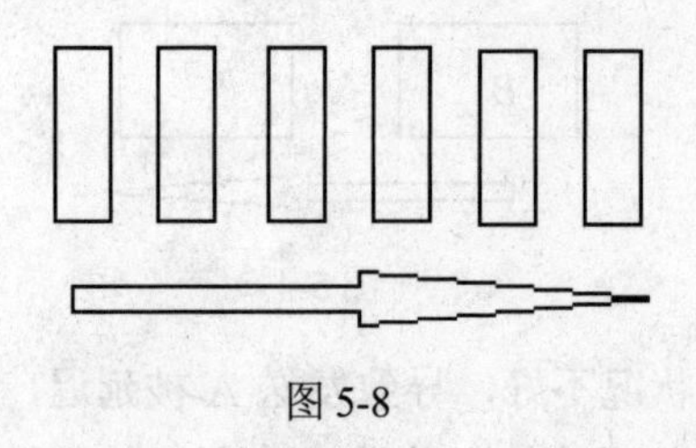

图 5-8

（6）发送过程发生了错误，数据发送失败。

5.6.4　数据接收时碰到的情形

前面说了发送数据的时候，内核协议栈在处理发送数据时可能会出现 6 种情形。现在我们来看接收数据时会碰到哪些情况。对于本次接收函数 recv 应用缓冲区足够大，它调用后，通常有以下几种情况：

第一，接收到本次达到接收端的全部数据。

注意，这里的全部数据是已经达到接收端的全部数据，不是说发送端发送的全部数据，即本地到达多少数据，接收端就接收本次全部数据。我们根据发送端的几种发送情况来推导达到接收端的可能情况：

- 对于发送端（1）的情况，如果到达接收端的全部数据是 A，则接收端应用程序就全部收到了 A。
- 对于发送端（2）的情况，如果到达接收端的全部数据是 A 和 B，则接收端应用程序就全部收到了 A 和 B。
- 对于发送端（3）的情况，如果到达接收端的全部数据是 A 和 B1，则接收端应用程序就全部收到了 A 和 B1。
- 对于发送端（4）和（5）的情况，如果到达接收端的全部数据是部分 A，比如（4）中 A1 是部分 A，（5）中开始的一个矩形条也是部分 A，则接收端应用程序收到的是部分 A。

第二，接收到达到接收端数据的部分。

如果接收端的应用程序的接收缓冲区较小，就有可能只收到已达到接收端的全部数据中的部分数据。

综上所述，TCP 网络内核如何发送数据与应用层调用 send 函数提交给 TCP 网络核没有直接关系。我们也无法对接收数据的返回时机和接收到的数量进行预测，为此需要在编程中做正确处理。另外，在使用 TCP 开发网络程序的时候，不要有“数据边界”的概念，TCP 是一个流协议，没有数据边界的概念。这几点值得我们在开发 TCP 网络程序时多加注意。

第三，没有接收到数据。

表明接收端接收的时候，数据还没有准备好。此时，应用程序将阻塞或 recv 返回一个“数据不可得”的错误码。通常这种情况发生在发送端出现（6）的那种情况，即发送过程发生了错误，数据发送失败。

通过上面 TCP 发送和接收的分析，我们可以得出 2 个“无关”结论，这个“无关”也可理解为独立。

（1）应用程序调用 send 函数的次数和内核封装数据的个数是无关的。

（2）对于要发送的一定长度的数据而言，发送端调用 send 函数的次数和接收端调用 recv 函数的次数是无关的，完全独立的。比如，发送端调用一次 send 函数，可能接收端会调用多次 recv 函数来接收。同样，接收端调用一次 recv 函数也可能收到的是发送端多次调用 send 后发来的数据。

了解了接收会碰到的情况后，我们写程序时，就要合理地处理多种情况。首先，我们要能正确地处理接收函数 recv 的返回值。我们来看一下 recv 函数的调用形式：

```
char buf[SIZE];
int res = recv(s,buf,SIZE,0);
```

如果没有出现错误，recv 返回接收的字节数，buf 参数指向的缓冲区将包含接收的数据。如果连接已正常关闭，那么返回值为零，即 res 为 0。如果出现错误，就将返回 SOCKET_ERROR 的值，并且可以通过调用函数 WSAGetLastError 来获得特定的错误代码。

5.6.5 一次请求响应的数据接收

一次请求响应的数据接收，就是接收端接收完全部数据后接收结束，发送端断开连接。我们可以通过连接是否关闭来知道数据接收是否结束。

对于单次数据接收（调用一次 recv 函数）来讲，recv 返回的数据量是不可预测的，也就无法估计接收端在应用层开设的缓冲区是否大于发来的数据量大小，因此我们可以用一个循环的方式来接收。我们可以认为 recv 返回 0 就是发送方数据发送完毕了，然后正常关闭连接。其他情况，我们就要不停地去接收数据，这样数据就不会漏收了。接着我们来看一个例子。当客户端连接服务器端成功后，服务器端先向客户端发一段信息，客户端接收后，再向服务器端发一段信息，最后客户端关闭连接。这一来一回相当于一次聊天。其实，以后开发更完善的点对点的聊天程序可以基于这个例子。我们使用小例子，主要是为了演示清楚原理细节。

【例 5.5】一个稍完善的服务器客户机通信程序

（1）新建一个控制台程序，将工程命名为 server，并把 server 工程作为服务器端程序。

（2）打开 server.cpp，在其中输入如下代码：

```
#include "stdafx.h"
#define _WINSOCK_DEPRECATED_NO_WARNINGS // 为了使用 inet_ntoa 时不出现警告
#include <Winsock2.h>
#pragma comment(lib, "ws2_32.lib") //Winsock 库的引入库
#define BUF_LEN 300

int _tmain(int argc, _TCHAR* argv[])
{
 WORD wVersionRequested;
 WSADATA wsaData;
 int err, i, iRes;

 wVersionRequested = MAKEWORD(2, 2); //制作 Winsock 库的版本号

 err = WSAStartup(wVersionRequested, &wsaData); //初始化 Winsock 库
 if (err != 0) return 0;

 //判断返回的版本号是否正确
```

```
    if (LOBYTE(wsaData.wVersion) != 2 || HIBYTE(wsaData.wVersion) != 2)
    {
        WSACleanup();
        return 0;
    }
   //创建一个套接字，用于监听客户端的连接
    SOCKET sockSrv = socket(AF_INET, SOCK_STREAM, 0);

    SOCKADDR_IN addrSrv;
    addrSrv.sin_addr.S_un.S_addr = htonl(INADDR_ANY); //使用当前主机任意可用 IP
    addrSrv.sin_family = AF_INET;
    addrSrv.sin_port = htons(8000);  //使用端口 8000

    bind(sockSrv, (SOCKADDR*)&addrSrv, sizeof(SOCKADDR)); //绑定
    listen(sockSrv, 5); //监听

    SOCKADDR_IN addrClient;
    int len = sizeof(SOCKADDR);

    while (1)
    {
        printf("--------等待客户端-----------\n");
        //从连接请求队列中取出排在最前面的一个客户端请求，如果队列为空就阻塞
        SOCKET sockConn = accept(sockSrv, (SOCKADDR*)&addrClient, &len);
        char sendBuf[100]="";
        for (i = 0; i < 10; i++)
        {
            sprintf_s(sendBuf, "N0.%d 欢迎登录服务器，请问 1+1 等于几？（客户端 IP：%s）
", i + 1, inet_ntoa(addrClient.sin_addr));//组成字符串
            send(sockConn, sendBuf, strlen(sendBuf)  , 0); //发送字符串给客户端
            memset(sendBuf, 0, sizeof(sendBuf));
        }

        // 数据发送结束，调用 shutdown()函数声明不再发送数据，此时客户端仍可以接收数据
        iRes = shutdown(sockConn, SD_SEND);
        if (iRes == SOCKET_ERROR) {
            printf("shutdown failed with error: %d\n", WSAGetLastError());
            closesocket(sockConn);
            WSACleanup();
            return 1;
        }

        //发送结束，开始接收客户端发来的信息
        char recvBuf[BUF_LEN];
        // 持续接收客户端数据，直到对方关闭连接
        do {
            iRes = recv(sockConn, recvBuf, BUF_LEN, 0);
            if (iRes > 0)
            {
                printf("\nRecv %d bytes:", iRes);
                for (i = 0; i < iRes; i++)
```

```
                printf("%c", recvBuf[i]);
            printf("\n");
        }
        else if (iRes == 0)
            printf("\n客户端关闭连接了\n");
        else
        {
            printf("recv failed with error: %d\n", WSAGetLastError());
            closesocket(sockConn );
            WSACleanup();
            return 1;
        }

    } while (iRes > 0);
    closesocket(sockConn); //关闭和客户端通信的套接字
    puts("是否继续监听？(y/n)");
    char ch[2];
    scanf_s("%s", ch, 2); //读控制台两个字符，包括回车符
    if (ch[0] != 'y') //如果不是y就退出循环
        break;
}
closesocket(sockSrv); //关闭监听套接字
WSACleanup(); //释放套接字库
return 0;
}
```

代码中做了详细注释。我们可以看到，服务器端在接收客户端数据的时候用了循环结构。我们在发送的时候也用了一个for循环，这是为了模拟多次发送。通过后面客户端代码可以看到，发送多少次和客户端接收的次数是没有关系的。值得注意的是，发送完毕后调用shutdown来关闭发送，这样客户端就不会阻塞在recv那里死等了。下面建立客户端工程。

（3）新建一个控制台工程client。打开client.cpp，输入如下代码：

```
#include "stdafx.h"
#define _WINSOCK_DEPRECATED_NO_WARNINGS // 为了使用inet_ntoa时不出现警告
#include <Winsock2.h>
#pragma comment(lib, "ws2_32.lib")

#define BUF_LEN 300

int _tmain(int argc, _TCHAR* argv[])
{
 WORD wVersionRequested;
 WSADATA wsaData;
 int err;
 u_long argp;
 char szMsg[] = "你好，服务器，我已经收到你的信息";

 wVersionRequested = MAKEWORD(2, 2); //初始化Winsock库
```

```
    err = WSAStartup(wVersionRequested, &wsaData);
    if (err != 0) return 0;

    //判断返回的版本号是否正确
    if (LOBYTE(wsaData.wVersion) != 2 || HIBYTE(wsaData.wVersion) != 2)
    {
        WSACleanup();
        return 0;
    }
    SOCKET sockClient = socket(AF_INET, SOCK_STREAM, 0);//新建一个套接字

    SOCKADDR_IN addrSrv;
    addrSrv.sin_addr.S_un.S_addr = inet_addr("127.0.0.1"); //服务器的 IP
    addrSrv.sin_family = AF_INET;
    addrSrv.sin_port = htons(8000); //服务器的监听端口
    //向服务器发出连接请求
    err = connect(sockClient, (SOCKADDR*)&addrSrv, sizeof(SOCKADDR));
    if (SOCKET_ERROR == err) //判断连接是否成功
    {
        printf("连接服务器失败，请检查服务器是否启动\n");
        return 0;
    }
    char recvBuf[BUF_LEN];
    int i, cn = 1, iRes;
    do
    {
        iRes = recv(sockClient, recvBuf, BUF_LEN, 0); //接收来自服务器的信息
        if (iRes > 0)
        {
            printf("\nRecv %d bytes:", iRes);
            for (i = 0; i < iRes; i++)
                printf("%c", recvBuf[i]);
            printf("\n");
        }
        else if (iRes == 0)//对方关闭连接
            puts("\n 服务器端关闭发送连接了。。。\n");
        else
        {
            printf("recv failed:%d\n", WSAGetLastError());
            printf("recv failed with error: %d\n", WSAGetLastError());
            closesocket(sockClient);
            WSACleanup();
            return 1;
        }

    } while (iRes > 0);
    //开始向客户端发送数据
    char sendBuf[100];
    for (i = 0; i < 10; i++)
    {
        sprintf_s(sendBuf, "N0.%d 我是客户端，1+1=2 ", i + 1 );//组成字符串
```

```
        send(sockClient, sendBuf, strlen(sendBuf) + 1, 0); //发送字符串给客户端
        memset(sendBuf, 0, sizeof(sendBuf));
    }
    puts("向服务器端发送数据完成");
    closesocket(sockClient); //关闭套接字
    WSACleanup(); //释放套接字库
    system(0);
    return 0;
}
```

客户端接收也用了循环结构，这样能正确处理接收时的情况（根据 recv 的返回值）。数据接收完毕后，也多次调用 send 函数向服务器端发送数据，发送完毕后调用 closesocket 来关闭套接字，这样服务器端就不会阻塞在 recv 那里死等了。

（4）保存工程，先运行服务器端，再运行客户端，服务器端运行结果如图 5-9 所示。

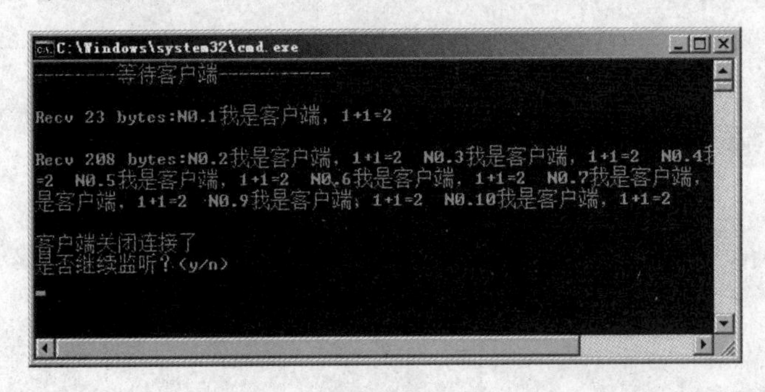

图 5-9

看到服务器端一共接收了 2 次数据，第一次收到了 23 字节，第二次接收到了 208 字节。客户端发来的数据都接收下来了。

客户端运行结果如图 5-10 所示。

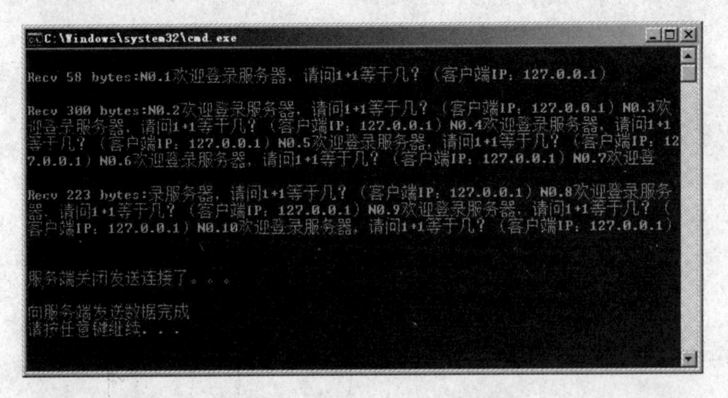

图 5-10

可以看到，客户端一共接收了 3 次数据，第一次收到了 58 字节数据，第二次收到了 300 字节，第三次收到了 223 字节数据。服务器端发来的全部数据都接收下来了。

5.6.6　多次请求响应的数据接收

多次请求响应的数据接收就是接收端要多轮接收数据，每轮接收又包含循环多次接收，一轮接收完毕后，连接并不断开，而是等到多轮接收完毕后才断开连接。在这种情况下，我们的循环接收中不能用 recv 返回值是否为 0 来判断连接是否结束了，当然可以作为条件之一，还要增加一个条件，那就是本轮是否全部接收完应接收的数据了。该如何判断呢？

有两种方法，第一种方法是通信双方约定好发送数据的长度，这种方法也称定长数据的接收。比如发送方告诉接收方，我要发送 n 字节的数据，发完我就断开连接了。那么接收端就要等 n 字节数据全部接收完后才能退出循环，表示接收完毕。下面看一个例子，服务器给客户端发送约定好的固定长度（比如 250 字节）的数据后并不断开连接，而是等待客户端的接收成功确认信息。此时，客户端就不能根据连接是否断开来判断接收是否结束了（当然，连接是否断开也要进行判断，因为可能会有意外出现），而是要根据是否接收完 250 字节来判断了，接收完毕后，再向服务器端发送确认消息。这个过程相当于一个简单的、相互约好的交互协议了。

【例 5.6】接收定长数据

（1）新建一个控制台工程，工程名是 server，该工程是服务器端工程。

（2）打开 server.cpp，输入如下代码：

```
#include "stdafx.h"
#define _WINSOCK_DEPRECATED_NO_WARNINGS // 为了使用 inet_ntoa 时不出现警告
#include <Winsock2.h>
#pragma comment(lib, "ws2_32.lib") //Winsock 库的引入库
#define BUF_LEN 300

int _tmain(int argc, _TCHAR* argv[])
{
 WORD wVersionRequested;
 WSADATA wsaData;
 int err, i, iRes;

 wVersionRequested = MAKEWORD(2, 2); //制作 Winsock 库的版本号

 err = WSAStartup(wVersionRequested, &wsaData); //初始化 Winsock 库
 if (err != 0) return 0;
//判断返回的版本号是否正确
 if (LOBYTE(wsaData.wVersion) != 2 || HIBYTE(wsaData.wVersion) != 2)
 {
     WSACleanup();
     return 0;
 }
//创建一个套接字，用于监听客户端的连接
 SOCKET sockSrv = socket(AF_INET, SOCK_STREAM, 0);

 SOCKADDR_IN addrSrv;
 addrSrv.sin_addr.S_un.S_addr = htonl(INADDR_ANY); //使用当前主机任意可用 IP
 addrSrv.sin_family = AF_INET;
```

```
    addrSrv.sin_port = htons(8000);  //使用端口8000

    bind(sockSrv, (SOCKADDR*)&addrSrv, sizeof(SOCKADDR)); //绑定
    listen(sockSrv, 5); //监听

    SOCKADDR_IN addrClient;
    int cn = 0,len = sizeof(SOCKADDR);

    while (1)
    {
        printf("--------等待客户端-----------\n");
        //从连接请求队列中取出排在最前的一个客户端请求，如果队列为空就阻塞
        SOCKET sockConn = accept(sockSrv, (SOCKADDR*)&addrClient, &len);
        char sendBuf[111]="";

        for (cn = 0; cn < 50; cn++)/
        {
            memset(sendBuf, 'a' , 111);
            if (cn == 49)
                sendBuf[110] = 'b'; //让最后一个字符为'b',这样看起来清楚一点
            send(sockConn, sendBuf, 111, 0); //发送字符串给客户端
        }
        //发送结束，开始接收客户端发来的信息
        char recvBuf[BUF_LEN];

        // 持续接收客户端数据，直到对方关闭连接
        do {

            iRes = recv(sockConn, recvBuf, BUF_LEN, 0);
            if (iRes > 0)
            {
                printf("\nRecv %d bytes:", iRes);
                for (i = 0; i < iRes; i++)
                    printf("%c", recvBuf[i]);
                printf("\n");
            }
            else if (iRes == 0)
                printf("\n客户端关闭连接了\n");
            else
            {
                printf("recv failed with error: %d\n", WSAGetLastError());
                closesocket(sockConn);
                WSACleanup();
                return 1;
            }

        } while (iRes > 0);

        closesocket(sockConn); //关闭和客户端通信的套接字
        puts("是否继续监听? (y/n)");
        char ch[2];
```

```
        scanf_s("%s", ch, 2); //读控制台两个字符，包括回车符
        if (ch[0] != 'y') //如果不是 y 就退出循环
            break;
    }
    closesocket(sockSrv); //关闭监听套接字
    WSACleanup(); //释放套接字库
    return 0;
}
```

在上面的代码中，我们向客户端一共发送 5550 字节的数据，每次发送 111 个，一共发送 50 次。这个长度是和服务器端约好的，发完固定的 5550 字节后，并不关闭连接，而是继续等待客户端的消息,但不要想当然认为客户端每次收到的都是 111 个。下面看一下客户端的情况。

（3）新建一个控制台工程作为客户端，工程名是 client。打开 client.cpp，输入如下代码：

```
#include "stdafx.h"
#define _WINSOCK_DEPRECATED_NO_WARNINGS // 为了使用 inet_ntoa 时不出现警告
#include <Winsock2.h>
#pragma comment(lib, "ws2_32.lib")

#define BUF_LEN 250

int _tmain(int argc, _TCHAR* argv[])
{
 WORD wVersionRequested;
 WSADATA wsaData;
 int err;
 u_long argp;
 char szMsg[] = "你好，服务器，我已经收到你的信息";

 wVersionRequested = MAKEWORD(2, 2); //初始化 Winsock 库

 err = WSAStartup(wVersionRequested, &wsaData);
 if (err != 0) return 0;
//判断返回的版本号是否正确
 if (LOBYTE(wsaData.wVersion) != 2 || HIBYTE(wsaData.wVersion) != 2)
 {
     WSACleanup();
     return 0;
 }
 SOCKET sockClient = socket(AF_INET, SOCK_STREAM, 0);//新建一个套接字

 SOCKADDR_IN addrSrv;
 addrSrv.sin_addr.S_un.S_addr = inet_addr("127.0.0.1"); //服务器的 IP
 addrSrv.sin_family = AF_INET;
 addrSrv.sin_port = htons(8000); //服务器的监听端口
 //向服务器发出连接请求
 err = connect(sockClient, (SOCKADDR*)&addrSrv, sizeof(SOCKADDR));
 if (SOCKET_ERROR == err) //判断连接是否成功
 {
     printf("连接服务器失败，请检查服务器是否启动\n");
```

```
        return 0;
    }
    char recvBuf[BUF_LEN];// BUF_LEN是250
    int i, cn = 1, iRes;
    int leftlen = 50*111;//这个5550是通信双方约好的
    while (leftlen>0)
    {
        //接收来自服务器的信息，每次最大只能接收BUF_LE N个数据，具体接收多少未知
        iRes = recv(sockClient, recvBuf, BUF_LEN, 0);
        if (iRes > 0)
        {
            printf("\nNo.%d:Recv %d bytes:", cn++,iRes);
            for (i = 0; i < iRes; i++) //打印本次接收到的数据
                printf("%c", recvBuf[i]);
            printf("\n");
        }
        else if (iRes == 0)//对方关闭连接
            puts("\n服务器端关闭发送连接了。。。\n");
        else
        {
            printf("recv failed:%d\n", WSAGetLastError());
            printf("recv failed with error: %d\n", WSAGetLastError());
            closesocket(sockClient);
            WSACleanup();
            return 1;
        }
        leftlen = leftlen - iRes;
    }

    //开始向服务器端发送数据
    char sendBuf[100];
    sprintf_s(sendBuf, "我是客户端,我已经完成数据接收了");//组成字符串
    send(sockClient, sendBuf, strlen(sendBuf) + 1, 0); //发送字符串给客户端
    memset(sendBuf, 0, sizeof(sendBuf));

    puts("向服务器端发送数据完成");
    closesocket(sockClient); //关闭套接字
    WSACleanup(); //释放套接字库
    system(0);

    return 0;
}
```

在代码中，我们定义了一个变量leftlen，用来表示还有多少数据没有接收，开始的时候是5550字节（和服务器端约好的数字），以后每次接收一部分就减去已经接收到的数据。直到等于0，就全部接收完毕。

（4）保存工程。先运行服务器端，再运行客户端。服务器端运行结果如图5-11所示。

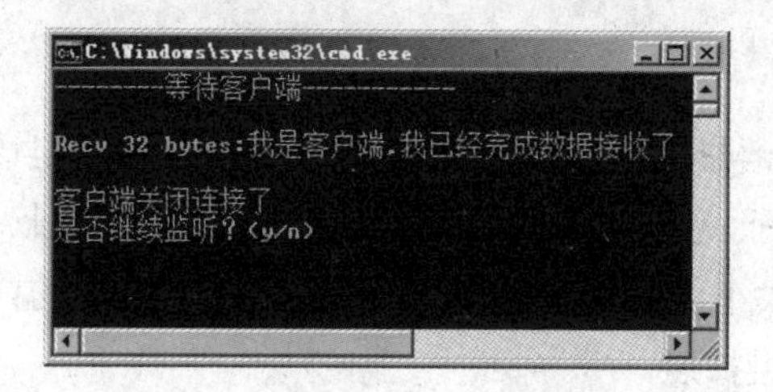

图 5-11

客户端运行结果截取 2 张图：图 5-12 显示第一次接收的情况，图 5-13 显示第二次接收的情况。可以看到，第一次接收到的数据是 111。

图 5-12

图 5-13

通常有两种方法可以知道要接收多少变长数据。

（1）第一种方法是每个不同长度的数据包末尾跟一个结束标识符，接收端在接收的时候，一旦碰到结束标识符，就知道当前的数据包结束了。这种方法必须保证结束符的唯一性，而且效率比较低，所以不常用。结束符的判断方式在实际项目中貌似不受欢迎，因为得扫描每个字符才行。

（2）第二种方法是在变长的消息体之前加一个固定长度的包头，包头里放一个字段，用来表示消息体的长度。接收的时候，先接收包头，然后解析得到消息体长度，再根据这个长度来接收后面的消息体。

具体开发时，我们可以定义这样的结构体：

```
struct MyData
{
    int nLen;
    char data[0];
```

```
};
```

其中，nLen 用来标识消息体的长度；data 是一个数组名，但该数组没有元素，真实地址紧随结构体 MyData 之后，而这个地址就是结构体后面数据的地址（如果给这个结构体分配的内容大于这个结构体实际大小，后面多余的部分就是这个 data 的内容）。这种声明方法可以巧妙地实现 C 语言里的数组扩展。

实际用时采取如下形式：

```
        struct MyData *p = (struct MyData *)malloc(sizeof(struct
MyData )+strlen(str))
```

这样就可以通过 p->data 来操作这个 str。在这里先插入一个小例子，让大家熟悉一下 data[0] 的用法，在网络程序中不至于用错。基础不牢，地动山摇。

【例 5.7】结构体中 data[0]的用法

（1）新建一个控制台工程，工程名是 test。

（2）在 test.cpp 中输入如下代码：

```
#include "stdafx.h"
#include <iostream>

using namespace std;

struct MyData
{
 int nLen;
 char data[0];
};

int main()
{
 int nLen = 10;
 char str[10] = "123456789";//别忘记还有一个'\0'，所以是 10 个字符

 cout << "Size of MyData: " << sizeof(MyData) << endl;
 MyData *myData = (MyData*)malloc(sizeof(MyData) + 10);
 memcpy(myData->data, str, 10);
 cout << "myData's Data is: " << myData->data << endl;
cout << "Size of MyData: " << sizeof(MyData) << endl;
 free(myData);

 return 0;
}
```

在代码中，我们首先打印了结构体 MyData 的大小，结果是 4。因为字段 nLen 是 int 型，占 4 字节，可见 data[0]并不占据实际存储空间。然后我们分配了长度为（sizeof(MyData) + 10）的空间，10 是为 data 数组申请的空间大小。然后把字符数组 str 的内容复制到 myData->data 中，并把内容打印出来。

（3）保存工程并运行，运行结果如图 5-14 所示。

图 5-14

由这个例子可知，data 的地址是紧随结构体之后的。相信通过这个小例子，大家对结构体中 data[0]的用法有所了解了。下面我们可以把它运用到网络程序中去了。

【例 5.8】接收变长数据

（1）新建一个控制台工程，工程名是 server，该工程是服务器端工程。

（2）打开 server.cpp，输入如下代码：

```
#include "stdafx.h"
#define _WINSOCK_DEPRECATED_NO_WARNINGS // 为了使用 inet_ntoa 时不出现警告
#include <Winsock2.h>
#pragma comment(lib, "ws2_32.lib") //Winsock 库的引入库
#define BUF_LEN 300

struct MyData
{
 int nLen;
 char data[0];
} ;

int _tmain(int argc, _TCHAR* argv[])
{
 WORD wVersionRequested;
 WSADATA wsaData;
 int err, i, iRes;

 wVersionRequested = MAKEWORD(2, 2); //制作 Winsock 库的版本号

 err = WSAStartup(wVersionRequested, &wsaData); //初始化 Winsock 库
 if (err != 0) return 0;

//判断返回的版本号是否正确
 if (LOBYTE(wsaData.wVersion) != 2 || HIBYTE(wsaData.wVersion) != 2)
 {
     WSACleanup();
     return 0;
 }
 //创建一个套接字，用于监听客户端的连接
 SOCKET sockSrv = socket(AF_INET, SOCK_STREAM, 0);
```

```
SOCKADDR_IN addrSrv;
addrSrv.sin_addr.S_un.S_addr = htonl(INADDR_ANY); //使用当前主机任意可用 IP
addrSrv.sin_family = AF_INET;
addrSrv.sin_port = htons(8000);  //使用端口 8000

bind(sockSrv, (SOCKADDR*)&addrSrv, sizeof(SOCKADDR)); //绑定
listen(sockSrv, 5); //监听

SOCKADDR_IN addrClient;
int cn = 0,len = sizeof(SOCKADDR);
struct MyData *mydata;
while (1)
{
    printf("--------等待客户端-----------\n");
    //从连接请求队列中取出排在最前的一个客户端请求，如果队列为空就阻塞
    SOCKET sockConn = accept(sockSrv, (SOCKADDR*)&addrClient, &len);
    cn = 5550; //总共要发送 5550 字节的消息体，这个长度是发送端设定的，没和接收端约好
    {
        mydata = (MyData*)malloc(sizeof(MyData) + cn);
        mydata->nLen = htonl(cn); //整型数据要转为网络字节序
        memset(mydata->data, 'a', cn);
        mydata->data[cn - 1] = 'b';
        //发送全部数据给客户端
        send(sockConn, ( char*)mydata, sizeof(MyData) + cn, 0);
        free(mydata);
    }
    //发送结束，开始接收客户端发来的信息
    char recvBuf[BUF_LEN];

    // 持续接收客户端数据，直到对方关闭连接
    do {

        iRes = recv(sockConn, recvBuf, BUF_LEN, 0);
        if (iRes > 0)
        {
            printf("\nRecv %d bytes:", iRes);
            for (i = 0; i < iRes; i++)
                printf("%c", recvBuf[i]);
            printf("\n");
        }
        else if (iRes == 0)
            printf("\n 客户端关闭连接了\n");
        else
        {
            printf("recv failed with error: %d\n", WSAGetLastError());
            closesocket(sockConn);
            WSACleanup();
            return 1;
        }

    } while (iRes > 0);
```

```
        closesocket(sockConn); //关闭和客户端通信的套接字
        puts("是否继续监听？(y/n)");
        char ch[2];
        scanf_s("%s", ch, 2); //读控制台两个字符，包括回车符
        if (ch[0] != 'y') //如果不是 y 就退出循环
            break;
    }
    closesocket(sockSrv); //关闭监听套接字
    WSACleanup(); //释放套接字库
    return 0;
}
```

代码的总体架构和先前的例子类似，也是共要发送 5550 字节的消息体（注意是消息体，实际发送的是 5550+4），4 是长度字段的字节数，只不过这个长度是发送端设定的，没和接收端约好。所以我们定义了一个结构体，结构体的头部整型字段 nLen 表示消息体的长度（这里是 5550）。由于我们采用了 0 数组，所以分配的空间是连续的，因此 send 的时候，可以将结构体地址作为参数代入 send 函数，但注意长度是 sizeof(MyData) + cn，表示长度字段的长和消息体的长。

这样发送出去后，接收端那里先接收 4 字节的长度字段，然后知道消息体长度就可以准备空间了。准备好空间后，可以按照固定长度的接收来进行。具体看客户端代码。

（3）新建一个控制台工程作为客户端，工程名是 client。打开 client.cpp，输入如下代码：

```
#include "stdafx.h"
#define _WINSOCK_DEPRECATED_NO_WARNINGS // 为了使用 inet_ntoa 时不出现警告
#include <Winsock2.h>
#pragma comment(lib, "ws2_32.lib")

#define BUF_LEN 250


int _tmain(int argc, _TCHAR* argv[])
{
 WORD wVersionRequested;
 WSADATA wsaData;
 int err;
 u_long argp;
 char szMsg[] = "你好，服务器，我已经收到你的信息";

 wVersionRequested = MAKEWORD(2, 2); //初始化 Winsock 库

 err = WSAStartup(wVersionRequested, &wsaData);
 if (err != 0) return 0;

//判断返回的版本号是否正确
 if (LOBYTE(wsaData.wVersion) != 2 || HIBYTE(wsaData.wVersion) != 2)
 {
     WSACleanup();
```

```
    return 0;
}
SOCKET sockClient = socket(AF_INET, SOCK_STREAM, 0);//新建一个套接字

SOCKADDR_IN addrSrv;
addrSrv.sin_addr.S_un.S_addr = inet_addr("127.0.0.1"); //服务器的 IP
addrSrv.sin_family = AF_INET;
addrSrv.sin_port = htons(8000); //服务器的监听端口
//向服务器发出连接请求
err = connect(sockClient, (SOCKADDR*)&addrSrv, sizeof(SOCKADDR));
if (SOCKET_ERROR == err) //判断连接是否成功
{
    printf("连接服务器失败，请检查服务器是否启动\n");
    return 0;
}
char recvBuf[BUF_LEN];
int i, cn = 1, iRes;

int leftlen;
unsigned char *pdata;

//接收来自服务器的信息
iRes = recv(sockClient, (char*)&leftlen, sizeof(int), 0);

leftlen = ntohl(leftlen);

while (leftlen > 0)
{
    iRes = recv(sockClient, recvBuf, BUF_LEN, 0); //接收来自服务器的信息
    if (iRes > 0)
    {
        printf("\nNo.%d:Recv %d bytes:", cn++, iRes);
        for (i = 0; i < iRes; i++)
            printf("%c", recvBuf[i]);
        printf("\n");
    }
    else if (iRes == 0)//对方关闭连接
        puts("\n服务器端关闭发送连接了。。。\n");
    else
    {
        printf("recv failed:%d\n", WSAGetLastError());
        printf("recv failed with error: %d\n", WSAGetLastError());
        closesocket(sockClient);
        WSACleanup();
        return 1;
    }
    leftlen = leftlen - iRes;
}


char sendBuf[100];
```

```
    sprintf_s(sendBuf, "我是客户端,我已经完成数据接收了");//组成字符串
    send(sockClient, sendBuf, strlen(sendBuf) + 1, 0); //发送字符串给客户端
    memset(sendBuf, 0, sizeof(sendBuf));

    puts("向服务器端发送数据完成");
    closesocket(sockClient); //关闭套接字
    WSACleanup(); //释放套接字库
    system(0);


    return 0;
}
```

代码和定长接收的例子的客户端类似，只不过多了先接收 4 字节的消息体长度值，然后分配这个大小空间，后面的接收又和定长接收一样了。

有一点要注意，从 recv 函数接收下来的长度要转为主机字节序：

```
    leftlen = ntohl(leftlen);
```

这是因为服务器端程序是把长度转为网络字节序后再发送出去的。有些人可能会觉得这样做多此一举，因为双方不转似乎也能得到正确长度。这是因为这些人是在本机或局域网环境下测试的，并没有经过路由器网络环境。大家最好保持转的习惯，因为路由器和路由器之间都是按网络字节序转发的。大家在编写网络程序时碰到发送整型时，应该转为网络字节序再发送，接收时转为主机字节序再使用。

（4）保存工程。先运行服务器端，再运行客户端。服务器端的运行结果如图 5-15 所示。客户端的运行结果如图 5-16 所示。

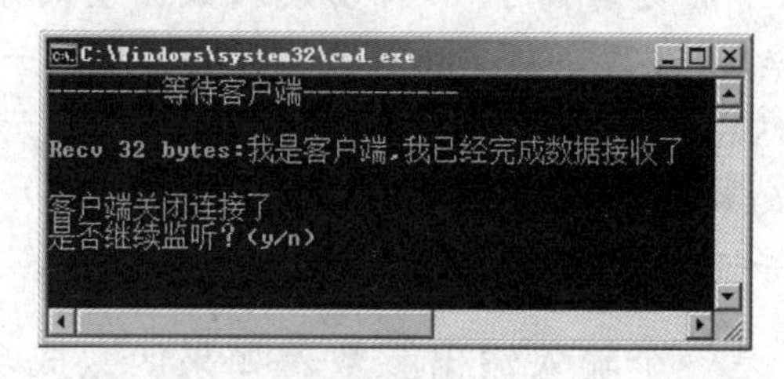

图 5-15

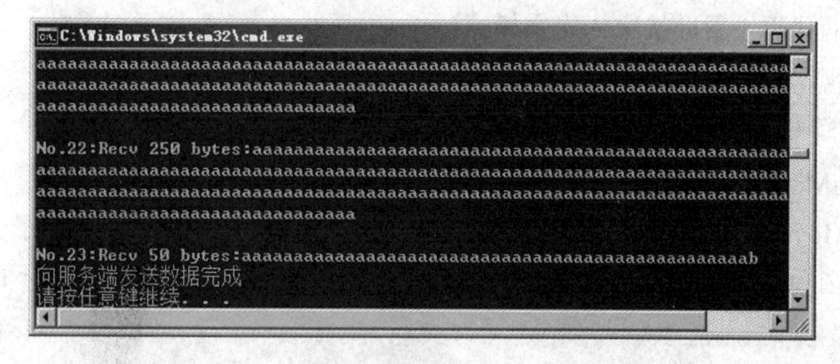

图 5-16

收了 22 次的 250 字节和最后一次的 50 字节，加起来正好是 5550 字节数据。

5.7 I/O 控制命令

套接字的 I/O 控制主要用于设置套接字的工作模式（阻塞模式还是非阻塞模式）。另外，也可以用来获取与套接字相关的 I/O 操作的参数信息。

Winsock 提供了函数 ioctlsocket 和 WSAIoctl 来发送 I/O 控制命令，前者源自 Winsock1 版本，后者是前者的扩展版本，源自 Winsock2 版本。函数 ioctlsocket 声明如下：

```
int ioctlsocket( SOCKET  s,  long  cmd, u_long*  argp);
```

其中，s 为要设置 I/O 模式的套接字的描述符。cmd 表示发给套接字的 I/O 控制命令，通常取值如下：

- FIONBIO: 表示设置或清除阻塞模式的命令，当 argp 作为输入参数为 0 的时候，套接字将设置为阻塞模式；当 argp 作为输入参数为非 0 的时候，套接字将设置为非阻塞模式。有一种情况要注意：函数 WSAAsynSelect 会将套接字自动设置为非阻塞模式，而且如果对某个套接字调用了 WSAAsynSelect 函数，再想用 ioctlsocket 函数把套接字重新设置为阻塞模式，ioctlsocket 会返回 WSAEINVAL 错误，此时如果想把套接字重新设置为阻塞模式，应该依旧调用 WSAAsynSelect 函数，并把其参数 IEvent 设置为 0，这样套接字就又可变为阻塞模式了。大家今后在使用 WSAAsynSelect 函数的时候要做到心中有数，别想当然地以为通过 ioctlsocket 函数一定能把套接字设为阻塞模式。
- FIONREAD：用于确定套接字 s 自动读入数据量的命令，若 s 是流套接字（SOCET_STREAM）类型，则 argp 得到函数 recv 调用一次时可读入的数据量，通常和套接字中排队的数据总量相同；若 s 是数据报套接字（SOCK_DGRAM），则 argp 返回套接字排队的第一个数据报的大小。
- FIOASYNC: 表示设置或清除异步 I/O 的命令。

argp 为命令参数，是一个输入输出参数。如果函数成功就返回零，否则返回 SOCKET_ERROR，此时可以用函数 WSAGetLastError 获取错误码。

比如下面的代码设置套接字为阻塞模式：

```
u_long iMode = 0;
ioctlsocket(m_socket, FIONBIO, &iMode);
```

如果参数 iMode 传入的是 0，就设置阻塞，否则设置为非阻塞。

函数 WSAIoctl 是 Winsock2 中的 I/O 控制命令函数，功能更为强大，增加了一些输入参数，添加了一些新选项，并增加了一些输出函数以获得更多的信息，函数声明如下：

```
int WSAIoctl(  SOCKET s,  DWORD dwIoControlCode,  LPVOID lpvInBuffer,
  DWORD cbInBuffer,  LPVOID lpvOutBuffer,  DWORD cbOutBuffer,
  LPDWORD lpcbBytesReturned,  LPWSAOVERLAPPED lpOverlapped,
  LPWSAOVERLAPPED_COMPLETION_ROUTINE lpCompletionRoutine);
```

- s：[in]套接字描述符（句柄）。
- dwIoControlCode：[in]存放用于操作的控制码，比如 SIO_RCVALL（接收全部数据包的选项）。
- lpvInBuffer：[in]指向输入缓冲区地址。
- cbInBuffer：[in]输入缓冲区的字节大小。
- lpvOutBuffer：[out]指向输出缓冲区地址。
- cbOutBuffer：[in]输出缓冲区的字节大小。
- lpcbBytesReturned：[out]指向存放实际输出数据的字节大小的变量地址。
- lpOverlapped：[in]指向 WSAOVERLAPPED 结构体的地址（若是非重叠套接字则忽略该参数）。
- lpCompletionRoutine：[in]指向一个例程函数，该函数会在操作结束后调用（若是非重叠套接字则忽略该参数）。

如果函数成功就返回 0，否则返回 SOCKET_ERROR，可用 WSAGetLastError 获取错误码。

【例 5.9】设置阻塞套接字为非阻塞套接字

（1）打开 VC2017，新建一个控制台工程 test。

（2）在 test.cpp 中输入如下代码：

```
#include "stdafx.h"
#define _WINSOCK_DEPRECATED_NO_WARNINGS // 为了使用 inet_ntoa 时不出现警告
#include <Winsock2.h>
#pragma comment(lib, "ws2_32.lib") //Winsock 库的引入库

#include <assert.h>
#include <stdio.h>


int main(int argc, char* argv[])
{
u_long argp;
int res;
char ip[] = "120.4.6.99"; //120.4.6.99 是和本机同一网段的地址 ，但并不存在
int port = 13334;
struct sockaddr_in server_address;

// Initialize Winsock
WSADATA wsaData;
int iResult = WSAStartup(MAKEWORD(2, 2), &wsaData);
if (iResult != NO_ERROR)
    printf("Error at WSAStartup()\n");


memset(&server_address, 0, sizeof(server_address));
server_address.sin_family = AF_INET;
DWORD dwIP = inet_addr(ip);
```

```
    server_address.sin_addr.s_addr = dwIP;
    server_address.sin_port = htons(port);

    SOCKET sock = socket(PF_INET, SOCK_STREAM, 0);
    assert(sock >= 0);


    long t1 = GetTickCount();

    int ret = connect(sock, (struct sockaddr*)&server_address,
sizeof(server_address));
    printf("connect ret code is: %d\n", ret);
    if (ret == -1)
    {

        long t2 = GetTickCount();

        printf("time used:%dms\n", t2 - t1);

        printf("connect failed...\n");
        if (errno == EINPROGRESS)
        {
            printf("unblock mode ret code...\n");
        }
    }
    else
    {
        printf("ret code is: %d\n", ret);
    }



    argp = 1;
     res = ioctlsocket(sock, FIONBIO, (u_long FAR*)&argp);
    if (SOCKET_ERROR == res)
    {
        printf("Error at ioctlsocket(): %ld\n", WSAGetLastError());
        WSACleanup();
        return -1;
    }


    puts("设置非阻塞模式后: \n");

    memset(&server_address, 0, sizeof(server_address));
    server_address.sin_family = AF_INET;
    dwIP = inet_addr(ip);
    server_address.sin_addr.s_addr = dwIP;
    server_address.sin_port = htons(port);

     t1 = GetTickCount();
```

```
    ret = connect(sock, (struct sockaddr*)&server_address,
sizeof(server_address));
    printf("connect ret code is: %d\n", ret);
    if (ret == -1)
    {

        long t2 = GetTickCount();

        printf("time used:%dms\n", t2 - t1);

        printf("connect failed...\n");
        if (errno == EINPROGRESS)
        {
            printf("unblock mode ret code...\n");
        }
    }
    else
    {
        printf("ret code is: %d\n", ret);
    }

    closesocket(sock);
   WSACleanup(); //释放套接字库
    return 0;
}
```

在代码中，我们首先创建了一个套接字 sock，刚开始默认是阻塞的，然后用 connect 函数去连接一个和本机 IP 同一子网的不真实存在的 IP，会发现用了 20 多秒。接着我们用 ioctlsocket 函数把套接字 sock 设置为非阻塞，再同样用 connect 函数去连接一个和本机 IP 同一子网的不真实存在的 IP，会发现 connect 立即返回了，这就说明我们设置套接字为非阻塞成功了。

（3）保存工程并运行，运行结果如图 5-17 所示。

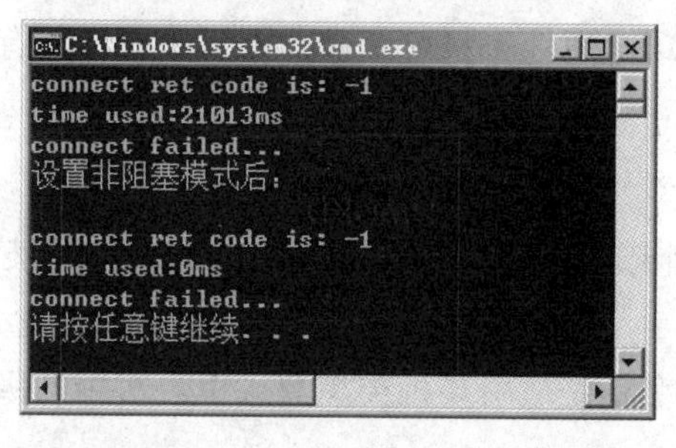

图 5-17

可以看到，大概等了 20 多秒后才提示 connect 失败。

把套接字设为非阻塞模式后，很多 winsock api 函数就会立即返回，但并不意味着操作已经完成。我们可以通过下例感受这一点。

函数 WSAIoctl 主要用于控制套接字的工作模式，声明如下：

```
int WSAIoctl( SOCKET s, DWORD dwIoControlCode, LPVOID lpvInBuffer,DWORD cbInBuffer, LPVOID lpvOutBuffer, DWORD cbOutBuffer,LPDWORD lpcbBytesReturned, LPWSAOVERLAPPED lpOverlapped,LPWSAOVERLAPPED_COMPLETION_ROUTINE lpCompletionRoutine);
```

其中，参数 s 表示套接字描述符；dwIoControlCode 表示要执行操作的控制码；lpvInBuffer 指向输入缓冲区；cbInBuffer 表示输入缓冲区的字节大小；lpvOutBuffer[out]指向输出缓冲区；cbOutBuffer 表示输出缓冲区的字节大小；lpcbBytesReturned[out]指向实际输出数据的字节大小；lpOverlapped 指向 WSAOVERLAPPED 结构，该参数用于重叠套接字，非重叠套接字则忽略该参数；lpCompletionRoutine 指向操作结束后调用例程，非重叠套接字则忽略该参数。如果函数执行成功就返回 0，否则返回 SOCKET_ERROR，此时可以用 WSAGetLastError 获取错误码。

需要注意的是，当套接字处于阻塞模式时，该函数可能阻塞线程；若套接字处于非阻塞模式且指定的操作不能及时完成时，WSAGetLastError 将返回 WSAEWOULDBLOCK 错误码，此时程序可以将套接字改为阻塞模式后再次发送请求。

5.8 套接字选项

5.8.1 基本概念

除了可以通过发送 I/O 控制命令来影响套接字的行为外，还可以设置套接字的选项来进一步对套接字进行控制，比如我们可以设置套接字的接收或发送缓冲区大小、指定是否允许套接字绑定到一个已经使用的地址、判断套接字是否支持广播、控制带外数据的处理、获取和设置超时参数等。当然除了设置选项外，还可以获取选项，选项的概念相当于属性的意思。所以套接字选项也可说是套接字属性，选项就是用来描述套接字本身属性特征的。

值得注意的是，有些选项（属性）只可获取，不可设置，而有些选项既可设置也可获取。

5.8.2 选项的级别

有一些选项是针对一种特定协议的，意思就是这些选项都是某种套接字特有的；又有一些选项适用于所有类型的套接字，因此就有了选项级别（level）概念，即选项的适用范围或适用对象，是适用所有类型套接字还是适用某种类型套接字。常用的级别有：

- SOL_SOCKET：该级别的选项与套接字使用的具体协议无关，只作用于套接字本身。
- SOL_LRLMP：该级别的选项作用于 IrDA 协议。
- IPPROTO_IP：该级别的选项作用于 IPv4 协议，因此与 IPv4 协议的属性密切相关，比如获取和设置 IPv4 头部的特定字段。
- IPPROTO_IPV6：该级别的选项作用于 IPv6 协议，有一些选项和 IPPROTO_IP 对应。

- IPPROTO_RM：该级别的选项作用于可靠的多播传输。
- IPPROTO_TCP：该级别的选项适用于流式套接字。
- IPPROTO_UDP：该级别的选项适用于数据报套接字。

这些都是宏定义，可以直接用在函数参数中。

通常，不同的级别选项值也不尽相同。下面我们来看一下级别为 SOL_SOCKET 的选项（见表 5-3）。

表 5-3　级别为 SOL_SOCKET 的选项

选项	获取/设置/两者都可	optval 数据类型（optval 指向选项缓冲区）	描述
SO_ACCEPTCONN	获取	DWORD（当作布尔型使用）	表示套接字是否处于监听状态，若为真则表示处于监听状态。这个选项只针对面向连接的协议
SO_BROADCAST	两者都可	DWORD（当作布尔型使用）	表示该套接字能否传送广播消息，若为真则允许。这个选项只针对支持广播的协议（如 IPX、UDP/IPv4 等）
SO_CONDITIONAL_ACCEPT	两者都可	DWORD（当作布尔型使用）	表示到来的连接是否接受
SO_DEBUG	两者都可	DWORD（当作布尔型使用）	表示是否允许输出调试信息，若为真则允许
SO_DONTLINGER	两者都可	DWORD（当作布尔型使用）	表示是否禁用 SO_LINGER 选项，若为真则禁用
SO_DONTROUTE	两者都可	DWORD（当作布尔型使用）	表示是否禁用路由选择，若为真则禁用
SO_ERROR	获取	DWORD	获取套接字的错误码
SO_GROUP_ID	获取	GROUP	保留不用
SO_GROUP_PRIORITY	获取	GROUP	保留不用
SO_KEEPALIVE	两者都可	DWORD（当作布尔型使用）	对于一个套接字连接来说，是否能够保活（keepalive），若为真则能够保活
SO_LINGER	两者都可	struct linger	设置或获取当前的拖延值。拖延值就是在关闭套接字时未发送的数据的等待时间值
SO_MAX_MSG_SIZE	获取	DWORD	如果套接字是数据报套接字，就表示消息的最大尺寸。如果套接字是流套接字，就没有意义
SO_OOBINLINE	两者都可	DWORD（当作布尔型使用）	表示是否可以在常规数据流中接收带外数据，若为真则表示可以
SO_PROTOCOL_INFO	获取	WSAPROTOCOL_INFO	获取绑定到套接字的协议信息

（续表）

选项	获取/设置/两者都可	optval 数据类型（optval 指向选项缓冲区）	描述
SO_RCVBUF	两者都可	DWORD	获取或设置用于数据接收的缓冲区大小。这个缓冲区是系统内核缓冲区
SO_REUSEADDR	两者都可	DWORD（当作布尔型使用）	表示是否允许套接字绑定到一个已经适用的地址
SO_SNDBUF	两者都可	DWORD	获取或设置用于数据发送的缓冲区大小。这个缓冲区是系统内核缓冲区
SO_TYPE	获取	DWORD	获取套接字的类型，比如是流套接字（SOCK_STREAM）还是数据报套接字（SOCK_DGRAM）

再来看一下级别 IPPROTO_IP 的常用选项（见表 5-4）。

表 5-4　级别 IPPROTO_IP 的常用选项

选项	获取/设置/两者都可	数据类型	描述
IP_OPTIONS	两者都可	char[]	获取或设置 IP 头部内的选项
IP_HDRINCL	两者都可	DWORD（当作布尔型使用）	是否将 IP 头部与数据一起提交给 Winsock 函数
IP_TTL	两者都可	DWORD（当作布尔型使用）	IP_TTL 相关

5.8.3　获取套接字选项

Winsock 提供了 API 函数 getsockopt 来获取套接字的选项。函数 getsockopt 声明如下：

```
  int getsockopt( SOCKET s,  int level,  int optname,  char* optval,  int* optlen);
```

其中，参数 s 是套接字描述符；level 表示选项的级别，比如可以取值 SOL_SOCKET、IPPROTO_IP、IPPROTO_TCP、IPPROTO_UDP 等；optname 表示要获取的选项名称；optval[out]指向存放接收到的选项内容的缓冲区，char*表示传入的是 optval 的地址，optval 具体类型要根据选项而定，具体可以参考 5.8.2 小节；optlen[in,out]指向 optval 所指缓冲区的大小。如果函数执行成功就返回 0，否则返回 SOCKET_ERROR，此时可用函数 WSAGetLastError 来获得错误码，常见的错误码如下：

- WSANOTINITIALISED：在调用 getsockopt 函数前没有成功调用 WSAStartup 函数。
- WSAENETDOWN：网络子系统出现故障。
- WSAEFAULT：参数 optlen 太小或 optval 所指缓冲区非法。
- WSAEINPROGRESS：一个阻塞的 Windows Sockets 1.1 调用正在进行，或者 Windows

Sockets 在处理一个回调函数。

- WSAEINVAL：参数 level 未知或非法。
- WSAENOPROTOOPT：选项未知或不被指定的协议簇所支持。
- WSAENOTSOCK：描述符不是一个套接字描述符。

【例 5.10】获取流和数据报套接字接收和发送的（内核）缓冲区大小

（1）新建一个控制台工程 test。

（2）在 test.cpp 中输入如下代码：

```
#include "stdafx.h"
#define _WINSOCK_DEPRECATED_NO_WARNINGS // 为了使用 inet_ntoa 时不出现警告
#include <Winsock2.h>
#pragma comment(lib, "ws2_32.lib") //Winsock 库的引入库

int _tmain(int argc, _TCHAR* argv[])
{
 WORD wVersionRequested;
 WSADATA wsaData;
 int err;

 wVersionRequested = MAKEWORD(2, 2); //制作 Winsock 库的版本号
 err = WSAStartup(wVersionRequested, &wsaData); //初始化 Winsock 库
 if (err != 0) return 0;

 SOCKET s = socket(AF_INET, SOCK_STREAM, IPPROTO_TCP);//创建流套接字
 if (s == INVALID_SOCKET) {
     printf("Error at socket()\n");
     WSACleanup();
     return -1;
 }

 SOCKET su = socket(AF_INET, SOCK_DGRAM, IPPROTO_UDP); //创建数据报套接字
 if (s == INVALID_SOCKET) {
     printf("Error at socket()\n");
     WSACleanup();
     return -1;
 }


 DWORD optVal;
 int optLen = sizeof(optVal);
//获取流套接字接收缓冲区大小
 if (getsockopt(s, SOL_SOCKET, SO_RCVBUF, (char*)&optVal, &optLen) ==
SOCKET_ERROR)
     printf("getsockopt failed:%d", WSAGetLastError());
 else
     printf("流套接字接收缓冲区的大小: %ld bytes\n", optVal);
//获取流套接字发送缓冲区大小
```

```
    if (getsockopt(s, SOL_SOCKET, SO_SNDBUF, (char*)&optVal, &optLen) ==
SOCKET_ERROR)
        printf("getsockopt failed:%d", WSAGetLastError());
    else
        printf("流套接字发送缓冲区的大小: %ld bytes\n", optVal);

    //获取数据报套接字接收缓冲区大小
    if (getsockopt(su, SOL_SOCKET, SO_RCVBUF, (char*)&optVal, &optLen) ==
SOCKET_ERROR)
        printf("getsockopt failed:%d", WSAGetLastError());
    else
        printf("数据报套接字接收缓冲区的大小: %ld bytes\n", optVal);
    //获取数据报套接字发送缓冲区大小
    if (getsockopt(su, SOL_SOCKET, SO_SNDBUF, (char*)&optVal, &optLen) ==
SOCKET_ERROR)
        printf("getsockopt failed:%d", WSAGetLastError());
    else
        printf("数据报套接字发送缓冲区的大小: %ld bytes\n", optVal);

    WSACleanup();
    system("pause");
    return 0;
}
```

在上述代码中，首先创建了一个流套接字和数据报套接字，然后通过 getsockopt 函数来获取它们接收和发送缓冲区的大小，最后输出。注意，缓冲区大小的选项级别是 SOL_SOCKET，不要写错了。而且，获取缓冲区大小的时候，optVal 的类型要定义为 DWORD，然后把其指针传给 getsockopt。

（3）保存工程并运行，运行结果如下：

```
流套接字接收缓冲区的大小: 8192 bytes
流套接字发送缓冲区的大小: 8192 bytes
数据报套接字接收缓冲区的大小: 8192 bytes
数据报套接字发送缓冲区的大小: 8192 bytes
```

【例 5.11】获取当前套接字类型

（1）新建一个控制台工程 test。

（2）在 test.cpp 中输入如下代码：

```
#include "stdafx.h"
#define _WINSOCK_DEPRECATED_NO_WARNINGS // 为了使用 inet_ntoa 时不出现警告
#include <Winsock2.h>
#pragma comment(lib, "ws2_32.lib") //Winsock 库的引入库

int _tmain(int argc, _TCHAR* argv[])
{
 WORD wVersionRequested;
 WSADATA wsaData;
 int err;
```

```
    wVersionRequested = MAKEWORD(2, 2); //制作 Winsock 库的版本号
    err = WSAStartup(wVersionRequested, &wsaData); //初始化 Winsock 库
    if (err != 0) return 0;

    SOCKET s = socket(AF_INET, SOCK_STREAM, IPPROTO_TCP); //创建流套接字
    if (s == INVALID_SOCKET) {
        printf("Error at socket()\n");
        WSACleanup();
        return -1;
    }

    SOCKET su = socket(AF_INET, SOCK_DGRAM, IPPROTO_UDP); //创建数据报套接字
    if (s == INVALID_SOCKET) {
        printf("Error at socket()\n");
        WSACleanup();
        return -1;
    }

    DWORD optVal;
    int optLen = sizeof(optVal);
   //获取套接字 s 的类型
    if (getsockopt(s, SOL_SOCKET, SO_TYPE, (char*)&optVal, &optLen) ==
SOCKET_ERROR)
        printf("getsockopt failed:%d", WSAGetLastError());
    else
    {
        if(SOCK_STREAM== optVal) // SOCK_STREAM 宏定义值为 1
            printf("当前套接字是流套接字\n");
        else if(SOCK_DGRAM == optVal) // SOCK_ DGRAM 宏定义值为 2
            printf("当前套接字是数据报套接字\n");
    }
   //获取套接字 su 的类型
    if (getsockopt(su, SOL_SOCKET, SO_TYPE, (char*)&optVal, &optLen) ==
SOCKET_ERROR)
        printf("getsockopt failed:%d", WSAGetLastError());
    else
    {
        if (SOCK_STREAM == optVal)  // SOCK_STREAM 宏定义值为 1
            printf("当前套接字是流套接字\n");
        else if (SOCK_DGRAM == optVal) // SOCK_ DGRAM 宏定义值为 2
            printf("当前套接字是数据报套接字\n");
    }
    WSACleanup();
    system("pause");
    return 0;
}
```

在上述代码中，先创建了一个流套接字 s 和数据报套接字 su，然后用 getsockopt 来获取套

接字类型并输出。获取套接字类型的选项是 SO_TYPE，因此我们把 SO_TYPE 传入 getsockopt 函数中。

（3）保存工程并运行，运行结果如下：

```
当前套接字是流套接字
当前套接字是数据报套接字
```

【例 5.12】判断套接字是否处于监听状态

（1）新建一个控制台工程 test。

（2）在 test.cpp 中输入如下代码：

```
#include "stdafx.h"
#define _WINSOCK_DEPRECATED_NO_WARNINGS // 为了使用 inet_ntoa 时不出现警告
#include <Winsock2.h>
#pragma comment(lib, "ws2_32.lib") //Winsock 库的引入库

int _tmain(int argc, _TCHAR* argv[])
{
 WORD wVersionRequested;
 WSADATA wsaData;
 int err;
 sockaddr_in service;
 char ip[] = "120.4.6.200";//本机 IP

 wVersionRequested = MAKEWORD(2, 2); //制作 Winsock 库的版本号
 err = WSAStartup(wVersionRequested, &wsaData); //初始化 Winsock 库
 if (err != 0) return 0;

 SOCKET s = socket(AF_INET, SOCK_STREAM, IPPROTO_TCP); //创建一个流套接字
 if (s == INVALID_SOCKET) {
     printf("Error at socket()\n");
     WSACleanup();
     return -1;
 }

 service.sin_family = AF_INET;
 service.sin_addr.s_addr = inet_addr(ip);
 service.sin_port = htons(9900);
 if (bind(s, (SOCKADDR*)&service, sizeof(service))==SOCKET_ERROR)//绑定套接字
{
     printf("bind failed\n");
     WSACleanup();
     return -1;
 }


 DWORD optVal;
 int optLen = sizeof(optVal);
//获取选项 SO_ACCEPTCONN 的值
```

```
    if (getsockopt(s, SOL_SOCKET, SO_ACCEPTCONN, (char*)&optVal, &optLen) ==
SOCKET_ERROR)
        printf("getsockopt failed:%d", WSAGetLastError());
    else printf("监听前，选项 SO_ACCEPTCONN 的值=%ld, 套接字未处于监听状态\n", optVal);

    // 开始侦听
    if (listen(s, 100) == SOCKET_ERROR)
    {
        printf("listen failed:%d\n", WSAGetLastError());
        WSACleanup();
        return -1;
    }
   //获取选项 SO_ACCEPTCONN 的值
    if (getsockopt(s, SOL_SOCKET, SO_ACCEPTCONN, (char*)&optVal, &optLen) ==
SOCKET_ERROR)
    {
        printf("getsockopt failed:%d", WSAGetLastError());
        WSACleanup();
        return -1;
    }
    else printf("监听后，选项 SO_ACCEPTCONN 的值=%ld, 套接字处于监听状态\n", optVal);

    WSACleanup();
    system("pause");
    return 0;
}
```

在上述代码中，分别在调用监听函数 listen 前后分别获取了选项 SO_ACCEPTCONN 的值，可以发现监听前该选项值为 0，监听后选项值为 1 了，符合预期。

（3）保存工程并运行，运行结果如下：

```
监听前，选项 SO_ACCEPTCONN 的值=0,套接字未处于监听状态
监听后，选项 SO_ACCEPTCONN 的值=1,套接字处于监听状态
```

5.8.4　设置套接字选项

Winsock 提供了 API 函数 setsockopt 来获取套接字的选项。函数 getsockopt 声明如下：

```
int setsockopt( SOCKET s, int level, int optname, const char* optval, int
optlen);
```

其中，参数 s 是套接字描述符；level 表示选项的级别，比如可以取值 SOL_SOCKET、IPPROTO_IP、IPPROTO_TCP、IPPROTO_UDP 等；optname 表示要获取的选项名称；optval 指向存放要设置的选项值的缓冲区，char*表示传入的是 optval 的地址，optval 具体类型要根据选项而定，具体可以参考 5.8.2 小节的内容；optlen 指向 optval 所指缓冲区的大小。如果函数执行成功就返回 0，否则返回 SOCKET_ERROR，此时可用函数 WSAGetLastError 来获得错误码。错误码和 getsockopt 出错时类似，这里不再赘述。

【例 5.13】启用套接字的保活机制

（1）新建一个控制台工程 test。

（2）在 test.cpp 中输入如下代码：

```
#include "stdafx.h"
#define _WINSOCK_DEPRECATED_NO_WARNINGS // 为了使用 inet_ntoa 时不出现警告
#include <Winsock2.h>
#pragma comment(lib, "ws2_32.lib") //Winsock 库的引入库

int _tmain(int argc, _TCHAR* argv[])
{
 WORD wVersionRequested;
 WSADATA wsaData;
 int err;
 sockaddr_in service;
 char ip[] = "120.4.6.200";//本机 IP

 wVersionRequested = MAKEWORD(2, 2); //制作 Winsock 库的版本号
 err = WSAStartup(wVersionRequested, &wsaData); //初始化 Winsock 库
 if (err != 0) return 0;

 SOCKET s = socket(AF_INET, SOCK_STREAM, IPPROTO_TCP); //创建一个流套接字
 if (s == INVALID_SOCKET) {
     printf("Error at socket()\n");
     WSACleanup();
     return -1;
 }

 service.sin_family = AF_INET;
 service.sin_addr.s_addr = inet_addr(ip);
 service.sin_port = htons(9900);
 if (bind(s, (SOCKADDR*)&service, sizeof(service))==SOCKET_ERROR)//绑定套接字
 {
     printf("bind failed\n");
     WSACleanup();
     return -1;
 }


 BOOL  optVal=TRUE;//一定要初始化
 int optLen = sizeof(BOOL);

 //获取选项 SO_KEEPALIVE 的值
 if (getsockopt(s, SOL_SOCKET, SO_KEEPALIVE, (char*)&optVal, &optLen) ==
SOCKET_ERROR)
 {
     printf("getsockopt failed:%d", WSAGetLastError());
     WSACleanup();
     return -1;
```

```
    }
    else printf("监听后，选项 SO_ACCEPTCONN 的值=%ld\n", optVal);

    optVal = TRUE;
    if (setsockopt(s, SOL_SOCKET, SO_KEEPALIVE, (char*)&optVal, optLen) !=
SOCKET_ERROR)
    {
        printf("启用保活机制成功\n");
    }
    if (getsockopt(s, SOL_SOCKET, SO_KEEPALIVE, (char*)&optVal, &optLen) ==
SOCKET_ERROR)
    {
        printf("getsockopt failed:%d", WSAGetLastError());
        WSACleanup();
        return -1;
    }
    else printf("设置后，选项 SO_KEEPALIVE 的值=%d\n", optVal);

    WSACleanup();
    system("pause");
    return 0;
}
```

值得注意的是，存放选项 SO_KEEPALIVE 值的变量类型是 BOOL，并且要初始化。

（3）保存工程并运行，运行结果如下：

```
设置前，选项 SO_ACCEPTCONN 的值=0
启用保活机制成功
设置后，选项 SO_KEEPALIVE 的值=1
```

第 6 章

UDP套接字编程

UDP 套接字就是数据报套接字，一种无连接的 Socket，对应于无连接的 UDP 应用。在使用 TCP 编写的应用程序和使用 UDP 编写的应用程序之间存在一些本质差异，其原因在于这两个传输层之间的差别：UDP 是无连接不可靠的数据报协议，不同于 TCP 提供的面向连接的可靠字节流。从资源的角度来看，相对来说 UDP 套接字开销较小，因为不需要维持网络连接，而且无须花费时间来连接，所以 UDP 套接字的速度较快。

因为 UDP 提供的是不可靠服务，所以数据可能会丢失。如果数据对于我们来说非常重要，就需要小心编写 UDP 客户程序，以检查错误并在必要时重传。实际上，UDP 套接字在局域网中是非常可靠的，如果在可靠性较低的网络中使用 UDP 通信，就只能靠程序设计者来解决可靠性问题了。虽然 UDP 传输不可靠，但是效率确实很高，因为它不用像 TCP 那样建立连接和撤销连接，所以特别适合一些交易性的应用程序。交易性的程序通常是一来一往的两次数据报的交换，若采用 TCP，则每次传送一个短消息都要建立连接和撤销连接，开销巨大。常见的 TFTP、DNS 和 SNMP 等应用程序都是采用的 UDP 通信。

6.1 UDP 套接字编程的基本步骤

在 UDP 套接字程序中，客户不需要与服务器建立连接，只管直接使用 sendto 函数给服务器发送数据报即可。同样的，服务器不需要接受来自客户的连接，而只管调用 recvfrom 函数，等待来自某个客户的数据到达。图 6-1 展示了客户与服务器使用 UDP 套接字进行通信的过程。

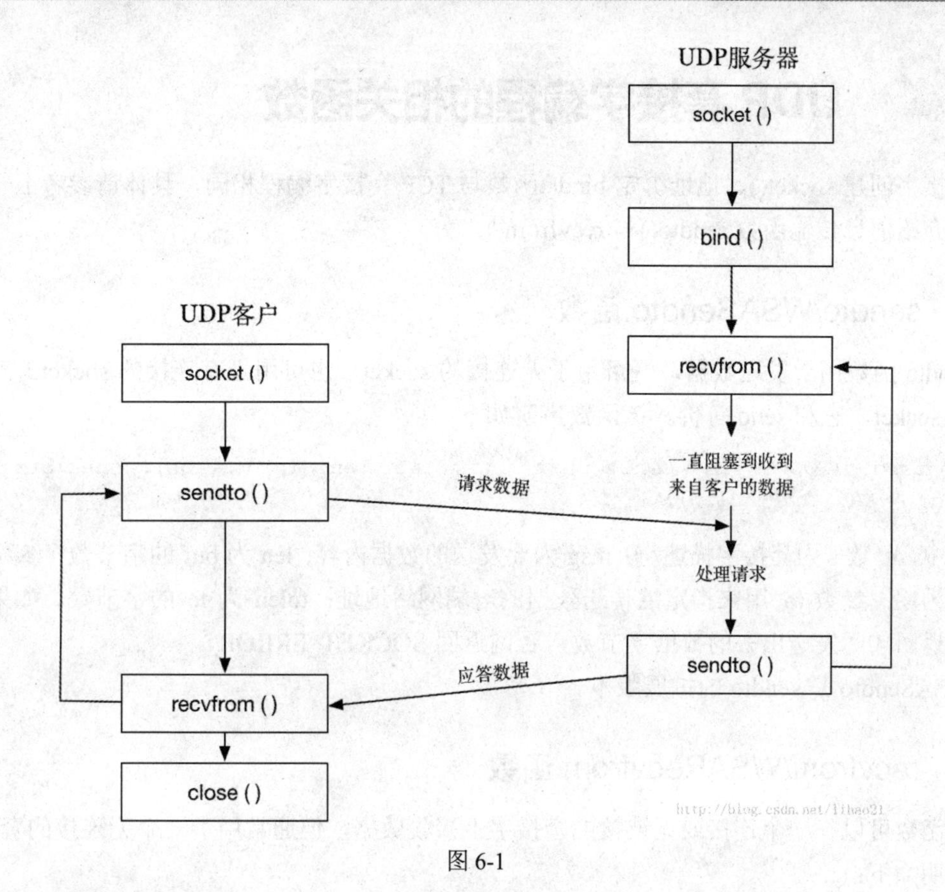

图 6-1

编写 UDP 套接字应用程序，涉及一定的步骤：

1. 服务器

（1）创建套接字描述符（socket）。

（2）设置服务器的 IP 地址和端口号（需要转换为网络字节序的格式）。

（3）将套接字描述符绑定到服务器地址（bind）。

（4）从套接字描述符读取来自客户端的请求并取得客户端的地址（recvfrom）。

（5）向套接字描述符写入应答并发送给客户端（sendto）。

（6）回到第（4）步等待读取下一个来自客户端的请求。

2. 客户端

（1）创建套接字描述符（socket）。

（2）设置服务器的 IP 地址和端口号（需要转换为网络字节序的格式）。

（3）向套接字描述符写入请求并发送给服务器（sendto）。

（4）从套接字描述符读取来自服务器的应答（recvfrom）。

（5）关闭套接字描述符（close）。

了解了套接字编程基本步骤后，我们再来看一下常用的 UDP 套接字函数。

6.2 UDP套接字编程的相关函数

套接字创建socket()、地址绑定bind()函数与TCP套接字编程相同，具体请参考上一章，此处仅介绍消息传输函数sendto()与recvfrom()。

6.2.1 sendto/WSASendto函数

sendto函数用于发送数据，既可用于无连接的socket，也可用于有连接的socket。对于有连接的socket，它和send等价。该函数声明如下：

```
int sendto(SOCKET  s,  const char* buf, int  len, int  flags, const struct sockaddr * to, int  tolen);
```

其中，参数s为套接字描述符；msg为要发送的数据内容；len为buf的字节数；参数flags一般设为零；参数to用来指定欲传送数据的对端网络地址；tolen为to的字节数。如果函数成功就返回实际发送出去的数据字节数，否则返回SOCKET_ERROR。

WSASendto是sendto的扩展版本。

6.2.2 recvfrom/WSARecvfrom函数

该函数可以在一个连接或无连接的套接字上接收数据，但通常用于一个无连接的套接字。函数声明如下：

```
int recvfrom( SOCKET s,  char* buf,  int len,  int  flags,  struct sockaddr* from, int* fromlen);
```

其中，参数s为已绑定的套接字描述符；buf指向存放接收数据的缓冲区；len为buf长度；flags通常设为零；from指向数据来源的地址信息；fromlen为from的字节数。如果函数成功就返回收到数据的字节数，如果连接被优雅地关闭就返回零，其他情况返回SOCKET_ERROR。

函数WSARecvfrom是recvfrom的扩展版本。

6.3 实战UDP套接字

了解了基本的UDP收发函数，我们将进入实战环境。下面第一个例程是简单的UDP程序，即发送端发送信息给接收端。

【例6.1】简单的UDP通信

（1）打开VC2017，新建一个控制台工程test，实现数据发送。

（2）在test.cpp中输入如下代码：

```
#include "stdafx.h"
```

```
#define _WINSOCK_DEPRECATED_NO_WARNINGS
#include "winsock2.h"
#pragma comment(lib, "ws2_32.lib")

#include <stdio.h>

char wbuf[50];

int main()
{
 int sockfd;
 int size;
 char on = 1;
 struct sockaddr_in saddr;
 int ret;

 size = sizeof(struct sockaddr_in);
 memset(&saddr, 0, size);

 WORD wVersionRequested;
 WSADATA wsaData;
 int err;

 wVersionRequested = MAKEWORD(2, 2); //制作 Winsock 库的版本号
 err = WSAStartup(wVersionRequested, &wsaData); //初始化 Winsock 库
 if (err != 0) return 0;

 //设置接收端的地址信息
 saddr.sin_family = AF_INET;
 saddr.sin_port = htons(9999); //注意这个是接收端的端口
 saddr.sin_addr.s_addr = inet_addr("120.4.6.200");//这个 IP 是接收端的 IP

 sockfd = socket(AF_INET, SOCK_DGRAM, 0);  //创建 UDP 的套接字
 if (sockfd < 0)
 {
     perror("failed socket");
     return -1;
 }
 //设置端口复用
 setsockopt(sockfd, SOL_SOCKET, SO_REUSEADDR, &on, sizeof(on));

 puts("please enter data:");
 scanf_s("%s", wbuf, sizeof(wbuf)); //输入要发送的信息
 ret = sendto(sockfd, wbuf, sizeof(wbuf), 0, (struct sockaddr*)&saddr,
     sizeof(struct sockaddr)); //发送信息给接收端
 if (ret < 0)
 {
     perror("sendto failed");
 }
     closesocket(sockfd);
```

```
    WSACleanup(); //释放套接字库
    return 0;
}
```

（3）代码很简单，先创建一个 UDP 套接字，然后设置接收端的套接字地址，最后就可以调用发送函数 sendto 进行数据发送了。需要注意的是，这个工程要等接收端运行后再运行。另外，代码中设置端口复用是为了程序退出后能马上重新运行，如果不设置就会提示地址占用了，要等一会才能重新运行。

下面在同一个解决方案下新建一个工程 rcver 作为接收端，等待发送端发来数据，一旦收到数据，就打印出来。这里的接收端通常称为服务器端，因为它要绑定地址，等待接收。在 rcver.cpp 中输入如下代码：

```
#include "stdafx.h"
#define _WINSOCK_DEPRECATED_NO_WARNINGS
#include "winsock2.h"
#pragma comment(lib, "ws2_32.lib")

#include <stdio.h>
char rbuf[50];

int main()
{
 int sockfd;
 int size;
 int ret;
 char on = 1;
 struct sockaddr_in saddr;
 struct sockaddr_in raddr;

 WORD wVersionRequested;
 WSADATA wsaData;
 int err;

 wVersionRequested = MAKEWORD(2, 2); //制作 Winsock 库的版本号
 err = WSAStartup(wVersionRequested, &wsaData); //初始化 Winsock 库
 if (err != 0) return 0;


 //设置地址信息，IP 信息
 size = sizeof(struct sockaddr_in);
 memset(&saddr, 0, size);
 saddr.sin_family = AF_INET;
 saddr.sin_port = htons(9999);
 saddr.sin_addr.s_addr = htonl(INADDR_ANY);

 //创建 UDP 的套接字
 sockfd = socket(AF_INET, SOCK_DGRAM, 0);
```

```
    if (sockfd < 0)
    {
        perror("socket failed");
        return -1;
    }

    //设置端口复用
    setsockopt(sockfd, SOL_SOCKET, SO_REUSEADDR, &on, sizeof(on));

    //把接收端地址信息绑定到套接字上
    ret = bind(sockfd, (struct sockaddr*)&saddr, sizeof(struct sockaddr));
    if (ret < 0)
    {
        perror("sbind failed");
        return -1;
    }

    int  val = sizeof(struct sockaddr);
    puts("waiting data");
    //阻塞等待发送端的消息
    ret = recvfrom(sockfd, rbuf, 50, 0, (struct sockaddr*)&raddr, &val);
    if (ret < 0)
        perror("recvfrom failed");
    printf("recv data :%s\n", rbuf); //打印收到的消息

    //关闭 UDP 套接字
    closesocket(sockfd);
    WSACleanup(); //释放套接字库 ss
    return 0;
}
```

在上述代码中，首先创建 UDP 套接字，然后把本机的 IP 端口信息绑定到套接字上，接着就可以等待接收数据了。注意，这里的 recvfrom 是阻塞等待数据，收到数据后该函数才返回。

（4）保存工程并运行。先设置接收端 rcver 工程为启动项目并运行，再设置发送端 test 工程为启动项目并运行，然后在 test 程序中输入数据并回车，接收端就接收到了。发送端运行结果如下：

```
please enter data:
sdff
```

接收端运行结果如下：

```
waiting data
recv data :sdff
```

【例 6.2】稍复杂的 UDP 通信程序

（1）打开 VC2017，新建一个控制台工程 test，相当于一个服务器端（接收端）。

（2）在 test.cpp 中输入如下代码：

```
#include "stdafx.h"
#define _WINSOCK_DEPRECATED_NO_WARNINGS
#include "winsock2.h"
#pragma comment(lib, "ws2_32.lib")

#include <stdio.h>
char rbuf[50];

int main()
{
 int sockfd;
 int size;
 int ret;
 char on = 1;
 struct sockaddr_in saddr;
 struct sockaddr_in raddr;

 WORD wVersionRequested;
 WSADATA wsaData;
 int err;

 wVersionRequested = MAKEWORD(2, 2); //制作Winsock库的版本号
 err = WSAStartup(wVersionRequested, &wsaData); //初始化Winsock库
 if (err != 0) return 0;


 //设置地址信息，IP信息
 size = sizeof(struct sockaddr_in);
 memset(&saddr, 0, size);
 saddr.sin_family = AF_INET;
 saddr.sin_port = htons(8888);
 saddr.sin_addr.s_addr = htonl(INADDR_ANY);

 //创建UDP 的套接字
 sockfd = socket(AF_INET, SOCK_DGRAM, 0);
 if (sockfd<0)
 {
     perror("socket failed");
     return -1;
 }

 //设置端口复用
 setsockopt(sockfd, SOL_SOCKET, SO_REUSEADDR, &on, sizeof(on));

 //绑定地址信息，IP信息
 ret = bind(sockfd, (struct sockaddr*)&saddr, sizeof(struct sockaddr));
 if (ret<0)
 {
     perror("sbind failed");
     return -1;
 }
```

```
    int  val = sizeof(struct sockaddr);
    //循环接收客户端发来的消息
    while (1)
    {
        puts("waiting data");
        ret = recvfrom(sockfd, rbuf, 50, 0, (struct sockaddr*)&raddr, &val);
        if (ret <0)
        {
            perror("recvfrom failed");
        }

        printf("recv data :%s\n", rbuf);
        memset(rbuf, 0, 50);
    }
    //关闭 UDP 套接字，这里是不可达的
    closesocket(sockfd);
    WSACleanup(); //释放套接字库 ss
    return 0;
}
```

代码很简单，通过一个 while 循环等待客户端发来的消息，没有数据过来就在 recvfrom 函数上阻塞着。

（3）在同一解决方案下新建一个控制台工程 client，输入客户端代码。打开 client.cpp，输入如下代码：

```
#include "stdafx.h"

#define _WINSOCK_DEPRECATED_NO_WARNINGS
#include "winsock2.h"
#pragma comment(lib, "ws2_32.lib")

#include <stdio.h>

char wbuf[50];

int main()
{
 int sockfd;
 int size;
 char on = 1;
 struct sockaddr_in saddr;
 int ret;

 size = sizeof(struct sockaddr_in);
 memset(&saddr, 0, size);

 WORD wVersionRequested;
 WSADATA wsaData;
 int err;
```

```
wVersionRequested = MAKEWORD(2, 2); //制作 Winsock 库的版本号
err = WSAStartup(wVersionRequested, &wsaData); //初始化 Winsock 库
if (err != 0) return 0;

//设置地址信息，IP 信息
saddr.sin_family = AF_INET;
saddr.sin_port = htons(8888);
saddr.sin_addr.s_addr=inet_addr("120.4.6.200");//172.16.2.6为服务器端所在的IP

sockfd = socket(AF_INET, SOCK_DGRAM, 0);  //创建 UDP 的套接字
if (sockfd<0)
{
    perror("failed socket");
    return -1;
}
//设置端口复用
setsockopt(sockfd, SOL_SOCKET, SO_REUSEADDR, &on, sizeof(on));

//循环发送信息给服务器端
while (1)
{
    puts("please enter data:");
    scanf_s("%s", wbuf,sizeof(wbuf));
    ret = sendto(sockfd, wbuf, sizeof(wbuf), 0, (struct sockaddr*)&saddr,
        sizeof(struct sockaddr));
    if (ret<0)
    {
        perror("sendto failed");
    }

    memset(wbuf, 0, sizeof(wbuf));
}
closesocket(sockfd);

WSACleanup(); //释放套接字库
return 0;
}
```

代码也很简单，一个 while 循环中在等待用户输入信息，输入后就把信息发送出去。

（4）把服务器端工程设为启动项目，然后运行。运行结果如下：

```
waiting data
```

再把客户端工程设为启动项目，然后运行。运行结果如下：

```
please enter data:
abc
please enter data:
```

其中，abc 是我们在控制台上输入的内容。此时服务器端程序可以接收到这个信息：

```
waiting data
recv data :abc
waiting data
```

服务器端收到信息后，继续等待。

6.4 UDP 丢包及无序问题

UDP 是无连接的、面向消息的数据传输协议。与 TCP 相比，它有两个致命的缺点：一是数据包容易丢失，二是数据包无序。

丢包的原因通常是服务器端的 socket 接收缓存满了（UDP 没有流量控制，因此发送速度比接收速度快，很容易出现这种情况），然后系统就会将后来收到的包丢弃，而且服务器收到包后还要进行一些处理，这段时间客户端发送的包并没有接收，就会造成丢包。我们可以在服务器端单独开一个线程去接收 UDP 数据，存放在一个应用缓冲区中，让其他线程去处理收到的数据，尽量减少因为处理数据延时造成的丢包。这个办法不能从根本上解决问题（只能改善），数据量大的时候依然会丢包。还有就是让客户端发送慢一点（比如增加 sleep 延时），但也只是权宜之计。

要实现数据的可靠传输，就必须在上层对数据丢包和乱序做特殊处理，必须要有丢包重发和超时机制。

常见的可靠传输算法有模拟 TCP 协议、重发请求（ARQ）协议（又可分为连续 ARQ 协议、选择重发 ARQ 协议、滑动窗口协议等）。如果只是小规模程序，也可以自己实现丢包处理，原理基本上就是给数据进行分块，每个数据包的头部添加一个唯一标识序号的 ID 值，当接收的包头部 ID 不是期望中的 ID 号时判定丢包，将丢包 ID 发回服务器端，服务器端接到丢包响应则重发丢失的数据包。

既然用 UDP，就要接受丢包的现实，否则使用 TCP。如果必须使用 UDP，而且丢包又是不能接受的，就要实现确认和重传，也就是自己指定上层协议，包括流控制、简单的超时和重传机制。

第 7 章

原始套接字编程

7.1 原始套接字概述

原始套接字是指在传输层下面使用的套接字。前面介绍了流式套接字和数据报套接字的编程方法，这两种套接字工作在传输层，主要为应用层的应用程序提供服务，并且在接收和发送时只能操作数据部分，而不能对 IP 首部或 TCP 和 UDP 首部进行操作，通常把流式套接字和数据报套接字称为标准套接字，开发应用层的程序用这两类套接字就够了。但是，如果我们开发更底层的应用比如发送一个自定义的 IP 包、UDP 包、TCP 包或 ICMP 包、捕获所有经过本机网卡的数据包、伪装本机 IP 地址、想要操作 IP 首部或传输层协议首部等。这些功能对于这两种套接字就无能为力了。这些功能需要另外一种套接字来实现，这种套接字叫作原始套接字（Raw Socket），该套接字的功能更强大、更底层。原始套接字可以在链路层收发数据帧。在 Windows 下，在链路层上收发数据帧的通用做法是使用 WinPcap 开源库来实现。

7.2 原始套接字的强大功能

相对于标准套接字，原始套接字功能更强大，能让开发者实现更底层的功能。使用了标准套接字的应用程序，只能控制数据包的数据部分，即传输层和网络层头部以外的数据部分，传输层和网络层头部的数据由协议栈根据套接字创建时候的参数决定，开发者是接触不到这两个头部数据的。而使用原始套接字的程序允许开发者自行组装数据包，也就是说，开发者不仅可以控制传输层的头部，还能控制网络层的头部（IP 包的头部），并且可以接收流经本机网卡的所有数据帧，这就大大增加了程序开发的灵活性，但也对程序可靠性提出了更高的要求，毕竟原来是系统组包，现在好多字段都要自己来填充。值得注意的是，必须在管理员权限下才能使用原始套接字。

通常情况下所接触到的标准套接字为两类：

（1）流式套接字（SOCK_STREAM）：一种面向连接的 Socket，针对面向连接的 TCP 服务应用。

（2）数据报式套接字（SOCK_DGRAM）：一种无连接的 Socket，对应于无连接的 UDP 服务应用。

原始套接字（SOCK_RAW）与标准套接字（SOCK_STREAM、SOCK_DGRAM）的区别在于原始套接字直接置“根”于操作系统网络核心（Network Core），而 SOCK_STREAM、SOCK_DGRAM 则“悬浮”于 TCP 和 UDP 协议的外围，如图 7-1 所示。

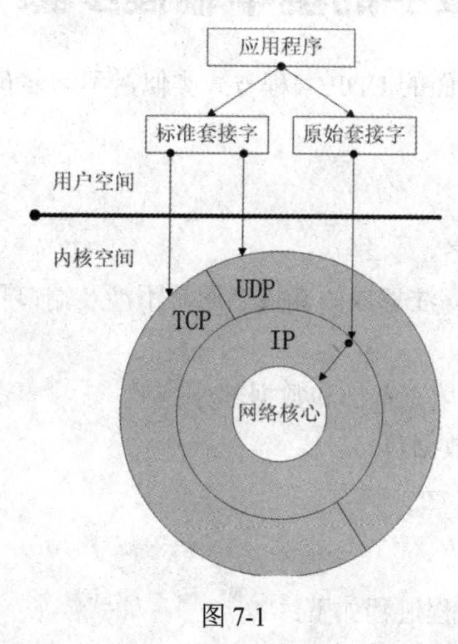

图 7-1

流式套接字只能收发 TCP 协议的数据，数据报套接字只能收发 UDP 协议的数据，即标准套接字只能收发传输层及以上的数据包，因为当 IP 层把数据传递给传输层时，下层的数据包头已经被丢掉了。而原始套接字功能大得多，既可以对上至应用层的数据进行操作，也可以对下至链路层的数据进行操作。总的来说，原始套接字主要有以下几大常用功能：

（1）原始套接字可以收发 ICMPv4、ICMPv6 和 IGMP 数据包，只要在 IP 头部中预定义好网络层上的协议号即可，比如 IPPROTO_ICMP、IPPROTO_ICMPV6 和 IPPROTO_IGMP（这些都是系统定义的宏，在 ws2def.h 中可以看到）等。

（2）可以对 IP 包头某些字段进行设置。不过这个功能需要设置套接字选项 IP_HDRINCL。

（3）原始套接字可以收发内核不处理（或不认识）的 IPv4 数据包，原因可能是 IP 包头的协议号是我们自定义的，或是一个当前主机没有安装的网络协议，比如 OSPF 路由协议，该协议既不使用 TCP 也不使用 UDP，其 IP 包头的协议号为 89，如果当前主机没有安装该路由协议，那么内核就不认识也不处理了，此时我们可以通过原始套接字来收发该协议包。我们知道，IPv4 包头中有一个 8 位长的协议字段，通常用系统预定义的协议号来赋值，并且内核仅处理这几个系统预定义的协议号（见 ws2def.h 中的 IPPROTO，也可见下面一节）的数据包，比如协议号为 1（IPPROTO_ICMP）的 ICMP 数据报文、协议号为 2（IPPROTO_IGMP）的 IGMP 报文、协议号为 6（IPPROTO_TCP）的 TCP 报文、协议号为 17（IPPROTO_UDP）的 UDP

报文等。除了预定义的协议号外，我们可以自己定义协议号，并赋值给 IPv4 包头的协议字段，这样我们的程序就可以处理不经内核处理的 IPv4 数据包了。

（4）通过原始套接字可以让网卡处于混杂模式，从而能捕获流经网卡的所有数据包。这个功能对于制作网络嗅探器很有用。

7.3 原始套接字的基本编程步骤

原始套接字编程方式和前面的 UDP 编程方式类似，不需要预先建立连接。发送的基本编程步骤如下：

（1）初始化 winsock 库。
（2）创建一个原始套接字。
（3）设置对端的 IP 地址，注意原始套接字通常不涉及端口号（端口号是传输层才有的概念）。
（4）组织 IP 数据包，即填充首部和数据部分。
（5）使用发送函数发送数据包。
（6）关闭释放套接字。
（7）释放套接字库。

原始套接字接收的一般编程过程如下：

（1）初始化 winsock 库。
（2）创建一个原始套接字。
（3）把原始套接字绑定到本地的一个协议地址上。
（4）使用接收函数接收数据包。
（5）过滤数据包，即判断收到的数据包是否为所需要的数据包。
（6）对数据包进行处理。
（7）关闭释放套接字。
（8）释放套接字库。

是不是感觉和 UDP 编程类似。对于常用的 IPv4 而言，协议地址就是 32 位的 IPv4 地址和 16 位的端口号组合。需要再次强调的是，使用原始套接字的函数通常需要用户有管理员权限。请检查一下当前 Windows 登录用户是否具有管理员权限。

7.3.1 创建原始套接字函数 socket

创建原始套接字的函数 socket 或 WSASocket（该函数是扩展版本，用得不多），这两个函数在流套接字编程那一章我们介绍过了，只要传入特定的参数就能创建出原始套接字。我们再来看一下它们的声明：

```
SOCKET socket( int af, int type, int protocol);
```

其中，参数 af 用于指定套接字所使用的协议簇，通常取 AF_INET 或 AF_INET6；type 表示套接字的类型，因为我们要创建原始套接字，所以 type 总是取值为 SOCK_RAW；参数 protocol 用于指定原始套接字所使用的协议，由于原始套接字能使用的协议较多，因此该参数通常不为 0，为 0 通常表示取该协议簇 af 所默认的协议，对于 AF_INET 来说，默认的协议是 TCP。该参数值会被填充到 IP 包头协议字段中，这个参数既可以使用系统预定义的协议号也可以使用自定义的协议号，在 ws2def.h 中预定义常见网络协议的协议号：

```
typedef enum {
#if(_WIN32_WINNT >= 0x0501)
    IPPROTO_HOPOPTS      = 0,  // IPv6 Hop-by-Hop options
#endif//(_WIN32_WINNT >= 0x0501)
    IPPROTO_ICMP         = 1,  //控制报文协议
    IPPROTO_IGMP         = 2,  //网际组管理协议
    IPPROTO_GGP          = 3,
#if(_WIN32_WINNT >= 0x0501)
    IPPROTO_IPV4         = 4,   //IPv4 协议
#endif//(_WIN32_WINNT >= 0x0501)
#if(_WIN32_WINNT >= 0x0600)
    IPPROTO_ST           = 5,
#endif//(_WIN32_WINNT >= 0x0600)
    IPPROTO_TCP          = 6, //TCP 协议
#if(_WIN32_WINNT >= 0x0600)
    IPPROTO_CBT          = 7,
    IPPROTO_EGP          = 8,
    IPPROTO_IGP          = 9,
#endif//(_WIN32_WINNT >= 0x0600)
    IPPROTO_PUP          = 12,
    IPPROTO_UDP          = 17, //用户数据报协议
    IPPROTO_IDP          = 22,
#if(_WIN32_WINNT >= 0x0600)
    IPPROTO_RDP          = 27,
#endif//(_WIN32_WINNT >= 0x0600)

#if(_WIN32_WINNT >= 0x0501)
    IPPROTO_IPV6         = 41, // IPv6 header
    IPPROTO_ROUTING      = 43, // IPv6 Routing header
    IPPROTO_FRAGMENT     = 44, // IPv6 fragmentation header
    IPPROTO_ESP          = 50, // encapsulating security payload
    IPPROTO_AH           = 51, // authentication header
    IPPROTO_ICMPV6       = 58, // ICMPv6
    IPPROTO_NONE         = 59, // IPv6 no next header
    IPPROTO_DSTOPTS      = 60, // IPv6 Destination options
#endif//(_WIN32_WINNT >= 0x0501)

    IPPROTO_ND           = 77,
```

```
#if(_WIN32_WINNT >= 0x0501)
    IPPROTO_ICLFXBM        = 78,
#endif//(_WIN32_WINNT >= 0x0501)
#if(_WIN32_WINNT >= 0x0600)
    IPPROTO_PIM            = 103,
    IPPROTO_PGM            = 113,
    IPPROTO_L2TP           = 115,
    IPPROTO_SCTP           = 132,
#endif//(_WIN32_WINNT >= 0x0600)
    IPPROTO_RAW            = 255,  //原始IP包

    IPPROTO_MAX            = 256,
//
//  These are reserved for internal use by Windows.
//
    IPPROTO_RESERVED_RAW  = 257,
    IPPROTO_RESERVED_IPSEC  = 258,
    IPPROTO_RESERVED_IPSECOFFLOAD  = 259,
    IPPROTO_RESERVED_WNV = 260,
    IPPROTO_RESERVED_MAX  = 261
} IPPROTO, *PIPROTO;
```

我们需要原始套接字访问什么协议，就让参数 protocol 取上面的协议号，比如我们创建一个用于访问 ICMP 协议报文的原始套接字，可以这样：

```
SOCKET s = socket( AF_INET,  SOCK_RAW, IPPROTO_ICMP );
```

如果要创建一个用于访问 IGMP 协议报文的原始套接字，可以这样：

```
SOCKET s = socket( AF_INET,  SOCK_RAW, IPPROTO_IGMP );
```

如果要创建一个用于访问 IPv4 协议报文的原始套接字，可以这样：

```
SOCKET s = socket( AF_INET,  SOCK_RAW, IPPROTO_IP );
```

以此类推，值得注意的是，对于原始套接字，参数 protocol 一般不能为 0，这是因为取了 0 后，所创建的原始套接字可以接收内核传递给原始套接字的任何类型的 IP 数据报，需要大家再去区分。另外有一点，参数 protocol 不仅仅取上面预定义的协议号，上面的枚举 IPPROTO 中，范围达到了 0~255，因此 protocol 可取值的范围是 0~255，而且系统没有全部用完，所以我们完全可以在 0~255 范围内定义自己的协议号，即利用原始套接字来实现自定义的上层协议。顺便科普一下，IANA 组织负责管理协议号。另外，如果想完全构造包括 IP 头部在内的数据包，可以使用协议号 IPPROTO_RAW。如果函数成功就返回新建的套接字描述符，失败则返回 INVALID_SOCKET，此时可以用函数 WSAGetLastError 来查看错误码。

另外，也可以通过扩展版本函数 WSASocket 来创建原始套接字。

7.3.2 接收函数 recvfrom

实际上原始套接字被认为是无连接套接字，因此原始套接字的数据接收函数同 UDP 的接

收数据函数，都是 recvfrom。该函数声明如下：

```
int recvfrom( SOCKET s, char* buf, int len, int flags,struct sockaddr* from,
int* fromlen);
```

其中，参数 s 是将要从其接收数据的原始套接字描述符；buf 为存放消息接收后的缓冲区；len 为 buf 所指缓冲区的字节大小；from[out]是一个输出参数（记住这一点，不是用来指定接收来源，如果要指定接收来源，要用 bind 函数进行套接字和物理层地址绑定），用来获取对端地址，所以 from 指向一个已经开辟好的缓冲区，如果不需要获得对端地址，就设为 NULL，即不返回对端 socket 地址；fromlen[in,out]是一个输入/输出参数，作为输入参数时指向存放表示 from 所指缓冲区的最大长度，作为输出参数时指向存放表示 from 所指缓冲区的实际长度，如果 from 取 NULL，那么 fromlen 也要设为 0。如果函数成功执行时，返回收到数据的字节数；如果另一端已优雅地关闭就返回 0；函数执行失败则返回 SOCKET_ERROR，可以用 WSAGetLastError。

当操作系统收到一个数据包后，系统对所有由进程创建的原始套接字进行匹配，所有匹配成功的原始套接字都会收到数据包的一份备份。

值得注意的是，对于 IPv4，recvfrom 总是能接收到包括 IP 头在内的完整数据包，不管原始套接字是否指定了 IP_HDRINCL 选项。对于 IPv6，recvfrom 只能接收除了 IPv6 头部及扩展头部以外的数据，即无法通过原始套接字接收 IPv6 的头部数据。

该函数使用时和 UDP 基本相同，只不过套接字用的是原始套接字。值得注意的是，对于 IPv4，创建原始套接字后，接收到的数据就会包含 IP 包头。

光了解接收函数本身是不够的，我们还需要了解用这个函数接收时什么类型的数据会接收，接收到的数据内容是什么样的。

值得注意的是，对于 IPv4，原始套接字接收到的数据总是包含 IP 首部在内的完整数据包；对于 IPv6，收到的数据则是去掉了 IPv6 首部和扩展首部的。

首先我们来看接收类型，协议栈把从网络接口（比如网卡）处收到的数据传递到应用程序的缓冲区中（recvfrom 的第二个参数）经历了 3 次传递，先把数据复制到原始套接字层，然后把数据复制到原始套接字的接收缓冲区，最后把数据从接收缓冲区复制到应用程序的缓冲区。在前两次复制的过程中，不是所有网卡的数据都会复制过去，而是有条件、有选择的，第三次复制通常是无条件复制。对于第一次复制，协议栈通常会对下列 IP 数据包进行复制：

（1）UDP 分组或 TCP 分组。

（2）部分 ICMP 分组。注意是“部分”，大家待会会看到这个效果。默认情况下，原始套接字抓不到 ping 包。

（3）所有 IGMP 分组。

（4）IP 首部的协议字段不被协议栈认识的所有 IP 包。

（5）重组后的 IP 分片。

第二次复制也是有条件的复制，协议栈会检查每个进程，并查看进程中所有已创建的套接字，看其是否符合条件，如果符合就把数据复制到原始套接字的接收缓冲区。具体条件如下：

（1）协议号是否匹配：还记得原始套接字创建函数 socket 的第三个参数吗？协议栈检查收到的 IP 包的首部协议字段是否和 socket 的第三个参数相等，如果相等就会把数据包复制到原始套接字的接收缓冲区。后面会在接收 UDP 分组的例子中体会到这一点。

（2）目的 IP 地址是否匹配：如果接收端用 bind 函数把原始套接字绑定接收端的某个 IP，协议栈会检查数据包中的目的 IP 地址是否和该套接字所绑的 IP 地址相符，如果相符就把数据包复制到该套接字的接收缓冲区，如果不相符就不复制。如果接收端原始套接字绑定的是任意 IP 地址，即使用了 INADDR_ANY，也会复制数据。大家会在后面的例子中体会到这一点。

7.3.3 发送函数 sendto

在原始套接字上发送数据包都被认为是无连接套接字上的数据包，因此发送函数同 UDP 的发送函数，都是用 sendto 或 WSASendTo（sendto 的扩展版本，用得不多）。sendto 声明如下：

```
int sendto( SOCKET s, const char* buf, int len, int flags,const struct sockaddr* to, int tolen);
```

其中，参数 s 为原始套接字描述符；buf 为要发送的数据内容；len 为 buf 的字节数；参数 flags 一般设为零；参数 to 用来指定欲传送数据的对端网络地址；tolen 为 to 的字节数。如果函数成功就返回实际发送出去的数据字节数，否则返回 SOCKET_ERROR。

下面进入实战，看一个简单的原始套接字小例子——原始套接字和标准套接字联合作战。这个小例子是笔者精心设计的，一般书上都没有。在这个例子中，我们的解决方案分为发送工程和接收工程。发送工程生成的程序是用标准套接字的一种——数据报套接字来发送一个 UDP 包，而接收工程生成的程序是一个原始套接字程序，用来接收发送程序发来的 UDP 包，并打印出源和目的的 IP 地址和端口号。

7.4 常规编程示例

在介绍了原始套接字的基本编程步骤和编程函数后，我们就可以进入实战环节来加深理解原始套接字的使用了。几个小例子都非常典型，希望大家多加练习。

【例 7.1】原始套接字接收 UDP 分组

（1）新建一个 VC2017 控制台工程 test，作为发送端，是一个数据报套接字程序。

（2）打开 test.cpp，输入如下代码：

```
#include "stdafx.h"
#define _WINSOCK_DEPRECATED_NO_WARNINGS
#include "winsock2.h"
#pragma comment(lib, "ws2_32.lib")
```

```
#include <stdio.h>

char wbuf[50];

int main()
{
 int sockfd;
 int size;
 char on = 1;
 struct sockaddr_in saddr;
 int ret;

 size = sizeof(struct sockaddr_in);
 memset(&saddr, 0, size);

 WORD wVersionRequested;
 WSADATA wsaData;
 int err;

 wVersionRequested = MAKEWORD(2, 2); //制作 Winsock 库的版本号
 err = WSAStartup(wVersionRequested, &wsaData); //初始化 Winsock 库
 if (err != 0) return 0;

 //设置服务器端的地址信息
 saddr.sin_family = AF_INET;
 saddr.sin_port = htons(9999);
 saddr.sin_addr.s_addr=inet_addr("120.4.6.200");//120.4.6.200 为服务器端所在的 IP

 sockfd = socket(AF_INET, SOCK_DGRAM, 0);  //创建 UDP 的套接字
 if (sockfd < 0)
 {
     perror("failed socket");
     return -1;
 }
 //设置端口复用，就是释放后能马上再次使用
 setsockopt(sockfd, SOL_SOCKET, SO_REUSEADDR, &on, sizeof(on));

 //发送信息给服务器端
 puts("please enter data:");
 scanf_s("%s", wbuf, sizeof(wbuf));
 ret = sendto(sockfd, wbuf, sizeof(wbuf), 0, (struct sockaddr*)&saddr,
     sizeof(struct sockaddr));
 if (ret < 0)
 {
     perror("sendto failed");
 }
     closesocket(sockfd);

 WSACleanup(); //释放套接字库
 return 0;
}
```

在上述代码中，首先设置服务器端（接收端）的地址信息（IP 和端口），端口其实不设置也没关系，因为我们的接收端是原始套接字，是在网络层上抓包的，端口信息对原始套接字来说没啥用，这里设置了端口信息（9999），目的是为了在接收端下能把这个端口信息打印出来，让大家更深刻地理解 UDP 协议的一些字段，即端口信息是在传输层的字段。

（3）在解决方案下新建一个控制台工程 rcver，作为服务器端（接收端）工程，运行后将一直等待客户端的数据，一旦收到数据就打印出源和目的 IP 和端口信息，以及发送端用户输入的文本。打开 rcver.cpp，并输入如下代码：

```
#include "stdafx.h"
#define _WINSOCK_DEPRECATED_NO_WARNINGS
#include "winsock2.h"
#pragma comment(lib, "ws2_32.lib")

#include <stdio.h>
char rbuf[500];


typedef struct _IP_HEADER        //IP 头定义，共 20 字节
{
 char m_cVersionAndHeaderLen;    //版本信息(前 4 位)，头长度(后 4 位)
 char m_cTypeOfService;          // 服务类型 8 位
 short m_sTotalLenOfPacket;      //数据包长度
 short m_sPacketID;              //数据包标识
 short m_sSliceinfo;             //分片使用
 char m_cTTL;                    //存活时间
 char m_cTypeOfProtocol;         //协议类型
 short m_sCheckSum;              //校验和
 unsigned int m_uiSourIp;        //源 IP 地址
 unsigned int m_uiDestIp;        //目的 IP 地址
}IP_HEADER, *PIP_HEADER;

typedef struct _UDP_HEADER       // UDP 首部定义，共 8 字节
{
 unsigned short m_usSourPort;    // 源端口号 16bit
 unsigned short m_usDestPort;    // 目的端口号 16bit
 unsigned short m_usLength;      // 数据包长度 16bit
 unsigned short m_usCheckSum;    // 校验和 16bit
}UDP_HEADER, *PUDP_HEADER;

int main()
{
 int sockfd;
 int size;
 int ret;
 char on = 1;
 struct sockaddr_in saddr;
 struct sockaddr_in raddr;
```

```
    IP_HEADER iph;
    UDP_HEADER udph;

    WORD wVersionRequested;
    WSADATA wsaData;
    int err;

    wVersionRequested = MAKEWORD(2, 2); //制作 Winsock 库的版本号
    err = WSAStartup(wVersionRequested, &wsaData); //初始化 Winsock 库
    if (err != 0) return 0;


    //设置地址信息，IP 信息
    size = sizeof(struct sockaddr_in);
    memset(&saddr, 0, size);
    saddr.sin_family = AF_INET;
    saddr.sin_port = htons(8888); //这里的端口无所谓
    saddr.sin_addr.s_addr = htonl(INADDR_ANY);

    //创建 UDP 的套接字
    sockfd = socket(AF_INET, SOCK_RAW, IPPROTO_UDP);//该原始套接字使用 UDP 协议
    if (sockfd < 0)
    {
        perror("socket failed");
        return -1;
    }

    //设置端口复用
    setsockopt(sockfd, SOL_SOCKET, SO_REUSEADDR, &on, sizeof(on));

    //绑定地址信息，IP 信息
    ret = bind(sockfd, (struct sockaddr*)&saddr, sizeof(struct sockaddr));
    if (ret < 0)
    {
        perror("sbind failed");
        return -1;
    }

    int  val = sizeof(struct sockaddr);
    //接收客户端发来的消息
    while (1)
    {
        puts("waiting data");
        ret = recvfrom(sockfd, rbuf, 500, 0, (struct sockaddr*)&raddr, &val);
        if (ret < 0)
        {
            perror("recvfrom failed");
            return -1;
        }
        memcpy(&iph, rbuf, 20); //把缓冲区前 20 字节复制到 iph 中
        memcpy(&udph, rbuf+20, 8); //把 IP 包头后的 8 字节复制到 udph 中
```

```
        int srcp = ntohs(udph.m_usSourPort);
        struct in_addr ias,iad;
        ias.s_addr = iph.m_uiSourIp;
        iad.s_addr = iph.m_uiDestIp;

        char dip[100];
        strcpy_s(dip, inet_ntoa(iad));
        printf("(sIp=%s,sPort=%d), \n(dIp=%s,dPort=%d)\n",
inet_ntoa(ias),ntohs(udph.m_usSourPort), dip, ntohs(udph.m_usDestPort));
        printf("recv data :%s\n", rbuf + 28);
    }

    //关闭原始套接字
    closesocket(sockfd);
    WSACleanup(); //释放套接字库ss
    return 0;
}
```

在上述代码中，首先为结构体 saddr 设置本地地址信息。然后创建一个原始套接字 sockfd，并设置第三个参数为 IPPROTO_UDP，表明这个原始套接字使用的是 UDP 协议，能收到 UDP 数据包。接着把 sockfd 绑定到地址 saddr 上。再接着开启一个循环阻塞接收数据，一旦收到数据就把缓冲区前 20 个字节复制到 iph 中，因为数据包的 IP 包头占 20 字节，20 字节后面的 8 字节是 UDP 头部，因此再把 20 字节后的 8 字节复制到 udph 中。获取 IP 首部字段后，就可以打印出源和目的 IP 地址了。获取 UDP 首部字段后，就可以打印出源和目的端口了。最后打印出 UDP 包头后的文本信息，即发送端用户输入的文本。

另外有一点要注意，接收端绑定的 IP 地址使用了 INADDR_ANY。这种情况下，协议栈会把数据包复制给原始套接字，如果绑定的 IP 地址用了数据包的目的 IP 地址（120.4.6.200），即：

```
saddr.sin_addr.s_addr = inet_addr("120.4.6.200");
```

接收端也是可以收到数据包的，有兴趣的人可以试试，这里不再赘述。如果接收端绑定了一个本机的 IP 地址，但不是数据包中的目的 IP 地址，会如何？答案是收不到，我们可以在下一个例中体会这一点。

（4）保存工程并设置 rcver 为启动项目。运行 rcver，然后把 test 工程设为启动项目并运行，运行结果如图 7-2 和图 7-3 所示。

图 7-2

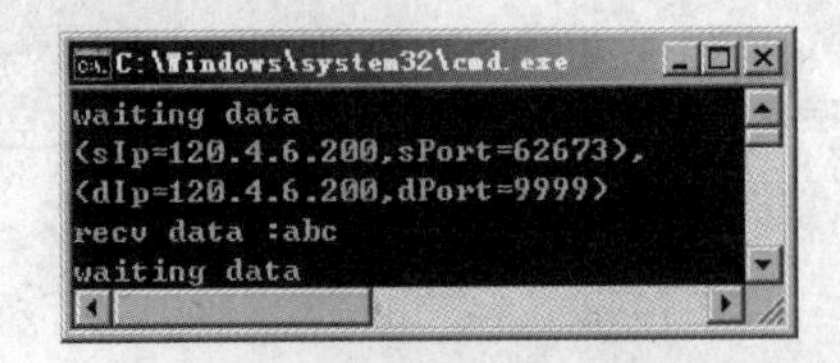

图 7-3

sIp 和 dIp 表示源和目的 IP 地址，两个 IP 地址值一样的原因是因为发送端和接收端都在同一台主机上，如果把发送端放到其他主机，就可以看到 sIp 为其他主机 IP 地址了。有兴趣的可以放到虚拟机上试试，比如把发送端放在 120.4.6.100 的主机上，接收端收到的信息的界面则如图 7-4 所示。

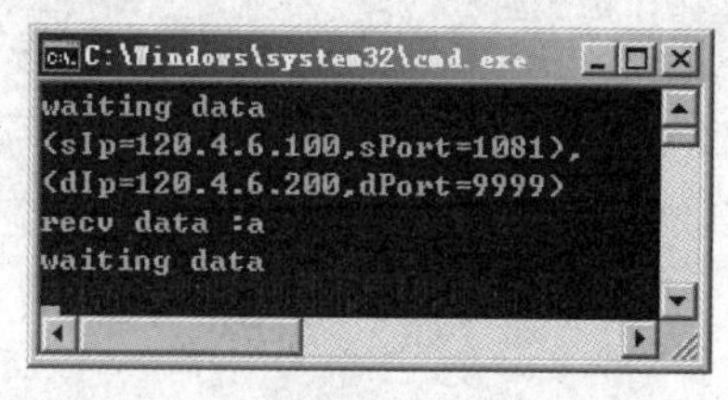

图 7-4

另外，我们的原始套接字使用的是 UDP 协议，所以只收到 UDP 报文，其他报文不会接收。大家在其他主机上 ping 120.4.6.200，可以发现 rcver 程序没有任何反映。

再次强调一下，对于 IPv4，接收到的数据总是完整的数据包，而且是包含 IP 首部的。

【例 7.2】接收端绑定一个和数据包目的地址不同的 IP 后，收不到数据包

（1）在这个例子中，我们要在接收端主机上设置两个 IP 地址，比如 120.4.6.200 和 192.168.1.2。

（2）把例 7.1 中的 test 解决方案复制一份作为例 7.2 的解决方案。

（3）打开 test 解决方案，发送工程 test 不需要修改任何代码，在接收端工程 rcver 中修改一行代码，即将

```
saddr.sin_addr.s_addr = htonl(INADDR_ANY);
```

改为：

```
saddr.sin_addr.s_addr = inet_addr("192.168.1.2");
```

（4）编译运行 rcver，然后运行 test 并输入一行文本，可以发现 rcver 没有任何反应，如图 7-5 所示。

图 7-5

默认情况下，原始套接字是抓不到 ping 包的，大家可以看下面这个例子。

【例 7.3】原始套接字收不到 ping 包（默认情况）

（1）新建一个控制台工程 rcver。

（2）在 rcver.cpp 中输入如下代码：

```
// rcver.cpp : 定义控制台应用程序的入口点
#include "stdafx.h"
#define _WINSOCK_DEPRECATED_NO_WARNINGS
#include "winsock2.h"
#pragma comment(lib, "ws2_32.lib")

#include <stdio.h>
char rbuf[500];


typedef struct _IP_HEADER          //IP 头定义，共 20 字节
{
 char m_cVersionAndHeaderLen;      //版本信息(前 4 位)，头长度(后 4 位)
 char m_cTypeOfService;            // 服务类型 8 位
 short m_sTotalLenOfPacket;        //数据包长度
 short m_sPacketID;                //数据包标识
 short m_sSliceinfo;               //分片使用
 char m_cTTL;                      //存活时间
 char m_cTypeOfProtocol;           //协议类型
 short m_sCheckSum;                //校验和
 unsigned int m_uiSourIp;          //源 IP 地址
 unsigned int m_uiDestIp;          //目的 IP 地址
}IP_HEADER, *PIP_HEADER;

typedef struct _UDP_HEADER         // UDP 头定义，共 8 字节
{
 unsigned short m_usSourPort;      // 源端口号 16bit
 unsigned short m_usDestPort;      // 目的端口号 16bit
 unsigned short m_usLength;        // 数据包长度 16bit
 unsigned short m_usCheckSum;      // 校验和 16bit
}UDP_HEADER, *PUDP_HEADER;

int main()
{
 int sockfd;
 int size;
 int ret;
 char on = 1;
 struct sockaddr_in saddr;
 struct sockaddr_in raddr;

 IP_HEADER iph;
 UDP_HEADER udph;

 WORD wVersionRequested;
```

```
    WSADATA wsaData;
    int err;

    wVersionRequested = MAKEWORD(2, 2); //制作 Winsock 库的版本号
    err = WSAStartup(wVersionRequested, &wsaData); //初始化 Winsock 库
    if (err != 0) return 0;


    //设置地址信息，IP 信息
    size = sizeof(struct sockaddr_in);
    memset(&saddr, 0, size);
    saddr.sin_family = AF_INET;
    saddr.sin_port = htons(8888);
    //一个本机的 IP 地址，但和发送端设定的目的 IP 地址不同
    saddr.sin_addr.s_addr = inet_addr("120.4.6.200");

    //创建 UDP 的套接字
    sockfd = socket(AF_INET, SOCK_RAW, IPPROTO_ICMP);//该原始套接字使用 ICMP 协议
    if (sockfd < 0)
    {
        perror("socket failed");
        return -1;
    }

        //设置端口复用
        setsockopt(sockfd, SOL_SOCKET, SO_REUSEADDR, &on, sizeof(on));

        //绑定地址信息，IP 信息
        ret = bind(sockfd, (struct sockaddr*)&saddr, sizeof(struct sockaddr));
        if (ret < 0)
        {
            perror("bind failed");
            return -1;
        }

    int  val = sizeof(struct sockaddr);
    //接收客户端发来的消息
    while (1)
    {
        puts("waiting data");
        ret = recvfrom(sockfd, rbuf, 500, 0, (struct sockaddr*)&raddr, &val);
        if (ret < 0)
        {
            printf("recvfrom failed:%d",WSAGetLastError());
            return -1;
        }
        memcpy(&iph, rbuf, 20);
        memcpy(&udph, rbuf+20, 8);

        int srcp = ntohs(udph.m_usSourPort);
        struct in_addr ias,iad;
```

```
        ias.s_addr = iph.m_uiSourIp;
        iad.s_addr = iph.m_uiDestIp;
        printf("(sIp=%s,sPort=%d), \n(dIp=%s,dPort=%d)\n",  inet_ntoa(ias),
        ntohs(udph.m_usSourPort), inet_ntoa(iad), ntohs(udph.m_usDestPort));
        printf("recv data :%s\n", rbuf + 28);
    }

    //关闭原始套接字
    closesocket(sockfd);
    WSACleanup(); //释放套接字库 ss
    return 0;
}
```

在上述代码中，我们新建了一个使用 ICMP 协议的原始套接字，是不是应该会抓到 ping 命令过来的数据包呢？答案是否定的。我们在同一网段下的虚拟机 XP 中使用 ping 命令来测试。

（3）假设 rcver 程序所在主机的 IP 为 120.4.6.200，而虚拟机 XP 的 IP 为 120.4.6.100，现在我们先编译运行 rcver，此时它将处于等待接收数据状态。然后在虚拟机 XP 下 ping 120.4.6.200，接着重新查看 rcver 程序，发现没有收到任何包，如图 7-6 所示。

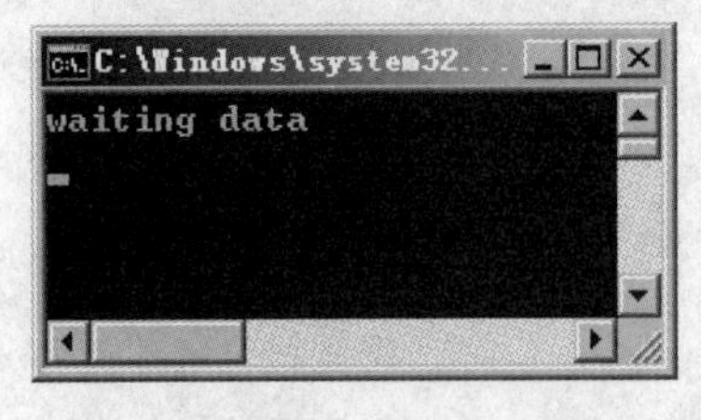

图 7-6

这就说明，默认情况下，即使使用 ICMP 协议的原始套接字，也是收不到 Windows 自带的 ping 命令发来的数据包的。是不是很扫兴？别急，前面提到协议栈是会把部分 ICMP 包传给原始套接字的，既然自带的 ping 命令包收不到，就自己写一个 ICMP 包的发送程序，能否收到呢？答案是肯定的。这样也验证了原始套接字是可以收到部分 ICMP 分组的。因为涉及未学的网络编程知识，所以暂且不表。如何能抓到 ping 命令发来的包呢？且看下节分解。

7.5 抓取所有 IP 数据包

从上一个例子中可看出，默认情况下，协议栈是不会把网卡收到的数据全部复制到原始套接字上的，如果需要抓包分析网络数据包怎么办？有一些应用场合下，希望抓到网卡收到的数据包，甚至是流经本机网卡但不是发往本机的数据包。Winsock 早已为我们提供了办法，那就是设置套接字控制台命令 SIO_RCVALL（允许原始套接字能接收所有经过本机的网络数据包）。设置的方法是利用 API 函数 WSAIoctl 来发送 I/O 控制命令（源自 Winsock2 版本，函数声明见第 5 章）。

使用原始套接字抓取所有 IP 包，注意以下几点：

（1）SIO_RCVALL 系统并没有暴露给我们使用，我们需要在程序中自己定义：

```
#define SIO_RCVALL _WSAIOW(IOC_VENDOR,1)
```

（2）SIO_RCVALL 目前只能用于 IPv4，因此在创建原始套接字的时候协议簇必须是 AF_INET。

（3）使用 sock 函数创建原始套接字的时候，协议类型参数要为 IPPROTO_IP，比如：

```
sockfd = socket(AF_INET, SOCK_RAW, IPPROTO_IP);
```

（4）必须将原始套接字绑定到本地的某个网络接口。

【例 7.4】抓取所有 IP 数据包并分析（包括 ping 包）

（1）新建一个控制台工程 rcver。

（2）在 rcver.cpp 中输入如下代码：

```
#include "stdafx.h"
#define _WINSOCK_DEPRECATED_NO_WARNINGS
#include "winsock2.h"
#pragma comment(lib, "ws2_32.lib")

#include <stdio.h>

char rbuf[500];

#define SIO_RCVALL _WSAIOW(IOC_VENDOR,1)

typedef struct _IP_HEADER        //IP 头定义，共 20 字节
{
 char m_cVersionAndHeaderLen;    //版本信息(前 4 位)，头长度(后 4 位)
 char m_cTypeOfService;          // 服务类型 8 位
 short m_sTotalLenOfPacket;      //数据包长度
 short m_sPacketID;              //数据包标识
 short m_sSliceinfo;             //分片使用
 char m_cTTL;                    //存活时间
 char m_cTypeOfProtocol;         //协议类型
 short m_sCheckSum;              //校验和
 unsigned int m_uiSourIp;        //源 IP 地址
 unsigned int m_uiDestIp;        //目的 IP 地址
}IP_HEADER, *PIP_HEADER;

typedef struct _UDP_HEADER       // UDP 头定义，共 8 字节
{
 unsigned short m_usSourPort;    // 源端口号 16bit
 unsigned short m_usDestPort;    // 目的端口号 16bit
 unsigned short m_usLength;      // 数据包长度 16bit
 unsigned short m_usCheckSum;    // 校验和 16bit
```

```
}UDP_HEADER, *PUDP_HEADER;

int main()
{
 int sockfd;
 int size;
 int ret;
 char on = 1;
 struct sockaddr_in saddr;
 struct sockaddr_in raddr;

 IP_HEADER iph;
 UDP_HEADER udph;
 WORD wVersionRequested;
 WSADATA wsaData;
 int err;

 wVersionRequested = MAKEWORD(2, 2); //制作 Winsock 库的版本号
 err = WSAStartup(wVersionRequested, &wsaData); //初始化 Winsock 库
 if (err != 0) return 0;


 //设置地址信息，IP 信息
 size = sizeof(struct sockaddr_in);
 memset(&saddr, 0, size);
 saddr.sin_family = AF_INET;
 saddr.sin_port = htons(9999);
 saddr.sin_addr.s_addr = inet_addr("120.4.2.200"); ;// htonl(INADDR_ANY);

 //创建 UDP 的套接字
 sockfd = socket(AF_INET, SOCK_RAW, IPPROTO_IP);
 if (sockfd < 0)
 {
     perror("socket failed");
     return -1;
 }

     //绑定地址信息，IP 信息
     ret = bind(sockfd, (struct sockaddr*)&saddr, sizeof(struct sockaddr));
     if (ret < 0)
     {
         perror("sbind failed");
         return -1;
     }

 DWORD dwlen[10], dwlenRtned = 0, Optval = 1;

 WSAIoctl(sockfd, SIO_RCVALL, &Optval, sizeof(Optval), &dwlen, sizeof(dwlen),
&dwlenRtned, NULL, NULL);

 int  val = sizeof(struct sockaddr);
```

```
    //接收客户端发来的消息
    while (1)
    {
        puts("waiting data");
        ret = recvfrom(sockfd, rbuf, 500, 0, (struct sockaddr*)&raddr, &val);
        if (ret < 0)
        {
            printf("recvfrom failed:%d",WSAGetLastError());
            return -1;
        }
        printf("----------rcv------------\n");
        memcpy(&iph, rbuf, 20);


        struct in_addr ias,iad;
        ias.s_addr = iph.m_uiSourIp;
        iad.s_addr = iph.m_uiDestIp;
        char dip[100];
        strcpy_s(dip, inet_ntoa(iad));

        printf("m_cTypeOfProtocol=%d", iph.m_cTypeOfProtocol);
        switch (iph.m_cTypeOfProtocol)
        {
        case IPPROTO_ICMP:
            printf("收到 ICMP 包");
            break;
        case IPPROTO_UDP:
            memcpy(&udph, rbuf + 20, 8);
            printf("收到 UDP 包，内容为:%s\n", rbuf + 28);
            break;
        }
        printf("\nsIp=%s,  dIp=%s, \n",  inet_ntoa(ias) ,dip );
    }

    //关闭原始套接字
    closesocket(sockfd);
    WSACleanup(); //释放套接字库 ss
    return 0;
}
```

在上述代码中，首先创建一个协议类型为 IPPROTO_IP 的原始套接字，然后绑定到本机地址，接着使用函数 WSAIoctl 发送套接字命令 SIO_RCVALL，设置成功后就可以收到所有发往本机的 IP 包了。收到包后，我们对 IP 头部的协议类型进行判断，这里就简单地区分了 ICMP 包和 UDP 包。大家可以见代码中的 switch 语句。最后我们打印了源目的 IP 地址。值得注意的是，不要在打印 IP 地址的 printf 函数中用两次 inet_ntoa，这样无法正确打印出全部 IP 地址，估计是微软的一个 bug。所以，在上面的代码中，把目的 IP 地址单独放到了一个数组 dip 中。

（3）保存工程并运行，此时如果我们在另外一台主机（比如 120.4.2.100）中用 ping 命令 ping rcver 程序所在的主机，就可以看到 rcver 程序捕捉到 ICMP 包了，如图 7-7 所示。

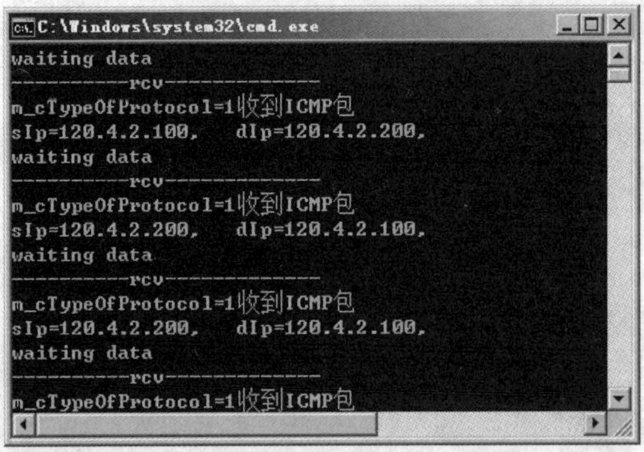

```
C:\Windows\system32\cmd.exe
waiting data
-----------rcv--------------
m_cTypeOfProtocol=1收到ICMP包
sIp=120.4.2.100,   dIp=120.4.2.200,
waiting data
-----------rcv--------------
m_cTypeOfProtocol=1收到ICMP包
sIp=120.4.2.200,   dIp=120.4.2.100,
waiting data
-----------rcv--------------
m_cTypeOfProtocol=1收到ICMP包
sIp=120.4.2.200,   dIp=120.4.2.100,
waiting data
-----------rcv--------------
m_cTypeOfProtocol=1收到ICMP包
```

图 7-7

可以看到，抓到 ping 命令的 ICMP 包除了打印源和目的 IP 地址外，又把 IP 包头中的协议类型字段 m_cTypeOfProtocol 值打印出来了，ICMP 的协议类型值是 1。

（4）rcver 除了能抓 ICMP 包外，也对 UDP 进行了捕获，所以我们可以另外编写一个发送 UDP 包的程序，然后放到另外一台主机（120.4.2.100）上运行，看一下 rcver 能否捕获到其发来的 UDP 包。下面在同一个解决方案下新建一个 test 工程，作为发送 UDP 包的程序，在 test.cpp 中输入如下代码：

```
#include "stdafx.h"
#define _WINSOCK_DEPRECATED_NO_WARNINGS
#include "winsock2.h"
#pragma comment(lib, "ws2_32.lib")

#include <stdio.h>

char wbuf[50];

int main()
{
 int sockfd;
 int size;
 char on = 1;
 struct sockaddr_in saddr;
 int ret;

 size = sizeof(struct sockaddr_in);
 memset(&saddr, 0, size);

 WORD wVersionRequested;
 WSADATA wsaData;
 int err;

 wVersionRequested = MAKEWORD(2, 2); //制作 Winsock 库的版本号
 err = WSAStartup(wVersionRequested, &wsaData); //初始化 Winsock 库
 if (err != 0) return 0;
```

```
//设置地址信息，IP 信息
saddr.sin_family = AF_INET;
saddr.sin_port = htons(9999);
saddr.sin_addr.s_addr=inet_addr("120.4.2.200");//172.16.2.6为服务器端所在的IP


sockfd = socket(AF_INET, SOCK_DGRAM, 0);  //创建 UDP 的套接字
if (sockfd < 0)
{
    perror("failed socket");
    return -1;
}
//设置端口复用
setsockopt(sockfd, SOL_SOCKET, SO_REUSEADDR, &on, sizeof(on));

//发送信息给服务器端

puts("please enter data:");
scanf_s("%s", wbuf, sizeof(wbuf));
ret = sendto(sockfd, wbuf, sizeof(wbuf), 0, (struct sockaddr*)&saddr,
    sizeof(struct sockaddr));
if (ret < 0)
{
    perror("sendto failed");
}
closesocket(sockfd);

WSACleanup(); //释放套接字库
return 0;
}
```

这个代码和前面几个例子发送 UDP 包的代码基本相同。我们可以生成 test 程序，然后把它放到其他主机运行。其实，同一主机运行也是可以的，只是源和目的 IP 地址都是一样的而已。先运行 rcver 程序，再运行 test 程序，运行结果如图 7-8 和图 7-9 所示。

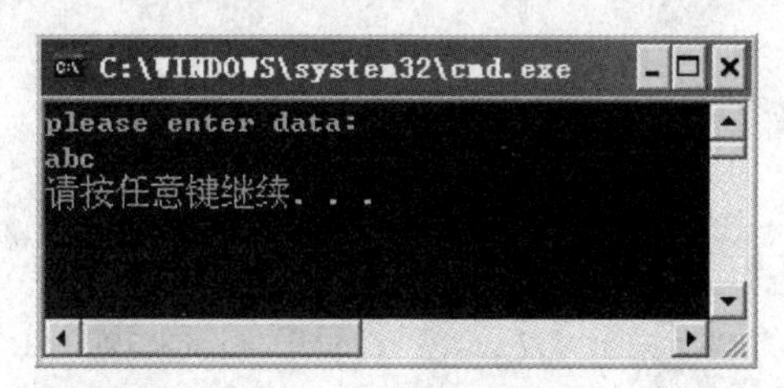

图 7-8

图 7-9

我们可以看到 rcver 程序收到 UDP 包了，并且打印出了内容“abc”。

7.6 抓取所有 IP 数据包

ping 命令几乎是 Windows 系统或 Linux 系统下最常用的网络命令。我们探测网络上某个主机是否可达，只要在本机命令行下输入 ping 命令即可知道。ping 命令的基本用法也很简单，后面直接加 IP 地址即可，比如 ping 192.168.1.1。

ping 命令的本质就是发送 ICMP 协议的网络数据包。关于 ICMP 协议，我们在“TCP/IP 协议基础”一章已经详述过，也对 ping 命令的数据包进行了抓包分析。本节我们将通过原始套接字自己实现一个 ping 命令。这比抓包分析又进了一层。

值得注意的是，在一线实践的网络开发工作中，经常会在不同的操作系统平台下开发网络程序，比如客户端网络程序是在 Windows 下开发，服务器端又要在 Linux 下开发，或者相反。这就要求我们网络开发者要多专多能，能写跨平台的网络程序。下面的例子就是跨平台的，只要注释掉宏定义 WIN32，就能轻松在 Linux 下实现 ping 命令功能。没有 Linux 开发基础的也不要害怕，可以参考笔者已经出版的另一本书《Linux C 与 C++一线开发实践》。

【例 7.5】原始套接字实现跨平台的 ping 命令

（1）打开 VC2017，新建一个控制台工程 test。

（2）打开 test.cpp，输入如下代码：

```
#include "stdafx.h"
#include <stdio.h>
#include <string.h>
#include <stdlib.h>
#include <time.h>

#ifdef  WIN32  //判断是否定义了 WIN32 这个宏

#define WIN32_LEAN_AND_MEAN
#include <winsock.h> //包含 winsock 头文件
#pragma  comment(lib, "Wsock32.lib") //引用 Wsock32.lib 库

#else //下面是 Linux 下编译时所需要的头文件，可以不用去看

#include <sys/types.h>
#include <sys/socket.h>
#include <netinet/in.h>
#include <netdb.h>
#include <sys/ioctl.h>
#include <arpa/inet.h>
#include <unistd.h>
```

```
    #include <netinet/ip.h>
    #include <netinet/ip_icmp.h>

    #endif //Linux 编译所需头文件结束

    #define ICMP_ECHO 8
    #define ICMP_ECHOREPLY 0

    //#define ICMP_MIN 8  // ICMP 报文的首部就是 8 个字节，忘记的翻看前面章节
    #define ICMP_MIN (8 + 4)    // minimum 8 byte icmp packet (just header +
timestamp)

    // 定义 IP 包的包头
    typedef struct _tagX_iphdr
    {
     unsigned char   h_len : 4;          // length of the header
     unsigned char   version : 4;        // Version of IP
     unsigned char   tos;             // Type of service
     unsigned short  total_len;       // total length of the packet

     unsigned short  ident;          // unique identifier
     unsigned short  frag_and_flags; // flags

     unsigned char   ttl;                    // ttl
     unsigned char   proto;           // protocol (TCP, UDP etc)
     unsigned short  checksum;       // IP checksum

     unsigned int    sourceIP;
     unsigned int    destIP;
    }XIpHeader;

    //定义 ICMP 包头
    typedef struct _tagX_icmphdr
    {
     unsigned char   i_type;
     unsigned char   i_code;
     unsigned short  i_cksum;
     unsigned short  i_id;
     unsigned short  i_seq;
     unsigned long   i_timestamp;
    }XIcmpHeader;

    //网际校验和生产算法
    //网际校验和是被校验数据 16 位值的反码和(ones-complement sum)
    unsigned short in_cksum(unsigned short* addr, int len)
    {
     int     nleft = len;
     int     sum = 0;
     unsigned short* w = addr;
     unsigned short answer = 0;
```

```
    while (nleft > 1) {
        sum += *w++;
        nleft -= 2;
    }

    if (nleft == 1) {
        *(unsigned char*)(&answer) = *(unsigned char*)w;
        sum += answer;
    }

    sum = (sum >> 16) + (sum & 0xffff);
    sum += (sum >> 16);
    answer = ~sum;

    return (answer);
}

void fill_IpHeader(char *buf)
{
//  XIpHeader *ip_hdr = (XIpHeader *)buf;
}

void fill_IcmpData(char *buf, int datasize)
{
 if (buf)
 {
     char ch = 0;
     char* icmpdata = buf + sizeof(XIcmpHeader);
     fprintf(stdout, "(IcmpData)\r\n");
     for (int i = 0; i < datasize; i++)
     {
         ch = 'A' + i % ('z' - 'A');
         *(icmpdata + i) = ch;
         fprintf(stdout, "%c", ch);
     }
     fprintf(stdout, "\r\n");
 }
}

void fill_IcmpHeader(char *buf, int datasize)
{
 static unsigned short seq_no = 0;
 XIcmpHeader *icmp_hdr = (XIcmpHeader *)buf;
 if (icmp_hdr)
 {
     icmp_hdr->i_type = ICMP_ECHO;
     icmp_hdr->i_code = 0;
     icmp_hdr->i_cksum = 0;

#ifdef  WIN32
     icmp_hdr->i_id = (unsigned short)GetCurrentProcessId();
```

```
    #else
        icmp_hdr->i_id = (unsigned short)getpid();
    #endif
        icmp_hdr->i_seq = seq_no++;

    #ifdef  WIN32
        icmp_hdr->i_timestamp = (unsigned long)::GetTickCount();
    #else
        icmp_hdr->i_timestamp = (unsigned long)time(NULL);
    #endif

        icmp_hdr->i_cksum = in_cksum((unsigned short*)buf, sizeof(XIcmpHeader) +
datasize);

        fprintf(stdout, "(IcmpHeader)\r\n");
        fprintf(stdout, "%02X%02X%04X\r\n", icmp_hdr->i_type, icmp_hdr->i_code,
icmp_hdr->i_cksum);
        fprintf(stdout, "%04X%04X\r\n", icmp_hdr->i_id, icmp_hdr->i_seq);
        fprintf(stdout, "%08X\r\n", icmp_hdr->i_timestamp);
     }
    }

    // decode
    void decode_IpIcmp(char *buf, int size)
    {
     XIpHeader *ip_hdr = (XIpHeader *)buf;
     unsigned short iphdrlen;
     if (ip_hdr)
     {
        fprintf(stdout, "(IpHeader)\r\n");
        fprintf(stdout, "%01X%01X%02X%04X\r\n", ip_hdr->version, ip_hdr->h_len,
ip_hdr->tos, ip_hdr->total_len);
        fprintf(stdout, "%04X%04X\r\n", ip_hdr->ident, ip_hdr->frag_and_flags);
        fprintf(stdout, "%02X%02X%04X\r\n", ip_hdr->ttl, ip_hdr->proto,
ip_hdr->checksum);

        //iphdrlen = ip_hdr->h_len * 4; // number of 32-bit words *4 = bytes
        iphdrlen = ip_hdr->h_len << 2; // number of 32-bit words *4 = bytes
        fprintf(stdout, "(IcmpHeader)\r\n");
        if (size < iphdrlen + ICMP_MIN)
        {
            fprintf(stdout, "Reply %d bytes Too few\r\n", size);
        }
        else
        {
            XIcmpHeader *icmp_hdr = (XIcmpHeader *)(buf + iphdrlen);

            fprintf(stdout, "%02X%02X%04X\r\n", icmp_hdr->i_type,
icmp_hdr->i_code, icmp_hdr->i_cksum);
            fprintf(stdout, "%04X%04X\r\n", icmp_hdr->i_id, icmp_hdr->i_seq);
            fprintf(stdout, "%08X\r\n", icmp_hdr->i_timestamp);
```

```
        /*
        fprintf(stdout, "(IcmpData)\r\n");
        int iIcmpDataSize = size - iphdrlen - sizeof(XIcmpHeader);
        char *icmpdata = buf + iIcmpDataSize;
        for (int i = 0; i < iIcmpDataSize; i++)
        fprintf(stdout, "%c", *(icmpdata + i));
        fprintf(stdout, "\r\n");
        */
        unsigned long timestamp = 0;
#ifdef  WIN32
        timestamp = (unsigned long)::GetTickCount();
#else
        timestamp = (unsigned long)time(NULL);;
#endif
        timestamp -= icmp_hdr->i_timestamp;

        struct sockaddr_in from;
        from.sin_addr.s_addr = ip_hdr->sourceIP;

        fprintf(stdout, "Reply %d bytes from: %s time<%d TTL=%d
icmp_seq=%d\r\n",
            size,
            inet_ntoa(from.sin_addr),
            timestamp,
            ip_hdr->ttl,
            icmp_hdr->i_seq
        );
    }
 }
}

int main(int argc, char **argv)
{
 int ret = 0;

#ifdef  WIN32
 WSADATA ws;
 WSAStartup(0x0101, &ws);
 //#else
 //  ;
#endif

 int iIcmpDataSize = 0;
 struct sockaddr_in dest, from;
 unsigned int addr = 0;
 struct hostent *hp;

 char buffer[1024];
 char recv_buffer[1024];

 if (argc < 2)
```

```
    {
        fprintf(stderr, "Usage: %s [host|ip] [datasize]\r\n", argv[0]);
        return 0;
    }

    if (argc > 2)
        iIcmpDataSize = atoi(argv[2]);
    if (iIcmpDataSize < 1 || iIcmpDataSize > 1024)
        iIcmpDataSize = 10;

    memset(&dest, 0, sizeof dest);
    dest.sin_family = AF_INET;
    hp = gethostbyname(argv[1]);
    if (!hp)
        addr = inet_addr(argv[1]);
    if ((!hp) && (addr == INADDR_NONE))
    {
        fprintf(stderr, "Unable to resolve %s\r\n", argv[1]);
        return 0;
    }
    if (hp != NULL)
        memcpy(&(dest.sin_addr), hp->h_addr, hp->h_length);
    else
        dest.sin_addr.s_addr = addr;

#ifdef  WIN32
    //  ;
#else
    setuid(getuid());
    //  setuid(0);
#endif
    int sockfd;
    sockfd = socket(AF_INET, SOCK_RAW, IPPROTO_ICMP);

    fprintf(stdout, "XPing...\r\n");
    for (int i = 0; i < 3; i++)
    {
        fprintf(stdout, "Echo...\r\n");
        memset(buffer, 0, 1024);
        fill_IcmpData(buffer, iIcmpDataSize);
        fill_IcmpHeader(buffer, iIcmpDataSize);
        XIcmpHeader *icmp_hdr = (XIcmpHeader *)buffer;
        int iSendSize = sendto(sockfd, buffer, sizeof(XIcmpHeader) + iIcmpDataSize,
0, (struct sockaddr*)&dest, sizeof(dest));

        fprintf(stdout, "Reply...\r\n");
        memset(&from, 0, sizeof from);
        memset(recv_buffer, 0, 1024);
#ifdef  WIN32
        int fromlen = sizeof(from);
        int iRecvSize = recvfrom(sockfd, recv_buffer, 1024, 0, (struct
```

```
sockaddr*)&from, &fromlen);
    #else
        socklen_t fromlen = sizeof(from);
        int iRecvSize = recvfrom(sockfd, recv_buffer, 1024, 0, (struct 
sockaddr*)&from, &fromlen);
    #endif
        if (iRecvSize > 0)
            decode_IpIcmp(recv_buffer, iRecvSize);
    }

    #ifdef  WIN32
    WSACleanup();
    //#else
    //  ;
    #endif

    return ret;
    }
```

第 8 章 MFC套接字编程

8.1 概述

前面讲了通过 Winsock API 进行套接字编程，下面将讲述利用 MFC 类进行套接字编程。MFC 提供了两个封装 Winsock API 的类，分别是 CAsyncSocket 和 CSocket，并且 CSocket 是 CAsyncSocket 的子类。虽然为父子类，但是这两个类的区别是很大的，类 CAsyncSocket 使用的是异步套接字，而类 CSocket 使用的是同步套接字。有了这两个类可以很方便地处理同步与异步问题。同步操作的优点是简单易用，缺点也显而易见——效率低下，因为你必须等到一个操作完成之后才能进行下一个操作。如果关注效率，就应该优先使用类 CAsyncSocket，否则就使用类 CSocket。

8.2 类 CAsyncSocket

8.2.1 基本概念

CAsyncSocket 类是从 Object 类派生而来的。CAsyncSocket 对象称为异步套接字对象。使用 CAsyncSocket 进行网络编程，可以充分利用 Windows 操作系统提供的消息驱动机制，通过应用程序框架来传递消息，方便地处理各种网络事件。另一方面，作为 MFC 微软基础类库中的一员，CAsyncSocket 可以和 MFC 的其他类融为一体，大大扩展了网络编程的空间，方便了编程。

类 CAsyncSocket 对 Winsock API 进行了封装，所以很多成员函数其实就是 Winsock API 函数，功能也一样。类 CAsyncSocket 工作的原理就是 WSAAsyncSelect 模型，即把 Socket 事件关联到一个窗口，并提供 CAsyncSocket::OnConnect、CAsyncSocket::OnAccept CAsyncSocket::OnReceive、CAsyncSocket::OnSend 等虚函数，以响应 FD_CONNECT、FD_ACCEPT、FD_READ、FD_WRIT 这些事件，我们所要做的工作就是从类 CAsyncSocket 派生出自己的类，然后重载这些虚函数，并在重载的函数里响应 Socket 事件。

类 CAsyncSocket 的目的是在 MFC 中使用 WinSock，程序员有责任处理诸如阻塞、字节顺序和在 Unicode 与 MBCS 间转换字符的任务。

在使用 CAsyncSocket 之前，必须调用 AfxSocketInit 初始化 WinSock 环境，而 AfxSocketInit 会创建一个隐藏的 CSocketWnd 对象。它是一个窗口对象，由 CWnd 派生，因此能够接收窗口消息。所以它能够成为高层 CAsyncSocket 对象与 Winsck 底层之间的桥梁。

8.2.2 成员函数

类 CAsyncSocket 常见的成员如下：

（1）Create 函数

创建一个套接字并将其附加在类 CAsyncSocket 的对象上。函数声明如下：

```
BOOL Create(  UINT nSocketPort = 0,  int nSocketType = SOCK_STREAM,
 long lEvent = FD_READ | FD_WRITE | FD_OOB | FD_ACCEPT | FD_CONNECT | FD_CLOSE,
LPCTSTR lpszSocketAddress = NULL );
```

其中，参数 nSocketPort 为套接字要使用的端口号，如果设为零，就让 Windows 选择一个端口号；nSocketType 指定流套接字还是数据报套接字，取值为 SOCK_STREAM 或 SOCK_DGRAM；lEvent 为 Socket 事件的位掩码，指定应用程序感兴趣的网络事件的组合。常见的套接字网络事件位掩码值如表 8-1 所示。

表 8-1　常见的套接字网络事件位掩码值

网络事件位掩码值	事件触发条件
FD_READ	套接字中有数据需要读取时触发的事件
FD_WRITE	刚建立连接或在内核发送缓冲区中出现可用空间时，一个 FD_WRITE 事件才会被触发。 经常会发现投递了 FD_WRITE 后系统立即调用 OnSend 函数，以为 FD_WRITE 会触发 OnSend，其实这是不准确的，确切地讲是当连接刚建立或者内核发送缓冲区出现可用空间时才触发。小例子经常会满足这个条件，所以一投递 FD_WRITE，就会调用 OnSend。当程序规模大、网络收发繁忙时，就不会立即调用 OnSend 了，要等内核发送缓冲区空出来才会调用 OnSend。这些经验仅仅通过学习书本不够的，以后大家具体参与项目时会感受到这一点。 这里投递（也用“选择”一词）的意思就是告诉系统我对 FD_WRITE 事件感兴趣，如果该事件的条件满足就告诉我，即回调 OnSend 函数
FD_OOB	接收到外带数据时触发的事件
FD_ACCEPT	接受连接请求时触发的事件
FD_CONNECT	连接完成时触发的事件
FD_CLOSE	套接字上的连接关闭时触发的事件

再次强调 FD_WRITE，不是说发送数据时就会触发该事件，只是在连接刚刚建立或者内核发送缓冲区出现可用空间时才触发。

参数 lpszSocketAddress 为指向字符串的指针，此字符串包含了已连接的套接字的 IP 地址。如果函数成功就返回非零值，否则为 0。

在该函数内部，会把套接字事件关联到一个窗口对象。

（2）Attach 函数

将套接字句柄附加到 CAsyncSocket 对象上。函数声明如下：

```
BOOL Attach(SOCKET  hSocket,
long lEvent = FD_READ|READ|FD_WRITE|FD_OOB|FD_ACCEPT|FD_CONNECT|FD_CLOSED);
```

其中，参数 hSocket 为套接字的句柄；lEvent 为套接字事件的位掩码组合。如果函数成功就返回非零值，否则返回零。

（3）FromHandle 函数

根据给出的套接字句柄返回 CAsyncSocket 对象的指针。函数声明如下：

```
Static CAsyncSocket* PASCAL FromHandle(SCOKET hSocket);
```

其中，参数 hSocket 为套接字句柄。如果函数成功就返回 CAsyncSocket 对象的指针；否则返回 NULL。

（4）GetLastError 函数

得到上一次操作失败的错误码。函数声明如下：

```
static int PASCAL GetLastError( );
```

函数返回错误码。

（5）GetPeerName 函数

得到与本地套接字连接的对端套接字的地址。函数声明如下：

```
BOOL GetPeerName(CString& rPeerAddress, UINT& rPeerPort );
BOOL GetPeerName( SOCKADDR* lpSockAddr,   int* lpSockAddrLen );
```

其中，参数 rPeerAddress 为对端套接字的点分字符串形式的 IP 地址；rPeerPort 为对端套接字的端口号；lpSockAddr 为 SOCKADDR 形式的套接字地址；lpSockAddrLen 为 lpSockAddr 的长度。如果函数成功就返回非零，否则返回零。

（6）GetSockName 函数

得到一个套接字的本地名称。函数声明如下：

```
BOOL GetSockName(  CString& rSocketAddress,   UINT& rSocketPort );
BOOL GetSockName(  SOCKADDR* lpSockAddr,   int* lpSockAddrLen );
```

其中，参数为 rSocketAddress 为点分字符串形式的 IP 地址；rSocketPort 为套接字的端口号；lpSockAddr 为 SOCKADDR 形式的套接字地址；lpSockAddrLen 为 lpSockAddr 所指缓冲区的字节数。如果函数成功就返回非零，否则返回零。

（7）Accept 函数

接受一个套接字的连接。函数声明如下：

```
virtual BOOL Accept( CAsyncSocket& rConnectedSocket,  SOCKADDR* lpSockAddr = NULL,int* lpSockAddrLen = NULL );
```

其中，参数 rConnectedSocket 为连接建立后获得的新建套接字所附加的 CAsyncSocket 对象；lpSockAddr 为新创建的套接字的地址结构；lpSockAddrLen 指向结构 lpSockAddr 的长度，表示新创建的套接字的地址结构的长度。如果函数成功就返回非零，否则返回零。

（8）Bind 函数

将本地地址关联到套接字上。函数声明如下：

```
BOOL Bind(  UINT nSocketPort,   LPCTSTR lpszSocketAddress = NULL );
BOOL Bind (   const SOCKADDR* lpSockAddr,  int nSockAddrLen );
```

其中，参数 nSocketPort 为端口号；lpszSocketAddress 为点分字符串形式的 IP 地址；lpSockAddr 为 SOCKADDR 形式的套接字地址；nSockAddrLen 为 lpSockAddr 所指缓冲区的字节数。如果函数成功就返回非零，否则返回零。

（9）Connect 函数

向一个流式或数据报的套接字发出连接。函数声明如下：

```
BOOL Connect(  LPCTSTR lpszHostAddress,  UINT nHostPort );
BOOL Connect(  const SOCKADDR* lpSockAddr,  int nSockAddrLen );
```

其中，参数 lpszHostAddress 为要连接的对端套接字的点分字符串形式的 IP 地址；nHostPort 为对端套接字端口号；lpSockAddr 指向 SOCKADDR 形式的对端套接字地址的缓冲区；nSockAddrLen 为 lpSockAddr 所指缓冲区的字节数。如果函数成功就返回非零，否则返回零。

（10）Listen 函数

监听连接请求。函数声明如下：

```
BOOL Listen(  int nConnectionBacklog = 5 );
```

其中，参数 nConnectionBacklog 为连接请求队列所允许达到的最大长度，范围为 1～5。如果函数成功就返回非零，否则返回零。

（11）Send 函数

向一个连接的套接字上发送数据。函数声明如下：

```
virtual int Send( const void* lpBuf,  int nBufLen,  int nFlags = 0 );
```

其中，参数 lpBuf 指向要发送数据的缓冲区；nBufLen 为 lpBuf 所指缓冲区长度；nFlags 一般设为零。如果函数成功，就返回发送的字节数（可能比 nBufLen 要小），否则返回 SOCKET_ERROR，错误码可用 GetLastError 来查看。

（12）SendTo 函数

向一个特定地址发送数据，既可用于数据报套接字，也可用于流式套接字（此时和 Send 等价）。函数声明如下：

```
int SendTo( const void* lpBuf, int nBufLen, UINT nHostPort, LPCTSTR lpszHostAddress = NULL,int nFlags = 0 );
int SendTo( const void* lpBuf, int nBufLen, const SOCKADDR* lpSockAddr, int nSockAddrLen,int nFlags = 0 );
```

其中，参数 lpBuf 指向要发送数据的缓冲区；nBufLen 为 lpBuf 所指缓冲区长度；nHostPort 为目的套接字的端口号；lpszHostAddress 为目的套接字的点分字符串形式的 IP 地址；nFlags 一般设为零。lpSockAddr 为 SOCKADDR 形式套接字地址；nSockAddrLen 为 lpSockAddr 所指缓冲区的长度。如果函数成功就返回实际发送数据的字节数，否则返回 SOCKET_ERROR。

（13）Receive 函数

从套接字上接收数据。函数声明如下：

```
virtual int Receive( void* lpBuf, int nBufLen, int nFlags = 0 );
```

其中，参数 lpBuf 为存放接收数据的缓冲区；nBufLen 为 lpBuf 所指缓冲区的长度；nFlags 一般设为零。如果没有错误就返回实际接收到的字节数；如果连接关闭了就返回零；如果出错了就返回 SOCKET_ERROR。

（14）ReceiveFrom 函数

从数据报套接字或流式套接字（此时等同于 Receive）上接收数据，并存储数据来源地的地址和端口号。函数声明如下：

```
int ReceiveFrom( void* lpBuf, int nBufLen, CString& rSocketAddress, UINT& rSocketPort,int nFlags = 0 );
int ReceiveFrom( void* lpBuf, int nBufLen, SOCKADDR* lpSockAddr, int* lpSockAddrLen,int nFlags = 0 );
```

其中，参数 lpBuf 为存放接收数据的缓冲区；nBufLen 为 lpBuf 所指缓冲区的长度；rSocketAddress 为数据来源地套接字的 IP 地址；rSocketPort 为数据来源地套接字的端口信息；nFlags 一般设为零。如果没有错误就返回实际接收到的字节数；如果连接关闭了就返回零；如果出错了就返回 SOCKET_ERROR。

（15）OnAccept 函数

这个函数是一个虚函数，当需要处理 FD_ACCEPT 事件时就重载该函数。函数声明如下：

```
virtual void OnAccept( int nErrorCode );
```

其中，参数 nErrorCode 表示套接字上最近的错误码。

（16）OnConnect 函数

这是一个虚函数，当需要处理 FD_CONNECT 事件时就重载该函数。函数声明如下：

```
virtual void OnConnect( int nErrorCode );
```

其中，参数 nErrorCode 表示套接字上最近的错误码。

（17）OnSend 函数

这是一个虚函数，当需要处理 FD_WRITE 事件时就重载该函数。函数声明如下：

```
virtual void OnSend(  int nErrorCode );
```

其中，参数 nErrorCode 表示套接字上最近的错误码。

（18）OnReceive 函数

这是一个虚函数，当需要处理 FD_READ 事件时就重载该函数。函数声明如下：

```
virtual void OnReceive (  int nErrorCode );
```

其中，参数 nErrorCode 表示套接字上最近的错误码。

（19）AsyncSelect 函数

该函数设置 Socket 感兴趣的网络事件。函数声明如下：

```
BOOL AsyncSelect(long lEvent = FD_READ | FD_WRITE | FD_OOB | FD_ACCEPT |
FD_CONNECT | FD_CLOSE);
```

其中，参数 lEvent 是位掩码，指定在其中应用程序感兴趣的网络事件的组合。如果该函数成功就为非零值，否则为 0。此时通过调用 GetLastError 可以获得特定错误代码。

（20）Close 函数

关闭套接字。函数声明如下：

```
virtual void Close();
```

8.2.3 基本用法

CAsyncSocket 类用 DoCallBack 函数处理 MFC 消息。当一个网络事件发生时，DoCallBack 函数按网络事件类型 FD_READ、FD_WRITE、FD_ACCEPT、FD_CONNECT 分别调用 OnReceive、OnSend、OnAccept、OnConnect 函数。由于 MFC 把这些事件处理函数定义为虚函数，所以要生成一个新的 C++类，以重载这些函数。

网络应用程序一般采用客户端/服务器模式。客户端程序和服务器程序使用的 CAsyncSocket 编程有所不同。其中，服务器端使用的基本步骤如下：

（1）构造一个套接字：

```
CAsyncSocket sockServer;
```

（2）创建 SOCKET 句柄，绑定到指定的端口：

```
sockServer.Create(nPort); //后面两个参数采用默认值
```

（3）启动监听，时刻准备接收连接请求：

```
sockServer.Listen();
```

（4）如果客户端有连接请求，就构造一个新的空套接字，接受连接：

```
CAsyncSocket sockRecv;
sockServer.Accept(sockRecv);
```

（5）收发数据：

```
sockRecv.Receive(pBuffer,nLen); //接收数据
sockRecv.Send(pBuffer,nLen);  //发送数据
```

（6）关闭套接字对象：

```
sockRecv.Close();
```

我们再来看客户端使用 CAsyncSocket 的步骤：

（1）构造一个套接字：

```
CAsyncSocket sockClient;
```

（2）创建 SOCKET 句柄，使用默认参数：

```
sockClient.Create();
```

（3）请求连接服务器：

```
sockClient.Connect(strAddress,nPort);
```

（4）收发数据：

```
sockClient.Send(pBuffer,nLen);//发送数据
sockClient.Receive(pBuffer,nLen);//接收数据
```

（5）关闭套接字对象：

```
sockClient.Close();
```

可以看出，客户端与服务器端都要首先构造一个 CAsyncSocket 对象，然后使用该对象的 Create 成员函数来创建底层的 SOCKET 句柄。服务器端要绑定到特定的端口。

对于服务器端的套接字对象，应使用 CAsyncSocket::Listen 函数进行监听状态，一旦收到来自客户端的连接请求，就调用 CAsyncSocket::Accept 来接收。对于客户端的套接字对象，应当使用 CAsyncSocket::Connect 来连接到一个服务器端的套接字对象。建立连接之后，双方就可以按照需求交换数据了。

这里需要注意的是，Accept 是将一个新的空 CAsyncSocket 对象作为它的参数，在调用 Accept 之前必须构造这个对象。与客户端套接字的连接是通过它建立的，如果这个套接字对象退出，连接也就关闭了。对于这个新的套接字对象，不需要调用 Create 来创建它的底层套接字。

调用 CAsyncSocket 对象的其他成员函数，如 Send 和 Receive 执行与其他套接字对象的通信，这些成员函数与 Windows Sockets API 函数在形式和用法上基本是一致的。

关闭并销毁 CAsyncSocket 对象。如果在堆栈上创建了套接字对象，当包含此对象的函数

退出时，会调用该类的析构函数，销毁该对象。在销毁该对象之前，析构函数会调用该对象的Close成员函数。如果在堆上使用new创建了套接字对象，可先调用Close成员函数关闭它，再使用delete来删除释放该对象。

在使用CAsyncSocket进行网络通信时，我们还需要处理以下几个问题：

（1）堵塞处理，CAsyncSocket对象专用于异步操作，不支持堵塞工作模式，如果应用程序需要支持堵塞操作，就必须自己解决。

（2）字节顺序的转换。在不同的结构类型的计算机之间进行数据传输时，可能会有计算机之间字节存储顺序不一致的情况。用户程序需要自己对不用的字节顺序进行转换。

（3）字符串转换。同样，不同结构类型的计算机的字符串存储顺序也可能不同，需要自行转换，比如Unicode和ANSI字符串之间的转换。

8.2.4 网络事件处理

在前面介绍的CAsyncSocket::Create中，参数lEvent指定了为CAsyncSocket对象生成通知消息的套接字事件，它体现了CAsyncSocket对Windows消息驱动机制的支持。

关于lEvent参数的符号常量，我们可以在WinSock中找到：

```
// Define flags to be used with the WSAAsyncSelect() call.
#define FD_READ         0x01
#define FD_WRITE        0x02
#define FD_OOB          0x04
#define FD_ACCEPT       0x08
#define FD_CONNECT      0x10
#define FD_CLOSE        0x20
```

它们代表了MFC套接字对象可以接收并处理的6种网络事件，当事件发生时，套接字对象会收到相应的通知消息，并自动执行套接字对象响应的事件处理函数。

（1）FD_ACCEPT：通知监听套接字有连接请求可以接受。具体使用时，我们只在创建（Create）的时候会告诉系统对FD_ACCEPT事件感兴趣。注意Create的第三个参数，默认已经有了FD_ACCEPT，当然你也可以仅仅指定FD_ACCEPT事件，就像后面例子中的那样。当客户端的连接请求到达服务器时，进一步说，是当客户端的连接请求已经进入服务器监听套接字的接收缓冲区队列时发生此事件，并通过监听套接字对象告诉它可以调用Accept函数来接收待决的连接请求，此时我们可以在OnAccept中调用Accept函数处理客户端的连接。这个事件仅对流式套接字有效，并且发生在服务器端。

（2）FD_READ：套接字中有数据需要读取时触发的事件。当一个套接字对象的数据输入缓冲区收到其他套接字对象发送来的数据时发生此事件，并通过该套接字对象告诉它可以调用Receive成员来接收数据。

（3）FD_WRITE：通知可以写数据。当一个套接字对象的数据输出缓冲区中的数据已经发送出去，发送缓冲区可用时发生此事件，并通过该套接字对象告诉它可以调用Send函数向外发送数据。

（4）FD_CONNECT：通知请求连接的套接字，连接的要求已经被处理。当客户端的连接请求已被处理时，发生此事件。存在两种情况：一种是服务器端已接收了连接请求，双方的连接已经建立，通知客户端套接字可以使用连接来传输数据了；另一种情况是连接请求被拒绝，通知客户机套接字，它所请求的连接失败。这个事件仅对流式套接字有效，并且发生在客户端。

（5）FD_CLOSE：通知套接字已关闭。当连接的套接字关闭时发生。

（6）FD_OOB：通知将带外数据到达。当对方的流失套接字发送带外数据时，将发生此事件，并通知接收套接字，正在发送的套接字有带外数据要求发送，带外数据是有没对连接的流失套接字相关的在逻辑上独立的通道，带外数据通道典型的是用来发送紧急数据。MFC 支持带外有数据，使用 CAsyncSocket 类的高级用户可能需要使用带外数据通道，但不鼓励使用 CSocket 类的用户使用它，更容易的方法是创建第二个套接字来传送这样的数据。

当上述的网络事件发生时，MFC 框架做何处理呢？MFC 框架按照 Windows 系统的消息驱动把消息发送给相应的套接字对象，并调用作为该对象函数的事件处理函数，事件与处理函数一一映射。

在 afxSock.h 中我们可以找到 CAsyncSocket 类对这 6 种对应事件的处理函数：

```
// Overridable callbacks
protected:
    virtual void OnReceive(int nErrorCode);
    virtual void OnSend(int nErrorCode);
    virtual void OnOutOfBandData(int nErrorCode);
    virtual void OnAccept(int nErrorCode);
    virtual void OnConnect(int nErrorCode);
    virtual void OnClose(int nErrorCode);
```

其中，参数 nErrorCode 的值是在函数被调用时由 MFC 框架提供的，表明套接字最新的状况，如果是 0 就说明成功，如果为非零值就说明套接字对象有某种错误。

当某个网络事件发生时，MFC 框架会自动调用套接字对象对应的事件处理函数。这就相当于给套接字对象一个通知，告诉它某个重要事件已经发生，所以也称为套接字类的通知函数或者回调函数。

在编程中，一般我们不会直接去使用 CAsyncSocket，而是从它派生出自己的套接字类来。然后在派生类中对这些虚函数进行重载处理，加入应用程序对于网络事件处理的特定代码。

如果是从 CAsyncSocket 类派生了自己的套接字类，就必须重载该应用程序所感兴趣的那些网络事件所对应的通知函数。MFC 框架自动调用通知函数，使得用户可以在套接字被通知的时候来优化套接字的行为。例如，用户可以从自己的 OnReceive 通知函数中调用套接字对象的成员函数 Receive，也就是说，在被通知的时候，已经有数据可读了才调用 Receive 来读取它。这个方法不是必需的，但它是一个有效的方案。此外，也可以使用自己的通知函数跟踪进程，打印 TRACE 消息等。下面看一个例子，客户端发送信息给服务器端，服务器端在信息前加一段内容后再回送回去，也就是一个简单的回射程序。

【例 8.1】基于 CAsyncSocket 的 C/S 回射程序

（1）新建一个对话框工程 server，作为服务器端。

（2）为服务器端做一个通信类 CNewSocket 类，继承 CAsyncSocket 类，专门负责服务器端数据收发的事情。切换到解决方案视图，分别新建 NewSocket.h 和 NewSocket.cpp，在 NewSocket.h 中输入如下代码：

```
#pragma once
#include "afxsock.h"
//此类专门用来与客户端进行 socket 通信
class CNewSocket :  public CAsyncSocket
{
public:
 CNewSocket(void);
 ~CNewSocket(void);
 virtual void OnReceive(int nErrorCode);
 virtual void OnSend(int nErrorCode);
 // 消息长度
 UINT m_nLength;
 //消息缓冲区，存放从客户端发来的数据
 char m_szBuffer[4096];
};
```

在 NewSocket.cpp 中输入如下代码：

```
#include "StdAfx.h"
#include "NewSocket.h"
CNewSocket::CNewSocket(void) : m_nLength(0)
{
   memset(m_szBuffer,0,sizeof(m_szBuffer));
}
CNewSocket::~CNewSocket(void)
{
   if(m_hSocket !=INVALID_SOCKET)
   {
      Close();
   }
}

void CNewSocket::OnReceive(int nErrorCode)
{
   // TODO: Add your specialized code here and/or call the base class
   m_nLength =Receive(m_szBuffer,sizeof(m_szBuffer),0); //接收数据
   m_szBuffer[m_nLength] ='\0';
  //为了把收到的数据发送回去，我们选择发送缓冲区可用时而触发的网络事件
   AsyncSelect(FD_WRITE);//一旦事件 FD_WRITE 触发，系统就调用 OnSend 函数
   CAsyncSocket::OnReceive(nErrorCode);
}

void CNewSocket::OnSend(int nErrorCode)
```

```
    {
        // TODO: Add your specialized code here and/or call the base class
        char m_sendBuf[4096];   //消息缓冲区
          //把客户端发来的消息加上“server send”后反射回去
        strcpy(m_sendBuf,"server send:");
        strcat(m_sendBuf,m_szBuffer);  //m_szBuffer里已经有接收到的数据
        Send(m_sendBuf,strlen(m_sendBuf));  //发送给客户端

        //继续选择有数据可读而触发的事件，为下次接收数据做准备
        AsyncSelect(FD_READ);
        CAsyncSocket::OnSend(nErrorCode);
    }
```

CNewSocket 类重载了 CAsyncSocket 类的接收与发送事件处理例程，一旦被触发了可发送或有数据可接收的事件，系统将回调用它们对应的函数 OnSend 和 OnRecv。

（3）接下来服务器添加一个 CAsyncSocket 的子类 CListenSocket，仅用来监听来自客户端的连接请求，所以只需选择 FD_ACCEPT 事件，即当有客户端连接请求的时候，触发该事件，并自动回调 OnAccept 函数。切换到解决方案视图，分别新建 CListenSocket.h 和 NewSocket.cpp，在 CListenSocket.h 中输入如下代码：

```
#pragma once
#include "afxsock.h"
#include "NewSocket.h"
class CListenSocket :  public CAsyncSocket
{
public:
 CListenSocket(void);
 ~CListenSocket(void);

 CNewSocket *m_pSocket; //指向一个连接的CNewSocket对象，用于收发数据
 virtual void OnAccept(int nErrorCode);
};
```

在 NewSocket.cpp 中输入如下代码：

```
#include "StdAfx.h"
#include "ListenSocket.h"
CListenSocket::CListenSocket(void)
{
}
CListenSocket::~CListenSocket(void)
{
}
void CListenSocket::OnAccept(int nErrorCode)
{
 // TODO: Add your specialized code here and/or call the base class
 CNewSocket *pSocket =new CNewSocket();
 if(Accept(*pSocket))
 {
```

```
        pSocket->AsyncSelect(FD_READ); //选择有数据可读而触发的事件
        m_pSocket =pSocket;  //保存指针
    }
    else
    {
        delete pSocket;  //如果接受连接失败，就删除已分配的空间
    }
    CAsyncSocket::OnAccept(nErrorCode);
}
```

对于类 CListenSocket，我们主要实现了函数 OnAccept。当有连接请求过来时，系统将调用 OnAccept 函数，在其中定义 CNewSocket 对象指针，并分配空间，然后传入 Accept 函数。Accept 函数调用完毕，连接建立起来。此时可以用 pSocket 选择一个有数据可读而触发的事件，以后客户端发数据过来时，会调用 CNewSocket:: OnReceive 函数。

（4）打开 client.cpp，在 CclientApp::InitInstance()的 CWinApp::InitInstance();后面添加套接字库的初始化代码：

```
    WSADATA wsd;
    AfxSocketInit(&wsd);
```

至此，服务器端开发完毕。保存工程并运行，运行后，单击对话框上的“启动”按钮，如图 8-1 所示。

图 8-1

下面我们开发客户端。打开 VC2017，新建一个对话框工程 client。这里的客户端功能就是与服务器建立连接，把用户输入的数据发送给服务器，并显示来自服务器的接收数据。与服务器类似，首先做一个专门用于 socket 通信的 ClientSocket 类。

切换到解决方案视图，添加头文件 ClientSocket.h，输入如下代码：

```
#pragma once
#include "afxsock.h"
class ClientSocket :
    public CAsyncSocket
{
public:
    ClientSocket(void);
    ~ClientSocket(void);
    // 是否连接
    bool m_bConnected;
    // 消息长度
    UINT m_nLength;
```

```
    //消息缓冲区
    char m_szBuffer[5096];
    virtual void OnConnect(int nErrorCode);
    virtual void OnReceive(int nErrorCode);
    virtual void OnSend(int nErrorCode);
}
```

再添加源文件 ClientSocket.cpp，输入如下内容：

```
#include "StdAfx.h"
#include "ClientSocket.h"
#include "SocketTest.h"
#include "SocketTestDlg.h"

ClientSocket::ClientSocket(void)
    : m_bConnected(false)
    , m_nLength(0)
{
    memset(m_szBuffer,0,sizeof(m_szBuffer));
}
ClientSocket::~ClientSocket(void)
{
    if(m_hSocket !=INVALID_SOCKET)
    {
        Close();
    }
}
void ClientSocket::OnConnect(int nErrorCode)
{
    // TODO: Add your specialized code here and/or call the base class
    //连接成功
    if(nErrorCode ==0)
    {
        m_bConnected =TRUE;
        //获取主程序句柄
        CSocketTestApp *pApp =(CSocketTestApp *)AfxGetApp();
        //获取主窗口
        CSocketTestDlg *pDlg =(CSocketTestDlg *)pApp->m_pMainWnd;

        //在主窗口输出区显示结果
        CString strTextOut;
        strTextOut.Format(_T("already connect to "));
        strTextOut +=pDlg->m_Address;
        strTextOut += _T("    端口号:");
        CString str;
        str.Format(_T("%d"),pDlg->m_Port);
        strTextOut +=str;

        pDlg->m_MsgR.InsertString(0,strTextOut);
        //激活一个网络读取事件,准备接收
        AsyncSelect(FD_READ);
```

```
    }
    CAsyncSocket::OnConnect(nErrorCode);
}

void ClientSocket::OnReceive(int nErrorCode)
{
    // TODO: Add your specialized code here and/or call the base class
    //获取 socket 数据
    m_nLength =Receive(m_szBuffer,sizeof(m_szBuffer));
    //获取主程序句柄
    CSocketTestApp *pApp =(CSocketTestApp *)AfxGetApp();
    //获取主窗口
    CSocketTestDlg *pDlg =(CSocketTestDlg *)pApp->m_pMainWnd;

    CString strTextOut(m_szBuffer);
    //在主窗口的显示区显示接收到的 socket 数据
    pDlg->m_MsgR.InsertString(0,strTextOut);

    memset(m_szBuffer,0,sizeof(m_szBuffer));
    CAsyncSocket::OnReceive(nErrorCode);
}

void ClientSocket::OnSend(int nErrorCode)
{
    // TODO: Add your specialized code here and/or call the base class
    //发送数据
    Send(m_szBuffer,m_nLength,0);
    m_nLength =0;

    memset(m_szBuffer,0,sizeof(m_szBuffer));

    //继续提请一个读的网络事件
    AsyncSelect(FD_READ);
    CAsyncSocket::OnSend(nErrorCode);
}
```

打开 clientDlg.h，为类 CclientDlg 添加成员变量：

```
int m_nTryTimes;  // 连接服务器次数
ClientSocket m_ClientSocket;  //负责通信的异步套接字类
```

在文件开头包含头文件：

```
#include "ClientSocket.h"
```

（5）切换到资源视图，打开对话框编辑器，在对话框上添加 2 个编辑控件，为左边的编辑框添加 CString 类型的变量 m_Address，用于保存输入的 IP 地址；为右边的编辑框添加 int 型变量 m_Port，用于保存输入的端口值。接着在下方添加一个列表框，该列表框用来显示连接状态和接收到的数据，为其添加控件变量 m_MsgR。接着在下方添加一个编辑控件，为其添加 CString 类型变量 m_Msg，用于保存要发送的数据。最后在对话框下方添加两个按钮“连接”

和“发送”，添加完的对话框界面如图 8-2 所示。

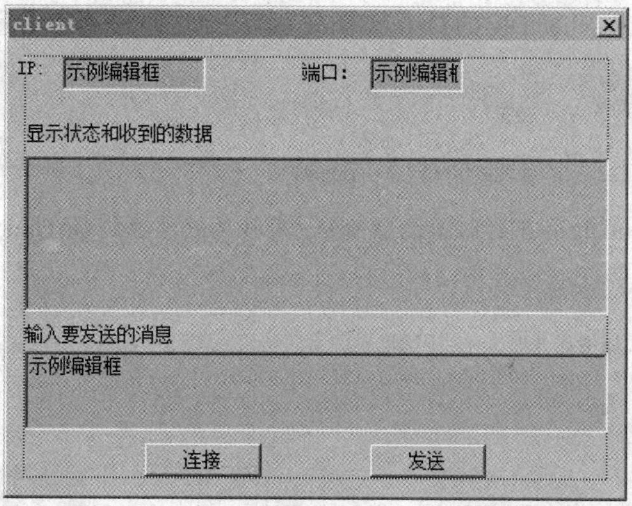

图 8-2

双击 “连接”按钮，为其添加连接服务器的代码：

```
void CclientDlg::OnBnClickedButton1()
{
 // TODO: 在此添加控件通知处理程序代码
 if(m_ClientSocket.m_bConnected)
 {
     AfxMessageBox(_T("当前已经与服务器建立连接"));
     return;
 }
 UpdateData(TRUE);

 if(m_Address.IsEmpty())
 {
     AfxMessageBox(_T("服务器的 IP 地址不能为空!"));
     return;
 }
 if(m_Port <=1024)
 {
     AfxMessageBox(_T("服务器的端口设置非法!"));
     return;
 }
 //使 Connect 按键失能
 GetDlgItem(IDC_BT_CONNECT)->EnableWindow(FALSE);
 SetTimer(1,1000,NULL);  //启动连接定时器,每 1 秒中尝试一次连接
}
```

使用计时器的好处是，万一连接不上，可以不让界面假死，另外可以对连接次数进行统计，满 10 次就可以停止尝试连接。这个技巧大家可以用到实际项目中，这样也是提高软件友好度的一种方式。我们不能保证每次点击连接都能一下子成功连上。代码中的 m_ClientSocket 在前

面已经定义过了。

（6）在对话框类 CclientDlg 的 OnInitDialog 函数中添加一些初始化代码：

```
m_nTryTimes = 0;
m_Address = "127.0.0.1";
m_Port = 8800;
UpdateData(FALSE);//让 IP 和端口显示在控件中
```

（7）为类 CclientDlg 添加计时器消息 WM_TIMER 处理函数 OnTimer，代码如下：

```
void CclientDlg::OnTimer(UINT_PTR nIDEvent)
{
// TODO: 在此添加消息处理程序代码和/或调用默认值
if(m_ClientSocket.m_hSocket ==INVALID_SOCKET) //判断是否已经创建过套接字
{
    //创建套接字
    BOOL bFlag =m_ClientSocket.Create(0,SOCK_STREAM,FD_CONNECT);
if(!bFlag)
    {
        AfxMessageBox(_T("Socket 创建失败!"));
        m_ClientSocket.Close();
        PostQuitMessage(0);//退出
        return;
    }
}
m_ClientSocket.Connect(m_Address,m_Port);   //连接服务器
if(m_nTryTimes >=10)  //是否尝试次数满 10 次了
{
    KillTimer(1);  //关闭计时器
    AfxMessageBox(_T("连接失败!"));
    GetDlgItem(IDC_BT_CONNECT)->EnableWindow(TRUE);
    return;
}
else if(m_ClientSocket.m_bConnected)  //如果已经连接
{
    KillTimer(1);
    GetDlgItem(IDC_BT_CONNECT)->EnableWindow(TRUE);
    return;
}
CString strTextOut = _T("尝试连接服务器第");

m_nTryTimes ++;  //尝试次数递增
CString str;
str.Format(_T("%d"),m_nTryTimes);
strTextOut +=str;
strTextOut += _T("次...");
m_MsgR.AddString(strTextOut);  //把连接信息显示在列表框中

CDialog::OnTimer(nIDEvent);
}
```

（8）打开 client.cpp，在 CclientApp::InitInstance()的 CWinApp::InitInstance();后面添加套接字库的初始化代码：

```
WSADATA wsd;
AfxSocketInit(&wsd);
```

（9）保存工程并运行，先单击“连接”按钮，然后等提示连接成功后在下方编辑框中输入“abc”，接着单击“发送”按钮，此时的运行结果如图 8-3 所示。

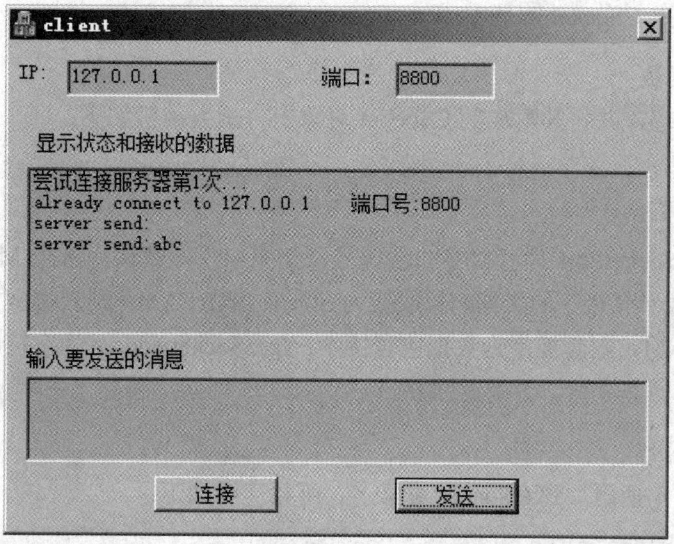

图 8-3

细心的朋友会注意，单击“连接”按钮并连接服务器成功后，除了提示 already connect to127.0.0.1 提示信息后，下面一行还会提示“server send:”。这句话是服务器发来的。前面我们讲到服务器端接受连接成功后会引发 FD_WRITE 这个网络事件，继而服务器端会调用 OnSend 函数，在服务器端的 OnSend 函数中把客户端发来的消息加上“server send”后反射回去，但是此时客户端还没有发消息过来，所以 server send:后面加一个空串后发向客户端了。下面是服务器端 OnSend 中的部分代码：

```
strcpy(m_sendBuf,"server send:");
strcat(m_sendBuf,m_szBuffer);  //m_szBuffer里已经有接收到的数据
Send(m_sendBuf,strlen(m_sendBuf));  //发送给客户端
```

8.3 类 CSocket

8.3.1 基本概念

为了给程序员提供更方便的接口以自动处理网络任务，MFC 又给出了 CSocket 类，这个

类派生自 CAsyncSocket，它提供了比 CAsyncSocket 更高层的接口。类 CSocket 通常和类 CSocketFile、CArchive 一起进行数据收发，前者将 CSocket 当作一个文件，后者则完成在此文件上的读写操作。这使管理数据收发更加便利。CSocket 对象提供阻塞模式，对于 CArchive 的同步操作是至关重要的。

8.3.2 成员函数

下面我们看一下 CSocket 的基本成员。

（1）Create 函数

创建一个套接字，并将其附加到 CSocket 对象上。函数声明如下：

```
    BOOL Create(UINT nSocketPort = 0,   int nSocketType = SOCK_STREAM, LPCTSTR
lpszSocketAddres= NULL );
```

其中，参数 nSocketPort 为套接字的端口号，如果取零，就认为希望 MFC 选择一个端口号；nSocketType 表示套接字的类型，若取值为 SOCK_STREAM，则套接字为流套接字，若取值为 SOCK_DGRAM，则套接字为数据包套接字；lpszSocketAddres 为字符串形式的 IP 地址。如果函数成功就返回非零值，否则返回 0。

（2）Attach 函数

将一个套接字句柄附加到 CSocket 对象上。函数声明如下：

```
BOOL Attach( SOCKET  hSocket );
```

其中，参数 hSocket 为套接字句柄。如果函数成功就返回非零值。

（3）FromHandle 函数

传入套接字句柄，获得 CSocket 对象的指针。这个函数是一个静态函数，声明如下：

```
static CSocket* PASCAL FromHandle(  SOCKET  hSocket );
```

其中，参数 hSocket 为套接字句柄；如果函数成功就返回指向 CSocket 对象的指针。如果没有为 CSocket 对象附加套接字句柄，那么函数返回 NULL。

（4）IsBlocking 函数

判断套接字是否处于阻塞模式。那么函数声明如下：

```
BOOL IsBlocking( );
```

如果套接字处于阻塞模式，那么函数返回非零，否则返回零。

（5）CancelBlockingCall 函数

取消一个当前在进行中的阻塞调用。函数声明如下：

```
void CancelBlockingCall( );
```

8.3.3　基本用法

在编程中，一般我们不会直接去使用 CSocket，而是派生出自己的套接字类来。然后在派生类中对这些虚函数进行重载处理，加入应用程序对于网络事件处理的特定代码。如果从 CSocket 类派生一个类，是否重载所感兴趣的通知函数则由自己决定。也可以使用 CSocket 类本身的回调函数，但默认情况下 CSocket 本身的回调函数什么也不做，只是一个空函数。

在一个诸如接收或者发送数据的操作期间，一个 CSocket 对象成为同步的，在同步状态期间，在当前套接字等待它想要的通知时，任何为其他套接字的通知被排成队列，一旦该套接字完成了同步操作，并再次成为异步的，其他的套接字才可以开始接收排列的通知。

重要的一点是：在 CSocket 中，从来不调用 OnConncet 通知函数。对于连接，简单地调用 Conncet 函数，仅当连接完成时，无论成功还是失败，该函数都返回。连接通知如何被处理是一个 MFC 内部的实现细节。

下面我们来看一个实例，基于 CSocket 的聊天室程序，分为服务器端程序和客户端程序，每个客户端登录到服务器端后，都可以向服务器端发送信息，服务器端再把这个信息群发给所有客户端，就模拟出一个聊天室的功能了。

【例 8.2】基于 CSocket 网络聊天室程序

（1）新建一个对话框工程，作为服务器端工程，工程名是 Test。

（2）切换到资源视图，打开对话框编辑器，删除上面所有的控件，然后添加一个 IP 控件、编辑控件和按钮，并为 IP 控件添加控件变量 m_ip，为编辑控件添加整型变量 m_nServPort，设置按钮的标题为“启动服务器”。

（3）切换到类视图，单击主菜单，选择“添加类”命令，然后添加一个 MFC 类 CServerSocket，其基类为 CSocket。在类视图上，选中 CServerSocket，然后在属性视图里选择“重写”页面，接着在函数 OnAccept 旁选择添加 OnAccept，这样我们就可以重写 OnAccept 了，如图 8-4 所示。

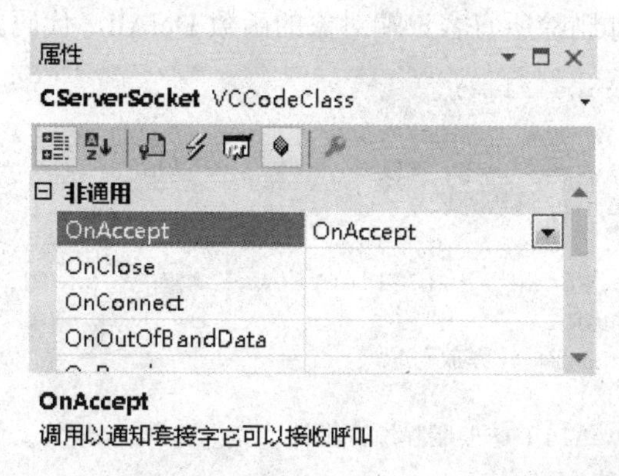

图 8-4

在 OnAccept 函数中添加如下代码：

```
void CServerSocket::OnAccept(int nErrorCode)
{
```

```
    // TODO:  在此添加专用代码和/或调用基类
    CClientSocket* psocket = new CClientSocket();
    if (Accept(*psocket))
        m_socketlist.AddTail(psocket);
    else
        delete psocket;

    CSocket::OnAccept(nErrorCode);
}
```

CClientSocket 是新增的 MFC 类，其基类也是 CSocket。 在文件开头包含该类的头文件：

```
#include "ClientSocket.h"
```

再添加成员函数 SendAll，用来向所有客户端发送信息，代码如下：

```
void CServerSocket::SendAll(char *bufferdata, int len)
{
 if (len != -1)
 {
     bufferdata[len] = 0;
     POSITION pos = m_socketlist.GetHeadPosition();
     while (pos != NULL)
     {
         CClientSocket* socket = (CClientSocket*)m_socketlist.GetNext(pos);
         if (socket != NULL)
             socket->Send(bufferdata, len);
     }
 }
}
```

其中，m_socketlist 是 CServerSocket 成员变量，用来存放各个客户端的指针，定义如下：

```
CPtrList  m_socketlist;
```

再 CServerSocket 添加删除所有客户端对象的函数 DelAll，代码如下：

```
void CServerSocket::DelAll()
{
 POSITION pos = m_socketlist.GetHeadPosition();
 while (pos != NULL) //遍历列表
 {
     CClientSocket* socket = (CClientSocket*)m_socketlist.GetNext(pos);
     if (socket != NULL)
         delete socket; //释放对象
 }
 m_socketlist.RemoveAll();//删除所有指针
}
```

下面我们为 CClientSocket 添加代码，用来和客户端进行交互，主要功能是接收客户端数据。为此，我们重载该类的虚函数 OnReceive，并添加如下代码：

```
void CClientSocket::OnReceive(int nErrorCode)
```

```
{
// TODO:  在此添加专用代码和/或调用基类
char bufferdata[2048];
int len = Receive(bufferdata, 2048); //接收数据
bufferdata[len] = '\0';
theApp.m_ServerSock.SendAll(bufferdata, len);
CSocket::OnReceive(nErrorCode);
}
```

m_ServerSock 是 CTestApp 的成员变量，定义如下：

```
CServerSocket  m_ServerSock;
```

然后在 Test.h 中增加头文件包含：

```
#include "ServerSocket.h"
```

接着在 CTestApp::InitInstance()中添加初始化套接字库的代码：

```
WSADATA wsd;
AfxSocketInit(&wsd);
```

（4）切换到资源视图，打开对话框编辑器，为按钮“启动服务器”添加事件处理函数，代码如下：

```
void CTestDlg::OnBnClickedButton1()
{
// TODO:  在此添加控件通知处理程序代码
UpdateData();
CString strIP;
BYTE nf1, nf2, nf3, nf4;
m_ip.GetAddress(nf1, nf2, nf3, nf4);
strIP.Format(_T("%d.%d.%d.%d"), nf1, nf2, nf3, nf4); //格式化 IP 字符串

if (m_nServPort>1024 && !strIP.IsEmpty())
{
    theApp.m_ServerSock.Create(m_nServPort,SOCK_STREAM,strIP);//创建监听套接字
    BOOL ret = theApp.m_ServerSock.Listen(); //开始监听
    if (ret)
        AfxMessageBox(_T("启动成功"));
}
else AfxMessageBox(_T("信息设置错误"));
}
```

再为 CTestDlg 添加窗口销毁事件处理函数，在其中我们要销毁所有客户端对象，代码如下：

```
void CTestDlg::OnDestroy()
{
CDialogEx::OnDestroy();

// TODO:  在此处添加消息处理程序代码
theApp.m_ServerSock.DelAll(); //该函数前面已经定义
```

```
}
```

此时运行 Test 工程，在对话框上正确设置 IP 和端口号后，单击“启动服务器”，可以成功启动服务器程序。

（5）开始增加客户端工程，命名为 client。它是一个对话框工程。

（6）切换到资源视图，打开对话框编辑器。这个对话框要作为登录用的对话框，因此添加一个 IP 控件、2 个编辑控件和一个按钮。上方的编辑控件用来输入服务器端口，并为其添加整型变量 m_nServPort。下方的编辑控件用来输入用户昵称，并为其添加 CString 类型变量 m_strNickname。IP 控件为其添加控件变量 m_ip。按钮控件的标题设置为“登录服务器”。

（7）切换到类视图，选中工程 client，然后添加一个 MFC 类 CClientSocket，基类为 CSocket。

（8）为 CclientApp 添加成员变量：

```
CString m_strName;
CClientSocket m_clinetsock;
```

同时在 client.h 开头包含头文件：

```
#include "ClientSocket.h"
```

在 CclientApp::InitInstance()中添加套接字库初始化的代码和 CClientSocket 对象创建代码：

```
WSADATA wsd;
AfxSocketInit(&wsd);
m_clinetsock.Create();
```

（9）切换到资源视图，打开对话框编辑器，为按钮“登录服务器”添加事件处理函数，代码如下：

```
void CclientDlg::OnBnClickedButton1()
{
 // TODO:  在此添加控件通知处理程序代码
 CString strIP, strPort;
 UINT port;

 UpdateData();
 if (m_ip.IsBlank() || m_nServPort < 1024 || m_strNickname.IsEmpty())
 {
     AfxMessageBox(_T("请设置服务器信息"));
     return;
 }
 BYTE nf1, nf2, nf3, nf4;
 m_ip.GetAddress(nf1, nf2, nf3, nf4);
 strIP.Format(_T("%d.%d.%d.%d"), nf1, nf2, nf3, nf4);

 theApp.m_strName = m_strNickname;

 if (theApp.m_clinetsock.Connect(strIP, m_nServPort))
 {
     AfxMessageBox(_T("连接服务器成功!"));
```

```
        CChatDlg dlg;
        dlg.DoModal();
    }
    else
    {
        AfxMessageBox(_T("连接服务器失败!"));
    }
}
```

其中，CChatDlg 是聊天对话框类。切换到资源视图，添加一个对话框，用来显示聊天记录和发送信息，设置 ID 为 IDD_CHAT_DIALOG，并在对话框上面添加一个列表框、一个编辑控件和一个按钮：列表框用来显示聊天记录，编辑控件用来输入要发送的信息，按钮标题为“发送”。为列表框添加控件变量 m_lst，为编辑框添加 CString 类型变量 m_strSendContent，为对话框添加类 CDlgChat。

（10）为类 CClientSocket 添加成员变量：

```
CDlgChat *m_pDlg; //保存聊天对话框指针，这样收到数据后可以显示在对话框的列表框里
```

再添加成员函数 SetWnd，传一个 CDlgChat 指针进来，代码如下：

```
void CClientSocket::SetWnd(CDlgChat *pDlg)
{
 m_pDlg = pDlg;
}
```

然后重载 CClientSocket 的虚函数 OnReceive，在里面接收数据并显示在列表框里，代码如下：

```
void CClientSocket::OnReceive(int nErrorCode)
{
 // TODO:  在此添加专用代码和/或调用基类
 if (m_pDlg)
 {
     char buffer[2048];
     CString str;
     int len = Receive(buffer, 2048);  //接收服务器端数据
     if (len != -1)
     {
         buffer[len] = '\0';
         buffer[len+1] = '\0'; //因为 Unicode 下，'\0'占两个字节
         str.Format(_T("%s"), buffer);
         m_pDlg->m_lst.AddString(str); //添加到列表框里
     }
 }
 CSocket::OnReceive(nErrorCode);
}
```

（11）切换到资源视图，打开对话框编辑器，然后为按钮“发送”添加事件处理函数，代码如下：

```
void CDlgChat::OnBnClickedButton1()
{
 // TODO:  在此添加控件通知处理程序代码
 CString  strInfo;
 int len;
 UpdateData();

 if (m_strSendContent.IsEmpty())
     AfxMessageBox(_T("发送内容不能为空"));
 else
 {
     strInfo.Format(_T("%s 说:%s"), theApp.m_strName, m_strSendContent);
     //发送数据，注意一个字符占两个字节，所以要乘以 2
     len = theApp.m_clinetsock.Send(strInfo.GetBuffer(strInfo.GetLength()), 2
* strInfo.GetLength());
     if (SOCKET_ERROR == len)
         AfxMessageBox(_T("发送错误"));
 }
}
```

（12）保存工程并分别启动两个工程，运行结果如图 8-5 所示。

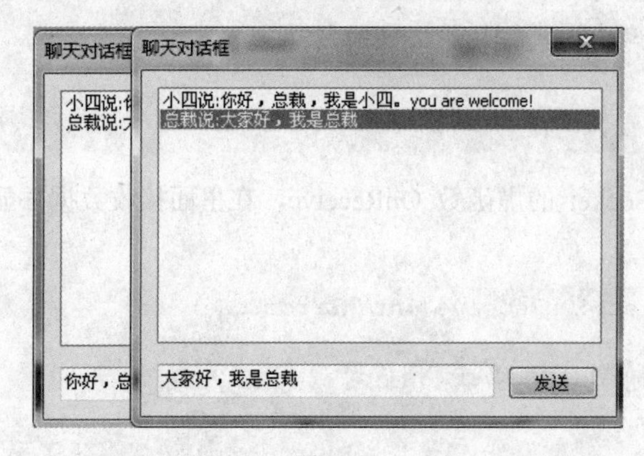

图 8-5

上面我们介绍了 MFC 套接字编程的两个类，下面我们来看一个较综合的系统——五子棋网络对战系统。

8.4 基于 CAsyncSocket 的网络五子棋

8.4.1 概述

这一节我们看一个比较综合的实例，实现一个网络版的五子棋对战系统，网络功能基于类 CAsyncSocket。

考虑到程序的响应速度，人机对弈算法只对玩家的棋子进行一步推测。

由于计算机在落子时选取的是得分最高的一步落子，因此如果玩家在开局的时候不改变落子步骤，那么将会获得从头至尾相同的棋局。

考虑到下棋的同时还要聊天，所以并未对落子时间加入任何限制，同样如果玩家离开游戏也不会判负。

对于人机对弈的悔棋处理，由于这个算法的开销相当大，每一步落子都会存在不同的棋盘布局，实现从头到尾的悔棋不是很现实（将会存在过多的空间保存棋盘布局），因此在人机对弈模式下，只允许玩家悔最近的两步落子。

8.4.2　五子棋简介

五子棋是起源于中国古代的传统黑白棋种之一。现代五子棋日文称为“連珠”，英文称之为“Gobang”或“FIR”（Five in a Row 的缩写），亦有“连五子”“五子连”“串珠”“五目”“五目碰”“五格”等多种称谓。

五子棋不但能增强思维能力、提高智力，而且富含哲理，有助于修身养性。五子棋既有现代休闲的明显特征“短、平、快”，又有古典哲学的高深学问“阴阳易理”；它既有简单易学的特性，为人民群众所喜闻乐见，又有深奥的技巧和高水平的国际性比赛；它的棋文化源远流长，具有东方的神秘和西方的直观；既有“场”的概念，亦有“点”的连接。它是中西文化的交流点，是古今哲理的结晶。

相信大家都会五子棋，所以不详细阐述下棋的方法了。

8.4.3　软件总体架构

我们的五子棋对战系统既可以作为人和电脑玩的单机版，也可以是通过网络进行对战的网络版。

软件的总体架构如图 8-6 所示。

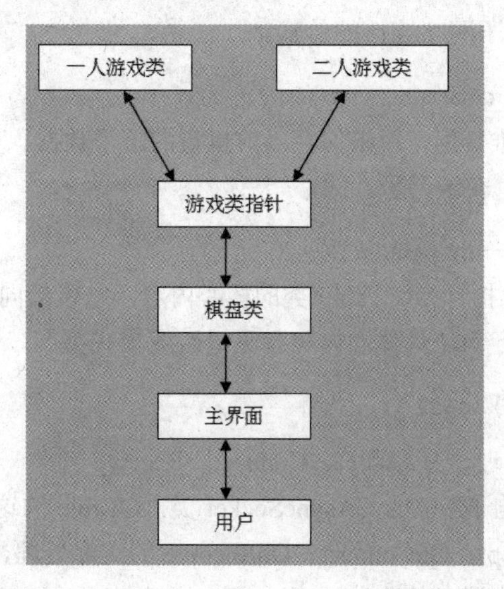

图 8-6

考虑到整个的下棋过程（无论对方是电脑抑或其他网络玩家）可以分为己方落子、等待对方落子、对方落子、设置己方棋盘数据，因此一人游戏类、二人游戏类和棋盘类之间的关系参考了 AbstractFactory（抽象工厂）模式，以实现对两个不同模块进行一般化的控制。

8.4.4 棋盘类——CTable

棋盘类是整个架构的核心部分，类名为 CTable。封装了棋盘各种可能用到的功能，如保存棋盘数据、初始化、判断胜负等。用户操作主界面，主界面与 CTable 进行交互来完成对游戏的操作。

8.4.4.1 主要成员变量说明

（1）网络连接标志——m_bConnected

用来表示当前网络连接的情况，在网络对弈游戏模式下客户端连接服务器的时候用来判断是否连接成功。事实上，它也是区分当前游戏模式的唯一标志。

（2）棋盘等待标志——m_bWait 与 m_bOldWait

在玩家落子后需要等待对方落子，m_bWait 标志就用来标识棋盘的等待状态。当 m_bWait 为 TRUE 时，是不允许玩家落子的。

在网络对弈模式下，玩家之间需要互相发送诸如悔棋、和棋这一类的请求消息，在发送请求后等待对方回应时，也是不允许落子的，所以需要将 m_bWait 标志置为 TRUE。在收到对方回应后，需要恢复原有的棋盘等待状态，所以需要另外一个变量在发送请求之前保存棋盘的等待状态做恢复之用，也就是 m_bOldWait。

等待标志的设置由成员函数 SetWait 和 RestoreWait 完成。

（3）网络套接字——m_sock 和 m_conn

在网络对弈游戏模式下，需要用到这两个套接字对象。其中，m_sock 对象用于做服务器时的监听之用，m_conn 用于网络连接的传输。

（4）棋盘数据——m_data

这是一个 15*15 的二维数组，用来保存当前棋盘的落子数据。对于每个成员来说，0 表示落黑子，1 表示落白子，-1 表示无子。

（5）游戏模式指针——m_pGame

这个 CGame 类的对象指针是 CTable 类的核心内容。它所指向的对象实体决定了 CTable 在执行一件事情时的不同行为，具体的内容参见“游戏模式类”。

8.4.4.2 主要成员函数说明

（1）套接字的回调处理——Accept、Connect、Receive

本程序的套接字派生自 MFC 的 CAsyncSocket 类，CTable 的这 3 个成员函数分别提供了对套接字回调事件 OnAccept、OnConnect、OnReceive 的实际处理，其中尤以 Receive 成员函数重要，包含了对所有网络消息的分发处理。

（2）清空棋盘——Clear

在每一局游戏开始的时候都需要调用这个函数将棋盘清空，也就是棋盘的初始化工作。在这个函数中，主要发生了这么几件事情：

- 将 m_data 中每一个落子位都置为无子状态（-1）。
- 按照传入的参数设置棋盘等待标志 m_bWait，以供先、后手的不同情况之用。
- 使用 delete 将 m_pGame 指针所指向的原有游戏模式对象从堆上删除。

（3）绘制棋子——Draw

无疑是很重要的一个函数，它根据参数给定的坐标和颜色绘制棋子。绘制的详细过程如下：

- 将给定的棋盘坐标换算为绘图的像素坐标。
- 根据坐标绘制棋子位图。
- 如果先前曾下过棋子，就利用 R2_NOTXORPEN 将上一个绘制棋子上的最后落子指示矩形擦除。
- 在刚绘制完成的棋子四周绘制最后落子指示矩形。

（4）左键消息——OnLButtonUp

作为棋盘唯一响应的左键消息，也需要做不少工作：

- 如果棋盘等待标志 m_bWait 为 TRUE，就直接发出警告声音并返回，即禁止落子。
- 点击时的鼠标坐标在合法坐标(0, 0) ~ (14, 14)之外，禁止落子。
- 走的步数大于 1 步，方才允许悔棋。
- 进行胜利判断，若胜利则修改 UI 状态并增加胜利数的统计。
- 若未胜利，则向对方发送已经落子的消息。
- 落子完毕，将 m_bWait 标志置为 TRUE，开始等待对方回应。

（5）绘制棋盘——OnPaint

每当 WM_PAINT 消息触发时，都需要对棋盘进行重绘。OnPaint 作为响应绘制消息的消息处理函数使用了双缓冲技术，减少了多次绘图可能导致的图像闪烁问题。这个函数主要完成了以下工作：

- 装载棋盘位图并进行绘制。
- 根据棋盘数据绘制棋子。
- 绘制最后落子指示矩形。

（6）对方落子完毕——Over

在对方落子之后，仍然需要做一些判断工作，这些工作与 OnLButtonUp 中的类似，在此不再赘述。

（7）设置游戏模式——SetGameMode

这个函数通过传入的游戏模式参数对 m_pGame 指针进行初始化，代码如下：

```
void CTable::SetGameMode( int nGameMode )
{
    if ( 1 == nGameMode )
        m_pGame = new COneGame( this );
    else
        m_pGame = new CTwoGame( this );
    m_pGame->Init();
}
```

这之后就可以利用 OO 的继承和多态特点来使 m_pGame 指针使用相同的调用来完成不同的工作了。事实上，COneGame::Init 和 CTwoGame::Init 都是不同的。

（8）胜负的判断——Win

这是游戏中一个极其重要的算法，用来判断当前棋盘的形势是哪一方获胜。

8.4.5 游戏模式类——CGame

游戏模式类用来管理人机对弈和网络对弈两种游戏模式，类名为 CGame。CGame 是一个抽象类，经由它派生出一人游戏类 COneGame 和网络游戏类 CTwoGame，如图 8-7 所示。

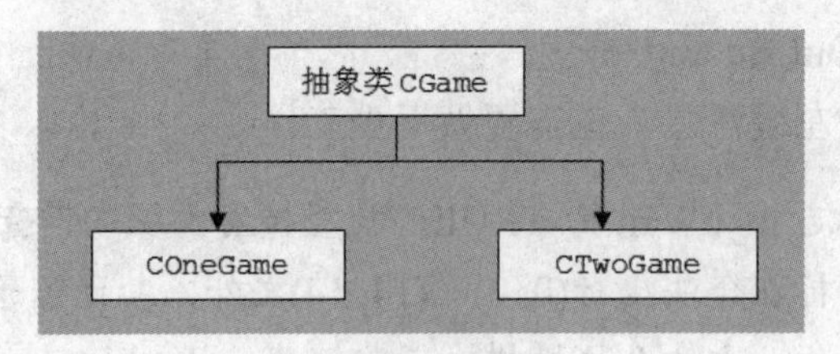

图 8-7

这样，CTable 类就可以通过一个 CGame 类的指针，在游戏初始化的时候根据具体游戏模式的要求实例化 COneGame 或 CTwoGame 类的对象；然后利用多态性，使用 CGame 类提供的公有接口就可以完成不同游戏模式下的不同功能了。

这个类负责对游戏模式进行管理，以及在不同的游戏模式下对不同的用户行为进行不同的响应。由于并不需要 CGame 本身进行响应，因此将其设计为一个纯虚类，定义如下：

```
class CGame
{
protected:
    CTable *m_pTable;
public:
    // 落子步骤
    list< STEP > m_StepList;
public:
    // 构造函数
    CGame( CTable *pTable ) : m_pTable( pTable ) {}
    // 析构函数
    virtual ~CGame();
    // 初始化工作，不同的游戏方式初始化也不一样
    virtual void Init() = 0;
    // 处理胜利后的情况，CTwoGame 需要改写此函数完成善后工作
    virtual void Win( const STEP& stepSend );
```

```
    // 发送己方落子
    virtual void SendStep( const STEP& stepSend ) = 0;
    // 接收对方消息
    virtual void ReceiveMsg( MSGSTRUCT *pMsg ) = 0;
    // 发送悔棋请求
    virtual void Back() = 0;
};
```

8.4.5.1　主要成员变量说明

（1）棋盘指针——m_pTable

由于在游戏中需要对棋盘以及棋盘的父窗口——主对话框进行操作及 UI 状态设置，故为 CGame 类设置了这个成员。当对主对话框进行操作时，可以使用 m_pTable->GetParent()得到它的窗口指针。

（2）落子步骤——m_StepList

一个好的棋类程序必须要考虑到的功能就是它的悔棋功能，所以需要为游戏类设置一个落子步骤的列表。由于人机对弈和网络对弈中都需要这个功能，故将这个成员直接设置到基类 CGame 中。另外，考虑到使用的简便性，这个成员使用了 C++标准模板库（Standard Template Library，STL）中的 std::list，而不是 MFC 的 CList。

8.4.5.2　主要成员函数说明

（1）悔棋操作

在不同的游戏模式下，悔棋的行为是不一样的。

在人机对弈模式下，计算机是完全允许玩家悔棋的，但是出于对程序负荷的考虑，只允许玩家悔当前的两步棋（计算机一步，玩家一步）。

在双人网络对弈模式下，悔棋的过程为：首先由玩家向对方发送悔棋请求（悔棋消息），然后由对方决定是否允许玩家悔棋，在玩家得到对方的响应消息（允许或者拒绝）之后，才进行悔棋与否的操作。

（2）初始化操作——Init

对于不同的游戏模式而言，有不同的初始化方式。对于人机对弈模式而言，初始化操作包括以下几个步骤：

- 设置网络连接状态 m_bConnected 为 FALSE。
- 设置主界面计算机玩家的姓名。
- 初始化所有的获胜组合。
- 如果是计算机先走，就占据天元（棋盘正中央）的位置。

网络对弈的初始化工作暂为空，以供以后扩展之用。

（3）接收来自对方的消息——ReceiveMsg

这个成员函数由 CTable 棋盘类的 Receive 成员函数调用，用于接收来自对方的消息。对于人机对弈游戏模式来说，所能接收到的就仅仅是本地模拟的落子消息 MSG_PUTSTEP；对于网络对弈游戏模式来说，这个成员函数负责从套接字读取对方发过来的数据，然后将这些数据解释为自定义的消息结构，并回到 CTable::Receive 来进行处理。

（4）发送落子消息——SendStep

在玩家落子结束后，要向对方发送自己落子的消息。对于不同的游戏模式，发送的目标也不同：

- 对于人机对弈游戏模式，将直接把落子的信息（坐标、颜色）发送给 COneGame 类相应的计算函数。
- 对于网络对弈游戏模式，将把落子消息发送给套接字，并由套接字转发给对方。

（5）胜利后的处理——Win

这个成员函数主要针对 CTwoGame 网络对弈模式。在玩家赢得棋局后，这个函数仍然会调用 SendStep 将玩家所下的制胜落子步骤发送给对方玩家，然后对方的游戏端经由 CTable::Win 来判定自己失败。

8.4.6 消息机制

Windows 系统拥有自己的消息机制，在不同事件发生的时候，系统也可以提供不同的响应方式。五子棋程序也模仿 Windows 系统实现了自己的消息机制，主要为网络对弈服务，以响应多种多样的网络消息。

8.4.6.1 消息机制的架构

当继承自 CAsyncSocket 的套接字类 CFiveSocket 收到消息时，会触发 CFiveSocket::OnReceive 事件，在这个事件中调用 CTable::Receive，CTable::Receive 开始按照自定义的消息格式接收套接字发送的数据，并对不同的消息类型进行分发处理，如图 8-8 所示。

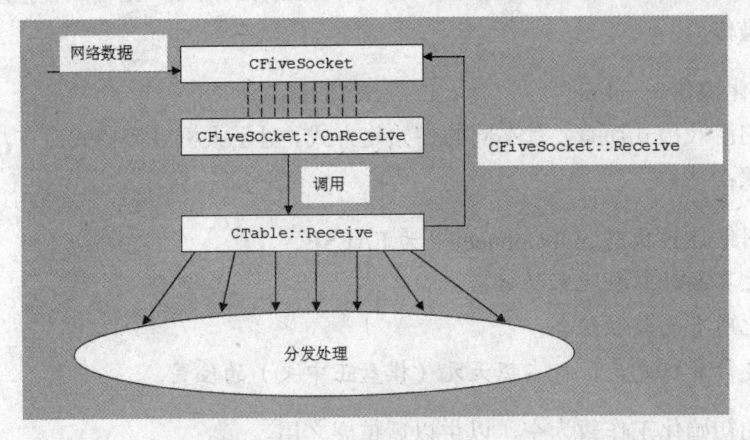

图 8-8

当 CTable 获得了来自网络的消息之后，就可以使用一个 switch 结构来进行消息的分发了。

8.4.6.2　各种消息说明

网络间传递的消息都遵循以下一个结构体的形式：

```
// 摘自 Messages.h
typedef struct _tagMsgStruct {
    // 消息 ID
    UINT uMsg;
    // 落子信息
    int x;
    int y;
    int color;
    // 消息内容
    TCHAR szMsg[128];
} MSGSTRUCT;
```

uMsg 表示消息 ID，x、y 表示落子的坐标，color 表示落子的颜色，szMsg 随着 uMsg 的不同而有不同的含义。

（1）落子消息——MSG_PUTSTEP

表明对方落下了一个棋子，其中 x、y 和 color 成员有效，szMsg 成员无效。在人机对弈游戏模式下，亦会模拟发送此消息以达到程序模块一般化的效果。

（2）悔棋消息——MSG_BACK

表明对方请求悔棋，除 uMsg 成员外其余成员皆无效。接到这个消息后，会弹出 MessageBox 询问是否接受对方的请求，并根据玩家的选择回返 MSG_AGREEBACK 或 MSG_REFUSEBACK 消息。另外，在发送这个消息之后，主界面上的某些元素将不再响应用户的操作，如图 8-9 所示。

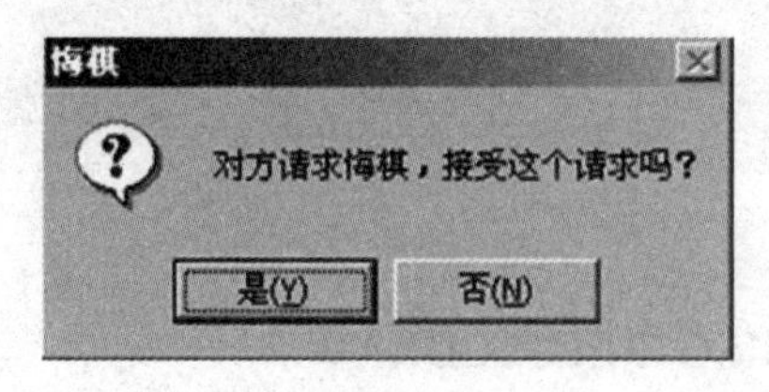

图 8-9

（3）同意悔棋消息——MSG_AGREEBACK

表明对方接受了玩家的悔棋请求，除 uMsg 成员外其余成员皆无效。接到这个消息后，将进行正常的悔棋操作。

（4）拒绝悔棋消息——MSG_REFUSEBACK

表明对方拒绝了玩家的悔棋请求，除 uMsg 成员外其余成员皆无效。接到这个消息后，整个界面将恢复发送悔棋请求前的状态，如图 8-10 所示。

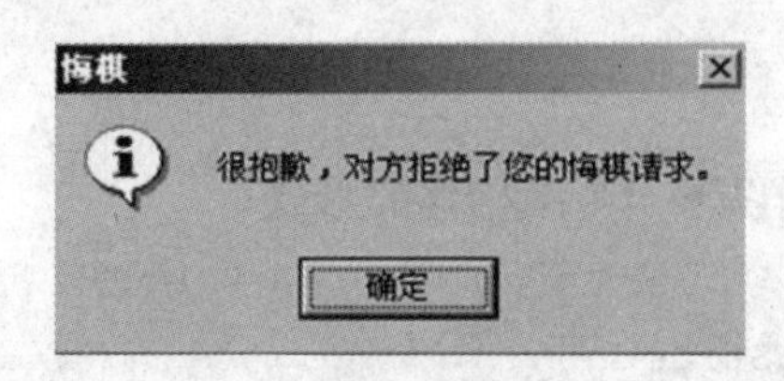

图 8-10

（5）和棋消息——MSG_DRAW

表明对方请求和棋，除 uMsg 成员外其余成员皆无效。接到这个消息后，会弹出 MessageBox 询问是否接受对方的请求，并根据玩家的选择回返 MSG_AGREEDRAW 或 MSG_REFUSEDRAW 消息。另外，在发送这个消息之后，主界面上的某些元素将不再响应用户的操作，如图 8-11 所示。

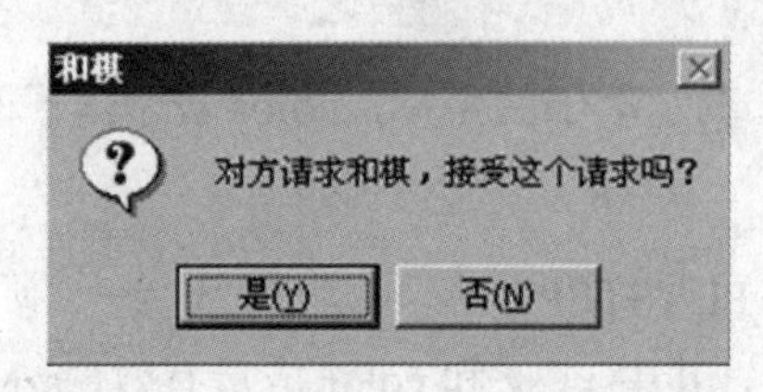

图 8-11

（6）同意和棋消息——MSG_AGREEDRAW

表明对方接受了玩家的和棋请求，除 uMsg 成员外其余成员皆无效。接到这个消息后，双方和棋，如图 8-12 所示。

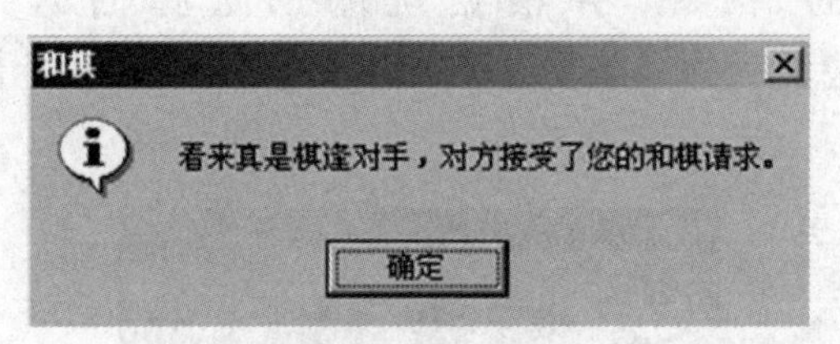

图 8-12

（7）拒绝和棋消息——MSG_REFUSEDRAW

表明对方拒绝了玩家的和棋请求，除 uMsg 成员外其余成员皆无效。接到这个消息后，整个界面将恢复发送和棋请求前的状态，如图 8-13 所示。

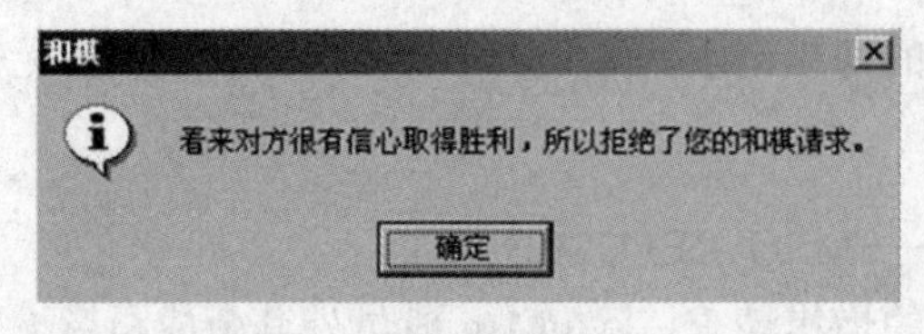

图 8-13

（8）认输消息——MSG_GIVEUP

表明对方已经投子认输，除 uMsg 成员外其余成员皆无效。接到这个消息后，整个界面将转换为胜利后的状态，如图 8-14 所示。

图 8-14

（9）聊天消息——MSG_CHAT

表明对方发送了一条聊天信息，szMsg 表示对方的信息，其余成员无效。接到这个信息后，会将对方聊天的内容显示在主对话框的聊天记录窗口内。

（10）对方信息消息——MSG_INFORMATION

用来获取对方玩家的姓名，szMsg 表示对方的姓名，其余成员无效。在开始游戏的时候，由客户端向服务器端发送这条消息，服务器端接到后设置对方的姓名，并将自己的姓名同样用这条消息回发给客户端。

（11）再次开局消息——MSG_PLAYAGAIN

表明对方希望开始一局新的棋局，除 uMsg 成员外其余成员皆无效。接到这个消息后，会弹出 MessageBox 询问是否接受对方的请求，并根据玩家的选择回返 MSG_AGREEAGAIN 消息或直接断开网络，如图 8-15 所示。

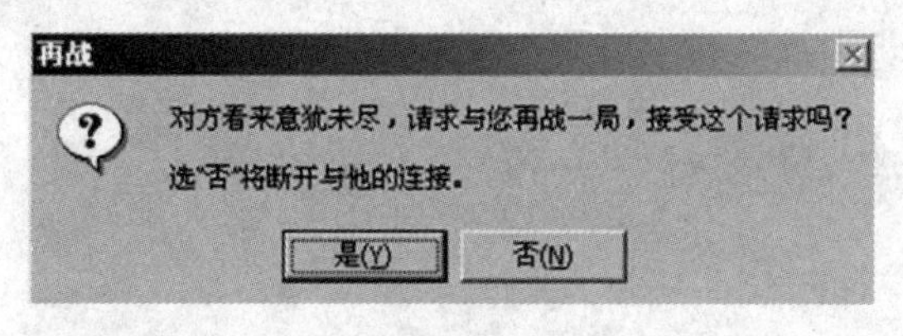

图 8-15

（12）同意再次开局消息——MSG_AGREEAGAIN

表明对方同意了再次开局的请求，除 uMsg 成员外其余成员皆无效。接到这个消息后，将开启一局新游戏。

8.4.7　主要算法

在五子棋游戏中，有相当的篇幅是算法的部分。无论是人机对弈，还是网络对弈，都需要合理算法的支持，本节将详细介绍五子棋中使用的算法。

8.4.7.1　判断胜负

五子棋的胜负在于判断棋盘上是否有一个点，从这个点开始的右、下、右下、左下 4 个方向是否有连续的 5 个同色棋子出现，如图 8-16 所示。

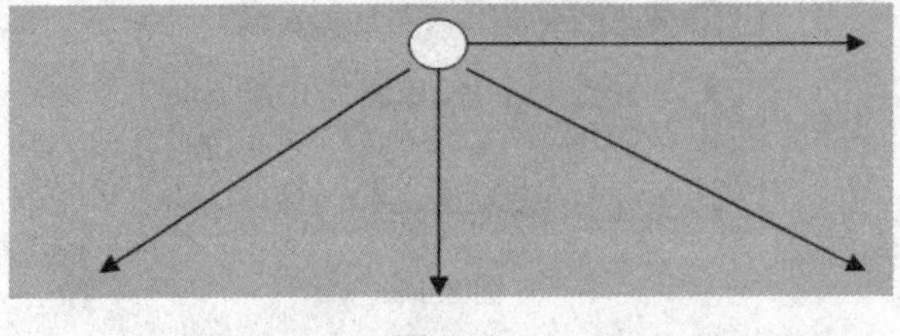

图 8-16

这个算法也就是 CTable 的 Win 成员函数。从设计的思想上，需要它接受一个棋子颜色的参数，然后返回一个布尔值，用来指示是否胜利，代码如下：

```
BOOL CTable::Win( int color ) const
{
    int x, y;
    // 判断横向
    for ( y = 0; y < 15; y++ )
    {
        for ( x = 0; x < 11; x++ )
        {
            if ( color == m_data[x][y] &&
color == m_data[x + 1][y] &&
                color == m_data[x + 2][y] &&
color == m_data[x + 3][y] &&
                color == m_data[x + 4][y] )
            {
                return TRUE;
            }
        }
    }
    // 判断纵向
    for ( y = 0; y < 11; y++ )
    {
        for ( x = 0; x < 15; x++ )
        {
            if ( color == m_data[x][y] &&
color == m_data[x][y + 1] &&
                color == m_data[x][y + 2] &&
color == m_data[x][y + 3] &&
                 color == m_data[x][y + 4] )
            {
                return TRUE;
            }
        }
    }
    // 判断"\"方向
    for ( y = 0; y < 11; y++ )
    {
        for ( x = 0; x < 11; x++ )
        {
            if ( color == m_data[x][y] &&
```

```
color == m_data[x + 1][y + 1] &&
                color == m_data[x + 2][y + 2] &&
color == m_data[x + 3][y + 3] &&
                color == m_data[x + 4][y + 4] )
            {
                return TRUE;
            }
        }
    }
    // 判断"/"方向
    for ( y = 0; y < 11; y++ )
    {
        for ( x = 4; x < 15; x++ )
        {
            if ( color == m_data[x][y] &&
color == m_data[x - 1][y + 1] &&
                color == m_data[x - 2][y + 2] &&
color == m_data[x - 3][y + 3] &&
                color == m_data[x - 4][y + 4] )
            {
                return TRUE;
            }
        }
    }
    // 不满足胜利条件
    return FALSE;
}
```

需要说明的一点是，由于这个算法所遵循的搜索顺序是从左到右、自上而下，因此在每次循环的时候都有一些坐标无须纳入考虑范围。例如，对于横向判断而言，由于右边界所限，所有横坐标大于等于 11 的点都构不成达到五子连的条件，所以横坐标的循环上界就定为 11，这样也就提高了搜索的速度。

8.4.7.2　人机对弈算法

人机对弈算法完全按照 CGame 基类定义的接口标准封装在了 COneGame 派生类之中。下面将对这个算法进行详细的介绍。

（1）获胜组合

获胜组合是一个三维数组，记录了所有取胜的情况。也就是说，参考于 CTable::Win 中的情况，对于每一个落子坐标，获胜的组合一共有 15 * 11 * 2 + 11 * 11 * 2 = 572 种。

对于每个坐标的获胜组合，应该设置一个[15][15][572]大小的三维数组。

在拥有了这些获胜组合之后，就可以参照每个坐标的 572 种组合给自己的局面和玩家的局面进行打分，也就是根据当前盘面中某一方所拥有的获胜组合多少进行权值的估算，给出最有利于自己的一步落子坐标。

由于是双方对弈，因此游戏的双方都需要一份获胜组合，也就是：

```
bool m_Computer[15][15][572]; // 电脑获胜组合
```

```
bool m_Player[15][15][572]; // 玩家获胜组合
```

在每次游戏初始化（COneGame::Init）的时候，需要将每个坐标下可能的获胜组合都置为TRUE。

此外，还需要设置计算机和玩家在各个获胜组合中所填入的棋子数：

```
int m_Win[2][572];
```

在初始化的时候，将每个棋子数置为0。

（2）落子后处理

每当一方落子后，都需要做如下处理：

- 如果己方此坐标的获胜组合仍为TRUE，且仍有可能在此获胜组合处添加棋子，就将此获胜组合添加棋子数加1。
- 如果对方此坐标的获胜组合仍为TRUE，就将对方此坐标的获胜组合置为FALSE，并将对方此获胜组合添加棋子数置为-1（不可能靠此组合获胜）。

以玩家落子为例，代码为：

```
for ( i = 0; i < 572; i++ )
{
    // 修改状态变化
    if ( m_Player[stepPut.x][stepPut.y][i] &&
m_Win[0][i] != -1 )
        m_Win[0][i]++;
    if ( m_Computer[stepPut.x][stepPut.y][i] )
    {
        m_Computer[stepPut.x][stepPut.y][i] = false;
        m_Win[1][i] = -1;
    }
}
```

（3）查找棋盘空位

在计算机落子之前，需要查找棋盘的空位，所以需要一个SearchBlank成员函数完成此项工作，此函数需要进行不重复的查找，也就是说，对已查找过的空位进行标记，并返回找到空位的坐标，其代码如下：

```
bool COneGame::SearchBlank( int &i, int &j,
int nowTable[][15] )
{
    int x, y;
    for ( x = 0; x < 15; x++ )
    {
        for ( y = 0; y < 15; y++ )
        {
            if ( nowTable[x][y] == -1 && nowTable[x][y] != 2 )
            {
                i = x;
```

```
                j = y;
                return true;
            }
        }
    }
    return false;
}
```

（4）落子打分

找到空位后，需要对这个点的落子进行打分，这个分数也就是这个坐标重要性的体现，代码如下：

```
int COneGame::GiveScore( const STEP& stepPut )
{
    int i, nScore = 0;
    for ( i = 0; i < 572; i++ )
    {
        if ( m_pTable->GetColor() == stepPut.color )
        {
            // 玩家下
            if ( m_Player[stepPut.x][stepPut.y][i] )
            {
                switch ( m_Win[0][i] )
                {
                case 1:
                    nScore -= 5;
                    break;
                case 2:
                    nScore -= 50;
                    break;
                case 3:
                    nScore -= 500;
                    break;
                case 4:
                    nScore -= 5000;
                    break;
                default:
                    break;
                }
            }
        }
        else
        {
            // 计算机下
            if ( m_Computer[stepPut.x][stepPut.y][i] )
            {
                switch ( m_Win[1][i] )
                {
                case 1:
                    nScore += 5;
```

```
                    break;
                case 2:
                    nScore += 50;
                    break;
                case 3:
                    nScore += 100;
                    break;
                case 4:
                    nScore += 10000;
                    break;
                default:
                    break;
                }
            }
        }
    }
    return nScore;
}
```

如代码所示，考虑到攻守两方面的需要，所以将玩家落子给的分数置为负值。

（5）防守策略

落子的考虑不单单要从进攻考虑，还要从防守考虑。这一细节的实现其实就是让计算机从玩家棋盘布局分析战况，然后找出对玩家最有利的落子位置。整个过程如下：

```
for ( m = 0; m < 572; m++ )
{
    // 暂时更改玩家信息
    if ( m_Player[i][j][m] )
    {
        temp1[n] = m;
        m_Player[i][j][m] = false;
        temp2[n] = m_Win[0][m];
        m_Win[0][m] = -1;
        n++;
    }
}
ptempTable[i][j] = 0;

pi = i;
pj = j;
while ( SearchBlank( i, j, ptempTable ) )
{
    ptempTable[i][j] = 2; // 标记已被查找
    step.color = m_pTable->GetColor();
    step.x = i;
    step.y = j;
    ptemp = GiveScore( step );
    if ( pscore > ptemp ) // 此时为玩家下子，运用极小极大法时应选取最小值
    pscore = ptemp;
}
```

```
for ( m = 0; m < n; m++ )
{
    // 恢复玩家信息
    m_Player[pi][pj][temp1[m]] = true;
    m_Win[0][temp1[m]] = temp2[m];
}
```

（6）选取最佳落子

在循环结束的时候，就可以根据攻、守两方面的打分综合地考虑落子位置了。代码如下：

```
if ( ctemp + pscore > cscore )
{
    cscore = ctemp + pscore;
    bestx = pi;
    besty = pj;
}
```

在这之后，重新改变一下棋盘的状态即可。

第 9 章

简单的网络服务器设计

不同于客户端程序，服务器端程序需要同时为多个客户端提供服务，及时响应。比如 Web 服务器，就要能同时处理不同 IP 地址的主机发来的浏览请求，并把网页及时反应给浏览器。因此，开发服务器程序，必须要能实现并发服务能力。这是网络服务器之所以成为服务器的最本质的特点。

这里要注意，有些并发并不是非常需要精确同时。在某些应用场合，比如每次处理客户端数据量较少的情况下，我们也可以简化服务器的设计。通常来讲，网络服务器的设计模型有循环服务器、I/O 复用服务器、多线程并发服务器。

9.1 循环服务器

循环服务器在同一时刻只可以响应一个客户端的请求。循环服务器指的是对于客户端的请求和连接，服务器在处理完毕一个之后再处理另一个，即串行处理客户的请求。这种类型的服务器一般适用于服务器与客户端一次传输的数据量较小、每次交互的时间较短的场合。根据使用的网络协议不同（UDP 或 TCP），循环服务器又可分为无连接的循环服务器和面向连接的循环服务器。其中，无连接的循环服务器也称 UDP 循环服务器，一般用在网络情况较好的场合，比如局域网中。面向连接使用了 TCP 协议，可靠性大大增强，所以可用在因特网上，但开销相对于无连接的服务器而言也较大。

9.1.1 UDP 循环服务器

UDP 循环服务器的实现方法是：UDP 服务器每次从套接字上读取一个客户端的请求，然后处理，再将处理结果返回给客户机。算法流程如下：

```
socket(...);
bind(...);
while(1)
{
recvfrom(...);
process(...);
sendto(...);
```

```
}
```

因为 UDP 是非面向连接的，所以没有一个客户端可以老是占用服务器端的，服务器对于每一个客户机的请求总是能够满足。

9.1.2　TCP 循环服务器

TCP 服务器接受一个客户端的连接，然后处理，完成了这个客户的所有请求后断开连接。面向连接的循环服务器工作流程如下：

第一步，创建套接字并将其绑定到指定端口，然后开始监听。
第二步，当客户端连接到来时，accept 函数返回新的连接套接字。
第三步，服务器在该套接字上进行数据的接收和发送。
第四步，在完成与该客户端的交互后关闭连接，返回执行第二步。

写成代码就是：

```
socket(...);
bind(...);
listen(...);
while(1)
{
accept(...);
process(...);
close(...);
}
```

TCP 循环服务器一次只能处理一个客户端的请求。只有在这个客户的所有请求都满足后，服务器才可以继续后面的请求。这样如果有一个客户端占住服务器不放时，其他客户机就都不能工作了，因此 TCP 服务器一般很少用循环服务器模型。

【例 9.1】一个简单的 TCP 循环服务器

（1）打开 VC2017，新建一个控制台工程 server。
（2）在 server.cpp 中输入如下代码：

```
// server.cpp : 定义控制台应用程序的入口点
#include "pch.h"
#include <stdio.h>
#include <tchar.h>
#include <winsock.h>
#pragma comment(lib,"wsock32")

#define  BUF_SIZE  200
#define PORT 2048

int _tmain(int argc, _TCHAR* argv[])
{
 struct   sockaddr_in fsin;
```

```
SOCKET   clisock;
WSADATA  wsadata;
int      alen,connum=0;
char     buf[BUF_SIZE]="hi,client";

struct  servent  *pse;    /* server information    */
struct  protoent *ppe;    /* proto information     */
struct sockaddr_in sin;   /* endpoint IP address   */
int  s;

if(WSAStartup(MAKEWORD(2,0),&wsadata)!=0)
{
    puts("WSAStartup failed\n");
    WSACleanup();
    return -1;
}
memset(&sin,0,sizeof(sin));
sin.sin_family=AF_INET;
sin.sin_addr.s_addr = INADDR_ANY;
sin.sin_port=htons(PORT);

/* get protocol number from protocol name */
if((ppe=getprotobyname("TCP"))==0)
{
    printf("  get protocol number error \n");
    WSACleanup();
    return -1;
}


s=socket(PF_INET,SOCK_STREAM,ppe->p_proto);
if( s==INVALID_SOCKET)
{
    printf(" creat socket error \n");
    WSACleanup();
    return -1;
}

if(bind(s,(struct sockaddr *)&sin,sizeof(sin))==SOCKET_ERROR )
{
    printf("  socket bind error \n");
    WSACleanup();
    return -1;
}


if(listen(s,10)==SOCKET_ERROR)
{
    printf("  socket listen error \n");
    WSACleanup();
    return -1;
```

```
    }

    while(1)
    {
        alen=sizeof(struct sockaddr);
        clisock=accept(s,(struct sockaddr *)&fsin,&alen);

        if(clisock==INVALID_SOCKET)
        {
            printf("initalize failed\n");
            WSACleanup();
            return -1;
        }
        connum++;
        send(clisock,buf,strlen(buf),0);
        printf("%d  client  comes\n",connum);
        closesocket(clisock);
    }

    return 0;
}
```

在上述代码中，每接受一个客户端连接，就发送一段数据，然后关闭客户端连接，再次监听下一个连接请求。

（3）再打开一个 VC2017，新建一个控制台工程 client。

（4）在 client.cpp 中输入代码：

```
#include "pch.h"
#include <stdio.h>
#include <tchar.h>
#include <winsock.h>
#pragma comment(lib,"wsock32")

#define  BUF_SIZE  200
#define PORT 2048

int _tmain(int argc, _TCHAR* argv[])
{
 char  host[] = "localhost";

 char   buff[BUF_SIZE];
 SOCKET  s;
 int    len;
 WSADATA  wsadata;

 struct hostent *phe;      /*host information     */
 struct servent *pse;      /* server information  */
 struct protoent *ppe;     /*protocol information */
 struct sockaddr_in sin;   /*endpoint IP address  */
 int   type;
```

```
if(WSAStartup(MAKEWORD(2,0),&wsadata)!=0)
{
    printf("WSAStartup failed\n");
    WSACleanup();
    return -1;
}

memset(&sin,0,sizeof(sin));
sin.sin_family=AF_INET;
sin.sin_port=htons(PORT);
**** get IP address from  host name ****/
if(phe=gethostbyname(host))
    memcpy(&sin.sin_addr,phe->h_addr,phe->h_length); /*  host IP address  */
else if( (sin.sin_addr.s_addr=inet_addr(host))==INADDR_NONE )
{
    printf("get host IP information error \n");
    WSACleanup();
    return -1;
}

/**** get protocol number  from protocol name  ****/
if( (ppe=getprotobyname("TCP"))==0)
{
    printf("get protocol information error \n");
    WSACleanup();
    return -1;
}
/**** creat a socket description ****/
s=socket(PF_INET,SOCK_STREAM,ppe->p_proto);

if( s==INVALID_SOCKET)
{
    printf(" creat socket error \n");
    WSACleanup();
    return -1;
}
if(  connect(s,(struct sockaddr *)&sin,sizeof(sin))==SOCKET_ERROR  )
{
    printf("connect socket  error \n");
    WSACleanup();
    return -1;
}
while( 0==(len=recv(s,buff,sizeof(buff),0) ))
    ;
buff[len-1]='\0';
printf("%s\n",buff);
closesocket(s);
WSACleanup();
return 0;
```

```
}
```

（5）保存工程并运行，先运行服务器端，再运行客户端。服务器端的运行结果如图 9-1 所示。

客户端的运行结果如图 9-2 所示。

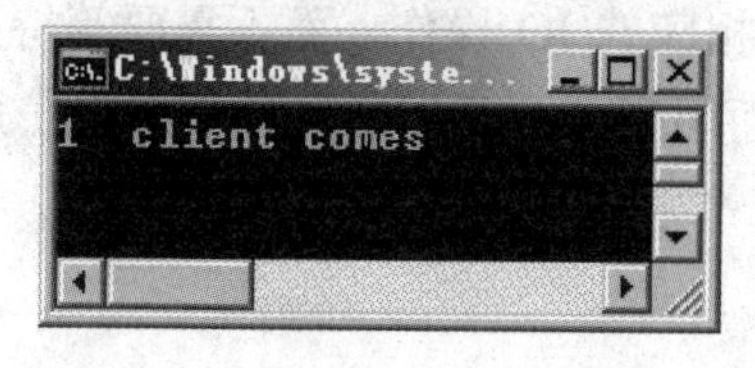

图 9-1

图 9-2

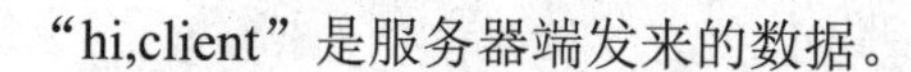
“hi,client”是服务器端发来的数据。

9.2 多线程并发服务器

并发服务器在同一个时刻可以响应多个客户端的请求。多线程并发 TCP 服务器可以同时处理多个客户请求，并发服务器常见的设计是“一个请求一个线程”：针对每个客户请求，主线程都会单独创建一个工作者线程，由工作者线程负责和客户端进行通信。多线程并发服务器的工作流程如下：

（1）主线程创建套接字并将其绑定到指定端口，然后开始监听。

（2）重复调用 accept 函数，当客户端连接到来时创建一个工作者线程处理请求。

（3）工作者线程接受客户端请求，与客户端进行交互（发送或接收消息）。

（4）工作者线程在交互完毕后关闭连接并退出。

代码算法如下：

```
socket(...);
bind(...);
listen(...);
while(1) {
accept(...);
if(fork(..)==0) {
CreateThread(...);  //创建线程来处理
close(...);
exit(...);
}
close(...);
}
```

TCP 并发服务器可以解决 TCP 循环服务器客户机独占服务器的情况，但同时也带来了问题：为了响应客户的请求，服务器要创建线程来处理，而创建线程是一种非常消耗资源的操作，这也就要求服务器的硬件配置要好。

9.3 I/O 复用服务器

应用程序发起 I/O 操作，系统内核缓冲 I/O 数据，当某个 I/O 准备好后，系统通知应用程序该 IO 可读或可写，这样应用程序可以马上完成相应的 IO 操作，而不需要等待系统完成相应的 IO 操作，从而使应用程序不必因等待 IO 操作而阻塞。I/O 复用的典型模型之一是 Select 模型，它的工作流程如下：

（1）清空描述符集合。

（2）建立需要监视的描述符与描述符集合的关系。

（3）调用 select 函数。

（4）检查监视的描述符判断是否已经准备好。

（5）对已经准备好的描述符进行 IO 操作。

如果你希望服务器仅仅检查是否有客户在等待连接，有就接受连接，否则继续做其他事情，那么可以通过使用 select 调用来实现。除此之外，select 还可以同时监视多个套接字。

关于 select 函数，我们在上一章已经介绍过，这里不再赘述。

第 10 章

基于I/O模型的网络开发

10.1 同步和异步

对于多个线程而言，同步、异步就是线程间的步调是否要一致、是否要协调：要协调线程之间的执行时机就是线程同步，否则就是异步。

对于一个线程的请求调用来讲，同步和异步的区别是是否要等这个请求出最终结果（注意，不是请求的响应，是提交的请求最终得到的结果）。如果要等最终结果，就是同步；如果不等，干其他无关事情了，就是异步。

10.1.1 同步

根据汉语大辞典，同步（Synchronization）是指两个或两个以上随时间变化的量在变化过程中保持一定的相对关系，或者说，对在一个系统中所发生的事件（event）之间进行协调，在时间上出现一致性与统一化的现象。比如说，两个线程要同步，即它们的步调要一致，要相互协调来完成一个或几个事件。

同步也经常用在一个线程内先后两个函数的调用上，后面一个函数需要前面一个函数的结果，那么前面一个函数就必须完成且有结果才能执行后面的函数。这两个函数之间的调用关系就是一种同步（调用）。同步调用一旦开始，调用者就必须等到调用方法返回且结果出来（注意一定要在返回的同时出结果，不出结果就返回那是异步调用）后才能继续后续的行为。同步一词用在这里也是恰当的，相当于就是一个调用者对两件事情（比如两次方法调用）之间进行协调（必须做完一件再做另外一件），在时间上保持一致性（先后关系）。

这么看来，计算机中的“同步”一词所使用的场合符合了汉典中的同步含义。

对于线程间而言，要想实现同步操作，就必须获得线程的对象锁。获得它可以保证在同一时刻只有一个线程能够进入临界区，并且在这个锁被释放之前，其他的线程都不能再进入这个临界区。如果其他线程想要获得这个对象的锁，只能进入等待队列等待。只有当拥有该对象锁的线程退出临界区时锁才会被释放，等待队列中优先级最高的线程才能获得该锁。

同步调用相对简单些，比较某个耗时的大数运算函数及其后面的代码就可以组成一个同步调用，相应的，这个大数运算函数也可以称为同步函数，因为必须执行完这个函数才能执行后面的代码。比如：

```
long long  num = bigNum();
printf("%ld", num);
```

可以说，bigNum 是同步函数，它返回时大数结果就出来了，然后执行后面的 printf 函数。

10.1.2 异步

异步就是一个请求返回时一定不知道结果（如果返回时知道结果就是同步了），还得通过其他机制来获知结果，如主动轮询或被动通知。同步和异步的区别就在于是否等待请求执行的结果。这里请求可以指一个 I/O 请求或一个函数调用等。

为了加深理解，我们举个生活中的例子。比如你去肯德基点餐，你说“来份薯条”，服务员告诉你，“对不起，薯条要现做，需要等 5 分钟”，于是你站在收银台前面等了 5 分钟，拿到薯条再去逛商场，这是同步。你对服务员说的“来份薯条”就是一个请求，薯条好了就是请求的结果出来了。

再看异步，你说“来份薯条”，服务员告诉你，“薯条需要等 5 分钟，你可以先去逛商场，不必在这里等，薯条做好了，你再来拿”。这样你可以立刻去干别的事情（比如逛商场），这就是异步。“来份薯条”是一个请求，服务员告诉你的话就是请求返回了，但请求的真正结果（拿到薯条）没有立即实现。异步一个重要的好处是不必在那里等，而同步肯定是要等的。

很明显，使用异步方式来编写程序性能和友好度会远远高于同步方式，但是异步方式的缺点是编程模型复杂。想想看，在上面的场景中，要想吃到薯条，你得知道“什么时候薯条好了”，有两种方式：一种是你主动每隔一小段时间就跑到柜台上去看薯条有没有好（定时主动关注状态），这种方式通常称为主动轮询；另一种是服务员通过电话、微信通知你，这种方式称为通知（被动）。显然，第二种方式更高效。因此，异步还可以分为两种：带通知的异步和不带通知的异步。

在上面的场景中，“你”可以比作一个线程。

10.2 阻塞和非阻塞

阻塞和非阻塞这两个概念与程序（线程）请求的事情出最终结果前（无所谓同步或者异步）的状态有关。也就是说阻塞与非阻塞主要是从程序（线程）请求的事情出最终结果前的状态角度来说的。

10.2.1 阻塞

大家学操作系统课程的时候一定知道，线程从创建、运行到结束总是处于下面五个状之一：新建状态、就绪状态、运行状态、阻塞状态及死亡状态。阻塞状态的线程特点是：

该线程放弃 CPU 的使用，暂停运行，只有等到导致阻塞的原因消除之后才恢复运行。或者是被其他的线程中断，该线程也会退出阻塞状态，同时抛出 InterruptedException。线程运行过程中，可能由于各种原因进入阻塞状态：

（1）线程通过调用 sleep 方法进入睡眠状态。

（2）线程调用一个在 I/O 上被阻塞的操作，即该操作在输入输出操作完成之前不会返回到它的调用者。

（3）线程试图得到一个锁，而该锁正被其他线程持有。于是只能进入阻塞状态，等到获取了同步锁，才能恢复执行。

（4）线程在等待某个触发条件。

（5）线程执行了一个对象的 wait()方法，直接进入阻塞状态，等待其他线程执行 notify()或者 notifyAll()方法。

这里我们要关注一下第（2）条，很多网络 I/O 操作都会引起线程阻塞，比如 recv 函数，但数据还没有过来或还没有接收完毕，线程就只能阻塞等待这个 I/O 操作完成。这些能引起线程阻塞的函数通常称为阻塞函数。

阻塞函数其实就是一个同步调用，因为要等阻塞函数返回才能继续执行其后的代码。有阻塞函数参与的同步调用一定会引起线程阻塞，但同步调用并不一定会阻塞，比如同步调用关系中没有阻塞函数或引起其他阻塞的原因存在。举个例子，一个非常消耗 CPU 时间的大数运算函数及其后面的代码，这个执行过程也是一个同步调用，但会引起线程阻塞。

这里，我们可以区分一下阻塞函数和同步函数。同步函数被调用时不会立即返回，直到该函数所要做的事情全都做完了才返回。阻塞函数也是被调用时不会立即返回，直到该函数所要做的事情全都做完了才返回，而且会引起线程阻塞。这么看来，阻塞函数一定是同步函数，但同步函数不仅指阻塞函数。

强调一下，阻塞一定是引起线程进入阻塞状态的。

这里给出一个生活场景来加深理解：小明去买薯条，服务员告诉他 5 分钟后才能好，小明说“好吧，我在这里等”，同时他睡了一会。这就是阻塞，而且是同步阻塞，在等并且睡着了。

10.2.2　非阻塞

非阻塞是指在不能立刻得到结果之前请求不会阻塞当前线程，而会立刻返回（比如返回一个错误码）。虽然表面上看非阻塞的方式可以明显地提高 CPU 的利用率，但是也带来另外一种后果，就是系统的线程切换增加。增加的 CPU 执行时间能不能补偿系统的切换成本需要好好评估。

强调一下，非阻塞不会引起线程进入阻塞状态，而且请求是马上有响应的（比如返回一个错误码）。

10.3 同步/异步和阻塞/非阻塞的关系

给一个生活场景来加深理解：你去买薯条，服务员告诉你 5 分钟后才能好，那你就站在柜台旁开始等，但人没有睡过去，或许还在玩微信。这就是非阻塞，而且是同步非阻塞，在等但没有睡过去，还可以玩玩手机。

如果你没有等，只是告诉服务员薯条好了后告诉我或者我过段时间来看看状态（好了没有），然后不等就跑去逛街了。这属于异步非阻塞。事实上，异步肯定是非阻塞的，因为异步肯定要做其他事情了，做其他事情是不可能睡过去的，所以异步只能是非阻塞的。

注意，同步非阻塞形式实际上是效率低下的。想象一下你一边玩手机一边还需要时刻留意着到底薯条有没有好，大脑频繁来回切换关注，很累，手机游戏也玩不好。如果把玩手机和观察薯条状态看成是程序的两个操作，那么这个程序需要在两种不同的行为之间来回切换，效率肯定是低下的；异步非阻塞形式则没有这样的问题，因为你不必再等薯条是否好了（以后会有人通知或过一段时间去主动看一下有没有好），可以尽情地去逛街或在其他安静的地方玩手机。程序没有在两种不同的操作中来回频繁切换。

同步非阻塞虽然效率不高，但比同步阻塞高很多，同步阻塞除了傻等，其他任何事情都做不了，因为“睡过去”了。

10.4 I/O 和网络 I/O

I/O（Input/Output，输入/输出）即数据的读取（接收）或写入（发送）操作，通常用户进程中的一个完整 IO 分为两阶段：用户进程空间→内核空间、内核空间→设备空间（磁盘、网络等）。IO 分内存 IO、网络 IO 和磁盘 IO 三种，本章我们讲的是网络 IO。

Windows 中进程无法直接操作 I/O 设备，必须通过系统调用请求内核来协助完成 I/O 动作。内核会为每个 I/O 设备维护一个缓冲区。对于一个输入操作来说，进程 IO 系统调用后，内核会先看缓冲区中有没有相应的缓存数据，没有的话再到设备（比如网卡设备）中读取，因为设备 IO 一般速度较慢，需要等待；内核缓冲区有数据就直接复制到用户进程空间。所以，一个网络输入操作通常包括两个不同的阶段：

（1）等待网络数据到达网卡，把数据从网卡读取到内核缓冲区，数据准备好。

（2）从内核缓冲区复制数据到用户进程空间。

10.5 I/O 模式

在 Windows 下，套接字有两种 I/O（Input/Output，输入输出）模式：阻塞模式（也称同步模式）和非阻塞模式（也称异步模式）。默认创建的套接字属于阻塞模式的套接字。

10.5.1 阻塞模式

在阻塞模式下，在 I/O 操作完成前，执行的操作函数一直等候而不会立即返回，该函数所在的线程会阻塞在这里（线程进入阻塞状态）。相反，在非阻塞模式下，套接字函数会立即返回，而不管 I/O 是否完成，该函数所在的线程会继续运行。

在阻塞模式的套接字上，调用大多数 Windows Sockets API 函数都会引起线程阻塞，但并不是所有 Windows Sockets API 以阻塞套接字为参数调用都会发生阻塞。例如，以阻塞模式的套接字为参数调用 bind()、listen()函数时，函数会立即返回。这里将可能阻塞套接字的 Windows Sockets API 调用分为以下 4 种。

（1）输入操作

包括 recv()、recvfrom()、WSARecv()和 WSARecvfrom()函数。以阻塞套接字为参数调用该函数接收数据。如果此时套接字缓冲区内没有数据可读，那么调用线程在数据到来前一直阻塞。

（2）输出操作

包括 send()、sendto()、WSASend()和 WSASendto()函数。以阻塞套接字为参数调用该函数发送数据。如果套接字缓冲区没有可用空间，线程就会一直睡眠，直到有空间。

（3）接受连接

包括 accept()和 WSAAcept()函数。以阻塞套接字为参数调用该函数，等待接受对方的连接请求。如果此时没有连接请求，线程就会进入阻塞状态。

（4）外出连接

包括 connect()和 WSAConnect()函数。对于 TCP 连接，客户端以阻塞套接字为参数，调用该函数向服务器发起连接。该函数在收到服务器的应答前不会返回。这意味着 TCP 连接总会等待至少到服务器的一次往返时间。

使用阻塞模式的套接字，开发网络程序比较简单，容易实现。当希望能够立即发送和接收数据且处理套接字数量比较少的情况下，使用阻塞模式来开发网络程序比较合适。

阻塞模式套接字的不足表现为，在大量建立好的套接字线程之间进行通信时比较困难。当使用“生产者-消费者”模型开发网络程序时，为每个套接字分别分配一个读线程、一个处理数据线程和一个用于同步的事件，这样无疑会加大系统的开销。其最大的缺点是当希望同时处理大量套接字时将无从下手，可扩展性很差。

总之，我们要时刻记住阻塞函数和非阻塞函数的重要区别：阻塞函数，通常指一旦调用了，线程就阻塞；非阻塞函数一旦调用，线程并不会挂，而是会返回一个错误码，表示结果还没有出来。

10.5.2 非阻塞模式

而对于处于非阻塞模式的套接字，会马上返回而不去等待该 I/O 操作完成。针对不同的模式，Winsock 提供的函数也有阻塞函数和非阻塞函数。相对而言，阻塞模式比较容易实现，在阻塞模式下，执行 I/O 的 Winsock 调用（如 send 和 recv）一直到操作完成才返回。

10.6 I/O 模型

为什么要采用 Socket I/O 模型，而不直接使用 Socket？原因在于 recv()方法是堵塞式的，当多个客户端连接服务器时，其中一个 socket 的 recv 调用时会产生堵塞，使其他链接不能继续。这样我们又想到用多线程来实现，每个 socket 链接使用一个线程，这样效率十分低下，根本不可能应对负荷较大的情况。于是便有了各种模型的解决方法，总之都是为了实现多个线程同时访问时不产生堵塞。

如果使用“同步”的方式（所有的操作都在一个线程内顺序执行完成）来通信，那么缺点是很明显的：因为同步的通信操作会阻塞来自同一个线程的任何其他操作，只有这个操作完成了之后，后续的操作才可以完成；一个明显的例子就是在 MFC 的界面代码中直接使用阻塞 Socket 调用代码，整个界面都会因此而阻塞，没有任何响应！所以我们不得不为每一个通信的 Socket 都建立一个线程，很麻烦，所以要写高性能的服务器程序，要求通信一定是异步的。

各位读者肯定知道，可以使用“同步通信（阻塞通信）+多线程”的方式来改善同步阻塞线程的情况。想一下，我们好不容易实现了让服务器端在每一个客户端连入之后都启动一个新的 Thread 和客户端进行通信，有多少个客户端，就需要启动多少个线程；但是这些线程都处于运行状态，所以系统不得不在所有可运行的线程之间进行上下文切换。我们自己没有什么感觉，但是 CPU 就痛苦不堪了，因为线程切换是相当浪费 CPU 时间的，如果客户端的连入线程过多，就会弄得 CPU 都忙着去切换线程了，根本没有多少时间去执行线程体，所以效率是非常低下的。

在阻塞 I/O 模式下，如果暂时不能接收数据，那么接收函数（比如 recv/WSARecv）不会立即返回，而是等到有数据可以接收时才返回；如果一直没有数据，该函数就会一直等待下去，应用程序也就挂起了。很显然，异步的接收方式更好一些，因为无法保证每次的接收调用总能适时地接收到数据。而异步的接收方式也有其复杂之处，比如立即返回的结果并不总是成功收发数据，实际上很可能会失败，最多的失败原因是 WSAEWOULDBLOCK。可以使用 WSAGetLastError 函数得到发送和接收失败时的失败原因。这个失败原因较为特殊，也常出现，它的意思是说要进行的操作暂时不能完成，如果在以后的某个时间再次执行该操作也许就会是成功的。如果发送缓冲区已满，这时调用 WSASend 函数就会出现这个错误。同理，如果接收缓冲区内没有内容，这时调用 WSARecv 也会得到同样的错误。这并不意味着发送和接收调用会永远失败下去，而是在以后某个适当的时间，比如发送缓冲区有空间了、接收缓冲区有数据了，再调用发送和接收操作就会成功了。那么什么时间是恰当的呢？这就是套接字 10 模型产生的原因了，它的作用就是通知应用程序发送或接收数据的时间点到了，可以开始收发了。

在非阻塞模式下，Winsock 函数会立即返回。阻塞套接字的好处是使用简单，但是当需要处理多个套接字连接时，就必须创建多个线程，即典型的一个连接使用一个线程的问题，这给编程带来了许多不便。所以实际开发中使用最多的还是下面要讲述的非阻塞模式。非阻塞模式比较复杂，为了实现套接字的非阻塞模式，微软提出了非阻碍套接字的 5 种 I/O 模型：

（1）选择模型，或称 Select 模型，主要是利用 Select 函数实现对 I/O 的管理。

（2）异步选择模型，或称 WSAAsyncSelect 模型，允许应用程序以 Windows 消息的方式接收网络事件通知。

（3）事件选择模型，也称 WSAEventSelect 模型，类似于 WSAAsynSelect 模型，两者最主要的区别是在事件选择模型下网络事件发生时会被发送到一个事件对象句柄，而不是发送到一个窗口。

（4）重叠 I/O 模型，可以要求操作系统传送数据，并且在传送完毕时通知。具体实现时，可以使用事件通知或者完成例程两种方式分别实现重叠 I/O 模型。重叠 I/O（Overlapped I/O）模型比上述 3 种模型能达到更佳的系统性能。

（5）完成端口模型，是最为复杂的一种 I/O 模型，当然性能也是最强大的。当一个应用程序同时需要管理很多个套接字时，可以采用这种模型，往往可以达到最佳的系统性能。

不同的模型，程序架构是不同的，相对而言，难度依次递增。强调一下，这 5 种模型都是针对非阻塞模式。下面我们分别阐述这 5 种模型。

10.7 选择模型

10.7.1 基本概念

选择（select）模型是一种比较常用的 I/O 模型。利用该模型可以使 Windows socket 应用程序同时管理多个套接字。使用 select 模型，可以使当执行操作的套接字满足可读可写条件时给应用程序发送通知。收到这个通知后，应用程序再去调用相应的 Windows socket API 去执行函数调用。

select 模型的核心是 select 函数。调用 select 函数检查当前各个套接字的状态。根据函数的返回值判断套接字的可读可写性，然后调用相应的 Windows Sockets API 完成数据的发送、接收等。

select 模型的原理图如图 10-1 所示。

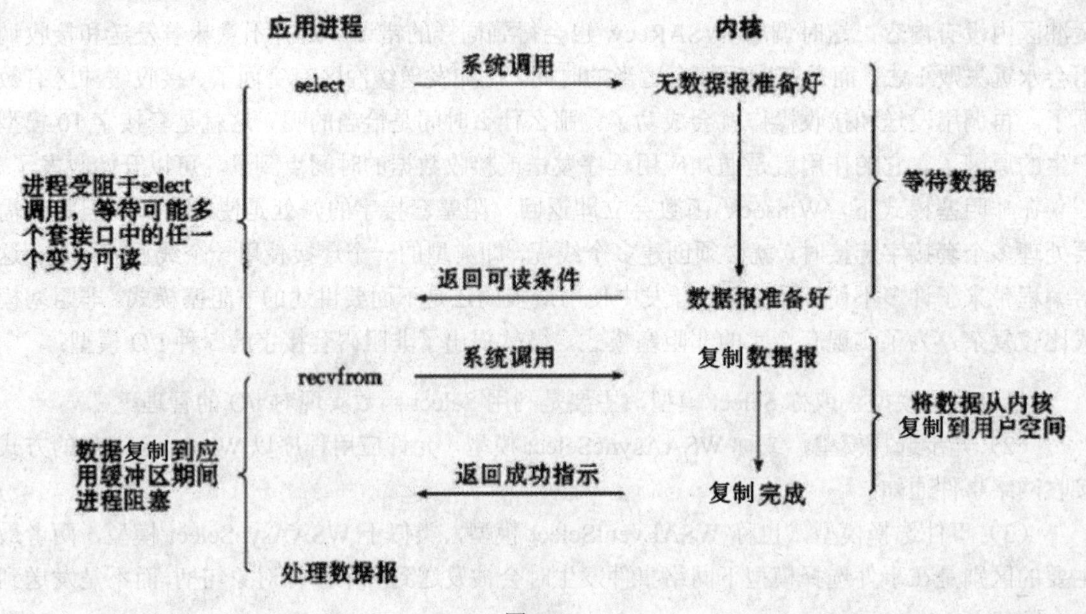

图 10-1

select 模型是 Windows sockets 中常见的 I/O 模型，利用 select 函数实现 I/O 管理。通过对 select 函数的调用，应用程序可以判断套接字是否存在数据、能否向该套接字写入数据。比如，在调用 recv 函数之前，先调用 select 函数，如果系统没有可读数据，select 函数就会阻塞在这里。当系统存在可读或可写数据时，select 函数返回，就可以调用 recv 函数接收数据了。

可以看出使用 select 模型需要两次调用函数。第一次调用 select 函数，第二次调用收发函数。使用该模式的好处是可以等待多个套接字。

select 也有几个缺点：

（1）I/O 线程需要不断地轮询套接字集合状态，浪费了大量 CPU 资源。

（2）不适合管理大量客户端连接。

（3）性能比较低下，要进行大量查找和复制。

10.7.2 select 函数

select 模型利用 select 函数实现 I/O 管理。通过对 select 函数的调用，应用程序可以判断套接字是否存在数据、能否向该套接字写入数据。例如，在调用 recv 函数之前，先调用 select 函数，如果系统没有可读数据，那么 select 函数会阻塞在这里。当系统存在可读数据时，select 函数返回，就可以调用 recv 函数接收数据了。发送数据的形式也是如此。

select 函数声明如下：

```
int select (
  Int nfds，//被忽略，传入 0 即可
  fd_set *readfds，//可读套接字集合
  fd_set *writefds，//可写套接字集合
  fd_set *exceptfds，//错误套接字集合
  const struct timeval*timeout);//select 函数等待时间
```

其中，参数 nfds 被忽略；参数 readfds 为可读性套接字集合指针；参数 writefds 为可写性套接字集合指针；参数 exceptfds 为检查错误套接字集合指针；参数 timeout 表示 select 的等待时间，定义如下：

```
structure timeval
{
    long tv_sec;//秒
    long tv_usec;//毫秒
};
```

当 timeval 为空指针时，select 会一直等待，直到有符合条件的套接字时才返回。

当 tv_sec 和 tv_usec 之和为 0 时，无论是否有符合条件的套接字，select 都会立即返回。

当 tv_sec 和 tv_usec 之和为非 0 时，如果在等待的时间内有套接字满足条件，那么该函数将返回符合条件的套接字。如果在等待的时间内没有套接字满足设置的条件，那么 select 会在时间用完时返回，并且返回值为 0。select 函数返回处于就绪态并且已经被包含在 fd_set 结构中的套接字总数，如果超时就返回 0。

fd_set 结构是一个结构体，声明如下：

```
typedef struct fd_set
{
     u_int fd_count;
     socket fd_array[FD_SETSIZE];
}fd_set;
```

其中，fd_cout 表示该集合套接字数量，最大为 64；fd_array 为套接字数组。

我们可以看到，select 函数中需要 3 个 fd_set 结构：

- readfds：准备接收数据的套接字集合，即可读性集合。
- writefds：准备发送数据的套接字集合，即可写性集合。
- exceptfds：出错的套接字集合。

在 select 函数返回时，会在 fd_set 结构中填入相应的套接字。其中，readfds 数组将包括满足以下条件的套接字：

（1）有数据可读。此时在此套接字上调用 recv，立即收到对方的数据。

（2）连接已经关闭、重设或终止。

（3）正在请求建立连接的套接字。此时调用 accept 函数会成功。

writefds 数组包含满足下列条件的套接字：

（1）有数据可以发出。此时在此套接字上调用 send，可以向对方发送数据。

（2）调用 connect 函数，并连接成功的套接字。

exceptfds 数组将包括满足下列条件的套接字：

（1）调用 connection 函数，但连接失败的套接字。

（2）有带外（out of band）数据可读。

当 select 函数返回时，它通过移除没有未决 I/O 操作的套接字句柄来修改每个 fd_set 集合。（这里解释下未决 I/O，它意思是你没有做出决定的 I/O。比如套接字上可以读数据了，即调用 recv 会成功，而你没有在那个 socket 上做出 recv 调用，那这个 socket 就叫作未决 I/O 套接字。）使用 select 的好处是程序能够在单个线程内同时处理多个套接字连接，避免了阻塞模式下的线程膨胀问题。但是，添加到 fd_set 结构的套接字数量是有限制的，默认情况下，最大值是 FD_SETSIZE，在 winsock2.h 文件中定义为 64。为了增加套接字数量，应用程序可以将 FD_SETSIZE 定义为更大的值（这个定义必须在包含 winsock2.h 之前出现）。不过，自定义的值也不能超过 Winsock 下层提供者的限制（通常是 1024）。另外，FD_SETSIZE 值太大的话，服务器性能就会受到影响。例如，有 1000 个套接字，那么在调用 select 之前就不得不设置这 1000 个套接字，select 返回之后又必须检查这 1000 个套接字。

10.7.3 实战 select 模型

在调用 select 函数对套接字进行监视之前，必须将要监视的套接字分配给上述 3 个数组（即 readfds、writefds 和 exceptfds）中的一个。然后调用 select 函数，当 select 函数返回时，判断需要监视的套接字是否还在原来的集合中，就可以知道该集合是否正在发生 I/O 操作。比如，应用程序想要判断某个套接字是否存在可读的数据，需要进行如下步骤：

（1）将该套接字加入 readfds 集合。

（2）以 readfds 作为第二个参数调用 select 函数。

（3）当 select 函数返回时，应用程序判断该套接字是否仍然存在于 readfds 集合。

（4）如果该套接字存在于 readfds 集合，就表明该套接字可读。此时可以调用 recv 函数接收数据；否则，该套接字不可读。

在调用 select 函数时，readfds、writefds 和 exceptfds 这 3 个参数至少有一个为非空，并且在该非空的参数中，必须至少包含一个套接字，否则 select 函数将没有任何套接字可以等待。

为了方便使用，Windows sockets 提供了下列宏，用来对 fd_set 进行一系列操作。使用以下宏可以使编程工作简化。

- FD_CLR(s，*set)：从 set 集合中删除 s 套接字。
- FD_ISSET(s，*set)：检查 s 是否为 set 集合的成员。
- FD_SET(s，*set)：将套接字加入到 set 集合中。
- FD_ZERO(*set)：将 set 集合初始化为空集合。

在开发 Windows sockets 应用程序时，通过下面的步骤可以完成对套接字的可读写判断：

（1）使用 FD_ZERO 初始化套接字集合，如“FD_ZERO(&readfds);”。

（2）使用 FD_SET 将某套接字放到 readfds 内，如“FD_SET(s，&readfds);”。

（3）以 readfds 为第二个参数调用 select 函数。select 在返回时会返回所有 fd_set 集合中套接字的总个数，并对每个集合进行相应的更新。将满足条件的套接字放在相应的集合中。

（4）使用 FD_ISSET 判断 s 是否还在某个集合中，如“FD_ISSET(s，&readfds);”。

（5）调用相应的 Windows socket api 函数对某套接字进行操作。

select 返回后会修改每个 fd_set 结构。删除不存在的或没有完成 I/O 操作的套接字。这也正是在第四步中可以使用 FD_ISSET 来判断一个套接字是否仍在集合中的原因。

下面看一个例子，演示一个服务器程序如何使用 select 模型管理套接字。

【例 10.1】一个简单的 select 模型的通信程序

（1）首先新建一个控制台工程 test 作为服务器端。

（2）打开 test.cpp，输入如下代码：

```
#include "stdafx.h"
#include <iostream>
#include <WinSock2.h>

using namespace std;
#pragma comment(lib, "ws2_32")

int main(int argc, char **argv)
{
 WSADATA wsaData;
 WSAStartup(WINSOCK_VERSION, &wsaData);


 USHORT uPort = 6000;
 SOCKET sListen = socket(AF_INET, SOCK_STREAM, IPPROTO_TCP);
 if (INVALID_SOCKET == sListen)
 {
     cout << "socket error : " << GetLastError() << endl;
     return 0;
 }

 SOCKADDR_IN sin;
 sin.sin_family = AF_INET;
 sin.sin_port = htons(uPort);
 sin.sin_addr.S_un.S_addr = INADDR_ANY;

 if (SOCKET_ERROR == bind(sListen, (PSOCKADDR)&sin, sizeof(sin)))
 {
     cout << "Bind error : " << WSAGetLastError() << endl;
     closesocket(sListen);
     WSACleanup();
     return 0;
 }

 if (SOCKET_ERROR == listen(sListen, 5))
 {
```

```
        cout << "listen error : " << WSAGetLastError() << endl;
        closesocket(sListen);
        WSACleanup();
        return 0;
    }

    fd_set fdSocket;
    FD_ZERO(&fdSocket);
    FD_SET(sListen, &fdSocket); //将套接字 sListen 加入到 set 集合中

    while (TRUE)
    {
        fd_set fdRead = fdSocket;
        int iRet = select(0, &fdRead, NULL, NULL, NULL);
        if (iRet > 0)
        {
            for (size_t i = 0; i < fdSocket.fd_count; i++)
            {
                //检查套接字 fd_array[i]是否为集合 fdRead 的成员
                if (FD_ISSET(fdSocket.fd_array[i], &fdRead))
                {
                    if (fdSocket.fd_array[i] == sListen)//如果是监听套接字
                    {
                        if (fdSocket.fd_count < FD_SETSIZE)
                        {
                            SOCKADDR_IN addrRemote;
                            int iAddrLen = sizeof(addrRemote);
                            SOCKET sNew = accept(sListen, (PSOCKADDR)&addrRemote,
&iAddrLen);//接受连接
                            FD_SET(sNew, &fdSocket);//把客户套接字放到集合中
                            cout << "接收到连接 (" << inet_ntoa(addrRemote.sin_addr)
<< ")" << endl;
                        }
                        else
                        {
                            cout << "连接太多!" << endl;
                            continue;
                        }
                    }
                    else
                    {
                        char szText[256];
                        int iRecv = recv(fdSocket.fd_array[i], szText,
strlen(szText), 0);
                        if (iRecv > 0)
                        {
                            szText[iRecv] = '\0';
                            cout << "接收到数据: " << szText << endl;
                        }
                        else
                        {
```

```
                            closesocket(fdSocket.fd_array[i]);
                            FD_CLR(fdSocket.fd_array[i], &fdSocket);
                        }
                    }
                }
            }
        }
        else
        {
            cout << "select error : " << WSAGetLastError() << endl;
            closesocket(sListen);
            WSACleanup();
            break;
        }
    }

    shutdown(sListen, SD_RECEIVE);
    WSACleanup();
    return 0;
}
```

在工程属性的预处理器中增加“_WINSOCK_DEPRECATED_NO_WARNINGS;”，这样可以使用一些老函数，否则 VC2017 会认为这些老函数使用不安全而提示出错。前面提到，在 select 函数返回时会在 fd_set 结构中填入相应的套接字。其中，readfds 数组将包括满足以下条件的套接字：

- 有数据可读。此时在此套接字上调用 recv，立即收到对方的数据。
- 连接已经关闭、重设或终止。
- 正在请求建立连接的套接字，此时调用 accept 函数会成功。

我们把监听套接字 sListen 放到 fdSocket 集合中，但然后阻塞在 select 函数，当有请求连接的时候，select 函数返回，然后调用 accept 接受连接，并把客户套接字放到 fdSocket 集合中。以后 select 再次返回的时候，可能是有数据要接收了，我们通过下列判断来确定是有连接请求还是有数据可读。如果数据可读，就调用 recv 接收数据，并打印出来。

（3）新建一个控制台工程作为客户端工程，工程名是 client。

（4）在 client.cpp 中输入如下代码：

```
#include "stdafx.h"
#include<stdlib.h>
#include<WINSOCK2.H>
#include <windows.h>
#include <process.h>
#include<iostream>
#include<string>
using namespace std;

#define BUF_SIZE 64
```

```
#pragma comment(lib,"WS2_32.lib")

int main()
{
 WSADATA wsd;
 SOCKET sHost;
 SOCKADDR_IN servAddr;//服务器地址
 int retVal;//调用 Socket 函数的返回值
 char buf[BUF_SIZE];
 //初始化 Socket 环境
 if (WSAStartup(MAKEWORD(2, 2), &wsd) != 0)
 {
     printf("WSAStartup failed!\n");
     return -1;
 }
 sHost = socket(AF_INET, SOCK_STREAM, IPPROTO_TCP);
 //设置服务器 Socket 地址
 servAddr.sin_family = AF_INET;
 servAddr.sin_addr.S_un.S_addr = inet_addr("127.0.0.1");
 //在实际应用中，建议将服务器的 IP 地址和端口号保存在配置文件中
 servAddr.sin_port = htons(6000);
 //计算地址的长度
 int sServerAddlen = sizeof(servAddr);

 //调用 ioctlsocket () 将其设置为非阻塞模式
 int iMode = 1;
 retVal = ioctlsocket(sHost, FIONBIO, (u_long FAR*)&iMode);


 if (retVal == SOCKET_ERROR)
 {
     printf("ioctlsocket failed!");
     WSACleanup();
     return -1;
 }

 printf("client is running....\n");
 //循环等待
 while (true)
 {
     //连接到服务器
     retVal = connect(sHost, (LPSOCKADDR)&servAddr, sizeof(servAddr));
     if (SOCKET_ERROR == retVal)
     {
         int err = WSAGetLastError();
         //无法立即完成非阻塞 Socket 上的操作
         if (err == WSAEWOULDBLOCK || err == WSAEINVAL)
         {
             Sleep(1);
             printf("check  connect!\n");
             continue;
```

```
            }
            else if (err == WSAEISCONN)//已建立连接
            {
                break;
            }
            else
            {
                printf("connection failed!\n");
                closesocket(sHost);
                WSACleanup();
                return -1;
            }
        }
    }

    while (true)
    {
        //向服务器发送字符串，并显示反馈信息
        printf("\ninput a string to send:\n");
        std::string str;
        //接收输入的数据
        std::cin >> str;
        //将用户输入的数据复制到 buf 中
        ZeroMemory(buf, BUF_SIZE);
        strcpy(buf, str.c_str());
        if (strcmp(buf, "quit") == 0)
        {
            printf("quit!\n");
            break;
        }

        while (true)
        {
            retVal = send(sHost, buf, strlen(buf), 0);
            if (SOCKET_ERROR == retVal)
            {
                int err = WSAGetLastError();
                if (err == WSAEWOULDBLOCK)
                {
                    //无法立即完成非阻塞 Socket 上的操作
                    Sleep(5);
                    continue;
                }

                else
                {
                    printf("send failed!\n");
                    closesocket(sHost);
                    WSACleanup();
                    return -1;
                }
```

```
            }
            break;
        }
    }

    return 0;
}
```

为了使用一些老函数，客户端也要在工程属性的预处理器中添加 2 个宏定义：

```
_CRT_SECURE_NO_WARNINGS;_WINSOCK_DEPRECATED_NO_WARNINGS;
```

代码很简单，就是接收用户输入，然后发送给服务器。

（5）保存工程，先运行服务器端 server，再运行客户端 client，发现能够相互通信了。客户端如图 10-2 所示。

服务器端如图 10-3 所示。

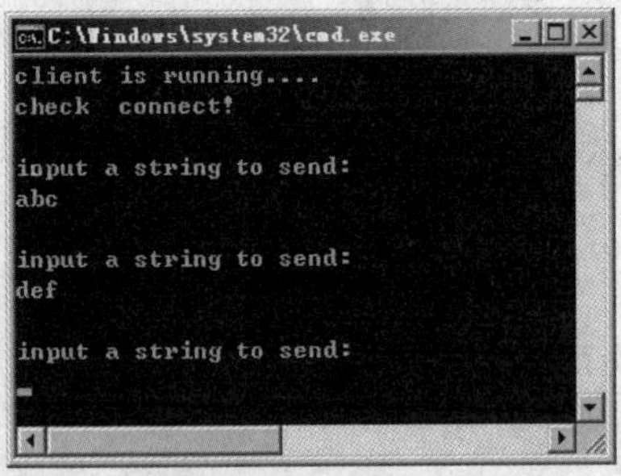

图 10-2

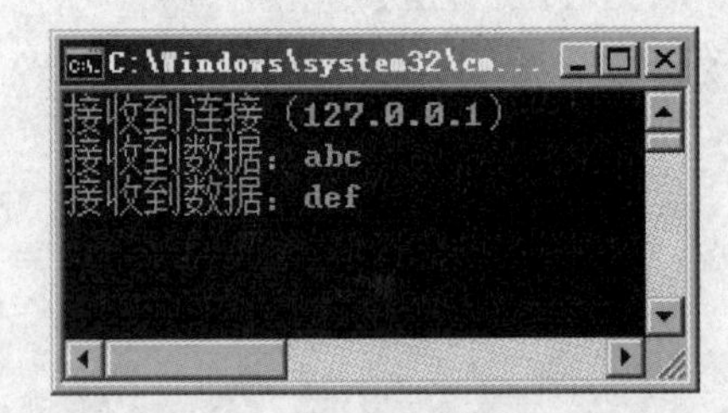

图 10-3

10.8 异步选择模型 WSAAsyncSelect

10.8.1 基本概念

WSAAsyncSelect 模型是 Windows socket 的一个异步 I/O 模型，利用这个模型，应用程序可在一个套接字上接收以 Windows 消息为基础的网络事件通知。Windows sockets 应用程序在创建套接字后，调用 WSAAsyncSelect 函数注册感兴趣的网络事件，当该事件发生时 Windows 窗口收到消息，应用程序就可以对接收到的网络事件进行处理了。利用 WSAAsyncSelect 函数，将 socket 消息发送到 hWnd 窗口上，然后在那里处理相应的 FD_READ、FD_WRITE 等消息。

WSAAsyncSelect 模型与 select 模型的相同点是它们都可以对多个套接字进行管理。但它们也有不小的区别。首先 WSAAsyncSelect 模型是异步的，且通知方式不同。更重要的一点是：WSAAsyncSelect 模型应用在基于消息的 Windows 环境下，使用该模型时必须创建窗口，而 select 模型可以广泛应用在 UNIX/Linux 系统，使用该模型不需要创建窗口。最后一点区别是：

应用程序在调用 WSAAsyncSelect 函数后，套接字就被设置为非阻塞状态；而使用 select 函数不改变套接字的工作方式。

由于要关联一个 Windows 窗口来接收消息，因此如果处理成千上万的套接字就力不从心了。这也是该模型的一个缺点。另外，由于调用 WSAAsyncSelect 后，套接字被设为非阻塞模式，那么其他一些函数调用不一定能成功返回，必须要对这些函数的调用返回做处理。对于这一点，可以从 accept()、receive()和 send()等函数的调用中得到验证。

WSAAsyncSelect 模型也有其优点，即提供了读写数据能力的异步通知。而且，该模型为确保接收所有数据提供了很好的机制，通过注册 FD_CLOSE 网络事件，可以从容关闭服务器与客户端的连接，保证了数据的全部接收。

10.8.2 WSAAsyncSelect 函数

WSAAsyncSelect 函数会自动将套接字设置为非阻塞模式，并且把发生在该套接字上且是你所感兴趣的事件以 Windows 消息的形式发送到指定的窗口。WSAAsyncSelect 函数声明如下：

```
int WSAAsyncSelect(
  __in        SOCKET s,
  __in        HWND hWnd,
  __in        unsigned int wMsg,
  __in        long lEvent
);
```

- s：标识一个需要事件通知的套接口的描述符。
- hWnd：标识一个在网络事件发生时需要接收消息的窗口句柄。
- wMsg：在网络事件发生时要接收的消息。
- lEvent：位屏蔽码，用于指明应用程序感兴趣的网络事件集合。lEvent 参数可取下列值：
  - FD_READ：欲接收读准备好的通知。发生 FD_READ 的条件是：
    调用 recv 或者 recvfrom 函数后，仍然有数据可读。
    调用 WSAAsyncSelect 有数据可读。
  - FD_WRITE：欲接收写准备好的通知。发生 FD_WRITE 的条件是：
    当调用 WSAAsyncSelect 函数时，如果调用能够发送数据。
    调用 connect 或者 accept 函数后，当连接已经建立时。
    调用 send 或者 sendto，返回 WSAWOULDBLOCK 错误码，再次调用 send 或者 sendto 函数可能成功时。
  - FD_OOB：欲接收带边数据到达的通知。
  - FD_ACCEPT：欲接收将要连接的通知。
  - FD_CONNECT：欲接收已连接好的通知。
  - FD_CLOSE：欲接收套接口关闭的通知。发生 FD_CLOSE 的条件是：
    当调用 WSAAsyncSelect 函数时，套接字连接关闭时。

对方执行从容关闭后，没有数据可读时，如果数据已经到达并等待读取，FD_CLOSE 事件不会被发送，直到所有数据都被接收。

调用 shutdown 函数执行从容关闭，对方应答 FIN 后，此时无数据可读。

对方结束了连接，并且 lparam 包含 WSAECONNRESET 错误时。

- FD_QOS：欲接收套接字服务质量发生变化的通知。
- FD_GROUP_QOS：欲接收套接字组服务质量发生变化的通知。
- FD_ADDRESS_LIST_CHANGE：欲接收针对套接字的协议簇，本地地址列表发生变化的通知。
- FD_ROUTING_INTERFACE_CHANGE：欲在指定方向上与路由接口发生变化的通知。

如果函数成功就返回 0，如果出错就返回 SOCKET_ERROR，此时可用函数 WSAGetLastError 获取更多信息。

可根据需要同时注册多个网络事件，这时要把网络事件类型执行按位或（OR）运算，然后将它们分配给 lEvent 参数。例如，应用程序希望在套接字上接收连接完成、数据可读和套接字关闭的网络事件，可调用如下函数：

```
WSAAsyncSelect ( s,   hwnd,    WM_SOCKET,    FD_CONNECT | FD_READ | FD_CLOSE);
```

当该套接字连接完成、有数据可读或者套接字关闭的网络事件发生时，就会有 WM_SOCKET 消息发送给窗口句柄为 hwnd 的窗口。

值得注意的是，启动一个 WSAAsyncSelect 将使为同一个套接口启动的所有先前的 WSAAsyncSelect 作废。

使用 WSAAsyncSelect 函数需要注意的地方：

（1）调用该函数后，套接字被设置为非阻塞模式，要想恢复为阻塞模式，必须再次调用该函数，取消掉注册过的事件，再调用 ioctlsocket 设为阻塞模式。

如果要取消所有的网络事件通知，告知 windows sockets 实现不再为该套接字发送任何网络事件相关的消息，要以参数 lEvent 值为 0 调用函数，即 WSAAsyncSelect (s, hwnd, 0, 0)。尽管应用程序调用上述函数取消了网络事件通知，但是在应用程序消息队列中，可能还有网络消息在排队。所以调用上述函数取消网络事件消息后，应用程序还应该继续准备接收网络事件。

（2）消息函数的 wParam 参数为事件发生的套接字，LParam 对应错误消息和相应的事件，可以调用宏 WSAGETSELECTERROR(lParam)、WSAGETSELECTEVENT(lParam)来获取具体的信息。

（3）多次调用 WSAAsyncSelect 函数在同一个套接字上注册不同的事件（多次调用采用同样或者不同样的消息），最后一次调用将取消前面注册的事件。比如前后两次调用：

```
WSAAsyncSelect ( s,   hwnd,    WM_SOCKET,    FD_READ);
WSAAsyncSelect ( s,   hwnd,    WM_SOCKET,    FD_WRITE);
```

此时虽然消息相同，都是 WM_SOCKET，但是应用程序只能接收到 FD_WRITE 网络事件。还有一种情况是消息不同、网络事件也不同，比如：

```
WSAAsyncSelect ( s,   hwnd,    wMsg1,   FD_READ);
WSAAsyncSelect ( s,   hwnd,    wMsg2,   FD_WRITE);
```

第二次函数调用依旧将会取消第一次函数调用的作用，只有 FD_WRITE 网络事件通过 wMsg2 通知到窗口。

这也是很多初学者发现接收不到网络事件的原因。因为最后一次调用将取消前面注册的事件。

（4）使用 accept 函数建立的套接字与监听套接字具有同样的属性，也就是说，在监听套接字上注册的事件同样会对建立连接的套接字起作用，如果一个监听套接字请求 FD_READ 和 FD_WRITE 网络事件，那么在该监听套接字上接受的任何套接字也会请求 FD_READ 和 FD_WRITE 网络事件，以及发送同样的消息。

我们一般会在监听套接字建立连接后重新为其注册事件。

（5）为一个 FD_READ 网络事件不要多次调用 recv()函数，如果应用程序为一个 FD_READ 网络事件调用多个 recv()函数，就会使得该应用程序收到多个 FD_READ 网络事件。如果在一次接收 FD_READ 网络事件时需要调用多次 recv()函数，应用程序就应该在调用 recv()函数之前关闭 FD_READ 消息。

（6）使用 FD_CLOSE 事件来判断套接字是否已经关闭，错误代码指示套接字是从容关闭还是硬关闭：错误码为 0，代表从容关闭；错误码为 WSAECONNERESET，则为硬关闭。如果套接字从容关闭，数据全部接收，应用程序就会收到 FD_CLOSE。

（7）发送数据出现失败。一个应用程序当接收到第一个 FD_WRITE 网络事件后，便认为在该套接字上可以发送数据。当调用输出函数发送数据时，会收到 WSAEWOULDBLOCKE 错误。经过这样的失败后，要在下一次接收到 FD_WRITE 网络事件后再次发送数据，才能够将数据成功发送。

10.8.3　实战 WSAAsyncSelect 模型

WSAAsyncSelect 传参需要窗口句柄。为了简化代码，这里直接创建了一个 mfc 对话框程序，用 m_hwnd 给 WSAAsyncSelect 传参。对话框类名为 WSAAsyncSelecDlg。

【例 10.2】一个简单的 WSAAsyncSelect 模型的通信程序（MFC 版）

（1）打开 VC2017，新建一个 MFC 工程，工程名是 test。切换到资源视图，打开对话框资源，去掉上面的所有控件，然后添加一个 listbox，显示收到客户端发来的数据。接着为列表框添加一个控件变量 m_lst。

（2）打开 serverDlg.h，在开头声明一个自定义消息：

```
#define WM_SOCK WM_USER+1
```

然后为类 CserverDlg 添加成员变量：

```
bool    m_bRes;            //用作 socket 流程各函数调用依据
WSAData    m_wsa;            //wsastartup 参数
SOCKET    m_listensocket;    //监听 socket
```

接着，在 DECLARE_MESSAGE_MAP()前添加消息处理函数的声明：

```
afx_msg LRESULT OnSocket(WPARAM w, LPARAM l);
```

（3）打开工程属性对话框，展开“C/C++”→“预处理器”，添加一个宏：

```
_WINSOCK_DEPRECATED_NO_WARNINGS;
```

（4）打开 serverDlg.cpp，在 END_MESSAGE_MAP()前添加消息映射：

```
ON_MESSAGE(WM_SOCK, OnSocket)
```

然后，在 OnInitDialog 内创建监听 socket，在 CserverDlg::OnInitDialog()的末尾添加如下代码：

```
m_bRes = true;
WSAStartup(MAKEWORD(2, 3), &m_wsa);
m_listensocket = socket(AF_INET, SOCK_STREAM, IPPROTO_TCP);
if (m_listensocket == INVALID_SOCKET)
    m_bRes = false;
sockaddr_in    m_server;
m_server.sin_family = AF_INET;
m_server.sin_port = htons(8828); //服务器端端口号
m_server.sin_addr.s_addr = inet_addr("127.0.0.1");
if (m_bRes && (bind(m_listensocket, (sockaddr*)&m_server, sizeof(sockaddr_in))
== SOCKET_ERROR))
{
    DWORD dw = WSAGetLastError();
    m_bRes = false;
}
if (m_bRes && (listen(m_listensocket, SOMAXCONN) == SOCKET_ERROR))
    m_bRes = false;
if (m_bRes && (WSAAsyncSelect(m_listensocket, m_hWnd, WM_SOCK, FD_ACCEPT) ==
SOCKET_ERROR))
    m_bRes = false;
```

在上面的代码中，我们分别绑定了 socket，并且开始监听。最后用 WSAAsyncSelect 函数选择 FD_ACCEPT 这个网络事件。其中，消息 WM_SOCK 是我们自定义的消息宏。

实现消息映射函数，添加如下代码：

```
LRESULT CWSAAsyncSelecDlg::OnSocket(WPARAM w, LPARAM l)
{
    SOCKET s = (SOCKET)w;
    switch (WSAGETSELECTEVENT(l))
    {
    case FD_ACCEPT:
        {//有网络连接到达
```

```
            sockaddr_in    m_client;
            int sz = sizeof(sockaddr_in);
            SOCKET acp = accept(m_listensocket, (sockaddr*)&m_client, &sz);
            if (acp == INVALID_SOCKET)
            {
                closesocket(m_listensocket);
                return 0;
            }
              //选择 FD_READ|FD_WRITE|FD_CLOSE 三个网络事件
            WSAAsyncSelect(acp, m_hWnd, WM_SOCK, FD_READ|FD_WRITE|FD_CLOSE);
        }
        break;
    case FD_READ:
        {//缓冲区有数据待接收时进入
            char buf[1024];
            int res = recv(s, buf, 1024, 0);
            if (res == 0)
            {
                closesocket(s);
                break;
            }
            else if (res == SOCKET_ERROR)
            {
                //socket error
                break;
            }
            else
            {
                buf[res] = 0;
                std::string str = buf;
                str += "\n";
                OutputDebugString(str.c_str());
                m_lst.AddString(str.c_str());
              //如果要向客户端发送信息，下面可以去掉注释
              /*
              str = "I am server";
              int res = send(s,  str.c_str(),  str.length(),  0);
              if (res == SOCKET_ERROR)
                  break;   */
            }
        }
        break;
    case FD_WRITE:
        {//1：新连接到达时进入  2：缓冲区满数据未发送完全时进入
            std::string str = "WSAAsyncSelect test";
            int res = send(s, str.c_str(), str.length(), 0);
            if (res == SOCKET_ERROR)
            {
                break;
            }
        }
```

```
            break;
        case FD_CLOSE:
            {//客户端关闭连接时进入
                closesocket(s);
            }
            break;
        }
        return 1;
    }
```

在上面的代码中，当客户端有连接到来时，我们又用 WSAAsyncSelect 函数选择了 FD_READ|FD_WRITE|FD_CLOSE 三个网络事件，并且此时的套接字是客户端套接字 acp。接着在 switch 中对这 3 个网络事件进行处理。比如，当客户端发来数据时，我们在 FD_READ 处理中把客户端发来的数据放到列表框中。

至此，服务器端开发完毕。

（5）下面开始开发客户端。重新打开 VC2017，新建一个控制台工程，工程名是 client。打开 client.cpp，输入如下代码：

```
#include "stdafx.h"

#include <Winsock2.h>
using namespace std;
#include <iostream>
#include <string>

#pragma comment (lib, "ws2_32.lib")  //引用 winsock 库
int _tmain(int argc, _TCHAR* argv[])
{
 cout << "input CLIENT name:";  //输入客户端的名称，用来标记这个客户端
 std::string str, str2 = " I am ";
 cin >> str;

 str  = str2 + str;
 WSAData wsa;
 if (WSAStartup(MAKEWORD(1, 1), &wsa) != 0)  //初始化 winsock 库
 {
     WSACleanup();
     return 0;
 }
 SOCKET cnetsocket=socket(AF_INET, SOCK_STREAM, IPPROTO_TCP);//创建客户端套接字
 do
 {
     if (cnetsocket == INVALID_SOCKET)
         break;
     sockaddr_in server;
     server.sin_family = AF_INET;
     server.sin_port = htons(8828); //服务器端端口
     server.sin_addr.s_addr = inet_addr("127.0.0.1"); //服务器端 IP
```

```
        if (connect(cnetsocket, (sockaddr*)&server, sizeof(server)) ==
SOCKET_ERROR) //连接服务器端
            break;

        while (1)
        {
            int len=send(cnetsocket, str.c_str(), str.length(), 0);//向客户端发送数据
            cout<<"send data:"<<str.c_str()<<", length = " << str.length() << endl;
            if (len < str.length()) //如果没发完全，则继续发
            {
                cout << "data send uncompleted" << endl;
                str = str.substr(len + 1, str.length());
                len = send(cnetsocket, str.c_str(), str.length(), 0);
                cout << "send data uncomplete, send remaining data :" << str.c_str()
<< " , length = " << str.length() << endl;
            }
            else if (len == SOCKET_ERROR)
            {
                break;
            }
            Sleep(5000);
        }
    } while (0);
    closesocket(cnetsocket); //关闭套接字
    WSACleanup(); //释放 winsock 库

    return 1;
}
```

代码很简单，建立套接字后连接服务器端，然后向服务器端发送数据。

（6）保存工程并编译。先运行服务器端，再运行客户端，也可以运行多个客户端。可以发现服务器端能接收到数据了，如图 10-4 和图 10-5 所示。

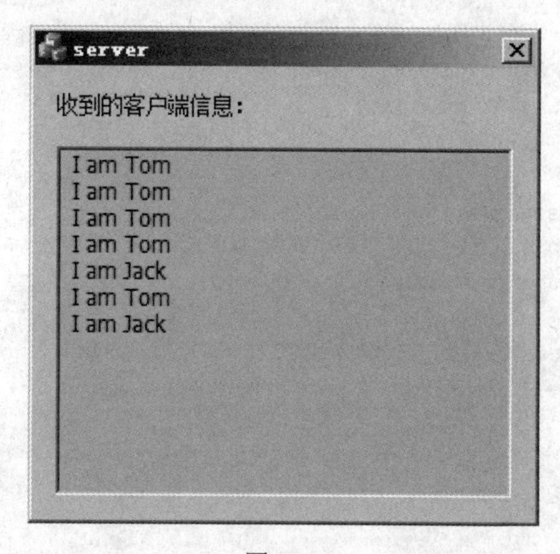

图 10-4

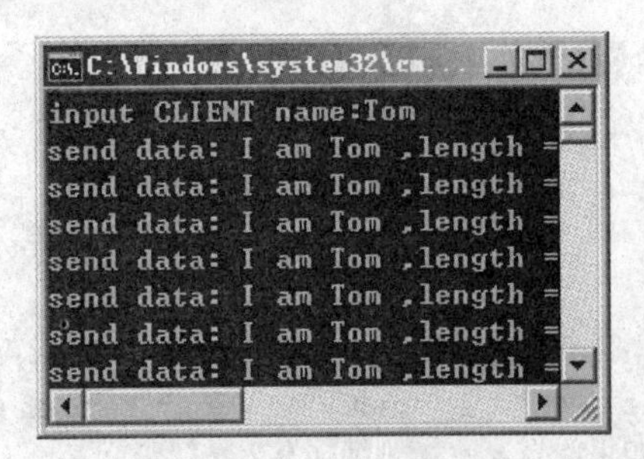

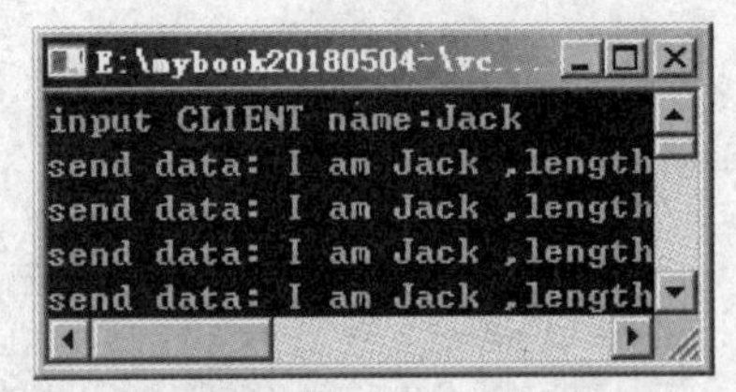

图 10-5

既然 WSAAsyncSelect 模型需要 Windows 窗口，那么传统的 Win32 程序创建的窗口也可以给 WSAAsyncSelect 模型所使用了。

【例 10.3】一个简单的 WSAAsyncSelect 模型的通信程序（Win32 版）

（1）新建一个空的 Win32 应用程序，工程名是 test，作为服务器端。

（2）为工程添加一个 test.cpp，设置工程属性为多字节，并在工程属性的预处理器中添加宏定义_WINSOCK_DEPRECATED_NO_WARNINGS，这是为了使用一些传统老函数。

（3）在 test.cpp 中输入如下代码：

```
#include <WINSOCK2.H>
/*#include <windows.h>*/
#pragma comment(lib,"WS2_32")

#define WM_SOCKET WM_USER+101 //自定义消息

//----------------窗口过程函数的声明-------------
LRESULT CALLBACK WindowProc(HWND hwnd, UINT uMsg, WPARAM wParam, LPARAM lParam);
//----------------WinMain()函数------------------
int WINAPI WinMain(HINSTANCE hInstance, HINSTANCE hPrevInstance, LPSTR 
lpCmdLine, int nShowCmd)
{
 WNDCLASS wc;
 wc.style = CS_HREDRAW | CS_VREDRAW;
 wc.lpfnWndProc = WindowProc;
 wc.cbClsExtra = 0;
 wc.cbWndExtra = 0;
 wc.hInstance = hInstance;
 wc.hIcon = LoadIcon(NULL, IDI_APPLICATION);
 wc.hCursor = LoadCursor(NULL, IDC_ARROW);

 HBRUSH  hbrush = CreateSolidBrush(RGB(255, 0, 0));
 //wc.hbrBackground=(HBRUSH)GetStockObject(BLACK_BRUSH);
 wc.hbrBackground = hbrush;

 wc.lpszMenuName = NULL;
 wc.lpszClassName = "Test";
 //---注册窗口类----
 RegisterClass(&wc);
```

```
    //---创建窗口----
    HWND hwnd = CreateWindow("Test", "窗口标题", WS_SYSMENU, 300, 0, 600, 400, NULL,
NULL, hInstance, NULL);
    if (hwnd == NULL)
    {
        MessageBox(hwnd, "创建窗口出错", "标题栏提升", MB_OK);
        return 1;
    }
    //---显示窗口----
    ShowWindow(hwnd, SW_SHOWNORMAL);
    UpdateWindow(hwnd);
    //---socket-----
    WSADATA wsaData;
    WORD wVersionRequested = MAKEWORD(2, 2);
    if (WSAStartup(wVersionRequested, &wsaData) != 0)
    {
        MessageBox(NULL, "WSAStartup() Failed", "调用失败", 0);
        return 1;
    }
    SOCKET s = socket(AF_INET, SOCK_STREAM, IPPROTO_TCP);
    if (s == INVALID_SOCKET)
    {
        MessageBox(NULL, "socket() Failed", "调用失败", 0);
        return 1;
    }
    sockaddr_in sin;
    sin.sin_family = AF_INET;
    sin.sin_port = htons(6000);
    sin.sin_addr.S_un.S_addr = inet_addr("127.0.0.1");
    if (bind(s, (sockaddr*)&sin, sizeof(sin)) == SOCKET_ERROR)
    {
        MessageBox(NULL, "bind() Failed", "调用失败", 0);
        return 1;
    }
    if (listen(s, 3) == SOCKET_ERROR)
    {
        MessageBox(NULL, "listen() Failed", "调用失败", 0);
        return 1;
    }
    else
        MessageBox(hwnd, "进入监听状态！", "标题栏提示", MB_OK);

    //先选择连接建立和连接关闭两个网络事件
    WSAAsyncSelect(s, hwnd, WM_SOCKET, FD_ACCEPT | FD_CLOSE);

    //---消息循环----
    MSG msg;
    while (GetMessage(&msg, 0, 0, 0))
    {
        TranslateMessage(&msg);
        DispatchMessage(&msg);
```

```
    }
    closesocket(s);
    WSACleanup();
    return msg.wParam;
   }
   //------------------窗口过程---------------------
   LRESULT CALLBACK WindowProc(HWND hwnd, UINT uMsg, WPARAM wParam, LPARAM lParam)
   {
    switch (uMsg)
    {
    case WM_SOCKET:
    {
        SOCKET ss = wParam;   //wParam参数标志了网络事件发生的套接口

        long event = WSAGETSELECTEVENT(lParam); // 事件
        int error = WSAGETSELECTERROR(lParam); // 错误码

        if (error)
        {
            closesocket(ss);
            return 0;
        }
        switch (event)
        {
        case FD_ACCEPT:  //-----①连接请求到来
        {
            sockaddr_in Cadd;
            int Cadd_len = sizeof(Cadd);
            SOCKET sNew = accept(ss, (sockaddr*)&Cadd, &Cadd_len);
            if (ss == INVALID_SOCKET)
                MessageBox(hwnd, "调用accept()失败！", "标题栏提示", MB_OK);
            //再选择接收数据和连接关闭两个网络事件
            WSAAsyncSelect(sNew, hwnd, WM_SOCKET, FD_READ | FD_CLOSE);

        }break;
        case FD_READ:  //-----②数据发送来
        {
            char cbuf[256];
            memset(cbuf, 0, 256);
            int cRecv = recv(ss, cbuf, 256, 0);
            if ((cRecv == SOCKET_ERROR&& WSAGetLastError() == WSAECONNRESET) ||
cRecv == 0)
            {
                MessageBox(hwnd, "调用recv()失败！", "标题栏提示", MB_OK);
                closesocket(ss);
            }
            else if (cRecv>0)
            {
                MessageBox(hwnd, cbuf, "收到的信息", MB_OK);
                char Sbuf[] = "Hello client!I am server";
                int isend = send(ss, Sbuf, sizeof(Sbuf), 0);
```

```
                if (isend == SOCKET_ERROR || isend <= 0)
                {
                    MessageBox(hwnd, "发送消息失败！", "标题栏提示", MB_OK);
                }
                else
                    MessageBox(hwnd, "已经发信息到客户端！", "标题栏提示", MB_OK);
            }
        }break;
        case FD_CLOSE:    //----③关闭连接
        {
            closesocket(ss);
        }
        break;
        }
    }
    break;
    case WM_CLOSE:
        if (IDYES == MessageBox(hwnd, "是否确定退出？", "message", MB_YESNO))
            DestroyWindow(hwnd);
        break;
    case WM_DESTROY:
        PostQuitMessage(0);
        break;
    default:
        return DefWindowProc(hwnd, uMsg, wParam, lParam);
    }
    return 0;
}
```

代码很简单，里面已经做了注释。本质上和 MFC 版没多大区别，都是依托一个 Windows 窗口来实现。如果大家对 Win32 编程不熟悉，可以参考笔者的另一本书《Visual C++ 2017 从入门到精通》，那里面详细讲述了 Win32 开发。

（4）下面我们实现客户端，在同一个解决方案下新建一个控制台项目，项目名称是 client。

（5）打开工程属性，在“C/C++”→“Preprocessor”中的开头添加两个宏：

```
_WINSOCK_DEPRECATED_NO_WARNINGS;_CRT_SECURE_NO_WARNINGS;
```

前者的作用是为了使用一些老函数，后者是为了使用 CRT 库中的一些传统 C 函数，比如 strcpy。

（6）在 client.cpp 中添加如下代码：

```
#include "stdafx.h"
#include<stdlib.h>
#include<WINSOCK2.H>
#include <windows.h>
#include <process.h>

#include<iostream>
#include<string>
```

```
using namespace std;

#define BUF_SIZE 64
#pragma comment(lib,"WS2_32.lib")


void recv(PVOID pt)
{
 SOCKET  sHost = *((SOCKET *)pt);

 while (true)
 {
     char buf[BUF_SIZE];//清空接收数据的缓冲区
     memset(buf, 0, BUF_SIZE);
     int retVal = recv(sHost, buf, sizeof(buf), 0);
     if (SOCKET_ERROR == retVal)
     {
         int  err = WSAGetLastError();
         //无法立即完成非阻塞 Socket 上的操作
         if (err == WSAEWOULDBLOCK)
         {
             Sleep(1000);
             printf("\nwaiting  reply!");
             continue;
         }
         else if (err == WSAETIMEDOUT || err == WSAENETDOWN || err ==
WSAECONNRESET)//已建立连接
         {
             printf("recv failed!");
             closesocket(sHost);
             WSACleanup();
             return;
         }

     }
     Sleep(100);

     printf("\n%s", buf);
     //break;
 }
}


 int main()
 {
  WSADATA wsd;
  SOCKET sHost;
  SOCKADDR_IN servAddr;//服务器地址
  int retVal;//调用 Socket 函数的返回值
  char buf[BUF_SIZE];
  //初始化 Socket 环境
```

```
if (WSAStartup(MAKEWORD(2, 2), &wsd) != 0)
{
    printf("WSAStartup failed!\n");
    return -1;
}
sHost = socket(AF_INET, SOCK_STREAM, IPPROTO_TCP);
//设置服务器 Socket 地址
servAddr.sin_family = AF_INET;
servAddr.sin_addr.S_un.S_addr = inet_addr("127.0.0.1");
//在实际应用中，建议将服务器的 IP 地址和端口号保存在配置文件中
servAddr.sin_port = htons(6000);
//计算地址的长度
int sServerAddlen = sizeof(servAddr);

//调用 ioctlsocket()将其设置为非阻塞模式
int iMode = 1;
retVal = ioctlsocket(sHost, FIONBIO, (u_long FAR*)&iMode);

if (retVal == SOCKET_ERROR)
{
    printf("ioctlsocket failed!");
    WSACleanup();
    return -1;
}

//循环等待
while (true)
{
    //连接到服务器
    retVal = connect(sHost, (LPSOCKADDR)&servAddr, sizeof(servAddr));
    if (SOCKET_ERROR == retVal)
    {
        int err = WSAGetLastError();
        //无法立即完成非阻塞 Socket 上的操作
        if (err == WSAEWOULDBLOCK || err == WSAEINVAL)
        {
            Sleep(1);
            printf("check  connect!\n");
            continue;
        }
        else if (err == WSAEISCONN)//已建立连接
        {
            break;
        }
        else
        {
            printf("connection failed!\n");
            closesocket(sHost);
            WSACleanup();
            return -1;
        }
```

```
    }
}
//启动一个线程接收数据的线程
unsigned long    threadId = _beginthread(recv, 0, &sHost);
while (true)
{
    //向服务器发送字符串，并显示反馈信息
    printf("input a string to send:\n");
    std::string str;
    //接收输入的数据
    std::cin >> str;
    //将用户输入的数据复制到 buf 中
    ZeroMemory(buf, BUF_SIZE);
    strcpy(buf, str.c_str());
    if (strcmp(buf, "quit") == 0)
    {
        printf("quit!\n");
        break;
    }

    while (true)
    {
        retVal = send(sHost, buf, strlen(buf), 0);
        if (SOCKET_ERROR == retVal)
        {
            int err = WSAGetLastError();
            if (err == WSAEWOULDBLOCK)
            {
                //无法立即完成非阻塞 Socket 上的操作
                Sleep(5);
                continue;
            }
            else
            {
                printf("send failed!\n");
                closesocket(sHost);
                WSACleanup();
                return -1;
            }
        }
        break;
    }
}

return 0;
}
```

代码很简单，里面已经做了详细注释，相信大家能看得明白。

（7）保持工程。先运行服务器端 test 工程，再运行 client，然后输入文本“hi，server.”，此时服务器端就可以收到客户端发来的文本信息了，如图 10-6 所示。

图 10-6

单击“确定”按钮，服务器端会发送信息给客户端，此时客户端界面如图 10-7 所示。

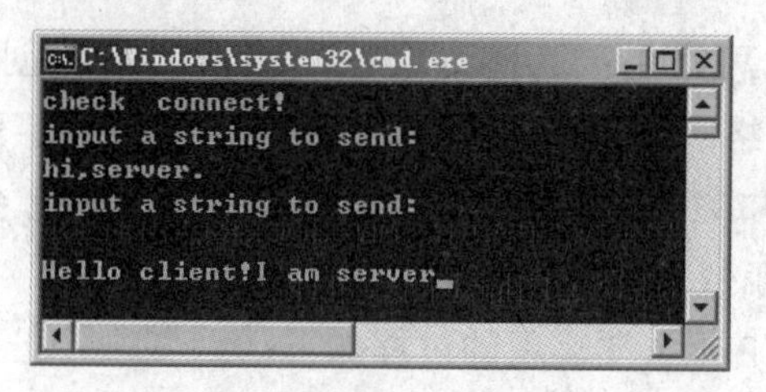

图 10-7

10.9 事件选择模型

10.9.1 基本概念

事件选择（WSAEventSelect）模型是另一个有用的异步 I/O 模型。和 WSAAsyncSelect 模型类似的是，它也允许应用程序在一个或多个套接字上接收以事件为基础的网络事件通知，最主要的差别在于网络事件会投递至一个事件对象句柄，而非投递到一个窗口例程。

10.9.2 WSAEventSelect 函数

WSAEventSelect 模型主要由函数 WSAEventSelect 来实现。注意，这里用了“主要由”，说明还有其他配套函数一起辅助来实现这个模型。后面会讲到其他函数。这里先看一下 WSAEventSelect。

WSAEventSelect 函数将一个已经创建好的事件对象（由 WSACreateEvent 创建）与某个套接字关联在一起，同时注册自己感兴趣的网络事件类型。WSAEventSelect 的函数声明如下：

```
int WSAAPI WSAEventSelect(
```

```
    SOCKET   s,
    WSAEVENT hEventObject,
    long     lNetworkEvents
);
```

其中，s 是套接字描述符；hEventObject 标识要与指定的网络事件集关联的事件对象的句柄；lNetworkEvents 指定应用程序感兴趣的网络事件组合的位掩码。

如果函数成功，那么返回值为零；否则，将返回值 SOCKET_ERROR，并且可以通过调用 WSAGetLastError 来获取特定的错误号。

与 select 和 WSAAsyncSelect 函数一样，WSAEventSelect 通常用于确定何时可以进行数据收发操作（确定调用 send 或 recv 能立即成功的时间点）。如果时间点没到，那么函数会返回 WSAEWOULDBLOCK，此时我们要正确处理这个错误码。

10.9.3 实战 WSAEventSelect 模型

事件选择模型的基本思路是：为感兴趣的一组网络事件创建一个事件对象，再调用 WSAEventSelect 函数将网络事件和事件对象关联起来。当网络事件发生时，Winsock 会使相应的事件对象收到通知，在事件对象上等待的函数就会返回。之后，再调用 WSAEnumNetworkEvents 函数便可获取发生了什么网络事件。

事件选择模型写的 TCP 服务器实现的过程如下：

（1）创建事件对象和套接字。创建一个事件对象的方法是调用 WSACreateEvent 函数，它的定义如下：

```
WSAEVENT  WSAAPI  WSACreateEvent();
```

如果没有发生错误，那么函数将返回事件对象的句柄；否则，返回值为 WSA_INVALID_EVENT，可以通过 WSAGetLastError 函数获取更多的错误信息。这个事件对象创建后，其初始状态为“未受信”，就是没有收到通知状态。

WSACreateEvent 创建的事件有两种工作状态以及两种工作模式：工作状态分别是“有信号”（signaled）和“无信号”（nonsignaled），工作模式包括“人工重设”（manual reset）和“自动重设”（auto reset）。WSACreateEvent 创建的事件开始是处于一种无信号的工作状态，并用一种人工重设模式来创建事件句柄。

（2）将事件对象与套接字关联在一起，同时注册自己感兴趣的网络事件类型（FD_READ、FD_WRITE、FD_ACCEPT、FD_CONNECT、FD_CLOSE 等），这个过程通过函数 WSAEventSelect 实现。

（3）调用事件等待函数 WSAWaitForMultipleEvents 在所有事件对象上等待，该函数返回后，我们就可以确认在哪些套接字上发生了网络事件。

当一个或所有指定的事件对象处于信号状态、超时或执行了 I/O 完成例程时，函数 WSAWaitForMultipleEvents 返回，该函数声明如下：

```
#include <winsock2.h>
#pragma comment(lib,"Ws2_32.lib")
DWORD  WSAAPI   WSAWaitForMultipleEvents(
  DWORD          cEvents,
  const WSAEVENT *lphEvents,
  BOOL           fWaitAll,
  DWORD          dwTimeout,
  BOOL           fAlertable
);
```

- cEvents：表示 lphEvent 所指数组中的事件对象句柄数，事件对象句柄的最大数量是 WSA_MAXIMUM_WAIT_EVENTS，必须指定一个或多个事件。
- lphEvents：指向事件对象句柄数组的指针，数组可以包含不同类型对象的句柄，如果后面参数 fWaitAll 设置为 TRUE，那么它不能包含同一句柄的多个副本，如果在等待仍处于挂起状态时关闭其中一个句柄，那么 WSAWaitForMultipleEvents 的行为将不可知。另外，句柄必须具有同步访问权限。
- fWaitAll：输入参数，用于指定等待类型的值。如果赋值为 TRUE，那么当 lphEvents 数组中所有对象的状态都处于有信号时，函数将返回。注意，是所有对象都处于信号状态才返回。如果赋值为 FALSE，则当向任一事件对象发出信号时，函数返回。在这一种情况下，返回值减去 WSA_WAIT_EVENT_0 表示其状态导致函数返回的事件对象的索引。如果在调用期间有多个事件对象发出信号，那么返回值指示信号事件对象的 lphEvents 数组索引的最小值。
- dwTimeout：超时时间，单位是毫秒。如果超时时间到，则函数返回，即使不满足 fWaitAll 参数指定的条件。如果 dwTimeout 参数为零，则函数将测试指定事件对象的状态并立即返回。如果 dwTimeout 是 WSA_INFINITE，则函数将永远等待。
- fAlertable：指定线程是否处于可警报的等待状态，以便系统可以执行 I/O 完成例程。如果为 TRUE，则线程将处于可警报的等待状态，并且当系统执行 I/O 完成例程时，函数可以返回。在这种情况下，将返回 WSA_WAIT_IO_COMPLETION，并且尚未发出正在等待的事件的信号。应用程序必须再次调用 WSAWaitForMultipleEvents 函数。如果为 FALSE，则线程不会处于可警报的等待状态，也不会执行 I/O 完成例程。

如果函数成功，那么返回值为以下值之一：

- WSA_WAIT_EVENT_0 到 （WSA_WAIT_EVENT_0 + cEvents – 1）：如果参数 fWaitAll 参数为 TRUE，则返回值指示已向所有指定的事件对象发出信号。如果 fWaitAll 参数为 FALSE，则返回值减去 WSA_WAIT_EVENT_0 表示其状态导致函数返回的事件对象的索引。如果在调用期间有多个事件对象发出信号，则返回值指示信号事件对象的 lphEvents 数组索引的最小值。
- WSA_WAIT_IO_COMPLETION：等待被执行的一个或多个 I/O 完成例程结束。正在等待的事件尚未发出信号，应用程序必须再次调用 WSAWaitForMultipleEvents 函数。只有 fAlertable 参数为 TRUE 时，才能返回此返回值。

- WSA_WAIT_TIMEOUT：超时间隔已过，并且未满足 fWaitAll 参数指定的条件，未执行任何 I/O 完成例程。

如果函数失败，则返回值为 WSA_WAIT_FAILED。此时可以通过函数 WSAGetLastError 获取更多错误码，常见错误码如下：

- WSANOTINITIALISED：在调用本 API 之前应成功调用 WSAStartup()。
- WSAENETDOWN：网络子系统失效。
- WSA_NOT_ENOUGH_MEMORY：无足够内存完成该操作。
- WSA_INVALID_HANDLE: lphEvents 数组中的一个或多个值不是合法的事件对象句柄。
- WSA_INVALID_PARAMETER：cEvents 参数未包含合法的句柄数目。

（4）检测所指定套接字上发生网络事件，然后处理发生的网络事件，完毕继续在事件对象上等待。检测所指定套接字上发生网络事件是通过函数 WSAEnumNetworkEvents 来实现，该函数声明如下：

```
#include <winsock2.h>
#pragma comment(lib,"Ws2_32.lib")
int WSAAPI WSAEnumNetworkEvents(
  SOCKET           s,
  WSAEVENT         hEventObject,
  LPWSANETWORKEVENTS lpNetworkEvents
);
```

- s：套接字描述符。
- hEventObject：标识要重置的关联事件对象的可选句柄。
- lpNetworkEvents：指向 WSANETWORKEVENTS 结构的指针，该结构由发生的网络事件和任何相关错误代码的记录填充。

如果操作成功，函数返回值为零；否则，将返回值 SOCKET_ERROR，并且可以通过调用 WSAGetLastError 来获取特定的错误码。

以上 4 步是使用事件选择模型的基本步骤。下面我们看一个实例。

【例 10.4】一个简单的 WSAEventSelect 模型的通信程序

（1）新建一个控制台工程，工程名是 test，作为服务器端。

（2）打开 test.cpp，输入如下代码：

```
#include <winsock2.h>
#include <Windows.h>
#include <iostream>
#pragma comment(lib,"ws2_32.lib")
using std::cout;
using std::cin;
using std::endl;
using std::ends;
```

```
void WSAEventServerSocket()
{
 SOCKET server = ::socket(AF_INET,SOCK_STREAM,IPPROTO_TCP);
 if(server == INVALID_SOCKET){
     cout<<"创建 SOCKET 失败！,错误代码："<<WSAGetLastError()<<endl;
     return ;
 }

 int error = 0;
 sockaddr_in addr_in;
 addr_in.sin_family = AF_INET;
 addr_in.sin_port = htons(6000);
 addr_in.sin_addr.s_addr = INADDR_ANY;
 error= ::bind(server,(sockaddr*)&addr_in,sizeof(sockaddr_in));
 if(error == SOCKET_ERROR){
     cout<<"绑定端口失败！,错误代码："<<WSAGetLastError()<<endl;
     return ;
 }

 listen(server,5);
 if(error == SOCKET_ERROR){
     cout<<"监听失败！,错误代码："<<WSAGetLastError()<<endl;
     return ;
 }
 cout<<"成功监听端口 :"<<ntohs(addr_in.sin_port)<<endl;

 WSAEVENT eventArray[WSA_MAXIMUM_WAIT_EVENTS]; // 事件对象数组
 SOCKET sockArray[WSA_MAXIMUM_WAIT_EVENTS];     // 事件对象数组对应的 SOCKET 句柄
 int nEvent = 0;                       // 事件对象数组的数量

 WSAEVENT event0 = ::WSACreateEvent();
 ::WSAEventSelect(server,event0,FD_ACCEPT|FD_CLOSE);
 eventArray[nEvent]=event0;
 sockArray[nEvent]=server;
 nEvent++;

 while(true){
     int nIndex=::WSAWaitForMultipleEvents(nEvent,eventArray,false,WSA_
INFINITE,false);
     if( nIndex == WSA_WAIT_IO_COMPLETION || nIndex == WSA_WAIT_TIMEOUT ){
         cout<<"等待时发生错误！错误代码："<<WSAGetLastError()<<endl;
         break;
     }
     nIndex = nIndex - WSA_WAIT_EVENT_0;
     WSANETWORKEVENTS event;
     SOCKET sock = sockArray[nIndex];
     ::WSAEnumNetworkEvents(sock,eventArray[nIndex],&event);
     if(event.lNetworkEvents & FD_ACCEPT){
         if(event.iErrorCode[FD_ACCEPT_BIT]==0){
             if(nEvent >= WSA_MAXIMUM_WAIT_EVENTS){
                 cout<<"事件对象太多，拒绝连接"<<endl;
```

```
                continue;
            }
            sockaddr_in addr;
            int len = sizeof(sockaddr_in);
            SOCKET client = ::accept(sock,(sockaddr*)&addr,&len);
            if(client!= INVALID_SOCKET){
                cout<<"接受了一个客户端连接
"<<inet_ntoa(addr.sin_addr)<<":"<<ntohs(addr.sin_port)<<endl;
                WSAEVENT eventNew = ::WSACreateEvent();

    ::WSAEventSelect(client,eventNew,FD_READ|FD_CLOSE|FD_WRITE);
                eventArray[nEvent]=eventNew;
                sockArray[nEvent]=client;
                nEvent++;
            }
        }
    }else if(event.lNetworkEvents & FD_READ){
        if(event.iErrorCode[FD_READ_BIT]==0){
            char buf[2500];
            ZeroMemory(buf,2500);
            int nRecv = ::recv( sock,buf,2500,0);
            if(nRecv>0){
                cout<<"收到一个消息 :"<<buf<<endl;
                char strSend[] = "I recvived your message.";
                ::send(sock,strSend,strlen(strSend),0);
            }
        }
    }else if(event.lNetworkEvents & FD_CLOSE){
        ::WSACloseEvent(eventArray[nIndex]);
        ::closesocket(sockArray[nIndex]);
        cout<<"一个客户端连接已经断开了连接"<<endl;
        for(int j=nIndex;j<nEvent-1;j++){
            eventArray[j]=eventArray[j+1];
            sockArray[j]=sockArray[j+1];
        }
        nEvent--;
    } else if(event.lNetworkEvents & FD_WRITE ){
        cout<<"一个客户端连接允许写入数据"<<endl;
    }
 } // end while
 ::closesocket(server);
}

int _tmain(int argc, _TCHAR* argv[])
{
 WSADATA wsaData;
 int error;
 WORD wVersionRequested;
 wVersionRequested = WINSOCK_VERSION;
 error = WSAStartup( wVersionRequested , &wsaData );
 if ( error != 0 ) {
```

```
        WSACleanup();
        return 0;
    }

    WSAEventServerSocket();

    WSACleanup();
    return 0;
}
```

（3）新建一个客户端工程，工程名是 client，然后打开工程属性，在“C/C++”→“Preprocessor”中的开头添加两个宏：

```
_WINSOCK_DEPRECATED_NO_WARNINGS;_CRT_SECURE_NO_WARNINGS;
```

前者的作用是为了使用一些老函数，后者是为了使用 CRT 库中的一些传统 C 函数，比如 strcpy。接着在 client.cpp 中添加同例 10.3 的 client.cpp 同样的代码。

（4）保存工程。先运行服务器端，然后运行客户端，并在客户端输入一些信息，服务器端就能收到信息。服务器端的运行结果如图 10-8 所示。

同时，服务器端也会发一句话给客户端。客户端的运行结果如图 10-9 所示。

图 10-8

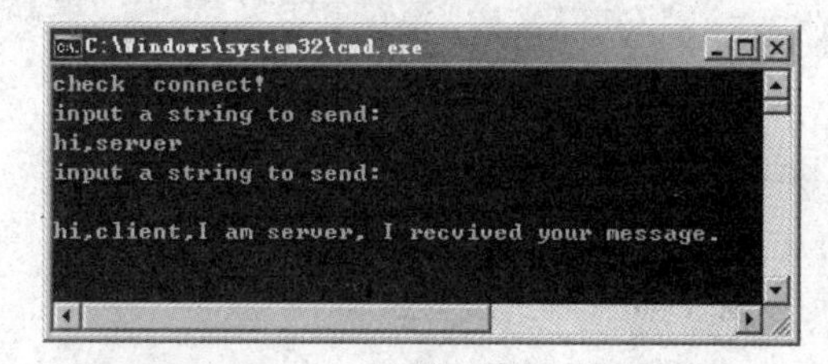

图 10-9

10.10 重叠 I/O 模型

10.10.1 基本概念

在 Winsock 中，重叠 I/O（Overlapped I/O）模型能达到更佳的系统性能，高于 select 模型、异步选择和事件选择 3 种。重叠模型的基本设计原理便是让应用程序使用一个重叠的数据结构（WSAOVERLAPPED），一次投递一个或多个 Winsock I/O 请求。针对这些提交的请求，在它们完成之后，我们的应用程序会收到通知，于是我们就可以对数据进行处理了。

重叠 I/O 这个概念来自文件 I/O 操作。在 Win32 文件 I/O 操作中，当调用 ReadFile 和 WriteFile 时，如果最后一个参数 lpOverlapped 设置为 NULL，那么线程就阻塞在这里，直到读写完指定的数据后才返回。这样在读写大文件的时候，很多时间都浪费在等待 ReadFile 和

WriteFile 的返回上面。如果 ReadFile 和 WriteFile 是往管道里读写数据，那么有可能阻塞得更久，导致程序性能下降。

为了解决这个问题，Windows 引进了重叠 I/O 的概念，它能够同时以多个线程处理多个 I/O。其实你自己开多个线程也可以处理多个 I/O，但是系统内部对 I/O 的处理在性能上有很大的优化。重叠 I/O 是 Windows 下实现异步 I/O 常用的方式。

Windows 为几乎全部类型的文件提供这个工具：磁盘文件、通信端口、命名管道和套接字。通常，使用 ReadFile 和 WriteFile 就可以很好地执行重叠 I/O。

重叠模型的核心是一个重叠数据结构。若想以重叠方式使用文件，必须用 FILE_FLAG_OVERLAPPED 标志打开它，例如：

```
   HANDLE hFile = CreateFile(lpFileName, GENERIC_READ | GENERIC_WRITE,
FILE_SHARE_READ | FILE_SHARE_WRITE, NULL, OPEN_EXISTING, FILE_FLAG_OVERLAPPED,
NULL);
```

如果没有指定该标志，那么针对这个文件（句柄）而言，重叠 I/O 是不可用的。如果设置了该标志，当调用 ReadFile 和 WriteFile 操作这个文件（句柄）时，必须为最后一个参数提供 OVERLAPPED 结构：

```
// WINBASE.H
typedef struct _OVERLAPPED {
  ULONG_PTR Internal;
  ULONG_PTR InternalHigh;
  union {
    struct {
      DWORD Offset;
      DWORD OffsetHigh;
    } DUMMYSTRUCTNAME;
    PVOID Pointer;
  } DUMMYUNIONNAME;
  HANDLE    hEvent;
} OVERLAPPED, *LPOVERLAPPED;
```

- Internal：I/O 请求的状态代码。发出请求时，系统将此成员设置为状态“挂起”，以指示操作尚未启动。请求完成后，系统将此成员设置为已完成请求的状态代码。该字段由系统内部使用。
- InternalHigh：被传输数据的长度。
- DUMMYUNIONNAME.DUMMYSTRUCTNAME.Offset：启动输入输出请求的文件位置的低阶部分，由用户指定。只有在支持偏移（也称为文件指针机制）概念的查找设备（如文件）上执行 I/O 请求时此成员才为非零；否则，此成员必须为零。
- DUMMYUNIONNAME.DUMMYSTRUCTNAME.OffsetHigh：启动输入输出请求的文件位置的高阶部分，由用户指定。只有在支持偏移（也称为文件指针机制）概念的查找设备（如文件）上执行 I/O 请求时此成员才为非零；否则，此成员必须为零。
- DUMMYUNIONNAME.Pointer：保留供系统使用。初始化为零后不要使用。
- hEvent：当操作完成时，由系统设置为信号状态的事件句柄。在将此结构传递给任何重叠函数之前，用户必须使用 CreateEvent 函数将此成员初始化为零或有效的事件句柄。然后可以使用此事件同步设备的同时 I/O 请求。函数（如 ReadFile 和 WriteFile）在开始 I/O 操作之前将此句柄设置为非签名状态。操作完成后，句柄将设置为信号状态。诸如 GetOverlappedResult 和同步等待函数等函数将自动重置事件重置为非信号状态。因此，应该使用手动重置事件。如果使用自动重置事件，等待操作完成，然后使用 bWait 参数设置为 TRUE 调用 GetOverlappedResult，则应用程序可以停止响应。

在函数调用中使用该结构之前，应始终将该结构的任何未使用成员初始化为零；否则，函数可能会失败并返回 ERROR_INVALID_PARAMETER。Offset 和 OffsetHigh 成员一起表示 64 位文件位置。它是从文件或类似文件的设备开始的字节偏移量，由用户指定，系统不会修改这些值。调用进程必须在将重叠结构传递给使用偏移量的函数（如 ReadFile、WriteFile 或其他相关函数）之前设置此成员。

因为 I/O 异步发生，就不能确定操作是否按顺序完成。因此，这里没有当前位置的概念。对于文件的操作，总是规定该偏移量。在数据流下（如 COM 端口或 socket），没有寻找精确偏移量的方法，所以在这些情况中系统忽略偏移量。这 4 个字段不应由应用程序直接进行处理或使用，OVERLAPPED 结构的最后一个参数是可选的事件句柄。稍后会提到怎样使用这个参数来设定事件通知完成 I/O。现在，假定该句柄是 NULL。设置了 OVERLAPPED 参数后，ReadFile/WriteFile 的调用会立即返回，这时你可以去做其他的事（所谓异步），系统会自动替你完成 ReadFile/WriteFile 相关的 I/O 操作。你也可以同时发出几个 ReadFile/WriteFile 的调用（所谓重叠）。当系统完成 I/O 操作时，会将 OVERLAPPED.hEvent 置信（置有信号状态），我们可以通过调用 WaitForSingleObject/WaitForMultipleObjects 来等待这个 I/O 完成通知，在得到通知信号后，就可以调用 GetOverlappedResult 来查询 I/O 操作的结果，并进行相关处理。由此可以看出，OVERLAPPED 结构在一个重叠 I/O 请求的初始化及其后续的完成之间提供了一种沟通或通信机制。

以 Win32 重叠 I/O 机制为基础，自 Winsock 2 发布开始，重叠 I/O 便已集成到新的 Winsock 函数中，比如 WSARecv/WSASend。这样一来，重叠 I/O 模型便能适用于安装了 Winsock 2 的所有 Windows 平台。可以一次投递一个或多个 Winsock I/O 请求。针对那些提交的请求，在它们完成之后，应用程序可为它们提供服务（对 I/O 的数据进行处理）。

比起阻塞、select、WSAAsyncSelect 以及 WSAEventSelect 等模型，Winsock 的重叠 I/O（Overlapped I/O）模型使应用程序能达到更佳的系统性能。因为它和这 4 种模型不同的是，使用重叠模型的应用程序通知缓冲区收发系统直接使用数据。也就是说，如果应用程序投递了一个 10KB 大小的缓冲区来接收数据，且数据已经到达套接字，那么该数据将直接被复制到投递的缓冲区。而其他 4 种模型中，数据到达先复制到套接字自己的接收缓冲区中，此时应用程序会被系统通知有数据可读。当应用程序调用接收函数之后，数据才从套接字自己的缓冲区复制到应用程序的缓冲区，这样就多了一次从套接字缓冲区到应用程序缓冲区的复制，性能差别就在于此。

10.10.2 创建重叠 I/O 模型下的套接字

要想在一个套接字上使用重叠 I/O 模型来处理网络数据通信，首先必须使用 WSA_FLAG_OVERLAPPED 标志来创建一个套接字：

```
SOCKET s = WSASocket(AF_INET, SOCK_STEAM, 0, NULL, 0, WSA_FLAG_OVERLAPPED);
```

创建套接字的时候，假如使用的是 socket 函数，而非 WSASocket 函数，那么会默认设置 WSA_FLAG_OVERLAPPED 标志。成功创建好了一个套接字，将其与一个本地接口绑定到一起后，便可开始进行这个套接字上的重叠 I/O 操作。为了要使用重叠结构，我们常用的 send、recv 等收发数据的函数也都要被 WSASend、WSARecv 替换掉了。方法是调用以下 Winsock 2 函数，同时为它们指定一个 WSAOVERLAPPED 结构参数（可选）：WSASend、WSASendTo、WSARecv、WSARecvFrom、WSAIoctl、AcceptEx、TransmitFile。若随 WSAOVERLAPPED 结构一起调用这些函数，则函数会立即返回，无论套接字是否设为锁定模式。它们依赖于 WSAOVERLAPPED 结构来返回一个 I/O 请求操作的结果。

在 Windows NT 和 Windows 2000 中，重叠 I/O 模型也允许应用程序以一种重叠方式实现对套接字连接的处理。具体的做法是在监听套接字上调用 AcceptEx 函数。AcceptEx 是一个特殊的 Winsock 1.1 扩展函数，该函数最初的设计宗旨是在 Windows NT 与 Windows 2000 操作系统上使用 Win32 的重叠 I/O 机制。事实上，它也适用于 Winsock 2 中的重叠 I/O。AcceptEx 的声明如下：

```
BOOL AcceptEx(
  SOCKET       sListenSocket,
  SOCKET       sAcceptSocket,
  PVOID        lpOutputBuffer,
  DWORD        dwReceiveDataLength,
  DWORD        dwLocalAddressLength,
  DWORD        dwRemoteAddressLength,
  LPDWORD      lpdwBytesReceived,
  LPOVERLAPPED lpOverlapped
);
```

- sListenSocket：标识已用 listen 函数调用过的套接字的描述符。服务器程序在此套接字上等待连接。
- sAcceptSocket：一种描述符，用于标识接受传入连接的套接字。
- lpOutputBuffer：指向缓冲区的指针。该缓冲区是一个特殊的缓冲区，因为它要负责 3 种数据的接收：服务器的本地地址，客户机的远程地址，以及在新建连接上发送的第一个数据块。
- dwReceiveDataLength：以字节为单位，指定了在 lpOutputBuffer 缓冲区中，保留多大的空间来接收数据。如果将这个参数设为 0，那么在接受连接的过程中不会再一起接收任何数据。
- dwLocalAddressLength：为本地地址信息保留的字节数。此值必须至少比正在使用的传输协议的最大地址长度多 16 字节。举个例子，假定正在使用的是 TCP/IP 协议，那么这里的大小应设为“SOCKADDR_IN 结构的长度+16 字节”。

- dwRemoteAddressLength：为远程地址信息保留的字节数。此值必须至少比正在使用的传输协议的最大地址长度多 16 字节，不能为零。
- lpdwBytesReceived：用于返回接收到的实际数据量，以字节为单位。只有在操作以同步方式完成的前提下才会设置这个参数。假如 AcceptEx 函数返回 ERROR_IO_PENDING，那么这个参数永远都不会设置，我们必须利用完成事件通知机制来获知实际读取的字节量。
- lpOverlapped：它对应的是一个 OVERLAPPED 结构，允许 AcceptEx 以一种异步方式工作。如我们早先所述，只有在一个重叠 I/O 应用中该函数才需要使用事件对象通知机制（hEvent 字段），这是由于此时没有一个完成例程参数可供使用。

如果函数成功，就返回 TRUE。如果函数失败，就返回 FALSE，此时可以调用 WSAGetLastError 函数返回错误码。若 WSAGetLastError 返回 ERROR_IO_PENDING，则操作已成功启动，并且仍在进行中。若错误码为 WSAECONNRESET，则表示有一个传入连接，但随后在接受呼叫之前被远程对等端终止。

10.10.3　获取重叠 I/O 操作完成结果

异步 I/O 请求挂起后，最终要知道 I/O 操作是否完成。一个重叠 I/O 请求最终完成后，应用程序要负责取回重叠 I/O 操作的结果。对于读，直到 I/O 完成，接收缓冲区才有效。对于写，要知道写是否成功。有几种方法可以做到这一点，最直接的方法是调用（WSA）GetOverlappedResult，其函数原型如下：

```
BOOL  WSAAPI  WSAGetOverlappedResult(
  SOCKET          s,
  LPWSAOVERLAPPED lpOverlapped,
  LPDWORD         lpcbTransfer,
  BOOL           fWait,
  LPDWORD         lpdwFlags
);
```

- s：套接字句柄。
- lpOverlapped：关联的 WSAOVERLAPPED 结构，在调用 CreateFile、WSASocket 或 AcceptEx 时指定。
- lpcbTransfer：指向字节计数指针，负责接收一次重叠发送或接收操作实际传输的字节数。
- fWait：确定命令是否等待的标志，用于决定函数是否应该等待一次重叠操作完成。若将该参数设为 TRUE，则直到操作完成函数才返回；若设为 FALSE，而且操作仍然处于未完成状态，那么 WSAGetOverlappedResult 函数会返回 FALSE 值。
- lpdwFlags：指向 32 位变量的指针，该变量将接收一个或多个补充完成状态的标志。如果重叠操作是通过 WSARecv 或 WSARecvFrom 启动的，那么此参数将包含 lpFlags

参数的结果值。此参数不能是空指针。

如果函数成功，那么返回值为 TRUE。这意味着重叠操作已成功完成，并且 lpcbTransfer 指向的值已更新。

如果函数回 FALSE，就意味着重叠操作尚未完成，或者重叠操作已完成但有错误，或者由于 WSAGetOverlappedResult 的一个或多个参数中的错误而无法确定重叠操作的完成状态。失败时，lpcbTransfer 指向的值将不会更新。使用 WSAGetLastError 可以确定失败的原因。

下面介绍两种常用重叠 I/O 完成通知的方法。

10.10.4 基于事件通知（有 64 个 socket 的限制）

套接字重叠 I/O 的事件通知方法要求事件对象与 WSAOVERLAPPED 结构关联在一起。当 I/O 操作完成后，该事件对象从未触发状态变为触发状态。在应用程序中先调用 WSAWaitForMultipleEvents 函数等待该事件的发生。获得该事件对象对应的 WSAOVERLAPPED 结构后可以根据 Internal 和 InternalHigh 字段（也可以调用 WSAGetOverlappedResult 函数）判断 I/O 完成的情况。

具体步骤如下：

（1）创建具有 WSAOVERLAPPED 标志的套接字。如果调用 socket()函数，那么默认创建具有 WSAOVERLAPPED 标志的套接字。如果调用 WSASocket 函数，就需要明确指定 WSAOVERLAPPED 标志。

（2）为套接字定义 WSAOVERLAPPED 结构，并清零。

（3）调用 WSACreateEvent 函数创建事件对象，并将该事件句柄分配给 WSAOVERLAPPED 结构的 hEvent 字段。

（4）调用接收或者发送函数。

（5）调用 WSAWaitForMultipleEvents 函数等待与重叠 I/O 关联的事件变为已触发状态。

（6）WSAWaitForMultipleEvents 返回后，调用 WSAResetEvent 函数，将该事件对象恢复为未触发态。

（7）调用 WSAGetOverlappedResult 函数判断重叠 I/O 的完成状态。

下面的实例演示了使用 socket 重叠 I/O 模型开发服务程序的步骤。该程序涉及两个线程：接收线程用于接受客户端连接请求，初始化重叠 I/O 操作；服务线程用于重叠 I/O 处理。

【例 10.5】利用事件通知实现重叠 I/O 模型

（1）实现服务器端工程。新建一个控制台工程，工程名是 server。

（2）打开 server.cpp，输入如下代码：

```
#include "stdafx.h"
#pragma comment(lib,"ws2_32.lib")
#include <winsock2.h>
#include <stdio.h>
#include <iostream>
```

```
using namespace std;
#define  PORT 6000
//#define  IP_ADDRESS "10.11.163.113"  //表示服务器端的地址
#define  IP_ADDRESS "127.0.0.1"  //直接使用本机地址

#define MSGSIZE 1024

//与重叠 I/O 结构相关的一些信息，把它们封装在一个结构体中便于管理
class PerSocketData
{
public:
 WSAOVERLAPPED overlap;//每一个 socket 连接需要关联一个 WSAOVERLAPPED 对象
 WSABUF buffer;//与 WSAOVERLAPPED 对象绑定的缓冲区
 char          szMessage[MSGSIZE];//初始化 buffer 的缓冲区
 DWORD          NumberOfBytesRecvd;//指定接收到的字符的数目
 DWORD          flags;
};


//管理所有 socket 连接的类
class SocketListWithIOEvent
{
public:
 //每建立一个 socket 连接，需要维护下面 3 个信息
 //1.需要保存所有 socket 连接
 SOCKET   socketArray[MAXIMUM_WAIT_OBJECTS];
 //2.需要保存每一个 socket 连接操作相关联的重叠 IO 结构的信息，与上面的 socketArray 相对应
 PerSocketData * overLappedData[MAXIMUM_WAIT_OBJECTS];
 //3.需要保存每一个 socket 连接操作对应的事件对象，与上面的 socketArray 对应
 WSAEVENT eventArray[MAXIMUM_WAIT_OBJECTS];


 //当前管理的 socket 连接数
 int totalConn;
public:
 //构造函数，初始化这个类，将它里面的成员变量都清零
 SocketListWithIOEvent()
 {
     totalConn = 0;
     for (int i = 0; i<MAXIMUM_WAIT_OBJECTS; i++)
     {
         socketArray[i] = 0;
         eventArray[i] = NULL;
         overLappedData[i] = NULL;
     }
 }

 //添加一个 socket
 //需要对 socketArray、overLappedData、eventArray 这 3 个信息进行更新
 //返回这个连接的重叠 I/O 结构的信息
 PerSocketData* insertSocket(SOCKET s)
```

```
    {
        //1.保存 socket 连接到 socketArray 中
        socketArray[totalConn] = s;

        //2.建立并初始化重叠结构
        overLappedData[totalConn] = (PerSocketData *)HeapAlloc(GetProcessHeap(),
HEAP_ZERO_MEMORY, sizeof(PerSocketData));//将结构体清零
        overLappedData[totalConn]->buffer.len = MSGSIZE;//指定 WSABUF 的大小
        overLappedData[totalConn]->buffer.buf =
overLappedData[totalConn]->szMessage;// 初始化一个 WSABUF 结构
        //为这个 socket 连接创建一个事件
        overLappedData[totalConn]->overlap.hEvent = WSACreateEvent();

        //3.将事件保存到 eventArray 中
        eventArray[totalConn] = overLappedData[totalConn]->overlap.hEvent;
        //返回当前建立的这个 socket 相关联的重叠结构的信息，并将连接数加 1
        return overLappedData[totalConn++];
    }

    //如果 socket 断开了连接，需要将 socket 关闭掉
    //并将这个集合中维护的事件信息和重叠 I/O 信息删除
    void deleteSocket(int index)
    {
        closesocket(socketArray[index]);
        WSACloseEvent(eventArray[index]);
        HeapFree(GetProcessHeap(), 0, overLappedData[index]);
        if (index<totalConn - 1)
        {
            //将最后一个连接的相关信息复制到当前要被删除的连接的位置上
            socketArray[index] = socketArray[totalConn - 1];
            eventArray[index] = eventArray[totalConn - 1];
            overLappedData[index] = overLappedData[totalConn - 1];
        }
        overLappedData[--totalConn] = NULL;//将最后一个连接置为 NULL，并将连接总数减 1
    }

};


//使用这个工作线程来通过重叠 I/O 的方式与客户端通信
DWORD WINAPI workThread(LPVOID lpParam)
{
 int ret, currentIndex;
 DWORD cbTransferred;//

 SocketListWithIOEvent * sockList = (SocketListWithIOEvent *)lpParam;
 while (true)
 {
     // 等候重叠 I/O 调用结束
     // 因为我们把事件和 Overlapped 绑定在一起，所以重叠操作完成后我们会接到事件通知
     ret = WSAWaitForMultipleEvents(sockList->totalConn,
```

```
        sockList->eventArray,
        FALSE,
        1000,
        FALSE);

    if (ret == WSA_WAIT_FAILED || ret == WSA_WAIT_TIMEOUT)
    {
        continue;
    }

    // 注意这里返回的 ret 并非是事件在数组里的 Index，而是需要减去 WSA_WAIT_EVENT_0
    currentIndex = ret - WSA_WAIT_EVENT_0;

    //事件已经被触发了之后，对于我们来说已经没有利用价值，所以要将它重置一下留待
    //下一次使用，很简单，就一步，连返回值都不用考虑
    WSAResetEvent(sockList->eventArray[currentIndex]);

    //使用 WSAGetOverlappedResult 函数取得重叠调用的返回状态
    WSAGetOverlappedResult(
        sockList->socketArray[currentIndex],
        &sockList->overLappedData[currentIndex]->overlap,
        &cbTransferred,
        TRUE,
        &sockList->overLappedData[sockList->totalConn]->flags);

    //断开连接
    if (cbTransferred == 0)
    {
        cout << "客户端断开连接" << endl;
        sockList->deleteSocket(currentIndex);
    }
    else
    {
        cout << sockList->overLappedData[currentIndex]->szMessage << endl;

        send(sockList->socketArray[currentIndex],
            sockList->overLappedData[currentIndex]->szMessage,
            cbTransferred,
            0);


        WSARecv(sockList->socketArray[currentIndex],
            &sockList->overLappedData[currentIndex]->buffer,
            1,
            &sockList->overLappedData[currentIndex]->NumberOfBytesRecvd,
            &sockList->overLappedData[currentIndex]->flags,
            &sockList->overLappedData[currentIndex]->overlap,
            NULL);

    }
```

```
    }

    return 0;
}

void main()
{

    WSADATA wsaData;
    int err;

    //1.加载套接字库
    err = WSAStartup(MAKEWORD(1, 1), &wsaData);
    if (err != 0)
    {
        cout << "Init Windows Socket Failed::" << GetLastError() << endl;
        return;
    }

    //2.创建socket
    //套接字描述符,SOCKET实际上是unsigned int
    SOCKET serverSocket;
    serverSocket = socket(AF_INET, SOCK_STREAM, 0);
    if (serverSocket == INVALID_SOCKET)
    {
        cout << "Create Socket Failed::" << GetLastError() << endl;
        return;
    }


    //服务器端的地址和端口号
    struct sockaddr_in serverAddr, clientAdd;
    serverAddr.sin_addr.s_addr = inet_addr(IP_ADDRESS);
    serverAddr.sin_family = AF_INET;
    serverAddr.sin_port = htons(PORT);

    //3.绑定Socket，将Socket与某个协议的某个地址绑定
    err = bind(serverSocket, (struct sockaddr*)&serverAddr, sizeof(serverAddr));
    if (err != 0)
    {
        cout << "Bind Socket Failed::" << GetLastError() << endl;
        return;
    }

    //4.监听,将套接字由默认的主动套接字转换成被动套接字
    err = listen(serverSocket, 10);
    if (err != 0)
    {
        cout << "listen Socket Failed::" << GetLastError() << endl;
        return;
    }
```

```
    cout << "服务器端已启动......" << endl;

    int addrLen = sizeof(clientAdd);
    SOCKET sockConn;
    SocketListWithIOEvent socketList;
    HANDLE hThread = CreateThread(NULL, 0, workThread, &socketList, 0, NULL);
    if (hThread == NULL)
    {
        cout << "Create Thread Failed!" << endl;
    }
    CloseHandle(hThread);

    while (true)
    {
        //5.接收请求，当收到请求后，会将客户端的信息存入 clientAdd 这个结构体中，并返回描述
        //这个 TCP 连接的 Socket
        sockConn = accept(serverSocket, (struct sockaddr*)&clientAdd, &addrLen);
        if (sockConn == INVALID_SOCKET)
        {
            cout << "Accpet Failed::" << GetLastError() << endl;
            return;
        }
        cout << "客户端连接: " << inet_ntoa(clientAdd.sin_addr) << ":" <<
clientAdd.sin_port << endl;
        //6.启动 workThread 线程函数并将 socket 放入 socketList 中
        PerSocketData * overLappedData = socketList.insertSocket(sockConn);

        //WSARecv 不是阻塞的
        WSARecv(sockConn,
            &overLappedData->buffer,
            1,
            &overLappedData->NumberOfBytesRecvd,
            &overLappedData->flags,
            &overLappedData->overlap,
            NULL);
    }
    closesocket(serverSocket);
    //7.清理 Windows Socket 库
    WSACleanup();
}
```

这个模型与其他模型不同的是它使用 Winsock2 提供的异步 I/O 函数 WSARecv。在调用 WSARecv 时，指定一个 WSAOVERLAPPED 结构，这个调用不是阻塞的，也就是说，它会立刻返回。一旦有数据到达，被指定的 WSAOVERLAPPED 结构中的 hEvent 被 Signaled。在取得接收的数据后，把数据原封不动地打印出来，或者同志们也可以调用一下 send 函数，把数据发送回客户端（客户端那里有接收线程），然后重新激活一个 WSARecv 异步操作。有一个函数值得注意，那就是用于接收数据的函数 WSARecv。该函数声明如下：

```
int  WSAAPI  WSARecv(
  SOCKET                             s,
  LPWSABUF                           lpBuffers,
  DWORD                              dwBufferCount,
  LPDWORD                            lpNumberOfBytesRecvd,
  LPDWORD                            lpFlags,
  LPWSAOVERLAPPED                    lpOverlapped,
  LPWSAOVERLAPPED_COMPLETION_ROUTINE lpCompletionRoutine
);
```

- s：标识一个已连接的套接字的描述符。
- lpBuffers：指向 WSABUF 结构数组的指针。每个 WSABUF 结构都包含一个指向缓冲区的指针和缓冲区的长度（以字节为单位）。
- dwBufferCount：lpBuffers 数组中 WSABUF 结构的个数。
- lpNumberOfBytesRecvd：如果接收操作立即完成，就指向接收数据的字节数指针。

如果 lpOverlapped 参数不是空值，就对此参数使用空值，以避免潜在的错误结果。只有 lpOverlapped 参数不为空时，此参数才能为空。

- lpFlags：指向用于修改 WSARecv 函数调用行为的标志的指针。
- lpOverlapped：指向 WSAOVERLAPPED 结构的指针（对于非重叠的套接字忽略）。
- lpCompletionRoutine：当接收操作完成时调用的完成例程的指针（对于非重叠的套接字忽略）。

如果没有发生错误，并且接收操作立即完成，则函数返回零。在这种情况下，一旦调用线程处于可警报状态，就已经计划调用完成例程。否则，将返回 SOCKET_ERROR，此时可以通过调用 WSAGetLastError 来检索特定的错误代码。错误代码 WSA_IO_PENDING 表示重叠操作已成功启动，稍后将指示完成。任何其他错误代码都表示重叠操作未成功启动，不会出现完成指示。

（3）实现客户端。客户端可以使用上例中的客户端，这里不再赘述。

（4）保存工程。先运行服务器端，然后运行客户端。在客户端中输入要发送的字符串，然后服务器端就能接收到。客户端的运行结果如图 10-10 所示，服务器端的运行结果如图 10-11 所示。

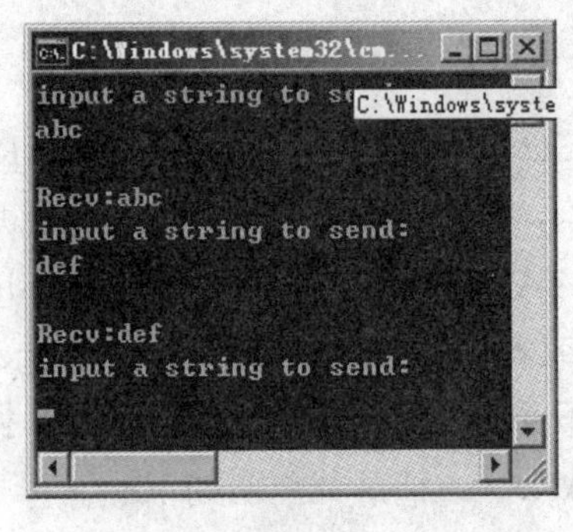

图 10-10

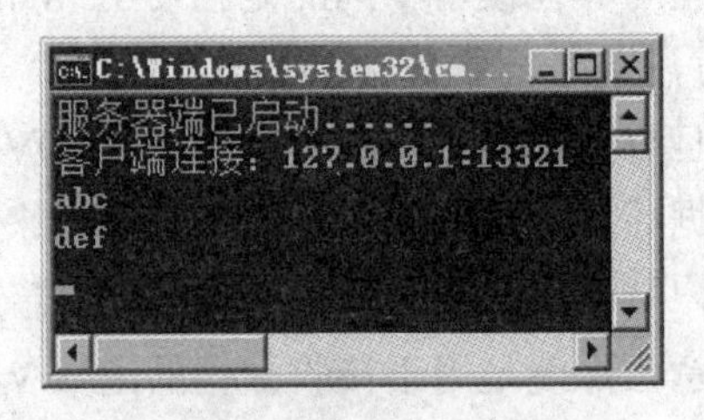

图 10-11

10.10.5　基于完成例程

10.10.5.1　基本概念

如果你想要使用重叠 I/O 机制带来的高性能模型，又懊恼于基于事件通知的重叠模型要收到 64 个等待事件的限制，还有点畏惧完成端口稍显复杂的初始化过程，那么“完成例程”无疑是最好的选择！因为完成例程摆脱了事件通知的限制，可以连入任意数量客户端而不用另开线程，也就是说只用很简单的一些代码就可以利用 Windows 内部的 I/O 机制来获得网络服务器的高性能。

在基于事件通知的重叠 I/O 模型中，在你投递了一个请求（比如 WSARecv）以后，系统在完成以后是用事件来通知你的，而在完成例程中，系统在网络操作完成以后会自动调用你提供的回调函数，区别仅此而已。采用完成例程的服务器端，通信流程如图 10-12 所示。

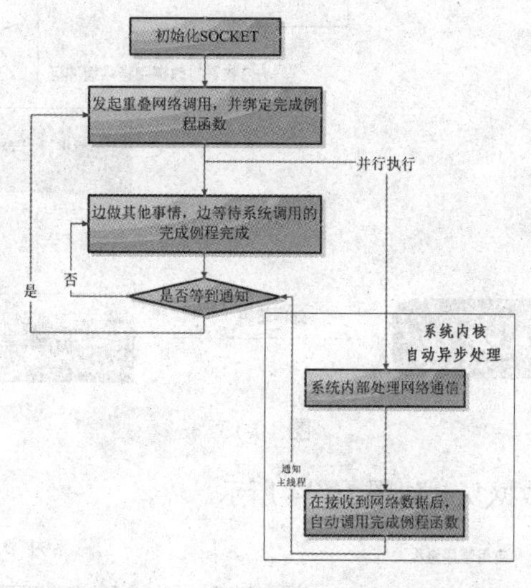

图 10-12

从图 10-12 中可以看到，服务器端存在一个明显的异步过程，也就是说我们把客户端连入的 SOCKET 与一个重叠结构绑定之后，便可以将通信过程全权交给系统内部去帮我们调度处理，我们在主线程中可以边做其他的事情边等候系统完成的通知。这就是完成例程高性能的原因所在。

如果还没有看明白，我们打个通俗易懂的比方：完成例程的处理过程，也就像我们告诉系统，“我想要在网络上接收网络数据，你去帮我办一下”（投递 WSARecv 操作），“不过我并不知道网络数据何时到达，总之在接收到网络数据之后，你就直接调用我给你的这个函数（比如_CompletionProess），把它们保存到内存或者显示到界面中等，全权交给你处理了”。于是乎，系统在接收到网络数据之后，一方面会给我们一个通知，另一方面系统也会自动调用我们事先准备好的回调函数，就不需要我们自己操心了。

10.10.5.2　完成例程的优点

基于完成例程的重叠 I/O 模型相对于事件选择 I/O 模型的优越之处在于，重叠 I/O 模型完全解决了 recv 的阻塞问题。在以前的模型当中，recv 只是接收数据到来的通知，之后依旧要自己去内核复制数据到用户空间中，如今 recv 过程全部交由操作系统完成，减去了数据等待与将数据从内核复制到程序缓冲区的时间，并且其间不占用程序自身的时间片。

基于完成例程的重叠 I/O 异步模型如图 10-13 所示。

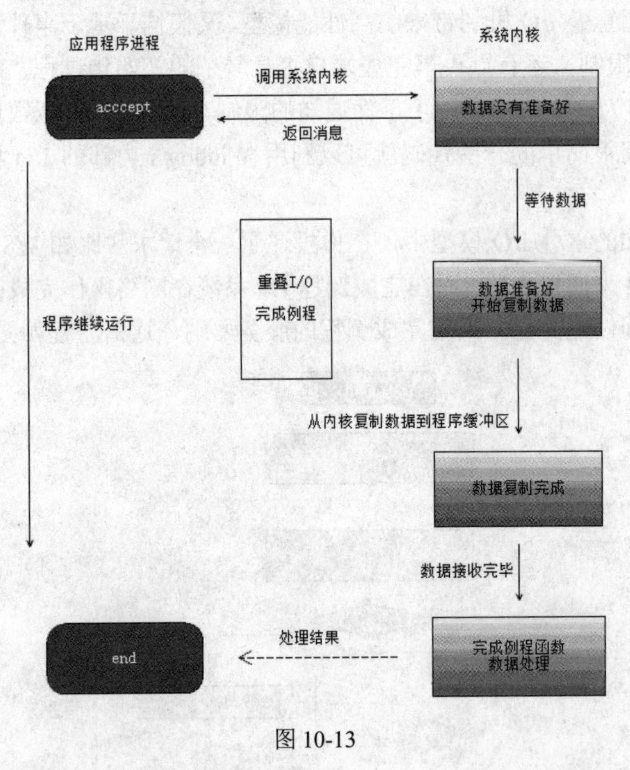

图 10-13

事件选择网络模型的数据复制如图 10-14 所示。

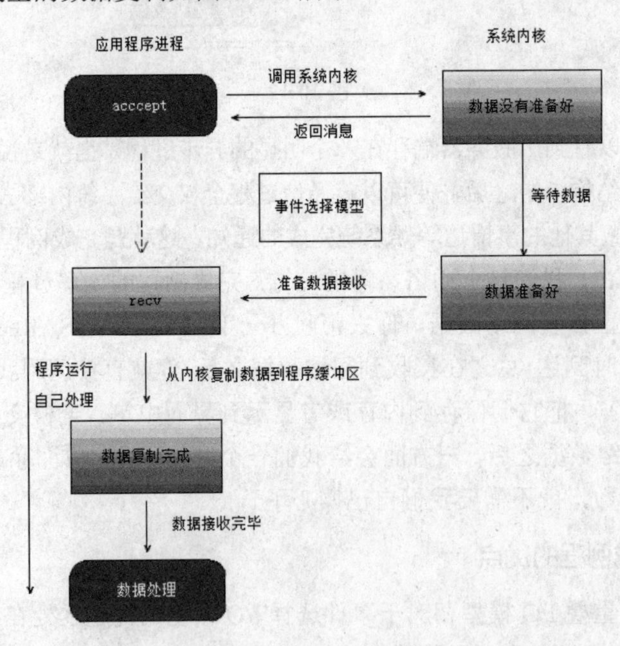

图 10-14

此外，完成例程相比基于事件响应的重叠 I/O 模型的优越之处在于，完成例程并没有 64 个事件的上限，而是操作系统调用完成例程（也就是一个由操作系统调用的回调函数）对接收到的数据进行处理。虽然都是基于重叠 I/O，但是因为前两种模型都需要自己来管理任务的分派，所以性能上没有区别。

10.10.5.3　完成例程的关键函数

完成例程方式和前面的事件通知方式最大的不同之处在于，我们需要提供一个回调函数供系统收到网络数据后自动调用，回调函数的参数定义应该遵照如下函数原型：

```
void CALLBACK _CompletionRoutineFunc(
DWORD dwError,
DWORD cbTransferred,
LPWSAOVERLAPPED lpOverlapped,
DWORD dwFlags);
```

其中，参数 dwError 标志咱们投递的重叠操作，比如 WSARecv，完成的状态是什么；参数 cbTransferred 指明了在重叠操作期间，实际传输的字节量是多大；参数 lpOverlapped 参数指明传递到最初的 I/O 调用内的一个重叠结构；参数 dwFlags 返回操作结束时可能用的标志（一般没用）。

注意：函数名字随便起，但是参数类型不能错。还有一点需要重点提一下，因为我们需要给系统提供一个如上面定义的那样的回调函数，以便系统在完成了网络操作后自动调用，这里就需要提一下究竟是如何把这个函数与系统内部绑定的。比如，在 WSARecv 函数中是这样绑定的：

```
int WSARecv(
  SOCKET s,
  LPWSABUF lpBuffers,
  DWORD dwBufferCount,
  LPDWORD lpNumberOfBytesRecvd,
  LPDWORD lpFlags,
  LPWSAOVERLAPPED lpOverlapped,
  LPWSAOVERLAPPED_COMPLETION_ROUTINE lpCompletionRoutine);
```

这个函数前面其实介绍过，因为比较重要，我们再次简单地讲述一下这个函数。参数 s 投递这个操作的套接字；参数 lpBuffers 表示接收缓冲区，与 recv 函数不同，这里需要一个由 WSABUF 结构构成的数组；参数 dwBufferCount 表示数组中 WSABUF 结构的数量，设置为 1 即可；参数 lpNumberOfBytesRecvd 表示当接收操作完成时，会返回函数调用所接收到的字节数；lpOverlapped 表示“绑定”的重叠结构；最后一个参数 lpCompletionRoutine 就是完成例程函数的指针。我们的回调函数_CompletionRoutineFunc 和 WSARecv 操作关联起来了，系统一完成接收数据，就回调我们的函数，之后我们就可以在里面处理数据了。

如果觉得有些抽象，我们可以看一段代码：

```
SOCKET s;
WSABUF DataBuf;            // 定义 WSABUF 结构的缓冲区
// 初始化一下 DataBuf
```

```
#define DATA_BUFSIZE 4096
char buffer[DATA_BUFSIZE];
ZeroMemory(buffer, DATA_BUFSIZE);
DataBuf.len = DATA_BUFSIZE;
DataBuf.buf = buffer;
DWORD dwBufferCount = 1, dwRecvBytes = 0, Flags = 0;
//建立需要的重叠结构，每个连入的 SOCKET 上的每一个重叠操作都得绑定一个
WSAOVERLAPPED AcceptOverlapped;//如果要处理多个操作，这里当然需要一个 WSAOVERLAPPED 数组
ZeroMemory(&AcceptOverlapped, sizeof(WSAOVERLAPPED));

// 做了这么多工作，终于可以使用 WSARecv 来把我们的完成例程函数绑定上了
// 当然，假设我们的_CompletionRoutine 函数已经定义好了
WSARecv(s, &DataBuf, dwBufferCount, &dwRecvBytes,
&Flags, &AcceptOverlapped, _CompletionRoutine);
```

其他参数我们可以先不用细看，重点关注最后一个。

10.10.5.4 完成例程的实现步骤

理论知识方面需要知道的就是这么多。下面我们配合代码，一步步地讲解如何亲手实现一个基于完成例程的重叠 I/O 模型。具体步骤如下：

第一步，创建一个套接字，开始在指定的端口上监听连接请求。

第一步很简单，和其他的 SOCKET 初始化并无多大区别。需要注意的是，为了突出重点，笔者去掉了错误处理，具体开发时可不能这样，尽管这里出错的概率比较小：

```
WSADATA wsaData;
  WSAStartup(MAKEWORD(2,2),&wsaData);
  //创建 TCP 套接字
  ListenSocket = socket(AF_INET,SOCK_STREAM,IPPROTO_TCP);
  SOCKADDR_IN ServerAddr; //分配端口及协议簇并绑定
  ServerAddr.sin_family=AF_INET;
  ServerAddr.sin_addr.S_un.S_addr  =htonl(INADDR_ANY);
  //在 8888 端口监听，端口号可以随意更改，但最好不要少于 1024
  ServerAddr.sin_port=htons(8888);
  bind(ListenSocket,(LPSOCKADDR)&ServerAddr,sizeof(ServerAddr));//绑定套接字
  listen(ListenSocket, 5);  //开始监听
```

第二步，接受一个入站的连接请求。调用 accept 函数即可：

```
AcceptSocket = accept (ListenSocket, NULL,NULL) ;
```

如果想要获得连入客户端的信息，则 accept 的后两个参数不要用 NULL，而是这样：

```
SOCKADDR_IN ClientAddr;        // 定义一个客户端的地址结构作为参数
int addr_length=sizeof(ClientAddr);
AcceptSocket = accept(ListenSocket,(SOCKADDR*)&ClientAddr, &addr_length);
// 于是乎，我们就可以轻松得知连入客户端的信息了
LPCTSTR lpIP =  inet_ntoa(ClientAddr.sin_addr);       // 连入客户端的 IP
UINT nPort = ClientAddr.sin_port;                   // 连入客户端的 Port
```

第三步，准备好我们的重叠结构。

有新的套接字连入以后，新建一个 WSAOVERLAPPED 重叠结构（当然也可以提前建立好），准备绑定到我们的重叠操作上去。这里也可以看到和基于事件的明显区别，就是不用再为 WSAOVERLAPPED 结构绑定一个 hEvent 了。

这里只定义一个，实际上是每一个 SOCKET 的每一个操作都需要绑定一个重叠结构，所以在实际使用面对多个客户端的时候要定义为数组，详见示例代码：

```
WSAOVERLAPPED AcceptOverlapped;
ZeroMemory(&AcceptOverlapped, sizeof(WSAOVERLAPPED));      // 置零
```

第四步，开始在套接字上投递 WSARecv 请求。

这一步需要将第三步准备的WSAOVERLAPPED结构和我们定义的完成例程函数为参数。各个变量都已经初始化完成以后，我们就可以开始进行具体的 Socket 通信函数调用了，然后让系统内部的重叠结构来替我们管理 I/O 请求，我们只用等待网络通信完成后调用回调函数就可以了。

这个步骤的重点是绑定一个 Overlapped 变量和一个完成例程函数：

```
//将 WSAOVERLAPPED 结构指定为一个参数,在套接字上投递一个异步 WSARecv()请求
// 并提供下面的作为完成例程的_CompletionRoutine 回调函数(函数名字)
    if(WSARecv(
        AcceptSocket,
        &DataBuf,
        1,
        &dwRecvBytes,
        &Flags,
        &AcceptOverlapped,
        _CompletionRoutine) == SOCKET_ERROR)  // 注意我们传入的回调函数指针
        {
            if(WSAGetLastError() != WSA_IO_PENDING)
            {
                ReleaseSocket(nSockIndex);
                continue;
                }
            }
    }
```

第五步，调用 WSAWaitForMultipleEvents 函数或者 SleepEx 函数等待重叠操作返回的结果。我们在前面提到过，投递完 WSARecv 操作，并绑定了 Overlapped 结构和完成例程函数之后，基本就完事大吉了。等到系统自己去完成网络通信，并在接收到数据的时候，会自动调用我们的完成例程函数。

我们在主线程中需要做的事情只有做别的事情，并且等待系统完成了完成例程调用后的返回结果。就是说在 WSARecv 调用发起完毕之后，我们不得不在后面紧跟上一些等待完成结果的代码。有两种办法可以实现：

（1）和上一节重叠 I/O 中讲到的一样，我们可以使用 WSAWaitForMultipleEvent 来等待重叠操作的事件通知，演示如下：

```
    /*因为 WSAWaitForMultipleEvents() API 要求在一个或多个事件对象上等待，但是这个事件数组已经不是和 SOCKET 相关联的了，因此不得不创建一个伪事件对象 */
     WSAEVENT EventArray[1];
     EventArray[0] = WSACreateEvent();        // 建立一个事件
     // 然后等待重叠请求完成就可以了。注意保存返回值，这个很重要
     DWORD dwIndex =
WSAWaitForMultipleEvents(1,EventArray,FALSE,WSA_INFINITE,TRUE);
```

WSAWaitForMultipleEvents 参数的含义上一节中已经介绍过了。调用这个函数以后，线程就会置于一个警觉的等待状态。注意，fAlertable 参数一定要设置为 TRUE。

（2）可以直接使用 SleepEx 函数来完成等待，效果是一样的。SleepEx 函数调用起来就简单得多了，它的函数原型定义是这样的：

```
     DWORD SleepEx(
  DWORD dwMilliseconds,
  BOOL   bAlertable );
```

其中，参数 dwMilliseconds 为等待的超时时间，如果设置为 INFINITE 就会一直等待下去；参数 bAlertable 表示是否置于警觉状态，如果为 FALSE，则一定要等待超时时间完毕之后才会返回。如果指定的时间间隔已过期，则函数返回值为零。如果函数由于一个或多个 I/O 完成回调函数而返回，则返回值为 WAIT_IO_COMPLETION，只有当 bAlertable 为 TRUE，并且调用 SleepEx 函数的线程与调用扩展 I/O 函数的线程相同时才会发生这种情况。

这里我们希望重叠操作一完成就能返回，所以一定要设置为 TRUE。调用这个函数的时候，同样注意用一个 DWORD 类型变量来保存它的返回值，后面会派上用场。

第六步，通过等待函数的返回值取得重叠操作的完成结果。

这是我们最关心的事情，费了那么大劲投递的这个重叠操作究竟是什么结果呢？就是通过上一步中我们调用的等待函数的 DWORD 类型的返回值。正常情况下，在操作完成之后，应该是返回 WAIT_IO_COMPLETION，如果返回的是 WAIT_TIMEOUT，则表示等待设置的超时时间到了，但是重叠操作依旧没有完成，应该通过循环再继续等待。如果是其他返回值，就坏事了，说明网络通信出现了其他异常，程序就可以报错退出了。

判断返回值的代码大致如下：

```
  // 返回 WAIT_IO_COMPLETION 表示一个重叠请求完成例程代码的结束，继续为更多的完成例程服务
  if(dwIndex == WAIT_IO_COMPLETION)
  {
  TRACE("重叠操作完成...\n");
  }
  else if( dwIndex==WAIT_TIMEOUT )
  {
      TRACE("超时了，继续调用等待函数\n");
  }
  else
  {
     TRACE("出错了…\n");
  }
```

操作完成了之后，就说明我们上一个操作已经成功了。成功了之后做什么？当然是继续投递下一个重叠操作了。继续上面的循环。

第七步，继续回到第四步，在套接字上继续投递 WSARecv 请求，重复第 4~7 步。

第八步，处理接收到的数据。

忙活了这么久,客户端传来的数据到底在哪里接收啊？怎么一点都没有提到呢？这个问题提得好，我们写了这么多代码图什么呢？其实想要读取客户端的数据很简单，因为我们在 WSARecv 调用的时候传递了一个 WSABUF 变量，用于保存网络数据，而在我们写的完成例程回调函数里面就可以取到客户端传送来的网络数据了。系统在调用我们完成例程函数的时候网络操作已经完成了，WSABUF 里面已经有我们需要的数据了，只是通过完成例程来进行后期的处理。具体可以参考示例代码。其中，DataBuf.buf 就是一个 char*字符串指针。

下面我们来看两个例子，分别使用 SleepEx 和 WSAWaitForMultipleEvents 函数。

【例 10.6】基于完成例程的重叠 I/O 例子（SleepEx 版）

（1）新建一个控制台工程 server，作为服务器端。

（2）打开 server.cpp，添加如下代码：

```
#include "stdafx.h"
#include <WINSOCK2.H>
#include <stdio.h>

#define PORT    5150
#define MSGSIZE 1024

#pragma comment(lib, "ws2_32.lib")

typedef struct
{
 WSAOVERLAPPED overlap;
 WSABUF        Buffer;
 char          szMessage[MSGSIZE];
 DWORD         NumberOfBytesRecvd;
 DWORD         Flags;
 SOCKET        sClient;
}PER_IO_OPERATION_DATA, *LPPER_IO_OPERATION_DATA;

DWORD WINAPI WorkerThread(LPVOID);
void CALLBACK CompletionROUTINE(DWORD, DWORD, LPWSAOVERLAPPED, DWORD);

SOCKET g_sNewClientConnection;
BOOL   g_bNewConnectionArrived = FALSE;

int main()
{
 WSADATA    wsaData;
 SOCKET     sListen;
```

```
    SOCKADDR_IN local, client;
    DWORD       dwThreadId;
    int         iaddrSize = sizeof(SOCKADDR_IN);

    // Initialize Windows Socket library
    WSAStartup(0x0202, &wsaData);

    // Create listening socket
    sListen = socket(AF_INET, SOCK_STREAM, IPPROTO_TCP);

    // Bind
    local.sin_addr.S_un.S_addr = htonl(INADDR_ANY);
    local.sin_family = AF_INET;
    local.sin_port = htons(PORT);
    bind(sListen, (struct sockaddr *)&local, sizeof(SOCKADDR_IN));

    // Listen
    listen(sListen, 3);

    puts("服务器已经启动。。。\n");

    // Create worker thread
    CreateThread(NULL, 0, WorkerThread, NULL, 0, &dwThreadId);

    while (TRUE)
    {
        // Accept a connection
        g_sNewClientConnection = accept(sListen, (struct sockaddr *)&client,
&iaddrSize);
        g_bNewConnectionArrived = TRUE;
        printf("Accepted client:%s:%d\n", inet_ntoa(client.sin_addr),
ntohs(client.sin_port));
    }
    }

    DWORD WINAPI WorkerThread(LPVOID lpParam)
    {
    LPPER_IO_OPERATION_DATA lpPerIOData = NULL;

    while (TRUE)
    {
        if (g_bNewConnectionArrived)
        {
            // Launch an asynchronous operation for new arrived connection
            lpPerIOData = (LPPER_IO_OPERATION_DATA)HeapAlloc(
                GetProcessHeap(),
                HEAP_ZERO_MEMORY,
                sizeof(PER_IO_OPERATION_DATA));
            lpPerIOData->Buffer.len = MSGSIZE;
            lpPerIOData->Buffer.buf = lpPerIOData->szMessage;
            lpPerIOData->sClient = g_sNewClientConnection;
```

```
        WSARecv(lpPerIOData->sClient,
            &lpPerIOData->Buffer,
            1,
            &lpPerIOData->NumberOfBytesRecvd,
            &lpPerIOData->Flags,
            &lpPerIOData->overlap,
            CompletionROUTINE);

        g_bNewConnectionArrived = FALSE;
    }

    SleepEx(1000, TRUE);
}
return 0;
}

void CALLBACK CompletionROUTINE(DWORD dwError,
DWORD cbTransferred,
LPWSAOVERLAPPED lpOverlapped,
DWORD dwFlags)
{
LPPER_IO_OPERATION_DATA lpPerIOData = (LPPER_IO_OPERATION_DATA)lpOverlapped;

if (dwError != 0 || cbTransferred == 0)
{
    // Connection was closed by client
    closesocket(lpPerIOData->sClient);
    HeapFree(GetProcessHeap(), 0, lpPerIOData);
}
else
{
    lpPerIOData->szMessage[cbTransferred] = '\0';
    puts(lpPerIOData->szMessage);//打印收到的客户端信息
    //再重新发回给客户端
    send(lpPerIOData->sClient, lpPerIOData->szMessage, cbTransferred, 0);

    // Launch another asynchronous operation
    memset(&lpPerIOData->overlap, 0, sizeof(WSAOVERLAPPED));
    lpPerIOData->Buffer.len = MSGSIZE;
    lpPerIOData->Buffer.buf = lpPerIOData->szMessage;

    WSARecv(lpPerIOData->sClient,  //继续投递接收操作
        &lpPerIOData->Buffer,
        1,
        &lpPerIOData->NumberOfBytesRecvd,
        &lpPerIOData->Flags,
        &lpPerIOData->overlap,
        CompletionROUTINE);
}
}
```

用完成例程来实现重叠 I/O 比用事件通知简单得多。在这个模型中，主线程只用不停地接受连接即可；辅助线程判断有没有新的客户端连接被建立，如果有，就为那个客户端套接字激活一个异步的 WSARecv 操作，然后调用 SleepEx 使线程处于一种可警告的等待状态，以使得 I/O 完成后 CompletionROUTINE 可以被内核调用。如果辅助线程不调用 SleepEx，则内核在完成一次 I/O 操作后，无法调用完成例程（因为完成例程的运行应该和当初激活 WSARecv 异步操作的代码在同一个线程之内）。

完成例程内的实现代码比较简单，它取出接收到的数据，然后将数据原封不动地发送给客户端，最后重新激活另一个 WSARecv 异步操作。注意，在这里用到了“尾随数据”。我们在调用 WSARecv 的时候，参数 lpOverlapped 实际上指向一个比它大得多的结构 PER_IO_OPERATION_DATA，这个结构除了 WSAOVERLAPPED 以外，还被我们附加了缓冲区的结构信息，另外还包括客户端套接字等重要的信息。这样，在完成例程中通过参数 lpOverlapped 拿到的不仅仅是 WSAOVERLAPPED 结构，还有后边尾随的包含客户端套接字和接收数据缓冲区等重要信息。这样的 C 语言技巧在后面介绍完成端口的时候还会使用到。

另外，在工程属性的预处理中添加宏定义：

```
_WINSOCK_DEPRECATED_NO_WARNINGS;
```

这样就可以使用一些传统函数了。

（3）下面新建一个客户端工程，工程名是 client，代码其实和上例一样，这里不再赘述。

（4）保存工程。先运行服务器端，再运行客户端，在客户端中输入一些字符串，服务器端就会收到并打印出来，然后回发给客户端。客户端的运行结果如图 10-15 所示。

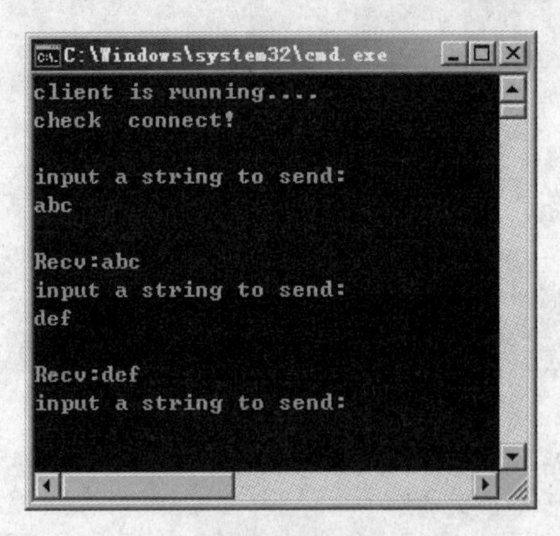

图 10-15

服务器端的运行结果如图 10-16 所示。

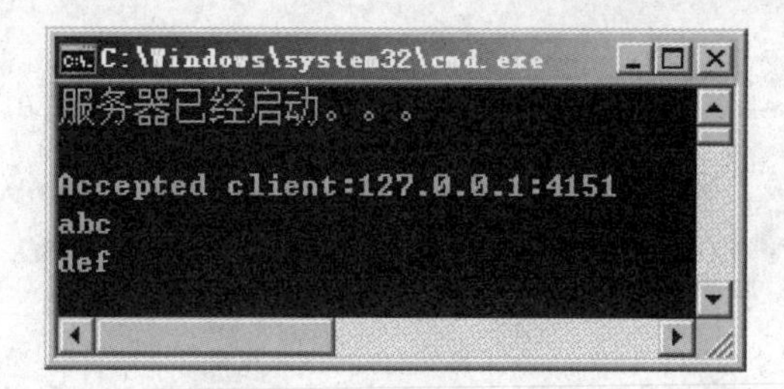

图 10-16

【例 10.7】基于完成例程的重叠 I/O 例子（WSAWaitForMultipleEvents 版）

（1）新建一个控制台工程 server，作为服务器端。

（2）打开 server.cpp，添加如下代码：

```
#include "stdafx.h"
#include <WinSock2.h>
#include <process.h>
#include <stdio.h>
#pragma comment(lib,"ws2_32.lib")

#define PORT 6000
#define MAXBUF 128

//自定义一个存放 socket 信息的结构体，用于完成例程中对 OVERLAPPED 的转换
typedef struct _SOCKET_INFORMATION {
 OVERLAPPED Overlapped;   //这个字段一定要放在第一个，否则转换的时候数据的赋值会出错
 SOCKET Socket;   //后面的字段顺序可打乱并且不限制字段数，也就是说你还可以多定义几个字段
 CHAR Buffer[MAXBUF];
 WSABUF wsaBuf;
} SOCKET_INFORMATION, *LPSOCKET_INFORMATION;

SOCKET g_sClient;                    //不断新加进来的 client

                                   //打开服务器
BOOL OpenServer(SOCKET* sServer)
{
 BOOL bRet = FALSE;
 WSADATA wsaData = { 0 };
 SOCKADDR_IN addrServer = { 0 };
 addrServer.sin_family = AF_INET;
 addrServer.sin_port = htons(PORT);
 addrServer.sin_addr.S_un.S_addr = inet_addr("127.0.0.1");
 do
 {
     if (!WSAStartup(MAKEWORD(2, 2), &wsaData))
     {
         if (LOBYTE(wsaData.wVersion) == 2 || HIBYTE(wsaData.wVersion) == 2)
         {
             //在套接字上使用重叠 I/O 模型,必须使用 WSA_FLAG_OVERLAPPED 标志创建套接字
             //g_sServer = WSASocket(AF_INET, SOCK_STREAM, IPPROTO_TCP,NULL,0,
```

```
WSA_FLAG_OVERLAPPED);
                *sServer = socket(AF_INET, SOCK_STREAM, IPPROTO_TCP);
                if (*sServer != INVALID_SOCKET)
                {
                    if (SOCKET_ERROR != bind(*sServer, (SOCKADDR*)&addrServer,
sizeof(addrServer)))
                    {
                        if (SOCKET_ERROR != listen(*sServer, SOMAXCONN))
                        {
                            bRet = TRUE;
                            break;
                        }
                        closesocket(*sServer);
                    }
                    closesocket(*sServer);
                }
            }
        }

    } while (FALSE);

    return bRet;
    }

    //完成例程
    void CALLBACK CompeletRoutine(DWORD dwError, DWORD dwBytesTransferred,
LPWSAOVERLAPPED Overlapped, DWORD dwFlags)
    {
    DWORD  dwRecvBytes;
    DWORD dwFlag;

    //强制转换为我们自定义的结构，这里就解释了为什么第一个字段要是 OVERLAPPED
    //因为转换后首地址肯定会相同，读取的数据一定会是 Overlapped 的数据
    //所以要先把 Overlapped 的数据保存下来，接下来内存中的数据再由系统分配到各个字段中
    LPSOCKET_INFORMATION pSi = (LPSOCKET_INFORMATION)Overlapped;

    if (dwError != 0)  //错误显示
        printf("I/O operation failed with error %d\n", dwError);
    if (dwBytesTransferred == 0)
        printf("Closing socket %d\n\n", pSi->Socket);
    if (dwError != 0 || dwBytesTransferred == 0) //错误处理
    {
        closesocket(pSi->Socket);
        GlobalFree(pSi);
        return;
    }

    //如果已经发送完成了，接着投递下一个 WSARecv
    printf("Recv%d:%s\n", pSi->Socket, pSi->wsaBuf.buf);
    dwFlag = 0;
    ZeroMemory(&(pSi->Overlapped), sizeof(WSAOVERLAPPED));
```

```
    pSi->wsaBuf.len = MAXBUF;
    pSi->wsaBuf.buf = pSi->Buffer;
    if (WSARecv(pSi->Socket, &(pSi->wsaBuf), 1, &dwRecvBytes, &dwFlag,
&(pSi->Overlapped), CompeletRoutine) == SOCKET_ERROR)
    {
        if (WSAGetLastError() != WSA_IO_PENDING)
        {
            printf("WSARecv() failed with error %d\n", WSAGetLastError());
            return;
        }
    }
    }

    //把 client 和完成例程绑定起来
    unsigned int __stdcall ThreadBind(void* lparam)
    {
    DWORD dwFlags;
    LPSOCKET_INFORMATION pSi;
    DWORD dwIndex;
    DWORD dwRecvBytes;
    WSAEVENT eventArry[1];
    eventArry[0] = (WSAEVENT)lparam;
    while (1)
    {
        //等待一个完成例程返回
        while (TRUE)
        {
            dwIndex = WSAWaitForMultipleEvents(1, eventArry, FALSE, WSA_INFINITE,
TRUE);
            if (dwIndex == WSA_WAIT_FAILED)
            {
                printf("WSAWaitForMultipleEvents() failed with error %d\n",
WSAGetLastError());
                return FALSE;
            }
            if (dwIndex != WAIT_IO_COMPLETION)
                break;
        }
        //重设事件
        WSAResetEvent(eventArry[0]);
        //为 SOCKET_INFORMATION 分配一个全局内存空间，相当于全局变量了
        //这里为什么要分配全局的呢?因为我们要在完成例程中引用 socket 的数据
        if ((pSi = (LPSOCKET_INFORMATION)GlobalAlloc(GPTR,
sizeof(SOCKET_INFORMATION))) == NULL)
        {
            printf("GlobalAlloc() failed with error %d\n", GetLastError());
            return 1;
        }

        //填充各个字段
        pSi->Socket = g_sClient;
```

```
        ZeroMemory(&(pSi->Overlapped), sizeof(WSAOVERLAPPED));
        pSi->wsaBuf.len = MAXBUF;
        pSi->wsaBuf.buf = pSi->Buffer;

        dwFlags = 0;
        //投递一个 WSARecv
        if (WSARecv(pSi->Socket, &(pSi->wsaBuf), 1, &dwRecvBytes, &dwFlags,
            &(pSi->Overlapped), CompeletRoutine) == SOCKET_ERROR)
        {
            if (WSAGetLastError() != WSA_IO_PENDING)
            {
                printf("WSARecv() failed with error %d\n", WSAGetLastError());
                return 1;
            }
        }
        printf("Socket %d got connected...\n", g_sClient);
    }
    return 0;
}

//接受 client 请求线程
unsigned int __stdcall ThreadAccept(void* lparam)
{
    SOCKET sServer = *(SOCKET*)lparam;
    WSAEVENT event = WSACreateEvent();
    _beginthreadex(NULL, 0, ThreadBind, event, 0, NULL);
    while (TRUE)
    {
        g_sClient = accept(sServer, NULL, NULL);
        if (g_sClient != INVALID_SOCKET)
            WSASetEvent(event);
    }
    return 0;
}


int main(int argc, char **argv)
{
    SOCKET sServer = INVALID_SOCKET;
    puts("服务器已经启动...\n");
    if (OpenServer(&sServer))
        _beginthreadex(NULL, 0, ThreadAccept, &sServer, 0, NULL);
    Sleep(10000000);
    return 0;
}
```

另外，在工程属性的预处理中添加宏定义：

```
_WINSOCK_DEPRECATED_NO_WARNINGS;
```

这样就可以使用一些传统函数了。

（3）下面新建一个客户端工程，工程名是 client。代码和上例一样，这里不再赘述。

（4）保存工程。先运行服务器端，再运行客户端，在客户端中输入一些字符串，服务器端就会收到并打印出来，然后回发给客户端。客户端的运行结果如图 10-17 所示。服务器端的运行结果如图 10-18 所示。

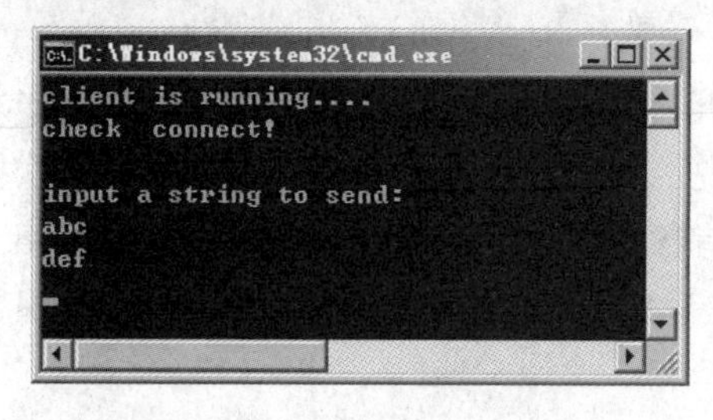

图 10-17

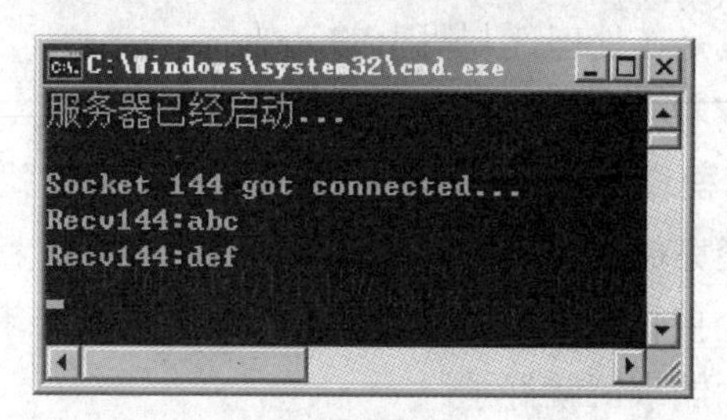

图 10-18

10.11 完成端口

10.11.1 基本概念

完成端口的全称是 I/O 完成端口，英文为 IOCP（I/O Completion Port）。IOCP 是一个异步 I/O 的 API，可以高效地将 I/O 事件通知给应用程序。与使用 select()或是其他异步方法不同的是，一个套接字与一个完成端口关联了起来，然后就可以继续进行正常的 Winsock 操作了。然而，当一个事件发生的时候，此完成端口就将被操作系统加入一个队列中。然后应用程序可以对核心层进行查询以得到此完成端口。

这里我要对上面的一些概念略做补充，在解释“完成”两字之前，想再次复习一下同步和异步这两个概念，从逻辑上来讲做完一件事后再去做另一件事就是同步，而同时一起做两件或两件以上的事就是异步了。你也可以拿单线程和多线程来做比喻，但是我们一定要将同步和堵塞、异步和非堵塞区分开来。所谓的堵塞函数诸如 accept(…)，当调用此函数后，线程将挂起，直到操作系统通知它，“有人连进来了”，那个挂起的线程将继续进行工作，也就是符合“生产者-消费者”模型。堵塞和同步看上去有两分相似，但却是完全不同的概念。大家都知道 I/O 设备是一个相对慢速的设备，不论打印机、调制解调器还是硬盘，与 CPU 相比都是奇慢无比的，坐下来等 I/O 的完成是不明智的，有时候数据的流动率非常惊人，把数据从你的文件服务器中以 Ethernet 速度搬走，其速度可能高达每秒一百万字节。如果你尝试从文件服务器中读取 100KB，在用户的眼光来看几乎是瞬间完成，但是要知道，你的线程执行这个命令，已经浪费了 10 个一百万次 CPU 周期。所以说，我们一般使用另一个线程来进行 I/O。重叠 IO（overlapped I/O）是 Win32 的一项技术，你可以要求操作系统为你传送数据，并且在传送完毕时通知你。这也就是“完成”的含义。这项技术使你的程序在 I/O 进行的过程中仍然能够继续处理事务。事实上，操作系统内部正是以线程来完成 overlapped I/O。你可以获得线程所有利益，而不需要付出什么痛苦的代价。

完成端口中所谓的“端口”并不是我们在 TCP/IP 中所提到的端口，可以说完全没有关系。笔者其实也困惑一个 I/O 设备（I/O Device）和端口（IOCP 中的 Port）到底有什么关系。IOCP 只不过是用来进行读写操作，和文件 I/O 倒是有些类似。既然是一个读写设备，我们所能要求它的只是在处理读与写上的高效。

接着我们再来探究一下“完成”的含义。首先，它之所以叫“完成”端口，因为系统在网络 I/O 操作“完成”之后才会通知我们。也就是说，我们在接到系统通知的时候，其实网络操作已经完成了（在系统通知我们的时候，并非是有数据从网络上到来，而是来自于网络上的数据已经接收完毕了；或者是客户端的连入请求已经被系统接入完毕了，等等），我们只需要处理后面的事情就好了。

各位同志可能会很开心，什么？已经处理完毕了才通知我们，那岂不是很爽？其实也没什么爽的，那是因为我们在之前给系统分派工作的时候都嘱咐好了，我们会通过代码告诉系统“你给我做这个做那个，等待做完了再通知我”，只是这些工作是做在之前还是之后的区别而已。

其次，我们需要知道，所谓的完成端口其实和 HANDLE 一样，也是一个内核对象，Windows 大师 Jeff Richter 曾说，“完成端口可能是最为复杂的内核对象了”，但是我们也不用去管它复杂，因为具体的内部是如何实现的和我们无关，只要我们能够学会用它相关的 API 把这个完成端口的框架搭建起来就可以了。我们暂时只用把它大体理解为一个容纳网络通信操作的队列就好了，它会把网络操作完成的通知都放在这个队列里面，咱们只用从这个队列里面取就行了，取走一个就少一个。

10.11.2 完成端口能干什么

完成端口会主动帮我们完成网络 I/O 数据复制。这一点其实也就是他与其他网络模型最直接的区别了。一般网络操作包括两个步骤，以 recv 来说，如果是一般模型，那么其第一步是通知等待的线程有数据可以读取，这时线程会调用 recv 或者 recvfrom 等函数将数据从读缓冲区复制到用户空间，然后做下一步的处理，而 IOCP 能帮我们的是，它会在内核中帮我们监听那些我们感兴趣的事件。例如，我们希望接收客户端数据，那么我们向完成端口投递一个读事件，完成端口在监测有读事件到来的时候会主动地去帮我们把数据从内存空间复制到用户空间，然后通知我们过来取数据就可以了，这就是 IOCP 提供的方便之处。

另外，IOCP 在内部管理线程，实现负载平衡。上面提到了 Windows 的 alertable I/O 的负载均衡是它的一个弊端，那么 IOCP 是如何自己管理线程调度的呢？简单地说就是以栈的方式进行管理。

10.11.3 完成端口的优势

完成端口会充分利用 Windows 内核来进行 I/O 的调度，是用于 C/S 通信模式中性能最好的网络通信模型，没有之一；甚至连和它性能接近的通信模型都没有。

微软提出完成端口模型的初衷就是为了解决同步方式那种一个线程处理一个客户端的模

式（one-thread-per-client）缺点的，它充分利用内核对象的调度，只使用少量的几个线程来处理和客户端的所有通信，消除了无谓的线程上下文切换，最大限度地提高了网络通信的性能。

相比于其他异步模型，对于内存占用都是差不多的，真正的差别就在于 CPU 的占用，其他的网络模型都需要更多的 CPU 动力来支撑同样的连接数据。

完成端口被广泛地应用于各个高性能服务器程序上，例如著名的 Apache 服务器，如果你想要编写的服务器端需要同时处理的并发客户端连接数量有数百上千个，那不用纠结了，就是它了。

总而言之，完成端口的优势就是效率高。在完成端口模型中，我们会实现开好几个线程，一般是有多少个 CPU 就开多少个线程（其实一般是 CPU*2 个）。建立 CPU*2 个线程的好处是，在一个工作线程被 Sleep()或者 WaitForSingleObject()被停止的情况下，IOCP 能唤醒同在一个 CPU 上的另一个线程代替这个 Sleep 的线程继续执行，这样完成端口就实现了 CPU 的满负荷工作，效率也就高了。这样做的好处是可以避免线程的上下文切换。然后让这几个线程等待，当有用户请求来到的时候，就把这些请求添加到一个公共的消息队列中去。这个时候我们刚刚开好的那几个线程就有用了，他们会排队逐个去消息队列中提取消息，并加以处理。（其实这就是一个线程池处理消息的过程，一个线程队列，一个消息队列，线程队列不断获取消息队列中的消息。）这种方式很优雅地实现了异步通信和负载均衡的问题，并且线程在没事干的时候会被系统挂起来，不会占用 CPU 周期。举个例子：

假设有 100 万个用户同时与一个进程保持着 TCP 连接，而每一个时刻只有几十或几百个 TCP 连接，所以我们只需要处理 100 万连接中的一小部分连接，在使用别的模型时只能通过 select 的方式对所有的连接都遍历一遍，查询出其中有事件的连接。可想而知，这种查询方式效率是多么的低下！这时我们的完成端口就闪亮登场了。完成端口是这么干的：一旦一个连接上有事件发生，它就会立即将事件组成一个完成包放入到完成端口中（其实就是放入到一个队列里面），这时我们事先开启的等待线程就可以直接从该队列中取出该事件了，就避免了 select 的查询，效率也就提高了很多，同一时间的用户量越大，效率越明显！

10.11.4　完成端口编程的基本流程

总体上讲，使用完成端口只用遵循如下几个编程步骤：

（1）调用 CreateIoCompletionPort() 函数创建一个完成端口，而且在一般情况下，我们需要且只需要建立这一个完成端口。把它的句柄保存好，我们今后会经常用到它。

（2）创建一个工作者线程 A，实际上会根据系统中有多少个处理器就建立多少个工作者线程，这几个线程是专门用来和客户端进行通信的，目前暂时没有什么工作。这里为了说明原理，我们就说创建一个工作者线程 A。

（3）A 线程循环调用 GetQueuedCompletionStatus()函数来得到 I/O 操作结果，这个函数是一个阻塞函数。

（4）主线程循环里调用 accept 等待客户端连接上来。

（5）主线程里 accept 返回新连接建立以后，把这个新的套接字句柄用 CreateIoCompletionPort()

关联到完成端口，然后发出一个异步的 WSASend 或者 WSARecv 调用以提交 I/O 操作，因为是异步函数，WSASend/WSARecv 会马上返回，实际的发送或者接收数据的操作由 WINDOWS 系统去做。

（6）主线程继续下一次循环，阻塞在 accept 这里等待客户端连接。

（7）Windows 系统完成 WSASend 或者 WSArecv 的操作，把结果发到完成端口。

（8）A 线程里的 GetQueuedCompletionStatus()马上返回，并从完成端口取得刚完成的 WSASend/WSARecv 的结果。

（9）在 A 线程里对这些数据进行处理（如果处理过程很耗时，需要新开线程处理），然后接着发出 WSASend/WSARecv，并继续下一次循环阻塞在 GetQueuedCompletionStatus()。

10.11.5 相关 API

10.11.5.1 函数 CreateIoCompletionPort

该函数创建一个输入/输出（I/O）完成端口并将其与指定的文件句柄关联，或者创建尚未与文件句柄关联的 I/O 完成端口，允许以后进行关联。该函数声明如下：

```
HANDLE WINAPI CreateIoCompletionPort(
  _In_     HANDLE    FileHandle,
  _In_opt_  HANDLE    ExistingCompletionPort,
  _In_     ULONG_PTR CompletionKey,
  _In_     DWORD     NumberOfConcurrentThreads
);
```

- FileHandle: 完成端口用来关联的一个文件句柄，当使用 CreateFile 函数创建文件句柄的时候你必须指定该句柄包含 FILE_FLAG_OVERLAPPED 标志位。如果 FileHandle 的值是 INVALID_HANDLE_VALUE，CreateIoCompletionPort 将会创建一个不和任何文件关联的完成端口。在这种情况下，参数 ExistingCompletionPort 必须是 NULL 并且参数 CompletionKey 的内容将会被无视。
- ExistingCompletionPort: 现有 I / O 完成端口的句柄或 NULL，如果此参数为现有 I / O 完成端口，那么该函数将其与 FileHandle 参数指定的句柄相关联。如果成功，函数就返回现有 I / O 完成端口的句柄。如果此参数为 NULL，则该函数将创建一个新的 I / O 完成端口。如果 FileHandle 参数有效，则将其与新的 I / O 完成端口相关联。否则，不会发生文件句柄关联。如果成功，那么该函数将把句柄返回给新的 I / O 完成端口。
- CompletionKey： 该值就是类似线程里面传递的一个参数，我们在 GetQueuedCompletionStatus 中第三个参数获得的就是这个值。
- NumberOfConcurrentThreads: 如果此参数为 NULL，那么系统允许与系统中的处理器一样多的并发运行的线程。如果 ExistingCompletionPort 参数不是 NULL，则忽略此参数。

如果函数执行成功，返回值一定是一个完成端口的地址；如果函数执行失败，就返回

NULL。可以调用 GetLastError 函数去获得详细的错误信息。

I/O 系统可以指示发送 I/O 完成通知到完成端口，它们在那里排队，CreateIoCompletionPort 函数提供了这个功能。完成端口的句柄是一个智能指针，没有人调用的话就会被释放。如果想要释放完成端口的句柄，那么每个与它关联的文件句柄都必须被释放，然后调用 CloseHandle 函数去释放完成端口的句柄。与完成端口关联的文件句柄不能够再被 ReadFileEx 或者 WriteFileEx 函数调用。最好是不要分享这种关联的文件或者继承或调用 DuplicateHandle 函数。这种复制句柄的操作将会产生完成消息通知。

执行一个文件的 I/O 操作处理具有关联的 I/O 完成端口，在 I/O 操作完成时 I/O 系统发送完成通知包到完成端口。该 I/O 完成端口的完成包在一个先入先出队列中。使用 GetQueuedCompletionStatus 函数来检索这些排队的 I/O 完成数据包。在同一进程中线程可以使用 PostQueuedCompletionStatus 函数放置在一个完成端口的队列中的 I/O 完成通知包。通过这样做，你可以使用完成端口去接收从进程的其他线程通信，除了接受来自 I/O 系统的 I/O 完成通知包。

10.11.5.2　函数 GetQueuedCompletionStatus

该函数尝试从指定的 I/O 完成端口将 I/O 完成数据包出列，通俗点说，就是从完成端口中获取已经完成的消息。如果没有完成数据包排队，那么函数等待与完成端口关联的挂起 I/O 操作完成。函数声明如下：

```
BOOL WINAPI GetQueuedCompletionStatus(
  _In_  HANDLE       CompletionPort,
  _Out_ LPDWORD       lpNumberOfBytes,
  _Out_ PULONG_PTR   lpCompletionKey,
  _Out_ LPOVERLAPPED *lpOverlapped,
  _In_  DWORD        dwMilliseconds
);
```

- CompletionPort：完成端口的句柄。
- lpNumberOfBytes：该变量接收已完成的 I/O 操作期间传输的字节数。
- lpCompletionKey：该变量接收 CreateIoCompletionPort 中传递的第三个参数。
- lpOverlapped：接收完成的 I/O 操作启动时指定的 OVERLAPPED 结构的地址。我们可以通过 CONTAINING_RECORD 这个宏获取以该重叠结构为首地址的结构体信息，也就是该重叠结构为什么必须放在结构体首地址的原因。
- dwMilliseconds：超时时间（毫秒），如果为 INFINITE 就一直等待，直到有消息到来。

如果函数成功就返回 TRUE，失败则返回 FALSE。如果设置了超时时间，超时将返回 FALSE。

10.11.5.3　宏 CONTAINING_RECORD

该宏返回给定结构类型的结构实例的基地址和包含结构中字段的地址。该宏定义如下：

```
PCHAR CONTAINING_RECORD(
  [in]  PCHAR Address,
  [in]  TYPE Type,
  [in]  PCHAR Field
);
```

- Address：通过 GetQueuedCompletionStatus 获取的重叠结构。
- Type：以重叠结构为首地址的结构体。
- Field：Type 结构体的重叠结构变量。

返回包含 Field 域（成员）的结构体的基地址。

为了更好地理解原理，下面看一个简单的例子。服务器端使用完成端口接收来自客户端发送过来的 TCP 消息，进行显示，并发送确认消息（ack）给客户端，客户端再把收到的消息显示出来。

【例 10.8】一个简单的端口实例

（1）新建一个控制台工程，作为服务器端，工程名是 serv。

（2）打开 serv.cpp，输入如下代码：

```
#include "stdafx.h"
#include <WinSock2.h>

#pragma comment(lib, "Ws2_32.lib")       // Socket 编程需用的动态链接库
#pragma comment(lib, "Kernel32.lib")     // IOCP 需要用到的动态链接库

#define BUFFER_SIZE 1024
#define OP_READ    18
#define OP_WRITE   28
#define OP_ACCEPT  38
#define CHECK_CODE 0x010110

BOOL bStopThread = false;

typedef struct _PER_HANDLE_DATA
{
 SOCKET s;
 sockaddr_in addr;       // 客户端地址
 char buf[BUFFER_SIZE];
 int nOperationType;
}PER_HANDLE_DATA, *PPER_HANDLE_DATA;

#pragma pack(1)
typedef struct MsgAsk
{
 int iCode;
 int iBodySize;
 char szBuffer[32];
}MSG_ASK, *PMSG_ASK;

typedef struct MsgBody
{
```

```
    int iBodySize;
    int iOpType;
    char szBuffer[64];
}MSG_BODY, *PMSG_BODY;

typedef struct MsgAck
{
    int  iCheckCode;
    char szBuffer[32];
}MSG_ACK, *PMSG_ACK;
#pragma pack()

DWORD WINAPI ServerWorkThread(LPVOID lpParam)
{
    // 得到完成端口句柄
    HANDLE          hCompletion = (HANDLE)lpParam;
    DWORD           dwTrans;
    PPER_HANDLE_DATA pPerHandle;
    OVERLAPPED*      pOverLapped;

    while (!bStopThread)
    {
        // 在关联到此完成端口的所有套接字上等待 I/O 完成
        BOOL bOK = ::GetQueuedCompletionStatus(hCompletion,
            &dwTrans, (PULONG_PTR)&pPerHandle, &pOverLapped, WSA_INFINITE);
        if (!bOK)
        {
            ::closesocket(pPerHandle->s);
            ::GlobalFree(pPerHandle);
            ::GlobalFree(pOverLapped);
            continue;
        }
        switch(pPerHandle->nOperationType)
        {
        case OP_READ:
            {
                MSG_ASK msgAsk = {0};
                memcpy(&msgAsk, pPerHandle->buf, sizeof(msgAsk));
                if (msgAsk.iCode != CHECK_CODE
                    || msgAsk.iBodySize != sizeof(msgAsk))
                {
                    printf("error\n");
                }
                else
                {
                    msgAsk.szBuffer[strlen(msgAsk.szBuffer) + 1] = '\n';
                    printf(msgAsk.szBuffer);
                    printf("Recv bytes = %d, msgAsk.size = %d\n", dwTrans,
msgAsk.iBodySize);
                }

                MSG_BODY msgBody = {0};
                memcpy(&msgBody, pPerHandle->buf + msgAsk.iBodySize,
sizeof(MSG_BODY));
                if (msgBody.iOpType == OP_READ && msgBody.iBodySize ==
```

```
sizeof(MSG_BODY))
                {
                    printf("msgBody.szBuffer = %s\n", msgBody.szBuffer);
                }

                MSG_ACK msgAck = {0};
                msgAck.iCheckCode = CHECK_CODE;
                memcpy(msgAck.szBuffer, "This is the ack package",
                    strlen("This is the ack package"));

                // 继续投递发送 I/O 请求
                pPerHandle->nOperationType = OP_WRITE;
                WSABUF buf;
                buf.buf = (char*)&msgAck;
                buf.len = sizeof(MSG_ACK);

                OVERLAPPED *pol = (OVERLAPPED *)::GlobalAlloc(GPTR,
sizeof(OVERLAPPED));

                DWORD dwFlags = 0, dwSend = 0;
                ::WSASend(pPerHandle->s, &buf, 1, &dwSend, dwFlags, pol, NULL);
            }
            break;
        case OP_WRITE:
            {
                if (dwTrans == sizeof(MSG_ACK))
                {
                    printf("Transfer successfully\n");
                }
                // 然后投递接收 I/O 请求
            }
            break;
        case OP_ACCEPT:
            break;
        }
    }

    return 0;
    }

    DWORD InitWinsock()
    {
    DWORD dwRet = 0;

    WSADATA wsaData;
    dwRet = WSAStartup(MAKEWORD(2,2), &wsaData);
    if (dwRet != NO_ERROR)
    {
        printf("error code = %d\n", GetLastError());
        dwRet = GetLastError();
    }

    return dwRet;
    }
```

```
void UnInitWinsock()
{
 WSACleanup();
}

int main(int argc, _TCHAR* argv[])
{
 int nPort = 6000;

 InitWinsock();

 // 创建完成端口对象
 HANDLE hCompletion = ::CreateIoCompletionPort(INVALID_HANDLE_VALUE, 0, 0, 0);
 if (hCompletion == NULL)
 {
     DWORD dwRet = GetLastError();
     return dwRet;
 }

 // 确定处理器的核心数量
 SYSTEM_INFO mySysInfo;
 GetSystemInfo(&mySysInfo);

#if 1
 // 基于处理器的核心数量创建线程
 for(DWORD i = 0; i < (mySysInfo.dwNumberOfProcessors * 2); ++i)
 {
     // 创建服务器工作线程，并将完成端口传递到该线程
     HANDLE ThreadHandle = CreateThread(NULL, 0, ServerWorkThread, hCompletion,
0, NULL);
     if(NULL == ThreadHandle){
         printf("Create Thread Handle failed. Error:%d",GetLastError());
         //system("pause");
         return -1;
     }
     CloseHandle(ThreadHandle);
 }
#else
 ::CreateThread(NULL, 0, ServerWorkThread, (LPVOID)hCompletion, 0, 0);
#endif


 // 创建监听套接字
 SOCKET sListen = ::socket(AF_INET, SOCK_STREAM, IPPROTO_TCP);
 SOCKADDR_IN si;
 si.sin_family = AF_INET;
 si.sin_port = ::htons(nPort);
 si.sin_addr.s_addr = INADDR_ANY;
 ::bind(sListen, (sockaddr*)&si, sizeof(si));
 ::listen(sListen, 10);

 while (TRUE)
 {
     SOCKADDR_IN saRemote;
     int nRemoteLen = sizeof(saRemote);
```

```
        printf("Accepting...\n");
        SOCKET sNew = ::accept(sListen, (sockaddr*)&saRemote, &nRemoteLen);
        //SOCKET sNew = ::accept(sListen, NULL, NULL);
        if (sNew == INVALID_SOCKET)
        {
            continue;
        }
        printf("Accept one!\n");

        // 接受新连接后，创建一个per-handle数据，并关联到完成端口对象
        PPER_HANDLE_DATA pPerHandle = (PPER_HANDLE_DATA)::GlobalAlloc(GPTR,
sizeof(PER_HANDLE_DATA));
        pPerHandle->s = sNew;
        memcpy(&pPerHandle->addr, &saRemote, nRemoteLen);
        pPerHandle->nOperationType = OP_READ;
        ::CreateIoCompletionPort((HANDLE) pPerHandle->s, hCompletion,
(ULONG_PTR)pPerHandle, 0);

        // 投递一个接收请求
        OVERLAPPED *pol = (OVERLAPPED *)::GlobalAlloc(GPTR, sizeof(OVERLAPPED));
        WSABUF buf;
        buf.buf = pPerHandle->buf;
        buf.len = BUFFER_SIZE;
        DWORD dwRecv = 0;
        DWORD dwFlags = 0;
        ::WSARecv(pPerHandle->s, &buf, 1, &dwRecv, &dwFlags, pol, NULL);
    }

    return 0;
}
```

代码基本符合我们前面所讲述的完成端口编程的基本流程。为了更好地接近实际工作，我们定义了一个信息结构体 PER_HANDLE_DATA。大家可以根据实际工作需要扩展这个信息结构体。

（3）打开一个 VC2017，新建一个控制台工程作为客户端，工程名是 client。在 client.cpp 中输入如下代码：

```
#include "stdafx.h"
#include <WinSock2.h>

#pragma comment(lib, "Ws2_32.lib")        // Socket编程需用的动态链接库
#pragma comment(lib, "Kernel32.lib")      // IOCP需要用到的动态链接库


#define CHECK_CODE 0x010110
#define OP_READ   18
#define OP_WRITE  28
#define OP_ACCEPT 38

#pragma pack(1)

typedef struct MsgAsk
{
```

```
    int iCode;
    int iBodySize;
    char szBuffer[32];
}MSG_ASK, *PMSG_ASK;

typedef struct MsgBody
{
    int iBodySize;
    int iOpType;
    char szBuffer[64];
}MSG_BODY, *PMSG_BODY;

typedef struct MsgAck
{
    int  iCheckCode;
    char szBuffer[32];
}MSG_ACK, *PMSG_ACK;

#pragma pack()

DWORD SendAll(SOCKET &clientSock, char* buffer, int size)
{
    DWORD dwStatus = 0;
    char  *pTemp   = buffer;
    int   total    = 0, count = 0;

    while(total < size)
    {
        count = send(clientSock, pTemp, size - total, 0);
        if(count < 0)
        {
            dwStatus = WSAGetLastError();
            break;
        }
        total += count;
        pTemp += count;
    }

    return dwStatus ;
}

DWORD RecvAll(SOCKET &sock, char* buffer, int size)
{
    DWORD dwStatus = 0;
    char *pTemp    = buffer;
    int total      = 0, count = 0;

    while (total < size)
    {
        count = recv(sock, pTemp, size-total, 0);
        if (count < 0)
        {
            dwStatus = WSAGetLastError();
            break;
        }
```

```
        total += count;
        pTemp += count;
    }

    return dwStatus;
}

int _tmain(int argc, _TCHAR* argv[])
{
    WSADATA wsaData;
    int iResult = WSAStartup(MAKEWORD(2,2), &wsaData);
    if (iResult != NO_ERROR)
    {
        printf("error code = %d\n", GetLastError());
        return -1;
    }

    sockaddr_in clientAddr;
    clientAddr.sin_addr.s_addr = inet_addr("127.0.0.1");
    clientAddr.sin_family      = AF_INET;
    clientAddr.sin_port        = htons(6000);

    SOCKET clientSock = socket(AF_INET, SOCK_STREAM, IPPROTO_TCP);
    if (clientSock == INVALID_SOCKET)
    {
        printf("Create socket failed, error code = %d\n", WSAGetLastError());
        return -1;
    }

    //connect
    while (connect(clientSock, (SOCKADDR *)&clientAddr, sizeof(SOCKADDR_IN)) ==
SOCKET_ERROR)
    {
        printf("Connecting...\n");
        Sleep(1000);
    }

    MSG_ASK msgAsk = {0};
    msgAsk.iBodySize = sizeof(MSG_ASK);
    msgAsk.iCode = CHECK_CODE;
    memcpy(msgAsk.szBuffer, "This is a header", strlen("This is a header"));

    // 发送头部
    SendAll(clientSock, (char*)&msgAsk, msgAsk.iBodySize);

    MSG_BODY msgBody = {0};
    msgBody.iBodySize = sizeof(MSG_BODY);
    msgBody.iOpType = OP_READ;
    memcpy(msgBody.szBuffer, "This is the body", strlen("This is the body"));

    // 发送 body
    SendAll(clientSock, (char*)&msgBody, msgBody.iBodySize);

    MSG_ACK msgAck = {0};
```

```
    RecvAll(clientSock, (char*)&msgAck, sizeof(msgAck));
    if (msgAck.iCheckCode == CHECK_CODE)
    {
        printf("The process is successful, msgAck.szBuffer = %s \n",
msgAck.szBuffer);
    }
    else
    {
        printf("failed\n");
    }

    closesocket(clientSock);
    WSACleanup();

    return 0;
}
```

（4）保存工程。先运行服务器端，再运行客户端。其中，服务器端的运行结果如图 10-19 所示，客户端的运行结果如图 10-20 所示。

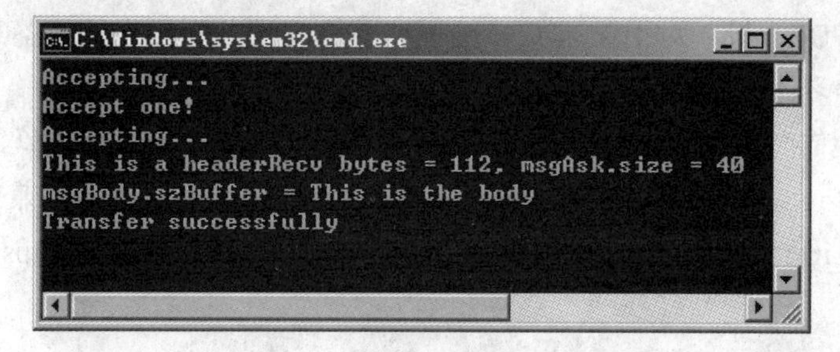

图 10-19

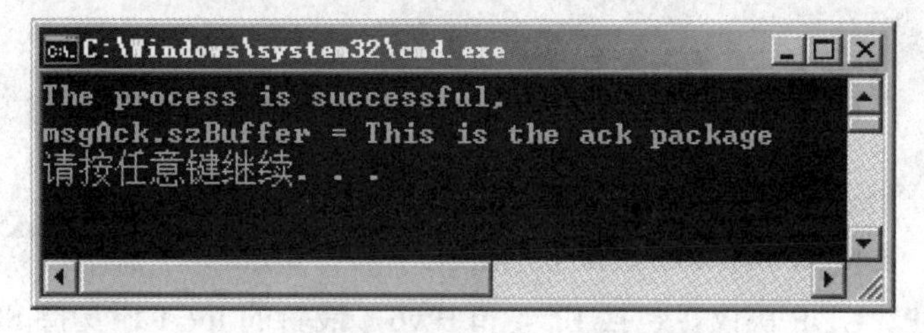

图 10-20

第 11 章

网络性能工具iperf的使用

11.1 iperf 概述

iperf 是美国伊利诺斯大学（University of Illinois）开发的一种网络性能测试工具，可以用来测试网络节点间 TCP 或 UDP 连接的性能，包括带宽、延时抖动（jitter，适用于 UDP）以及误码率（适用于 UDP）等。对于学习 C++编程和网络编程具有相当的借鉴意义。学习一定不能闭门造车，要学习天下优秀的开源工具。

iperf 开始出现的时候是在 2003 年，最初的版本是 1.7.0，使用 C++编写；后面到了 iperf2 版本，C++和 C 结合；现在出来一个法国人团队另起炉灶重构的不向下兼容的 iperf3。我们 C++开发者要学习 iperf 源码，最好使用 1.7.0 版本。iperf 的官方网站为 https://iperf.fr/，源码可以在上面下载。

11.2 iperf 的特点

（1）开源，每个版本的源码都能进行下载和研习。

（2）跨平台，支持 Windows、Linux、MacOS、Android 等主流平台。

（3）支持 TCP、UDP 协议，包括 IPv4 和 IPv6，最新的 iperf 还支持 SCTP 协议。如果使用 TCP 协议，iperf 可以测试网络带宽、报告 MSS（最大报文段长度）和 MTU（最大传输单元）的大小、支持通过套接字缓冲区修改 TCP 窗口大小、支持多线程并发。如果使用 UDP 协议，客户端可创建指定大小的带宽流、统计数据包丢失和延迟抖动率等信息。

11.3 iperf 的工作原理

iperf 是基于 Server-Client 模式实现的。在测量网络参数时，iperf 区分听者和说者两种角色。说者向听者发送一定量的数据，由听者统计并记录带宽、时延抖动等参数。说者的数据全部发送完成后，听者通过向说者回送一个数据包，将测量数据告知说者。这样，在听者和说者两边都可以显示记录的数据。如果网络过于拥塞或误码率较高，当听者回送的数据包无法被说者收到时，说者就无法显示完整的测量数据，而只能报告本地记录的部分网络参数、发送的数据量、发送时间、发送带宽等，像延时抖动等参数在说者一侧则无法获得。

iperf 提供了 3 种测量模式：normal，tradeoff，dualtest。对于每一种模式，用户都可以通过 -P 选项指定同时测量的并行线程数。以下的讨论假设用户设定的并行线程数为 P 个。

- 在 normal 模式下，客户端生成 P 个说者线程，并行向服务器端发送数据。服务器端每接收到一个说者的数据，就生成一个听者线程，负责与该说者间的通信。客户端有 P 个并行的说者线程，而服务器端有 P 个并行的听者线程（针对这一客户端），两者之间共有 P 个连接，同时收发数据。测量结束后，服务器端的每个听者向自己对应的说者回送测得的网络参数。
- 在 tradeoff 模式下，首先进行 normal 模式下的测量过程。然后服务器端和客户端互换角色。服务器端生成 P 个说者，同时向客户端发送数据。客户端对应每个说者生成一个听者接收数据并测量参数。最后由客户端的听者向服务器端的说者回馈测量结果。这样就可以测量两个方向上的网络参数了。
- dualtest 模式同样可以测量两个方向上的网络参数。与 tradeoff 模式的不同在于，在 dualtest 模式下，由服务器端到客户端方向上的测量与由客户端到服务器端方向上的测量是同时进行的。客户端生成 P 个说者和 P 个听者，说者向服务器端发送数据，听者等待接收服务器端的说者发来的数据。服务器端也进行相同的操作。在服务器端和客户端之间同时存在 2P 个网络连接，其中有 P 个连接的数据由客户端流向服务器端，另外 P 个连接的数据由服务器端流向客户端。因此，dualtest 模式需要的测量时间是 tradeoff 模式的一半。

在 3 种模式下，除了 P 个听者或说者进程，在服务器端和客户端均存在一个监控线程（monitor thread）。监控线程的作用包括：

- 生成说者或听者线程。
- 同步所有说者或听者的动作（开始发送、结束发送等）。
- 计算并报告所有说者或听者的累计测量数据。

在监控线程的控制下，所有 P 个线程间就可以实现同步和信息共享了。说者线程或听者线程向一个公共的数据区写入测量数据（此数据区位于实现监控线程的对象中），由监控线程读取并处理。通过互斥锁（mutex）实现对该数据区的同步访问。

服务器端可以同时接收来自不同客户端的连接，这些连接是通过客户端的 IP 地址标识的。服务器端将所有客户端的连接信息组织成一个单向链表，每个客户端对应链表中的一项，该项包含该客户端的地址结构（sockaddr）以及实现与该客户端对应的监控线程的对象（我们称它为监控对象），所有与此客户端相关的听者对象和说者对象都是由该监控线程生成的。

11.4 iperf 的主要功能

对于 TCP，有以下几个主要功能：

（1）测量网络带宽。

（2）报告 MSS/MTU 值的大小和观测值。

（3）支持 TCP 窗口值通过套接字缓冲。

（4）当 P 线程或 Win32 线程可用时，支持多线程。客户端与服务器端支持同时多重连接。

对于 UDP，有以下几个主要功能：

（1）客户端可以创建指定带宽的 UDP 流。

（2）测量丢包。

（3）测量延迟。

（4）支持多播。

（5）当 P 线程可用时，支持多线程。客户端与服务器端支持同时多重连接（不支持 Windows）。

其他功能：

（1）在适当的地方，选项中可以使用 K（kilo-）和 M（mega-）。例如，131072 字节可以用 128K 代替。

（2）可以指定运行的总时间，甚至可以设置传输的数据总量。

（3）在报告中，为数据选用合适的单位。

（4）服务器支持多重连接，而不是等待一个单线程测试。

（5）在指定时间间隔重复显示网络带宽、波动和丢包情况。

（6）服务器端可作为后台程序运行。

（7）服务器端可作为 Windows 服务运行。

（8）使用典型数据流来测试链接层压缩对于可用带宽的影响。

（9）支持传送指定文件，可以定性和定量测试。

11.5 iperf 中 Linux 下的使用

一线开发中，很多网络程序肯定离不开 Linux 系统，比如 vpn 程序、防火墙程序等。因此，介绍一下 iperf 中 Linux 下的使用是很有必要的。

11.5.1　在 Linux 下安装 iperf

对于 Linux，可以登录官网 https://iperf.fr/iperf-download.php#source，然后下载 1.7.0 版本的源码 iperf-1.7.0-source.tar.gz，然后使用下列命令进行安装：

```
[root@localhost iperf-1.7.0]# tar  -zxvf iperf-1.7.0-source.tar.gz
[root@localhost soft]# cd iperf-1.7.0/
[root@localhost soft]#make
[root@localhost soft]#make install
```

基本就是老套路，先解压，再编译和安装。

安装完毕后，在命令行下就可以直接输入 iperf 命令了，比如查看帮助选项：

```
[root@localhost iperf-1.7.0]# iperf -h
Usage: iperf [-s|-c host] [options]
       iperf [-h|--help] [-v|--version]

Client/Server:
  -f, --format    [kmKM]   format to report: Kbits, Mbits, KBytes, MBytes
  -i, --interval  #        seconds between periodic bandwidth reports
  -l, --len       #[KM]    length of buffer to read or write (default 8 KB)
  -m, --print_mss          print TCP maximum segment size (MTU - TCP/IP header)
  -p, --port      #        server port to listen on/connect to
  -u, --udp                use UDP rather than TCP
  -w, --window    #[KM]    TCP window size (socket buffer size)
  -B, --bind      <host>   bind to <host>, an interface or multicast address
  -C, --compatibility      for use with older versions does not sent extra msgs
  -M, --mss       #        set TCP maximum segment size (MTU - 40 bytes)
  -N, --nodelay            set TCP no delay, disabling Nagle's Algorithm
  -V, --IPv6Version        Set the domain to IPv6

Server specific:
  -s, --server             run in server mode
  -D, --daemon             run the server as a daemon

Client specific:
  -b, --bandwidth #[KM]    for UDP, bandwidth to send at in bits/sec
                           (default 1 Mbit/sec, implies -u)
  -c, --client    <host>   run in client mode, connecting to <host>
  -d, --dualtest           Do a bidirectional test simultaneously
  -n, --num       #[KM]    number of bytes to transmit (instead of -t)
  -r, --tradeoff           Do a bidirectional test individually
  -t, --time      #        time in seconds to transmit for (default 10 secs)
  -F, --fileinput <name>   input the data to be transmitted from a file
  -I, --stdin              input the data to be transmitted from stdin
  -L, --listenport #       port to recieve bidirectional tests back on
  -P, --parallel  #        number of parallel client threads to run
  -T, --ttl       #        time-to-live, for multicast (default 1)

Miscellaneous:
  -h, --help               print this message and quit
```

```
  -v, --version           print version information and quit

 [KM] Indicates options that support a K or M suffix for kilo- or mega-

 The TCP window size option can be set by the environment variable
 TCP_WINDOW_SIZE. Most other options can be set by an environment variable
 IPERF_<long option name>, such as IPERF_BANDWIDTH.

 Report bugs to <dast@nlanr.net>
```

说明安装成功了。

11.5.2 iperf 的简单使用

在分析源码之前，我们需要学会 iperf 的简单使用。iperf 是一个服务器/客户端运行模式的程序。因此使用的时候需要在服务器端运行 iperf，也需要在客户端运行 iperf。最简单的网络拓扑图如图 11-1 所示。

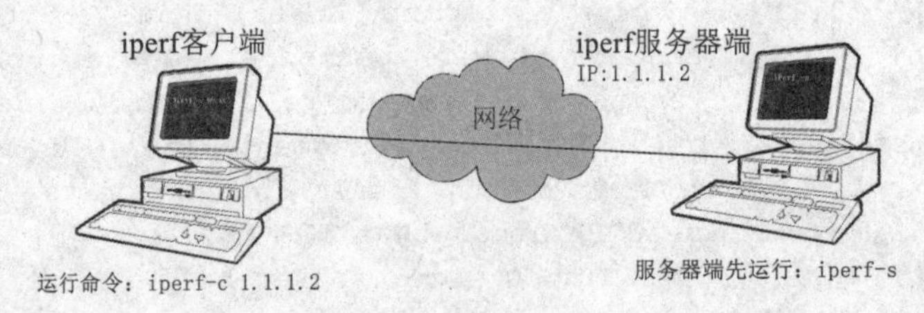

图 11-1

服务器端在命令行下使用 iperf 加参数-s，客户端在运行时加上-c 和服务器的 IP 地址。iperf 通过选项-c 和-s 决定其当前是作为客户端程序还是服务器端程序运行，当作为客户端程序运行时，-c 后面必须带所连接对端服务器的 IP 地址或域名。经过一段测试时间（默认为 10 秒），在服务器端和客户端就会打印出网络连接的各种性能参数。iperf 作为一种功能完备的测试工具，还提供了各种选项，例如建立 TCP/UDP 连接、测试时间、测试应传输的字节总数、测试模式等。测试模式又分为单项测试（Normal Test）、同时双向测试（Dual Test）和交替双向测试（Tradeoff Test）。此外，用户可以指定测试的线程数。这些线程各自独立地完成测试，并可报告各自以及汇总的统计数据。我们可以用虚拟机软件 vmware 来模拟上述两台主机，在 vmware 下建两个 Linux 即可，并且确保能互相 ping 通，而且要关闭两端防火墙：

```
[root@localhost iperf-1.7.0]#  firewall-cmd --state
running
[root@localhost iperf-1.7.0]# systemctl stop firewalld
[root@localhost iperf-1.7.0]#  firewall-cmd --state
not running
```

其中，firewall-cmd --state 用来查看防火墙的当前运行状态，systemctl stop firewalld 用来关闭防火墙。

具体使用 iperf 时，一台当作服务器，另外一台当作客户机。在服务器一端输入命令：

```
[root@localhost iperf-1.7.0]# iperf -s
```

```
--------------------------------------------------------------
Server listening on TCP port 5001
TCP window size: 85.3 KByte (default)
--------------------------------------------------------------
```

此时服务器就处于监听等待状态了。接着，在客户端输入命令：

```
[root@localhost iperf-1.7.0]# iperf -c 1.1.1.2
```

其中，1.1.1.2 是服务器端的 IP 地址。

11.6 iperf 中 Windows 下的使用

11.6.1 命令行版本

Windows 下的 iperf 既有命令行版本，也有图形化界面版本。命令行版本的使用和在 Linux 下的使用类似。比如 TCP 测试：

```
服务器执行：#iperf -s -i 1 -w 1M
客户端执行：#iperf -c host -i 1 -w 1M
```

其中，-w 表示 TCP window size，host 需替换成服务器地址。

UDP 测试：

```
服务器执行：#iperf -u -s
客户端执行：#iperf -u -c 10.32.0.254 -b 900M -i 1 -w 1M -t 60
```

其中，-b 表示使用带宽数量，千兆链路使用 90%容量进行测试就可以了。

11.6.2 图形化版本

iperf 在 Windows 系统下还有一个图形界面程序叫作 jperf。如果要使用图形化界面版本，大家可以到网站 http://www.iperfwindows.com/处下载。

使用 jperf 程序能简化了复杂命令行参数的构造，而且它还保存测试结果，同时实时图形化显示结果。当然，jperf 可以测试 TCP 和 UDP 带宽质量。jperf 可以测量最大 TCP 带宽，具有多种参数和 UDP 特性。jperf 可以报告带宽、延迟抖动和数据包丢失。

如图 11-2 所示，iperf 分为服务器端 server 以及客户端 Client，服务器端是接收包的，客户端是发送包的。使用 jperf 只需要两台电脑，一台运行 Server，一台运行 Client，其中 Client 只需要输入 Server 的 IP 地址即可。另外，还可以配置需要发送包的大小。

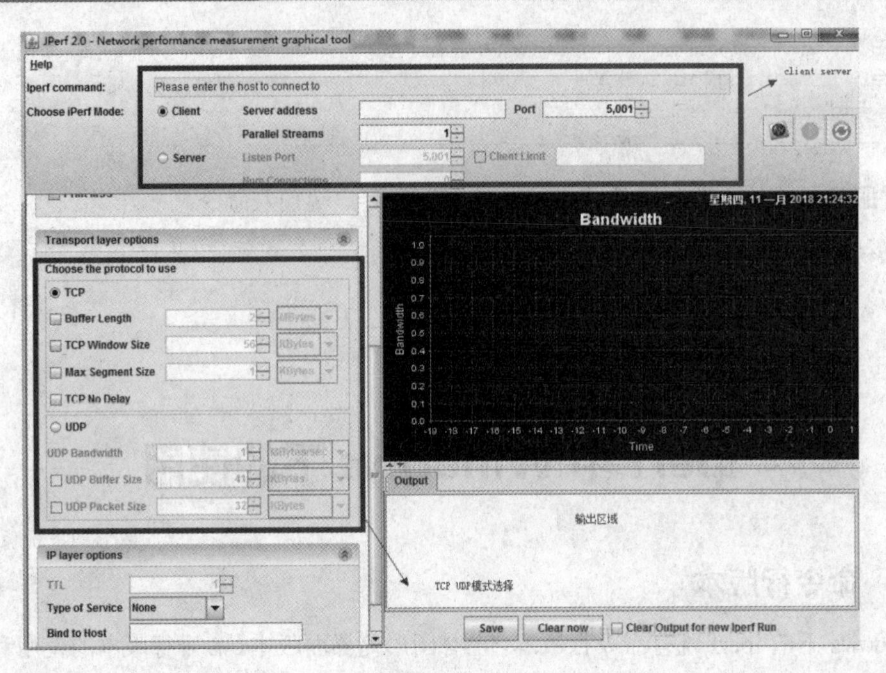

图 11-2

图形化界面比较傻瓜化，相信大家一看便会，限于篇幅，不再赘述。

第 12 章

WinInet开发Internet客户端

12.1 什么是 WinInet

WinInet 的全称是 Microsoft Win32 Internet Functions，是一套开发 HTTP、FTP、Gopher 等应用层协议的客户端接口，目的是为了简化客户端/服务器（Client/Server）模式的 Internet 编程。Wininet 使得开发者可以在较高层次上编写 Internet 客户端应用程序，而不用关心具体的网络协议和 Winsock 套接字的具体细节。Internet 程序通常指应用层协议的网络程序。借助 WinInet 接口，不必去了解 Winsock、TCP/IP 和特定 Internet 协议的细节就可以编写出高水平的 Internet 客户端程序。WinInet 使 Internet 客户端程序开发变得快捷而方便。

WinInet 不只是提供一套 API 函数即可，也通过进行 MFC 封装形成了一套 WinInet 类库，所以开发者既可以直接使用 WinInet API 函数进行开发，也可以使用 WinInet 类库进行开发。我们会在后面分别进行介绍。

12.2 认识 WinInet API 函数

WinInet API 函数包含在系统动态链接库 wininet.dll 中。根据不同的应用层协议，WinInet API 函数可以分为几个大类：通用 WinInet API 函数、WinInet HTTP 函数（HTTP：超文本传输协议）、WinInet FTP 函数（FTP：文件传输协议）和 WinInet Gopher 函数。

这里简单介绍一下 Gopher。Gopher 是 Internet 上一个非常有名的信息查找系统，将 Internet 上的文件组织成某种索引，很方便地将用户从 Internet 的一处带到另一处。在 WWW 出现之前，Gopher 是 Internet 上主要的信息检索工具，Gopher 站点也是主要的站点，使用 TCP70 端口。在 WWW 出现后，Gopher 失去了昔日的辉煌。现在它基本过时，很少有人再使用。

wininet.dll 独立于 winsock.dll。在提供专业性客户端程序支持方面，WinInet 拥有远远超过 Winsock 的优点：① 缓冲机制；② 安全机制；③ Web 代理访问；④ 提供 I/O 缓冲；⑤ API 方便实用；⑥ 用户友好性。

12.2.1 通用 WinInet API 函数

顾名思义，通用 WinInet API 函数就是 HTTP、FTP、Gopher 等协议均可用的函数。常用的函数如下：

（1）InetrnetOpen：初始化 WinInet.dll，获取句柄。

（2）InternetOpenUrl：打开 URL，读取数据。

（3）InternetAttemptConnect：尝试建立到 Internet 的连接。

（4）InternetConnect：建立 Internet 的连接。

（5）InternetCheckConnection：检查 Internet 的连接是否能够建立。

（6）InternetSetOption：设置一个 Internet 选项。

（7）InternetSetStausCallback：安装一个回调函数，供 API 函数调用。

（8）InternetQueryOption：查询在一个指定句柄上的 Internet 选项。

（9）InternetQueryDataAvailable：查询可用数据的数量。

（10）InternetReadFile(Ex)：从一个打开的句柄读取数据。

（11）InternetFindNextFile：继续文件搜寻。

（12）InetrnetSetFilePointer：为 InternetReadFile 设置一个文件位置。

（13）InternetWriteFile：将数据写到一个打开的 Internet 文件。

（14）InternetLockRequestFile：允许用户为正在使用的文件加锁。

（15）InternetUnlockRequestFile：解锁被锁定的文件。

（16）InternetTimeFromSystemTime：根据指定的 RFC 格式格式化日期和时间。

（17）InternetTimeToSystemTime：将一个 HTTP 时间/日期字串格式化为 SystemTime 结构对象。

（18）InternetConfirmZoneCrossing：检查在安全 URL 和非安全 URL 间的变化。

（19）InternetCloseHandle：关闭一个单一的 Internet 句柄。

（20）InternetErrorDlg：显示错误信息对话框。

（21）InternetGetLastResponesInfo：获取最近发送的 API 函数的错误。

下面我们对几个后面例子会用到的函数进行详述。

12.2.1.1 InetrnetOpen 函数

该函数初始化 WinInet.dll 库，以便使用 WinInet 函数。函数声明如下：

```
HINTERNET InternetOpen(
    _In_ LPCTSTR lpszAgent,
    _In_ DWORD dwAccessType,
    _In_ LPCTSTR lpszProxyName,
    _In_ LPCTSTR lpszProxyBypass,
    _In_ DWORD dwFlags
);
```

各参数含义如下：

- lpszAgent：指向一个空结束的字符串，该字符串指定调用 WinInet 函数的应用程序的名称。
- dwAccessType：指定访问类型。类型值可以是下列值之一：
  - INTERNET_OPEN_TYPE_PRECONFIG：其值为 0，使用 IE 中的连接设置。
  - INTERNET_OPEN_TYPE_DIRECT：值为 1，直接连接服务器。
  - INTERNET_OPEN_TYPE_PROXY：值为 3，通过代理服务器进行连接，需要指定代理服务器的地址。
  - INTERNET_OPEN_TYPE_PRECONFIG_WITH_NO_AUTOPROXY：从注册表中检索代理或直接配置，并防止启动 Microsoft JScript 或 Internet 设置（INS）文件的使用。
- lpszProxyName：指向以空结尾的字符串的指针，该字符串通过将 dwAccessType 设置为 INTERNET_OPEN_TYPE_PROXY 来指定代理访问时要使用的代理服务器的名称，不要使用空字符串，因为 InternetOpen 将使用它作为代理名称。WinInet 函数只识别 CERN 类型的代理（仅限 HTTP）和 TIS FTP 网关（仅限 FTP）。如果 dwAccessType 未设置为 INTERNET_OPEN_TYPE_PROXY，那么此参数应该设置为 NULL。
- lpszProxyBypass：指向一个空结束的字符串，该字符串指定可选列表的主机名或 IP 地址。如果 dwAccessType 未设置为 INTERNET_OPEN_TYPE_PROXY，该参数则设为 NULL。
- dwFlags：参数可以是下列值的组合。
  - INTERNET_FLAG_ASYNC：使异步请求处理的后裔从这个函数返回的句柄。
  - INTERNET_FLAG_FROM_CACHE：不进行网络请求，从缓存返回的所有实体，如果请求的项目不在缓存中，就返回一个合适的错误，如 ERROR_FILE_NOT_FOUND。
  - INTERNET_FLAG_OFFLINE：不进行网络请求，从缓存返回的所有实体，如果请求的项目不在缓存中，就返回一个合适的错误，如 ERROR_FILE_NOT_FOUND。

函数返回值：如果成功，就返回一个有效的句柄（由应用程序传递给接下来的 WinInet 函数）；如果失败，就返回 NULL。

12.2.1.2 InternetOpenUrl

该函数打开由完整的 FTP 或 HTTP 的 URL 指定的资源。函数声明如下：

```
void InternetOpenUrl(
  HINTERNET hInternet,
  LPCSTR    lpszUrl,
  LPCSTR    lpszHeaders,
  DWORD     dwHeadersLength,
  DWORD     dwFlags,
  DWORD_PTR dwContext
);
```

- hInternet：调用 InternetOpen 返回句柄。
- lpszUrl：指向以空结尾的字符串变量的指针，该变量指定要开始读取的 URL。仅支持以 ftp:、http:或 https:开头的 URL。
- lpszHeaders：指向以空结尾的字符串的指针，该字符串指定要发送到 HTTP 服务器的头。
- dwHeadersLength：附加头段的大小，以 TCHARS 为单位。如果此参数为-1L 且 lpszheaders 不为空，则假定 lpszheaders 为零终止（asciiz），并计算长度。
- dwFlags：此参数可以是以下值之一。
  - INTERNET_FLAG_EXISTING_CONNECT：如果存在具有发出请求所需属性的 InternetConnect 对象，就尝试使用该对象。这仅对 ftp 操作有用，因为 ftp 是在同一会话中通常执行多个操作的唯一协议。Wininet API 为 InternetOpen 生成的每个 Hinternet 句柄缓存一个连接句柄。InternetOpenURL 将此标志用于 HTTP 和 FTP 连接。
  - INTERNET_FLAG_HYPERLINK：在决定是否从网络重新加载项时，如果没有从服务器返回的过期时间和 LastModified 时间，就强制重新加载。
  - INTERNET_FLAG_IGNORE_CERT_CN_INVALID：禁止根据请求中给定的主机名检查从服务器返回的基于 SSL/PCT 的证书。Wininet 函数通过比较匹配的主机名和简单的通配符规则，对证书进行简单检查。
  - INTERNET_FLAG_IGNORE_CERT_DATE_INVALID：禁止检查基于 SSL/PCT 的证书的正确有效日期。
  - INTERNET_FLAG_IGNORE_REDIRECT_TO_HTTP：禁止检测这种特殊类型的重定向。使用此标志时，WinInet 透明地允许从 https 重定向到 http URL。
  - INTERNET_FLAG_IGNORE_REDIRECT_TO_HTTPS：禁止检测这种特殊类型的重定向。使用此标志时，WinInet 透明地允许从 http 重定向到 https URL。
  - INTERNET_FLAG_KEEP_CONNECTION：对连接使用保持活动语义（如果可用）。此标志对于 Microsoft Network（MSN）、NTLM 和其他类型的身份验证是必需的。
  - INTERNET_FLAG_NEED_FIL：在无法缓存文件时创建临时文件。
  - INTERNET_FLAG_NO_AUTH：不会自动尝试身份验证。
  - INTERNET_FLAG_NO_AUTO_REDIRECT：不会自动处理 HttpSendRequest 中的重定向。
  - INTERNET_FLAG_NO_CACHE_WRITE：不将返回的实体添加到缓存中。
  - INTERNET_FLAG_NO_COOKIES：不会自动向请求添加 cookie 头，也不会自动向 cookie 数据库添加返回的 cookie。
  - INTERNET_FLAG_NO_UI：禁用“cookie”对话框。
  - INTERNET_FLAG_PASSIVE：使用被动 FTP 语义。InternetOpenURL 将此标志用于 FTP 文件和目录。
  - INTERNET_FLAG_PRAGMA_NOCACHE：强制源服务器解析请求，即使代理上

存在缓存副本。

➢ INTERNET_FLAG_RAW_DATA：检索 ftp 目录信息时以 WIN32_FIND_DATA 结构返回数据。如果未指定此标志或通过 CERN 代理进行调用，InternetOpenURL 将返回目录的 HTML 版本。

➢ INTERNET_FLAG_RELOAD：强制从源服务器（而不是从缓存）下载请求的文件、对象或目录列表。

➢ INTERNET_FLAG_RESYNCHRONIZE：如果资源自上次下载以来已被修改，就重新加载 HTTP 资源。所有 ftp 资源都将重新加载。

➢ INTERNET_FLAG_SECURE：使用安全事务语义。这将转化为使用安全套接字层/专用通信技术（SSL/PCT），并且仅在 HTTP 请求中有意义。

- dwContext：指向变量的指针，该变量指定将应用程序定义的值以及返回的句柄传递给任何回调函数。

函数返回值：如果连接成功建立，就返回 URL 的有效句柄；如果连接失败，就返回空。要获取特定的错误消息，可以调用 GetLastError。若要确定拒绝访问服务的原因，则可调用函数 InternetGetLastResponseInfo。

12.2.1.3 InternetConnect 函数

该函数用于打开给定站点的 FTP 或 HTTP 会话。函数声明如下：

```
void InternetConnect(
  HINTERNET     hInternet,
  LPCSTR        lpszServerName,
  INTERNET_PORT nServerPort,
  LPCSTR        lpszUserName,
  LPCSTR        lpszPassword,
  DWORD         dwService,
  DWORD         dwFlags,
  DWORD_PTR     dwContext
);
```

各参数含义如下：

- hInternet：前面调用 InternetOpen 时返回的句柄。
- lpszServerName：指向以空结尾的字符串的指针，该字符串指定 Internet 服务器的主机名，或者是字符串形式的 IP 地址（例如，11.0.1.45）。
- nServerPort：网络服务所使用的端口。不同的网络服务，端口号不同，该参数取值如下：

➢ INTERNET_DEFAULT_FTP_PORT：使用 FTP 服务器的默认端口（端口 21）。

➢ INTERNET_DEFAULT_GOPHER_POR：使用 gopher 服务器的默认端口（端口 70）。

➢ INTERNET_DEFAULT_HTTP_PORT：使用 HTTP 服务器的默认端口（端口 80）。

➢ INTERNET_DEFAULT_HTTPS_PORT：使用安全超文本传输协议（HTTPS）服务

器的默认端口（端口 443）。

➢ INTERNET_DEFAULT_SOCKS_PORT: 使用 SOCKS 防火墙服务器的默认端口（端口 1080）。

➢ INTERNET_INVALID_PORT_NUMBER: 使用 dwservice 指定的服务使用默认端口。

- lpszUserName: 指向以空结尾的字符串的指针，该字符串指定要登录的用户的名称。若此参数为空，则函数使用适当的默认值。对于 ftp 协议，默认值为“匿名”。
- lpszPassword: 指向以空结尾的字符串的指针，该字符串包含用于登录的密码。如果 lpszPassword 和 lpszUserName 都为空，则函数使用默认的“匿名”密码。对于 ftp，默认密码是用户的电子邮件名称。如果 lpszPassword 为空，但 lpszUserName 不为空，则函数使用空密码。
- dwService: 要访问的服务类型。此参数可以是以下值之一：

➢ INTERNET_SERVICE_FTP: FTP 服务。

➢ INTERNET_SERVICE_GOPHER: Gopher 服务。

➢ INTERNET_SERVICE_HTTP: HTTP 服务。

- dwFlags: 网络服务的选项。如果 dwService 使用 INTERNET_SERVICE_FTP，INTERNET_FLAG_PASSIVE 将导致应用程序使用被动 FTP 模式。
- dwContext: 指向包含应用程序定义值的变量指针，用于标识回调中返回句柄的应用程序上下文。

函数返回值：如果连接成功，就返回会话的有效句柄，否则返回 NULL。若要获取更多错误信息，可以调用 GetLastError。应用程序还可以使用 InternetGetLastResponseInfo 确定拒绝访问服务的原因。

12.2.1.4 InternetReadFile 函数

该函数从 InternetOpenUrl、FtpOpenFile 或 HttpOpenRequest 函数打开的句柄读取数据。该函数声明如下：

```
BOOLAPI InternetReadFile(
  HINTERNET hFile,
  LPVOID    lpBuffer,
  DWORD     dwNumberOfBytesToRead,
  LPDWORD   lpdwNumberOfBytesRead
);
```

- hFile: 前面调用的 InternetOpenUrl、FtpOpenFile 或 HttpOpenRequest 函数返回的句柄。
- lpBuffer: 指向接收数据的缓冲区的指针。
- dwNumberOfBytesToRead: 要读取的字节数。
- lpdwNumberOfBytesRead: 指向接收读取到的字节数的变量指针。InternetReadFile 在进行任何工作或错误检查之前将此值设置为零。

函数返回值：如果函数成功，就返回 TRUE，否则返回 FALSE。若要获取更多错误信息，可以调用 GetLastError。必要时，应用程序还可以使用函数 InternetGetLastResponseInfo。

12.2.1.5　InternetClose 函数

该函数关闭单个 Internet 句柄。函数声明如下：

```
BOOLAPI InternetCloseHandle(
  HINTERNET hInternet
);
```

- hInternet：要关闭的句柄。

函数返回值：如果成功关闭句柄，就返回 TRUE，否则返回 FALSE。要获取更多错误信息，可以调用函数 GetLastError。

12.2.2　WinInet HTTP 函数

除了通用 WinInet API 函数，我们在开发 HTTP 协议的 Internet 客户端程序时还可以调用 WinInet HTTP 函数。常用的 WinInet HTTP 函数如下：

（1）HttpOpenRequest ：打开一个 HTTP 请求的句柄。
（2）HttpSendRequest(Ex) ：向 HTTP 服务器发送指定的请求。
（3）HttpQueryInfo ：查询有关一次 HTTP 请求的信息。
（4）HttpEndRequest ：结束一个 HTTP 请求。
（5）HttpAddRequestHeaders ：添加一个或多个 HTTP 请求报头到 HTTP 请求句柄。

下面我们对后面例子会用到的几个函数进行详述。

12.2.2.1　HttpOpenRequest 函数

该函数创建一个 HTTP 请求。函数声明如下：

```
void HttpOpenRequest(
  HINTERNET hConnect,
  LPCSTR    lpszVerb,
  LPCSTR    lpszObjectName,
  LPCSTR    lpszVersion,
  LPCSTR    lpszReferrer,
  LPCSTR    *lplpszAcceptTypes,
  DWORD     dwFlags,
  DWORD_PTR  dwContext
);
```

- hConnect：InternetConnect 返回的 HTTP 会话句柄。
- lpszVerb：指向以空结尾的字符串的指针，该字符串包含要在请求中使用的 HTTP 谓词。如果此参数为空，则函数使用 get 作为 http 动词。
- lpszObjectName：指向以空结尾的字符串的指针，该字符串包含指定 HTTP 谓词的目标对象的名称。这通常是文件名、可执行模块或搜索说明符。

- lpszVersion：指向以空结尾的字符串的指针，该字符串包含要在请求中使用的 HTTP 版本。Internet Explorer 中的设置将覆盖此参数中指定的值。如果此参数为空，则根据 Internet Explorer 设置的值，函数使用 1.1 或 1.0 的 HTTP 版本。
- lpszReferrer：指向以空结尾的字符串的指针，该字符串指定从中获取请求（lpszObjectName）中的 URL 的文档 URL。如果此参数为空，则不指定引用。
- lplpszAcceptTypes：指向以空结尾的字符串数组的指针，该数组指示客户端接受的媒体类型。例如：
  PCTSTR rgpszAcceptTypes[] = {_T("text/*"), NULL};
  若此参数为空，则客户端不接受任何类型。
- dwFlags：Internet 选项。此参数可以是以下值之一。
  - INTERNET_FLAG_CACHE_IF_NET_FAIL：如果资源的网络请求由于错误"Internet 连接重置"（与服务器的连接已重置）或错误"Internet 无法连接"（尝试连接到服务器失败）而失败，就从缓存返回资源。
  - INTERNET_FLAG_HYPERLINK：在确定是否从网络重新加载项时，如果既没有过期时间，也没有从服务器返回上次修改的时间，就强制重新加载。
  - INTERNET_FLAG_IGNORE_CERT_CN_INVALID：禁止根据请求中给定的主机名检查从服务器返回的基于 SSL/PCT 的证书。WinInet 函数通过比较匹配的主机名和简单的通配符规则，对证书进行简单检查。
  - INTERNET_FLAG_IGNORE_CERT_DATE_INVALID：禁止检查基于 SSL/PCT 的证书的正确有效日期。
  - INTERNET_FLAG_IGNORE_REDIRECT_TO_HTTP：禁止检测这种特殊类型的重定向。使用此标志时，WinInet 函数透明地允许从 https 重定向到 http URL。
  - INTERNET_FLAG_IGNORE_REDIRECT_TO_HTTPS：禁止检测这种特殊类型的重定向。使用此标志时，wininet 函数透明地允许从 http 重定向到 https URL。
  - INTERNET_FLAG_KEEP_CONNECTION：对连接使用保持活动语义（如果可用）。此标志对于 Microsoft Network（MSN）、NT LAN Manager（NTLM）和其他类型的身份验证是必需的。
  - INTERNET_FLAG_NEED_FILE：导致在无法缓存文件时创建临时文件。
  - INTERNET_FLAG_NO_AUTH：不会自动尝试身份验证。
  - INTERNET_FLAG_NO_AUTO_REDIRECT：不会自动处理 HttpSendRequest 中的重定向。
  - INTERNET_FLAG_NO_CACHE_WRITE：不将返回的实体添加到缓存中。
  - INTERNET_FLAG_NO_COOKIES：不会自动向请求添加 cookie 头，也不会自动向 cookie 数据库添加返回的 cookie。
  - INTERNET_FLAG_NO_UI：禁用"cookie"对话框。
  - INTERNET_FLAG_PRAGMA_NOCACHE：强制源服务器解析请求，即使代理上

存在缓存副本。

- INTERNET_FLAG_RELOAD：强制从源服务器（而不是从缓存）下载请求的文件、对象或目录列表。
- INTERNET_FLAG_RESYNCHRONIZE：如果资源自上次下载以来已被修改，就重新加载 HTTP 资源。所有 ftp 资源都将重新加载。
- INTERNET_FLAG_SECURE：使用安全事务语义。这将转化为使用安全套接字层/专用通信技术（SSL/PCT），并且仅在 HTTP 请求中有意义。

- dwContext：指向变量的指针，该变量包含将此操作与任何应用程序数据关联的应用程序定义值。

函数返回值：如果函数成功就返回 HTTP 请求句柄，否则返回 NULL。若要获取更多错误信息，则可调用函数 GetLastError。

12.2.2.2　HttpSendRequest

该函数将指定的请求发送到 HTTP 服务器。该函数声明如下：

```
BOOLAPI HttpSendRequest(
 HINTERNET hRequest,
 LPCSTR    lpszHeaders,
 DWORD     dwHeadersLength,
 LPVOID     lpOptional,
 DWORD     dwOptionalLength
);
```

- hRequest：　HttpOpenRequest 函数返回的句柄。
- lpszHeaders：指向以空结尾的字符串的指针，该字符串包含要附加到请求的附加头。如果没有附加的头，那么此参数可以为空。
- dwHeadersLength：附加头段的大小，以 TCHARs 为单位。如果此参数为-1L 且 lpszHeaders 不为空，那么函数假定 lpszHeaders 以零结尾（ASCIIZ），并计算长度。
- lpOptional：指向一个缓冲区的指针，其中包含要在请求头之后立即发送的任何可选数据。此参数通常用于 POST 和 PUT 操作。可选数据可以是发布到服务器的资源或信息。如果没有要发送的可选数据，那么此参数可以为空。
- dwOptionalLength：可选数据的大小（字节）。如果没有要发送的可选数据，那么此参数可以为零。

函数返回值：如果函数成功就返回 TRUE，否则返回 FALSE。若要获取更多错误信息，则可调用函数 GetLastError。

12.2.3　WinInet FTP 函数

除了通用 WinInet API 函数，我们在开发 FTP 协议的 Internet 客户端程序时还可以调用 WinInet FTP 函数。常用的 WinInet FTP 函数如下：

（1）FtpCreateDirectory：在 FTP 服务器新建一个目录。

（2）FtpDelectFile：删除存储在 FTP 服务器上的文件。

（3）FtpFindFirstFile：查找给定 FTP 会话中的指定目录。

（4）FtpGetCurrentDirectory：为指定 FTP 会话获取当前目录。

（5）FtpGetFile：从 FTP 服务器下载文件。

（6）FtpOpenFile：访问一个远程文件以对其进行读写。

（7）FtpPutFile：向 FTP 服务器上传文件。

（8）FtpRemoveDirectory：在 FTP 服务器删除指定的文件。

（9）FtpRenameFilc：为 FTP 服务器上的指定文件改名。

（10）FtpSetCurrentDirectory：更改在 FTP 服务器上正在使用的目录。

12.2.4 WinInet Gopher 函数

除了通用 WinInet API 函数，我们在开发 Gopher 协议的 Internet 客户端程序时还可以调用 WinInet Gopher 函数。常用的 WinInet Gopher 函数如下：

（1）GopherOpenFile：开始从一个 Gopher 服务器读取一个 Gopher 数据文件。

（2）GopherGetAttribute：从 Gopher 服务器获取指定的属性信息。

（3）GopherAttributeEnumeator：定义一个回调函数，以处理从一个 Gopher 服务器得到的属性信息。

（4）GopherFindFirstFile：通过一些查找标准来创建一个会话。

（5）GopherCreateLocator：从组件部分创建一个 Gopher 字符串。

（6）GopherLocatorType：解析一个 Gopher 定位符并决定其属性。

12.2.5 读取 HTTP 网页数据

前面介绍了 WinInet API 函数，现在我们来看一下如何使用这些函数来读取 HTTP 网页的数据。Http 访问有两种方式：GET 和 POST。就编程来说，GET 方式相对简单点，不用向服务器提交数据。开发步骤如下：

（1）调用 InternetOpen 函数初始化 WinInet 库，获取句柄。

（2）调用 InternetConnect 函数创建一个 HTTP 会话，向 HTTP 服务器发起连接。

（3）调用 HttpOpenRequest 函数创建一个 HTTP 请求。

（4）调用 HttpSendRequest 函数向 HTTP 服务器发送 HTTP 请求。

（5）调用 InternetReadFile 函数从指定网页读取数据。

（6）会话结束，调用 InternetCloseHandle 函数关闭句柄。

【例 12.1】离线方式保存网页

（1）新建一个控制台工程 test。

（2）在 test.cpp 中输入如下代码：

```
#include "stdafx.h"
#include <stdio.h>
#include <windows.h>
#include <wininet.h>
#pragma comment(lib,"Wininet.lib")
#include <vector>
using namespace std;
int main(int argc, char* argv[])
{
 vector<char> v;
 CHAR szUrl[] = "http://www.baidu.com/";
 CHAR szAgent[] = "";
 HINTERNET hInternet1 =          //初始化 WinInet.dll 库，以便使用 WinInet 函数
     InternetOpen(NULL, INTERNET_OPEN_TYPE_PRECONFIG, NULL, NULL, NULL);
 if (NULL == hInternet1)
 {
     InternetCloseHandle(hInternet1);
     return FALSE;
 }
 HINTERNET hInternet2 = //打开由 HTTP 的 URL 指定的资源
     InternetOpenUrl(hInternet1,szUrl,NULL,NULL,INTERNET_FLAG_NO_CACHE_WRITE,NULL);
 if (NULL == hInternet2)
 {
     InternetCloseHandle(hInternet2);
     InternetCloseHandle(hInternet1);
     return FALSE;
 }
 DWORD dwMaxDataLength = 500;
 PBYTE pBuf = (PBYTE)malloc(dwMaxDataLength * sizeof(TCHAR)); //申请空间
 if (NULL == pBuf)
 {
     InternetCloseHandle(hInternet2); //关闭句柄
     InternetCloseHandle(hInternet1); //关闭句柄
     return FALSE;
 }
 DWORD dwReadDataLength = NULL;
 BOOL bRet = TRUE;
 do //循环读取网页数据
 {
     ZeroMemory(pBuf, dwMaxDataLength * sizeof(TCHAR));
     bRet = InternetReadFile(hInternet2, pBuf, dwMaxDataLength,
&dwReadDataLength);//读取数据
     for (DWORD dw = 0; dw < dwReadDataLength; dw++)
         v.push_back(pBuf[dw]); //把读到的数据存入缓冲区
 } while (NULL != dwReadDataLength);
 vector<char>::iterator i;
//把缓冲区内容存入磁盘文件
 FILE *fp = fopen("d:\\1.htm", "w+");
 for (i = v.begin(); i != v.end(); i++)
     fprintf(fp, "%c", *i);
 fflush(fp);
```

```
    fclose(fp);
    return 0;
}
```

（3）打开 d:\1.htm，可以看到百度首页。因为我们没有把图片保存下来，所以中间的 logo 图片是空的，如图 12-1 所示。

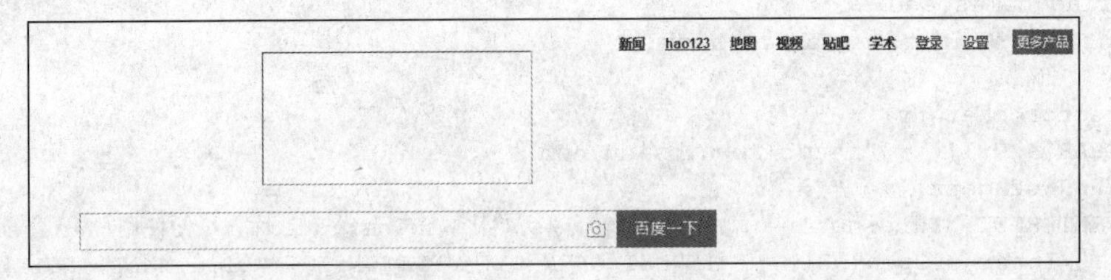

图 12-1

这说明我们从百度主页上读取网页成功了。

12.3 认识 MFC WinInet 类库

除了前面 WinInet API 函数，微软公司通过对 WinInet API 函数进行封装形成了 WinInet 类。WinInet 类不是一个类，而是一批类的集合，简称 WinInet 类库，成为了 MFC 大家庭中的子类。

MFC 共提供了 13 个 WinInet 类，实现了一系列 Internet 访问功能。它们在 MFC 中的继承关系如图 12-2 所示。

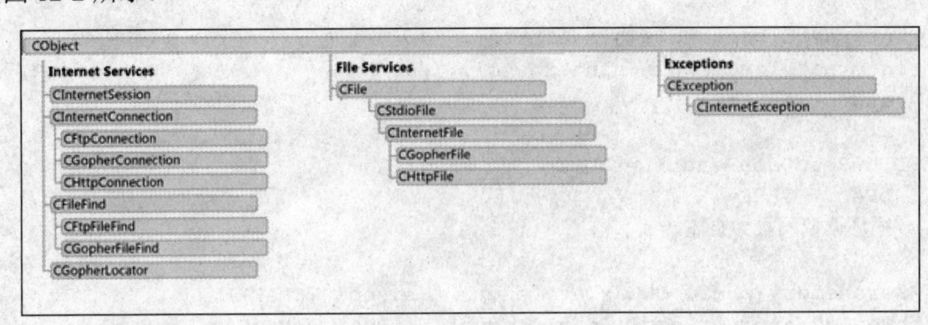

图 12-2

常用的几个类的功能如下：

（1）CInternetSession：创建并初始化一个或几个同时发生的 Internet 会话。该类很重要，在应用 MFC Wininet 类来编写 Internet 客户端应用程序时首要的一步就是应用该类建立与 Internet 服务器的会话。

（2）CInternetConnection：与子类（CHttpConnection、CFtpConnection、CGopherConnection）

管理应用程序和 Internet 服务器（HTTP 服务器、FTP 服务器、Gopher 服务器）建立的连接。

（3）CInternetFile：为子类（CHttpFile、CGopherFile）提供访问远程服务器（HTTP 服务器、Gopher 服务器）文件系统的方法。

（4）CFtpFileFind 和 CGopherFileFind 继承自 CFileFind，完成在本地及远程 Internet 站点（FTP 服务器、 Gopher 服务器）查找文件的功能。

（5）CGopherLocator：从 Gopher 站点获取 Gopher 位标（locator），并提供给 CGopherFileFind 来定位。

（6）CInternetException：该类是对异常进行处理的类，描述与 Internet 操作有关的例外情况。可以通过 try/catch 来捕获客户端应用程序产生的异常。

12.3.1　访问 HTTP 服务器的一般流程

（1）建立连接。创建 CInternetSession 对象，调用 CInternetSession::OpenURL 返回一个只读资源对象；或者调用 CInternetSession::GetHttpConnect 函数建立与 HTTP 服务器的连接。

除了使用 CInternetSession::GetHttpConnect 建立连接外，还可以使用 CHttpConnect 类来建立连接。

（2）发送请求。调用 CHttpConnect::SendRequest 函数向 HTTP 站点发送服务请求，其返回值为包含应答信息的 CHttpFile 类型的文件句柄。这一步也可以省略，用 CInternetSession::OpenURL 直接可以返回 CHttpFile 对象的指针。

（3）操作文件。如果要读写 HTTP 服务器上的文件，就要建立 CIneterFile 对象，或者建立其子类 CHttpFile，接着调用其成员函数进行读写操作，比如调用 ChttpFile:: ReadString 函数。

如果不需要读写文件，就不用建立 CIneterFile 对象。

（4）关闭连接。调用 CInternetSession::Close 函数关闭 CInternetSession 对象。

要使用 CInternetSession，需要包含头文件 afxinet.h。

【例 12.2】发送 HTTP 请求，获取并显示相应的 HTTP 响应

（1）新建一个对话框工程 test。

（2）删除对话框上所有控件，然后放置一个编辑框和按钮，其中，编辑框设为多行和接收回车。然后为按钮事件添加事件处理函数：

```
void CtestDlg::OnBnClickedSendhttprequest()
{
    // TODO: Add your control notification handler code here
    CInternetSession session;
    CHttpFile *file = NULL;
    CString strHtml,strURL = "http://www.baidu.com";

        try {
        file = (CHttpFile*)session.OpenURL(strURL);
    }
    catch (CInternetException * m pException) {
        file = NULL;
```

```
        m_pException->m_dwError;
        m_pException->Delete();
        session.Close();
        MessageBox("CInternetException");
    }
    CString strLine;
    if (file != NULL) {
        while (file->ReadString(strLine) != NULL) {
        strHtml += strLine;
        }

        m_edt.SetWindowText(strHtml);

    }
    else {
        MessageBox("fail");
    }


    session.Close();
    file->Close();
    delete file;
    file = NULL;
}
```

（3）保存工程并运行，运行结果如图 12-3 所示。

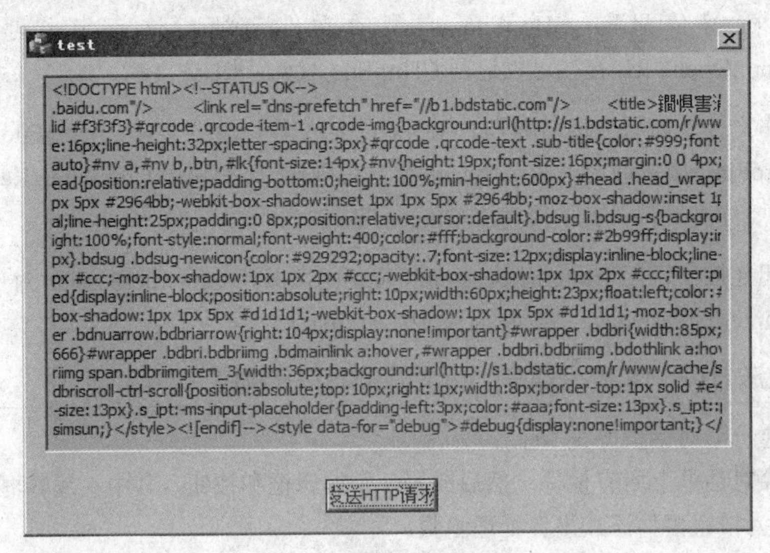

图 12-3

12.3.2 访问 FTP 服务器的流程

访问 Web 服务器除了使用 CInternetSession 外，还可以使用 CHttpConnect。

如果要查询 FTP 服务器或 Gopher 服务器上的文件，就要建立 CFtpFileFind 或 CGopherFileFind 对象，或者建立其子类 CHttpFile、CGopherFile 的对象，接着调用其成员函数进行查询操作。

12.4 FTP 开发

12.4.1 FTP 概述

1971 年，第一个 FTP 的 RFC（Request For Comments，是一系列以编号排定的文件，包含了关于 Internet 几乎所有重要的文字资料）由 A.K.Bhushan 提出，同一时期由 MIT 和 Havard 实现，即 RFC114。在随后的十几年中，FTP 协议的官方文档历经数次修订，直到 1985 年，一个作用至今的 FTP 官方文档 RFC959 问世。如今所有关于 FTP 的研究与应用都是基于该文档的。FTP 服务有一个重要的特点，就是其实现并不局限于某个平台，在 Windows、DOS、UNIX 平台下均可搭建 FTP 客户端及服务器并实现互联互通。

互联网技术的飞速发展，推动了全世界范围内资料信息的传输与共享，深刻地改变了人们的工作和生活方式。在信息时代，海量资料的共享成为人与人之间沟通的迫切需要，在实现文件资料共享的过程中，文件传输协议（File Transfer Protocol，FTP）发挥了巨大的作用。

FTP 技术作为文件传输的重要手段，已经得到了广泛的使用。通常人们可以使用电子邮箱、即时通信客户端（例如 QQ）和 FTP 客户端来进行资料的传输。在这几种常用的方式中，电子邮箱必须以附件的形式来传输文件，并且对文件大小有限制；即时通信客户端中的文件传输一般要求用户双方必须在线，如今虽然增加了离线传输的功能，但该功能本质上是通过服务器暂时保存用户文件来实现的，与 FTP 原理类似。此外，通过这两种方式传输文件资料有一个共同的缺陷：需要传输的文件无法以目录系统的形式呈现给用户。所以，FTP 文件传输系统有其无可替代的优势，在文件传输领域始终占据重要地位，因此对其进行的研究颇有现实意义。

FTP 之所以流行于全世界，在很大程度上归功于匿名 FTP 的使用及推广。用户不需要注册就可以通过匿名 FTP 登录到远程主机来获取所需的文件。所以，每一位用户都可以在匿名 FTP 主机上获取所需的文件，匿名 FTP 为世界各个角落的人提供了一条通往巨大资源库的道路，人们可以在资源库中自由下载所需要的资源，并且这个资源库还在不断扩充中。另外，在 Internet 上，匿名 FTP 是软件分发的主要方式，许多程序通过匿名 FTP 分布，每一个程序开发者都可以搭建 FTP 服务器来发布软件。

早期的 FTP 文件传输系统以命令行的形式呈现，发展至今涌现出很多图形界面的 FTP 应用软件，比较常见的有 Flash FXP、Cute FTP、Serv-U。这些 FTP 软件都采用 C/S 架构，即包含客户端和服务器两个部分，基于 FTP 协议实现信息交互。用户通过客户端进行基本的上传下载操作，实现资源文件的共享。FTP 系统的服务器通过对文件的存储和发布来即时更新资源，方便用户选择和使用。随着 FTP 技术的发展，如今大多数浏览器都集成了 FTP 下载工具，用户通过匿名登录到网站的 FTP 服务器选择扩充网络上 FTP 资源的内容。然而，绝大部分网络浏览器提供的文件下载器并不具备文件资源管理功能或管理起来很不方便。

自 FTP 协议的第一个 RFC 版本发布以来，历经数十年的发展，海内外涌现出众多优秀的支持 FTP 协议的软件：国外的软件有 Serv-U、Flash FXP、Cute FTP 等；国内的软件有迅雷、网络蚂蚁、China FTP 等。其中，国外的软件大部分需要付费使用；国内几乎没有 FTP 开源软件，软件质量参差不齐，难以保证安全性。

FTP 作为网络软件大集体中的老兵，虽然年纪略大，但是作为教学学习的案例材料是依旧非常经典的：麻雀虽小，五脏俱全。

12.4.2 FTP 的工作原理

FTP（File Transfer Protocol，文件传送协议）是一个用于从一台主机到另一台主机传送文件的协议。它是一个客户机/服务器系统。用户通过一个支持 FTP 协议的客户机程序，连接到在远程主机上的 FTP 服务器程序。用户通过客户机程序向服务器程序发出命令，服务器程序执行用户所发出的命令，并将执行的结果返回到客户机。比如说，用户发出一条命令，要求服务器向用户传送某一个文件的一份复制，服务器会响应这条命令，将指定文件送至用户的机器上。客户机程序代表用户接收到这个文件，将其存放在用户目录中。

当用户启动与远程主机间的一个 FTP 会话时，FTP 客户首先发起建立一个与 FTP 服务器端口号 21 之间的控制 TCP 连接，然后经由该控制连接把用户名和口令发送给服务器。客户还经由该控制连接把本地临时分配的数据端口告知服务器，以便服务器发起建立一个从服务器端口号 20 到客户指定端口之间的数据 TCP 连接；用户执行的一些命令也由客户经由控制连接发送给服务器，例如改变远程目录的命令。当用户每次请求传送文件时（不论哪个方向），FTP 将在服务器端口号 20 上打开一个数据 TCP 连接（其发起端既可能是服务器，也可能是客户）。在数据连接上传送完本次请求需传送的文件之后，有可能关闭数据连接，再有文件传送请求时重新打开。因此，在 FTP 中，控制连接在整个用户会话期间一直打开着，而数据连接则有可能为每次文件传送请求重新打开一次（数据连接是非持久的）。

在整个会话期间，FTP 服务器必须维护关于用户的状态。具体地说，服务器必须把控制连接与特定的用户关联起来，必须随用户在远程目录树中的游动跟踪其当前目录。为每个活跃的用户会话保持这些状态信息极大地限制了 FTP 能够同时维护的会话数。

FTP（File Transfer Protocol）位于 OSI 体系中的应用层，是一个用于从一台主机向另一台主机传送文件的协议，基于 C/S 架构。用户通过 FTP 客户端连接到在某个远程主机上的 FTP 服务器。用户通过 FTP 客户端向服务器程序发送指令，服务器根据指令的内容执行相关操作，最后将结果返回给客户端。例如，用户向 FTP 服务器发送文件下载命令，服务器收到该命令后将指定文件传送给客户端，并将执行结果返回给客户端。

FTP 系统和其他 C/S 系统的不同之处在于，它在客户端和服务器之间同时建立了两条连接来实现文件的传输：控制连接用于客户端和服务器之间的命令和响应的传递；数据连接则用于传送数据信息。

当用户通过 FTP 客户端向服务器发起一个会话时，客户端会和 FTP 服务器的端口 21 建立一个 TCP 连接，即控制连接。客户端使用此连接向 FTP 服务器发送所有 FTP 命令并读取所有应答。对于大批量的数据，如数据文件或详细目录列表，FTP 系统会建立一个独立的数据连接去传送相关数据。

12.4.3　FTP 的传输方式

FTP 的传输有两种方式：ASCII 传输方式和二进制传输方式。

（1）ASCII 传输方式

假定用户正在复制的文件包含简单的ASCII码文本，如果在远程机器上运行的不是UNIX，当文件传输时 FTP 通常会自动调整文件的内容，以便于把文件解释成另外一台计算机存储文本文件的格式。

但是常有这样的情况：用户正在传输的文件包含的不是文本文件，它们可能是程序、数据库、字处理文件或者压缩文件。在复制任何非文本文件之前，用 binary 命令告诉 FTP 逐字复制。

（2）二进制传输方式

在二进制传输中，保存文件的位序，以便原始和复制的是逐位一一对应的，即使目的地机器上包含位序列的文件是没意义的。例如，macintosh 以二进制方式传送可执行文件到 Windows 系统，在对方系统上，此文件不能执行。

例如，在 ASCII 方式下传输二进制文件，即使不需要也会转译。这会损坏数据。（ASCII 方式一般假设每一字符的第一有效位无意义，因为 ASCII 字符组合不使用它。如果传输二进制文件，那么所有的位都是重要的。）

12.4.4　FTP 的工作方式

FTP 有两种不同的工作方式：PORT（主动）方式和 PASV（被动）方式。

在主动方式下，客户端先开启一个大于 1024 的随机端口，用来与服务器的 21 号端口建立控制连接，当用户需要传输数据时，在控制通道中通过使用 PORT 命令向服务器发送本地 IP 地址以及端口号，服务器会主动去连接客户端发送过来的指定端口，实现数据传输，然后在这条连接上面进行文件的上传或下载。

在被动方式下，建立控制连接过程与主动方式基本一致，但在建立数据连接的时候，客户端通过控制连接发送 PASV 命令，随后服务器开启一个大于 1024 的随机端口，将 IP 地址和此端口号发给客户端，然后客户端去连接服务器的该端口，从而建立数据传输链路。

总体来说，主动和被动是相对于服务器而言的。在建立数据连接的过程中，在主动方式下，服务器会主动请求连接到客户端的指定端口；在被动方式下，服务器在发送端口号给客户端后会被动地等待客户端连接到该端口。

当需要传送数据时，客户端开始监听端口 N+1，并在命令链路上用 PORT 命令发送 N+1 端口到 FTP 服务器，于是服务器会从自己的数据端口（20）向客户端指定的数据端口（N+1）发送连接请求，建立一条数据链路来传送数据。

FTP 客户端与服务器之间仅使用 3 个命令发起数据连接的创建：STOR（上传文件）、RETR（下载文件）和 LIST（接收一个扩展的文件目录）。客户端在发送这 3 个命令后会发送 PORT 或 PASV 命令来选择传输方式。当数据连接建立之后，FTP 客户端可以和服务器互相传送文件。当数据传送完毕，发送数据方发起数据连接的关闭。例如，处理完 STOR 命令后，客户端发起关闭，处理完 RETR 命令后，服务器发起关闭。

FTP 主动传输方式的具体步骤如下：

（1）客户端与服务器的 21 号端口建立 TCP 连接，即控制连接。

（2）当用户需要获取目录列表或传输文件的时候，客户端通过使用 PORT 命令向服务器发送本地 IP 地址以及端口号，期望服务器与该端口建立数据连接。

（3）服务器与客户端的新端口建立第二条 TCP 连接，即数据连接。

（4）客户端和服务器通过数据连接进行文件的发送和接收。

FTP 被动传输方式的具体步骤如下：

（1）客户端与服务器的 21 号端口建立 TCP 连接，即控制连接。

（2）当用户需要获取目录列表或传输文件的时候，客户端通过控制连接向服务器发送 PASV 命令，通知服务器采用被动传输方式。服务器收到 PASV 命令后随即开启一个大于 1024 的端口，然后将该端口号和 IP 地址通过控制连接发给客户端。

（3）客户端与服务器的新端口建立第二条 TCP 连接，即数据连接。

（4）客户端和服务器通过数据连接进行文件的发送和接收。

总之，FTP 主动传输方式和被动传输方式各有特点，使用主动方式可以避免服务器端防火墙的干扰，而使用被动方式可以避免客户端防火墙的干扰。

12.4.5 FTP 命令

FTP 命令主要用于控制连接，根据命令功能的不同可分为访问控制命令、传输参数命令、FTP 服务命令。所有 FTP 命令都是以网络虚拟终端（NVT）ASCII 文本的形式发送，它们都是以 ASCII 回车或换行符结束的。

限于篇幅，完整的标准 FTP 指令不可能一一实现，这里只实现一些基本的指令，并将在下面的内容里对这些指令做出详细说明。

实现的指令有 USER、PASS、TYPE、LIST、CWD、PWD、PORT、DELE、MKD、RMD、SIZE、RETR、STOR、REST、QUIT。

常用的 FTP 访问控制命令如表 12-1 所示。

表 12-1　常用的 FTP 访问控制命令

命令名称	功能
USER username	登录用户的名称，参数 username 是登录用户名。USER 命令的参数是用来指定用户的 Telnet 字串。它用来进行用户鉴定服务器对赋予文件的系统访问权限。该指令通常是建立数据连接后（有些服务器需要）用户发出的第一个指令。有些服务器还需要通过 password 或 account 指令获取额外的鉴定信息。服务器允许用户为了改变访问控制和/或账户信息而发送新的 USER 指令。这会导致已经提供的用户、口令、账户信息被清空，重新开始登录。所有的传输参数均不改变，任何正在执行的传输进程在旧的访问控制参数下完成

（续表）

命令名称	功能
PASS password	发出登录密码，参数 password 是登录该用户所需的密码。PASS 命令的参数是用来指定用户口令的 Telnet 字符串。此指令紧跟用户名指令，在某些站点它是完成访问控制不可缺少的一步。因为口令信息非常敏感，所以它的表示通常是被“掩盖”起来或什么也不显示。服务器没有十分安全的方法达到这样的显示效果，因此 FTP 客户端进程有责任去隐藏敏感的口令信息
CWD pathname	改变工作路径，参数 pathname 是指定目录的路径名称。该指令允许用户在不改变它的登录和账户信息的状态下为存储或下载文件而改变工作目录或数据集。传输参数不会改变。它的参数是指定目录的路径名或其他系统的文件集标志符
CDUP	回到上一层目录
REIN	恢复到初始登录状态
QUIT	退出登录，终止连接。该指令终止一个用户，如果没有正在执行的文件传输，服务器将关闭控制连接。如果有数据传输，在得到传输响应后服务器关闭控制连接。如果用户进程正在向不同的用户传输数据，不希望对每个用户关闭后再打开，可以使用 REIN 指令代替 QUIT。 对控制连接的意外关闭，可以导致服务器运行中止（ABOR）和退出登录（QUIT）

所有的数据传输参数都有默认值，仅当要改变默认的参数值时才使用此指令指定数据传输的参数。默认值是最后一次指定的值，如果没有指定任何值，就使用标准的默认值。这意味着服务器必须“记住”合适的默认值。在 FTP 服务请求之后，指令的次序可以任意。常用的传输参数命令如表 12-2 所示。

表 12-2　常用的传输参数命令

命令名称	功能
PORT h1,h2,h3,h4,p1,p2	主动传输方式的参数为 IP（h1,h2,h3,h4）和端口号(p1*256+p2)。该指令的参数是用来进行数据连接的数据端口。客户端和服务器均有默认的数据端口，并且一般情况下此指令和它的回应不是必需的。如果使用该指令，那么参数由 32 位的 Internet 主机地址和 16 位的 TCP 端口地址串联组成. 地址信息被分隔成 8 位一组, 各组的值以十进制数（用字符串表示）来传输。各组之间用逗号分隔。例如，下面给出的一个端口指令： PORT h1,h2,h3,h4,p1,p2 这里 h1 是 Internet 主机地址的高 8 位
PASV	被动传输方式。该指令要求服务器在一个数据端口（不是默认的数据端口）监听以等待连接，而不是在接收到一个传输指令后就初始化。该指令的回应包含服务器正监听的主机地址和端口地址

（续表）

命令名称	功能
TYPE type	确定传输数据类型（A=ASCII，I=Image，E=EBCDIC）。数据表示是由用户指定的表示类型，类型可以隐含地（比如 ASCII 或 EBCDIC）或明确地（比如本地字节）定义一个字节的长度，提供像“逻辑字节长度”这样的表示。注意，在数据连接上传输时使用的字节长度称为“传输字节长度”，不要和上面说的“逻辑字节长度”弄混。例如，NVT-ASCII 的逻辑字节长度是 8 位。如果该类型是本地类型，那么 TYPE 指令必须在第二个参数中指定逻辑字节长度。传输字节长度通常是 8 位的。 ● ASCII 类型：这是所有 FTP 执行必须承认的默认类型，主要用于传输文本文件。发送方把内部字符表示的数据转换成标准的 8 位 NVT-ASCII 表示。接收方把数据从标准的格式转换成自己内部的表示形式。与 NVT 标准保持一致，要在行结束处使用<CRLF>序列。使用标准的 NVT-ASCII 表示的意思是数据必须转换为 8 位的字节。 ● IMAGE 类型：数据以连续的位传输，并打包成 8 位的传输字节。接收站点必须以连续的位存储数据。存储系统的文件结构（或者对于记录结构文件的每个记录）必须填充适当的分隔符，分隔符必须全部为零，填充在文件末尾（或每个记录的末尾），而且必须有识别出填充位的办法，以便接收方把它们分离出去。填充的传输方法应该充分地宣传，使得用户可以在存储站点处理文件。IMAGE 格式用于有效地传送和存储文件和传送二进制数据。推荐所有的 FTP 在执行时支持此类型。 ● EBCDIC 是 IBM 提出的字符编码方式

FTP 服务指令表示用户要求的文件传输或文件系统功能。FTP 服务指令的参数通常是一个路径名。路径名的语法必须符合服务器站点的规定和控制连接的语言规定。隐含的默认值是使用最后一次指定的设备、目录或文件名，或本地用户定义的标准默认值。指令顺序通常没有限制，只有“rename from”指令后面必须是“rename to”，重新启动指令后面必须是中断服务指令（比如，STOR 或 RETR）。除确定的报告回应外，FTP 服务指令的响应总是在数据连接上传输。常用的服务命令如表 12-3 所示。

表 12-3　常用的服务命令

命令名称	功能
LIST pathname	请求服务器发送列表信息。此指令让服务器发送列表到被动数据传输过程。如果路径名指定了一个路径或其他的文件集，服务器会传送指定目录的文件列表。如果路径名指定了一个文件，服务器将传送文件的当前信息。不使用参数意味着使用用户当前的工作目录或默认目录。数据传输在数据连接上进行，使用 ASCII 类型或 EBCDIC 类型（用户必须保证表示类型是 ASCII 或 EBCDIC。因为一个文件的信息从一个系统到另一个系统差别很大，所以此信息很难被程序自动识别，但对人类用户却很有用）

（续表）

命令名称	功能
RETR pathname	请求服务器向客户端发送指定文件。该指令让 server-DTP 用指定的路径名传送一个文件的复本到数据连接另一端的 server-DTP 或 user-DTP。该服务器站点上文件状态和内容不受影响
STOR pathname	客户端向服务器上传指定文件。该指令让 server-DTP 通过数据连接接收数据传输，并且把数据存储为服务器站点的一个文件。如果指定的路径名的文件在服务器站点已存在，那么它的内容将被传输的数据替换。如果指定的路径名的文件不存在，那么将在服务器站点新建一个文件
ABOR	终止上一次 FTP 服务命令以及所有相关的数据传输
APPE pathname	客户端向服务器上传指定文件，若该文件已存在于服务器的指定路径下，数据将会以追加的方式写入该文件；若不存在，则在该位置新建一个同名文件
DELE pathname	删除服务器上的指定文件。此指令从服务器站点删除指定路径名的文件
REST marker	移动文件指针到指定的数据检验点。此命令并不传送文件，而是跳到文件的指定数据检查点。此命令后应该紧跟合适的使数据重传的 FTP 服务指令。比如，“REST 100\r\n”：重新指定文件传送的偏移量为 100 字节
RMD pathname	此指令删除路径名中指定的目录（若是绝对路径）或者删除当前目录的子目录（若是相对路径）
MKD pathname	此指令创建指定路径名的目录（如果是绝对路径）或在当前工作目录创建子目录（如果是相对路径）
PWD	此指令在回应中返回当前工作目录名
CDUP	将当前目录改为服务器端根目录，不需要更改账号信息以及传输参数
RNFR filename	指定要重命名的文件的旧路径和文件名
RNTO filename	指定要重命名的文件的新路径和文件名

12.4.6　FTP 应答码

FTP 命令的回应是为了确保数据传输请求和过程进行同步，也是为了保证用户进程总能知道服务器的状态。每条指令最少产生一个回应，虽然可能会产生多于一个的回应。对后一种情况，多个回应必须容易分辨。另外，有些指令是连续产生的，比如 USER、PASS 和 ACCT，或者 RNFR 和 RNTO。如果此前的指令已经成功，回应显示一个中间的状态。其中任何一个命令的失败都会导致全部指令序列重新开始。

FTP 应答信息指的是服务器在执行完相关命令后返回给客户端的执行结果信息，客户端通过应答码能够及时了解服务器当前的工作状态。FTP 应答码是由 3 个数字外加一些文本组成的。不同数字组合代表不同的含义，客户端不用分析文本内容就可以知晓命令的执行情况。文本内容取决于服务器，不同情况下客户端会获得不一样的文本内容。

每一位数字都有一定的含义：第一位表示服务器的响应是成功的、失败的还是不完全的；第二位表示该响应是针对哪一部分的，用户可以据此了解哪一部分出了问题；第三位表示在第二位的基础上添加的一些附加信息。例如，第一个发送的命令是 USER 外加用户名，随后客户端收到应答码 331。应答码第一位的 3 表示需要提供更多信息；第二位的 3 表示该应答是与认证相关的；与第三位的 1 一起，其含义是：用户名正常，但是需要一个密码。假设使用 xyz 来表示 3 位数字的 FTP 应答码，表 12-4 给出了根据前两位区分的不同应答码的含义。

表 12-4　根据前两位区分的 FTP 应答码

应答码	含义说明
1yz	确定预备应答。目前为止操作正常，但尚未完成
2yz	确定完成应答。操作完成并成功
3yz	确定中间应答。目前为止操作正常，但仍需后续操作
4yz	暂时拒绝完成应答。未接受命令，操作执行失败，但错误是暂时的，所以可以稍后继续发送命令
5yz	永久拒绝完成应答。命令不被接受，并且不再重试
x0z	格式错误
x1z	请求信息
x2z	控制或数据连接
x3z	认证和账户登录过程
x4z	未使用
x5z	文件系统状态

根据表 12-4 对应答码含义的规定，表 12-5 按照功能划分列举了常用的 FTP 应答码并介绍了其具体含义。

表 12-5　常用的 FTP 应答码

具体应答码	含义说明
200	指令成功
500	语法错误，未被承认的指令
501	因参数或变量导致的语法错误
502	指令未执行
110	重新开始标记应答
220	服务为新用户准备好
221	服务关闭控制连接，适当时退出
421	服务无效，关闭控制连接
125	数据连接已打开，开始传送数据
225	数据连接已打开，无传输正在进行
425	不能建立数据连接
226	关闭数据连接。请求文件操作成功
426	连接关闭，传输终止
227	进入被动模式（h1,h2,h3,h4,p1,p2）
331	用户名正确，需要口令
150	文件状态良好，打开数据连接
350	请求的文件操作需要进一步的指令
451	终止请求的操作，出现本地错误

452	未执行请求的操作，系统存储空间不足

（续表）

具体应答码	含义说明
552	请求的文件操作终止，存储分配溢出
553	请求的操作没有执行

12.4.7　开发 FTP 客户端

本节主要介绍 FTP 客户端的设计过程和具体实现方法。首先，进行需求分析，确定客户端的界面设计方案和工作流程设计方案。然后，描述客户端程序框架，分为界面控制模块、命令处理模块和线程模块 3 个部分。最后，介绍客户端主要功能的详细实现方法。

12.4.7.1　运行结果

在我们具体开发 FTP 客户端之前，先要准备一个现成的 FTP 服务器软件作为服务器端，以方便我们验证调试客户端。通常，我们不能同时开发服务器端和客户端，因为这样一旦出现问题，就无法确定是开发中的服务器端出错还是开发中的客户端出错。

现成的 FTP 服务器软件很多，这里采用的是著名的个人免费 FTP 服务器软件 FtpMan（可以从网上搜索下载）。FtpMan 安装很简单，这里不赘述。安装后，即可启动，主界面如图 12-4 所示。

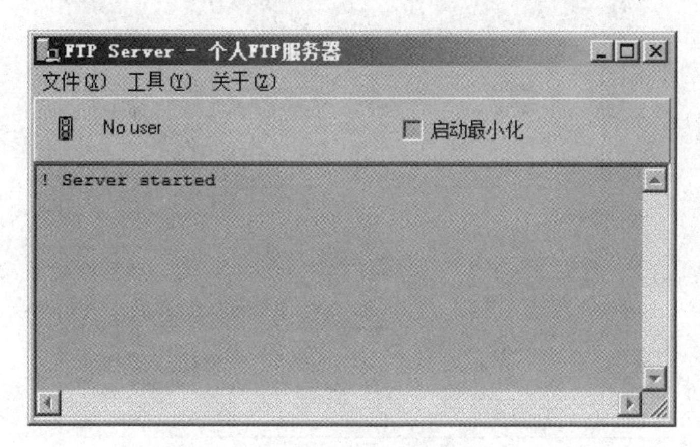

图 12-4

我们可以看到“Server started”，说明 FTP 服务启动了。我们最终开发好的客户端主界面如图 12-5 所示。

单击“连接”菜单，出现如图 12-6 所示的连接 FTP 服务器对话框。

图 12-5

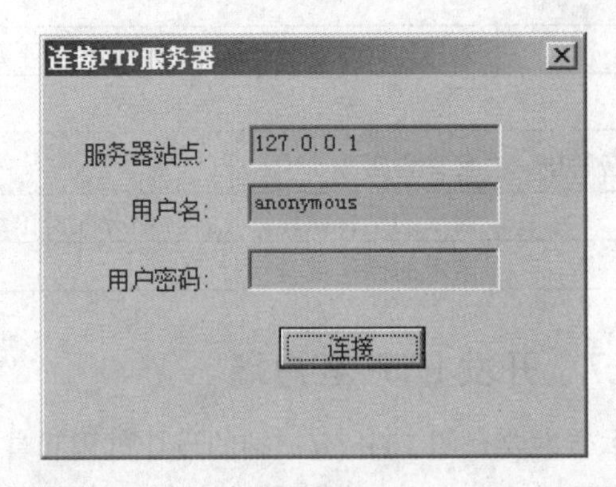

图 12-6

我们的 FTP 服务器也是在本机上运行的，所以在图 12-6 所示的“服务器站点”中直接输入“127.0.0.1”即可，其他保持默认，然后单击“连接”按钮。如果出现图 12-7 所示的对话框，就说明连接成功了。

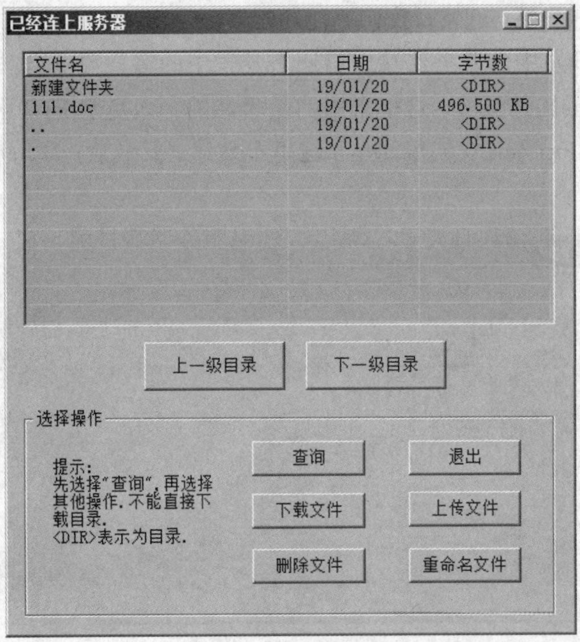

图 12-7

图 12-7 所示的列表控件中显示的内容是服务器上当前目录的文件夹和文件。此时，FtpMan 的界面上出现图 12-8 所显示的信息。

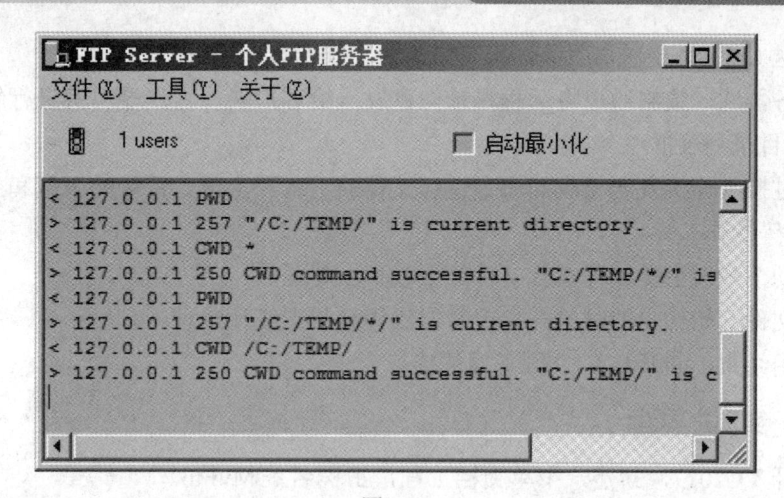

图 12-8

我们可以看到，c:\TEMP 是服务器的当前目录。

以上就是 FTP 客户端连接服务器端的基本过程。下面我们进入具体的开发过程。

12.4.7.2　客户端需求分析

一款优秀的 FTP 客户端应该具备以下特点：

（1）易于操作的图形界面，方便用户进行登录、上传和下载等各项操作。

（2）完善的功能，应该包括登录、退出、列出服务器端目录、文件的下载和上传、目录的下载和上传、文件或目录的删除、断点续传以及文件传输状态即时反馈。

（3）稳定性高，保证文件的可靠传输，遇到突发情况程序不至于崩溃。

12.4.7.3　概要设计

在 FTP 客户端设计中主要使用 WinInet API 编程，无须考虑基本的通信协议和底层的数据传输工作，MFC 提供的 WinInet 类是对 WinInet API 函数封装而来的，为用户提供了更加方便的编程接口。在该设计中，使用的类包括 CInternetSession 类、CFtpConnection 类和 CFtpFileFind 类。其中，CInternetSession 用于创建一个 Internet 会话；CFtpConnection 完成文件操作：CFtpFileFind 负责检索某一个目录下的所有文件和子目录。

程序功能如下：

（1）登录到 FTP 服务器。

（2）检索 FTP 服务器上的目录和文件。

（3）根据 FTP 服务器给的权限，会相应地提供文件的上传、下载、重命名、删除等功能。

12.4.7.4　客户端工作流程设计

FTP 客户端的工作流程设计如下：

（1）输入用户名和密码进行登录操作。

（2）连接 FTP 服务器成功后发送 PORT 或 PASV 命令选择传输模式。

（3）发送 LIST 命令通知服务器将目录列表发送给客户端。

（4）服务器通过数据通道将远程目录信息发送给客户端，客户端对其进行解析并显示到对应的服务器目录列表框中。

（5）通过控制连接发送相应的命令进行文件的下载和上传、目录的下载和上传以及目录的新建或删除等操作。

（6）启动下载或上传线程执行文件的下载和上传任务。

（7）在文件开始传输的时候开启定时器线程和状态统计线程。

（8）使用结束，断开与 FTP 服务器的连接。

12.4.7.5 实现主界面

（1）打开 VC2017，新建一个单文档工程，工程名是 MyFtp。

（2）为 CMyFtpView 类的视图窗口添加一个位图背景显示。把工程中 res 目录下的 background.bmp 导入资源视图，并将其 ID 设为 IDB_BITMAP2。为 CmyFtpView 添加 WM_ERASEBKGND 消息响应函数 OnEraseBkgnd，添加如下代码：

```
BOOL CMyFtpView::OnEraseBkgnd(CDC* pDC)    //用于添加背景图
{
 // TODO: Add your message handler code here and/or call default
 CBitmap bitmap;
 bitmap.LoadBitmap(IDB_BITMAP2);

 CDC dcCompatible;
 dcCompatible.CreateCompatibleDC(pDC);

 //创建与当前 DC(pDC)兼容的 DC,先用 dcCompatible 准备图像,再将数据复制到实际 DC 中
 dcCompatible.SelectObject(&bitmap);

 CRect rect;
 GetClientRect(&rect);//得到目的 DC 客户区大小,GetClientRect(&rect);
 //得到目的 DC 客户区大小,
 //pDC->BitBlt(0,0,rect.Width(),rect.Height(),&dcCompatible,0,0,SRCCOPY);
//实现 1:1 的 Copy

 BITMAP bmp;//结构体
 bitmap.GetBitmap(&bmp);
    pDC->StretchBlt(0,0,rect.Width(),rect.Height(),&dcCompatible,0,0,
     bmp.bmWidth,bmp.bmHeight,SRCCOPY);
 return true;
}
```

（3）在主框架状态栏的右下角增加时间显示功能。首先为 CMainFrame 类（注意是 CmainFrame 类）设置一个定时器，然后为该类响应 WM_TIMER 消息，在 CMainFrame::OnTimer 函数中添加如下代码：

```
void CMainFrame::OnTimer(UINT nIDEvent)
{
```

```
    // TODO: Add your message handler code here and/or call default

    //用于在状态栏显示当前时间
    CTime t=CTime::GetCurrentTime();  //获取当前时间
    CString str=t.Format("%H:%M:%S");

    CClientDC dc(this);
   CSize sz=dc.GetTextExtent(str);

   m_wndStatusBar.SetPaneInfo(1,IDS_TIMER,SBPS_NORMAL,sz.cx);
    m_wndStatusBar.SetPaneText(1,str); //设置到状态栏的窗格上

    CFrameWnd::OnTimer(nIDEvent);
   }
```

IDS_TIMER 是添加的字符串资源的 ID。此时运行程序，会发现状态栏的右下角有时间显示，如图 12-9 所示。

图 12-9

（4）添加主菜单项“连接”，ID 为 IDM_CONNECT。为头文件 MyFtpView.h 中的类 CmyFtpView 添加成员如下变量：

```
    CConnectDlg m_ConDlg;
    CFtpDlg    m_FtpDlg;
    CString m_FtpWebSite;
    CString m_UserName; //用户名
    CString m_UserPwd;  //口令

    CInternetSession* m_pSession; //指向 Internet 会话
    CFtpConnection* m_pConnection; //指向与 FTP 服务器的连接
    CFtpFileFind* m_pFileFind; //用于对 FTP 服务器上的文件进行查找
```

其中，类 CConnectDlg 是登录对话框的类；类 CFtpDlg 是登录服务器成功后进行文件操作界面的对话框类；m_FtpWebSite 是 FTP 服务器的地址，比如 127.0.0.1。m_pSession 是 CInternetSession 对象的指针，指向 Internet 会话。CInternetSession 前面介绍过了。

为菜单“连接”添加视图类 CmyFtpView 的消息响应代码：

```
  void CMyFtpView::OnConnect()
  {
   // TODO: Add your command handler code here
   //生成一个模态对话框
   if (IDOK==m_ConDlg.DoModal())
   {
       m_pConnection = NULL;
       m_pSession = NULL;

       m_FtpWebSite = m_ConDlg.m_FtpWebSite;
```

```
    m_UserName = m_ConDlg.m_UserName;
    m_UserPwd = m_ConDlg.m_UserPwd;

    m_pSession=new CInternetSession(AfxGetAppName(),
        1,
        PRE_CONFIG_INTERNET_ACCESS);
    try
    {
        //试图建立 FTP 连接
        SetTimer(1,1000,NULL);  //设置定时器,一秒发一次 WM_TIMER
        CString  str="正在连接中....";
        ((CMainFrame*)GetParent())->SetMessageText(str);//向主对话框状态栏设置信息

        m_pConnection=m_pSession->GetFtpConnection(m_FtpWebSite,//连接 FTP 服务器
            m_UserName,m_UserPwd);
    }
    catch (CInternetException* e)
    {
        //错误处理
        e->Delete();
        m_pConnection=NULL;
    }
  }
}
```

其中，m_ConDlg 是登录对话框对象，后面会添加登录对话框。另外，可以看到上面代码中启动了一个定时器。这个定时器每隔一秒发送一次 WM_TIMER 消息。我们为视图类添加 WM_TIMER 消息响应，代码如下：

```
void CMyFtpView::OnTimer(UINT nIDEvent)
{
 // TODO: Add your message handler code here and/or call default
 static int time_out=1;
 time_out++;
 if (m_pConnection == NULL)
 {
    CString  str="正在连接中....";
    ((CMainFrame*)GetParent())->SetMessageText(str);
    if (time_out>=60)
    {
         ((CMainFrame*)GetParent())->SetMessageText("连接超时!");
        KillTimer(1);
        MessageBox("连接超时!","超时",MB_OK);
    }
 }
 else
 {
      CString str="连接成功!";
    ((CMainFrame*)GetParent())->SetMessageText(str);
```

```
        KillTimer(1);
        //连接成功之后,不用定时器来监视连接情况
        //同时跳出操作对话框

        m_FtpDlg.m_pConnection = m_pConnection;
        //非模态对话框
        m_FtpDlg.Create(IDD_DIALOG2,this);
        m_FtpDlg.ShowWindow(SW_SHOW);
    }
    CView::OnTimer(nIDEvent);
}
```

代码一目了然，就是在状态栏上显示连接是否成功的信息。

（5）添加主菜单项“退出客户端”，菜单 ID 为 IDM_EXIT，并加类 CMainFrame 的菜单消息处理函数：

```
void CMainFrame::OnExit()
{
        // TODO: Add your command handler code here
        //退出程序的响应函数
      if(IDYES==MessageBox("确定要退出客户端吗?","警告",MB_YESNO|MB_ICONWARNING))
        CFrameWnd::OnClose();
}
```

为主框架右上角的退出按钮添加消息处理函数：

```
void CMainFrame::OnClose()
{
// TODO: Add your message handler code here and/or call default
//WM_CLOSE 的响应函数
OnExit();
}
```

至此，主框架界面开发完毕。下面实现登录界面的开发。

12.4.7.6　实现登录界面

在工程 MyFtp 中添加一个对话框资源。界面设计如图 12-10 所示。

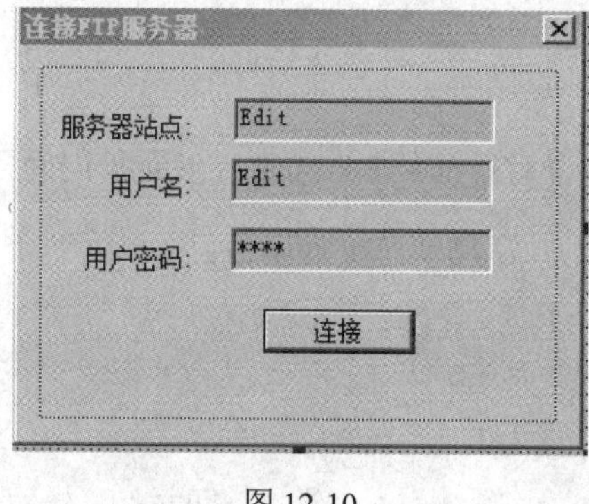

图 12-10

图 12-10 中的控件 ID 具体可见工程源码，这里不再赘述。为“连接”按钮添加消息处理函数：

```
void CConnectDlg::OnConnect()
{
 // TODO: Add your control notification handler code here
 UpdateData();
 CDialog::OnOK();
}
```

这个函数中没有真正去连接 FTP 服务器，主要起到关闭本对话框的作用。真正连接服务器的地方是在函数 CMyFtpView::OnConnect()中。

12.4.7.7 实现登录后的操作界面

登录服务器成功后，跳出登录的对话框界面。设计过程如下：

（1）在工程 MyFtp 中新建一个对话框，对话框 ID 是 IDD_DIALOG2，然后拖拉控件，如图 12-11 所示。

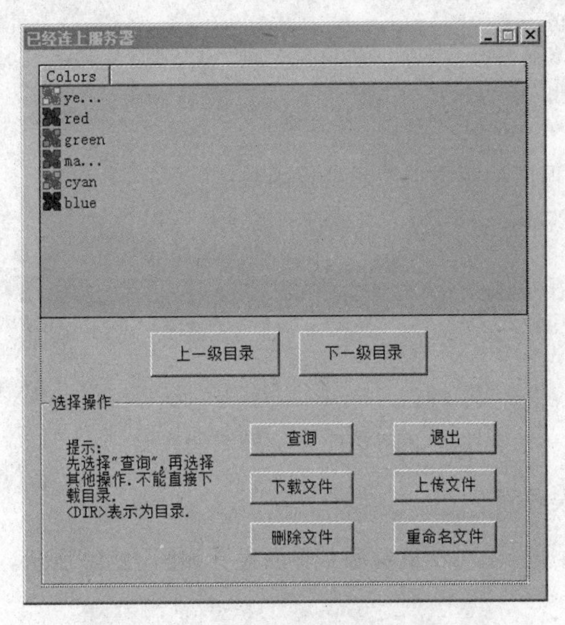

图 12-11

为这个对话框资源添加一个对话框类 CFtpDlg。下面我们为各个控件添加消息处理函数。

（2）双击“上一级目录”，添加消息处理函数：

```
//返回上一级目录
void CFtpDlg::OnLastdirectory()
{
 static CString  strCurrentDirectory;
 m_pConnection->GetCurrentDirectory(strCurrentDirectory); //得到当前目录
 if (strCurrentDirectory == "/")
```

```
    AfxMessageBox("已经是根目录了!",MB_OK | MB_ICONSTOP);
else
{
      GetLastDiretory(strCurrentDirectory);
      m_pConnection->SetCurrentDirectory(strCurrentDirectory); //设置当前目录
      ListContent("*");  //对当前目录进行查询
}
}
```

（3）双击“下一级目录”，添加消息处理函数：

```
void CFtpDlg::OnNextdirectory()
{
static CString  strCurrentDirectory, strSub;

m_pConnection->GetCurrentDirectory(strCurrentDirectory);
strCurrentDirectory+="/";

//得到所选择的文本
int i=m_FtpFile.GetNextItem(-1,LVNI_SELECTED);
strSub = m_FtpFile.GetItemText(i,0);
if (i==-1) AfxMessageBox("没有选择目录!",MB_OK | MB_ICONQUESTION);
else
{
    if ("<DIR>"!=m_FtpFile.GetItemText(i,2))  // 判断是不是目录
        AfxMessageBox("不是子目录!",MB_OK | MB_ICONSTOP);
    else
    {
        //设置当前目录
        m_pConnection->SetCurrentDirectory(strCurrentDirectory+strSub);
        //对当前目录进行查询
        ListContent("*");
    }
}
}
```

（4）双击“查询”，添加消息处理函数：

```
void CFtpDlg::OnQuary()  //得到服务器当前目录的文件列表
{
ListContent("*");
}
```

其中，函数 ListContent 定义如下：

```
//用于显示当前目录下所有的子目录与文件
void CFtpDlg::ListContent(LPCTSTR DirName)
{
m_FtpFile.DeleteAllItems();
BOOL bContinue;
bContinue=m_pFileFind->FindFile(DirName);
if (!bContinue)
```

```
{
    //查找完毕,失败
    m_pFileFind->Close();
    m_pFileFind=NULL;
}

CString strFileName;
CString strFileTime;
CString strFileLength;

while (bContinue)
{
    bContinue = m_pFileFind->FindNextFile();

    strFileName = m_pFileFind->GetFileName(); //得到文件名
    //得到文件最后一次修改的时间
    FILETIME ft;
    m_pFileFind->GetLastWriteTime(&ft);
    CTime FileTime(ft);
    strFileTime = FileTime.Format("%y/%m/%d");

    if (m_pFileFind->IsDirectory())
    {
        //如果是目录，不求大小,用<DIR>代替
        strFileLength = "<DIR>";
    }
    else
    {
        //得到文件大小
        if (m_pFileFind->GetLength() <1024)
        {
            strFileLength.Format("%d B",m_pFileFind->GetLength());
        }
        else
        {
            if (m_pFileFind->GetLength() < (1024*1024))
                strFileLength.Format("%3.3f KB",
                (LONGLONG)m_pFileFind->GetLength()/1024.0);
            else
            {
                if  (m_pFileFind->GetLength()<(1024*1024*1024))
                    strFileLength.Format("%3.3f MB",
                    (LONGLONG)m_pFileFind->GetLength()/(1024*1024.0));
                else
                    strFileLength.Format("%1.3f GB",
                    (LONGLONG)m_pFileFind->GetLength()/(1024.0*1024*1024));
            }
        }
    }
    int i=0;
     m_FtpFile.InsertItem(i,strFileName,0);
```

```
        m_FtpFile.SetItemText(i,1,strFileTime);
        m_FtpFile.SetItemText(i,2,strFileLength);
        i++;
    }
}
```

（5）双击“下载文件”，添加消息处理函数：

```
void CFtpDlg::OnDownload()
{
 // TODO: Add your control notification handler code here
 int i=m_FtpFile.GetNextItem(-1,LVNI_SELECTED); //得到当前选择项
 if (i==-1)
     AfxMessageBox("没有选择文件!",MB_OK | MB_ICONQUESTION);
 else
 {
     CString strType=m_FtpFile.GetItemText(i,2);   //得到选择项的类型
     if (strType!="<DIR>")   //选择的是文件
     {
         CString strDestName;
         CString strSourceName;
         strSourceName = m_FtpFile.GetItemText(i,0);//得到所要下载的文件名

         CFileDialog dlg(FALSE,"",strSourceName);
         if (dlg.DoModal()==IDOK)
         {
             //获得下载文件在本地机上存储的路径和名称
             strDestName=dlg.GetPathName();

             //调用 CFtpConnect 类中的 GetFile 函数下载文件
             if (m_pConnection->GetFile(strSourceName,strDestName))
                 AfxMessageBox("下载成功！",MB_OK|MB_ICONINFORMATION);
             else
                 AfxMessageBox("下载失败！",MB_OK|MB_ICONSTOP);
         }
     }
     else //选择的是目录
         AfxMessageBox("不能下载目录!\n 请重选!",MB_OK|MB_ICONSTOP);
 }
}
```

（6）双击“删除文件”，添加消息处理函数：

```
void CFtpDlg::OnDelete()//删除选择的文件
{
 // TODO: Add your control notification handler code here
 int i=m_FtpFile.GetNextItem(-1,LVNI_SELECTED);
 if (i==-1)
AfxMessageBox("没有选择文件!",MB_OK | MB_ICONQUESTION);
 else
 {
     CString  strFileName;
```

```
    strFileName = m_FtpFile.GetItemText(i,0);
    if ("<DIR>"==m_FtpFile.GetItemText(i,2))
        AfxMessageBox("不能删除目录!",MB_OK | MB_ICONSTOP);
    else
    {
        if (m_pConnection->Remove(strFileName))
            AfxMessageBox("删除成功！",MB_OK|MB_ICONINFORMATION);
        else
            AfxMessageBox("无法删除！",MB_OK|MB_ICONSTOP);
    }
}
OnQuary();
}
```

其中，函数 OnQuary 的定义如下：

```
//得到服务器当前目录的文件列表
void CFtpDlg::OnQuary()
{
 ListContent("*");
}
```

（7）双击“退出”，添加消息处理函数：

```
void CFtpDlg::OnExit()  //退出对话框响应函数
{
 // TODO: Add your control notification handler code here
 m_pConnection = NULL;
 m_pFileFind = NULL;
 DestroyWindow();
}
```

退出时调用销毁对话框 DestroyWindow。

（8）双击“上传文件”，添加消息处理函数：

```
void CFtpDlg::OnUpload()
{
 CString strSourceName;
 CString strDestName;
 CFileDialog dlg(TRUE,"","*.*");
 if (dlg.DoModal()==IDOK)
 {
     //获得待上传的本地机文件路径和文件名
     strSourceName = dlg.GetPathName();
     strDestName = dlg.GetFileName();

     //调用 CFtpConnect 类中的 PutFile 函数上传文件
     if (m_pConnection->PutFile(strSourceName,strDestName))
         AfxMessageBox("上传成功！",MB_OK|MB_ICONINFORMATION);
     else
         AfxMessageBox("上传失败！",MB_OK|MB_ICONSTOP);
 }
```

```
    OnQuary();
}
```

（9）双击“重命名文件”，添加消息处理函数：

```
void CFtpDlg::OnRename()
{
 // TODO: Add your control notification handler code here
 CString strNewName;
 CString strOldName;

 int i=m_FtpFile.GetNextItem(-1,LVNI_SELECTED); //得到CListCtrl被选中的项
 if (i==-1)
      AfxMessageBox("没有选择文件!",MB_OK | MB_ICONQUESTION);
 else
 {
     strOldName = m_FtpFile.GetItemText(i,0);//得到所选择的文件名
     CNewNameDlg dlg;
     if (dlg.DoModal()==IDOK)
     {
         strNewName=dlg.m_NewFileName;
         if (m_pConnection->Rename(strOldName,strNewName))
             AfxMessageBox("重命名成功！",MB_OK|MB_ICONINFORMATION);
         else
             AfxMessageBox("无法重命名！",MB_OK|MB_ICONSTOP);
     }
 }
 OnQuary();
}
```

其中，CnewNameDlg 是让用户输入新的文件名的对话框。很简单，其对应的对话框 ID 为 IDD_DIALOG3。

（10）为对话框 CFtpDlg 添加初始化函数 OnInitDialog，代码如下：

```
BOOL CFtpDlg::OnInitDialog()
{
 CDialog::OnInitDialog();

 //设置CListCtrl对象的属性
 m_FtpFile.SetExtendedStyle(LVS_EX_FULLROWSELECT | LVS_EX_GRIDLINES);
 m_FtpFile.InsertColumn(0,"文件名",LVCFMT_CENTER,200);
 m_FtpFile.InsertColumn(1,"日期",LVCFMT_CENTER,100);
 m_FtpFile.InsertColumn(2,"字节数",LVCFMT_CENTER,100);
 m_pFileFind = new CFtpFileFind(m_pConnection);
 OnQuary();
 return TRUE;
}
```

至此，我们的 FTP 客户端开发完毕。

第 13 章 HTTP网络编程

13.1 HTTP 简介

HTTP（Hyper Text Transfer Protocol，超文本传输协议）是用于从万维网（WWW:World Wide Web）服务器（简称 Web 服务器）传输超文本到本地浏览器的传送协议，基于 TCP/IP 通信协议来传递数据（HTML 文件、图片文件、查询结果等）。

13.2 HTTP 的工作原理

HTTP 协议工作于客户端/服务器端架构上。浏览器作为 HTTP 客户端通过 URL 向 HTTP 服务器端即 Web 服务器发送所有请求。

Web 服务器有 Apache 服务器、IIS 服务器（Internet Information Services）等。

Web 服务器根据接收到的请求向客户端发送响应信息。

HTTP 的默认端口号为 80，但是你也可以改为 8080 或者其他端口。

HTTP 的注意事项如下 3 点：

（1）HTTP 是无连接：无连接的含义是限制每次连接只处理一个请求。服务器处理完客户的请求，并收到客户的应答后即断开连接。采用这种方式可以节省传输时间。

（2）HTTP 是媒体独立的：这意味着，只要客户端和服务器知道如何处理数据内容，任何类型的数据都可以通过 HTTP 发送。客户端以及服务器指定使用适合的 MIME-type 内容类型。

（3）HTTP 是无状态的：HTTP 协议是无状态协议。无状态是指协议对于事务处理没有记忆能力。缺少状态意味着如果后续处理需要前面的信息，则它必须重传，这样可能导致每次连接传送的数据量增大。另一方面，在服务器不需要先前信息时它的应答较快。

我们来看一下 HTTP 协议通信流程，如图 13-1 所示。

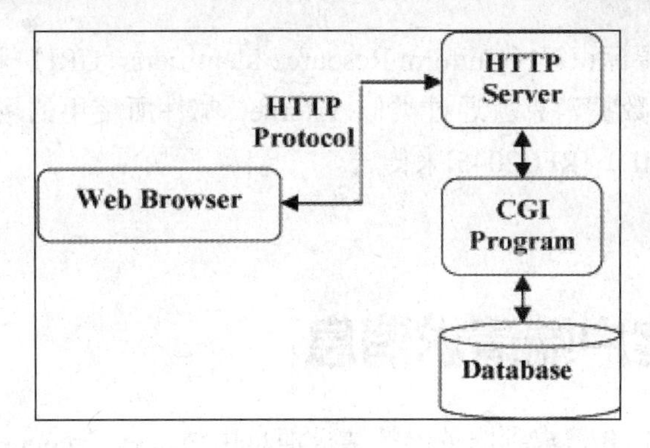

图 13-1

13.3 HTTP 的特点

HTTP 协议的主要特点可概括如下：

（1）支持客户/服务器模式。

（2）简单快速：客户向服务器请求服务时，只需传送请求方法和路径。请求方法常用的有 GET、HEAD、POST。每种方法规定了客户与服务器联系的类型不同。HTTP 协议简单，使得 HTTP 服务器的程序规模小，因而通信速度很快。

（3）灵活：HTTP 允许传输任意类型的数据对象。正在传输的类型由 Content-Type 加以标记。

（4）无连接：无连接的含义是限制每次连接只处理一个请求。服务器处理完客户的请求，并收到客户的应答后即断开连接。采用这种方式可以节省传输时间。

（5）无状态：HTTP 协议是无状态协议。无状态是指协议对于事务处理没有记忆能力。缺少状态意味着如果后续处理需要前面的信息，则它必须重传，这样可能导致每次连接传送的数据量增大。另一方面，在服务器不需要先前信息时它的应答就较快。

13.4 HTTP 的消息结构

HTTP 是基于客户端/服务器端（C/S）的架构模型，通过一个可靠的链接来交换信息，是一个无状态的请求/响应协议。

一个 HTTP 客户端是一个应用程序（Web 浏览器或其他任何客户端），通过连接到服务器达到向服务器发送一个或多个 HTTP 请求的目的。

一个 HTTP 服务器同样也是一个应用程序（通常是一个 Web 服务，如 Apache Web 服务器或 IIS 服务器等），接收客户端的请求并向客户端发送 HTTP 响应数据。

HTTP 使用统一资源标识符（Uniform Resource Identifiers，URI）来传输数据和建立连接。一旦建立连接后，数据消息就通过类似 Internet 邮件所使用的格式[RFC5322]和多用途 Internet 邮件扩展（MIME）[RFC2045]来传送。

13.5 客户端请求消息

客户端发送一个 HTTP 请求到服务器的请求消息由请求行（request line）、请求头部（也称请求头）、空行和请求数据 4 部分组成。图 13-2 给出了请求报文的一般格式。

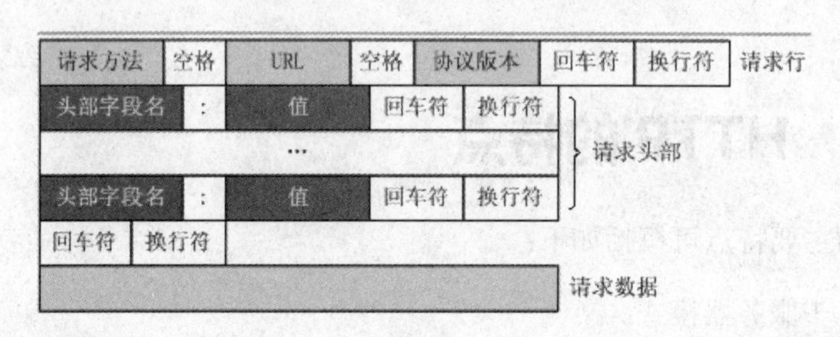

图 13-2

HTTP 协议定义了 8 种请求方法（或者叫“动作”），表明对 Request-URI 指定的资源的不同操作方式，具体如下：

（1）OPTIONS：返回服务器针对特定资源所支持的 HTTP 请求方法。也可以利用向 Web 服务器发送'*'的请求来测试服务器的功能性。

（2）HEAD：向服务器索要与 GET 请求相一致的响应，只不过响应体将不会被返回。这一方法可以在不必传输整个响应内容的情况下就获取包含在响应消息头中的元信息。

（3）GET：向特定的资源发出请求。

（4）POST：向指定资源提交数据进行处理请求（例如，提交表单或者上传文件）。数据被包含在请求体中。POST 请求可能会导致新资源的创建和/或已有资源的修改。

（5）PUT：向指定资源位置上传其最新内容。

（6）DELETE：请求服务器删除 Request-URI 所标识的资源。

（7）TRACE：回显服务器收到的请求，主要用于测试或诊断。

（8）CONNECT：HTTP/1.1 协议中预留给能够将连接改为管道方式的代理服务器。

虽然 HTTP 的请求方式有 8 种，但是我们在实际应用中常用的也就是 get 和 post，其他请求方式也都可以通过这两种方式间接地实现。

13.6 服务器响应消息

HTTP 响应也由 4 个部分组成，分别是状态行、消息报头（也称响应头）、空行和响应正文，如图 13-3 所示。

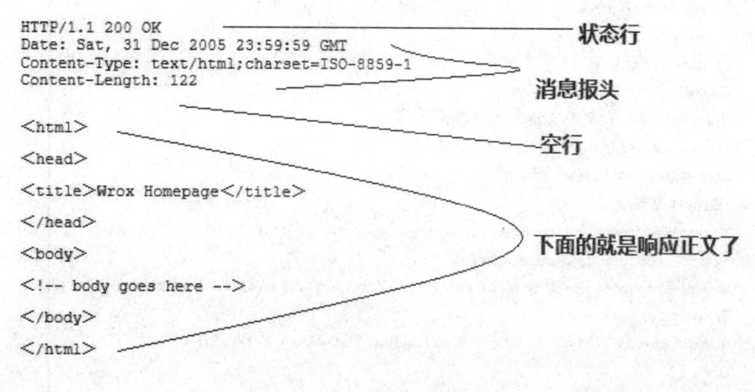

图 13-3

下面给出一个典型的使用 GET 来传递数据的实例。

客户端请求：

```
GET /hello.txt HTTP/1.1
User-Agent: curl/7.16.3 libcurl/7.16.3 OpenSSL/0.9.7l zlib/1.2.3
Host: www.example.com
Accept-Language: en, mi
```

服务器端响应：

```
HTTP/1.1 200 OK
Date: Mon, 27 Jul 2009 12:28:53 GMT
Server: Apache
Last-Modified: Wed, 22 Jul 2009 19:15:56 GMT
ETag: "34aa387-d-1568eb00"
Accept-Ranges: bytes
Content-Length: 51
Vary: Accept-Encoding
Content-Type: text/plain
```

输出结果：

```
Hello World! My payload includes a trailing CRLF.
```

图 13-4 演示请求和响应 HTTP 报文的操作。

消息头　Cookie　参数　响应　耗时

请求网址: https://www.baidu.com/his?wd=&from=pc_web&rf=3&hisdata=&json=1&p=3&sid=

请求方法: GET

远程地址: 180.97.33.108:443

状态码: ● 200 OK　编辑和重发　原始头

版本: HTTP/1.1

过滤消息头

响应头 (253 字节)

Cache-Control: private

Connection: Keep-Alive

Content-Length: 95

Content-Type: baiduApp/json; v6.27.2.14; charset=UTF-8

Date: Sat, 19 May 2018 15:45:33 GMT

Expires: Sat, 19 May 2018 16:45:33 GMT

Server: suggestion.baidu.zbb.df

请求头 (814 字节)

Accept: text/javascript, application/j...ion/x-ecmascript, */*; q=0.01

Accept-Encoding: gzip, deflate, br

Accept-Language: zh-CN,zh;q=0.8,zh-TW;q=0.7,zh-HK;q=0.5,en-US;q=0.3,en;q=0.2

Connection: keep-alive

Cookie: BAIDUID=75AB01133CBD192631C62A...PSSID=1434_21120; BD_UPN=1352

DNT: 1

Host: www.baidu.com

Referer: https://www.baidu.com/?tn=98012088_5_dg&ch=12

User-Agent: Mozilla/5.0 (Windows NT 10.0; ...) Gecko/20100101 Firefox/59.0

X-Requested-With: XMLHttpRequest

图 13-4

13.7 HTTP 状态码

当浏览者访问一个网页时，浏览者的浏览器会向网页所在服务器发出请求。当浏览器接收并显示网页前，此网页所在的服务器会返回一个包含 HTTP 状态码的信息头（server header），用以响应浏览器的请求。

HTTP 状态码的英文为 HTTP Status Code。下面是常见的 HTTP 状态码：

- 200：请求成功。
- 301：资源（网页等）被永久转移到其他 URL。
- 404：请求的资源（网页等）不存在。
- 500：内部服务器错误。

13.8 HTTP 状态码分类

HTTP 状态码由 3 个十进制数字组成，第一个十进制数字定义状态码的类型，后两个数字没有分类的作用。HTTP 状态码共分为 5 种类型，如表 13-1 所示。

表 13-1　HTTP 状态码

分类	分类描述
1**	信息，服务器收到请求，需要请求者继续执行操作
2**	成功，操作被成功接收并处理
3**	重定向，需要进一步的操作以完成请求
4**	客户端错误，请求包含语法错误或无法完成请求
5**	服务器错误，服务器在处理请求的过程中发生了错误

13.9 实现 HTTP 服务器

13.9.1　概述

前面对 HTTP 协议进行了简单的介绍。下面我们利用前面的网络技术来实现一个 HTTP 服务器。我们学了好多服务器技术，比如 CAsynSocket、CSocket、WSAAsyncSelect 等。这里我们选择 WSAAsyncSelect 技术。WSAAsyncSelect 模型是 Windows socket 的一个异步 I/O 模型，利用这个模型，应用程序可在一个套接字上接收以 Windows 消息为基础的网络事件通知。Windows sockets 应用程序在创建套接字后，调用 WSAAsyncSelect 函数注册感兴趣的网络事件，当该事件发生时 Windows 窗口收到消息，应用程序就可以对接收到的网络事件进行处理。利用 WSAAsyncSelect 函数，将 socket 消息发送到 hWnd 窗口上，然后在那里处理相应的 FD_READ、FD_WRITE 等消息。更多关于 WSAAsyncSelect 的知识，我们前面章节已经介绍过了。

为了便于学习，我们的 HTTP 实现的功能并不多，主要实现了 HTTP 最基本的一些功能。大家可以把这个例子作为原型，完善其功能。

我们的 HTTP 服务器基于异步选择模型 WSAAsyncSelect。通过前面章节的学习应该知道，这个模型需要一个 Windows 窗口，因此我们的程序是一个基于对话框的程序。

13.9.2　界面设计

（1）新建一个对话框工程，工程名是 WebServer。

（2）切换到资源视图，打开对话框编辑器，放置按钮，如图 13-5 所示。

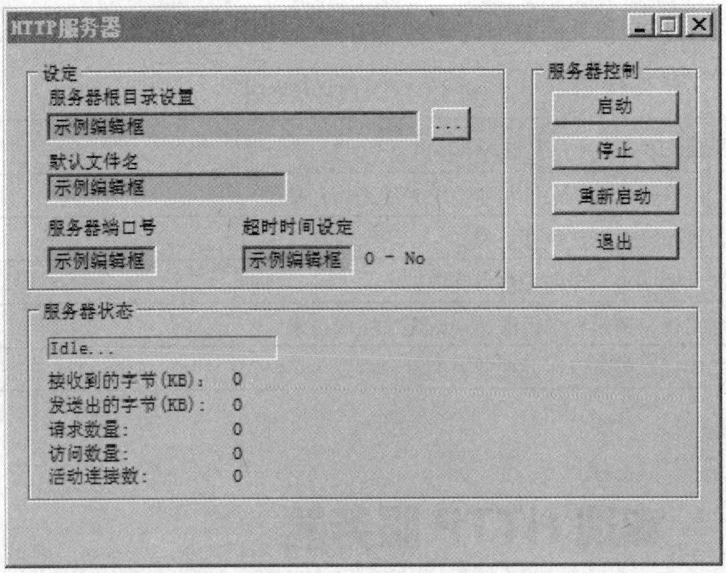

图 13-5

从控件标题我们大致能知道其含义了。其中，服务器的根目录主要是放置网页文件的，比如 index.htm。

13.9.3 类 CWebServerApp

这个类是应用程序类。

13.9.4 类 CWebServerDlg

13.9.4.1 主要成员变量

这个类是对话框类，继承于 CDialog。为各个控件添加的变量含义定义如下：

```
CStatic m_nVisitors;    //显示访问数量
CStatic m_nBytesRecv;   //接收到的字节数，单位为 KB
CStatic m_nBytesSent;   //发出去的字节数，单位为 KB
CStatic m_nRequests;    //请求数量
CStatic m_nActiveConn;  //活动连接数
CString m_szHomeDir;    //服务器根目录
CString m_szDefIndex;   //默认文件名，比如 index.htm
int     m_Port;         //服务器端口号
int     m_PTO;          //超时时间
CString m_szStatus;     //服务器状态
```

与控件无关的成员变量定义如下：

```
public:
UINT    nTimerID;  //时钟编号，存放 SetTimer 返回值。KillTimer 要用到
BOOL    m_bRun;   //用于标记服务是否已经启动
protected:
```

```
CHTTPServer WebServer;  //HTTP 服务器对象，CHTTPServer 是我们自定义的类
```

13.9.4.2　主要成员函数

成员函数主要是几个消息处理函数，如 OnStart()、OnStop()、OnClose()等，用来处理启动、停止和关闭的消息。这几个函数都是虚函数。

13.9.4.3　主要宏定义

我们定义了两个宏：

```
#define TIMER_ID_1  1//定时器 ID，多个定时器时，可以通过该 ID 判断是哪个定时器
#define TIMER_TO_1  500 //计时器时间间隔，单位为毫秒
```

13.9.4.4　需要包含的头文件

我们用到了类 CHTTPServer，因此需要包含该类的头文件 HTTPServer.h。

```
#include "HTTPServer.h"
```

13.9.5　类 CLog

13.9.5.1　主要成员变量

该类是一个日志类，用于记录日志信息和清除日志。

```
FILE *m_f; //日志文件指针
char szLogFilePath[MAX_PATH]; //日志文件路径
char szMessage[MAX_MSG_SIZE]; //存放消息
char szDT[128]; //存放格式化时间后的字符串
struct tm *newtime; //存放写日志的时间
time_t ltime;  //存放当前时间
CRITICAL_SECTION cs; //定义临界区对象
```

写日志文件必须互斥，所以我们定义了一个临界区对象 cs，用于互斥多个线程的写文件操作。

13.9.5.2　主要成员函数

我们为其添加了两个成员函数：

```
BOOL ClearLog(const char*); //清空日志
//记录信息到日志
BOOL LogMessage(const char*, const char*, const char* = NULL, long = NULL);
```

重要的函数是 LogMessage，定义如下：

```
BOOL CLog::LogMessage(const char *szFolder, const char *szMsg, const char
*szMsg1, long nNumber)
{
EnterCriticalSection(&cs); //进入临界区，以便对需要保护的资源进行操作
time(&ltime);//获得计算机系统当前的日历时间

if((!strlen(szFolder)) || (!strlen(szMsg)))
```

```
        return FALSE;

    //得到 windows 目录，比如 C:\Windows
    if(!GetWindowsDirectory(szLogFilePath, MAX_PATH))   {
        LeaveCriticalSection(&cs);
        return FALSE;
    }

    if(szLogFilePath[0] != '\\')
        strcat(szLogFilePath, "\\");
    strcat(szLogFilePath, szFolder);

    m_f = fopen(szLogFilePath, "a"); //以追加方式打开日志文件
    if(m_f != NULL)
    {
   //将时间数值变换成本地时间，考虑到本地时区和夏令时标志；
        newtime = localtime(&ltime);
        strftime(szDT, 128, // 格式化显示日期时间
                    "%a, %d %b %Y %H:%M:%S", newtime);
        //格式化字符串
        if(szMsg1 != NULL)
            sprintf(szMessage, "%s - %s.\t[%s]\t[%d]\n", szDT, szMsg, szMsg1,
nNumber);
        else
            sprintf(szMessage, "%s - %s.\t[%d]\n", szDT, szMsg, nNumber);

        int n = fwrite(szMessage, sizeof(char),strlen(szMessage), m_f);//写数据
        //判断返回长度是否和所写数据（szMessage）长度相同
        if(n != strlen(szMessage))      {
            LeaveCriticalSection(&cs); //释放临界区
            fclose(m_f); //关闭日志文件
            return FALSE;
        }

        fclose(m_f);
        LeaveCriticalSection(&cs); //释放临界区
        return TRUE;
    }
    LeaveCriticalSection(&cs); //释放临界区
    return FALSE;
}
```

13.9.6 类 CGenericServer

类 CGenericServer 继承于 CLog，功能是实现一个通用服务器。它实现了多数服务器程序都有的一些通用功能，比如启动、关闭、处理连接请求。

13.9.6.1 主要成员变量

该类的主要成员变量定义如下：

```
private:
 HANDLE          ThreadA;      //接受线程句柄
 unsigned int    ThreadA_ID;  //接受线程 ID
 HANDLE          ThreadC;      //帮助线程句柄
 unsigned int    ThreadC_ID; //帮助线程 ID

 WSAEVENT        ShutdownEvent; //事件对象
 //事件对象，用于等待不同的线程
 HANDLE                  ThreadLaunchedEvent;

 THREADLIST              ThreadList; //自定义的线程列表
 HANDLELIST              HandleList;//线程句柄列表

 StatisticsTag           Stats; //用于统计各种网络数据的结构体
 CRITICAL_SECTION        cs; //临界区变量
 CRITICAL_SECTION        _cs; //临界区变量
 int                     ServerPort; //服务器端口
 int                     PersistenceTO; //超时时间
 BOOL                    bRun; //标记服务器是否启动
```

13.9.6.2　主要成员函数

该类的主要成员函数如下：

```
public:
 //获取状态，比如总共接收数据字节数、客户端连接数等
 void        GetStats(StatisticsTag&);
 void        Reset(); //统计数据清零
 BOOL        Run(int, int); //启动服务器
 BOOL        Shutdown(); //关闭服务
protected:
 //下面 4 个是纯虚函数，具体功能由子类实现
 virtual int             GotConnection(char*, int)                = 0;
 virtual int             DataSent(DWORD)                          = 0;
 virtual BOOL            IsComplete(string)                       = 0;
 virtual BOOL            ParseRequest(string, string&, BOOL&)     = 0;
private:
 static UINT __stdcall   AcceptThread(LPVOID);//接受客户端连接请求的线程
 static UINT __stdcall   ClientThread(LPVOID);//和客户端进行数据收发的线程
 static UINT __stdcall   HelperThread(LPVOID);

 BOOL    AddClient(SOCKET, char*, int);  //添加客户端到客户端列表
//清理线程
 void        CleanupThread(WSAEVENT, SOCKET, NewConnectionTag*, DWORD);
 void        CleanupThread(WSAEVENT, WSAEVENT, SOCKET);
```

13.9.6.3　成员函数 Run

函数 Run 用于启动服务器，该函数定义如下：

```
BOOL CGenericServer::Run(int Port, int PersTO)  //传入端口和超时时间
{
```

```
    if(bRun) //判断是否已经启动了，如果已经启动，就记录日志，并返回 FALSE
    {
        LogMessage(LOGFILENAME, "_beginthreadex(...) failure, for Launch Thread",
"Run", errno);
        return FALSE;
    }

    ServerPort = Port; //赋值端口
    PersistenceTO = PersTO; //赋值超时时间

    InitializeCriticalSection(&cs); //初始化临界区对象
    InitializeCriticalSection(&_cs);  //初始化临界区对象
    Reset(); //变量清零
   //创建一个无名的事件对象
   ThreadLaunchedEvent = CreateEvent(NULL, FALSE, TRUE, NULL);
    ResetEvent(ThreadLaunchedEvent);//把事件对象 ThreadLaunchedEvent 设置为无信号状态
    // 启动接受线程
    ThreadA = (HANDLE)_beginthreadex(NULL, 0, AcceptThread, this, 0, &ThreadA_ID);
    if(!ThreadA)
    {
        LogMessage(LOGFILENAME, "_beginthreadex(...) failure, for Launch Thread",
"Run", errno);
        return FALSE;
    }
   //接受线程开启后，就等待事件信号，THREADWAIT_TO 是超时时间
    if(WaitForSingleObject(ThreadLaunchedEvent, THREADWAIT_TO) != WAIT_OBJECT_0)
    {
        LogMessage(LOGFILENAME, "Unable to get response from Accept Thread withing
specified Timeout ->", "Run", THREADWAIT_TO);
        CloseHandle(ThreadLaunchedEvent);
        return FALSE;
    }

    // 事件对象有信号导致等待结束，则再次把事件对象 ThreadLaunchedEvent 设置为无信号状态
   ResetEvent(ThreadLaunchedEvent);
   //启动帮助线程
    ThreadC = (HANDLE)_beginthreadex(NULL, 0, HelperThread, this, 0, &ThreadC_ID);
    if(!ThreadC)
    {
        LogMessage(LOGFILENAME, "_beginthreadex(...) failure, for Helper Thread",
"Run", errno);
        return FALSE;
    }
    //继续等待事件信号
    if(WaitForSingleObject(ThreadLaunchedEvent, THREADWAIT_TO) != WAIT_OBJECT_0)
    {
        LogMessage(LOGFILENAME, "Unable to get response from Helper Thread within
specified Timeout ->", "Run", THREADWAIT_TO);
        CloseHandle(ThreadLaunchedEvent);
        return FALSE;
    }
```

```
    //事件对象有信号导致等待结束，则关闭事件对象
    CloseHandle(ThreadLaunchedEvent);
    bRun = TRUE; //标记服务器程序已经运行
    return TRUE;
}
```

上面代码中 CreateEvent 的第二个参数决定了是否需要手动调用 ResetEvent：当为 TRUE 时，需要手动调用 ResetEvent，不调用的话事件会处于一直有信号状态；当为 FALSE 时，不需要手动调用，调用不调用的效果一样，大家可以试着删除它，看看效果。把 ResetEvent 放在 WaitForSingleObject 前面是很好的做法。

在上面的代码中，首先创建一个事件对象，然后设为无信号状态，接着开启一个线程，随后主线程就等待事件对象，如果子线程中设置了事件对象为有信号状态了，主线程等待就结束并继续执行。

13.9.6.4　线程函数 AcceptThread

线程函数 AcceptThread 用于创建服务器套接字、绑定并监听和等待客户端接受，定义如下：

```
UINT __stdcall CGenericServer::AcceptThread(LPVOID pParam)
{
    CGenericServer *pGenericServer = (CGenericServer*)pParam;
    SOCKET s; // 主线程
    WORD wVersionRequested;
    WSADATA wsaData;
    sockaddr_in saLocal;
    WSAEVENT Handles[2];
    WSANETWORKEVENTS    NetworkEvents;
    sockaddr ClientAddr;
    INT addrlen = sizeof(ClientAddr);
    sockaddr_in sain;
    char cAddr[50];
    int result;

    saLocal.sin_family      = AF_INET;
    saLocal.sin_port        = htons(pGenericServer->ServerPort);
    saLocal.sin_addr.s_addr = INADDR_ANY;

    wVersionRequested = MAKEWORD(2, 2);

    result = WSAStartup(wVersionRequested, &wsaData); //初始化 winsock 库
    if(result != 0)
    {
        pGenericServer->LogMessage(LOGFILENAME, "WSAStartup(...) failure",
"AcceptThread", result);
        return THREADEXIT_SUCCESS;
    }

    if( LOBYTE(wsaData.wVersion) != 2 ||
```

```
        HIBYTE(wsaData.wVersion) != 2)
    {
        pGenericServer->LogMessage(LOGFILENAME, "Requested Socket version not
exist", "AcceptThread");
        pGenericServer->CleanupThread(NULL, NULL, NULL);
        return THREADEXIT_SUCCESS;
    }
    //创建绑定到特定传输服务提供程序的套接字，这里创建的是流套接字
    s = WSASocket(AF_INET, SOCK_STREAM, 0, (LPWSAPROTOCOL_INFO)NULL, 0,
WSA_FLAG_OVERLAPPED);
    if(s == INVALID_SOCKET)
    {
        pGenericServer->LogMessage(LOGFILENAME, "WSASocket(...) failure",
"AcceptThread", WSAGetLastError());
        pGenericServer->CleanupThread(NULL, NULL, NULL);
        return THREADEXIT_SUCCESS;
    }
    //  绑定
    result = ::bind(s, (struct sockaddr *)&saLocal, sizeof(saLocal));
    if(result == SOCKET_ERROR)
    {
        pGenericServer->LogMessage(LOGFILENAME, "bind(...) failure",
"AcceptThread", WSAGetLastError());
        pGenericServer->CleanupThread(NULL, NULL, s);
        return THREADEXIT_SUCCESS;
    }
    //  侦听
    result = listen(s, SOMAXCONN);
    if(result == SOCKET_ERROR)
    {
        pGenericServer->LogMessage(LOGFILENAME, "listen(...) failure",
"AcceptThread", WSAGetLastError());
        pGenericServer->CleanupThread(NULL, NULL, s);
        return THREADEXIT_SUCCESS;
    }
    //创建一个新的事件对象，用于让各个线程知道服务关闭了
    pGenericServer->ShutdownEvent = WSACreateEvent();
    if(pGenericServer->ShutdownEvent == WSA_INVALID_EVENT)
    {
        pGenericServer->LogMessage(LOGFILENAME, "WSACreateEvent(...) failure for
ShutdownEvent", "AcceptThread", WSAGetLastError());
        pGenericServer->CleanupThread(NULL, NULL, NULL, s);
        return THREADEXIT_SUCCESS;
    }
    //创建一个新的事件对象，用于连接接受事件 FD_ACCEPT
    WSAEVENT Event = WSACreateEvent();
    if(Event == WSA_INVALID_EVENT)
    {
        pGenericServer->LogMessage(LOGFILENAME, "WSACreateEvent(...) failure for
Event", "AcceptThread", WSAGetLastError());
        pGenericServer->CleanupThread(NULL, pGenericServer->ShutdownEvent, s);
```

```
        return THREADEXIT_SUCCESS;
    }
    //把两个事件对象放入数组，以便后面一起等待
    Handles[0] = pGenericServer->ShutdownEvent; //用于关闭服务让大家知道
    Handles[1] = Event; //用于关联 FD_ACCEPT
   //指定事件对象 Event 要与 FD_ACCEPT 事件集关联
    result = WSAEventSelect(s, Event, FD_ACCEPT);
    if(result == SOCKET_ERROR)
    {
        pGenericServer->LogMessage(LOGFILENAME, "WSAEventSelect(...) failure",
"AcceptThread", WSAGetLastError());
        pGenericServer->CleanupThread(Event, pGenericServer->ShutdownEvent, s);
        return THREADEXIT_SUCCESS;
    }
    //设置事件对象的状态为有信号状态，这样主线程的等待就可以结束了
    SetEvent(pGenericServer->ThreadLaunchedEvent);
    for(;;)
    {
        //一起等待两个事件对象，直到有连接请求过来，或者服务关闭
        DWORD EventCaused = WSAWaitForMultipleEvents(2,
            Handles,
            FALSE,
            WSA_INFINITE, //无限等待
            FALSE);

        if(EventCaused == WAIT_FAILED || EventCaused == WAIT_OBJECT_0)
        {
            if(EventCaused == WAIT_FAILED)
                pGenericServer->LogMessage(LOGFILENAME,
"WaitForMultipleObjects(...) failure", "AcceptThread", GetLastError());
            pGenericServer->CleanupThread(Event,pGenericServer->ShutdownEvent,s);
            return THREADEXIT_SUCCESS;
        }
        //枚举发生的网络事件
        result = WSAEnumNetworkEvents(
            s,
            Event,
            &NetworkEvents);

        if(result == SOCKET_ERROR)
        {
            pGenericServer->LogMessage(LOGFILENAME, "WSAEnumNetworkEvents(...)
failure", "AcceptThread", WSAGetLastError());
            pGenericServer->CleanupThread(Event, pGenericServer->ShutdownEvent, s);
            return THREADEXIT_SUCCESS;
        }
        //如果枚举成功，判断是否是连接请求这个事件发生了
        if(NetworkEvents.lNetworkEvents == FD_ACCEPT)
        {
    //接受客户端连接请求，并保存客户端套接字到 ClientSocket
   SOCKET ClientSocket = WSAAccept(s, &ClientAddr, &addrlen, NULL, NULL);
```

```
            memcpy(&sain, &ClientAddr, addrlen);
            sprintf(cAddr, "%d.%d.%d.%d",     //把客户端 IP 地址放到字符串中
                sain.sin_addr.S_un.S_un_b.s_b1,
                sain.sin_addr.S_un.S_un_b.s_b2,
                sain.sin_addr.S_un.S_un_b.s_b3,
                sain.sin_addr.S_un.S_un_b.s_b4);

            if(INVALID_SOCKET == ClientSocket)
            {
               pGenericServer->LogMessage(LOGFILENAME, "WSAAccept(...) failure",
"AcceptThread", WSAGetLastError());
                // 有一个文件错误
                continue;
            }
            else //把客户端套接字加入列表，以便管理
            {
                if(!pGenericServer->AddClient(ClientSocket, cAddr,
sain.sin_port))             {
                    pGenericServer->LogMessage(LOGFILENAME, "AddClient(...)
failure", "AcceptThread");
                    continue; // I think there is no reason to shutdown whole server
if just one connection failed
                }
            }
        }
    }
    //关闭事件对象 Event、pGenericServer->ShutdownEvent 和套接字 s
    pGenericServer->CleanupThread(Event, pGenericServer->ShutdownEvent, s);
    return THREADEXIT_SUCCESS;
}
```

13.9.7 类 CHTTPServer

该类继承自 CGenericServer。主要实现 HTTP 协议处理的服务功能，也就是说它除了普通服务器功能之外，还能处理客户端的 HTTP 数据处理请求。

13.9.7.1 主要成员变量

主要成员变量定义如下：

```
private:
string          m_HomeDir; //web 服务器根目录
string          m_DefIndex; //默认文件名，比如 index.htm
MIMETYPES       MimeTypes; //资源的媒体类型
```

前两个变量的含义大家比较容易理解，Web 服务器一般都有一个根目录，用来存放网页文件。也有一个默认首页，这样方便用户访问网站首页的时候，不用输入具体网页文件名称就可以访问了。

第三个变量叫资源的媒体类型，什么意思呢？首先，我们要了解浏览器是如何处理内容的。

在浏览器中显示的内容有 HTML、XML、GIF、Flash 等，那么浏览器是如何区分并决定什么内容用什么形式来显示的呢？答案是 MIME Type，也就是该资源的媒体类型。媒体类型通常是通过 HTTP 协议由 Web 服务器告知浏览器的，更准确地说是通过 Content-Type 来表示的，例如:

```
Content-Type: text/HTML
```

表示内容是 text/HTML 类型，也就是超文本文件。为什么是“text/HTML”，而不是“HTML/text”或者别的什么？MIME Type 不是个人指定的，是经过 ietf 组织协商、以 RFC 的形式作为建议的标准发布在网上的，大多数的 Web 服务器和用户代理都会支持这个规范（顺便说一句，Email 附件的类型也是通过 MIME Type 指定的）。

13.9.7.2　主要成员函数

类 CHTTPServer 的主要成员函数如下：

```
public:
 BOOL            Start(string, string, int, int);//分析根目录，启动服务器
 BOOL            IsComplete(string); //判断请求字符串是否完成
 BOOL            ParseRequest(string, string&, BOOL&); //解析请求数据
 int             GotConnection(char*, int); //空函数，没有实际功能
 int             DataSent(DWORD);// 空函数，没有实际功能
```

其中，比较重要的函数是 ParseRequest，基本流程就是检查提交方法、分析连接类型、分析内容类型、读取网页文件，然后组成响应字符串后由形参 szResponse 带回。该函数定义如下：

```
//分析请求数据
BOOL CHTTPServer::ParseRequest(string szRequest, string &szResponse, BOOL
&bKeepAlive)
{
 string szMethod;
 string szFileName;
 string szFileExt;
 string szStatusCode("200 OK");
 string szContentType("text/html");
 string szConnectionType("close");
 string szNotFoundMessage;
 string szDateTime;
 char pResponseHeader[2048];
 fpos_t lengthActual = 0, length = 0;
 char *pBuf = NULL;
 int n;

 // 检查提交方法
 n = szRequest.find(" ", 0);
 if(n != string::npos)
 {
     szMethod = szRequest.substr(0, n);
```

```
        if(szMethod == "GET")
        {
            // 获取文件名
            int n1 = szRequest.find(" ", n + 1);
            if(n != string::npos)
            {
                szFileName = szRequest.substr(n + 1, n1 - n - 1);
                if(szFileName == "/")
                {
                    szFileName = m_DefIndex;
                }
            }
            else
            {
                LogMessage(LOGFILENAME, "No 'space' found in Request String #1",
"ParseRequest");
                return FALSE;
            }
        }
        else
        {
            szStatusCode = "501 Not Implemented";
            szFileName = ERROR501;
        }
    }
    else
    {
        LogMessage(LOGFILENAME, "No 'space' found in Request String #2",
"ParseRequest");
        return FALSE;
    }

    // 分析链接类型
    n = szRequest.find("\nConnection: Keep-Alive", 0);
    if(n != string::npos)
        bKeepAlive = TRUE;

    // 分析内容类型
    int nPointPos = szFileName.rfind(".");
    if(nPointPos != string::npos)
    {
        szFileExt = szFileName.substr(nPointPos + 1, szFileName.size());
        strlwr((char*)szFileExt.c_str());
        MIMETYPES::iterator it;
        it = MimeTypes.find(szFileExt);
        if(it != MimeTypes.end())
            szContentType = (*it).second;
    }

    //得到目前的时间
    char szDT[128];
```

```
    struct tm *newtime;
    time_t ltime;

    time((time_t*)&ltime);
    newtime = gmtime(&ltime);
    strftime(szDT, 128,
        "%a, %d %b %Y %H:%M:%S GMT", newtime);
    // 读取文件
    FILE *f;
    f = fopen((m_HomeDir + szFileName).c_str(), "r+b");
    if(f != NULL)
    {
        // 获得文件大小
        fseek(f, 0, SEEK_END);
        fgetpos(f, &lengthActual);
        fseek(f, 0, SEEK_SET);

        pBuf = new char[lengthActual + 1];

        length = fread(pBuf, 1, lengthActual, f);
        fclose(f);

        // 返回响应
        sprintf(pResponseHeader, "HTTP/1.0 %s\r\nDate: %s\r\nServer:
%s\r\nAccept-Ranges: bytes\r\nContent-Length: %d\r\nConnection:
%s\r\nContent-Type: %s\r\n\r\n",
            szStatusCode.c_str(), szDT, SERVERNAME, (int)length, bKeepAlive ?
"Keep-Alive" : "close", szContentType.c_str());
    }
    else
    {
        // 如果文件没有找到
        f = fopen((m_HomeDir + ERROR404).c_str(), "r+b");
        if(f != NULL)
        {
            // 获取文件大小
            fseek(f, 0, SEEK_END);
            fgetpos(f, &lengthActual);
            fseek(f, 0, SEEK_SET);
            pBuf = new char[lengthActual + 1];
            length = fread(pBuf, 1, lengthActual, f);
            fclose(f);
            szNotFoundMessage = string(pBuf, length);
            delete pBuf;
            pBuf = NULL;
        }
        szStatusCode = "404 Resource not found";

        sprintf(pResponseHeader, "HTTP/1.0 %s\r\nContent-Length:
%d\r\nContent-Type: text/html\r\nDate: %s\r\nServer: %s\r\n\r\n%s",
            szStatusCode.c_str(), szNotFoundMessage.size(), szDT, SERVERNAME,
```

```
szNotFoundMessage.c_str());
        bKeepAlive = FALSE;
    }

    szResponse = string(pResponseHeader);
    if(pBuf)
        szResponse += string(pBuf, length);
    delete pBuf;
    pBuf = NULL;
    return TRUE;
   }
```

有朋友可能会问了，那 szResponse 带回响应字符串后在哪里发送给客户端呢？这个问题好。真正发送给客户端的地方不在类 CHTTPServer 中，而是在类 CGenericServer 的客户端线程函数 ClientThread 中，大家可以定位到 ClientThread 函数，里面有这样一段代码：

```
    if(!pGenericServer->ParseRequest(szRequest, szResponse, bKeepAlive))
                {
                    pGenericServer->CleanupThread(Event, s, pNewConn,
GetCurrentThreadId());
                    return THREADEXIT_SUCCESS;
                }

                // 发送响应到客户端
                NumberOfBytesSent = 0;
                dwBytesSent = 0;
                do
                {
                    Buffer.len = (szResponse.size() - dwBytesSent) >= SENDBLOCK ?
SENDBLOCK : szResponse.size() - dwBytesSent;
                    Buffer.buf = (char*)((DWORD)szResponse.c_str() +
dwBytesSent);

                    result = WSASend(
                        s,
                        &Buffer,
                        1,
                        &NumberOfBytesSent,
                        0,
                        0,
                        NULL);

                    if(SOCKET_ERROR != result)
                        dwBytesSent += NumberOfBytesSent;
                }
    while((dwBytesSent < szResponse.size()) && SOCKET_ERROR != result);
```

pGenericServer->ParseRequest 处理后就循环调用 WSASend 函数发给客户端了。对 C++不熟悉的读者或许又有疑问了，ParseRequest 函数怎么由指向 CGenericServer 的对象指针来调用啊，别忘了 ParseRequest 在 CGenericServer 中是纯虚函数，真正的功能是由其子类

CHTTPServer::ParseRequest 实现的，pGenericServer->ParseRequest 其实也是调用的子类 CHTTPServer 中的 ParseRequest 函数。

从整个程序框架来看，CGenericServer 的确实现了通用功能，比如接收客户端数据、发送数据给客户端，而数据处理让其子类来实现。其实这样的框架也可以用于我们的工作中。例如，要实现自己特定功能的数据处理，只要定义一个继承于 CGenericServer 的子类，然后在子类的 ParseRequest 中实现我们对客户端数据的处理。比如客户端数据发送不同的命令过来，我们就可以对客户端不同的命令做出处理，组成结果字符串，然后让 CGenericServer 的 ClientThread 发送出去。这样的框架不仅仅能用于实现 HTTP 服务器，还可以用于其他服务器。

13.9.8　运行结果

在运行前，我们首先要编写一个 html 网页文件。在 C 盘下新建一个文件夹 ServerRoot，打开记事本，输入如下代码：

```
<html>
<body>

<h1>你好，朋友</h1>

<p>朱文伟祝你阖家幸福</p>

</body>
</html>
```

保存到路径 c:\ ServerRoot\下，文件名为 index.htm。

运行我们的工程，然后单击“启动”按钮来启动 Web 服务，如图 13-6 所示。

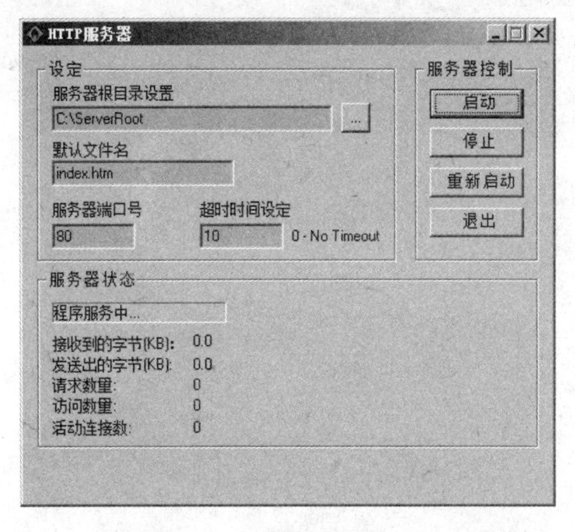

图 13-6

此时打开 Web 浏览器（如 IE、火狐等），输入网址 http://localhost，就可以发现能打开我们的首页了，如图 13-7 所示。

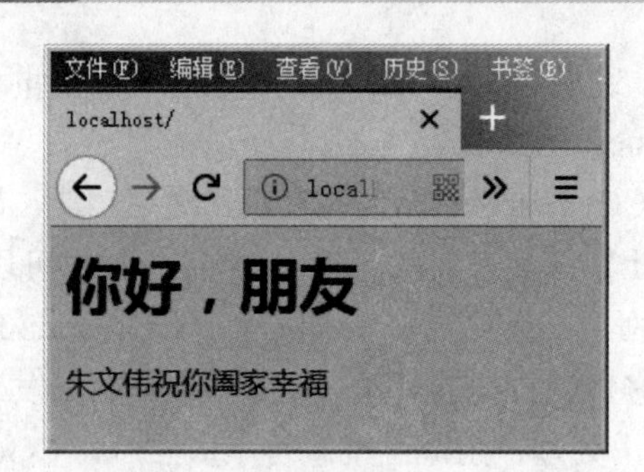

图 13-7

至此，说明我们的 HTTP 服务器运行成功了，功能正常了。

第 14 章

◂ C++ Web编程 ▸

什么？C++还可以用来开发 Web 程序？或许看到这个标题你会有一丝惊讶，Web 开发不是用脚本语言的吗？比如 JSP、PHP、ASP.NET 等，C++作为编译语言也可以用来开发 Web 程序？的确如此，它可以，并且做得很好。

其实在这些脚本语言诞生之前，Web 开发就存在了。所用的技术就是赫赫有名的 CGI（Common Gateway Interface，通用网关接口）。它是 Web 开发的祖师爷，而且只要按照该接口的标准，无论什么语言（比如脚本语言 Perl，当然也包括编译型语言 C++）都可以开发出 Web 程序（也叫作 CGI 程序）。用 C++来写 CGI 程序就好像写普通程序一样。其实，C++写 Web 程序虽然没有 PHP、JSP 那么流行，但是在大公司却很盛行，比如某讯公司的后台，大部分是用 C++开发的，该公司内部 C++的地位独一无二，所以不仅逻辑层用 C++写，连大部分 Web 程序也都用 C++。

用 C++开发 Web 程序虽然不那么大众，但却像英菲尼迪，小众而强悍。在具体开始 Visual C++开发 Web 程序之前，先插入一些关于 Web 开发的基础知识。让大家看看以前开发 Web 的技术。

14.1 CGI 程序的工作方式

我们知道浏览网页其实就是用户的浏览器和 Web 服务器进行交互的过程。具体来讲，在进行网页浏览时，通常就是通过一个 URL 请求一个网页，然后服务器返回这个网页文件给浏览器，浏览器在本地解析该文件并渲染成我们看到的网页，这是静态网页的情况。还有一种情况是动态网页，就是动态生成网页，也就是说在服务器端是没有这个网页文件的，它是在网页请求的时候动态生成的，比如 PHP/JSP 网页（通过 PHP 程序和 JSP 程序动态生成的网页）。依据浏览器传来的请求参数的不同，生成的内容也不同。

同样，如果浏览器向 Web 服务器请求一个后缀是 cgi 的 URL 或者提交表单的时候，Web 服务器会把浏览器传来的数据传给 CGI 程序，CGI 程序通过标准输入来接收这些数据。CGI 程序处理完数据后，再通过标准输出将结果信息发往 Web 服务器，Web 服务器再将这些信息发送给浏览器。

14.2 架设 Web 服务器 Apache

我们在开发 CGI 程序之前，首先需要一个 Web 服务器。因为我们的程序是运行在 Web 服务器上的。Web 服务器软件比较多，比较著名的有 Apache 和 nginx。这里选用 Apache。我们直接在虚拟机 vmware 中安装 CentOS 7.2 后（虚拟机中安装配置 Centos 7.2，可以参考笔者另一本已经出版的书《Linux C 与 C++一线开发实践》），Apache 就被自动安装了。我们这里可以直接运行它。首先用命令 rpm 来查看 Apache 是否安装：

```
[root@localhost 桌面]# rpm -qa | grep httpd
httpd-2.4.6-40.el7.centos.x86_64
httpd-manual-2.4.6-40.el7.centos.noarch
httpd-tools-2.4.6-40.el7.centos.x86_64
httpd-devel-2.4.6-40.el7.centos.x86_64
```

上面的结果表示 Apache 已经安装了，版本号是 2.4.6，也可以用 httpd -v 来查看版本号。httpd 是 Apache 服务器主程序的名字。有些急性子的朋友可能看到 Apache 既然已经安装了，就迫不及待地打开浏览器，在地址栏里输入 http://localhost，希望能看到结果。但很遗憾，提示无法找到网页。这是因为 Apache 服务器虽然安装了，但是程序可能还没有运行。所以我们先来看一下 httpd 有没有在运行：

```
[root@localhost 桌面]# pgrep -l httpd
[root@localhost 桌面]#
```

什么也没有输出，说明 httpd 没有在运行，其中 pgrep 是通过程序的名字来查询进程的工具，一般是用来判断程序是否正在运行，选项-l 表示如果运行就列出进程名和进程 ID。既然没有运行，那我们就运行它：

```
[root@localhost 桌面]# service httpd start
Redirecting to /bin/systemctl start  httpd.service
```

此时再查看 httpd 有没有在运行：

```
[root@localhost rc.d]# pgrep -l httpd
7037 httpd
7038 httpd
7039 httpd
7040 httpd
7041 httpd
7042 httpd
7043 httpd
[root@localhost rc.d]#
```

可以看到，httpd 在运行了，第一列是进程 ID。这时如果在 CentOS 7 下打开浏览器，并在地址栏里输入 http://localhost，就可以看到网页了，如图 14-1 所示。

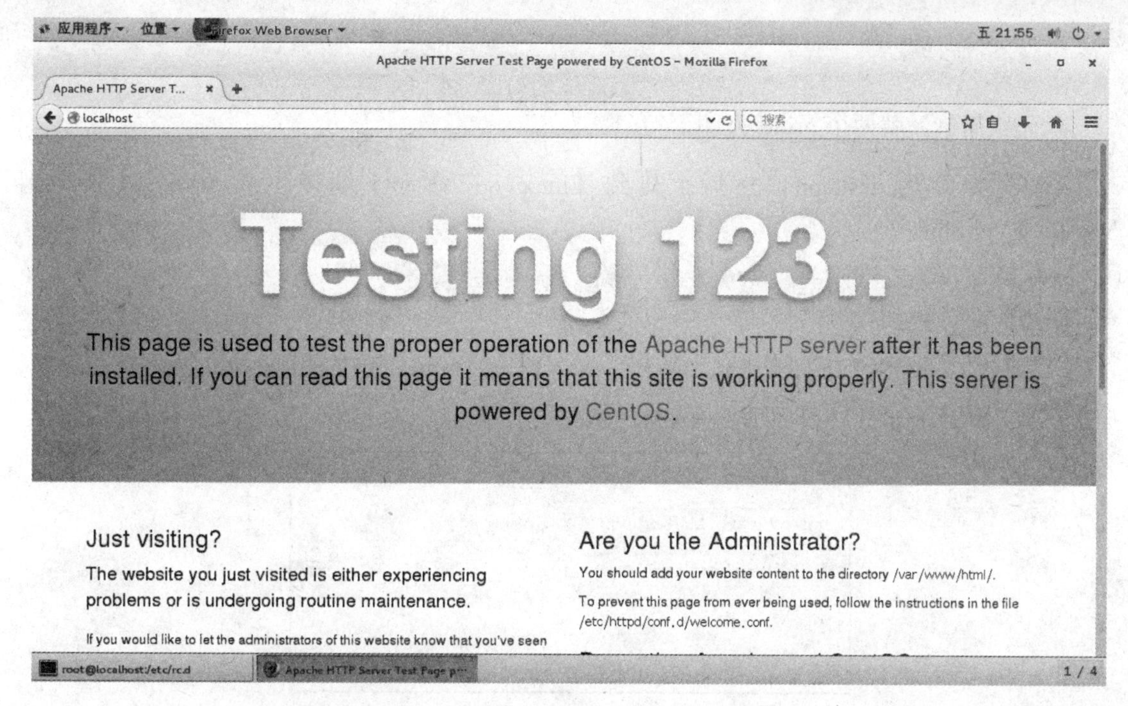

图 14-1

至此，Apache Web 服务器架设成功了。但是要让 CGI 程序能正常运作，还必须配置 Apache，使其允许执行 CGI 程序。再次强调，是 Web 服务器进程来执行 CGI 程序。首先打开 Apache 的配置文件：

```
gedit  /etc/httpd/conf/httpd.conf
```

在该配置文件中，我们搜索一下 ScriptAlias，找到后确保它前面没有#（#表示注释）。ScriptAlias 是指令，告诉 Apache 默认的 cgi-bin 的路径。cgi-bin 路径就是默认寻找 cgi 程序的地方，Apache 会到这个路径中去找 cgi 程序并执行。接着，再次搜索 AddHandler，找到后把它前面的#去掉，该指令告诉 ApacheCGI 程序会有哪些后缀，这里保持默认".cgi"作为后缀。保存文件并退出。最后重启 Apache。

```
[root@localhost 桌面]# service httpd restart
Redirecting to /bin/systemctl restart  httpd.service
```

下面我们来看一个 C++开发的 Web 程序，当然很简单，属于 Hello World 级别的。

【例 14.1】第一个 C++开发的 Web 程序

（1）打开 ue，输入如下代码：

```
#include <stdio.h>

int main()
{
 printf("Content-Type: text/html\n\n");
 printf("Hello cgi!\n");
```

```
    return 0;
}
```

代码很简单，就两个 printf 打印语句。

（2）保存为 test.cpp，然后上传到 Linux，在命令下编译生成 test，并复制到 /var/www/cgi-bin/。

```
[root@localhost test]# g++ test.cpp -o test
[root@localhost test]# cp test /var/www/cgi-bin/test.cgi
```

（3）在 CentOS 7 下打开火狐浏览器，输入网址“http://localhost/cgi-bin/test.cgi”，回车后可以看到如图 14-2 所示的页面。

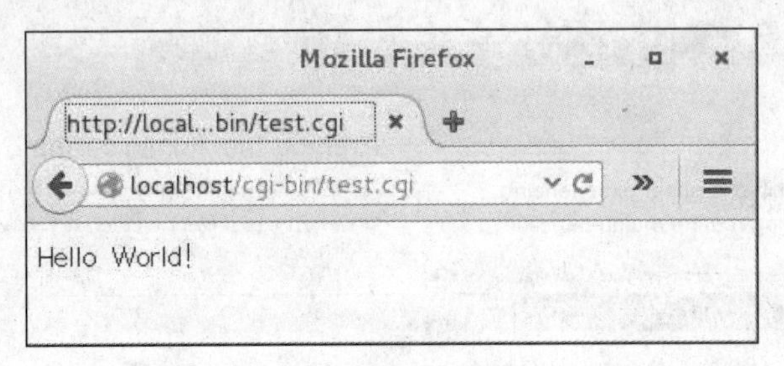

图 14-2

【例 14.2】第二个 C++开发的 Web 程序

（1）打开 ue，输入如下代码：

```
#include <iostream>
using namespace std;

int main()
{
 cout << "Content-Type: text/html\n\n";  //注意结尾是两个\n
 cout << "<html>\n";
 cout << "<head>\n";
 cout << "<title>Hello World - First CGI Program</title>\n";
 cout << "</head>\n";
 cout << "<body>\n";
 cout << "<h2>Hello World! This is my first CGI program</h2>\n";
 cout << "</body>\n";
 cout << "</html>\n";

 return 0;
}
```

（2）保存为 test.cpp，然后上传到 Linux，在命令下编译生成 test，并复制到 /var/www/cgi-bin/。

```
[root@localhost test]# g++ test.cpp -o test
[root@localhost test]# cp test /var/www/cgi-bin/test.cgi
```

（3）在 CentOS 7 下打开火狐浏览器，输入网址“http://localhost/cgi-bin/test.cgi”，按回车键后可以看到如图 14-3 所示的页面。

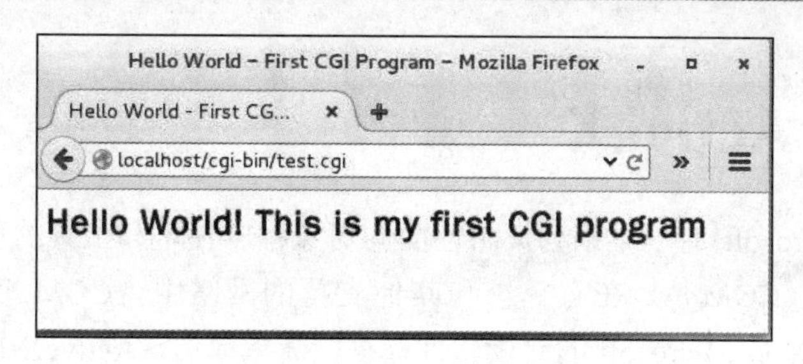

图 14-3

14.3 ActiveX、OLE 和 COM

从时间的角度来讲，OLE 是最早出现的，然后是 COM 和 ActiveX；从体系结构角度来讲，OLE 和 ActiveX 是建立在 COM 之上的，所以 COM 是基础；单从名称角度讲，OLE、ActiveX 是两个商标名称，而 COM 则是一个纯技术名词，这也是大家更多的听说 ActiveX 和 OLE 的原因。COM 是应 OLE 的需求而诞生的，所以虽然 COM 是 OLE 的基础，但是 OLE 的产生却在 COM 之前。COM 的基本出发点是，让某个软件通过一个通用的机构为另一个软件提供服务。ActiveX 最核心的技术还是 COM。ActiveX 和 OLE 的最大不同在于，OLE 针对的是桌面上应用软件和文件之间的集成，而 ActiveX 则以提供进一步的网络应用与用户交互为主。COM 对象可以用 C++、Java 和 VB 等任意一种语言编写，并可以用 DLL 或作为不同过程工作的执行文件的形式来实现。使用 COM 对象的浏览器，无须关心对象是用什么语言写的，也无须关心它是以 DLL 还是另外的过程来执行的。从浏览器端看，没有任何区别。这样一个通用的处理技巧非常有用。

14.4 什么是 OCX

OCX 是对象类别扩充组件（Object Linking and Embedding（OLE）Control Extension）；是可执行文件的一种，但不可直接被执行； 是 ocx 控件的扩展名，与 .exe、.dll 同属于 PE 文件。

控件的本质是微软公司的对象链接和嵌入（OLE）标准。由于它充分利用了面向对象的优点，使得程序效率得到了很大的提高，从而得到了广泛的应用。国外有很多公司就是专门制作各种各样控件的。控件的最早形式是以.VBX 格式出现的，后来变成了.OCX。由于 Internet 的广泛流行，微软公司推出了 ActiveX 技术，就是从 OLE 发展起来的，加入了 WWW 上的功能，所以目前流行的是 ActiveX 控件。

14.5 ActiveX

ActiveX 是 Microsoft 对于一系列策略性面向对象程序技术和工具的称呼，其中主要的技术是组件对象模型（COM）。在有目录和其他支持的网络中，COM 变成了分布式 COM（DCOM）。ActiveX 是 Microsoft 的元素软件标准。简单地说，ActiveX 技术是一种共享程序数据和功能的技术。它由微软提出并大力推广，并已成为事实上的标准。

ActiveX 技术是 Microsoft 对 OLE 技术的更新和发展，Microsoft 公司为了适应网络的高速发展把它的 OLE 技术和 OCX 技术融为一体并加以改进形成联合标准，改进之后赋予新名字 ActiveX。也就是说，ActiveX 中涵盖了 OLE 的所有技术和功能，同时又具有许多新的特性，以适应网络发展的需要。

ActiveX（COM）技术是一种嵌入式程序技术，其实就是 OLE 和 OCX 的融合。ActiveX 是 Microsoft 提出的一组使用 COM（Component Object Model，部件对象模型）使得软件部件在网络环境中进行交互的技术。它与具体的编程语言无关。作为针对 Internet 应用开发的技术，ActiveX 被广泛应用于 Web 服务器以及客户端的各个方面。同时，ActiveX 技术也被用于方便地创建普通的桌面应用程序。在 Applet 中可以使用 ActiveX 技术，如直接嵌入 ActiveX 控制，或者以 ActiveX 技术为桥梁，将其他开发商提供的多种语言的程序对象集成到 Java 中。与 Java 的字节码技术相比，ActiveX 提供了“代码签名”（Code Signing）技术保证其安全性。

ActiveX 是 Microsoft 为抗衡 Sun Microsystems 的 Java 技术而提出的，此控件的功能和 Java Applet 功能类似。

14.6 ActiveX 控件

ActiveX 控件可以看作是一个极小的服务器应用程序，不能独立运行，必须嵌入到某个容器程序中，与该容器一起运行。这个容器包括 Web 网页、应用程序窗体等。

ActiveX 控件的后缀名是 OCX 或者 DLL。一般是以 OCX 和动态库共存的形式打包成 cab 或者 exe 的文件放在服务器上，客户端下载后运行安装 cab 或 exe 解压成 OCX 和动态库共存的文件，然后注册 OCX 文件。

ActiveX 控件是基于 COM 标准的，使得软件部件在网络环境中进行交互的技术集。它与具体的编程语言无关。作为针对 Internet 应用开发的技术，ActiveX 被广泛应用于 Web 服务器以及客户端的各个方面。同时，ActiveX 技术也被用于方便地创建普通的桌面应用程序，此外 ActiveX 一般具有界面。

14.6.1 生成和注册 ActiveX 控件

ActiveX 控件是基于组件对象模型（COM）的可重用软件组件，广泛应用于桌面及 Web 应用中。在 VC2017 下 ActiveX 控件的开发可以分为 3 种。第一种是直接用 COM 的 API 来开发，这样做显然非常麻烦，对程序员要求也非常高，因此一般是不予考虑的。第二种是基于传统的 MFC，采用面向对象的方式将 COM 的基本功能封装在若干 MFC 的 C++类中，开发者通过继承这些类得到 COM 支持功能。MFC 为广大 VC 程序员所熟悉，易于上手学习，但缺点是 MFC 封装的东西比较多，因此用 MFC 开发出来的控件相对会比较大，比较适于开发桌面 ActivexX 控件，尤其是有 GUI 界面的控件。第三种就是基于 ATL 的，ATL 可以说是专门面向 COM 开发的一套框架，使用了 C++的模板技术，在运行时不需要依赖于类似 MFC 程序所需要的庞大代码模块，更适合于 Web 应用开发。

这里我们介绍的是采用第二种方式，即使用 MFC 进行可视控件开发的方法步骤。生成完需要注册后才能使用。注册的目的就是告诉操作系统有这么一个控件。以后使用者使用根据控件 classid 就可以引用到控件了。

【例 14.3】生成并注册 ActiveX 控件

（1）创建控件项目。打开 VC2017 后，我们要先创建一个项目，在新建项目页的左侧选择“Visual C++”→“MFC/ATL”，在右侧选择“MFC ActiveX 控件”，填上解决方案和项目名称，比如这里的项目名称是 TestMfcAtlDebug。

然后进入控件向导页，在向导的第二页有一个运行时许可证。选中这个的话，会在生成控件的同时生成一个许可证文件，其他用户在使用这个控件的时候必须同时附有许可证，在此我们保持默认状态，不选。

下一页是关于项目中各部分的命名问题，可以根据需要自定义，这里就按默认的情况不做修改了。

下一页是选择控件基于哪种控件的扩展以及控件的一些基本特性，如图 14-4 所示。如果新建的控件是基于某种特定控件，就在基于的控件下选择所要继承的控件名，否则保持无。

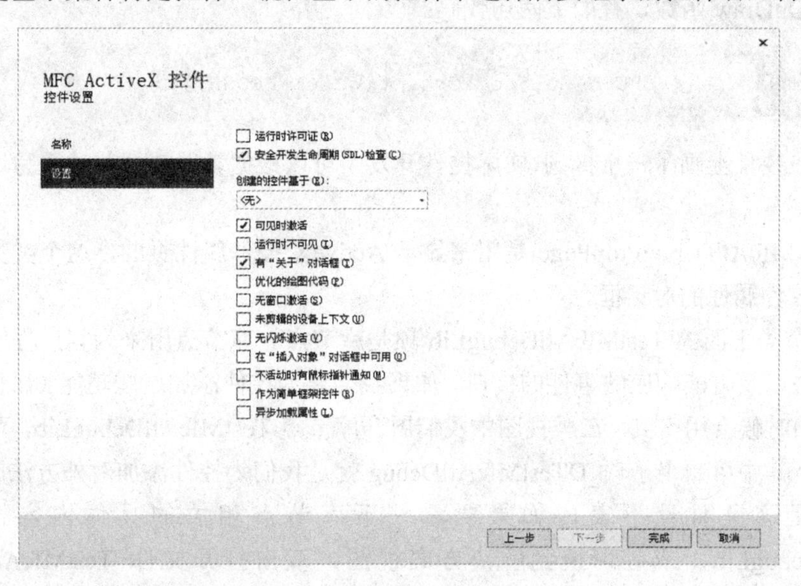

图 14-4

选择完毕单击“完成”按钮，向导会根据你的选择生成新项目。

（2）进入开发环境，我们可以先看一下类视图，如图 14-5 所示。

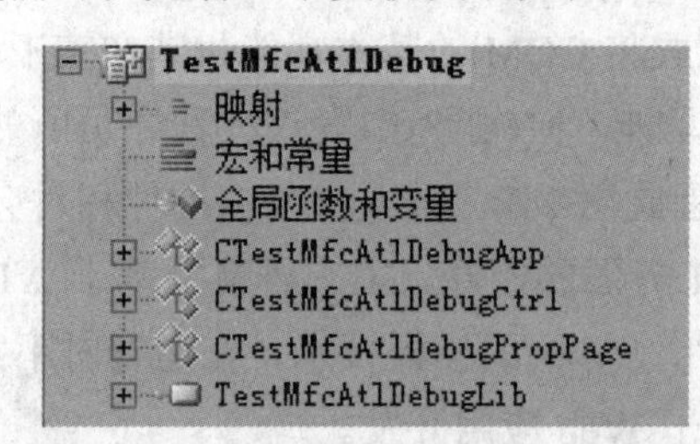

图 14-5

使用向导创建完工程可以看到自动生成了 3 个类：CTestMfcAtlDebugApp，CTestMfcAtlDebugCtrl 和 TestMfcAtlDebugPropPage。可以打开上面 3 个类的头文件及 cpp 文件，发现它们都是派生类。

类 CTestMfcAtlDebugApp 是我们这个控件的主程序模块，定义了控件的注册（DllRegisterServer）、删除（DllUnregisterServer）等功能，一般不用动，如有需要我们可以在其中的 InitInstance 和 ExitInstance 中定义我们自己的初始化和终止操作代码，一般也就是一些资源的初始化和销毁工作。DllRegisterServer 和 DllUnregisterServer 都是全局函数。

类 CTestMfcAtlDebugCtrl 是控件类，我们要做的控件功能基本上就是要在这个类中实现。可以发现该头文件中声明了消息映射（让 ActiveX 控件程序可以接受系统发送的事件通知，如窗体创建和关闭事件）、调度映射（让外部调用程序（包含 ActiveX 的容器）可以方便地访问 ActiveX 控件的属性和方法）、事件映射（让 ActiveX 控件可以向外部调用程序（包含 ActiveX 的容器）发送事件通知）。也就是说，对 ActiveX 控件的窗口操作都将在这个类中完成，包括 ActiveX 控件的创建、重绘以及在此类中创建可视 MFC 窗体。需要提一下的是在这个类中重写了父类的 OnDraw 函数，有如下两句代码：

```
   pdc->FillRect(rcBounds,
CBrush::FromHandle((HBRUSH)GetStockObject(WHITE BRUSH)));
   pdc->Ellipse(rcBounds);
```

也就是在控件上画了一个椭圆，实际控件开发中可以根据功能需要修改重写这个函数来绘制控件界面。

类 CTestMfcAtlDebugPropPage 是用来显示 ActiveX 控件属性页的，这个类实现了一个在开发时设定控件属性的对话框。

在这 3 个类下面的 TestMfcAtlDebugLib 项是库节点。库节点用来为客户程序提供本控件的属性、方法以及可能响应的事件的接口，如果我们要为控件添加这些功能（属性、方法或事件的接口）的时候会用得到。在类视图中我们展开库节点 TestMfcAtlDebugLib，可以看到下面有 3 个子项，其中第二个子项_DTestMfcAtlDebug 就是我们为控件添加对外方法的地方，添加方法的过程这里暂且不表。如果要看一下库节点相关的具体内容，可以双击 TestMfcAtlDebugLib，或者切换到解决方案视图，双击打开文件 TestMfcAtlDebug.idl。TestMfcAtlDebug.idl 文件中的 TestMfcAtlDebugLib 是为客户程序提供本控件的属性、方法以及可能响应事件接口的库节点，在添加控件的这些功能时会用得到。这个文件就是对外接口定义文件，如果外部程序想要调用 ActiveX 控件的方法、属性以及在注册表注册的 classid（Web 网页调用需要使用），就必须了解这个文件。这个文件可以分为 4 个部分来看：

第一部分是 TestMfcAtlDebugLib 库信息，定义了库名称、版本号等。

```
[ uuid(0B6979F1-5B86-47BB-8860-6A689FD0099A), version(1.0),
  helpfile("TestMfcAtlDebug.hlp"),
  helpstring("TestMfcAtlDebug ActiveX 控件模块"),
  control ]
library TestMfcAtlDebugLib
{
 importlib(STDOLE_TLB);
```

第二部分是调度映射的接口信息，该接口信息包含了属性（如控件背景色）和对外方法。

```
// CTestMfcAtlDebugCtrl 的主调度接口
[ uuid(049201ED-9CAA-43AB-B797-ED9313C6B65B),
  helpstring("TestMfcAtlDebug Control 的调度接口")]
dispinterface  DTestMfcAtlDebug
{
    properties:
    methods:
        [id(DISPID ABOUTBOX)] void AboutBox();
};
```

里面定义了一个方法 AboutBox()，该方法可以被外部程序调用。在该接口里定义的函数都是纯虚函数，都是在 TestMfcAtlDebugCtrl 中完成的。MFC 通过底层的封装让 TestMfcAtlDebugCtrl 类继承这个接口，实现函数。

第三部分是事件映射的接口信息，代码如下：

```
// CTestMfcAtlDebugCtrl 的事件调度接口
[ uuid(D8E88057-953C-4974-915A-52C5DB76EA99),
  helpstring("TestMfcAtlDebug Control 的事件接口") ]
dispinterface  DTestMfcAtlDebugEvents
{
    properties:
        //  事件接口没有任何属性

    methods:
};
```

第四部分是类的信息，其中 uuid 就是 ActiveX 控件注册到注册表的 classid，它是 ActiveX 注册后在操作系统内的唯一标识，Web 网页就是使用这个 ID 加载 ActiveX 控件的，代码如下：

```
// CTestMfcAtlDebugCtrl 的类信息
[ uuid(DB985F53-DBC1-4E0B-89D3-F4DE27ADDD42),
  helpstring("TestMfcAtlDebug Control"), control ]
coclass TestMfcAtlDebug
{
    [default] dispinterface  DTestMfcAtlDebug;
    [default, source] dispinterface  DTestMfcAtlDebugEvents;
};
```

（3）生成 ActiveX 控件。单击菜单“生成”→“生成解决方案”，或直接按 F7 键，即可生成 ActiveX 控件，我们可以在解决方案的 debug 目录下发现有一个 TestMfcAtlDebug.ocx，这个文件就是 ActiveX 控件的文件形式。

（4）注册 ActiveX 控件。在开始使用 TestMfcAtlDebug.ocx 之前，需要进行注册。首先按 win+R 键打开运行，然后在命令行下定位到解决方案目录，然后输入注册命令：

```
regsvr32  TestMfcAtlDebug.ocx
```

如果成功，将出现如图 14-6 所示的提示。

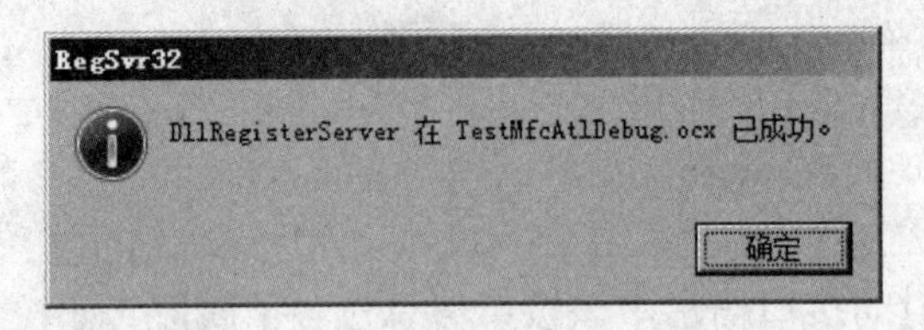

图 14-6

有两种情况会导致控件注册失败：

第一种：使用非 Administrator 用户登入系统会由于权限不足而无法注册 COM 组件，这时必须使用 Administrator 用户登入操作系统。

第二种：ActiveX 控件所依赖的 dll 库被程序占用，就会导致注册失败，解决办法是将正在运行的程序关闭。

顺便提一句，反注册命令为 regsvr32　TestMfcAtlDebug.ocx -u。

14.6.2　在网页 html 中使用 ActiveX 控件

注册成功后，我们就可以使用控件了。使用控件通常有 3 种方式：在网页中使用、在 MFC 应用程序中使用、在测试容器中测试。这里我们先看一下在网页中使用 ActiveX 控件的过程。

【例 14.4】在网页中使用 ActiveX 控件

打开记事本，输入 html 代码：

```
<HTML>
<HEAD>
<TITLE>Test ActiveX</TITLE>
</HEAD>
<OBJECT ID="zwwctrl" WIDTH=528 HEIGHT=545
classid="CLSID:DB985F53-DBC1-4E0B-89D3-F4DE27ADDD42">
    <PARAM NAME=" Version" VALUE="65536">
    <PARAM NAME=" ExtentX" VALUE="12806">
    <PARAM NAME=" ExtentY" VALUE="1747">
    <PARAM NAME=" StockProps" VALUE="0">
</OBJECT>
</HTML>
```

其中，OBJECT ID=" TestMfcAtl Control " 表示此 object 对象的 id 为 zwwctrl，随便定义都可以，后续会用到 id 调用 ocx 中的接口，这个 id 相当于这个控件在该 html 文件中的名字。有了这个 id，就可以方便引用该控件了，就像为某个人起名字而已。classid 才是真正用来标记系统中的控件，相当于身份证号，不能更改，每个控件的 classid 都是唯一的。所以同志们要把自己的 classid 更新到上述代码的 classid 后。另外，注意要用 CLSID 开头，然后加冒号，最后才是 classid。CLSID 不能少，但大小写无所谓，可以自行实验。

自己的 classid 可以在文件 TestMfcAtlDebug.idl 末尾找到，如下所示：

```
// CTestMfcAtlDebugCtrl 的类信息
[ uuid(DB985F53-DBC1-4E0B-89D3-F4DE27ADDD42),
```

保存文件为 TestMfcActiveX.htm，路径可以随意。保存后，用 IE 浏览器打开 TestMfcActiveX.htm，如果系统默认浏览器是 IE，就可以直接双击 TestMfcActiveX.htm 打开。打开后会出现是否允许运行控件的界面，如图 14-7 所示。

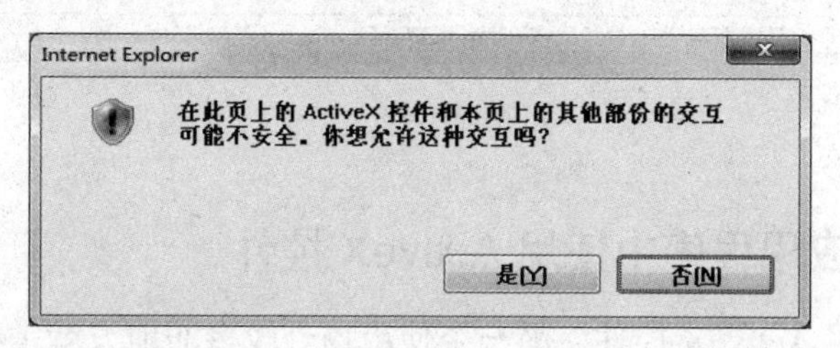

图 14-7

不同的 IE 版本可能提示不同，笔者这里的 IE 版本是 11。反正我们要允许，单击“是”按钮，然后就能看到运行结果了，如图 14-8 所示。

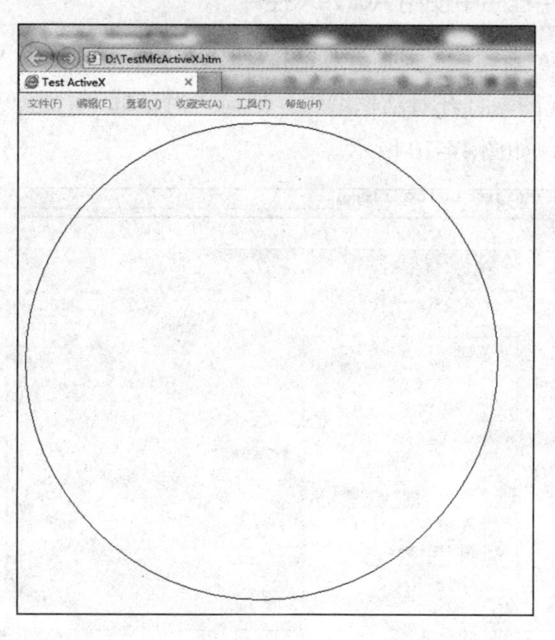

图 14-8

出现椭圆，就说明控件加载成功了。因为我们的控件画了一个椭圆。注意：要在 IE 浏览器中使用，在火狐和谷歌中调用不了，甚至连界面都出不来。

顺便提一句，上面的 classid 在控件成功注册后也可以通过注册表查找，具体方法是 win+R 键，输入 regedit 命令，就会弹出“注册表编辑器”，位置在“HKET_CLASSES_ROOT”中，根据控件的名称，快速按下前 3 个字母“Tes”，然后就可以定位到比较好找的位置，再单击 CLSID，在右边就能看到控件 ID 了，如图 14-9 所示。

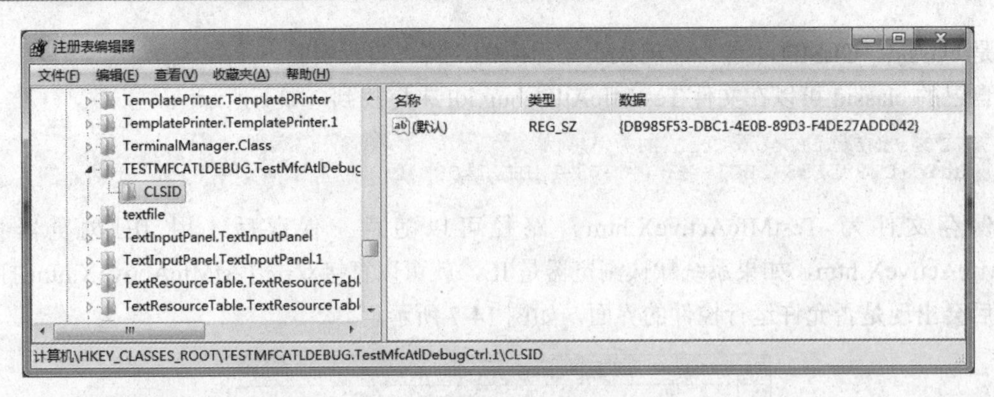

图 14-9

14.6.3 在 MFC 应用程序中使用 ActiveX 控件

除了在网页中使用 ActiveX 控件，另一个使用场合较多的地方就是在 MFC 应用程序中使用。这个过程可以不用写代码，完全可视化操作。当然以后要调用控件中的方法是要写代码的。现在只是加载控件，可以可视化鼠标操作。

【例 14.5】在 MFC 应用程序中使用 ActiveX 控件

（1）打开 VC2017，新建一个 MFC 对话框工程。

（2）切换到资源视图，打开对话框编辑。然后在对话框上右击，在快捷菜单中选择“插入 ActiveX 控件”命令，如图 14-10 所示。

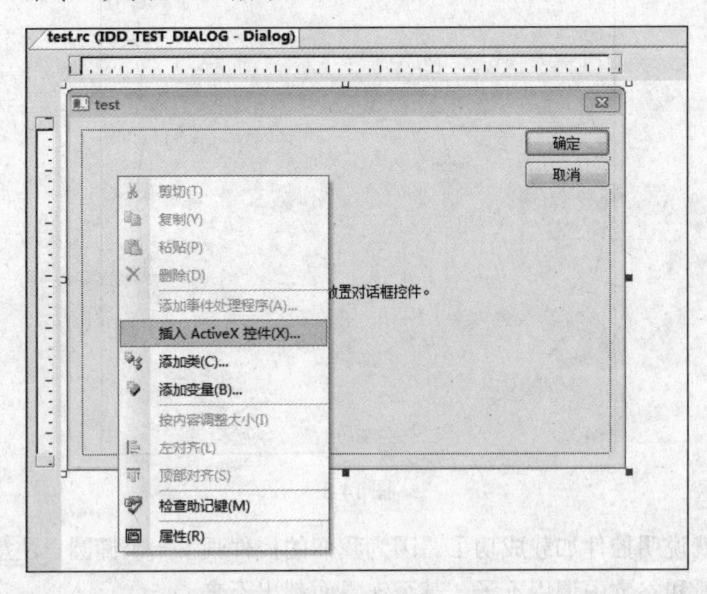

图 14-10

此时会出现“插入 ActiveX 控件”对话框，对话框的列表框里显示的是本机上所有的 ActiveX 控件，根据控件的名称快速按下前 3 个字母（Tes），就可以快速定位我们的控件，如图 14-11 所示。

单击“确定”按钮，此时控件将显示在对话框设计界面上。我们可以看到对话框上有一个椭圆，这个就是我们插入的控件，如图 14-12 所示。

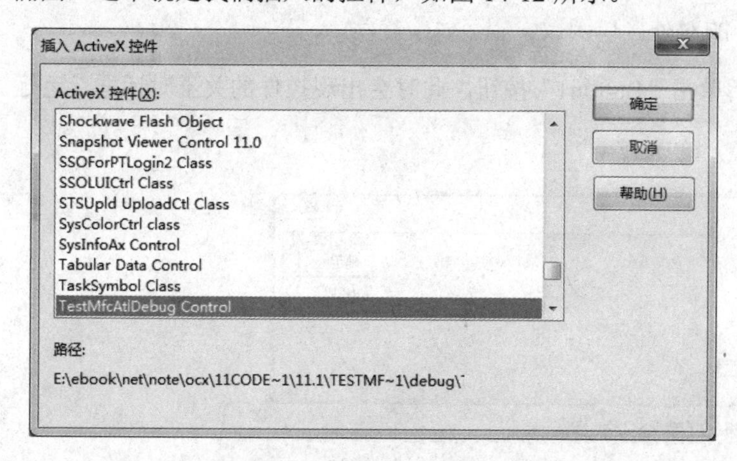

图 14-11

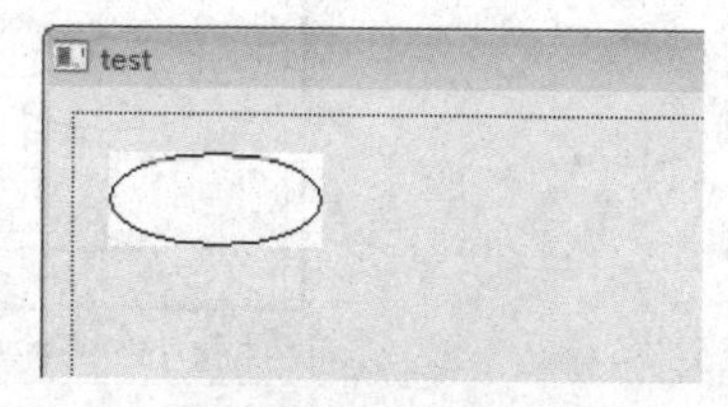

图 14-12

这个控件的使用基本和工具箱里的普通控件一样，可以拖动，可以设置属性，可以为其添加变量，然后调用控件提供的方法。下面我们来为其添加一个变量，并调用控件提供的接口函数。在对话框上对控件右击，在快捷菜单中选择“添加变量”命令，此时出现“添加成员变量向导”对话框，我们在“变量名”下面的编辑框中输入“m_myctrl”，如图 14-13 所示。

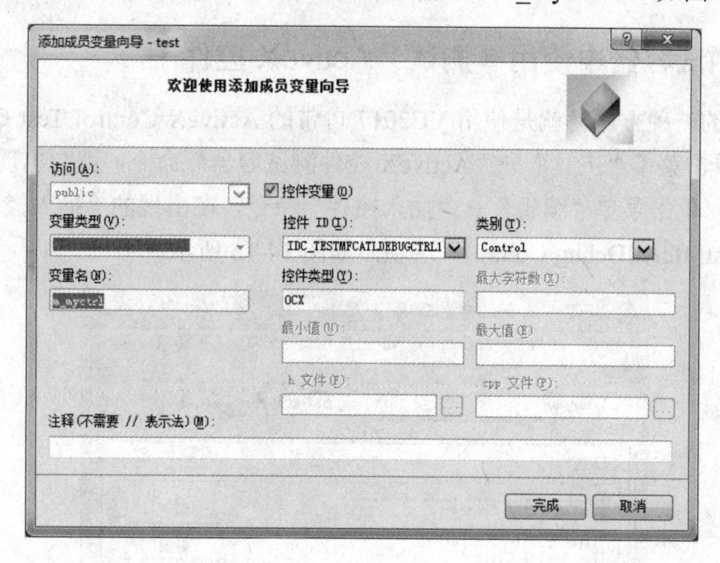

图 14-13

单击“完成”按钮，添加变量后，可以在类视图中看到 VC 自动生成一个类 CTestmfcatldebugctrl1。接着，我们在对话框上拖放一个按钮，并为其添加事件处理函数，代码如下：

```
void CtestDlg::OnBnClickedButton1()
{
// TODO: 在此添加控件通知处理程序代码
```

```
    m_myctrl.AboutBox();
}
```

AboutBox()是控件 m_myctrl 的对外接口函数。

（3）保存工程并运行，然后单击“Button1”按钮，此时会出现控件的关于对话框，运行结果如图 14-14 所示。

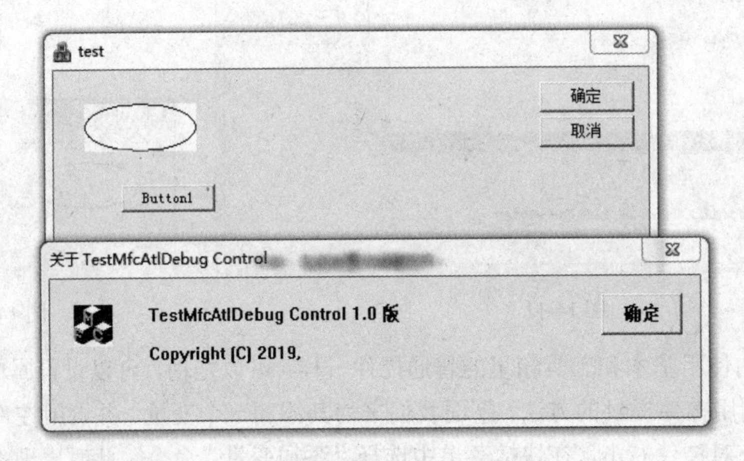

图 14-14

14.6.4 在测试容器中使用（测试）ActiveX 控件

这是最方便的一种方法，就是使用 VC2017 自带的 ActiveX Control Test Container 来测试 ActiveX 控件。单击菜单“工具”→“ActiveX 控件测试容器”命令，就会出现“ActiveX 控件测试容器”窗口，单击菜单“编辑”→“插入控件”命令，在出现的“插入控件”对话框的列表框中选择“TestMfcAtlDebug Control”选项，如图 14-15 所示。

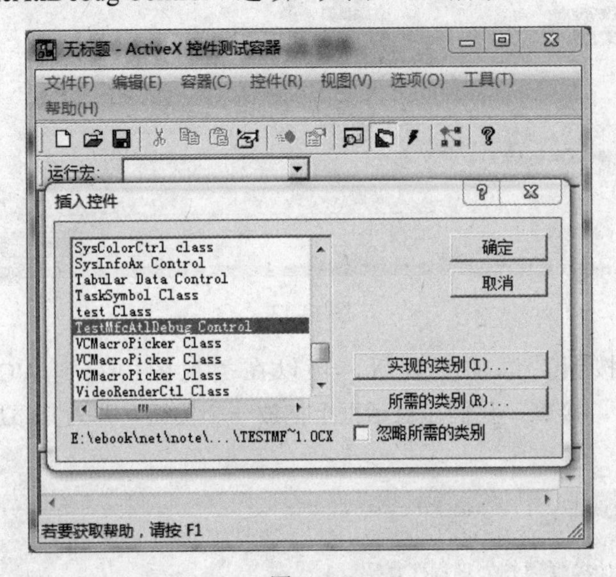

图 14-15

单击“确定”按钮，然后会显示这个注册后的 ActiveX 控件。如果要测试这个控件的方法 AboutBox，就先选中控件（控件四周出现 8 个黑色矩形就算选中，如果不出现，就可能是控件在用，关掉调用者程序，再重新插入控件并选中），然后单击“控件”→“调用方法”命令，此时会出现“调用方法”对话框，如图 14-16 所示。

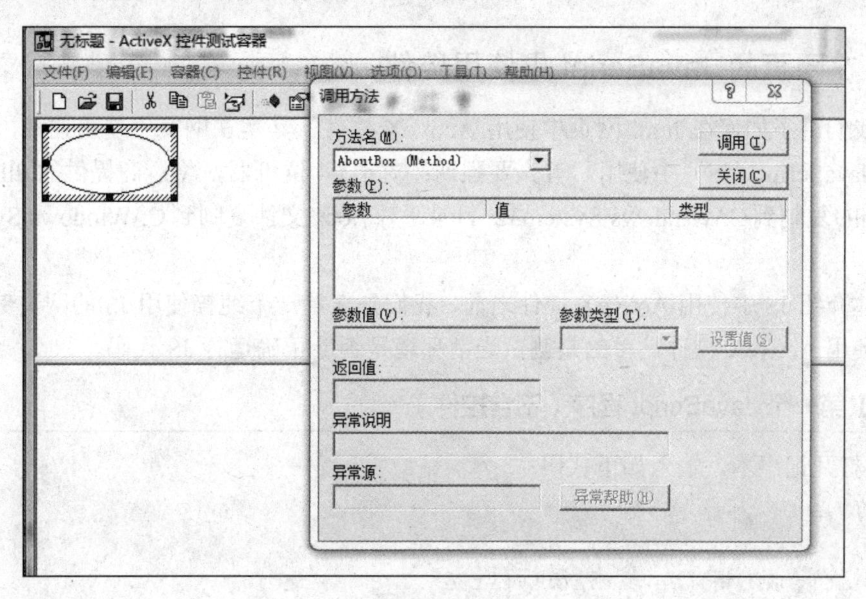

图 14-16

单击“调用”按钮，将出现关于对话框，如图 14-17 所示。

图 14-17

至此，我们的控件在 ActiveX 控件测试容器中就测试成功了。

如果有人用的是 VS2010，在“工具”中没有这一项，那么我们可以手动把这个工具添加到 VS2010 里。首先找到 C:\Program Files\Microsoft Visual Studio 10.0\Samples\2052\C++\MFC\ole\TstCon\TstCon.sln，然后使用 VS2010 打开解决方案 TstCon.sln，编译项目 TCProps 和 TstCon，编译完成后会在 C:\Program Files\Microsoft Visual Studio 10.0\Samples\2052\C++\MFC\ole\TstCon\Debug\中生成 TstCon.exe 执行程序（ActiveX

Control Test Container），接下来我们在 VS2010 的工具中添加 TstCon.exe，在 VS2010 中的“工具”菜单项中选择“外部工具”命令，在弹出的窗体中添加一个新的工具，标题为 ActiveX Control Test Container，命令为 C:\Program Files\Microsoft Visual Studio 10.0\Samples\2052\C++\MFC\ole\TstCon\Debug\TstCon.exe，然后单击“确定”按钮就可以完成工具的添加了。

14.6.5 在网页的 JavaScript 中使用控件

前面我们讲了如何在 html 网页中使用 ActiveX 控件，其实在网页中使用控件，不少场合都是放在 JavaScript（JS）中使用。首先要强调：对于 64 位机器，将厂商提供的.dll 文件（如果控件带 dll）复制到 C:\Windows\System32 目录下，将.ocx 文件复制到 C:\Windows\SysWOW64 目录下。

在具体介绍 JS 中使用 ActiveX 控件之前，我们先来看一个纯粹使用 JS 的网页例子。这个例子中不使用 ActiveX 控件，目的是测试当前环境是否能正确运行 JS 代码。

【例 14.6】第一个 JavaScript 程序（不含控件）

（1）打开记事本，输入如下代码：

```
<html>
 <head>
     <title>刻苦钻研 JavaScript</title>
     <script>
         function displayDate()
         {
             alert("你快乐吗？");
             confirm("你真的快乐吗？");
             alert("我很快乐");

             document.getElementById("demo").innerHTML=Date();
         }
     </script>
 </head>
 <body>
     <h1>我的第一个 JavaScript，努力加油！</h1>
     <p id="demo">先问你快乐吗？再显示时间！</p>
     <button type="buttton" onclick="displayDate()">显示日期</button>
 </body>
</html>
```

上面的代码是在 html 代码中嵌入了 JS 代码。其中，<script>和</script>之间的内容就是 JS 代码部分。或许大家以前还看到<script style="text/javascript"></script>，现在可以不用写 style="text/javasprit"，因为主流浏览器都把 JavaScript 作为浏览器默认的脚本语言了。我们在 JS 代码中定义了一个函数 displayDate，该函数先调用系统函数 alert 来显示一个信息框。confirm 也是显示信息框，只不过多了“取消”按钮。Date()是系统函数，用于显示当前的日期时间，把它赋值给 innerHTML，将会打印在 html 网页上。

在 html 的 body 中，我们放置了一个按钮 button，按钮的 click 事件会导致调用 JS 代码中的 displayDate 函数。

（2）保存文件为 test.html，然后双击打开，运行结果如图 14-18 所示。

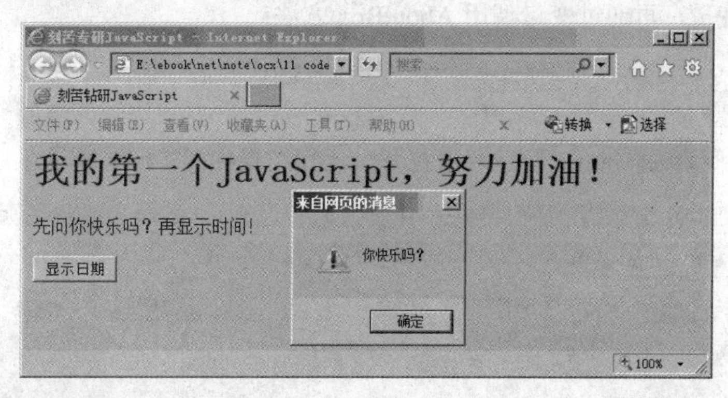

图 14-18

如果能显示“你快乐吗？”信息框，就说明 JS 代码运行成功了。下面我们可以正式开始在 JS 代码中使用 ActiveX 控件了。

【例 14.7】第一个 JavaScript 程序（含控件）

（1）打开记事本，输入如下代码：

```
<html>
 <head>
    <title>刻苦钻研 JavaScript</title>

 </head>
 <body>
<object id="zwwctrl" classid="CLSID:DB985F53-DBC1-4E0B-89D3-F4DE27ADDD42"
width="100" height="50">
</object>
<script>
        function displayDate()
        {
                alert("你快乐吗？");
            confirm("你真的快乐吗？");
            alert("我很快乐");

            document.getElementById("demo").innerHTML=Date();
document.getElementById("zwwctrl").AboutBox();//调用控件的 AboutBox 方法
        }
    </script>

    <h1>我的第一个 JavaScript，努力加油！</h1>
    <p id="demo">先问你快乐吗？再显示时间！</p>
    <button type="buttton" onclick="displayDate()">显示日期</button>
 </body>
```

```
</html>
```

在上述代码中，<object></object>之间是引用的控件。在 JS 代码中，我们调用了控件的 AboutBox 方法，将显示一个关于对话框。函数 getElementById 用于获取控件对象。或者，也可以先定义一个变量，再通过变量调用 AboutBox 方法：

```
var obj = document.getElementById("zwwctrl");
obj.AboutBox();
```

（2）保存文件为 test.htm，然后双击打开，运行结果如图 14-19 所示。

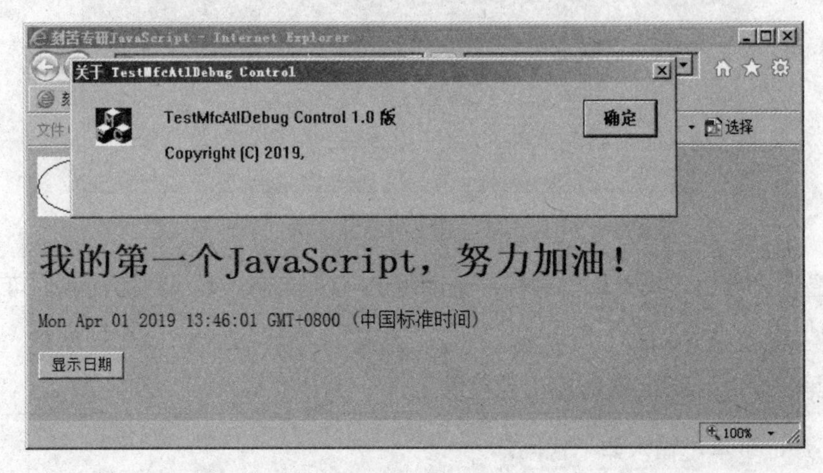

图 14-19

14.7 为 ActiveX 控件添加对话框

准确地讲，上面默认生成的控件也是带界面的，我们画了椭圆，还有关于对话框。但是对于一线开发来讲，这么少的界面元素显然是不够的。所以，我们要学会为 ActiveX 控件添加更多的界面元素，比如对话框、按钮、菜单等。这里我们来看一下如何添加对话框，并在对话框上添加按钮、编辑框等，而且还要为按钮添加事件处理、显示编辑框中输入的内容。其实，在对话框上添加按钮、编辑框等控件都是和普通桌面对话框程序类似的，这些操作可以参考笔者的《Visual C++ 2017 从入门到精通》。我们主要的学习目标是在 ActiveX 控件上显示对话框，一旦对话框显示出来了，控件的操作也就水到渠成了。

【例 14.8】为 ActiveX 控件添加对话框

（1）打开 VC2017，新建一个“MFC ActiveX 控件”工程，工程名是 myctrl。

（2）切换到资源视图，添加对话框资源，然后修改对话框属性：Border 改为 None，Control 改为 True，ID 改为 IDD_MAIN_DIALOG，Style 改为 Child，Visible 改为 True。并添加一个按钮和编辑框，按钮的标题是“显示文本框内容”，我们单击这个按钮后，将显示编辑框里输入的内容。然后在对话框上双击，为对话框添加一个类，类名是 CViewDialog。

此时在解决方案资源管理器中新增了一个 ViewDialog.h 和 ViewDialog.cpp，类视图里新增了 CViewDialog，这个 CViewDialog 类就是刚刚我们建立的对话框类。

再切换到资源视图，打开对话框设计界面，为编辑框添加一个 CString 类型的变量 m_str，再双击按钮，为按钮添加事件处理函数，代码如下：

```
void CViewDialog::OnBnClickedButton1()
{
 // TODO: 在此添加控件通知处理程序代码
 UpdateData();  //把控件内容传给其关联变量
 AfxMessageBox(m_str); //显示编辑框中的文本内容
}
```

（3）下面我们要开始在控件上显示对话框了。注意，是在控件上显示对话框，因为控件本身是有解密的，大家可以在类视图中双击 CmyctrlCtrl，定位到 CmyctrlCtrl 的定义处，从中可以看到它的定义，继承于 COleControl，并且类里面包括消息映射、画图函数 OnDraw，就是一个类似于对话框的界面。好了，现在我们为类 CmyctrlCtrl 添加对话框变量：

```
CViewDialog m_dlgView;
```

在文件 myctrlCtrl.h 开头包含头文件：

```
#include "ViewDialog.h"
```

接着，打开类 CmyctrlCtrl 的属性视图，在属性视图上切换到消息页，然后添加 WM_CREATE 消息处理函数 OnCreate，并添加如下代码：

```
int CmyctrlCtrl::OnCreate(LPCREATESTRUCT lpCreateStruct)
{
 if (COleControl::OnCreate(lpCreateStruct) == -1)
     return -1;

 // TODO:  在此添加专用的创建代码
 m_dlgView.Create(IDD_MAIN_DIALOG,this); //创建对话框
 return 0;
}
```

在上述代码中，我们创建了对话框，因为前面设置了对话框的 Visible 属性为 True，所以对话框创建成功后就会显示了。而且我们在 m_dlgView.Create 函数中传入的第二个参数是 this，this 也就是控件本身对象的指针，因此对话框是在控件上面显示。

既然是在控件上面显示，那是不是最好全部覆盖控件呀？这样就看不到控件了。那怎么才能让对话框全覆盖控件呢？当然是随着控件的大小变化而变化了，即要有响应控件的 WM_SIZE 消息。

继续回到类 CmyctrlCtrl 的属性视图上，切换到消息页，然后添加 WM_SIZE 的消息处理函数 OnSize，代码如下：

```
void CmyctrlCtrl::OnSize(UINT nType, int cx, int cy)
```

```
{
COleControl::OnSize(nType, cx, cy);

// TODO: 在此处添加消息处理程序代码
CRect rt; //定义矩形对象
GetClientRect(&rt); //获取控件客户区的尺寸
m_dlgView.MoveWindow(&rt); //移动对话框窗口大小至控件客户端尺寸
}
```

我们添加了 3 行代码，先定义了矩形对象，再获取控件客户区的尺寸，最后移动对话框窗口大小至控件客户端尺寸，让对话框占满整个控件，运行的时候就看不到控件了。

（4）保存工程，并生成。此时会在解决方案的 debug 目录下生成一个 myctrl.ocx 文件。下面我们来注册它，然后使用或测试它。

注册很简单，前面也讲过了，就是在命令行窗口下定位到 myctrl.ocx，然后输入如下命令：

```
regsvr32  TestMfcAtlDebug.ocx
```

如果成功，就会出现如图 14-20 所示的界面。

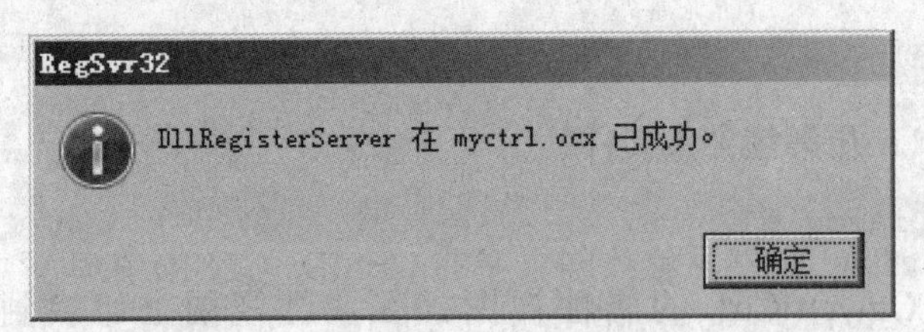

图 14-20

（5）注册成功就可以测试控件了，打开“ActiveX 控件测试容器”，选择菜单“编辑”→“插入控件”命令，然后在“插入控件”对话框中选择“myctrl Control”选项，如图 14-21 所示。

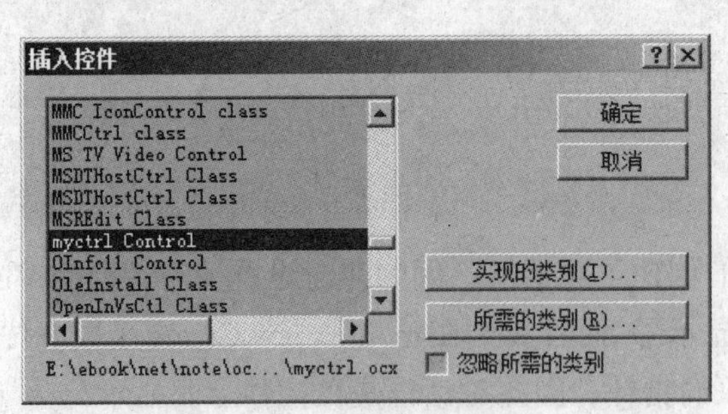

图 14-21

单击“确定”按钮，myctrl 控件就显示出来了。如果没有全部显示，可以拖拉周围的黑点。接着在编辑框中输入内容，比如“你好”，再单击旁边的按钮，就会显示一个信息框，如图 14-22 所示。

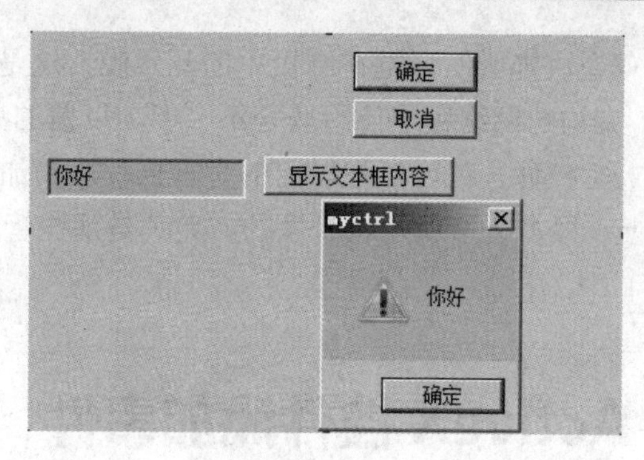

图 14-22

如果想关掉对话框，也可以。关掉后就是自动生成的控件的原来面目，即一个椭圆。大家可以单击右上方的确定或取消按钮，最终效果如图 14-23 所示。

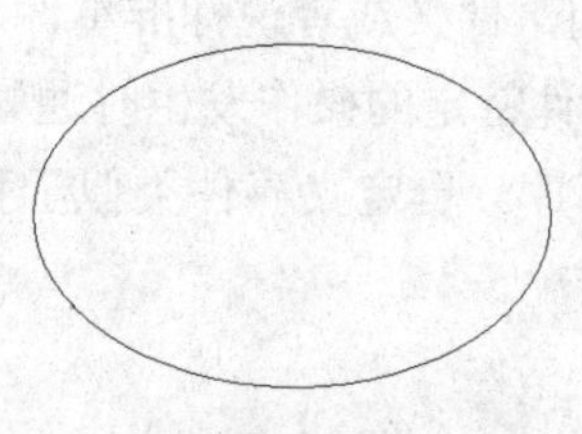

图 14-23

（6）上一步是在容器中测试控件，不是必需的一步。下面我们直接在网页中使用控件。我们复制一份上例的 test.htm，然后修改网页中的 CLSID。CLSID 在哪里找，前面都介绍过了。注意，不要抄书上的 CLSID，每个控件的 CLSID 都不同，要用自己控件的 CLSID。另外，网页代码中的<object></object>中的 width 和 height 稍微改大一些，确保控件能全部显示出来，比如可以设置为 width="500" height="300"。修改完毕后，保存 test.htm。然后用 IE 打开 test.htm，控件显示后，在编辑框里输入一些文字，并单击旁边的按钮，运行结果如图 14-24 所示。

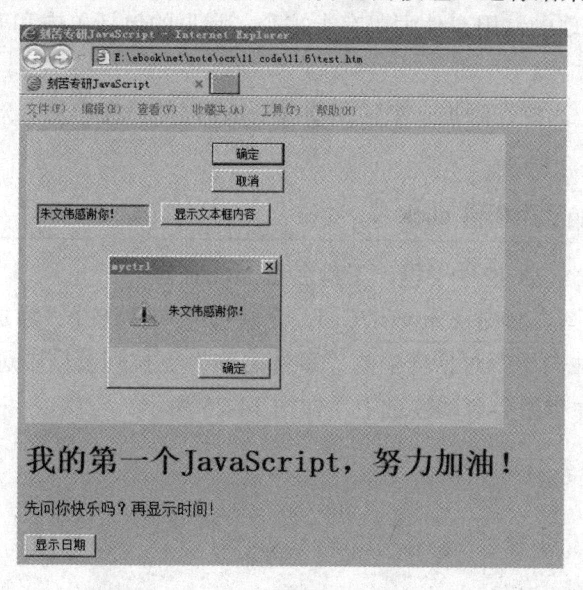

图 14-24

有些人或许会问，为何要讲半天对话框在网页中的显示呢？这是因为 B/S 大行其道，原来的桌面应用程序或 C/S 架构的网络程序使用场合不多了。以前的桌面程序难道就废掉不用了吗？我们现在学了 ActiveX 控件，就可以把以前的对话框程序稍加修改放到网页中使用了，B/S 架构轻松实现！事实上，很多公司就是这么做的。尤其是那些管理设备界面程序。

14.8 为 ActiveX 控件添加事件

ActiveX 控件使用事件通知容器在 ActiveX 控件上发生了某些事情。常见事件有单击控件、使用键盘输入数据、控件状态更改等。当发生这些操作时，控件将引发事件以提醒容器。

MFC 支持两种类型事件：常用事件（或者说标准事件、固有事件）和自定义事件。

自定义事件使控件得以在该控件特定的操作发生时通知容器，比如控件内部状态发生更改或收到某个窗口消息即属于此类事件。自定义事件类似于我们普通 MFC 应用程序编程中的 WM_USER。

14.8.1 常用事件

常用事件也称标准事件，就是某个操作是该控件的标配。比如按钮肯定允许单击，所以单击这个事件就成为按钮的标准事件。

如果我们添加了常用事件而不对其进行处理（添加响应函数），那么 COleControl 类会自动（默认）处理，如果我们要添加自己的常用事件响应处理，可以在容器中添加事件响应函数，就像传统 MFC 对话框编程一样，比如拖一个按钮到对话框上，然后为按钮添加单击事件处理函数。

类 COleControl 实现的常用事件大概有十来个，常见的包括单击和双击控件、键盘事件和鼠标按钮状态发生更改等。

在下面的例子中，为控件添加一个常用事件 click，然后在容器（对话框程序）中添加该事件的响应。

【例 14.9】为控件添加常用事件 click

（1）新建一个 ActiveX 控件工程，工程名是 myctrl7。

（2）切换到类视图，右击 Cmyctrl7Ctrl，在快捷菜单中选择“添加”→“添加事件”命令，然后在“添加事件向导”对话框中的“事件名称”下拉列表框中选择“Click”选项，此时右边的“常用”事件类型会自动被选中，如图 14-25 所示。

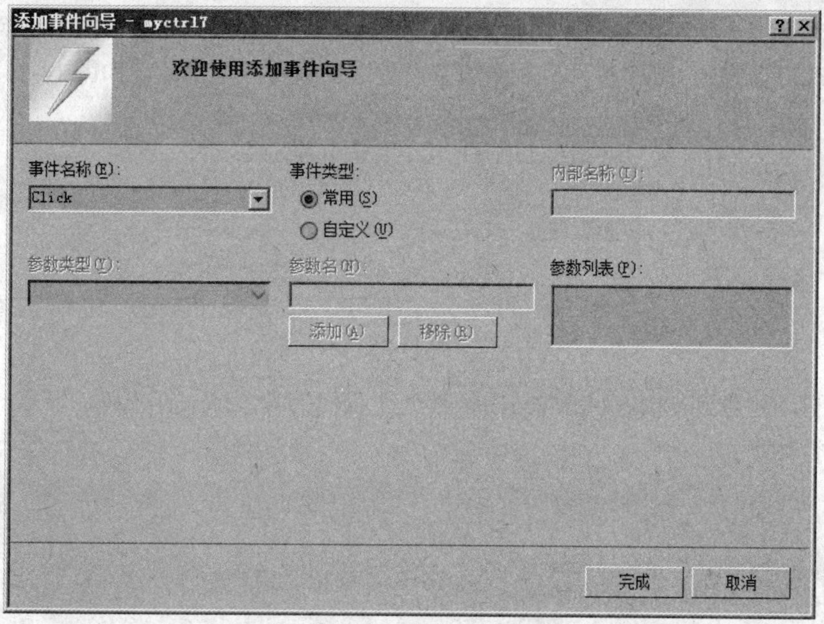

图 14-25

单击“完成”按钮。此时展开库节点 myctrl7Lib，选中子项_Dmyctrl7Events，可以看到有一个 Click。在第一个例子里说过，Dmyctrl7Events 就是用来存放响应事件接口的，现在我们有了一个事件接口 Click。双击 Click，可以看到 methods 下有 Click 方法（也就是函数）。

```
[ uuid(C8B84163-94A3-4F8F-8787-D5A397B7FFA5),
  helpstring("myctrl7 Control 的事件接口") ]
dispinterface _Dmyctrl7Events
{
    properties:
        //  事件接口没有任何属性

    methods:
        [id(DISPID_CLICK)] void Click(void);
};
```

下面我们可以在外面容器（对话框程序）中添加这个事件的响应函数了。

保存工程，编译生成 myctrl7.ocx。然后打开命令行窗口，定位到 myctrl7.ocx 所在目录，输入命令：

```
regsvr32 myctrl7.ocx
```

进行注册。

（3）另外打开一个 VC2017，新建一个对话框工程，工程名是 test。

（4）切换到资源视图，打开对话框界面，在对话框上右击，在快捷菜单中选择“插入 ActiveX 控件”，然后在“插入 ActiveX 控件”对话框中选择“myctrl7”这个控件。最后单击“确定”按钮。

此时在对话框上就可以看到我们的控件了。选中它，然后在其属性视图中切换到“控件事件”页，此时可以看到 Click 事件，在旁边空白处添加事件处理函数，如图 14-26 所示。

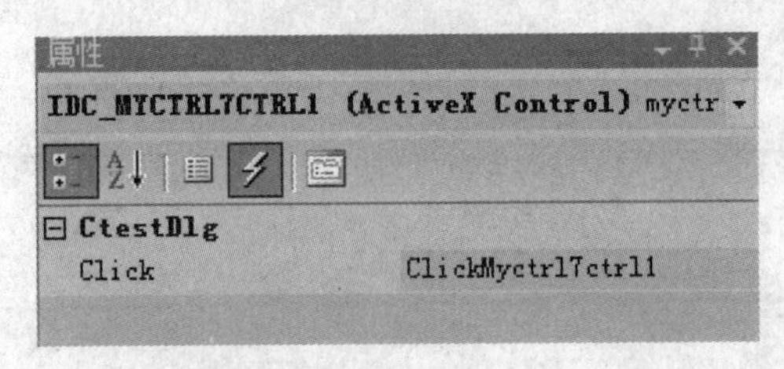

图 14-26

此时将自动定位到 ClickMyctrl7ctrl1 函数处。我们为其添加一行代码，显示一个信息框，添加后的函数如下：

```
void CtestDlg::ClickMyctrl7ctrl1()
{
// TODO: 在此处添加消息处理程序代码
AfxMessageBox("你好，世界");
}
```

（5）保存工程并运行，在我们的控件（白色部分）上单击，将会出现信息框，如图 14-27 所示。

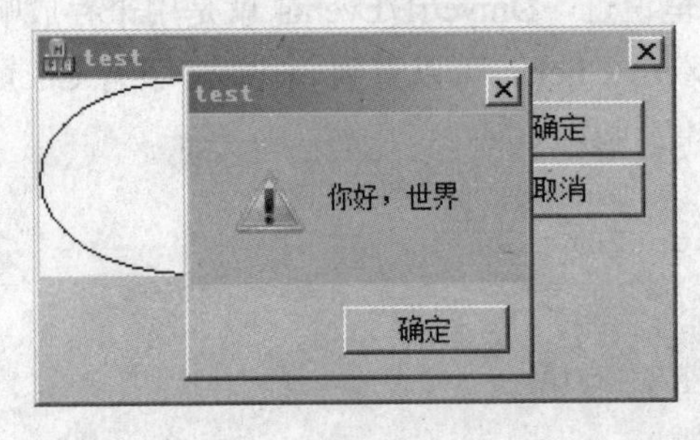

图 14-27

14.8.2 自定义事件

自定义事件与常用事件的区别在于，自定义事件不由 COleControl 类自动引发。自定义事件将控件开发人员确定的某一操作识别为事件。

【例 14.10】添加自定义事件，并在控件内部触发事件

（1）新建一个 ActiveX 控件工程，工程名是 myctrl8。

（2）切换到类视图，右击 Cmyctrl8Ctrl，在快捷菜单中选择“添加”→“添加事件”命令，然后在“添加事件向导”对话框的“事件名称”下拉列表框中输入事件名称，这里输入的是 MyEvent，并在“参数类型”下拉列表框中选择 BSTR，输入参数名 msg，然后单击“添加”按钮，如图 14-28 所示。

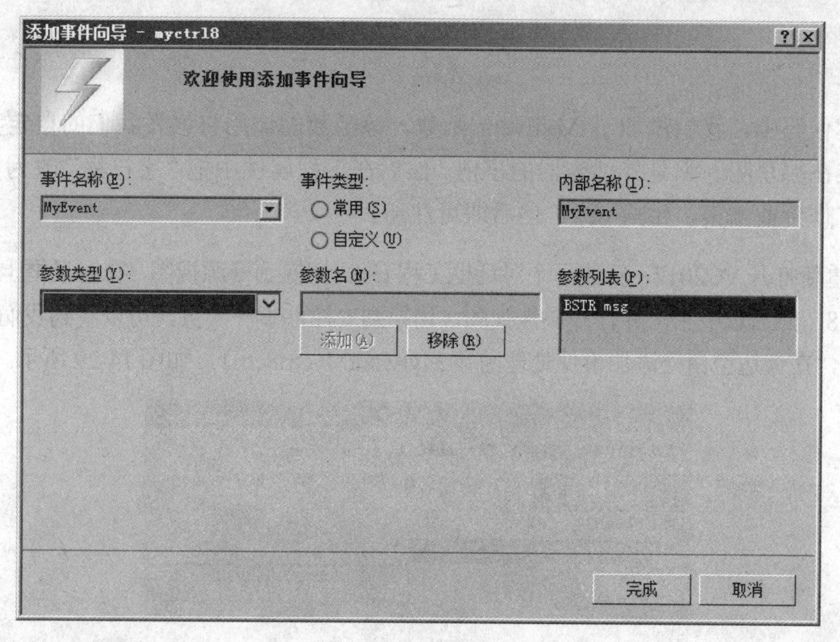

图 14-28

这样一个自定义事件添加完成了。事件类型不能选，不用管，如果一定要选择“自定义”，可以先选择一个常用事件，比如 Click，然后选择“自定义”，再输入自己的事件名称。单击“完成”按钮，关闭对话框。

这时，可以在 myctrl8Ctrl.h 中看到：

```
protected:
void MyEvent(LPCTSTR msg)
{
    FireEvent(eventidMyEvent, EVENT_PARAM(VTS_BSTR), msg);
}
```

FireEvent 函数的功能同 SendMessage 和 PostMessage。以后在需要触发事件的地方直接调用 MyEvent 函数即可，MyEvent 函数会调用 FireEvent。

至此，自定义事件的接口添加完成了。下面还有两个工作要做：一个是触发事件，另外一个就是在控件外面的容器中添加事件的响应函数。触发事件前面说了，就是在想触发的地方调用 MyEvent，这里我们在控件刚刚创建的时候触发 MyEvent 事件。

（3）学过 MFC 的朋友知道，控件刚刚创建，肯定是要和 WM_CREATE 消息打交道的。正确，我们在类视图上选中 Cmyctrl8Ctrl，然后打开其属性视图，切换到“消息”页，找到 WM_CREATE，在旁边添加 OnCreate 消息处理函数，并添加如下代码：

```
int Cmyctrl8Ctrl::OnCreate(LPCREATESTRUCT lpCreateStruct)
{
 if (COleControl::OnCreate(lpCreateStruct) == -1)
     return -1;
 // TODO:  在此添加你专用的创建代码
 MyEvent("你好，欢迎使用本控件");
```

```
    return 0;
}
```

在上述代码中，我们添加了 MyEvent 函数。该函数的调用将触发我们的自定义事件。那么事件响应在哪里呢？那是外部容器的事情。然后在工程属性中把“字符集”改为多字节字符集。控件工作到此结束，生成 ocx，然后即可注册。

（4）重新打开 VC2017，新建一个对话框工程 test。切换到资源视图，在对话框上添加我们的控件 myctrl8，然后选中它，并打开属性视图，切换到“控件事件”页，可以看到我们自定义事件 MyEvent 了，在旁边空白处添加事件处理函数 MyEventMyctrl8ctrl1，如图 14-29 所示。

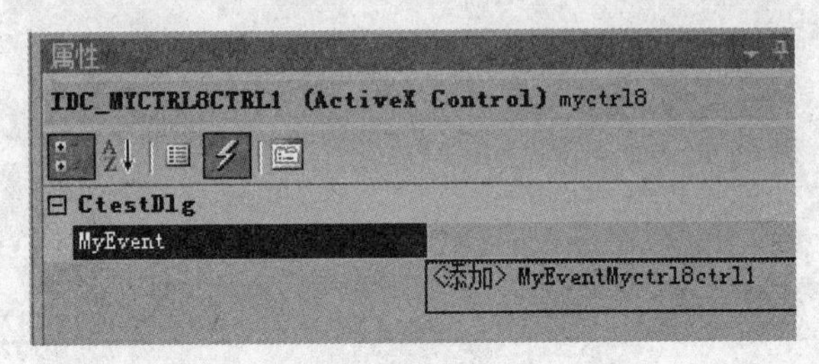

图 14-29

然后添加 MyEventMyctrl8ctrl1 代码：

```
void CtestDlg::MyEventMyctrl8ctrl1(LPCTSTR msg)
{
 // TODO: 在此处添加消息处理程序代码
 AfxMessageBox(msg);//我们简单地打印控件事件传来的字符串
}
```

（5）保存工程并运行。可以发现，在对话框显示之前会先出来一个信息框，然后出来一个对话框，如图 14-30 和图 14-31 所示。

图 14-30

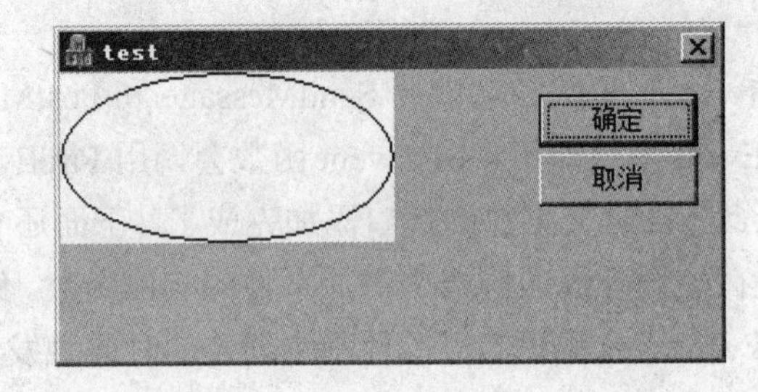

图 14-31

这就说明，在控件创建的时候触发了 MyEvent 事件，并且调用了事件处理函数 MyEventMyctrl8ctrl1。

上面我们添加的自定义事件是在控件内部触发的。下面我们在控件外部触发，也就是在容器中触发。方法是为控件暴露一个对外方法，然后在这个方法里调用 MyEvent。我们可以在控件外面需要触发事件的地方调用这个对外方法。考虑到我们还没讲到为控件添加方法，我们就暂时利用 AboutBox 吧。

【例 14.11】添加自定义事件，并在控件外部触发事件

（1）新建一个控件工程，工程名是 myctrl9。

（2）为控件添加一个自定义事件 MyEvent，参数是 BSTR msg。

（3）定位到 Cmyctrl9Ctrl::AboutBox()，添加如下代码：

```
void Cmyctrl9Ctrl::AboutBox()
{
 CDialog dlgAbout(IDD_ABOUTBOX_MYCTRL9);
 //dlgAbout.DoModal();//关于对话框不显示了
 MyEvent("你好，你触发了事件");
}
```

（4）设置工程的字符集属性为多字节，保存并生成 ocx，接着注册。

（5）打开另外一个 VC2017，新建一个对话框工程，工程名是 test。

（6）切换到资源视图，删除对话框上的所有控件，在对话框上添加控件 myctrl9，为其添加控件变量 m_myctrl9，再放置一个按钮，按钮标题是“触发控件事件”，为按钮添加单击事件处理函数，代码如下：

```
void CtestDlg::OnBnClickedButton1()
{
 // TODO: 在此添加控件通知处理程序代码
 m_myctrl9.AboutBox();
}
```

（7）为控件的 MyEvent 事件添加事件处理函数，代码如下：

```
void CtestDlg::MyEventMyctrl8ctrl1(LPCTSTR msg)
{
 // TODO: 在此处添加消息处理程序代码
 AfxMessageBox(msg);//我们简单地打印控件事件传来的字符串
}
```

（8）保存工程并运行，运行结果如图 14-32 所示。

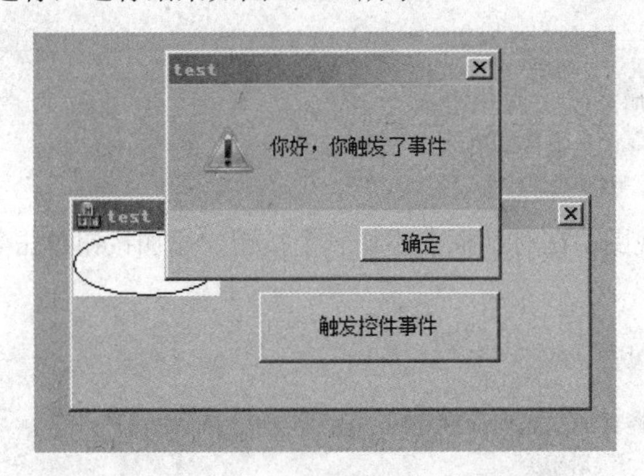

图 14-32

14.9 为 ActiveX 控件添加方法

ActiveX 控件和其调用者容器（比如网页、桌面应用程序）之间进行交互需要通过属性、方法以及事件。方法就是控件开放给用户使用的一些功能函数，类似于 C++的类函数。ActiveX 控件方法分两类：一类叫常用方法，它的实现由父类 COleControl 提供；另外一类叫自定义方法，顾名思义，自定义方法由开发人员定义并实现。

14.9.1 常用方法

COleControl 支持两个常用方法：DoClick 和 Refresh。Refresh 由控件的用户调用，用于立即更新控件的外观；而调用 DoClick 是用于引发控件的 Click 事件。

添加常用方法的操作是在类视图中打开库节点，比如上例中就是 myctrl9Lib 节点，选中其第二个子节点，也就是上例中的_Dmyctrl9，在右键快捷菜单中选择“添加方法”命令，打开添加方法向导。在方法名中选择需要添加的常用方法，比如 DoClick。下面直接看实例。

【例 14.12】为控件添加常用方法

（1）新建一个 MFC ActiveX 控件工程，工程名是 myctrl10。

（2）切换到类视图，在类视图中展开库节点 myctrl10Lib 节点，右击第二个子节点 _Dmyctrl10，在快捷菜单中选择“添加”→“添加方法”命令，然后在“添加方法向导”对话框中选择“方法名”下的“DoClick”，最后单击“完成”按钮。

（3）为控件添加一个标准事件 Click。

（4）生成 ocx 控件，并在命令行下注册。

（5）打开一个 VC2017，新建一个对话框工程。切换到资源视图，在对话框上添加 ActiveX 控件 myctrl10，并添加控件变量为 m_myctrl10。打开属性视图，切换控件事件，添加控件的 Click 事件处理函数：

```
void CtestDlg::ClickMyctrl10ctrl1()
{
 // TODO: 在此处添加消息处理程序代码
 AfxMessageBox("Click 事件的响应");
}
```

（6）切换到资源视图，在对话框上添加一个按钮，添加按钮单击事件处理函数，代码如下：

```
void CtestDlg::OnBnClickedButton1()
{
 // TODO: 在此添加控件通知处理程序代码
 m_myctrl10.DoClick();
}
```

控件的 DoClick 方法将触发 Click 事件，所以又会调用我们添加的 Click 事件处理函数

ClickMyctrl10ctrl1，因此会显示一个信息框。

（7）保存工程并运行，然后单击按钮，会出现一个信息框，如图 14-33 所示。

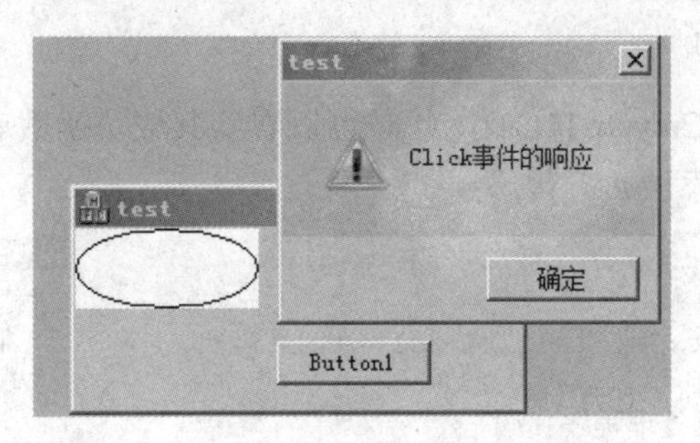

图 14-33

14.9.2　自定义方法

自定义方法与常用方法不同，你必须自己实现添加到控件的自定义方法。自定义方法中我们还可以触发自定义事件，这样 ActiveX 控件用户即可随时调用自定义方法来触发自定义事件。还记得前面的例子中调用 AboutBox 方法来触发自定义事件吗？

【例 14.13】添加自定义方法触发自定义事件

（1）打开 VC2017，新建一个 MFC ActiveX 控件工程，工程名是 myctrl11。

（2）切换到类视图，展开库节点 myctrl11Lib，右击其第二个子节点_Dmyctrl11，在快捷菜单中选择“添加”→“添加方法”命令，然后在“添加方法向导”对话框中的“方法名”下输入一个自定义的方法名“myfunc”，并添加一个 BSTR 类型的参数 msg，如图 14-34 所示。

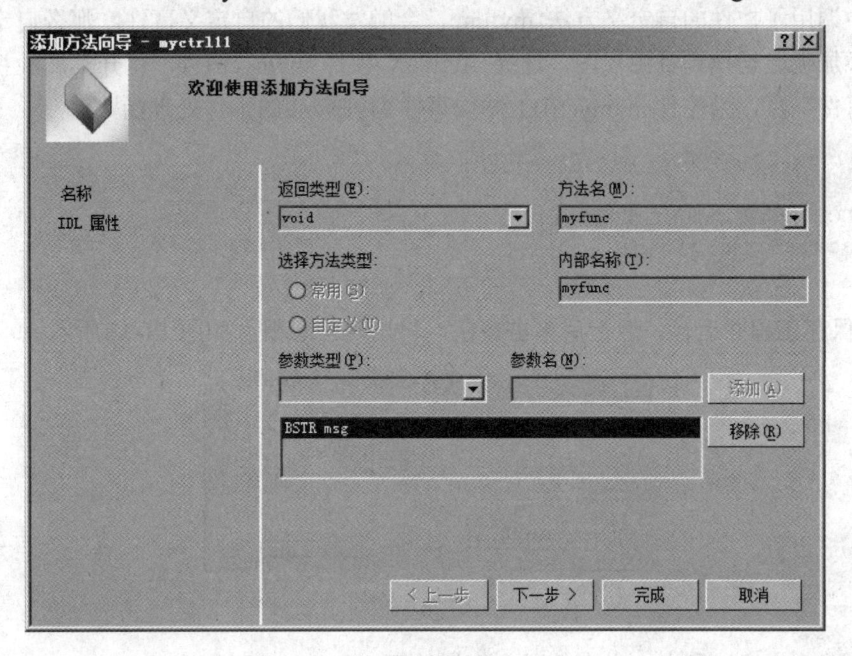

图 14-34

最后单击“完成”按钮。

（3）为控件添加一个自定义事件 MyEvent，参数是 BSTR 类型的 msg。这个过程前面有例子介绍过，这里不详述了。

切换到类视图，选择 Cmyctrl11Ctrl，此时可以看到其成员函数有个名为 myfunc 的函数。双击该函数打开它，然后添加如下代码：

```
void Cmyctrl11Ctrl::myfunc(LPCTSTR msg)
{
 AFX_MANAGE_STATE(AfxGetStaticModuleState());

 // TODO: 在此添加调度处理程序代码
 MyEvent(msg);
}
```

在这个函数中，我们调用了 MyEvent。这将触发 MyEvent 事件。事件处理函数在外面容器中添加，至此控件工作结束。

（4）生成 ocx 控件，并注册。

（5）另外打开一个 VC2017，新建一个对话框工程 test。切换到资源视图，删除对话框上的所有空间，并添加 ActiveX 控件 myctrl11，并为其添加控件变量 m_myctrl11，然后拖一个按钮到对话框上，添加单击事件处理函数：

```
void CtestDlg::OnBnClickedButton1()
{
 // TODO: 在此添加控件通知处理程序代码
 m_myctrl11.myfunc("开卷有益");
}
```

代码中调用了控件的自定义方法 myfunc，会触发我们的自定义事件。那么自定义事件响应在哪里添加呢？切换到资源视图，选择 ActiveX 控件 m_myctrl11，打开其属性视图，切换到“控件事件”页，为控件 m_myctrl11 添加事件 MyEvent 的事件处理函数：

```
void CtestDlg::MyEventMyctrl11ctrl1(LPCTSTR msg)
{
 // TODO: 在此处添加消息处理程序代码
 AfxMessageBox(msg);
}
```

（6）保存工程并运行。运行后单击按钮，将出现信息框，如图 14-35 所示。

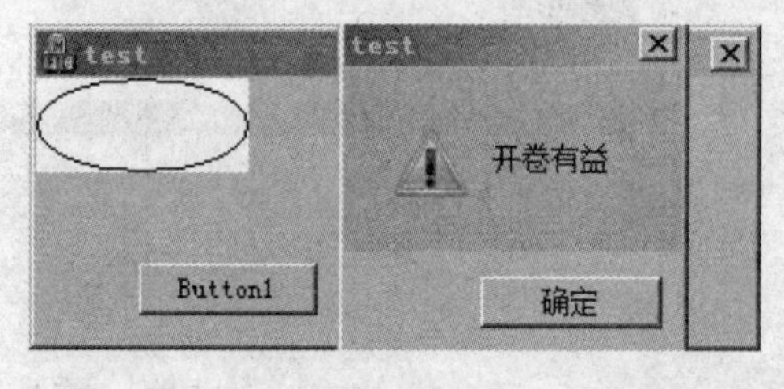

图 14-35

至此，自定义方法和自定义事件联合作战结束。

第 15 章

中国象棋网上对弈系统

15.1 电脑游戏概述

本章将讲述一个网络编程案例，综合运用前面讲解的网络知识，以达到融会贯通的目的。随着信息技术的发展，人民生活水平的不断提高，联网游戏作为一种娱乐手段，正以其独特的魅力吸引着越来越多的玩家。为了满足广大象棋爱好者也可以享受到网络所带来的便利，本系统在局域网条件下实现了中国象棋的网络对战。

电脑游戏是计算机应用领域的一个重要主题，而当前网上最热门的休闲对战类游戏当属棋牌游戏。通过对象棋的数据结构、相关算法与网络联机以及对网络对战平台系统的分析，设计成一套基于 VC2017++平台的棋牌类对战系统。

电脑游戏就是以计算机为操作平台，通过人机互动形式实现的能够体现当前计算机技术较高水平的一种新形式的娱乐方式。

电脑游戏是必须依托于计算机操作平台的，不能在计算机上运行的游戏，肯定不会属于电脑游戏的范畴。至于现在大量出现的游戏机模拟器，从原则上来讲，还是属于非电脑游戏的。游戏必须具有高度的互动性。所谓互动性，是指游戏者所进行的操作，在一定程度及一定范围上对计算机上运行的游戏有影响，游戏的进展过程根据游戏者的操作而发生改变，而且计算机能够根据游戏者的行为做出合理性的反应，从而促使游戏者对计算机也做出回应，进行人机交流。游戏在游戏者与计算机的交替推动下向前进行。电脑游戏比较能够体现目前计算机技术的较高水平。一般当计算机更新换代的同时，计算机游戏也会相应发生较大的变更。

电脑游戏按类型可分为单机游戏、网络游戏、Flash 小游戏、电子竞技等。按内容可分为即时战略类、角色扮演类、模拟经营类、冒险动作类、棋牌休闲类等。本系统属于网络棋牌休闲类游戏。

在人们逐步进入信息时代后，电脑游戏使得人生变成了真正的游戏。在传统中国社会中，文化、教育与知识是神圣的、庄严的，是天地君亲师。这种传统的体制使人们在接受教育的过程中就受到了束缚。如果谁把这种神圣的东西与游戏连在一起，就会被认为是对圣贤的一种亵渎。而现在，网络技术和数字技术把文化、教育和知识都变成了娱乐，变成了游戏，将它们从神坛上请下来，使它们变成大众、平民的东西，变成可爱、容易接受的东西。作为融合高科技的文化艺术产品，电脑除了给人们的生活带来联想之外，更能给使用者带来更多现实中不能拥有的体验，这正是当今世上被看好的体验型经济的典型代表。随着人民生活水平的提高，人们的生活模式和思维模式都发生了变化。电脑游戏业经过多年发展，跌跌撞撞地走过来，可以看到在电脑和互联网带来的时代标志性变化中电脑游戏市场的逐步完善与巨大的潜在能量。作为一种现代娱乐形式，其正在世界范围内创造巨大的市场空间和受众群体。

传统的单机游戏曾风靡一时，游戏爱好者在简单的打斗中获得了虚幻世界的满足。过了一段时间后，单机游戏的模式由于不能满足人们相互交流的愿望以及其内容的简单重复，面对电脑的独孤求败总让人有一种自以为是而又百无聊赖的感觉，逐渐失去了吸引力。游戏爱好者期待着新的游戏模式出现。于是，电脑游戏开始朝着网络游戏发展，随着网络建设快速发展，人们的生活方式随着时代发展而改变，网络游戏迅速取代单机游戏成为游戏玩家新的宠儿。

15.2 系统概述

中国象棋在古代叫“象戏”，是一种由两人轮流走子，以“将死”或“困毙”对方将（帅）为胜的一种棋类运动。它不仅能丰富文化生活、陶冶情操，还有助于开发智力、启迪思维、锻炼辩证分析能力和培养顽强的意志。象棋是中华民族的传统文化，不仅在国内深受群众喜爱，还流传国外。

本系统为中国象棋网上对弈系统，以网络通信原理结合中国象棋的规则设计完成，是一款能够实现局域网内双人联机对弈的电脑游戏程序，使用 Visual C++开发，运行在 Windows 平台。

鉴于局域网的特点和游戏本身的要求，本系统采用两层 C/S 架构来实现相互之间的通信。它主要包含以下网络通信模块、图像绘制模块和规则设置模块：网络通信模块使得玩家可以方便地迅速建立起网络连接，从而实现联机对弈和聊天功能；图像绘制模块实现棋盘更新以及棋子动态表示等功能；规则设置模块用于约束玩家的棋步。

为了实现一个可用的网络象棋对战平台，我们制定了如下设计要求：

（1）设计程序良好的用户界面，尽可能真实模拟象棋环境，双方对局过程中所显示的界面应一致。

（2）基于 TCP/IP 协议，结合象棋对弈的特点，设计一套切实可行网络实时数据通信协议。

（3）制定棋盘及状态数据结构，方便实时通信及屏幕作图及与用户的交互。

（4）制定出详细的棋子操作规则。

（5）源代码结构合理，注释详尽。

为了让程序跑得更快（这对服务器端程序很重要），我们并没有使用 MFC 框架，而是直接利用 SDK 进行 Windows 编程，如果大家这方面不熟悉，可以参考笔者的另一本 Windows 开发经典书籍《Visual C++ 2017 从入门到精通》，该书里面详细介绍了 Windows SDK 编程知识。

15.3 系统运行结果

我们设计的系统既可以两个人在单机上玩，也可以两个人联网玩。在单机上玩，只能一个人走完一步，再让出鼠标让对方走。如果是两人联机玩，就需要两台电脑，各自对着自己电脑进行下棋，如图 15-1 所示。

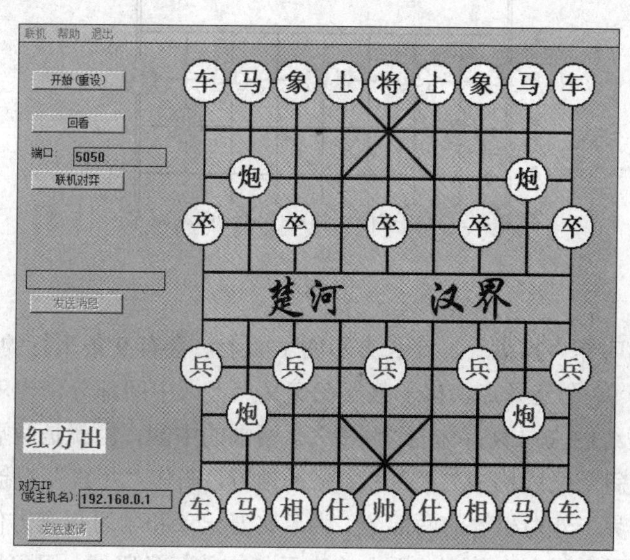

图 15-1

15.4 系统构成

中国象棋网上的对弈系统主要由数据结构、图像绘制、规则设置、网络通信、棋子操作 5 部分构成。软件本身既可以作为服务器端，又可以作为客户端，双方建立连接后即可进行象棋对弈。

15.5 数据结构

15.5.1 棋盘

象棋的棋盘相信很多朋友都知道，如图 15-2 所示。

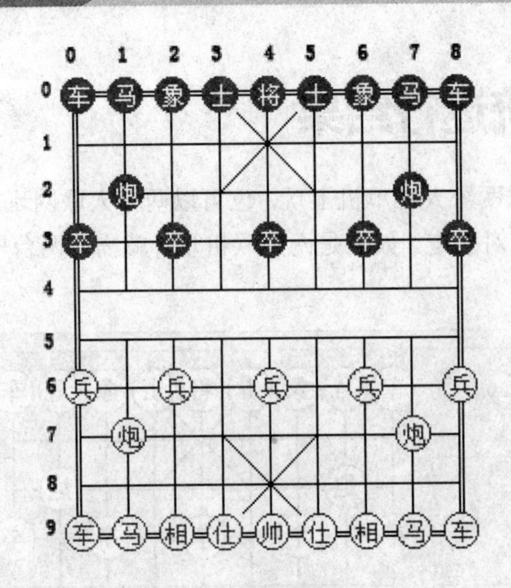

图 15-2

棋子活动的场所叫作“棋盘”。在长方形的平面上，会有 9 条平行的竖线和 10 条平行的横线相交组成，共有 90 个交叉点，棋子就摆在交叉点上。中间部分，也就是棋盘的第五、六两条横线之间未画竖线的空白地带称为“河界”。两端的中间，也就是两端第四到六条竖线之间的正方形部位，以斜交叉线构成“米”字方格的地方，叫作“九宫”（恰好有 9 个交叉点）。

整个棋盘以“河界”分为相等的两部分。为了比赛记录和学习棋谱方便起见，现行规则规定：按 9 条竖线从右至左用中文数字一至九来表示红方的每条竖线，用阿拉伯数字‘1’～‘9’来表示黑方的每条竖线。对弈开始之前，红黑双方应该把棋子摆放在规定的位置。任何棋子每走一步，进就写“进”，退就写“退”，如果像车一样横着走，就写“平”。

纵线方式是中国象棋常用的表示方法，即棋子从棋盘的哪条线走到哪条线。中国象棋规定，对于红方来说的纵线从右到左依次用“一”到“九”表示，黑方则是“1”到“9”，这种表示方式体现了古代中国象棋研究者的智慧。

坐标方式是国际象棋常用的表示方法，把每个格子按坐标编号，只要知道起始格子和到达格子，就确定了走法，这种表示方式更方便也更合理，而且可以移植到其他棋类游戏中。中国象棋也可以用这种方法来表示，本程序将采用坐标方式。

本系统定义了一个 int 型的二维数组 xArray[9][10]，用来表示棋盘上每个格点在窗口的横坐标和一个用来表示棋盘每个格点在窗口纵坐标的 int 型二维数组 yArray[9][10]。两个数组组合用来表示棋盘每个格点在整个窗口的具体位置。

对 xArray[9][10]、yArray[9][10]的初始化代码如下：

```
for(int i=0;i<9;i++)
{
        for(int j=0;j<10;j++)
        {
            xArray[i][j]=cX+50*i;
            yArray[i][j]=cY+50*j;
        }
```

```
}
```

其中，cX、cY 表示棋盘左标角在窗口中的坐标。

在图 14-1 中，红方帅的坐标可以用（xArray[4][9]，yArray[4][9]）来表示该棋子在窗口中实际的坐标，以便于在该位置准确绘制图形。

另外，系统设置相临坐标点的间隔增量为 50 个像素点，如|xArray[0][0]-xArray[0][1]|=50，这样一来整个棋盘映射到主窗口的像素范围被限制在（0，0）~（400，450）之间（单位：像素）。

15.5.2　棋子信息数组

中国象棋作为一种双方对阵的棋牌类竞技项目，棋子共有 32 个，分为红、黑两组，各有 16 个，由对弈的双方各执一组。兵种是一样的，分为 7 种：帅（将）、仕、相（象）、车、马、炮、兵（卒）。红方持有棋子：帅一个，仕、相、车、马、炮各两个，兵 5 个。黑方持有棋子：将一个，士、象、车、马、炮各两个，卒 5 个。其中，帅与将、仕与士、相与象、兵与卒的作用完全相同，仅仅是为了区别红棋和黑棋而已。

为了更加方便地表示棋子的类型，除了用于保存坐标信息的二维数组 xArray[9][10]、yArray[9][10]外，我们还需要引进一个二维数组来保存该坐标点的棋子信息，比如在(xArray[0][2]、xArray[0][2])上的是哪颗棋子或者是空位。本系统引入了一个新的 int 型二维数组 InfoArray[9][10]，很显然它也是一个 9×10 的数组，用来保存棋盘上所有 90 个格点的棋子信息。

图 15-3 显示 InfoArray 数组的取值范围及其定义。

InfoArray	0	1	2	3	4	5	6	7
DEF	空位	红车	红马	红相	红士	红帅	红炮	红兵
InfoArray	0	11	12	13	14	15	16	17
DEF	空位	黑车	黑马	黑象	黑仕	黑将	黑炮	黑卒

图 15-3

根据图 15-3 所示，位于坐标点（xArray[4][9]，yArray[4][9]）位置的红帅的棋子类型表示为 InfoArray[4][9]=5。当棋面改变，形成有效走棋时，只需更新对应坐标点的 InfoArray 值即可，如红方走棋“炮二平五”对应的原信息{InfoArray[7][7]=6，InfoArray[4][7=0]}改变为{InfoArray[7][7]=0；InfoArray[4][7]=6}，以实现走棋的数据更新。

15.5.3　变量与函数

我们把系统中涉及的主要变量和含义列于表 15-1。

表 15-1　主要变量

变量	类型	定义
xArray	int 型二维数组	保存棋盘格点的横坐标
yArray	int 型二维数组	保存棋盘格点的纵坐标
InfoArray	int 型二维数组	保存棋盘格点的棋子类型
GetChessman	static int	判断棋子是否选中
RedOrBlack	static int	判断轮到哪方走棋
Prei,Prej	static int	前一个坐标点 preceding i,j
Mytrun	static int	联机时用于判断是否本方走棋
UpdateAllData	long int	棋盘更新的信息
ReplayX1-Y2	Int	保存棋子行走路径，回看之用
CUpdateAllData	Char	转换成 char 型的 UpdateAllData，用作网络传输
Win	Bool	判断是否已有一方胜利
Online	Bool	判断是否联机
Accept	Bool	网络联机接受对方邀请 Accept=TRUE
Accept2	Bool	网络联机邀请对方，对方接受 Accept2=TRUE
NetExit	Bool	当用户强行退出时，这个变量决定是否向对方发送消息

我们把系统中涉及的主要函数和含义列于表 15-2。

表 15-2　主要函数

主要函数	定义
bool ChessRule(int x1,int y1,int x2,int y2,int info1,int info2)	判断走棋规则
bool Connect()	网络连接
void Draw(int x,int y,int info)	绘图函数
void DrawChessman()	绘制棋位对应棋子
void DynamicChessman(int x,int y)	实现拿起的棋子动态显示
void Graphics(int x,int y,int RorB,LPCTSTR ChessmanName)	绘制棋子
void InitChessBoard()	初始化棋盘函数
bool Listen(int PortNum)	Ccomm 类数据接受函数
bool SendMsg(char *Msg,int Len,char *host,short port)	Ccomm 类数据发送函数

15.6 图像绘制

15.6.1 主窗口

VC2017++提供了多种窗口样式，这里选用比较简洁的 WS_POPUPWINDOW 样式。WS_POPUPWINDOW 创建一个和 WS_BORDER、WS_POPUP 和 WS_SYSMENU 一起使用的

弹出式窗体，WS_DISABLED 创建一个初始不可用的窗体，WS_POPUP 创建一个弹出式窗体，WS_SYSMENU 创建一个在标题栏有控件菜单框的窗体，窗口大小为 650×550 像素，在 InitInstance()中交由 CreateWindow()实现。棋盘底纹在 PhotoShop 中手工绘制，保存为 bmp 格式（注意：格点间距应保持 50 像素），在 WM_PAINT 消息响应中交由 BitBlt()函数输出至窗口。窗口中的按钮、对话框等则在 WM_CREATE 消息响应中创建。

15.6.2　棋盘的绘制

使用 Photoshop 绘制带有底纹棋盘，保存为 bmp 格式，并且设置每一格的增量为 50 像素，便于棋盘上每个格点坐标的表示。在 WM_PAINT 消息响应中交由 BitBlt()函数输出至窗口，如图 15-4 所示。

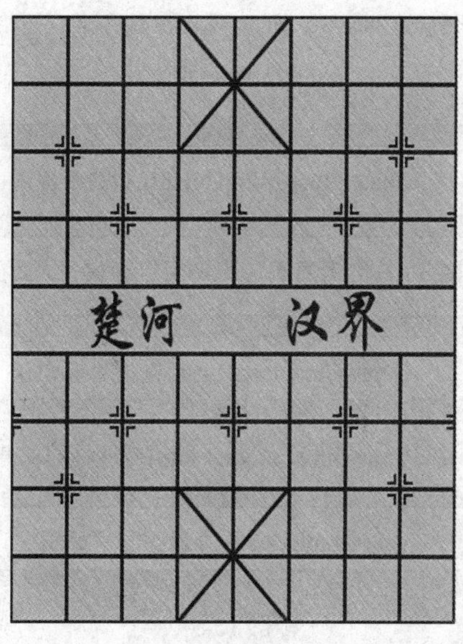

图 15-4

15.6.3　棋子的绘制及初始化

在 Windows 中有各种图形用户界面 GUI（Graphics User Interface）对象，当我们在进行绘图时就需要利用这些对象。

窗口中的“开始（重设）”按钮负责初始化棋盘，通过调用 InitChessBoard()函数来实现：InitChessBoard()函数中首先通过一个 for 循环将棋盘 90 个格点的屏幕坐标赋值给 xArray[i][j]和 yArray[i][j]，同样用一个 for 循环给 InfoArray[i][j]赋值——全部清零，再按照棋盘棋子的初始位置给 InfoArray[i][j]赋上相应的值（如 InfoArray[0][0]=InfoArray[8][0]=11，表示黑方两个车位）。

完成上述操作后调用 InvalidateRect(hWnd,NULL,1)函数更新视图，当调用这个函数的时候，Windows 会在 WM_PAINT 消息响应中完成对窗口的重绘，我们在此加入绘制棋子函数 DrawChessman()。这个函数只是绘制棋子的一个入口，具体过程如下：

DrawChessman()→Draw()→Graphics()

其中，DrawChessman()函数通过一个 for 循环遍历数组 InfoArray，传递 InfoArray[i][j]数值并调用 Draw()函数→Draw()函数根据 InfoArray[i][j]的数值选择所要绘制的棋子，并将信息传递给函数 Graphics()→Graphics()根据传递过来的信息（包括绘制点坐标信息、所绘棋子信息）调用绘图函数 Ellipse()和 TextOut()来完成棋子最终在窗口中的显示。Ellipse()和 TextOut()均为系统函数，前者用来绘制椭圆，后者用于输出字符，两个函数配合即可绘制出棋子。

棋盘初始化的流程如图 15-5 所示。

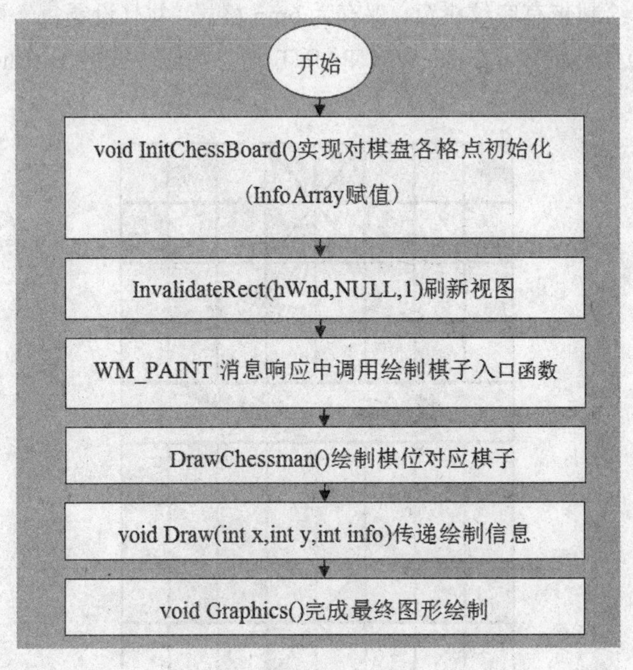

图 15-5

15.6.4 动态显示

有时候当用户拿起棋子后，不一定急着放下去，而短暂的思考后未必能记得住刚刚拿起的棋子是哪颗，应该给拿起的棋子做非常规显示，本系统采用动态显示。这段动态显示的代码应该放在 WM_MOUSEMOVE 消息响应中，如果一时忘记自己选择了哪颗棋子，只要移动一下鼠标，拿起的棋子就会动态显示，而条件就是变量 get=1（在操作时为其赋值）。当用户移动鼠标时，根据 get 是否为 1 判断是否调用 DynamicChessman 来实现棋子动态显示。来看一下 DynamicChessman，它带有两个参数 Prei 和 Prej，即棋子的坐标（i,j）值，根据这个值可以得到该棋子屏幕坐标 Array[Prei][Prej]，棋子信息为 InfoArray[Prei][Prej]。

动态显示就是通过一个 for 循环将棋子的底格半径（EllipseSize）由 23 以步进 1 增长至 28，字体大小 FontSize 由 30 以步进 2 增长至 40，如此循环。

15.6.5　回看功能

为了方便玩家，本系统还加入了会看功能，使玩家可以回看对方刚走过的起步。玩家落棋后，将棋子原坐标（xArray[Prei] [Prej]，yArray[Prej] [Prei]）和更新后的坐标（xArray[i][j]，xArray[i][j]）分别保存在（xArray[ReplayX1][ReplayY1]，yArray[ReplayX1][ReplayY1]）和（xArray[ReplayX2][ReplayY2]，yArray[ReplayX2][ReplayY2]），玩家选择回看时系统调用所保存的两个坐标点，调用函数 Polyline()将其用白线连接，以提示玩家。

“回看”示意图如图 15-6 所示。

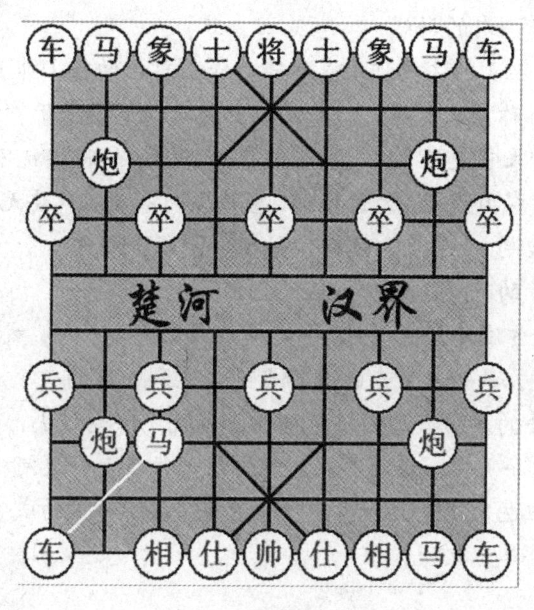

图 15-6

15.7 规则设置

15.7.1　棋子规则

在对局时，由执红棋的一方先走，双方轮流各走一步，直至分出胜负为止。轮到走棋的一方，将某个棋子从一个交叉点到另一个交叉点，或者吃掉对方棋子而占领交叉点，都算走了一步。双方各走一步，成为一个回合。

任何棋子在走动时，如果一方棋子可以到达的位置有对方的棋子，就可以把对方棋子拿出棋盘（称为吃子）而换上自己的棋子。只有炮的“吃子”方式与它的走法不同：它和对方棋子之间必须隔一个子（无论是自己的还是对方的），具备此条件才能“吃掉”人家。一定要注意，中隔一个棋子，这个棋子俗称“炮架子”。

一方的棋子攻击对方的将（帅），并且在下一步能把它吃掉，俗称“将军”。被“将军”

的一方必须立即“应将”，即用自卫的步法去化解被“将军”的状态。如果被“将军”而无法“应将”，就算被“将死”，输掉本局。轮到走棋的一方将（帅）虽没被对方“将军”，却被禁在一个位置上无路可走，同时己方其他棋子也都不能动，就算被“困死”，同样输掉本局。

- 将（帅）：将和帅是棋中的首脑，是双方竭力争夺的目标。它只能在“九宫”之内活动，可上可下，可左可右，每次走动只能按竖线和横线走动一格。将和帅不能在同一竖线上直接面对，否则判走方输棋。
- 士（仕）：士（仕）是将（帅）的贴身保镖，也只能在“九宫”内走动。它的行棋路径只能是“九宫”内的斜线。
- 象（相）：象（相）的主要作用是防守，保护自己的将（帅）。它的走法是每次循对角线走两格。俗称“象走田”。象（相）的活动范围限于“河界”以内的本方阵地，不能过河，且如果它走的“田”字中央有一个棋子的时候就不能走，俗称“塞象眼”。
- 车：车在象棋中威力最大，无论横线、竖线均可行走，只要无子阻拦，部署不受限制。因此一车可以控制 17 个点，故有“一车十子寒”之称。
- 炮：炮在不吃子的时候，走动与车完全相同。
- 马：马在走动的方法是一直一斜，即先横着或竖着走一格，然后再斜着走一格对角线，俗称“马走日”。马一次可走的选择点可以达到四周的 8 个点，故有“八面威风”之说。如果在要去的方向有别的棋子挡住，马就无法走过去，俗称“蹩马腿”。
- 卒（兵）：兵（卒）在未过河前，只能向前一步步走，过河以后，除不能后退外，允许左右移动，但也只能一次一步，即使这样，兵（卒）的威力也大大增强，故有“过河的卒子顶半个车”之说。

15.7.2 规则算法

马走日字，相飞田字，7 种棋子，7 种不同的走法，映射到程序中来，必须有一个函数来约束其行动。在本系统中，运用 bool 型 ChessRule()函数来设置规则约束，当用户点击拿起棋子，再次点击目的地时程序将调用函数 ChessRule()来判断走法（每走一步为一着，着法意思是棋子的走法）是否可行，不可行返回 FALSE，反之则返回 TRUE。函数的参数(x1,y1)为原棋子坐标，(x2，y2)为目的坐标，info1、2 为两坐标点信息，当 info1 表示的棋子颜色同与 info2 时（红色值为 1~7，黑色值为 11~17），即“吃”己方子，直接返回 FALSE。

- 将（帅）：首先判断走步是否超出活动范围，将（帅）的活动范围为“九宫”，当 x2<3 或 x2>5 超出活动范围，同理 y2>2、y2<7 时也超出活动范围，系统提示玩家走棋出错。若在活动范围之内，根据规则，当|x2-x1|=1 且 y1=y2 时，走棋成功。同理，当|y1-y2|=1 且 x1=x2 时，走棋成功。对于其他走棋，系统提示走棋出错。
- 士（仕）：同将（帅）相同，判断是否在“九宫”之内。若超出活动范围，系统提示走棋错误。若在活动范围之内，根据规则，当|x2-x1|=1 且|y2-y1|=1 时走棋成功。对于其他走棋，系统提示走棋出错。
- 象（相）：首先判断走步是否超出活动范围，象（相）的活动范围为本方阵地，红相

的活动范围为 x2>4，黑象的活动范围为 x2<5。若超出活动范围，则系统提示走棋错误。若在活动范围之内，则根据规则，当|x2-x1|=2、|y2-y1|=2 时判断是否“塞象眼”：InfoArray[(x1+x2)/2][(y1+y2)/2]=0 时，表示没有塞象眼，走棋成功；否则，系统提示走棋错误。

- 车：当不满足 x1=x2 或 y1=y2 时，系统提示走棋错误。当满足条件时，判断两子之间是否还有其他棋子存在：用 for 循环语句对格点（xArray[x1][y1]，yArray[x1][y1]）和格点（xArray[x2][y2]，yArray[x2][y2]）之间的所有格点进行扫描，若之间所有格点的类型值 InfoArray[i][j]=0，表示两子之间没有其他棋子，则走棋成功；反之，提示走棋错误。
- 马：当不满足|x2-x1|=1、|y2-y1|=2 或|x2-x1|=2、|y2-y1|=1 时，系统提示走棋错误。当满足条件时，判断是否蹩马腿，蹩马腿则提示走棋错误。x2-x1=2 时，InfoArray[x2-1][y1]=0 表示没有蹩马腿，可以走棋；x2-x1=-2 时，InfoArray[x1-1][y1]=0 表示没有蹩马腿，可以走棋；y2-y1=2 时，InfoArray[x1][y2-1]=0 表示没有蹩马腿，可以走棋；y2-y1=-2 时，InfoArray[x1][y1-1]=0 表示没有蹩马腿，可以走棋。
- 炮：当没有吃子时，InfoArray[x2][y2]=0 算法与车相同。当吃子时，InfoArray[x2][y2]的值不为 0，用 for 循环语句对格点（xArray[x1][y1]，yArray[x1][y1]）和格点（xArray[x2][y2]，yArray[x2][y2]）之间的所有格点进行扫描，若两格点之间有一个格点有棋子，即只存在一个 InfoArray[i][j]的值不为 0，则走棋成功，反之提示走棋错误。
- 卒（兵）：红兵因为不能后退，所以 y1>y2。过界后可以左右移动，但每次只能移动一个格点，所以当 y1<5 时，满足 x1=x2、y1-y2=1 或|x1-x2|=1、y1=y2。当不过界即 y1>4 时，满足 x1=x2、y1-y2=1。同理可以指定黑卒的规则。

当调用函数 ChessRule()时根据 InfoArray 的值用一个 switch 选择语句来选择棋子对应的规则，规则正确就返回 TRUE 值，程序更新 InfoArray 信息（InfoArray[Prei][Prej]=0；InfoArray[i][j]=info1）调用 InvalidateRect 函数来更新视图，并等待用户的下一步操作。定义 info2 表示移动前 InfoArray[i][j]的值，当 info2 的值为 5 或 15 时，即吃掉的是对方将（帅），则一方胜利，变量 win=TRUE，哪方胜利根据 info2 的值判断（5，黑方胜利；15，红方胜利），且此局结束。

15.8 网络通信

15.8.1 CCOM 类

本程序通过类 CComm 来实现通信功能：

```
class CComm
{
```

```
private:
 static void *ListenThread(void *data);
 SOCKET ListenSocket;
 sockaddr_in srv;
 sockaddr_in client;
public:
   bool NewMsg;
 CComm();
 ~CComm();
 bool SendMsg(char *Msg,int len,char *host,short port);
 bool Listen(int PortNum);
}
```

类中的函数 SendMsg 和 Listen 分别负责发送和接收数据，是实现联机通信的关键。

15.8.2 数据代码

当一方走棋后，通过 CComm 类的成员函数 SendMsg 发送数据通知对方，发送的数据很简单：起始坐标，终点坐标和棋子信息。这组信息被保存在 int 型变量 UpdateAllData 中，并用 itoa 函数将其转换成 char 型的 CUpdateAllData，再通过 SendMsg 发送出去。

UpdateAllData 数据定义：共 7 位，最高位固定为 1，其后依次是 i、j、InfoArray[i][j]、Prei、Prej。其中 InfoArray[i][j]为两位数，不足两位时十位加 0（如红方炮 InfoArray 代码是 6，此处应为 06）。(i, j)、(Prei, Prej)表示终点和起始坐标，如“炮二平五”的代码可表示为 1770647（红方炮（InfoArray[Prei][Prej]=6）从坐标(7,7)走至 (4,7) ）。通信代码及其含义如表 15-3。

表 15-3 代码含义

代码	含义
10000	邀请对方联机而定义的专用代码
10001	接受对方邀请而返回的专用代码
10002	一方强行退出时发消息反馈通知另一方的专用代码
1000101～1891679	走法的代码范围
其他	聊天信息

已经给出了发出邀请和接受邀请的代码：10000 和 10001。要与局域网内其他机器通信，必须知道对方 IP 地址（或主机名），在窗口中加入一个编辑框，用于接收用户输入的 IP 地址（或主机名），除此之外还需要增加一个编辑框用于获得与程序绑定的端口，用于传输数据（本程序默认绑定的端口是 5050）。

当甲方向乙方发出邀请后，乙方收到信息并弹出对话框询问用户是否接受，如选择接受，乙方将自动保存甲方 IP 地址至变量 ClientAddr，同时返回 10001 给甲方并初始化棋盘等待甲方走棋，甲方收到 10001 将提示用户对方已接受，并初始化棋盘等待甲方走棋。

15.8.3　数据更新

在 WM_LBUTTONDOWN 消息响应中，对于正确的行棋，将通过一个 if 语句来判断是否处于联机状态以决定是否发送走法数据；成功联机 bool 型的变量 Online 将被赋值为 TRUE。

UpdateAllData 的值取法：

UpdateAllData=1*1000000+i*100000+j*10000+InfoArray[Prei][Prej]*100+Prei*10+Prej；

将 UpdateAllData 用 itoa 转换成 char 型的 CUpdateAllData 通过 SendMsg 发送给对方。接受方根据对方发送数据的范围判断应该执行哪步操作，对于 1000101～1891679 范围的代码（即走法代码），通过下面语句与 i、j、InfoArray[i][j]、Prei、Prej 一一对应：

```
i=(ibuf/100000)%(ibuf/1000000*10);
j=(ibuf/10000)%(ibuf/100000*10);
ijvalue=(ibuf/100)%(ibuf/10000*10);
Prei=(ibuf/10)%(ibuf/100*10);
Prej=ibuf%(ibuf/10*10);
```

其中，ibuf=UpdateAllData，ijvalue= InfoArray[i][j]，简单来说就是 UpdateAllData 取值的逆运。下面的操作只需更改相关 InfoArray 的值：

```
InfoArray[i][j]=ijvalue;
InfoArray[Prei][Prej]=0;
```

并调用 InvalidateRect 函数来刷新视图即可。

15.8.4　聊天功能

在平台中加入聊天功能可增加双方对弈时的乐趣，而且本身实现起来并不难。信息收发和着法数据的收发较为类似。

首先，在窗口中加入两个编辑框，分别用来显示接收的聊天信息和输入发送的信息，再添加一个发送按钮，并通过此按钮完成信息发送。在该按钮的消息响应中通过 CComm 类的 SendMsg 函数完成聊天信息的发送，这里跟棋步通信类似。接收信息处理起来比较简单，可以在聊天信息前加入特定代码，接收方验证到特定代码后直接在编辑框显示即可。

15.9 棋子操作

15.9.1　获取点击

用户的操作主要是通过点击鼠标的消息响应来完成的。消息就是指 Windows 发出的一个通知，告诉应用程序某个事情发生了。例如，单击鼠标、改变窗口尺寸、按下键盘上的一个键都会使 Windows 发送一个消息给应用程序。消息本身是作为一个记录传递给应用程序的，这个记录中包含了消息的类型以及其他信息。这里在 Windows 消息响应中添加鼠标左键消息

——WM_LBUTTONDOWN。当用户点击左键时，调用 GetCursorPos()函数获得点击点的坐标信息，并将屏幕坐标转换至窗口坐标（用屏幕坐标减去窗口的左上角坐标），再根据棋盘范围决定是否响应此次点击（通过 if()语句来判断，条件为点击点在棋盘内）。对于有效的点击，我们不妨先将其转换成 xArray[i][j]和 yArray[i][j]的形式：

设窗口左上角坐标为（a,b），GetCursorPos()函数获得的屏幕坐标为（x,y），以(a,b)为原点坐标，则（x-a,y-b）即为点击点在窗口中的坐标，设棋盘底格位图在窗口中以坐标（c,d）为左上角输出，则点击点在以（c,d）为坐标原点的坐标系中的坐标为（x-a-c,y-b-d），设为（X，Y）。转换成 Array[i][j]形式时只需把 X、Y 分别除以 50（50 是格点间距）即可，即 i=X/50，j=Y/50，这样再通过判断 InfoArray[i][j]的值就可以知道用户的操作了。需要说明的是，有时候用户即使是在棋盘范围内点击，若用户点击点在两颗棋子之间，则需要做进一步的判断：（X-i*50）>35 时，横坐标点更新为 i+1；（X-i*50）<15 时横坐标点还为 i；其他情况为无效点击。（Y-j*50）>35 时，纵坐标点更新为 j+1；（Y-j*50）<15 时纵坐标点还为 j；其他情况为无效点击。

这样只有点在以棋子中心为圆心半径小于 15 像素的情况下才视为有效点击，极大地方便了使用者（静态棋子半径为 23 像素）。

操作响应流程图如图 15-7 所示。

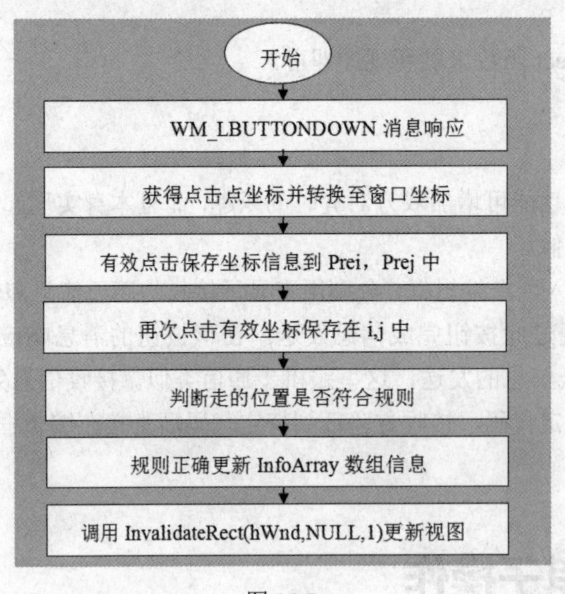

图 15-7

15.9.2 走棋判断

一次完整的操作需要两组坐标信息，这里引入 Prei 和 Prej 用来保存前次操作坐标。这样着法“炮二平五”对应的操作为点击(xArray[7][7]，yArray[7][7])，赋值 Prei=7，Prej=7，再次点击(xArray[4][7]，yArray[4][7])，并赋值 i=4、j=7，InfoArray 信息改变{InfoArray[Prei][Prej]=0；InfoArray[i][j]=6}。

这里有两个比较重要的变量：一个是 RedOrBlack，值为 0 时表示红方出棋，此时如果点击黑子就会忽略操作，值为 1 则黑方出棋；另一个是 GetChessman，值为 0 表示未拿起棋子，此时如果点击正确的棋子（InfoArray[i][j]不等于 0，且黑红与 RedOrBlack 一致），其值变为 1，表示已拿起棋子，等待下一步操作。操作是否可行还需要通过 Case 语句选择该棋子的规则来约束。

15.9.3　光标变化

用户选中棋子除了动态显示，光标的改变也是比较人性化的设计。光标变化如图 15-8 所示。

图 15-8

当棋子被选中时，光标改变成手形，而放下棋子光标恢复默认，函数 SetCursor 可以帮助我们实现这个功能，首先需要从 Windows 下的 Cursors 文件夹（该文件夹下包含丰富的光标资源）复制出 hnwse.cur 这个光标文件并在 VC2017++中将其定义为“HAND”的光标资源。当用户拿起棋子时，通过下面的代码实现光标改变：

```
SetCapture(hWnd);
HCURSOR hcursor;
hcursor=LoadCursor(hInst,"HAND");
SetCursor(hcursor);
```

当操作完毕时，调用 ReleaseCapture()恢复默认光标。

15.10　主框架重要函数解析

15.10.1　WinMain 函数

我们的程序是一个 Win32 程序，也就是没有用到 MFC，直接在 Win32 API 函数基础上开发的。函数的入口是 WinMain。该函数首先根据机器分辨率调整窗口位置，然后加载字符串、注册应用程序、创建并显示窗口，最后启动消息循环。代码如下：

```
int APIENTRY WinMain(HINSTANCE hInstance,
                     HINSTANCE hPrevInstance,
                     LPSTR     lpCmdLine,
                     int       nCmdShow)
{
```

```
//根据机器分辨率调整窗口位置
DEVMODE m_DisplayMode;
EnumDisplaySettings(NULL,ENUM_CURRENT_SETTINGS,&m_DisplayMode);
   wcX=m_DisplayMode.dmPelsWidth/2-650/2;
wcY=m_DisplayMode.dmPelsHeight/2-550/2;
if(m_DisplayMode.dmPelsWidth<=680)
{
    wcX=5;
}
if(m_DisplayMode.dmPelsHeight<=600)
    wcY=5;

MSG msg;
HACCEL hAccelTable;

// 加载全局字符串资源
LoadString(hInstance, IDS_APP_TITLE, szTitle, MAX_LOADSTRING);
LoadString(hInstance, IDC_CHESS, szWindowClass, MAX_LOADSTRING);
MyRegisterClass(hInstance); //注册应用程序

// Perform application initialization:
if (!InitInstance (hInstance, nCmdShow)) // 创建并显示窗口
{
    return FALSE;
}

hAccelTable = LoadAccelerators(hInstance, (LPCTSTR)IDC_CHESS);//加载快捷键

while (GetMessage(&msg, NULL, 0, 0)) //启动主窗口的消息循环
{
    if (!TranslateAccelerator(msg.hwnd, hAccelTable, &msg))
    {
        TranslateMessage(&msg);
        DispatchMessage(&msg);
    }
}

return msg.wParam;
}
```

15.10.2 InitInstance 函数

该函数创建并显示窗口。代码如下：

```
BOOL InitInstance(HINSTANCE hInstance, int nCmdShow)
{
// HWND hWnd;
hInst = hInstance; // Store instance handle in our global variable
hWnd = CreateWindow(szWindowClass, szTitle, WS_POPUPWINDOW,//创建主窗口
    wcX, wcY, 650, 550, NULL, NULL, hInstance, NULL);
```

```
    if (!hWnd)
        return FALSE;

    ShowWindow(hWnd, nCmdShow); //显示窗口
    UpdateWindow(hWnd);//刷新窗口

    return TRUE;
}
```

15.11 通信函数解析

我们实现的是一个网络对战平台，通信功能自然不可少。为此我们定义了通信类 CComm。我们的通信协议采用 UDP，主要设计通信双方的数据收发。下面解析重要的成员函数。

15.11.1 Listen 函数

该函数创建套接字，创建线程接收对方数据。

```
bool CComm::Listen(int PortNum)
{
 //创建 SOCKET
 ListenSocket = socket(PF_INET,SOCK_DGRAM,0);
 if( ListenSocket == INVALID_SOCKET )
 {
     MessageBox(hWnd,"Error:socket 创建失败","warning",0);
     return false;
 }
 //设定地址
 srv.sin_family = PF_INET;
 srv.sin_addr.s_addr = htonl( INADDR_ANY );//任何地址
 //确定绑定端口
 srv.sin_port = htons(PortNum);
 if (bind(ListenSocket,(struct sockaddr *)&srv,sizeof(srv)) != 0)
 {
        MessageBox(hWnd,"Error:绑定失败","warning",0);
     closesocket(ListenSocket);
     return false;
 }

 int ThreadID;   //线程 ID
 DWORD thread;
 //调用 createthread 创建线程

 ThreadID=(int)CreateThread(NULL,0,(LPTHREAD_START_ROUTINE)(CComm::ListenTh
read),(void *)this,0,&thread);
 ThreadID = ThreadID ? 0 : 1;   //如果成功，返回 0
```

```
    if(ThreadID)
    {
        MessageBox(hWnd,"线程创建失败","warning",0);
        return false;

    }
    else
        return true;
}
```

15.11.2 ListenThread 函数

该函数是一个线程函数，数据的接收是通过线程来实现的。代码如下：

```
void *CComm::ListenThread(void *data)
{
char buf[4096];
CComm *Comm = (CComm *)data;
//获得地址长度
int len = sizeof(Comm->client);
//获得数据
while(1)//一直循环
{
    //接收数据
    int result =
recvfrom( Comm->ListenSocket,buf,sizeof(buf)-1,0,(sockaddr*)&Comm->client,(soc
klen_t *)&len);

    //如果获得数据
    if(result>0)
    {

        buf[result]=0;

        int ibuf;
        ibuf=atoi(buf);


        //当发送的是字符串时,atoi(buf)的值是0
        if(ibuf==0)
        {
            int MsgLen;
            char temp[256];
            MsgLen=GetWindowTextLength(hEditMsg2)+1;

            GetWindowText(hEditMsg2,temp,MsgLen);
            SetWindowText(hEditMsg1,temp);
            SetWindowText(hEditMsg2,buf);
            //  MessageBox(hWnd,buf,"wait",0);

        }
```

```
        if(ibuf==10000)
        {
            if(IDYES==MessageBox(hWnd,"网内有人邀请您联机,接受吗?","是否接受
",MB_YESNO))
            {
                Accept=true;
                NetExit=true;
                ClientAddr=inet_ntoa(Comm->client.sin_addr);
                ClientPort=ntohs(Comm->client.sin_port);
                MessageBox(hWnd,"您是黑色方，请等待对方走棋","wait",0);
                mytrun=0;
            }
        }
        if(ibuf==10001)
        {
            MessageBox(hWnd,"对方已经接受邀请","接受",0);
            Accept2=true;
            NetExit=true;
            ClientAddr=inet_ntoa(Comm->client.sin_addr);
            ClientPort=ntohs(Comm->client.sin_port);
            mytrun=1;
            //  MessageBox(hWnd,Client,"ok",0);
        }

        //强行退出时会发消息反馈通知另一方
        if(ibuf==10002)
        {
            MessageBox(hWnd,"对方已经逃跑!","^_^",0);

            EnableWindow(GetDlgItem(hWnd,IDB_SEND),true);

            mytrun=0;

        }
        if(ibuf>1000000)
        {
            mytrun=1;

            // i,j,Prei,Prej,ijvalue 具体定义参见 WM_LBUTTONDOWN 消息响应
            int i,j,Prei,Prej,ijvalue;
            //  取出对应数的值
            i=(ibuf/100000)%(ibuf/1000000*10);
            j=(ibuf/10000)%(ibuf/100000*10);
            ijvalue=(ibuf/100)%(ibuf/10000*10);
            Prei=(ibuf/10)%(ibuf/100*10);
            Prej=ibuf%(ibuf/10*10);

            //备份坐标回看之用
            ReplayX1=Prei,ReplayY1=Prej,ReplayX2=i,ReplayY2=j;
            //
```

```
            if(InfoArray[i][j]==5)
            {
                MessageBox(hWnd,"黑方胜利，您输了","winner",0);
                win=true;
                NetExit=false;
            }

            if(InfoArray[i][j]==15)
            {
                MessageBox(hWnd,"红方胜利，您输了","winner",0);
                win=true;
                NetExit=false;
            }

            InfoArray[Prei][Prej]=0;
            if(ijvalue>8)
            {
                RedOrBlack=0;
            }
            else
            {
                RedOrBlack=1;
            }
            InfoArray[i][j]=ijvalue;

            InvalidateRect(hWnd,NULL,1);
        }
    }
}
}
```

15.11.3 SendMsg 函数

该函数发送消息到对方。代码如下：

```
bool CComm::SendMsg(char *Msg,int Len,char *host,short port)
{
 signed int Sent;
 hostent *hostdata;
 if( atoi(host) )//是否 IP 地址为标准形式
 {
     u_long ip = inet_addr( host );
     hostdata = gethostbyaddr((char *)&ip,sizeof(ip),PF_INET);
 }
 else
 {
     hostdata = gethostbyname(host);
 }
 if( !hostdata )
 {
```

```
        MessageBox(hWnd,"获得的计算机名错误","warning",0);
        return false;
    }
    //设定目标地址 dest
    sockaddr_in dest;  //发送目标地址
    dest.sin_family = PF_INET;
    dest.sin_addr = *(in_addr *)(hostdata->h_addr_list[0]);
    dest.sin_port = htons( port );


    //调用函数 sendto 数据发送
    Sent = sendto(ListenSocket,Msg,Len,0,(sockaddr *)&dest,sizeof(sockaddr_in));
    if( Sent != Len )
    {
        char CErr[10];
        int nSockErr;
        nSockErr=WSAGetLastError();
        itoa(nSockErr,CErr,10);

        MessageBox(hWnd,CErr,"退出",0);
        return false;
    }
    return true;
}
```

15.12 象棋业务逻辑重要函数解析

15.12.1 Graphics 函数

该函数用来绘制一个棋子。函数代码如下：

```
void Graphics(int x,int y,int RorB,LPCTSTR ChessmanName)
{
    HFONT hf_Red;//定义字体
    hf_Red=CreateFont(32,0,0,0,FW_HEAVY,0,0,0,ANSI_CHARSET,OUT_DEFAULT_PRECIS,
CLIP_DEFAULT_PRECIS,DEFAULT_QUALITY,DEFAULT_PITCH|FF_DONTCARE,"红体");
    HPEN hPen;   //定义画笔
    hPen=CreatePen(PS_SOLID,2,RGB(30,30,30));  //创建画笔

    SelectObject(hdc,hPen); //把新的画笔选择进 hdc
    SetBkColor(hdc,RGB(255,255,255)); //设置背景色为全白

    if(RorB==1)
    {
        SetTextColor(hdc,RGB(255,0,0));
    }
```

```
    else
    {
        SetTextColor(hdc,RGB(0,0,0));
    }
    //调用椭圆画图函数
    Ellipse(hdc,xArray[x][y]-23,yArray[x][y]-23,xArray[x][y]+23,yArray[x][y]+2
3);
    SelectObject(hdc,hf_Red);
    //画出棋子上的名字，比如帅、车等
    TextOut(hdc,xArray[x][y]-14,yArray[x][y]-16,ChessmanName,strlen(ChessmanNa
me));
    }
```

15.12.2 Draw 函数

该函数在某个位置绘制某个棋子：

```
   void Draw(int x,int y,int info)
   {
    switch(info)
    {
        //绘制红方棋子
       case 7:
        Graphics(x,y,1,"兵");
        break;
       case 6:
        Graphics(x,y,1,"炮");
        break;
    case 5:
        Graphics(x,y,1,"帅");
        break;
    case 4:
        Graphics(x,y,1,"仕");
        break;
    case 3:
        Graphics(x,y,1,"相");
        break;
       case 2:
        Graphics(x,y,1,"马");
        break;
    case 1:
        Graphics(x,y,1,"车");
        break;

        //绘制黑方棋子
    case 17:
        Graphics(x,y,0,"卒");
        break;
       case 16:
        Graphics(x,y,0,"炮");
        break;
```

```
case 15:
    Graphics(x,y,0,"将");
    break;
case 14:
    Graphics(x,y,0,"士");
    break;
case 13:
    Graphics(x,y,0,"象");
    break;
   case 12:
    Graphics(x,y,0,"马");
    break;
case 11:
    Graphics(x,y,0,"车");
    break;
default:
    break;
}
}
```

15.12.3　InitChessBoard 函数

该函数的作用是初始化棋盘。代码如下：

```
void InitChessBoard()
{
//初始化 win: win=true 表示已有一方胜利
win=false;
//初始化 GetChessman: 0 表示未获得棋子 1 表示获得
GetChessman=0;
//初始化 RedOrBlack:  0 表示红方出      1 表示黑方
RedOrBlack=0;
//赋值 xArray[][]和 yArray[][]
int i=0,j=0;
for(i=0;i<9;i++)
{
                         for(j=0;j<10;j++)
                         {
                             xArray[i][j]=cX+50*i;
                             yArray[i][j]=cY+50*j;
                         }
}
for(i=0;i<9;i++)
{
    xArray[i][9]=cX+50*i;
    yArray[i][9]=cY+450;
}

//对 InfoArray[9][10]赋值：全部清零
for(i=0;i<9;i++)
{
```

```
                        for(j=0;j<10;j++)
                        {
                            InfoArray[i][j]=0;
                        }
    }
    //赋值 InfoArray[9][10] ::  0:空位 1:红方[车] 2:红方[马] 3:红方[相] 4: 红方[士]
    //5:红方[帅] 6:红方[炮] 7:红方[兵]

    yArray[1][0]=cY;

    InfoArray[0][0]=InfoArray[8][0]=11; //黑方车位

    InfoArray[1][0]=InfoArray[7][0]=12;

    InfoArray[2][0]=InfoArray[6][0]=13;
    InfoArray[3][0]=InfoArray[5][0]=14;
    InfoArray[4][0]=15;                //将位
    InfoArray[1][2]=InfoArray[7][2]=16; //炮位
    InfoArray[0][3]=InfoArray[2][3]=InfoArray[4][3]=InfoArray[6][3]=InfoArray[
8][3]=17;//卒位

    InfoArray[0][9]=InfoArray[8][9]=1; //红方车位
    InfoArray[1][9]=InfoArray[7][9]=2;
    InfoArray[2][9]=InfoArray[6][9]=3;
    InfoArray[3][9]=InfoArray[5][9]=4;
    InfoArray[4][9]=5;                //帅位
    InfoArray[1][7]=InfoArray[7][7]=6; //炮位
    InfoArray[0][6]=InfoArray[2][6]=InfoArray[4][6]=InfoArray[6][6]=InfoArray[
8][6]=7;//兵位
    //
    }
```

15.12.4 ChessRule 函数

该函数真正实现象棋走棋这个业务逻辑的函数，比较重要。代码如下：

```
    //此函数判断走棋规则
    bool ChessRule(int x1,int y1,int x2,int y2,int info1,int info2)   //(x1,y1):
原棋坐标，(x2,y2):欲行至坐标,info1,2 :两坐标点信息)
    {

    hf_Win=CreateFont(24,0,0,0,FW_HEAVY,0,0,0,ANSI_CHARSET,OUT_DEFAULT_PRECIS,
CLIP_DEFAULT_PRECIS,DEFAULT_QUALITY,DEFAULT_PITCH|FF_DONTCARE,"红体");
    //判断帅将是否会面,另请参见 case 5 ,case 15 处//
    int SamePosition=0;
    for(int i=y1-1;i>=0;i--)
    {
        if(InfoArray[x1][i]==15)
        {
            SamePosition=1;
            break;
```

```
        }
        else
        {
            if(InfoArray[x1][i]>0)
                break;
        }
    }

    for(int j=y1+1;j<=9;j++)
    {
        if(InfoArray[x1][j]==5)
        {

            SamePosition=SamePosition+1;
            break;
        }
        else
        {

            if(InfoArray[x1][j]>0)
            {
                break;
            }
        }
    }
    if(SamePosition==2&&x1!=x2)
    {
        SetTextColor(hdc,RGB(255,0,0));
        SelectObject(hdc,hf_Win);
        TextOut(hdc,10,400,"将帅不会面!",strlen("将帅不会面!"));
        return false;
    }
    //针对炮隔将(帅)打子的特例:
    if(SamePosition==2&&x1==x2&&(info1==6||info1==16))
    {
        //针对红方炮
        if(y2==0||y2==1)
        {
            if(InfoArray[x1][y2+1]==15||InfoArray[x1][y2+2]==15)
            {
                SetTextColor(hdc,RGB(255,0,0));
                SelectObject(hdc,hf_Win);
                TextOut(hdc,10,400,"将帅不会面!",strlen("将帅不会面!"));
                return false;
            }
        }
        //
        //针对黑方炮
        if(y2==8||y2==9)
        {
            if(InfoArray[x1][y2-1]==5||InfoArray[x1][y2-2]==5)
```

```
            {
                SetTextColor(hdc,RGB(255,0,0));
                SelectObject(hdc,hf_Win);
                TextOut(hdc,10,400,"将帅不会面!",strlen("将帅不会面!"));
                return false;
            }
        }
        //
    }


    //判断所吃棋子是否是己方棋子
    if((info1<8&&info2<8&&info1>0&&info2>0)||(info1>8&&info2>8))
    {
        return false;
    }
    //
    //将原棋位信息大于 10 的转换为 0~7,但是 3，13(相/象)，7、17(兵/卒),4、14(士),5、15(将/
帅)不转换,因为要限制坐标
    if(info1>10&&info1!=13&&info1!=14&&info1!=15&&info1!=17){info1-=10;}
    //
    switch(info1){

        // case 1 对应“车”的规则////////////
    case 1:
        if(x1==x2||y1==y2)
        {
            //判断两坐标之间是否有其他棋子
            if(x1==x2)
            {
                if(y1>y2)
                {
                    for(y2++;y2<y1;y2++)
                    {
                        if(InfoArray[x1][y2]>0)
                        {
                            return false;
                        }
                    }
                }
                else
                {
                    for(y1++;y1<y2;y1++)
                    {
                        if(InfoArray[x1][y1]>0)
                        {
                            return false;
                        }
                    }
                }
            }
```

```
        else
        {
            if(x1>x2)
            {
                for(x2++;x2<x1;x2++)
                {
                    if(InfoArray[x2][y1]>0)
                    {
                        return false;
                    }
                }
            }
            else
            {
                for(x1++;x1<x2;x1++)
                {

                    if(InfoArray[x1][y1]>0)
                    {
                        return false;
                    }
                }
            }
        }
        //
        return true;
    }
    // case 2 判断“马”的规则
  case 2:
    if((abs(x2-x1)==1&&abs(y2-y1)==2)||(abs(x2-x1)==2&&abs(y2-y1)==1))
    {
        if(abs(x2-x1)==1)
        {
            if(InfoArray[x1][(y1+y2)/2]>0)
            {
                return false;
            }
            return true;
        }
        else
        {
            if(InfoArray[(x1+x2)/2][y1]>0)
            {
                return false;
            }
            return true;
        }
    }
    else
    {
        return false;
```

```
    }

    // case 3 判断红“相”的规则
   case 3:
    //y2 小于 5,即坐标过界,return false;
    if(y2<5)
    {
        return false;
    }
    if(abs(x2-x1)==2&&abs(y2-y1)==2&&InfoArray[(x2+x1)/2][(y2+y1)/2]==0)
    {
        return true;
    }

    ////////////

    // case 13 判断黑“象”的规则
   case 13:
    //y2 大于 4,即坐标过界,return false;
    if(y2>4)
    {
        return false;
    }
    if(abs(x2-x1)==2&&abs(y2-y1)==2&&InfoArray[(x2+x1)/2][(y2+y1)/2]==0)
    {
        return true;
    }

    ///////////////

    // case 4 判断红“士”的规则
case 4:
    if(abs(x2-x1)==1&&abs(y2-y1)==1&&x2>2&&x2<6&&y2>6)
    {
        return true;
    }
    return false;
    //
    // case 14 判断黑“士”的规则
case 14:
    if(abs(x2-x1)==1&&abs(y2-y1)==1&&x2>2&&x2<6&&y2<3)
    {
        return true;
    }
    return false;
    //
    // case 5 判断红“帅”的规则
case 5:
    if((x2==x1||y2==y1)&&(abs(y2-y1)==1||abs(x2-x1)==1)&&x2>2&&x2<6&&y2>6)
    {
        //判断帅将是否会面,另请参见函数开始处//
```

```
if(InfoArray[x2][0]==15||InfoArray[x2][1]==15||InfoArray[x2][2]==15)
        {
            for(int Prej=y2-1;Prej>=0;Prej--)
            {
                if(InfoArray[x2][Prej]==15)
                {
                    SetTextColor(hdc,RGB(255,0,0));
                    SelectObject(hdc,hf_Win);
                      TextOut(hdc,10,400,"将帅不会面!",strlen("将帅不会面!"));

                        return false;
                }
                else
                {
                    if(InfoArray[x2][Prej]>0)
                    {
                        return true;
                    }
                }
            }

        }
        return true;
    }
    return false;

    //
    // case 15 判断黑“将”的规则
case 15:
    if((x2==x1||y2==y1)&&(abs(y2-y1)==1||abs(x2-x1)==1)&&x2>2&&x2<6&&y2<3)
    {
        //判断帅将是否会面,另请参见函数开始处//
        if(InfoArray[x2][9]==5||InfoArray[x2][8]==5||InfoArray[x2][7]==5)
        {
            for(int Prej=y2+1;Prej<=9;Prej++)
            {
                if(InfoArray[x2][Prej]==5)
                {
                    SetTextColor(hdc,RGB(255,0,0));
                    SelectObject(hdc,hf_Win);
                    TextOut(hdc,10,400,"将帅不会面!",strlen("将帅不会面!"));
                    return false;
                }
                else
                {
                    if(InfoArray[x2][Prej]>0)
                    {
                        return true;
                    }
                }
```

```
            }

        }
        return true;
    }
    return false;

    //
    // case 6 判断“炮”的规则::可参考“车”
case 6:
    if(x1==x2||y1==y2)
    {
        //记录两坐标间棋子个数
        int NOCount=0;
          //
        if(x1==x2)
        {
            if(y1>y2)
            {
                for(y2++;y2<y1;y2++)
                {
                    if(InfoArray[x1][y2]>0)
                    {
                        NOCount++;
                        if(NOCount>1)
                            return false;
                    }
                }
                //炮走空位的情况
                if(NOCount==0&&info2==0)
                {
                    return true;
                }
                //
                //炮隔子吃掉棋子的情况
                if(NOCount==1&&info2>0)
                {
                    return true;
                }
            }
            else
            {
                for(y1++;y1<y2;y1++)
                {
                    if(InfoArray[x1][y1]>0)
                    {
                        NOCount++;
                        if(NOCount>1)
                            return false;
                    }
                }
```

```
                //炮走空位的情况
                if(NOCount==0&&info2==0)
                {
                    return true;
                }
                //
                //炮隔子吃掉棋子的情况
                if(NOCount==1&&info2>0)
                {
                    return true;
                }
            }

        }
        else
        {
            if(x1>x2)
            {
                for(x2++;x2<x1;x2++)
                {
                    if(InfoArray[x2][y2]>0)
                    {
                        NOCount++;
                        if(NOCount>1)
                            return false;
                    }
                }
                //炮走空位的情况
                if(NOCount==0&&info2==0)
                {
                    return true;
                }
                //
                //炮隔子吃掉棋子的情况
                if(NOCount==1&&info2>0)
                {
                    return true;
                }
            }
            else
            {
                for(x1++;x1<x2;x1++)
                {
                    if(InfoArray[x1][y2]>0)
                    {
                        NOCount++;
                        if(NOCount>1)
                            return false;
                    }
                }
                //炮走空位的情况
```

```
                if(NOCount==0&&info2==0)
                {
                    return true;
                }
                //
                //炮隔子吃掉棋子的情况
                if(NOCount==1&&info2>0)
                {
                    return true;
                }
            }
        }
    }
    else
    {
        return false;
    }
    return false;
    //
    // case 7 判断红“兵”的规则
case 7:
    if(y2>y1)
    {
        return false;
    }
    //兵过界
    if(y1<5)
    {
        if((x2==x1||y2==y1)&&(abs(y2-y1)==1||abs(x2-x1)==1))
        {
            return true;
        }
    }
    else
    {
        if(x2==x1&&(abs(y2-y1)==1||abs(x2-x1)==1))
        {
            return true;
        }
        else
        {
            return false;
        }
    }
    //
    // case 17 判断黑“卒”的规则
case 17:
    if(y2<y1)
    {
        return false;
    }
```

```
        //兵过界
        if(y1>4)
        {
            if((x2==x1||y2==y1)&&(abs(y2-y1)==1||abs(x2-x1)==1))
            {
                return true;
            }
        }
        else
        {
            if(x2==x1&&(abs(y2-y1)==1||abs(x2-x1)==1))
            {
                return true;
            }
            else
            {
                return false;
            }
        }
        //
    default:    return false;
    }
    return false;
}
```

第 16 章

WinPcap编程

16.1 什么是 WinPcap

WinPcap（Windows Packet Capture）是一个基于 Win32 平台的，用于捕获网络数据包并进行分析的开源库。实际上，WinPcap 是一个由 Linux 平台下的 libpcap 迁移到 Window 平台下的一个开源函数库，该函数库提供用户访问网络底层数据的功能，是一个免费、开放的计算机网络访问系统。

大多数网络应用程序通过操作系统网络组件接口来访问网络，比如 Winsockets。这是一种简单的实现方式，因为操作系统已经妥善处理了底层具体实现细节（比如协议处理、封装数据包等），并且提供了一个与读写文件类似的、令人熟悉的接口。然而，有些时候，这种“简单的方式”并不能满足任务的需求，因为有些应用程序需要直接访问网络中的数据包。也就是说，某些应用程序需要访问原始数据包，即没有被操作系统利用网络协议处理过的数据包。WinPcap 产生的目的就是为 Win32 应用程序提供这种访问方式。

16.2 WinPcap 的历史

WinPcap 的设计和使用方法跟 libpcap 相似，这是因为 WinPcap 是由 libpcap 在不同的环境下移植生成的。Lawrence Berkeley 实验室及其投稿者与美国加州大学在 1991 年联合推出了这个数据包捕获框架。当年 3 月份，他们推出了该软件的 1.0 版本，目的是为用户提供 BPF 过滤机制；1999 年 8 月份，又推出了 2.0 版，在该版本中，增加了内核缓存机制并将 BPF 过滤机制加入到系统内核中；两年后，又推出了该框架的 2.1 版本，该版同时支持多种网络类型，可谓是先前几大版本的升级产品。2003 年 1 月，推出了 3.0 版，增加了 BPF 优化策略，并向 wpcap.dl 函数库中增加了一些新的函数。现在 WinPcap 的最新版本是 4.1.3，大家可以在网址 www.WinPcap.org 上下载这个软件及相应的函数库。由于他们也提供了好多用于学习的参考资料和文档，因此学习起来相对容易，给编程爱好者提供了极大的帮助。

16.3 WinPcap 的功能

WinPcap 的作用是使得系统中的应用程序能够访问网络底层数据信息，该系统仅仅是监控网络中传输的数据信息，不能用来阻塞、过滤及控制一些应用程序的数据报发送。由于 WinPcap 的应用，现在许多基于 Linux 平台下的网络应用程序都可以较方便地被移植到 Windows 平台下，这得益于 WinPcap 为用户提供了多种编程接口，并且能与 libpcap 兼容的优点。WinPcap 在内核封装实现了数据包的捕获和过滤功能，这是由 WinPcap 的核心部分 NPF 实现的。另外，NPF 还考虑了内核的统计功能，有利于开发基于网络流量问题的程序。WinPcap 的执行效率很高，原因在于它充分考虑了系统各种性能的优化。WinPcap 常常具有下面的功能：

（1）捕获原始数据包，无论它是发往某台机器的还是在其他设备（共享媒介）上进行交换的。

（2）在数据包发送给某应用程序前，根据用户指定的规则过滤数据包。

（3）将原始数据包通过网络发送出去。

（4）收集并统计网络流量信息。

以上这些功能需要借助安装在 Win32 内核中的网络设备驱动程序才能实现，再加上几个动态链接库 DLL。

16.4 WinPcap 的应用领域

WinPcap 可以被用来制作许多类型的网络工具，比如具有分析、解决纷争、安全和监视功能的工具。特别地，一些基于 WinPcap 的典型应用有：

- 网络与协议分析器（network and protocol analyzers）。
- 网络监视器（network monitors）。
- 网络流量记录器（traffic loggers）。
- 网络流量发生器（traffic generators）。
- 用户级网桥及路由（user-level bridges and routers）。
- 网络入侵检测系统（network intrusion detection systems，NIDS）。
- 网络扫描器（network scanners，security tools）。

当前，基于 Windows 平台的许多数据包捕获功能的应用软件都采用 WinPcap 技术，比较出名的有以下几种 Windump。

一种网络协议分析软件，功能类似于 Linux 下的 Tcpdump，该软件使用正则表达式，能显示符合正则表达式规定的数据报的头部信息。

Sniffit 嗅探器是基于 Windows 平台开发的。最初，它是由 Lawrence Berkeley 实验室研发的，现在已经可以很方便地运行在各种系统平台上，比如 Windows、Linux、 Solaris、SGI 等，提供了许多其他 Sniffit 软件所不具备的功能，并且支持插件功能和脚本。同时可以使用 TOD 插件，如果该插件想要和目的主机断开连接，可以通过事先向该目的主机发送 RST 信息包完成。

这里先介绍一款国产的基于 Windows 平台下的网络交换嗅探器——Arpsniffer。其作者是中国的知名黑客软件编写者小榕。该软件可以跨网络实现网络信息的实时监控。黑客软件流光 5.0 是另外一款由小榕开发的嗅探器软件。在该软件中，作者加入了 Remote ANS（ Remote ARI Network Sniffer）远程 ARI 网络嗅探功能，并利用 Sensor/GUI 结构作为设计思想。该软件可以对远程路由进行嗅探，以此获取远程网络的数据包。这个功能通常就是我们所说的网络嗅探。

Ethereal 是一款功能强大的网络协议分析软件，可以支持众多平台，代码开放，目前在全球已经相当流行。它可以实时地检测网络通信信息，也能查看捕获的网络通信数据快照。其界面是基于图形的，因此在该软件上浏览数据信息以及查看网络数据包里面的高级信息变得异常方便。此外，Wireshark 还包含强显示过滤语言、查看 TCP 会话重构信息的能力等另外一些强大的其他功能。Ethereal 最初是由 Gerald Combs 团队开发的，接着由 Ethereal 团队开发。该软件能够支持 Solaris、Windows、BeOS、Macos 等各种类型的平台。它现在提供强大的协议分析功能，这点是完全可以和一些商用的协议分析软件相媲美的。该软件最早版本于 1998 年发布，由于随后又有大量的志愿者为其添加了新的功能，因此当前该软件可以支持许多解析协议，数量应该有几百种了。该软件在开发的时候具有很强的灵活性。我们很难想象软件的开发过程中有那么多人的参与，但是最后生成的系统却有着较高的兼容性。如果想要在系统中添加一个新的协议解析器，开发者可以很方便地根据软件预留的接口进行相关的开发活动。这些给后续开发带来的方便都是由于该软件具有良好的设计构架造成的。因此，在网络上各种协议层出不穷的今天，要对不同类型的协议进行分析也变得异常困难，也就是说，此时便对协议解析器提出了更高层次的要求。可见，可扩展的具有灵活性的结构成为一个好的协议分析仪应具备的条件。这样处理的话，就可以随时向软件中加入一些相关的操作而不影响其他功能。

16.5 WinPcap 不能做什么

WinPcap 能独立地通过主机协议发送和接收数据，如同 TCP-IP。这就意味着 WinPcap 不能阻止、过滤或操纵同一机器上其他应用程序的通信：它仅仅能简单地“监视”在网络上传输的数据包。所以，它不能提供类似网络流量控制、服务质量调度和个人防火墙之类的支持。

16.6 WinPcap 组成结构

WinPcap 源于 BPF 诞生，里面包含了一些 libpcap 函数，是一种用于网络应用程序开发的工具。该软件包含以下方面的内容：一个 NPF 组件，两个动态链接库（分别为 packet 链接库和 WinPcap 高层链接库）。

WinPcap 支持 Windows 系统内的网络检测，能够实现原始数据包的传输，传输过程中并不采用 TCP/IP 栈协议，并且与网络驱动中的一些硬件信息是分开的。另外，在该软件中还较好地囊括了一些 Windows 调用，源代码对外可见，实现了高速的流量监测和分析过程。

WinPcap 由内核层和用户层软件一起组成，组成结构如图 16-1 所示。

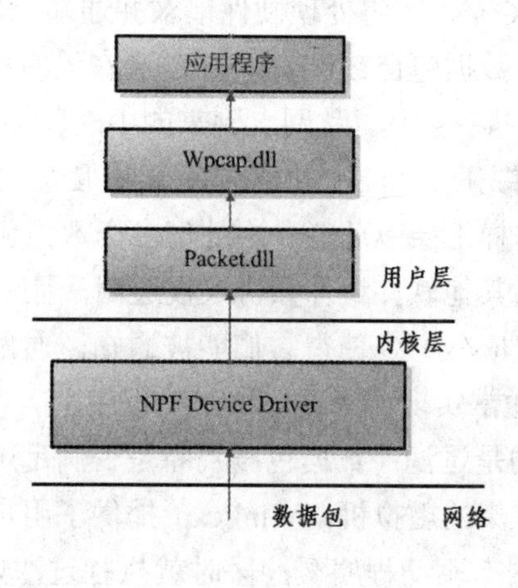

图 16-1

为了获得网络上的原始数据，一个捕获系统需要绕过操作系统协议栈。这就需要有一段程序运行在操作系统内核中直接同网络驱动程序交互。这一段程序是系统独立的，在 WinPcap 中实现为设备驱动程序，叫作 Netgroup Packet Filter（NPF）。NPF 提供基本的功能（如数据包捕获和发送），以及更高级的功能（如可编程过滤系统和监听引擎）。可编程过滤系统可以减少捕获的网络流量，例如它可以只捕获由特定主机发出的 FTP 流量。监听引擎提供了一个强大但简单的获得网络统计信息的机制，例如可以获得网络负载或两台主机交换的数据量。

一个捕获系统必须提供接口给用户应用程序来调用内核功能。WinPcap 提供了两种不同的库：packet.dll 和 wpcap.dll。packet.dll 提供了一个低层的独立于操作系统的可编程 API 来获得驱动程序功能。wpcap.dll 提供了高层的同 libpcap 兼容的捕获接口集。这些接口是包捕获以一种独立于底层网络硬件和操作系统的方式进行。pcap 在我们看来非常底层，其实并不是这样。packet.dll 的实现使用的是 Windows 底层 API——DeviceIoControl。

16.7 WinPcap 内核层 NPF

NPF（Netgroup Packet Filter）是 WinPcap 的内核组件，用于处理在网络上传输的数据包以及给用户层提供包捕获接口。NPF 的一些设计目标或原则是：尽量减少数据包的丢失，在应用程序忙时把数据包存储在缓冲区（减少上下文切换的次数），在一次系统调用中传递多个数据包（传递用户需要的数据包）。

NPF 从网卡驱动程序（NIC）处获取数据。现代网卡（NC）都只有有限的内存。这些内存用于在高连接速度下接收和发送数据包，而不依赖于主机。而且，网卡执行预先检查，比如 CRC 校验，短以太网帧检查，这些数据包被存储在网卡板上，无效的数据包能被马上丢弃。

一个设计良好的设备驱动程序 ISR 只需做很少的事。首先它检查这个中断是否与它相关（单一中断在 X86 机器上能被多个设备共享）。接着，ISR 调度一个低优先级功能（DeferredProcedure Cal，DPC），它将处理硬件请求并通知上层驱动程序（比如数据包捕获驱动程序，协议层驱动程序）数据包已被接收。CPU 会在没有中断请求时（等待）处理 DPC 例程。如果网卡中断程序正在执行操作，从网卡到来的中断就会被取消，这是因为数据包的处理需要在另一个包被处理之前完成。而且，由于中断开销很大，因此现代网卡允许在一个中断上下文中传递多个数据包，这样上层驱动能一次处理多个数据包。

数据包捕获组件通常对于其他软件组件如协议栈透明，因此并不影响标准系统行为。它们仅仅在系统中插入一个钩子（hook），使得它们能被通知，通常是通过一个回调函数 tap()。在 Win32 中数据包捕获组件通常实现为网络协议驱动程序。

回调函数 Tap 首先执行的是过滤：数据包被判断是否满足用户需要。从 BPF 继承的 NPF 过滤引繁是一个具有简单指令集的虚拟机。WinPcap 提供了用户层 API 把过滤表达式转换为虚拟机指令。当数据包仍在网卡驱动程序缓冲区时就执行过滤以避免对不需要的数据包的复制，不过由于它们已被传输到主存中，因此这些数据包已经消耗了总线资源。

被过滤器接受的数据包被添加一些信息，如数据包长度和接收时间戳，这些信息对于应用程序处理数据包很有用。需要的数据包被复制到内核缓冲区，并等待被传输到用户层。缓冲区的大小和结构都会对系统性能产生影响。一个大的设计得好的缓冲区能在网络流量很大时降低用户应用程序缓慢执行产生的代价并减少系统调用数。

用户层应用程序通过读系统调用把数据包从内核缓冲区复制到用户缓冲区，一旦数据被复制到用户层，应用程序马上被唤醒进行数据包的处理。

16.8 WinPcap 的数据结构和主要功能函数

由于 WinPcap 的设计是基于 Libpcap 的，因此它使用了与 Libpcap 相同的数据结构，这里只介绍几个 WinPcap 核心的数据结构。

16.8.1 网络接口的地址

```
struct pcap_addr {
    struct pcap_addr *next;          //指向下一个地址节点
    struct sockaddr *addr;           //网络接口地址
    struct sockaddr *netmask;        //掩码
    struct sockaddr *broadaddr;      //广播地址
    struct sockaddr *dstaddr;        //目标地址
};
```

16.8.2　数据包头的格式

```
struct pcap_pkthdr {
        struct timeval ts;              /* time stamp */
        bpf_u_int32 caplen;             /* length of portion present */
        bpf_u_int32 len;                /* length this packet (off wire) */
};
struct timeval {
        long            tv_sec;         /* seconds (XXX should be time_t) */
        suseconds_t     tv_usec;        /* and microseconds */
};
```

- s: 8 字节的抓包时间，4 字节表示秒数，4 字节表示微秒数。
- caplen: 抓到的数据包数据包长度。
- len: 4 字节的数据包的真实长度，如果文件中保存的不是完整数据包，可能比 caplen 大。

16.8.3　pcap 文件格式

pcap 文件格式是 bpf 保存原始数据包的格式，很多软件都在使用，比如 tcpdump、wireshark 等。了解 pcap 格式可以加深对原始数据包的了解，自己也可以手工构造任意数据包进行测试。

pcap 文件的格式为：

```
文件头        24 字节
数据包头 + 数据包   数据包头为 16 字节，后面紧跟数据包
数据包头 + 数据包   ......
```

pcap.h 里定义了文件头的格式：

```
struct pcap_file_header {
        bpf_u_int32 magic;
        u_short version_major;
        u_short version_minor;
        bpf_int32 thiszone;     /* gmt to local correction */
        bpf_u_int32 sigfigs;    /* accuracy of timestamps */
        bpf_u_int32 snaplen;    /* max length saved portion of each pkt */
        bpf_u_int32 linktype;   /* data link type (LINKTYPE_*) */
};
```

看一下各字段的含义：

- magic: 4 字节的 pcap 文件标识，目前为“d4 c3 b2 a1”。
- major: 2 字节的主版本号（#define PCAP_VERSION_MAJOR 2）。
- minor: 2 字节的次版本号（#define PCAP_VERSION_MINOR 4）。
- thiszone: 4 字节的时区修正，并未使用，目前全为 0。
- sigfigs: 4 字节，精确时间戳，并未使用，目前全为 0。

- snaplen: 4 字节，抓包最大长度，如果要抓全，设为 0x0000ffff（65535）。tcpdump -s 0 就是设置这个参数，默认为 68 字节。
- linktype: 4 字节，链路类型，一般都是 1，表示 ethernet。

比如，图 16-2 是一个例子。

magic	major	minor	thiszone	sigfigs	snaplen	linktype
d4 c3 b2 a1	02 00	04 00	00 00 00 00	00 00 00 00	ff ff 00 00	01 00 00 00

图 16-2

了解了 pcap 文件格式，就可以自己手工构造任意数据包了，可以以录好的包为基础，用十六进制编辑器打开进行修改。

16.8.4 获得网卡列表 pcap_findalldevs

函数 pcap_findalldevs 用来获得网卡列表，声明如下：

```
int pcap_findalldevs(pcap_if_t **alldevsp, char *errbuf);
```

其中，参数 alldevsp 指向 pcap_if_t**类型的列表的指针的指针；errbuf 指向存放当打开列表错误时返回错误信息的缓冲区。函数成功就返回 0，否则返回 PCAP_ERROR。

pcap_if_t 是 pcap_if 重命名而来的：

```
typedef struct pcap_if pcap_if_t;
```

pcap_if 结构体如下：

```
struct pcap_if
{
        struct pcap_if *next;   /*多个网卡时使用来显示各个网卡的信息*/
        char *name;         /* name to hand to "pcap_open_live()" */
        char *description;    /* textual description of interface, or NULL 就是
网卡的型号、名字等*/
        struct pcap_addr *addresses;    //pcap_addr 结构体
        bpf_u_int32 flags;        /* PCAP_IF_ interface flags 接口标志*/
};
```

pcap_addr 结构体如下：

```
struct pcap_addr
{
         struct pcap_addr *next;
         struct sockaddr *addr;               /* address */
        struct sockaddr *netmask;   /* netmask for that address  子网掩码*/
        struct sockaddr *broadaddr;  /* broadcast address for that address 广
播地址*/
        struct sockaddr *dstaddr;       /* P2P destination address for that
address  P2P 目的地址 */
};
```

下面是函数 pcap_findalldevs 的使用片段：

```
    pcap_if_t *alldevs;
    pcap_if_t *d;
    char errbuf[64];
    if (pcap_findalldevs(&alldevs, errbuf) == -1)/* 这个 API 用来获得网卡的列表 */
    {
      fprintf(stderr,"Error in pcap_findalldevs: %s\n", errbuf);
      exit(1);
    }
   for(d=alldevs;d;d=d->next)   /* 显示列表的响应字段内容 */
   {
    printf("%d. %s", ++i, d->name);
    if (d->description)
       printf(" (%s)\n", d->description);
    else
      printf(" (No description available)\n");
  }
```

用 pcap_findalldevs 不能获得网卡的 MAC。有两种方法可以实现，一是向自己发送 arp 包，二是使用 IPHelp 的 API 获得。

16.8.5 释放空间函数 pcap_freealldevs

该函数与 pcap_findalldevs 配套使用，当不再需要网卡列表时，用此函数释放空间。函数声明如下：

```
   void pcap_freealldevs(pcap_if_t *alldevs);
```

其中，参数 alldevs 指向打开网卡列表时申请的 pcap_if_t 型的指针。

使用示例：

```
   pcap_if_t *alldevs;
   ...
   pcap_freealldevs(alldevs);
```

16.8.6 打开网络设备函数 pcap_open_live

该函数用于打开网络设备，返回一个 pcap_t 结构体的指针。函数声明如下：

```
   pcap_t *pcap_open_live(const char *device, int snaplen, int promisc, int to_ms,
char *errbuf);
```

其中，参数 device 指向存放网卡名称的缓冲区；snaplen 表示捕获的最大字节数，如果这个值小于被捕获的数据包的大小，就只显示前 snaplen 位（实验表明，后面为全是 0），通常来讲数据包的大小不会超过 65535；promisc 表示是否开启混杂模式；to_ms 表示读取的超时时间，毫秒为单位，就是说没有必要看到一个数据包这个函数就返回，而是设定一个返回时间，这个时间内可能会读取很多个数据包，然后一起返回，如果这个值为 0，这个函数就一直等待足够多的数据包到来；errbuf 指向存储错误信息的缓冲区。如果函数成功，就返回 pcap_t 型的指针，以后可以供 pcap_dispatch()或 pcap_next_ex()等函数调用；如果失败就返回 NULL，此时可以从参数 errbuf 得到错误信息。

使用示例：

```
    /* Open the adapter */
    if ( (adhandle= pcap_open_live(d->name, // 网卡名称
  65536, // portion of the packet to capture. 65536 grants that the whole packet
will be captured on all the MACs.
               1,        // 混杂模式
               1000,     // 设置超时时间，单位为毫秒
               errbuf    // 发生错误时存放错误内容的缓冲区
               ) ) == NULL)
    {
        fprintf(stderr,"/nUnable to open the adapter. %s is not supported by
WinPcap/n");
        pcap_freealldevs(alldevs);
        return -1;
    }
```

16.8.7 捕获数据包 pcap_loop

该函数用于捕获数据包，且不会响应 pcap_open_live()中设置的超时时间。

```
int pcap_loop(pcap_t *p, int cnt, pcap_handler callback, u_char *user);
```

其中，参数 p 是由 pcap_open_live()返回的打开网卡的指针；cnt 用于设置所捕获数据包的个数；第三个参数是回调函数；user 值一般为 NULL。

第三个参数是回调函数，其原型如下：

```
pcap_callback(u_char* argument,const struct pcap_pkthdr* packet_header,const
u_char* packet_content);
```

其中，参数 argument 是从函数 pcap_loop()传递过来的。注意：这里的参数就是指 pcap_loop 中的 *user 参数；packet_header 表示捕获到的数据包基本信息，包括时间、长度等信息；参数 pcap_content 表示的捕获到的数据包的内容。

值得注意的是，回调函数必须是全局函数或静态函数。使用举例：

```
pcap_loop(adhandle, 0, packet_handler, NULL);
void packet_handler(u_char *param, const struct pcap_pkthdr *header, const
u_char *pkt_data)
{
 struct tm *ltime;
 char timestr[16];
  ltime=localtime(&header->ts.tv_sec);    /* 将时间戳转变为易读的标准格式*/
 strftime( timestr, sizeof timestr, "%H:%M:%S", ltime);
 printf("%s,%.6d len:%d/n", timestr, header->ts.tv_usec, header->len);
}
```

pcap 捕获数据包时，使用 pcap_loop 之类的函数，其回调函数（报文处理程序 handler）有一个参数的类型为 pcap_pkthdr，其中有两个数据域 caplen 和 len，具体如下：

```
struct pcap_pkthdr {
 struct timeval ts; /* time stamp */
 bpf_u_int32 caplen; /* length of portion present */
 bpf_u_int32 len; /* length this packet (off wire) */
};
```

- ts：时间戳。
- caplen：真正实际捕获的包的长度。
- len：该包在发送端发出时的长度。

因为在某些情况下你不能保证捕获的包是完整的，例如一个包长 1480，但是你捕获到 1000 的时候，可能因为某些原因就中止捕获了，所以 caplen 是记录实际捕获的包长，也就是 1000，而 len 就是 1480。len 可以根据 IP 头部的 u_short total_len 域计算出来。

16.8.8 捕获数据包 pcap_dispatch

pcap_dispatch 也可以用来捕获数据包，而且可以不被阻塞。函数声明如下：

```
int pcap_dispatch(pcap_t * p, int cnt, pcap_handler, u_char *user);
```

参数：与 pcap_loop 相同。如果成功就返回读取到的字节数。读取到 EOF 时则返回零值。出错时则返回-1，此时可调用 pcap_perror()或 pcap_geterr()函数获取错误消息。

```
pcap_dispatch(...)和pcap_loop(...)的比较：
```

一旦网卡被打开，就可以调用 pcap_dispatch() 或 pcap_loop()进行数据的捕获，这两个函数的功能十分相似，不同的是 pcap_ dispatch()可以不被阻塞，而 pcap_loop()在没有数据流到达时将阻塞。在简单的例子里用 pcap_loop()就足够了，而在一些复杂的程序里往往用 pcap_dispatch()。这两个函数都有返回的参数，一个指向某个函数（该函数用来接收数据，如该程序中的 packet_handler）的指针，libpcap 调用该函数对每个从网上到来的数据包进行处理和接收数据包。另一个参数是带有时间戳和包长等信息的头部，最后一个是含有所有协议头部数据报的实际数据。注意，MAC 的冗余校验码一般不出现，因为当一个桢到达并被确认后网卡就把它删除了，同样需要注意的是大多数网卡会丢掉冗余码出错的数据包，所以 WinPcap 一般不能够捕获这些出错的数据报。

16.8.9 捕获数据包 pcap_next_ex

该函数也可以用来捕获数据包，函数声明如下：

```
 int pcap_next_ex(pcap_t *p, struct pcap_pkthdr **pkt_header, u_char
**pkt_data);
```

参数 p 是由 pcap_open_live()返回的所打开网卡的指针；pkt_header 指向报文头，内容包括存储时间、包的长度；pkt_data 存储数据包的内容。如果函数成功就返回 1；如果超时就返回 0；如果发生错误就返回-1，错误信息用 pcap_geterr 获得。

pkt_data 是我们需要的报文内容，通过试验，在调用 pcap_next_ex()之后系统会分配一部分内存（大概有 500KB）供其使用，返回的报文内容则存放在这部分内存中，不过这只是暂存，不可能将大量的数据内容放在这一部分内存中的；通过调试可以看到，pcap_next_ex()将返回的报文内容线型地存储在这一部分内存中，当数据量占满了这部分内存后，会从开始位置覆盖原有数据，所以需要保存报文内容写入本地文件或另外开辟内存空间存储。

16.9 搭建 WinPcap 的开发环境

16.9.1 WinPcap 通信库的安装

在使用 WinPcap 之前，先要安装 WinPcap 通信库。所谓通信库，也就是 WinPcap 程序运行所需要的 dll，比如 wpcap.dll。如果不安装通信库，那么我们开发好的 WinPcap 程序运行时将提示找不到通信库，如图 16-3 所示。

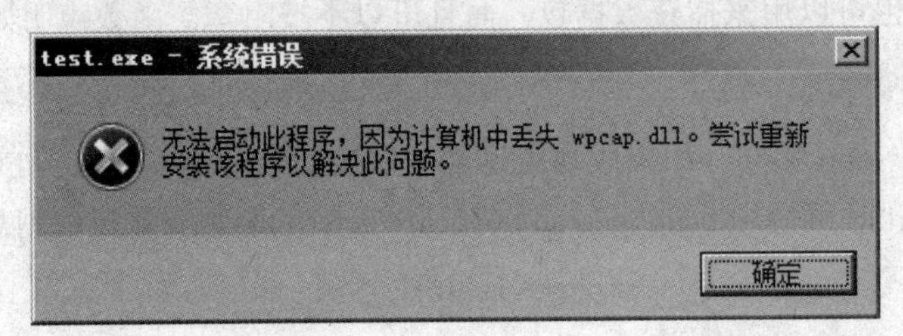

图 16-3

通信库可以从官网下载。这里我们选择的版本是 4.1.2，建议不要求最新版本，使用大家都在用的版本比较好。

（1）双击 WinPcap_4_1_2.exe 安装程序，出现安装向导对话框，如图 16-4 所示。

图 16-4

（2）单击 Next 按钮，出现下一步对话框，如图 16-5 所示。

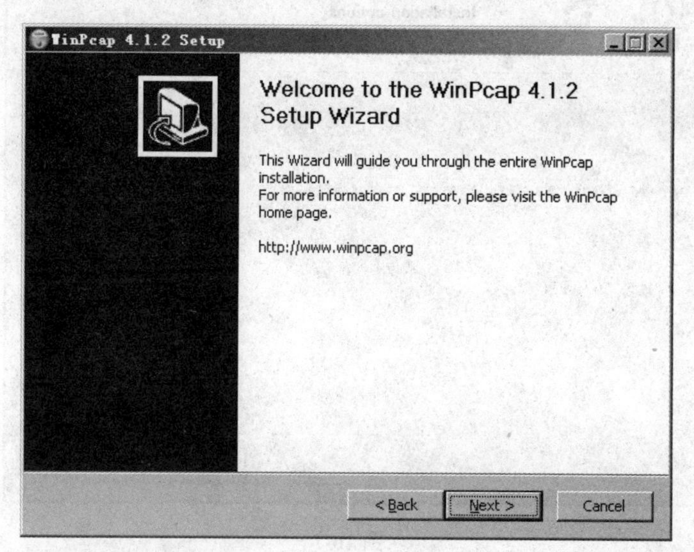

图 16-5

（3）继续单击 Next 按钮，出现协议对话框，如图 16-6 所示。

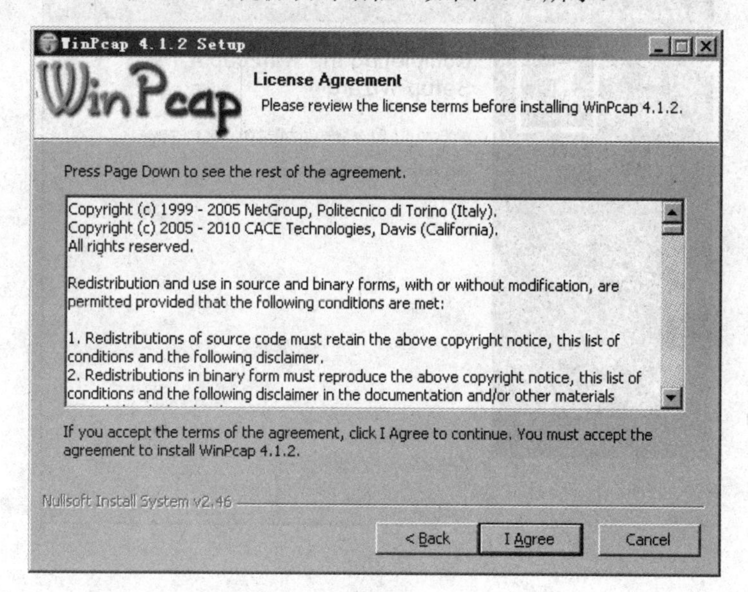

图 16-6

（4）单击 I Agree 按钮，出现开始安装对话框，如图 16-7 所示。

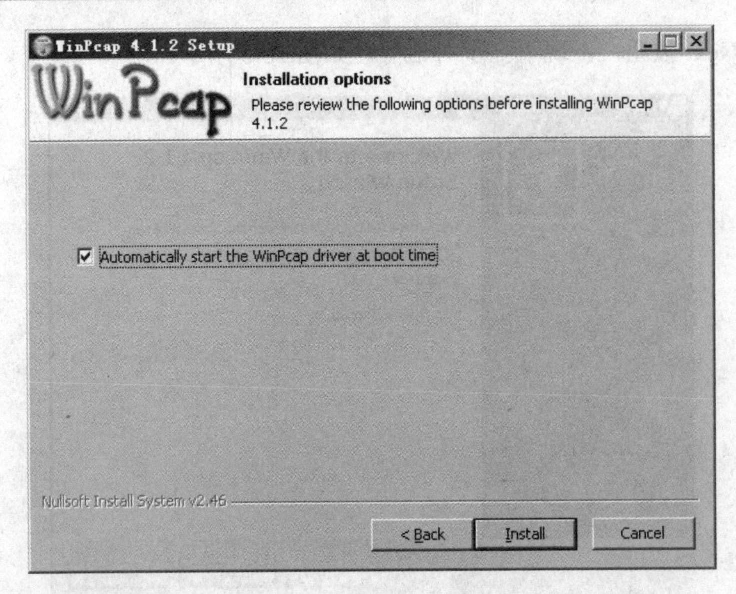

图 16-7

（5）单击 Install 按钮，开始安装，最后出现安装完成对话框，如图 16-8 所示。

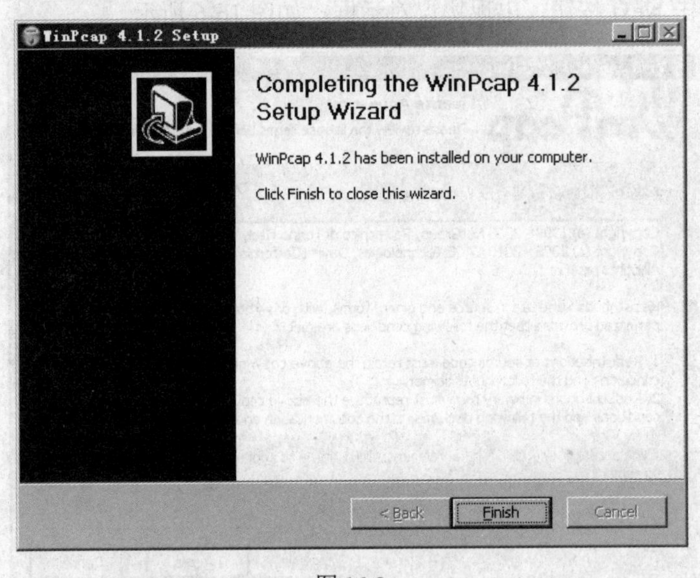

图 16-8

（6）单击 Finish 按钮。至此，WinPcap 通信库安装完毕。安装完毕后会向 system32 下放置一些 dll 文件，比如 wpcap.dll。

16.9.2 准备开发包

所谓开发包，主要是指编译所需要的 WinPcap 系统头文件和 lib 文件。官方已经为我们准备好了对应通信库的开发包，我们可以从官网下载后解压缩，下载后是这样一个文件：WpdPack_4_1_2.zip。我们可以解压到某个目录下，比如 e:。解压后里面还有一个子文件夹

WpdPack。WpdPack 下面才是 Include 文件夹和 Lib 文件夹，如图 16-9 所示。

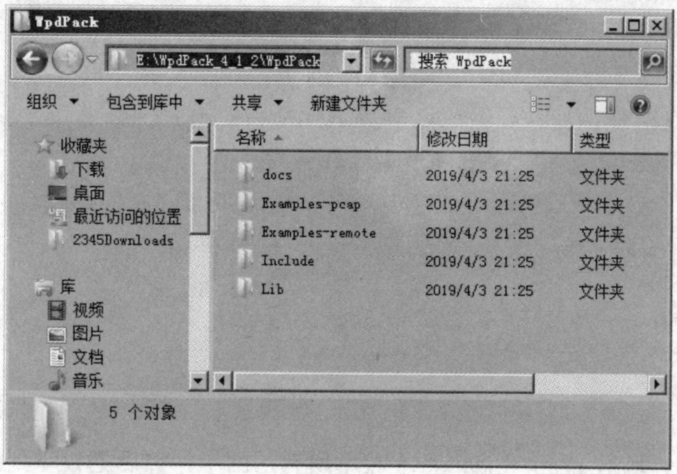

图 16-9

我们在 VC2017 下开发时，将要包含 Include 文件夹和 Lib 文件夹的路径。至此，开发包准备完毕，下面我们可以开始开发 WinPcap 应用程序。

16.9.3　第一个 WinPcap 应用程序

作为我们第一个 WinPcap 应用程序，我们将完成简单的功能，比如枚举本机网卡。

【例 16.1】枚举本机网卡

（1）新建一个控制台工程，工程名是 test。

（2）打开工程属性，把源码目录下的 WpdPack_4_1_2 文件夹放到 E 盘。然后在工程属性中添加"附加包含目录"为：E:\WpdPack_4_1_2\WpdPack\Include；再添加包含 lib 文件 wpcap.lib，并包含 lib 文件路径 E:\WpdPack_4_1_2\WpdPack\Lib。

（3）打开 test.cpp，输入如下代码：

```
#include "stdafx.h"
#include <pcap.h>

int main()
{
 pcap_if_t *alldevs;
 pcap_if_t *d;
 int i=0;
 char errbuf[PCAP_ERRBUF_SIZE];
 if (pcap_findalldevs(&alldevs, errbuf) == -1)
 {
     fprintf(stderr,"Error in pcap_findalldevs_ex: %s\n", errbuf);
     exit(1);
 }
 for(d= alldevs; d != NULL; d= d->next)
```

```
    {
        printf("%d. %s", ++i, d->name);
        if (d->description)
            printf(" (%s)\n", d->description);
        else
            printf(" (No description available)\n");
    }
    if (i == 0)
    {
        printf("\nNo interfaces found! Make sure WinPcap is installed.\n");
        return -1;
    }
    pcap_freealldevs(alldevs);
    return 0;
}
```

在上述代码中，函数 pcap_findalldevs 枚举所有的网卡，然后把枚举到的网卡的名称和描述全部打印出来。最后用 pcap_freealldevs 释放。

（4）保存工程并运行，运行结果如图 16-10 所示。

```
C:\Windows\system32\cmd.exe
1. \Device\NPF_{7EBE72C6-77C5-48D8-8E5B-5B7AF3425B52} (VMware Virtual Ethernet A
dapter)
2. \Device\NPF_{A782A3E3-C1A1-4BC7-BE7C-FCA6686A4574} (VMware Virtual Ethernet A
dapter)
3. \Device\NPF_{503427E2-0DCB-4111-B4C8-295752F2DF1F} (Realtek PCIe GBE Family C
ontroller)
请按任意键继续. . .
```

图 16-10

如图 16-10 所示，我们枚举了 3 个网卡，前两个是 vmware 的虚拟网卡，第三个是本机真实物理网卡。

16.9.4 捕获访问 Web 站点的网络包

下面我们看一个接近实战的、黑客常用的例子，就是捕获本机访问 HTTP 网站的数据包。这个数据包抓获后，可以做很多事情，比如监控本机的网站访问历史、获取网页上输入的账号和密码等。当然我们反对做这样的事情。

【例 16.2】捕获 HTTP 数据包

（1）新建一个控制台工程 test，把源码目录下的 WpdPack_4_1_2 文件夹放到 E 盘。然后在工程属性中添加“附加包含目录”为：E:\WpdPack_4_1_2\WpdPack\Include。再添加包含 lib 文件：wpcap.lib。再包含 lib 文件路径：E:\WpdPack_4_1_2\WpdPack\Lib。

（2）添加一个头文件 pheader.h，并添加代如下码：

```
/*
* define struct of ethernet header , ip address , ip header and tcp header
*/


#ifndef PHEADER_H_INCLUDED
#define PHEADER_H_INCLUDED
/*
*
*/
#define ETHER_ADDR_LEN 6 /* ethernet address */
#define ETHERTYPE_IP 0x0800 /* ip protocol */
#define TCP_PROTOCAL 0x0600 /* tcp protocol */
#define BUFFER_MAX_LENGTH 65536 /* buffer max length */
#define true 1  /* define true */
#define false 0 /* define false */

/*
* define struct of ethernet header , ip address , ip header and tcp header
*/
/* ethernet header */
typedef struct ether_header {
 u_char ether_shost[ETHER_ADDR_LEN]; /* source ethernet address, 8 bytes */
 u_char ether_dhost[ETHER_ADDR_LEN]; /* destination ethernet addresss, 8 bytes
*/
 u_short ether_type;                /* ethernet type, 16 bytes */
}ether_header;

/* four bytes ip address */
typedef struct ip_address {
 u_char byte1;
 u_char byte2;
 u_char byte3;
 u_char byte4;
}ip_address;

/* ipv4 header */
typedef struct ip_header {
 u_char ver_ihl;        /* version and ip header length */
 u_char tos;            /* type of service */
 u_short tlen;          /* total length */
 u_short identification; /* identification */
 u_short flags_fo;       // flags and fragment offset
 u_char ttl;            /* time to live */
 u_char proto;          /* protocol */
 u_short crc;           /* header checksum */
 ip_address saddr;       /* source address */
 ip_address daddr;       /* destination address */
 u_int op_pad;          /* option and padding */
}ip_header;
```

```
/* tcp header */
typedef struct tcp_header {
 u_short th_sport;        /* source port */
 u_short th_dport;        /* destination port */
 u_int th_seq;           /* sequence number */
 u_int th_ack;           /* acknowledgement number */
 u_short th_len_resv_code; /* datagram length and reserved code */
 u_short th_window;       /* window */
 u_short th_sum;          /* checksum */
 u_short th_urp;          /* urgent pointer */
}tcp_header;

#endif // PHEADER_H_INCLUDED
```

这个文件中主要定义了 TCP、IP、以太网的首部字段。

（3）在 test.cpp 中输入如下代码：

```
#include "stdafx.h"
#include <stdio.h>
#include <stdlib.h>
#define HAVE_REMOTE
#include <pcap.h>
#include "pheader.h"

#define BUFFER_MAX_LENGTH 1024

int main()
{
 pcap_if_t* alldevs; // list of all devices
 pcap_if_t* d; // device you chose

 pcap_t* adhandle;

 char errbuf[PCAP_ERRBUF_SIZE]; //error buffer
 int i=0;
 int inum;

 struct pcap_pkthdr *pheader; /* packet header */
 const u_char * pkt_data; /* packet data */
 int res;

 /* pcap_findalldevs_ex got something wrong */
 if (pcap_findalldevs_ex(PCAP_SRC_IF_STRING, NULL /* auth is not needed*/,
&alldevs, errbuf) == -1)
 {
     fprintf(stderr, "Error in pcap_findalldevs_ex: %s\n", errbuf);
     exit(1);
 }

 /* print the list of all devices */
 for(d = alldevs; d != NULL; d = d->next)
 {
     printf("%d. %s", ++i, d->name); // print device name , which starts with
```

```
"rpcap://"
        if(d->description)
            printf(" (%s)\n", d->description); // print device description
        else
            printf(" (No description available)\n");
    }

    /* no interface found */
    if (i == 0)
    {
        printf("\nNo interface found! Make sure WinPcap is installed.\n");
        return -1;
    }

    printf("Enter the interface number (1-%d):", i);
    scanf("%d", &inum);

    if(inum < 1 || inum > i)
    {
        printf("\nInterface number out of range.\n");
        pcap_freealldevs(alldevs);
        return -1;
    }

    for(d=alldevs, i=0; i < inum-1; d=d->next, i++); /* jump to the selected
interface */

    /* open the selected interface*/
    if((adhandle = pcap_open(d->name, /* the interface name */
        65536, /* length of packet that has to be retained */
        PCAP_OPENFLAG_PROMISCUOUS, /* promiscuous mode */
        1000, /* read time out */
        NULL, /* auth */
        errbuf /* error buffer */
        )) == NULL)
    {
        fprintf(stderr, "\nUnable to open the adapter. %s is not supported by
WinPcap\n",
            d->description);
        return -1;
    }

    printf("\nListening on %s...\n", d->description);

    pcap_freealldevs(alldevs); // release device list

    /* capture packet */
    while((res = pcap_next_ex(adhandle, &pheader, &pkt_data)) >= 0) {

        if(res == 0)
            continue; /* read time out*/

        ether_header * eheader = (ether_header*)pkt_data; /* transform packet data
to ethernet header */
        if(eheader->ether_type == htons(ETHERTYPE_IP)) { /* ip packet only */
```

```
            ip_header * ih = (ip_header*)(pkt_data+14); /* get ip header */

            if(ih->proto == htons(TCP_PROTOCAL)) { /* tcp packet only */
                int ip_len = ntohs(ih->tlen); /* get ip length, it contains header
and body */

                int find_http = false;
                char* ip_pkt_data = (char*)ih;
                int n = 0;
                char buffer[BUFFER_MAX_LENGTH];
                int bufsize = 0;

                for(; n<ip_len; n++)
                {
                    /* http get or post request */
                    if(!find_http && ((n+3<ip_len &&
strncmp(ip_pkt_data+n,"GET",strlen("GET")) ==0 )
                        || (n+4<ip_len &&
strncmp(ip_pkt_data+n,"POST",strlen("POST")) == 0)) )
                        find_http = true;

                    /* http response */
                    if(!find_http && n+8<ip_len &&
strncmp(ip_pkt_data+n,"HTTP/1.1",strlen("HTTP/1.1"))==0)
                        find_http = true;

                    /* if http is found */
                    if(find_http)
                    {
                        buffer[bufsize] = ip_pkt_data[n]; /* copy http data to
buffer */
                        bufsize ++;
                    }
                }
                /* print http content */
                if(find_http) {
                    buffer[bufsize] = '\0';
                    printf("%s\n", buffer);

    printf("\n**********************************************\n\n");
                }
            }
        }
    }

    return 0;
}
```

在上述代码中，我们首先让用户选择网卡，然后监听该网卡，一旦发现捕获的网络数据包里有 HTTP 的协议特征字段，就打印出内容。

（4）保存工程并运行，选择我们上网的网卡，然后用 IE 浏览器打开某个网页，可以看到能抓到 HTTP 协议数据了，如图 16-11 所示。

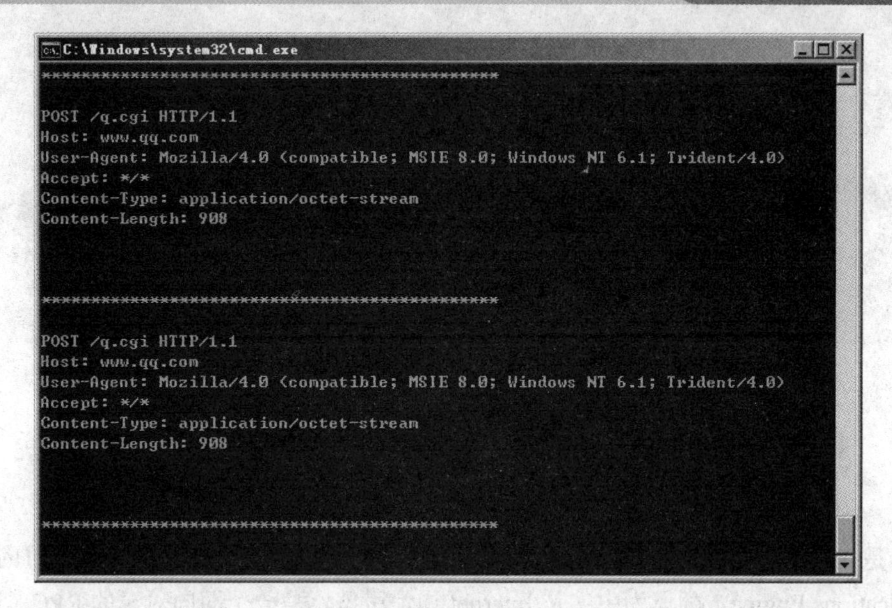
C:\Windows\system32\cmd.exe
****
POST /q.cgi HTTP/1.1
Host: www.qq.com
User-Agent: Mozilla/4.0 (compatible; MSIE 8.0; Windows NT 6.1; Trident/4.0)
Accept: */*
Content-Type: application/octet-stream
Content-Length: 908
****
POST /q.cgi HTTP/1.1
Host: www.qq.com
User-Agent: Mozilla/4.0 (compatible; MSIE 8.0; Windows NT 6.1; Trident/4.0)
Accept: */*
Content-Type: application/octet-stream
Content-Length: 908
****

图 16-11

第 17 章

ICE网络编程

17.1 ICE 简介

ICE 是 ZEROC（https://zeroc.com/）推出的开源通信协议产品，它的全称是 The Internet Communications Engine，翻译为中文是 Internet 通信引擎，是一个面向对象的 RPC（远程方法调用）框架，使我们能够以最小的代价构建分布式应用程序，该产品的口号是 Network your software。ICE 使我们专注于应用逻辑的开发，用来处理所有底层的网络接口编程，这样我们就不用去考虑这样的细节：打开网络连接、网络数据传输的序列化与反序列化、连接失败的尝试次数等。

作为一个高性能的互联网通信平台，ICE 包含了很多分层的服务和插件（Plug-ins），并且简单、高效和强大。ICE 当前支持 C++、Java、C#、Visual Basic、Python 和 PHP 编程语言，并支持在多种操作系统（比如 Windows 和 Linux）上运行。更多的操作系统和编程语言将会在以后的发布中支持。

当前最新版本是 ICE 3.7。

17.2 ICE 的优势

ICE 是分布式应用一种比较好的解决方案，虽然现在也有一些比较流行的分布式应用解决方案，如微软的.NET（以及原来的 DCOM）、CORBA 及 Web Service 等，但是这些面向对象的中间件都存在一些不足：

- .NET 是微软产品，只面向 Windows 系统，而实际的情况是在当前的网络环境下，不同的计算机会运行不同的系统，如 Linux 上面就不可能使用.NET。
- CORBA 虽然在统一标准方面做了很多工作，但是不同的供应商实现之间还是缺乏互操作性，并且目前还没有一家供应商可以针对所有的异种环境提供所有的实现支持，且 CORBA 的实现比较复杂，学习及实施的成本都会比较高。
- Web Service 最要命的缺点就是性能问题，对于性能要求比较高的行业很少会考虑 Web Service。

ICE 的产生源于.NET、CORBA 及 Web Service 这些中间件的不足，它可以支持不同的系统，如 Windows、Linux 等，也可以支持在多种开发语言上使用，如 C++、C、Java、Ruby、Python、VB 等，服务器端可以是上面提到的任何一种语言实现的，客户端也可以根据自己的实际情况选择不同的语言实现，如服务器端采用 C 语言实现，而客户端采用 Java 语言实现，底层的通信逻辑通过 ICE 的封装实现，我们只需要关注业务逻辑。

17.3 ICE 的工作原理

ICE 是一种面向对象的中间件平台，这意味着 ICE 为构建面向对象的客户/服务器应用提供了工具、API 和库支持。要与 ICE 持有的对象进行通信，客户端必须持有这个对象的代理（与 CORBA 的引用是相同的意思），这里的代理指的是这个对象的实例，ICE 在运行时会定位到这个对象，然后寻找或激活它，再把 In 参数传给远程对象，通过 Out 参数获取返回结果。

这里提到的代理又分为直接代理和间接代理。直接代理的内部保存有某个对象的标识，以及它的服务器的运行地址。间接代理指的是其内部保存有某个对象的标识，以及对象适配器名（object adapter name）。间接代理没有包含寻址信息，为了正确地定位服务器，客户端在运行时会使用代理内部的对象适配器名，将其传给某个定位器服务，比如 IcePack 服务，然后定位器会把适配器名当作关键字，在含有服务器地址的表中进行查找，把当前的服务器地址返回给客户，客户端 run time 现在知道了怎样联系服务器，就会像平常一样分派（dispatch）客户请求。

ICE 可以保证在任何的网络环境或者操作系统下成功地调用只有一次，它在运行时会尽力定位到远程服务器，在连接失败的情况下会做尝试性重复连接，确实连不上的情况会给用户以提示。

客户端在调用服务器端的方法时，可以采取同步或异步的方式实现，同步调用就相当于调用自己本地的方法一样，其他行为会被阻塞；异步调用是非常有用的调用方式，如服务器端需要准备的数据来自于其他异步接口，这时客户端就不需要等待，待服务器端数据准备充分后，以消息的方式通知客户端，服务器端就可以去干其他的事情了，而客户端也可以到服务器端获取数据。

17.4 ICE 调用模式

ICE 采用的网络协议有 TCP、UDP 以及 SSL 三 种，不同于 Web Service，ICE 在调用模式上有好几种选择方案，并且每种方案针对不同的网络协议的特性做了相应的选择。

- Oneway（单向调用）：客户端只需将调用注册到本地传输缓冲区（Local Transport Buffers）后就立即返回，不会等待调用结果的返回，不对调用结果负责。
- Twoway（双向调用）：最通用的模式，同步方法调用模式，只能用 TCP 或 SSL 协议。
- Datagram（数据报）：类似于 Oneway 调用，不同的是 Datagram 调用只能采用 UDP 协议，而且只能调用无返回值和无输出参数的方法。

- BatchOneway（批量单向调用）：先将调用存在调用缓冲区里面，到达一定限额后自动批量发送所有请求（也可手动刷除缓冲区）。
- BatchDatagram（批量数据报）：与上类似。

不同的调用模式其实对应着不同的业务，对于大部分有返回值的或需要实时响应的方法，我们可能都采用 Twoway 方式调用，对于一些无须返回值或者不依赖返回值的业务，我们可以用 Oneway 或者 BatchOneway 方式，例如消息通知；剩下的 Datagram 和 BatchDatagram 方式一般用在无返回值且不做可靠性检查的业务上，例如日志。

17.5 客户端与服务器端的结构

使用 ICE 作为中间件平台，客户端及服务器端的应用都是由应用代码及 ICE 的库代码混合组成的，如图 17-1 所示。

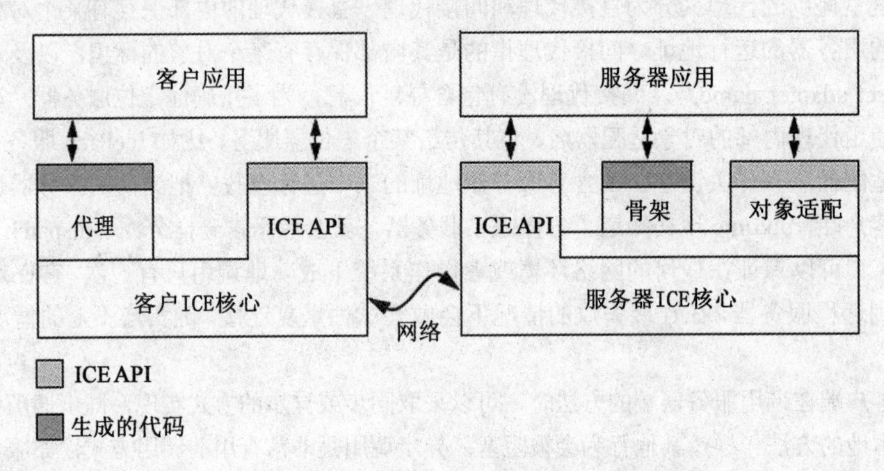

图 17-1

其中，客户应用及服务器应用分别对应的是客户端与服务器端。代理是根据 SLICE 定义的 ICE 文件实现，提供了一个向下调用的接口，提供数据的序列化与反序化。

ICE 的核心部分提供了客户端与服务器端的网络连接等核心通信功能，以及其他的网络通信功能的实现及可能问题的处理，让我们在编写应用代码的时候不必关注这一块，而专注于应用功能的实现。

17.6 ICE 的下载、安装和配置

17.6.1 下载 ICE

我们可以直接从官网 https://zeroc.com 上下载 ICE 的 msi 安装包，这里下载的版本是 3.4.2。

下载下来后是一个 msi 安装包（Ice-3.4.2.msi）。

17.6.2　安装 ICE

直接双击 Ice-3.4.2.msi 即可开始安装，安装的第一个界面如图 17-2 所示。

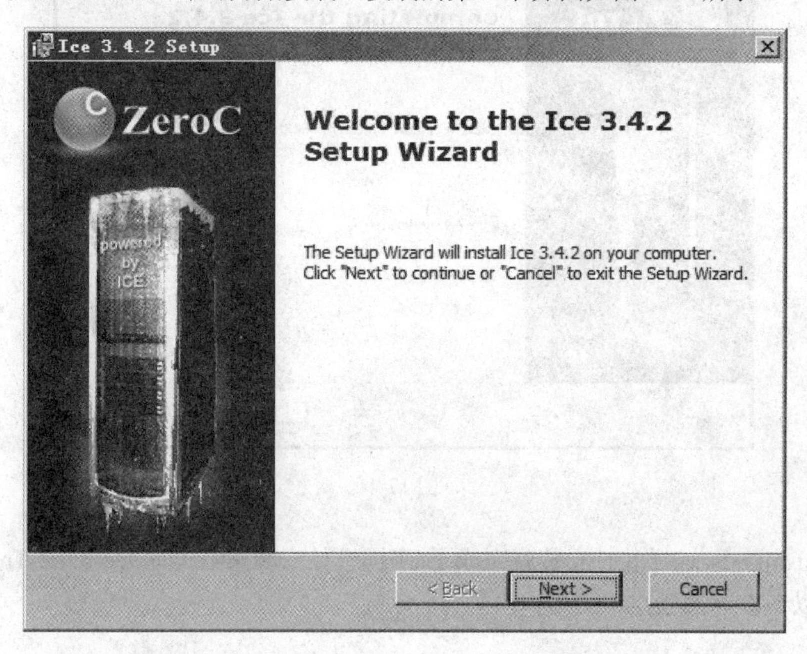

图 17-2

单击 Next 按钮，出现如图 17-3 所示的对话框。

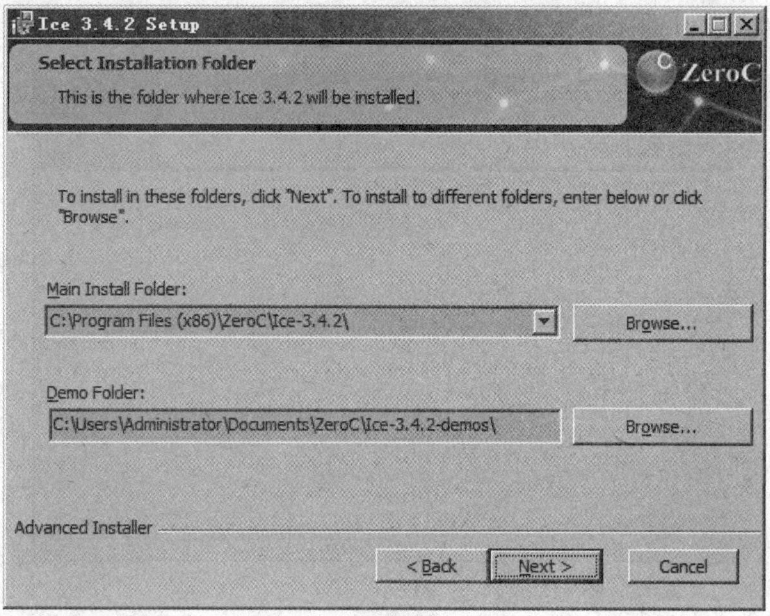

图 17-3

这里安装路径采用默认值，所以依旧单击 Next 按钮。接着在下个界面对话框上单击 Install 按钮即可开始安装，稍等片刻，安装完成，如图 17-4 所示。

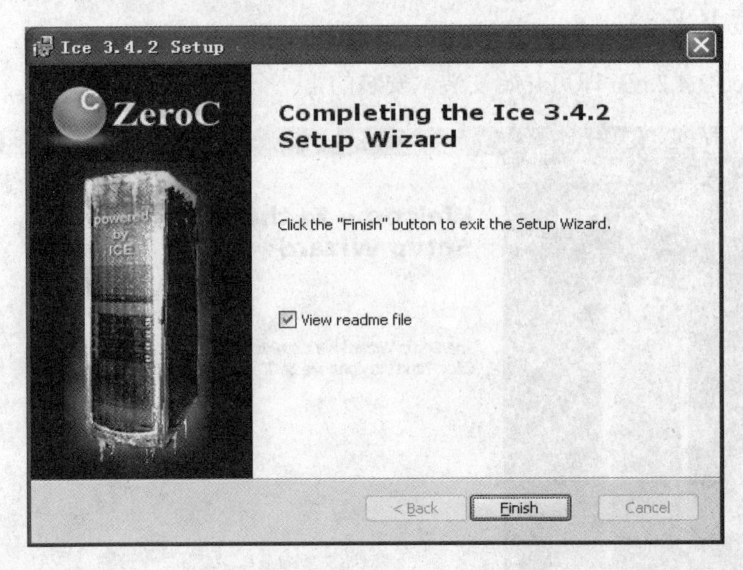

图 17-4

单击 Finish 按钮，这样 ICE 安装就完成了。下面开始安装第三方库 Ice-3.4.2-ThirdParty.msi，这个文件可以在官网下载。

17.6.3 安装第三方库

直接双击 Ice-3.4.2-ThirdParty.msi 即开始安装，一路单击 Next 按钮即可（安装路径这里保持默认），如图 17-5 所示。

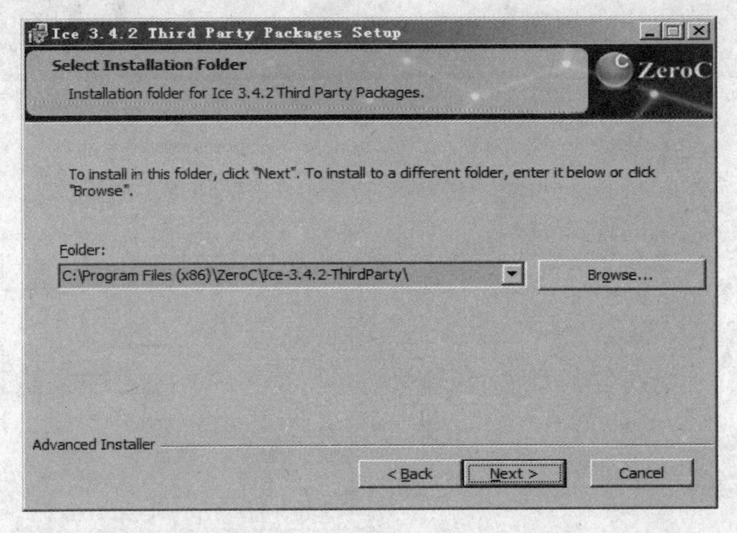

图 17-5

稍等片刻，安装完毕。

17.6.4 配置 ICE 环境变量

安装完毕后，需要进行一些配置。在桌面上的“计算机”（或“我的电脑”）图标上右击，选择“属性”命令，打开“系统”对话框，然后单击“高级系统设置”按钮来打开“系统属性”对话框。在“系统属性”对话框上选择“高级”页，然后单击“环境变量”按钮，打开“环境变量”对话框，如图 17-6 所示。

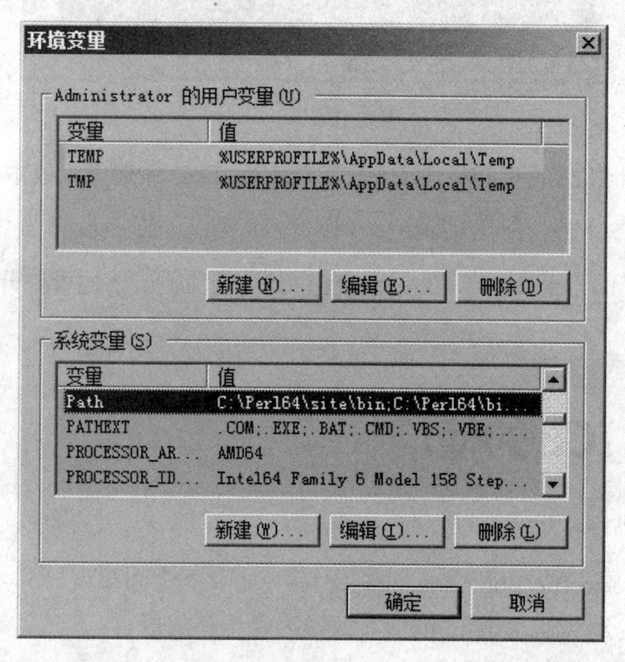

图 17-6

选择系统变量下的“Path”，然后单击“编辑”按钮。此时出现“编辑系统变量”对话框，在变量值末尾添加“;%IceHome%\bin\;”，注意要用一个分号和前面隔开，结尾也要加一个分号，如图 17-7 所示。

编辑系统变量

变量名(N): Path

变量值(V): %JAVA_HOME%\jre\bin;%IceHome%\bin\;

确定 取消

图 17-7

接着单击“确定”按钮。再单击“确定”按钮来关闭“环境变量”对话框。此时，打开命令行窗口，输入“slice2cpp -v”就可以看到版本号了，如图 17-8 所示。

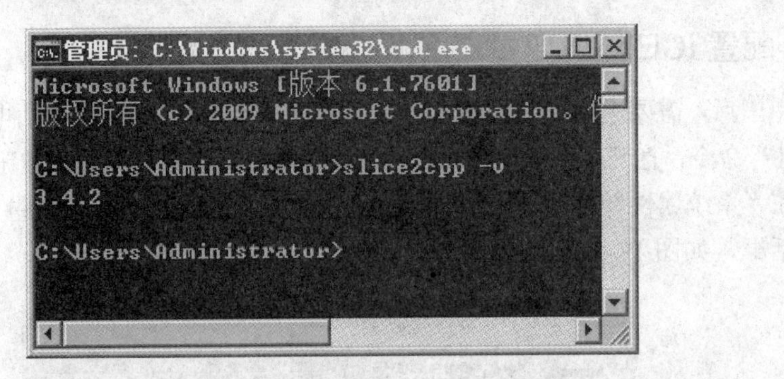

图 17-8

我们也可以使用 Slice 语言转变为 C#语言的命令 slice2cs 来查看版本号，比如：

```
slice2cs -v
```

运行结果是一样的。至此，ICE3.4.2 安装并配置成功了。下面可以开始用 ICE 了。

17.7 ICE 的使用

使用 ICE 编程包含 4 步：

（1）用 Slice（Specification Language for Ice）定义类型和接口。

（2）将 Slice 定义（Slice definitions）编译为你选择的语言。

（3）写客户端， 其中使用到 Slice 编译器生成的代码。

（4）写服务器，其中使用到 Slice 编译器生成的代码。

【例 17.1】第一个 ICE 程序：HelloWorld

实例位置：

```
https://blog.csdn.net/u012539711/article/details/46056409
```

要使用 ICE，必须先安装 ICE，安装及配置可参考：

- Windows：http://blog.csdn.net/fenglibing/archive/2011/04/28/6368665.aspx。
- Linux（BDB 的安装还有问题，无法使用 SLICE2JAVA）：https://blog.csdn.net/flamezyg/article/details/44174905。

这个示例是 JAVA 示例，是从 ICE 的帮助文档中摘出来的，是一个输出 Hello World 的测试程序，采用的 ICE 版本是 3.1.1。

第 18 章 IPv6网络编程

18.1 IPv4 的现状和不足

目前全球各国几乎全部使用的还是 IPv4 地址，每个网络及其连接的设备都支持的是 IPv4。现行的 IPv4 自 1981 年 RFC 791 标准发布以来并没有多大的改变。事实证明，IPv4 具有相当强盛的生命力，易于实现且互操作性良好，经受住了从早期小规模互联网络扩展到如今全球范围 Internet 应用的考验。所有这一切都应归功于 IPv4 最初的优良设计。

由于 IPv4 地址的分配采用的是“先到先得，按需要分配”的原则，互联网在全球各个国家和各个国家内各个区域的发展又是极不均衡的，这就势必造成大量 IP 地址资源集中分布在某些发达国家和各个国家的某些发达地区的情况。全球可提供的 IPv4 地址有 40 多亿个，估计在不久的将来被分配完毕。

从 IPv4（Internet Protocol version 4）的历史以及它所带来的巨大贡献来看，我们可以毫不犹豫地说，IPv4 是成功的。它的设计曾经是合理、灵活且强有力的，今天绝大多数网络还使用着 IPv4。但是在迅猛发展的 Internet 面前，IPv4 也开始显露出垂垂老态，愈来愈不能适应网络发展的需要。

事实上，以下 3 个主要的因素推动了 TCP/IP 和 Internet 体系结构的迅猛变革：

第一，新的通信技术：往往高速计算机一问世，便被用作主机或路由器；新的通信技术一出台，就会很快被用来传送 P 数据报。TCP/IP 的研究人员已经研究了点对点卫星通信、多站同步卫星、分组无线电以及 ATM。最近，研究人员还对可以采取红外线或扩频无线电技术进行通信的无线网络进行了研究。

第二，应用：新的应用往往要提出新的要求，而这种要求是当前的网络协议无法满足的。研究能支持这些应用的协议是 Internet 中最前沿的领域。例如，人们对多媒体的强烈兴趣，要求网络能够有效地传送声音和图像，这就要求新协议能保证信息的传递会在一个固定的时间内完成，并且能使音频和视频数据流同步。

第三，规模和负载的增长：整个 Internet 已经经历了连续几年的指数型增长，其规模每九个月翻一番，甚至更快。到 1994 年初， Internet 上每 30.9 秒增加一个新的主机，并且这个速率还在不断地增长。而且，Internet 上业务负载的增长比网络规模的增长还要快。

IPv4 面对这些变化表现出很大的局限性。其中最显眼的是其地址空间的缺乏，另外还包括选路问题、网络管理和配置问题、服务类型和服务质量特性的交付问题、IP 选项的问题以及安全性问题等。

18.1.1 地址空间、地址方案与选路的问题

IPv4 的地址方案使用了一个 32 位数作为主机在 Internet 上的唯一标识。IP 地址的使用屏蔽了不同网络物理地址的多样性，使得在 IP 层以上进行的网络通信有了统一的地址。因为 TCP/IP 网络是为大规模的互联网络设计的，所以我们不能用全部的 32 位来表示网络上主机的地址，否则我们将得到一个拥有数以亿计网络设备的巨大网络，这个网络不需要包交换路由设备和子网，这将完全丧失包交换互联网的优势。所以，我们需要使用 IP 地址的一部分来标识网络，剩下的部分用来标识各个网络中的网络设备。IP 地址被分为两部分（网络号 net ID，主机号 host ID）。用来标识设备所在网络的部分叫作网络 ID，标识特定网络设备的部分叫作主机 ID。在每一个 IP 地址中，网络 ID 总是位于主机 ID 前。对于固定长度为 32 位的 IP 地址来说，划分给网络 ID 的位数越多，余下给主机 ID 的位数就越少，亦即 Internet 所容纳的网络数就越多，而每个网络中所容纳的主机数就越少。没有一个简单的划分办法能满足所有要求，因为增加一部分的位数则必然意味着另一部分的减少。为了有效地利用 IP 地址中所有的位、合理划分网络 ID 和主机 ID 分别所占的长度，网络设计者们将 32 位 IP 地址分成了 5 类，如图 18-1 所示。

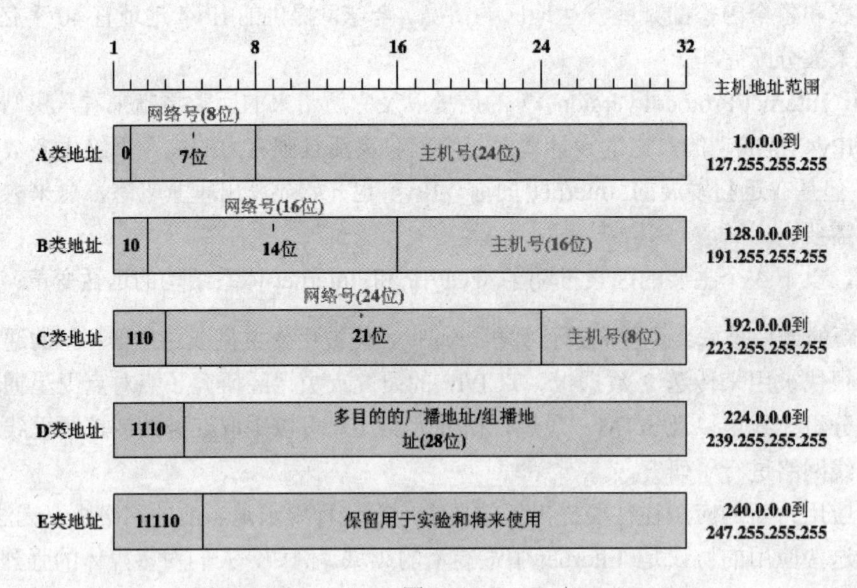

图 18-1

在 IPv4 中还有一些作特殊用途的地址，如表 18-1 所示。

表 18-1 IPv4 中特殊用途地址

网络 ID	主机 ID	地址类型	描述
全 0	全 0	本主机	主机启动时，为获得自动分配的 IP 地址而发送的报文中以此作为源地址，表示本主机
某个网络号	全 0	本网络	表示以该网络 ID 标识的网络，而不是该网络上的主机
某个网络号	全 1	直接广播	发往这类地址的报文将在由网络 ID 所标识的网络中广播，该网络上的主机都能收到，并且都要处理该报文
全 1	全 1	有限广播	以这个地址为目的地址的报文仅在报文发出主机所在的网络上进行广播
127	任意	回送地址	这种地址用于本机内部的网络通信和网络软件的测试。发往回送地址的报文都直接送回该主机，而不会送到网络上。一般人们习惯用 271.0.0.1 作为回送地址
10.0.00~10.255.255.255 172.16.0.0~172.31.255.255 192.168.0.0~192.168.255.255		孤立的局域网地址	这类地址主要用于不直接同 Internet 相连的局域网，使用这类地址的局域网可以通过代理与 Internet 连接

IPv4 的地址分类使地址有了一定的层次结构，这给网络寻址提供了便利。在发送一个 P 报文时，报文先是送往由其目的地址的网络号所标识的网络，再在该网络内部选择与目的地址主机号相符的主机。

然而，IPv4 的地址方案存在以下局限：

（1）地址空间匮乏：当前，基于 Internet I 的各种应用正在如火如荼地迅猛发展着，而与此热闹场面截然不同的是 IP 地址即将耗尽。有预测表明，以目前 Internet 发展速度计算，所有 IPv4 地址将很快分配完毕。

（2）地址利用效率不高：主要是由于各类网络下所能容纳的主机数目跨度过大造成的。例如，无论申请人的网络中的主机是 200 台、20 台还是 2 台，它都将获得一个 C 类地址，这样就占用了 254 个主机地址。如果申请人能够使权威机构确信它的确需要一个 B 类地址，即便只有 1000 台主机，它仍将会得到一个完整的 B 类地址，这样一来又占用了 65534 个主机地址。由于一个 C 类网络仅能容纳 256 个主机，而个人计算机的普及使得许多企业网络中的主机个数都超出了 256，因此尽管这些企业的上网主机可能远远没有达到 B 类地址的最大主机容量 65536，但 InterNIC（Internet Network Information Center）不得不为它们分配 B 类地址。这种情况的大量存在，一方面造成了 IP 地址资源的极大浪费，另一方面导致 B 类地址面临即将被分配殆尽的危险。

（3）路由表过大：在互联网或互联网上传输的 IPv4 包必须从一个网络选路到另一个网络以达到其目的地，选路协议可以使用动态机制来确定路由，但是所有选路最终依赖于某个路由器查看路由表（路由表的结构依据路由算法的不同而不同）并确定正确的路由。路由器查看包，确定包所在的网络（或一个更大的、包含该网络的网络），然后把包发送到适当的网络接口。现在问题在于路由表的长度将随着网络数量的增加而变长。路由表越长，路由器在表中查询正确路由的时间就越长。如果只需要了解 10 个、100 个或 1000 个网络，这还不是问题。但是对于诸如现在拥有大量网络的 Internet，其骨干网上的路由器通常携带超过 11 万个不同的网络地址的显式路由，这时的选路工作就很困难了。选路问题影响到性能，它对互联网增长的影响远比地址空间的匮乏更紧迫。如果说 IPv4 地址还可以支持 10 年，并且不使用分级寻址来聚集和简化选路，那么 Internet 的性能可能在最近甚至现在就变得不可接受。

目前，对于 IPv4 所存在的地址利用率不高和路由表过大的问题，人们使用了以下 3 种主要的解决机制：

（1）划分子网

通常情况下，拥有同一网络号的主机分布在同一物理网络中。然而想让一个物理网络来容纳一个 A 类网络的上千万台主机是极不现实的。提出子网技术的目的就是为了解决这个困难，它在 IP 地址原有的两层结构中，利用主机号中的一部分比特位增加了一个层次——子网号。这时 IP 地址就变成了形如“网络号，子网号，本地主机号”的三元组结构。使用子网技术后，Internet 地址分配授权中心负责分配网络号给各个组织，然后由各个组织自行分配其内部的子网号。子网号的长度由各个组织根据内部网络需要自行设定。

一个网络内部的子网对网络外部来说是不可见的。这样网络选路就变成了网络、子网和主机 3 个层次。通过报文的“目的地址”字段所标识的网络号和子网号就能判断出一个报文是在子网内直接发送还是送往路由器进行路由；从外部发往网络内部任一处的所有报文都先由一个路由器处理，该路由器将把这些数据重新选路到本机构内的目的地。同时，由于子网对外部世界是透明的，因此对该网络的所有子网，外部路由器的路由表中只需要保存一项到该网络的路由信息就足够了，不需要为每个子网、每台主机都独立保存一项路由信息，大大减小了路由表的尺寸。但是，划分子网后，网络所容纳的最大主机数将减少，这是由于每个子网上都必须扣除主机号全 0 和全 1 这两个分别用作标识本网络地址和直接广播地址的特殊地址，它们不能被分配给任何主机作为其 IP 地址。

（2）超网

超网（Super Net）也称为无类域间路由（Classless Inter-Domain Routing，CDR），最初是节省 B 类地址的一个紧急措施。CIDR 把划分子网的概念向相反的方向做了扩展：通过借用前 3 个字节的几位，可以把多个连续的 C 类地址集聚在一起，即为那些拥有数千个网络主机的企业分配一个由一系列连续的 C 类地址组成的地址块，而非一个 B 类地址。例如，假设某个企业网络有 1500 个主机，那么可能为该企业分配 8 个连续的 C 类地址，如 192.56.0.0~192.56.7.0，并将子网掩码定为 255.255.248.0，即地址的前 21 位标识网络、剩余的 11 位标识主机。称作无类域间路由的原因是，它使得路由器可以忽略网络类型（C 类）地址，并可以将原本分配给网络 ID 的后几位看作是主机 ID 的前几位。这体现了分配地址的一种好方法——根据组织的需要，灵活选择 IP 地址中主机号的长度，不再是机械地划分成地址类。

由于 B 类物理地址相对缺乏而 C 类网络地址相对富裕，因此这种把 C 类地址捆在一起的方法对于中等规模的机构来说很有用。此外，为了能将报文路由到另一个网络上，Internet 上的路由器需要知道以下两条信息：该网络地址前缀的长度和该网络地址前缀的值。这两条信息构成了路由表中的一项。主干网上的路由器将报文转发给该网络，而由该网络内部路由器负责将报文转发给各子网上的主机。通过 CIDR，高层路由表中的一项能够聚合地表示多个底层路由器中的路由表项，有利于减少路由表的规模，大大提高了选路的效率。

尽管通过采用 CIDR 可以保护 B 类地址免遭无谓的消耗，但是并不能增加 IPv4 下总的主机数量，故这只是一种短期解决办法，而不能从根本上解决 IPv4 面临的地址耗尽问题。

（3）网络地址翻译

网络向外泄漏的信息越少，网络的安全性就越高。对于 TCP/IP 网络来说，这就意味着可能需要在内部网络和外部网络间设立一个防火墙，由它来接收所有请求。既然内部主机与外部主机失去了直接联系，那么 IP 地址就无所谓全球唯一，也就是说，如果内部主机不需要与 Internet 直接连接，就可以给它们任意分配一个 IP 地址。实际上，许多与 Internet 没有任何联系的机构采用的就是这种方法，但当它们确实需要直接连接到 Internet 时，就必须对所有主机重新编号。

曾经有一段时间，许多公司无论是否打算连接 Internet，都急于先申请到一段全球唯一的地址，因为这样可使它们今后不必为主机重新编号。随着专用 IP 网络的发展，为避免减少可分配的 IP 地址，有一组 IP 地址被拿出来专门用于专用 IP 网络：任何一个专用 IP 网络均可以使用包括一个 A 类地址（10000）、16 个 B 类地址（从 172.16.0.0 到 172.31.0.0）和 256 个 C 类地址（从 192.168.0.0 到 192.168.255.0）在内的任何地址。

网络地址翻译（Network Address Translation，NAT）是在专用网络和公用网络之间的接口实现，该系统（一般是防火墙或路由器）了解专用网络上所有主机的地址，并将无法在 Internet 上使用的保留 IP 地址翻译成可以在 Internet 上使用的合法 IP 地址，这样所有的内部主机就可以与外部主机通信了。NAT 使企业不必再为无法得到足够的合法 IP 地址而发愁了，它们只要为内部网络主机分配保留 IP 地址，然后在内部网络与 Internet 交接点设置 NAT 和一个由少量合法 IP 地址组成的 IP 地址池，就可以解决大量内部主机访问 Internet 的需求了。

在决定一个网络是否用 NAT 前须小心。NAT 仅用于那些永远不需要与其他网络合并或直接访问公用网络的网络。例如，对于两个使用专用 IP 地址的银行，要把它们的 ATM 合并，那么最终形成的网络很可能需要进行重新编号以避免 IP 地址的冲突。

与 CIDR 不同，NAT 确实提供了一种可以真正减少 IP 地址需求的办法。由于目前要想得到一个 A 类或 B 类地址十分困难，因此许多企业纷纷采用了 NAT。而且，NAT 还使一些机构可以快速灵活地定义临时地址或真正的专用网络地址。

然而，NAT 也有其无法克服的弊端。首先，NAT 会使网络吞吐量降低，由此影响网络的性能。其次，NAT 必须对所有去往和来自 Internet 的 IP 数据报进行地址转换，但是大多数 NAT 无法将转换后的地址信息传递给 IP 数据报负载，这个缺陷将导致某些必须将地址信息嵌在 IP 数据报负载中高层应用（如 FTP 等）的失败。

18.1.2　网络管理与配置的问题

IPv4 和大多数其他 TCP/IP 应用协议集的设计都没有太多考虑到易于使用的问题。一个使用 IPv4 的系统必须使用一组复杂的参数来进行正确的配置，其中一般包括主机名、IP 地址、子网掩码、默认路由器和其他（根据应用而有所不同）。这就意味着进行这些配置的人必须理解所有这些参数，或至少由真正理解它的人来提供这些参数。这使一个系统连接到 IPv4 网络十分复杂，费时且代价高。能实现将主机自动连接到网络上一直是人们的梦想之一，这个梦想经历了从反向地址解析协议（RARP）到自举协议（BOOTP），再到 IPv4 的动态主机配置协议（DHCP）的过程。

RARP 有 3 个主要的缺点。第一，RARP 在硬件层操作，应用它要求对网络硬件进行直接控制，故建立一个 RARP 服务器对于应用程序编程员来说是很困难甚至不可能的。第二，在 RARP 客户/服务器式的交互过程中，只含有客户机四字节 IP 地址的应答报文所包含的信息太少，没能提供其他有用信息如服务器地址和网关地址，这在类似 Ethernet 这样规定了最小包大小的网络中显得尤为低效，因为在没有达到最小包尺寸的数据包中增加一定长度的信息不会带来额外的开销。第三，因为 RARP 用计算机的网络硬件地址作为标识，故它不能用于动态分配硬件地址的网络中。

为了克服 RARP 的一些缺点，研究人员们设计了自举协议（Bootstrap Protocol，BOOTP）。它有以下特点：首先，BOOTP 同 RARP 一样是基于客户机/服务器模式并且只要求一次包交换，但是 BOOTP 比 RARP 更有效率，一条 BOOTP 消息中就含有许多启动时需要的信息，包括计算机的 IP 地址、路由器地址和服务器地址。而且在 BOOTP 应答报文中还有一个“生产商特定域”专门供生产商发送额外信息给他们所生产的计算机。其次，BOOTP 使用 IP，在包含客户机物理地址的 BOOTP 请求数据报的目的地址是一个有限广播地址（全 1,255.255.255.255），在同一物理网络中的 BOOTP 服务器收到请求报文后以有限广播方式发送应答报文。有时，在一个大型的网络上有多个 BOOTP 服务器为客户提供 IP 地址以防某个 BOOTP 服务器发生故障，或者，在一些较小的、不值得仅仅为了 BOOTP 就配备一个昂贵的服务器的子网上，我们必须使用一种叫作 BOOTP 中继代理（RelayAgent）的机制来使得广播流量跨越路由器。这时，BOOTP 使用 UDP。第三，所有工作站不一定运行相同的操作系统，BOOTP 允许管理者构建一个启动文件名数据库，将一般描述性的文件名（如“UNX”）对应到其完整精确的文件名上，使得用户不必精确指定将在其机器上运行的操作系统的启动文件名。

BOOTP 同 RARP 一样都是为相对静态的环境设计的管理者必须为网络上的每台主机在服务器的配置文件中设置相应的一条信息，将该主机的链路层地址（如以太网卡地址）映射到其 IP 地址和其他配置信息上。这就意味着：无法为经常移动的（如通过无线上网的或便携式）计算机提供自动配置；无论主机是否连接到网络上，均要为每个主机捆绑一个 IP 地址，这将浪费地址，并且不能处理主机数超过 IP 地址数的情况。为了使主机的配置成为即插即用（只需把主机插到网络上，就可以自动配置）和在多个主机间共享 IP 地址（如果有 100 台主机，只要在任意时刻同时上网的主机数不超过一半，就只需使用 50 个 IP 地址让它们共享即可），在 BOOTP 的框架上构造了另一个动态主机配置协议（Dynamic Host Configuration Protocol，DHCP）。它仍然使用客户机/服务器模式，但它提供了 3 种更加灵活的地址分配方案，可以随着 IP 地址分配办法的不同而提供不同的配置信息：

（1）自动分配：主机申请 IP 地址，然后获得一个永久的地址，可在每次连接网络时使用。

（2）手工分配：服务器根据网络管理员提供的主机 IP 地址映射表为特定主机分配一个特定的 IP 地址。无论需要的时间长短，这些地址都将被保留直到被管理员修改为止。

（3）动态分配：服务器按照先来先服务的原则分配 IP 地址，主机在一个特定时间范围内“借用”该 IP 地址，在借用期满前“续借”该地址，否则该地址借用期满就会被服务器收回。借用期的长短可以由客户机和服务器谈判决定，或由管理员指定。一个拥有无限（infinity）借用期的地址相当于 BOOTP 中的永久地址。

无论是自动分配还是手工分配都可能使得 IP 地址分配效率很低：自动分配占用与主机数相同的 IP 地址；手工分配依赖管理员，很不方便灵活。动态分配可以使大量的用户共享少量的 IP 地址。

但是，现在在 IPv4 上实现的 DHCP 只能支持所谓的“状态自动配置”，它要求安装和管理了解其主机的 DHCP 服务器，并且要使支持 DHCP 的主机了解最近的 DHCP 服务器。接受 DHCP 服务的每一个新节点都必须在服务器上进行配置，即 DHCP 服务器保存着它要提供配置信息的节点列表，如果节点不在列表中，该节点就无法获得 IP 地址。DHCP 服务器还保持着使用该服务器节点的状态，以了解每个 IP 地址使用的时间以及何时 IP 地址可以进行重新分配。“状态自动配置”有两方面问题：其一，对于有足够资源来建立和维护服务器的机构（如为大量个人用户提供接入服务的 ISP，和雇员经常在各部门间流动的大型机构等）来说，IPv4 的 DHCP 还可以接受，但是对于没有这些资源的小型机构就行不通了；其二，真正的即插即用和移动性问题是 IPv4 的 DHCP 所不能支持的。这也增强了升级 IPv4 的呼声。

18.1.3　服务类型问题

IP 使用的是包交换网络体系结构，意味着包可以使用许多不同的路由到达目的地。这些路由的区别在于：有的吞吐量比较大，有的时延比较小，还有的可能会比其他的更可靠。在 IPv4 的报文中有一个服务类型字段（Type of Service，TOS），允许应用程序告诉 IP 如何处理其业务流。一个需要大吞吐量的应用，如 FTP 可以强制 TOS 为其选择具有更大吞吐量的路由；一个需要更快响应的应用，如 Telnet 可以强制 TOS 为其选择一个具有更小时延的路由。

TOS 是一个很好的想法，但从来没能在实际应用中真正实现，甚至现在连如何实现都不太清楚。一方面，这需要选路协议彼此协作，除提供基于开销的最佳路由外，还要提供可选路由的时延、吞吐量和可靠性的数值。另一方面，需要应用程序开发者实现可供不同应用选择的不同类型服务请求，但是必须注意的是，在这里 TOS 提供一种非此即彼的选择，低时延将可能牺牲其吞吐量或可靠性。

18.1.4　IP 选项的问题

IPv4 报文头包含了一个可变长的选项字段，用来指示一些特殊的功能——安全性和处理限制选项（Security and Handling Restrictions）以及选路选项。安全性和处理限制选项用于军事应用。选路选项有 4 类：记录路由选项（Record Route），让每个处理带有此选项的包的路由器都将自己的地址记录到该包中；时间戳选项（Internet Timestamp）让每个处理带有此选项的包的路由器在该包中记录自己的地址和处理包的时间；两个源路由选项（Source Route Options），“宽松源路由"（Loose Source Routing）选项指明包在发往其目的地的过程中必须经过的一组路由器，“严格源路由”（Strict Source Routing）选项指定包只能由列出的路由器处理。

IP 选项的问题在于它们是特例。大多数 IP 数据报不包括任何选项，并且厂商按不包括选项的数据报来设计优化路由器的算法。IP 报头如果不包含选项，则为 5 字节长，易于处理，尤其是在路由器设计优化了这种头的处理后。对于路由器的销售而言，能快速处理绝大多数不含选项的数据报是其关键性能，故可以将少数含有选项的数据包搁置起来，只有在不会影响路由器总体性能时才加以处理。这样，尽管使用 IPv4 选项有很多好处，但由于它们对于性能的影响已使它们很少被使用。

18.1.5 IPv4 安全性问题

很长时间以来，人们认为安全性问题不是网络层的任务。关于安全性的问题主要是对净荷数据的加密，另外还包括对净荷的数字签名（具有不可再现性，用来防止发送方拒绝承认发送了某段数据）、密钥交换、实体的身份验证和资源的访问控制。这些功能一般由高层处理，通常是应用层，有时是传输层。例如，广泛使用的安全套接字层（Secure Socket Layer，SSL）协议由 IP 之上的传输层处理，而应用相对较少的安全 HIIP（SHTTP）则是由应用层处理。

最近，随着虚拟专用网（Virtual Private Network，VPN，允许各机构使用 Internet 作为其专用骨干网络来传输其敏感信息）软件和硬件产品的引入，安全隧道协议和机制有所扩展。如 Microsoft 的点到点隧道协议（PTP），它首先会对整个 IP 数据报加密，而非仅对 IP 净荷加密，即把整个 IP 数据报本身作为另一个具有不同地址信息的 IP 数据报的净荷，然后打包，再发送到隧道上传输。

所有这些关于 IP 安全性的办法都有问题。首先，在应用层加密使很多信息被公开。尽管应用层数据本身是加密的，但是携带它的 IP 数据报仍会泄漏参与处理的进程和系统的信息。其次，在传输层加密要好一些，并且 SSL 为 Wcb 的安全性工作得很好，但它要求客户机和服务器应用程序都要重写以支持 SSL。再次，在网络层的隧道协议也工作得很好，但缺乏标准。

IETF 的 IP 安全性（Internet Protocol Security，IPsec）工作组一直致力于设计一些机制和协议来保证 IP 业务流的安全性。虽然已有一些基于 IP 选项的 IPv4 安全性机制，但在实际应用中并不成功。 IPsec 在 IPv6 中将集成更加完整的安全性。

18.2 是增加补丁还是彻底升级改进

改进 IPv4 使之能胜任新要求比彻底用一个新的协议来替换它更好。因为如果把 IPv4 彻底替换掉，那么网络中的所有系统均需要升级。升级到最新的 Microsoft Windows 易如闲庭信步，但 IPv4 的升级对于大型组织来说简直就是一场灾难。我们讨论的网络可能包括 10 亿甚至更多遍布全球的系统，上面运行着多种不同版本的 TCPP 联网软件、操作系统和硬件平台，要求对其中所有系统同时进行升级是不可想象的，并且有些系统中可能有许多是比较老的、过时的甚至是已经废弃的系统，在这些系统上运行的网络软件可能已经过期而无人再提供支持了。

那么有没有办法可以避免 IP 升级可能带来的混乱呢?答案取决于对新协议的要求程度：如果协议的唯一问题仅仅在于地址的匮乏，那么通过使用前面所讨论的“划分子网”“网络地址翻译”或“无类域内选路”等现有工具和技术，也许可以使该协议在相当长的时间内仍可以继续工作。但是，这种权宜之计不可能长期有效，实际上这些技术已经使用了很多年，如果不实现对 IP 的彻底升级，它们最终将阻碍未来 Internet 的发展，因为它们限制了可连接的网络数和主机数。更何况 IPv4 还有其他多方面的落后之处呢。

而且，任何对现有系统的修改，不论是暂时加入一个补丁还是升级到一个重新设计的协议，都将导致混乱。既然彻底升级不会比使用一个个单独的补丁更麻烦，那么我们为什么不采用比补丁更强健完整的升级方案呢？所以，有远见的 IPv4 研究人员们决定升级，而不是改进 IPv4。

18.3 IPv6 的概念

IPv6（Internet Protocol Version 6，互联网协议第 6 版）是互联网工程任务组（IETF）设计的用于替代 IPv4 的下一代 IP 协议，其地址数量号称可以为全世界的每一粒沙子编上一个地址。

目前的全球因特网所采用的协议簇是 TCP/IP 协议簇。IP 是 TCP/IP 协议簇中网络层的协议，是 TCP/IP 协议簇的核心协议。目前 IP 协议的版本号是 4（简称为 IPv4），它的下一个版本就是 IPv6。IPv6 正处在不断发展和完善的过程中，在不久的将来将取代目前被广泛使用的 IPv4。每个人将拥有更多 IP 地址。

IPv4 最大的问题在于网络地址资源有限，严重制约了互联网的应用和发展。IPv6 的使用不仅能解决网络地址资源数量的问题，还能解决多种接入设备连入互联网的障碍。

互联网数字分配机构（IANA）在 2016 年已向国际互联网工程任务组（IETF）提出建议，要求新制定的国际互联网标准只支持 IPv6，不再兼容 IPv4。所以 IPv6 替换 IPv4 是大势所趋，学好 IPv6 也是为未来打好基础。

18.4 IPv6 的发展历史

至 1992 年初，一些关于互联网地址系统的建议在 IETF（互联网工程任务组）上提出，并于 1992 年底形成白皮书。在 1993 年 9 月，IETF 建立了一个临时的 ad-hoc 下一代 IP（IPng）领域来专门解决下一代 IP 的问题。这个新领域由 Allison Mankin 和 Scott Bradner 领导，成员由 15 名来自不同工作背景的工程师组成。IETF 于 1994 年 7 月 25 日采纳了 IPng 模型，并形成几个 IPng 工作组。

从 1996 年开始，一系列用于定义 IPv6 的 RFC 发表出来，最初的版本为 RFC1883。由于 IPv4 和 IPv6 地址格式等不相同，因此在未来的很长一段时间里，互联网中将出现 IPv4 和 IPv6 长期共存的局面。在 IPv4 和 IPv6 共存的网络中，对于仅有 IPv4 地址或仅有 IPv6 地址的端系统，两者无法直接通信，此时可依靠中间网关或者使用其他过渡机制实现通信。

2003 年 1 月 22 日，IETF 发布了 IPv6 测试性网络，即 6bone 网络。它是 IETF 用于测试 IPv6 网络而进行的一项 IPng 工程项目，目的是测试如何将 IPv4 网络向 IPv6 网络迁移。作为 IPv6 问题测试的平台，6bone 网络包括协议的实现、IPv4 向 IPv6 迁移等功能。6bone 操作建立在 IPv6 试验地址分配基础上，并采用 3FFE::/16 的 IPv6 前缀，为 IPv6 产品及网络的测试和商用部署提供测试环境。

截至 2009 年 6 月，6bone 网络技术已经支持了 39 个国家的 260 个组织机构。6bone 网络被设计成为一个类似于全球性层次化的 IPv6 网络，同实际的互联网类似，它包括伪顶级转接提供商、伪次级转接提供商和伪站点级组织机构。由伪顶级提供商负责连接全球范围的组织机构，伪顶级提供商之间通过 IPv6 的 IBGP-4 扩展来尽力通信，伪次级提供商也通过 BGP-4 连接到伪区域性顶级提供商，伪站点级组织机构连接到伪次级提供商。伪站点级组织机构可以通过默认路由或 BGP-4 连接到其伪提供商。6bone 最初开始于虚拟网络，使用 IPv6-over-IPv4 隧道过渡技术。因此，它是一个基于 IPv4 互联网且支持 IPv6 传输的网络，后来逐渐建立了纯 IPv6 链接。

从 2011 年开始，主要用在个人计算机和服务器系统上的操作系统基本上都支持高质量 IPv6 配置产品。例如，Microsoft Windows 从 Windows 2000 起就开始支持 IPv6，到 Windows XP 时已经进入了产品完备阶段。而 Windows Vista 及以后的版本，如 Windows 7、Windows 8 等操作系统都已经完全支持 IPv6，并对其进行了改进以提高支持度。Mac OS X Panther（10.3）、Linux 2.6、FreeBSD 和 Solaris 同样支持 IPv6 的成熟产品。一些应用基于 IPv6 实现，如 BitTorrent 点到点文件传输协议等，避免了使用 NAT 的 IPv4 私有网络无法正常使用的普遍问题。

2012 年 6 月 6 日，国际互联网协会举行了世界 IPv6 启动纪念日，这一天全球 IPv6 网络正式启动。多家知名网站（如 Google、Facebook 和 Yahoo 等）于当天全球标准时间 0 点（北京时间 8 点整）开始永久性支持 IPv6 访问。

根据飓风电子统计，截至 2013 年 9 月，互联网 318 个中的 283 个顶级域名支持 IPv6 接入它们的 DNS，约占 89.0%，其中 276 个域名包含 IPv6 黏附记录，共 5138365 个域名在各自的域内拥有 IPv6 地址记录。

2017 年 11 月 26 日，中共中央办公厅、国务院办公厅印发《推进互联网协议第六版（IPv6）规模部署行动计划》。

2018 年 6 月，三大运营商联合阿里云宣布，将全面对外提供 IPv6 服务，并计划在 2025 年前助推中国互联网真正实现“IPv6 Only”。7 月，百度云制定了中国的 IPv6 改造方案。8 月 3 日，工信部通信司在北京召开 IPv6 规模部署及专项督查工作全国电视电话会议，中国将分阶段有序推进规模建设 IPv6 网络，实现下一代互联网在经济社会各领域深度融合。11 月，国家下一代互联网产业技术创新战略联盟在北京发布的中国首份 IPv6 业务用户体验监测报告显示，移动宽带 IPv6 普及率为 6.16%，IPv6 覆盖用户数为 7017 万户，IPv6 活跃用户数仅有

718 万户，与国家规划部署的目标还有较大距离。

2019 年 4 月 16 日，工业和信息化部（简称“工信部”）发布《关于开展 2019 年 IPv6 网络就绪专项行动的通知》。5 月，中国工信部称计划于 2019 年末完成 13 个互联网骨干直联点 IPv6 的改造。看来，工信部已经发布通知了，所以我们要尽快掌握这项技术。

18.5 IPv6 的特点

由于 IPv6 的大多数思想都来源于 IPv4，因此 IPv6 的基本原理保持不变，而同时与 IPv4 相比又有以下主要技术进步：

（1）更大的地址空间。IPv4 中规定 IP 地址长度为 32 位，即有 2^{32}-1 个地址；而 IPv6 中 IP 地址的长度为 128 位，即有 2^{128}-1 个地址。

（2）更小的路由表。IPv6 的地址分配一开始就遵循聚类（Aggregation）的原则，这使得路由器能在路由表中用一条记录（Entry）表示一片子网，大大减小了路由器中路由表的长度，提高了路由器转发数据包的速度。

（3）增强的组播（Multicast）支持以及对流的支持（Flow-control）。这使得网络上的多媒体应用有了长足发展的机会，为服务质量（QoS）控制提供了良好的网络平台。

（4）地址自动配置。加入了对地址自动配置（Auto-configuration）的支持，这是对 DHCP 协议的改进和扩展，使得网络（尤其是局域网）的管理更加方便和快捷。

（5）更高的安全性，集成了身份验证和加密两种安全机制。在使用 IPv6 网络中，用户可以对网络层的数据进行加密并对 IP 报文进行校验，极大地增强了网络安全。

（6）包头格式的简化。

（7）扩展为新的 Internet 控制报文协议 ICMPv6（Internet Control Message Protocol version 6），并加入了 IPv4 的 Internet 组管理协议（Internet Group Management Protocol，IGMP）的多播控制功能以使协议更完整。

（8）用设置流标记的方法支持实时传输。

（9）增强了对扩展和选项的支持。

18.6 IPv6 地址

18.6.1 IPv6 地址表示方法

IPv6 地址总共有 128 位（16 个字节），用一串十六进制数字来表示，总共 32 个十六进制，并且划分成 8 块，每块 16 位（2 个字节），块与块之间用“:”隔开，如下所示：

```
abcd:ef01:2345:6789:abcd:ef01:2345:6789
```

如果要带有子网前缀，可以这样表示：

```
abcd:ef01:2345:6789:abcd:ef01:2345:6789/64
```

如果要带有端口号，可以这样表示：

```
[abcd:ef01:2345:6789:abcd:ef01:2345:6789]:8080
```

十六进制数字中使用的字母字符不区分大小写，因此大写和小写字符是等价的。虽然 IPv6 地址用小写或大写编写，但 RFC 5952（IPv6 地址文本表示建议书）建议用小写字母表示 IPv6 地址。

我们再来看一个 IPv6 地址：

```
2001:3CA1:010F:001A:121B:0000:0000:0010
```

这个就是一个完整的 IPv6 地址格式，一共用 7 个冒号分为 8 组，每组 4 个十六进制数，每个十六进制数占 4 位，那么 4 个十六进制数字就是 4×4=16 位，即每组是 16 位，8 组就是 128 位。

从上面这个例子看起来 IPv6 的地址非常冗长，不过 IPv6 有下面几种简写形式：

（1）IPv6 地址中每个 16 位分组中前导零位可以去除做简化表示，但每个分组必须保留一位数字，请看下面的例子；

```
/*完整版的 IPv6 地址*/
2001:3CA1:010F:001A:121B:0000:0000:0010
/*简写去除前导零简写形式，可以看到第三个和第四个分组去除了前导零，
 * 第七个和第八个分组全部是 0，但必须保留一位数字，
 * 所以保留一个 0，但这还不是最简写形式。*/
2001:3CA1:10F:1A:121B:0:0:10
```

（2）可以将冒号十六进制格式中相邻的连续零位合并，用双冒号表示"::"，并且双冒号在地址格式中只能出现一次，请看下面的例子。

```
/*完整版的 IPv6 地址*/
2001:3CA1:010F:001A:121B:0000:0000:0010
/*去除前导零并将连续的零位合并。*/
2001:3CA1:10F:1A:121B::10
/*另一个完整的 IPv6 地址*/
2001:0000:0000:001A:0000:0000:0000:0010
/*
 * 可以看到虽然第二组和第三组也是连续的零位，
 * 但双冒号只能在 IPv6 的简写中出现一次，运用到了后面更长的连续零位上。
 * 这个地址还可以简写成 2001::1A:0:0:0:10。
 */
2001:0:0:1A::10
/*
 * 需要将上面这个地址还原也很简单，只要看存在数字的分组有几个，
 * 然后就能推测出双冒号代表了多少个连续的零位分组。
 * 一共有 5 个保留了数字的分组，那么连续冒号就代表了 3 个连续的零位分组。
```

```
*/
/*
* 需要注意的是，只有前导零位可以去除，如果这个地址写成下面这样就是错误的，
* 注意最后一组，不能去除 1 后面的那个 0。
*/
2001:0:0:1A::1  /*这是错误的写法*/
```

IPv6 可以将每 4 个十六进制数字中的前导零位去除做简化表示，但每个分组必须至少保留一位数字。

与 IPv4 一样，IPv6 也由两部分（网络部分和主机部分）组成：前面 64 位是网络部分，后面 64 位是主机部分。通常，IPv6 地址的主机部分将派生自 MAC 地址或其他接口标识。

从地址形式上看，我们可以看出和 IPv4 地址形式的区别：

- IPv4 地址表示为点分十进制格式，32 位的地址分成 4 个 8 位分组，每个 8 位写成十进制，中间用点号分隔，比如 192.168.0.1。
- IPv6 地址表示为冒号分十六进制格式，128 位地址以 16 位为一分组，每个 16 位分组写成 4 个十六进制数，中间用冒号分隔。

18.6.2 IPv6 前缀

前缀是地址中具有固定值的位数部分或表示网络标识的位数部分。IPv6 的子网标识、路由器和地址范围前缀表示法与 IPv4 采用的 CIDR 标记法相同，其前缀可书写为：地址/前缀长度。例如，21DA:D3::/48 是一个路由器前缀，而 21DA:D3:0:2F3B::/64 是一个子网前缀。

IPv6 地址后面跟着的/64、/48、/32 指的是 IPv6 地址的前缀长度。由于 IPv6 地址是 128 位长度（使用的是十六进制），但协议规定了后 64 位为网络接口 ID（可理解为设备在网络上的唯一 ID），所以一般采用 IPv6 分发是分配/64 前缀的（64 位前缀+64 位接口 ID）。

注意：在 IPv4 实现中普遍使用的被称为子网掩码的点分十进制网络前缀表示法，在 IPv6 中已不再使用。IPv6 仅支持前缀长度表示法。

18.6.3 IPv6 地址的类型

IPv6 中的地址通常可分为 3 类：单播地址（Unicast）、组播地址（Multicast）、任意播地址（Anycast）。

1. 单播（Unicast）地址

一个单播地址对应一个接口，发往单播地址的数据包会被对应的接口接收。单播地址是单一接口的标识符，发往单播地址的包被送给该地址标识的接口。对于有多个接口的节点，它的任何一个单播地址都可以用作该节点的标识符。

IPv6 单播地址又可以分为链路本地地址、站点本地地址、可集聚全球地址、未指定地址、环回地址和与 IPv4 兼容地址 6 类。其中前两者用于本地网络。未指定地址和环回地址是两类特殊地址。

（1）本地链路地址（link-local address）

本地链路地址的前缀为 FE80::/10，前 10 位以 FE80 开头。该类地址类似于 IPv4 私有地址，是不可路由的。可将它们视为一种便利的工具，让你能够为召开会议而组建临时 LAN ，或创建小型 LAN，这些 LAN 不与因特网相连，但需要在本地共享文件和服务。

本地链路地址用于同一个链路上的相邻节点之间通信，IPv6 的路由器不会转发链路本地地址的数据包。前 10 个 bit 是 1111 1110 10，由于最后是 64bit 的 interface ID，所以它的前缀总是 FE80::/64。

（2）站点本地地址（Site-Local Addresses）

对于无法访问 Internet 的本地网络，可以使用站点本地地址，相当于 IPv4 里面的 private address（10.0.0.0/8，172.16.0.0/12 和 192.168.0.0/16）。它的前 10 个 bit 是 1111 1110 11，最后是 16bit 的 Subnet ID 和 64bit 的 Interface ID，所以它的前缀是 FEC0::/48。

值得注意的是，在 RFC3879 中，最终决定放弃单播站点本地地址。放弃的理由是，由于其固有的二义性带来的单播站点本地地址的复杂性超过了它们可能带来的好处。它在 RFC4193 中被 ULA 取代。ULA 的意思是唯一的本地 IPv6 单播地址（Unique Local IPv6 Unicast Address，ULA），在 RFC4193 中标准化了一种用来在本地通信中取代单播站点本地地址的地址。ULA 拥有固定前缀 FD00::/8，后面跟一个被称为全局 ID 的 40bit 随机标识符。

（3）可集聚全球地址（Aggregatable Global Unicast Addresses）

能够全球到达和确认的地址。全球单播地址由一个全球选路前缀、一个子网 ID 和一个接口 ID 组成。当前全球单播地址分配使用的地址范围从二进制值 001 （2000::/3） 开始，即全部 IPv6 地址空间的八分之一。例如，2000::1:2345:6789:abcd 是一个可集聚全球地址。

“可聚集全球单播地址”这个名字有点长，其实就相当于 IPv4 的公网地址。从名字上来看这种地址有两个特点，一是可聚集的，二是全球单播的。第二个很容易理解，就是指这类地址在整个 Internet 是唯一寻址的。这个就好比新浪或者网易的 IP 地址，你在中国或者美国都可以通过这个唯一的地址访问到。可聚集是一个路由上的概念，是指可以将一类 IP 地址汇总起来，从而减少有效路由的条数。

图 18-2 就是可集聚全球单播地址的结构图。前 3 位是固定的 001，表示这是一个全球单播地址。

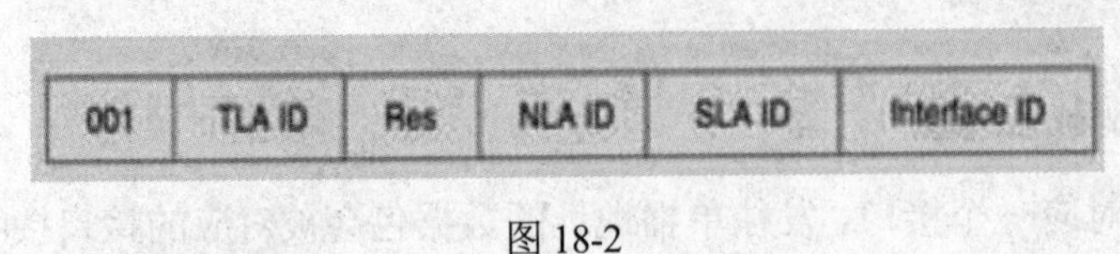

图 18-2

其中，TLA ID 是顶级集聚标识符。这个字段的长度是 13 位。TLA ID 标识了路由层次结构的最高层，由 Internet 地址授权机构 IANA 来分配和管理。一般来说是分配给顶级的 Internet 服务提供商（ISP）的。

Res 是保留字段，长度为 8 位，保留作为以后扩展使用。

NLA ID 是下一级集聚标识符。这个字段长度为 24 位。NLA ID 允许 ISP 在自己的网络中建立多级的寻址结构，以使这些 ISP 既可以为下级的 ISP 组织寻址和路由，也可以识别其下属的机构站点。

SLA ID 为站点级集聚标识符。这个字段长度为 16 位。SLA ID 被一个单独的机构用于标识自己站点中的子网。一个机构可以利用这个 16 位的字段在自己的站点内创建 65536（2^16）个子网，或者建立多级的寻址结构和有效的路由结构。这样的子网规模相当于 IPv4 中的一个 A 类地址的大小。

Interface ID 标识特定子网上的接口。这部分就是前面说的 IPv6 地址结构中的接口部分，这个字段的长度是 64 位。一般就是用来标识网络上的一台主机或者一个设备的 IPv6 接口。

这里的前 48 位地址组合在一起被称为公共拓扑，用来表示提供介入服务的大大小小的 ISP 集合。后面的 16+64 位就是具体到了某个机构或者站点的某个具体接口和主机。

（4）不确定地址

单播地址 0:0:0:0:0:0:0:0 称为不确定地址，不能分配给任何节点。它的一个应用示例是初始化主机时，在主机未取得自己的地址以前，可在它发送的任何 IPv6 包的源地址字段放上不确定地址。不确定地址不能在 IPv6 包中用作目的地址，也不能用在 IPv6 路由头中。

（5）回环地址

单播地址 0:0:0:0:0:0:0:1 称为回环地址。节点用它来向自身发送 IPv6 包。它不能分配给任何物理接口。

（6）内嵌 IPv4 的 IPv6 地址（也称兼容性地址）

虽然现在纯 IPv6 的网络（6-Bone）已经开始运行，但是 IPv4 已经开发应用并且不断完善近 20 年，Internet 也得到了空前的发展，IPv6 在短期内完全取代 IPv4 同时将 Internet 中的所有网络全部升级是不可能的。如何利用现有的网络环境实现 IPv6 主机与 IPv4 主机之间互操作是很值得研究的。IPv6 的开发策略必然是：IPv4 和 IPv6 系统在 Internet 中长期共存，使 IPv6 与 IPv4 之间具有互操作性，使 IPv6 保持与 IPv4 向下兼容。

IPv6 地址内嵌 IPv4 地址有两种：分别是 IPv4 兼容的 IPv6 地址和映射 IPv4 的 IPv6 地址。

IPv4 兼容的 IPv6 地址在原有 IPv4 地址的基础上构造 IPv6 地址。通过在 IPv6 的低 32 位上携带 IPv4 的 IP 地址，使具有 IPv4 和 IPv6 两种地址的主机可以在 IPv6 网络上进行通信。这种地址的表示格式为 0:0:0:0: 0:0:a.b.c.d” 或者 “::a.b.c.d”，其中 “a.b.c.d” 是点分十进制表示的 IPv4 地址。比如一个主机的 IPv4 地址为 “172.16.0.1”，那么其 IPv4 兼容的 IPv6 地址为 “::172.16.0.1”。

IPv4 兼容地址用于具有 IPv4 和 IPv6 的主机在 IPv6 网络上的通信，而今支持 IPv4 协议栈的主机可以使用 IPv4 映射地址在 IPv6 网络上进行通信。IPv4 映射地址是另一种内嵌 IPv4 地址的 IPv6 地址，表示格式为 “0:0:0:0:0:FFFF:a.b.c.d” 或 “::FFFF:a.b.c.d”。使用这种地址时，需要应用程序支持 IPv6 地址和 IPv4 地址。比如一个主机的 IPv4 地址为 “172.16.0.1”，那么其映射 IPv4 的 IPv6 地址为 “::FFFF:172.16.0.1”。

运用在 IPv6 主机和路由器上，与 IPv4 主机和路由器互操作的机制包括以下 3 种。

第一种，地址转换器（兼容 IPv4 的 IPv6 地址）。

通过地址翻译器实现两种网络的互联，地址翻译器（NAT）的功能是将一种网络的 IP 地址翻译成另一种网络的 IP 地址。NAT 服务意味着 IPv6 网络可以被看作与外界分离保留地址域，通过 NAT 服务将网络的内部地址译成外部地址，NAT 可以与协议翻译（PT）结合形成 NAT-PT（网络地址翻译-网络协议翻译），实现 IPv4 与 IPv6 地址的兼容。但是会在内部网和 Internet 间引发 NAT 瓶颈效应。

第二种，双 IP 协议栈。

双协议方式包括提供 IPv6 和 IPv4 协议栈的主机和路由器。双协议栈工作方式的简单描逃如下：

- 如果应用程序使用的目的地址是 IPv4 地址，那么将使用 IPv4 协议栈。
- 如果应用程序使用的目的地址是兼容 IPv4 的 IPv6 地址,那么 IPv6 就封装到 IPv4 中。
- 如果目的地址是另一种类型的 IPv6 地址，就使用 IPv6 地址，可能封装在默认配置的隧道中。

实现双 IP 协议栈技术，必须设定一个同时支持 IPv4 和 IPv6 的域名管理服务器（Domain NameServer，DNS）。IEIF 定义了一个 IPv6 DNS 标准（RFS1886，DNS Extensions 用于 Support IP Version 6），该规定定义了“AAAA”型的记录类型来表示 128bit 地址，以替代 IPv4 DNS 中的“A”型记录。

第三种，IPv6 over IPv4 隧道技术。

隧道提供了一种利用 IPv4 路由基础上传输 IPv6 包的方法。隧道应用于下面几种应用中：a.路由器到路由器；b.主机到路由器；c.主机到主机；d 路由器到主机。隧道技术分为以下两种：

（1）人工配置隧道

a 和 b 两种隧道都是将 IPv6 包传到路由器，隧道的终点是中间路由器，必须将 IPv6 包解出，并且转发到它的目的地。隧道终点的地址必须由配置隧道节点的配置信息获得。这种类型的地址称作人工配置隧道。当利用隧道到达 IPv6 的主网时，如果一个在 IPv4 网络和 IPv6 网络边界的 IPv4/IPv6 路由器的 IPv4 地址已知时，那么隧道的端点可以配置为这个路由器。这个隧道的配置可以被写进路由表中作为“默认路由”。任何 IPv6 目的地址符合此路由的都可以使用这条隧道。这种隧道就是默认配置隧道。

（2）自动隧道

c 和 d 都是将 IPv6 包传到主机，可以用 IP 包的信息获得终点地址。隧道入口创建一个 IP 封装头并传送包，隧道出口解包，去掉 IPv4 头，要新 IPv6 头，处理 IPv6 包。隧道入口节点需要保存隧道信息如 MIU 等。如果用于目的节点的 IPv6 地址是与 IPv4 兼容的地址，隧道的 IPv4 地址可以自动从 IPv6 地址继承下来，也就不需要人工配置了。这种隧道称为自动隧道。

2. 任意播（AnyCast）地址

一个任意播地址对应一组接口，发往任播地址的数据包会被这组接口的其中一个接收。被哪个接口接收由具体的路由协议确定。

任意播地址是一组接口（一般属于不同节点）的标识符。发往任意播地址的包被送给该地址标识的接口之一（路由协议度量距离最近的）。IPv6 任意播地址存在下列限制：

- 任意播地址不能用作源地址，而只能作为目的地址。
- 任意播地址不能指定给 IPv6 主机，只能指定给 IPv6 路由器。

3. 组播（MultiCast）地址

一个组播地址对应一组接口，发往组播地址的数据包会被这组的所有接口接收。组播地址是一组接口（一般属于不同节点）的标识符。发往多播地址的包被送给该地址标识的所有接口。地址开始的 11111111 标识该地址为组播地址。

IPv6 中没有广播地址，它的功能正在被组播地址所代替。另外，在 IPv6 中，任何全“0”和全“1”的字段都是合法值，除非特殊排除在外的。特别是前缀可以包含“0”值字段或以“0”为终结。一个单接口可以指定任何类型的多个 IPv6 地址（单播、任意播、组播）或范围。

组播也称为多播，其地址格式如图 18-3 所示。

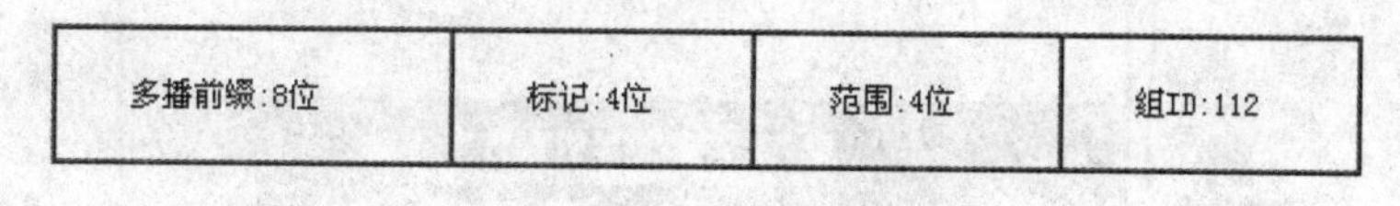

图 18-3

- 标记：前 3 位保留为 0，第 4 位为 0 表示永久的公认地址、为 1 表示暂时的地址。
- 范围：包括节点本地-0X1、链路本地-0X2、地区本地-0X5、组织本地-0X8、全球-0XE、保留-0XF 0X0。
- 组 ID：前面 80 位设置为 0，只使用后面的 32 位。

18.7 IPv6 数据报格式

在 IP 层传输的数据单元叫报文（packet）或数据报（datagram）。多个数据报组成一个数据包，数据包因 MTU 分组而得到的每个分组就是数据报。报文通常可以划分为报头和数据区两部分。报文格式是一个协议对报头的组成域的具体划分和对各个域内容的定义。IPv4 的数据报文格式用了近 20 年，至今仍十分流行，这是因为它有很多优秀的设计思想。IPv6 保留了 IPv4 的长处，对其不足之处做了一些简化、修改并增加了新功能。

RFC2460 定义了 IPv6 数据报的格式。在总体结构上，IPv6 数据报格式与 IPv4 数据报格式是一样的，也是由 IP 包头和数据（在 IPv6 中称为有效载荷）这两个部分组成的。IPv6 数据报在基本首部的后面允许有零个或多个扩展首部，再后面是数据。所有的扩展首部都不属于 IPv6 数据报的首部。所有的扩展首部和数据合起来叫作数据报的有效载荷或净负荷。

IP 基本首部固定为 40 字节长度，而有效载荷部分最长不得超过 65535 字节。IPv6 数据报的一般格式如图 18-4 所示。

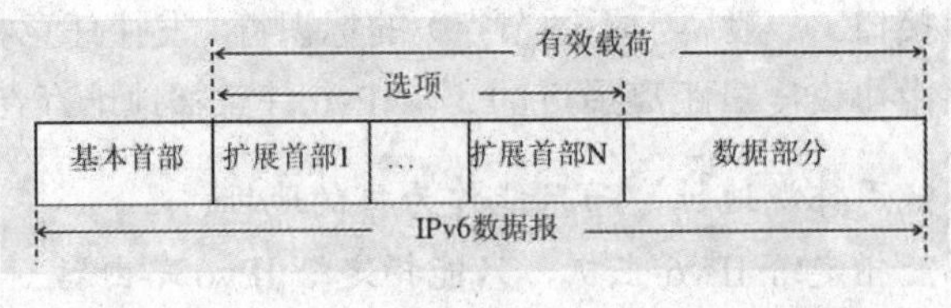

图 18-4

详细格式如图 18-5 所示。

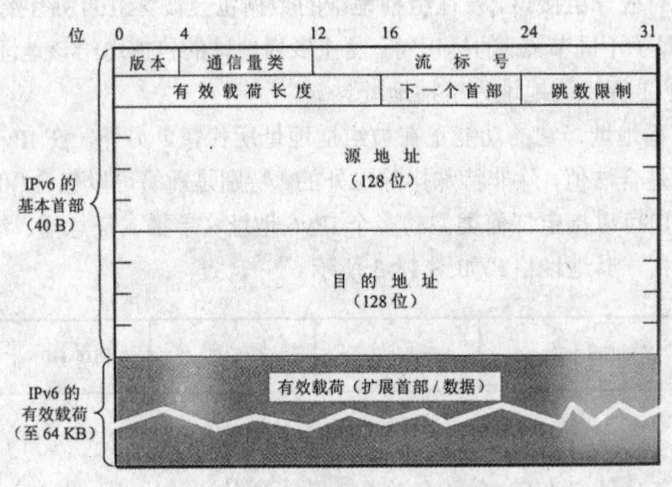

图 18-5

对 IPv6 基本报头各域的说明如下：

- 版本（Version）：4bit，指明协议的版本。对于 IPv6，该字段总是 6。
- 通信量类（Traffic Class）：8bit，用于区分不同的 IPv6 数据报的类别或优先级。
- 流标号（Flow Label）：20bit，用于源节点标识 IPv6 路由器需要特殊处理的包序列。
- 有效载荷长度（Payload Length）：16bit，指明 IPv6 数据报除基本首部以外的字节数（所有扩展首部都算在有效载荷之内），最大值是 64KB。
- 下一个首部（Next Head）：8bit，相当于 IPv4 的协议字段或可选字段。
- 跳数限制（Hop Limit）：8bit，源站在数据报发出时即设定跳数限制。路由器在转发数据报时将跳数限制字段中的值减 1。当跳数限制的值为 0 时，就要将此数据报丢弃。
- 源地址（Source Address）：128bit，指明生成数据包的主机的 IPv6 地址。
- 目的地址（Destination Address）：128bit，指明数据包最终要到达的目的主机的 IPv6 地址。

可以看出，IPv6 报头比 IPv4 报头简单。两个报头中唯一保持同样含义和同样位置的是版本号字段，都是用最开始的 4 位来表示。IPv4 报头中有 6 个字段不再采用，分别是报头长度、服务类型、标识符、分片标志、分片偏移量、报头校验和；有 3 个字段被重新命名，并在某些情况下略有改动，分别是总长度、上层协议类型、存活时间，对 IPv4 报头中的可选项（options）

机制进行了彻底的修正，增加了 2 个新的字段，即通信类型（traffic class）和流标签（flow label）。IPv6 对 Pv4 报文格式的技术进步可简述如下：

（1）简化

IPv6 取消了 IPv4 报头中的可选项+填充字段，而用可选的扩展报头来代替。这样 IPv6 基本报头长度和格式就固定了。基本报头携带的信息为报文传输途中经过的每个节点都必须要解释处理的信息，而扩展报头相对独立于基本报头，根据报文的不同需要选择使用，根据其类型的不同而不一定要求报文传输过程中的每一个节点都对其进行处理，这就提高了报文的处理效率。

IPv6 基本报头中去除了报头校验和，主要是为了减少报文处理过程中的开销，因为每次中转都不需要检查和更新校验和。去除报头校验和可能会导致报文错误传送。但是因为数据在互联网层以上和以下的很多层上进行封装时都做了校验和，所以这种错误出现的概率很小。而且如果需要对报文进行校验检查，可以使用 IPv6 新定义的认证扩展报头和封装安全负载报头。

IPv6 去除了 IPv4 中跳到跳的分段过程。IPv6 的分段和重装只能发生在源节点和目的节点。由源节点取代中间路由器进行分段，称为端到端的分段。这样就简化了报头并减少了沿途路由器和目的节点用于了解分段标识、计算分段偏移量、把数据报分段和重装的开销。IPv4 的逐跳分段是有害的，它在端到端的分段中产生更多的分段，而且在传输过程中，一个分段的丢失将导致所有分段重传，大大降低了网络的使用效率。IPv6 主机通过一个称为“路径 MTU（Maximum Transfer Unit）发现”（path MTU discovery）的过程事先知道整个路径的最大可接受包的大小，并且同时要求所有支持 IP 的链路都必须能够处理合理的最小长度的包。在最新的草案中，MI 被设为 1280 字节。不想发现或记忆路径 MIU 的主机只需发送不大于 1280 字节的包就可以了。

在 IPv4 中服务类型字段（Type Of Service，TOS）用来表明主机对最宽、最短、最便宜或最可靠路径的需求。然而这个字段在实际应用中很少使用。IPv6 取消了 TOS 字段，通过新增的通信类型和流标签字段实现这些功能。

（2）修改

像 IPv4 一样，IPv6 报头包含有数据报长度、存活时间和上层协议类型等参数，但是携带这些参数的字段都根据经验做了修改。

IPv4 中的“总长度”在 IPv6 中用“有效负载长度”代替。IPv4 的总长度字段以字节为单位表示整个 IP 报文的长度（包括报头和后边的数据区）；由于该域长度（16 位）的限制，IPv4 报文的最大长度为 2^{16}-1=65535 字节。因为 IPv6 基本报头长度固定，故 IPv6 的有效负载长度表示各个扩展报头和后边的数据区的长度和。“有效负载长度”字段也占 16 位，这是因为将非常大的包分成 65565 字节大小的段最多只会产生大约 0.06%的开销（每 65535 字节多出 40 字节）；而且非常大的包在路由器里中转效率很低，因为它会增加队列的大小和时延。尽管这样，IPv6 还是在逐跳选项报头中设计了“大型有效负载”（ jumbogram）选项，只要介质和对方允许，超过 65535 字节长的数据报就可以发送，这个选项主要是为满足超级计算机用户的需要，因为它们可以通过直接连接计算机来进行巨大的内存页面之间的交换。IPv4 的“上层协议类型”字段被 IPv6 的“下一个报头”字段代替。在 IPv4 报头后是传输协议数据（如 TCP 或 UDP 数据）。IPv6 数据报设计了新的结构：基本报头+可以选择使用的各个扩展报头+传输协议数据。“下一个报头”字段标识紧接在基本报头后边的第一个扩展报头类型，或当没有扩展报头时标识传输协议类型。

IPv4 的“存活时间”（Time to Live，TTL）字段被改为 IPv6 的“数极限”（hop limit）字段。在 IPv4 中，TTL 用秒数来表示数据报在网络里被销毁之前能够保留的时间长短。TCP 根据 TTL 来设定一个连接在结束以后所需保持的空闲期的长短，设置这段空闲期是为了保证网络中所有属于过时连接的数据报都被清除干净。IPv4 要求 TTL 值在数据报每经过一个路由器时减 1s，或者数据报在路由队列中等待的时间超过 1s 就减去实际等待的时间。实际上，估计等待时间很困难，而且时间计数通常以毫秒而不是秒为单位，所以大多数路由器就只简单地在每次中继时将 TTL 减 1。IPv6 正式采用这种做法，并采用了新名字。

（3）新增的字段

IPv6 新增“通信类型”和“流标签”字段。这两个字段的设定是为了满足 QoS（Quality Of Service，根据开销、带宽、时延或其他特性进行的特殊服务）和实时数据传输的需要。

（4）IPv6 的扩展报头

IPv4 报头中包含了安全、源路由、路由记录和时间戳等可选项，用于对某些数据报进行特殊处理，但这些可选项的性能很差。这是因为：数据报转发的速度是路由器的关键性能。程序员为了加速对数据报的转发，通常对最常出现的数据报进行集中处理，让这些数据报通过“快速路径”（fast path），而带有可选项的数据报因为需要特殊处理就不能通过快速路径，它们由优先级较低的、没有优化的程序处理。结果，应用程序员发现使用可选项会使性能下降，他们就更倾向于不带选项；而网络中带有可选项的数据报越少，路由器就越有理由不去关心对带有可选项的数据报的路由优化。

但是，对某些数据报的特殊处理仍是必要的，故 IPv6 设计了扩展报头来做这些特殊处理。在 IPv6 基本报头和上层协议数据包之间可以插入任意数量的扩展报头。每个扩展报头根据需要有选择地使用并相对独立，各个扩展报头连接在一起成为链状。每个报头都包含一个“下一个报头”域，用来标识并携带链中下一个报头的类型。因为 8bits 的“下一个报头”字段既可以是一个扩展报头类型也可以是一个上层协议类型（如 TCP 或 UDP），故扩展报头类型和所有封装在 IP 包内的上层协议类型共享 256 个数字标识范围，现在还未指派的值相当有限。

IPv6 将原来 IPv4 首部中选项的功能都放在扩展首部中，并将扩展首部留给路径两端的源站和目的站的主机来处理。数据报途中经过的路由器都不处理这些扩展首部（只有一个首部例外，即逐跳选项扩展首部）。这样就大大提高了路由器的处理效率。在 RFC 2460 中定义了 6 种扩展首部：

（1）逐跳选项报头（Hop-by-Hop header）：此扩展头必须紧随基本报头之后，包含所经路径上的每个节点都必须检查的选项数据。由于需要每个中间路由器进行处理，因此逐跳选项报头只有在绝对必要时才会出现。到目前为止已经定义了两个选项：大型有效负载选项和路由器提示选项。“大型有效负载选项”指明数据报的有效负载长度超过 IPv6 的 16 位有效负载长度字段。只要数据报的有效负载超过 65535 字节（其中包括逐跳选项报头），就必须包含该选项。如果节点不能转发该数据报，就必须发送一个 ICMPv6 出错报文。“路由器提示选项”用来通知路由器该数据报中的信息希望能够得到中间路由器的查看和处理，即使该数据报是发送给其他某个节点的。

（2）源路由选择报头（routing header）：指明数据报在到达目的地途中必须要经过的路由节点，包含沿途经过的各个节点的地址列表。多播地址不能出现在源路由选择报头中的地址列表和基本报头的目的地址字段中，但用于标识路由器集合的群集地址可以在其中出现。目前 IPv6 只定义了路由类型为 0 的源路由选择报头。0 类型的源路由选择不要求报文严格地按照目的地址字段和扩展报头中的地址列表所形成的路径传输，也就是说，可以经过那些没有指定必须经过的中间节点。但是，仅有指定必须经过的中间路由器才对源路由选择报头进行相应的处理，那些没有明确指定的中间路由器不做任何额外处理就将包转发出去，提高了处理性能，是与 IPv4 路由选项处理方式的显著不同之处。在带有 0 类型源路由选择报头的报文中，开始的时候，报文的最终目的地址并不是像普通报文那样始终放在基本报头的目的地址字段，而是先放在源路由选择报头地址列表的最后一项，在进行最后一跳前才被移到目的地址字段；而基本报头的目的地址字段是包必须经过的一系列路由器中的第一个路由器地址。当一个中间节点的 IP 地址与基本报头中目的地址字段相同时，它先将自己的地址与下个在源路由选择报头地址列表中指明必须经过的节点地址对调位置，再将数据报转发出去。

（3）分段报头（fragment header）：用于源节点对长度超出源端和目的端路径 MTU 的数据报进行分段。此扩展头包含一个分段偏移量、一个“更多段”标志和一个用于标识属于同一原始报文的所有分段的标识符字段。

（4）目的地选项报头（destination option header）：此扩展头用来携带仅由目的地节点检查的信息。目前唯一定义的目的地选项是在需要的时候把选项填充为 64 位的整数倍的填充选项。

（5）认证报头（authentication header）：提供对 IPv6 基本报头、扩展报头、有效负载的某些部分进行加密的校验和的计算机制。

（6）加密安全负载报头（encapsulation security payload header）：这个扩展报头本身不进行加密，只是指明剩余的有效负载已经被加密，并为已获得授权的目的节点提供足够的解密信息。封装安全有效载荷头提供数据加密功能，实现端到端的加密，提供无连接的完整性和防重发服务。封装安全载荷头可以单独使用，也可以在使用隧道模式时嵌套使用。

路由器按照报文中各个扩展报头出现的顺序依次进行处理，但不是每一个扩展报头都需要所经过的每一个路由器进行处理（例如目的地选项报头的内容只需要在报文的最终目的节点进行处理；一个中继节点如果不是源路由选择报头所指明的必须经过的那些节点之一，就只需要更新基本报头中的目的地址字段并转发该数据报，根本不看下一个报头是什么），因此报文中的各种扩展报头出现的顺序有一个原则：在报文传输途中各个路由器需要处理的扩展报头出现在只需由目的节点处理的扩展报头的前面。这样，路由器不需要检查所有的扩展报头以判断那些是应该处理的，从而提高了处理速度。IPv6 推荐的扩展报头出现顺序为：① IPv6 基本报头；② 逐跳选项报头；③ 目的地选项报头（A）；④ 源路由选择报头；⑤ 分段报头；⑥ 认证报头；⑦ 目的地选项报头；⑧ 上层协议报头（如 TCP 或 UDP）。在上述顺序中，目的地选项报头出现了两次：当该目的地选项报头中携带的 TLV 可选项需要在报文基本报头中的“目的地址”域和源路由选择报头中的地址列表所标识的节点上进行处理时，该目的地选项报头应该出现在源路由选择报头之前（位置 A 处）；当该目的地选项报头中的 TLV 可选项仅需在最终目的节点上进行处理时，该目的地选项报头就应该出现在上层协议报头之前。除目的地选项报头在报文中最多可以出现两次外，其余扩展报头在报文中最多只能出现一次。如果在路径中仅要求一个中继节点，就可以不用源路由选择报头，而使用 IPv6 隧道的方式传送 IPv6 报文（将该 IPv6 数据报封装在另一个 IPv6 数据报中传送）。这种 IPv6 封装的报头类型是 41，仍然是一个 IPv6 基本报头，该隧道内的 IPv6 报文中的扩展报头的安排独立于 IPv6 隧道本身，但仍需遵循相同的安排扩展报头顺序的建议。有时还有发送无任何上层协议数据的数据报的必要（如在调试时）。此时，最后一个扩展报头的“下一个报头”的值等于 59“无下一个报头”类型，其后的数据都被忽略或不做任何改动地进行转发。

18.8 基于 IPv6 的 Socket 网络编程技术

总的来说，IPv6 编程相对于 IPv4 编程来讲区别并不大。其中主要的改动就是地址结构与地址解析函数。在 RFC 中详细说明了套接字 API 为适应 IPv6 所做的改动，而且 Windows 平台与 Linux 平台在实现上也几乎是一样的。只不过头文件与支持程度等有所不同罢了（具体请参见 RFC 2553 与 RFC 2292）。如果读者有兴趣可以找 RFC 来看看，在这里就不再详细说明了，只讲最简单的原理与例子，同时列出各主要套接字 API。

18.8.1 地址表示

为了支持 IPv6，Socket 需要定义一个新的地址簇名，以正确地识别和解析 IPv6 的地址结构。同时还需要定义一个新的协议簇名，并且该协议簇名与地址簇名具有相同的值，这样就可以使用合适的协议来创建一个套接字。新定义的 IPv6 地址簇名和协议簇名常量为 AF INET6 和 PF NET6。IPv6 使用 128 位地址，定义了本身的专用地址结构：sockaddr in6 结构和 addrinfo 结构。

IPv4 使用 32 位的地址表示，并有 sockaddr_in 和 in_addr 等结构应用于 API 中。IPv6 使用 128 位地址，也定义了本身的地址结构 sockaddr_in6 和 in6_addr，具体如下：

```
struct sockaddr_in6 {
u_char sin6_family;      //地址家族字段，必须是 AF_INET6
u_int16_t sin6_port;      //端口号
u_int32_t sin6_flowinfo;   // IPv6 流信息
struct in6_addr sin6_addr;  //IPv6 地址的 16 字节无符号长整数
u_int32_t sin6_scope_id;   //作用域的接口集
}
```

```
typedef struct in6_addr {
  union {
    UCHAR  Byte[16];  //包含 16 个 UCHAR 类型的地址值，网络字节存储
    USHORT Word[8];   //包含 8 个 USHORT 类型的地址值
  } u;
} IN6_ADDR, *PIN6_ADDR, *LPIN6_ADDR;
```

addrinfo 的结构定义如下：

```
typedef struct addrinfo {
  int             ai_flags; //地址信息标志
  int             ai_family; //地址簇，对于 IPv6，必须是 AF_INET6
  int             ai_socktype; //socket 类型，字节流用 SOCK STREAM，数据报用 SOCK_DGRAM
  int             ai_protocol; //TCP 协议用 PPROTO _TCP，UDP 协议用 IPPROTO_UDP
  size_t           ai_addrlen; //ai_addr 地址长度
  char            *ai_canonname; //规范名
  struct sockaddr *ai_addr; //地址
  struct addrinfo *ai_next; //指向下一个信息结构指针
} ADDRINFOA, *PADDRINFOA;
```

18.8.2 IPv6 的 Socket API 函数

IPv6 的套接字 API 中一部分沿用了 IPv4 的 API，也新增了一些 IPv6 专用 API。为使得程序具有更大的通用性，尽量避免使用 IPv4 专用函数。这些函数如表 18-2 所示。

表 18-2 IPv6 沿用 IPv4 的部分 API

IPv4 专用函数	IPv4/v6 通用函数	功能说明
inet_aton	inet_ntop	字符串地址转为 IP 地址
inet_ntoa	inet_pton	IP 地址转为字符串地址
gethostbyname	Getipnodebyname	由名字获得 IP 地址
gethostbyaddr	getipnodebyaddr	IP 地址获得名字
	getaddrinfo	获得全部地址信息
	getnameinfo	获得全部名字信息

未发生变化的函数如表 18-3 所示。

表 18-3 未发生变化的函数

未发生变化的函数	功能说明
socket	建立 Socket
bind	Socket 与地址绑定
send	发送数据（TCP）
sendto	发送数据（UDP）
receive	接收数据（TCP）
recv	接收数据（UDP）
accept	接收连接
listen	网络监听

如表 18-2 格所示，IPv4 专用函数在 IPv6 环境下已经不能使用，一般有一个对应的 IPv4/v6 通用函数，但是在使用通用函数的时候需要一个协议类型参数（AF_INET/AF_INET6）。另外，还增加了两个功能强大的函数 getaddrinfo 和 getnameinfo，几乎可以完成所有的地址和名字转化的功能。

18.8.3 IPv6 下编写应用程序的注意点

在 IPv6 协议下进行 Winsock 程序设计，或者将原有的 IPv4 环境下的 Winsock 应用程序更新到适应 IPv6 环境，需要注意以下几个要点：

（1）在需要建立 Sockets 的地方，将 socket 函数参数中的 af 变量设为 AF-INET6。

（2）在使用 socket addr 类套接字为参数的地方，使用 in6 型套接字。

（3）使用带 AI NUMERICHOST 指示字的 getaddrinfo 函数，将字符串形式的 IPv6 地址和端口号转换成 IPv6 套接字。当套接字用于 bind 时加 AI PASSIVE 指示字。

（4）使用带 NI_NUMERICHOST 和 NI_NUMERICSERV 指示字的 getnameinfo 函数，将 IPv6 套接字转换成字符串形式的 IPv6 地址和端口号。

（5）对于获取的 sockaddr 型套接字输出值，用 sockaddr storage 型缓冲区进行存储，其 ss_family 分量可进行地址簇类型判定。可以用多种方法操作其存储的套接字地址分量，例如用指向 sockaddr_storage 的 sockaddr 指针将类型转换成 sockaddr 或者建立联合体等。

18.8.4 实战 IPv6

前面讲述了不少理论，现在开始实战。老规矩，先从一个简单的 HelloWorld 程序开始。这个程序分为服务器端和客户端，两者将建立基于 IPv6 的 TCP 连接，然后进行简单通信。

【例 18.1】第一个 IPv6 程序

（1）打开 VC2017，新建一个控制台工程，工程名是 server。

（2）打开 server.cpp，输入如下代码：

```
#include "pch.h"
#include <stdio.h>
#include <winsock2.h>
#include <Ws2tcpip.h>
//#include "tpipv6.h"
#pragma comment(lib,"ws2_32")  //加载 ws2_32lib 库
char str[40];
char* IPV6AddressToString(u_char* buf)
{
 for (int i = 0; i < 7; i++)
 {
     sprintf(str, "%s%x%x:", str, buf[i * 2], buf[i * 2 + 1]);
 }
 sprintf(str, "%s%x%x", str, buf[14], buf[15]);
 return str;
```

```
}
int main()
{
 WSADATA wsaData;
 int reVel;
 char buf[1024]="";
 WSAStartup(MAKEWORD(1, 1), &wsaData);
 SOCKET s = socket(AF_INET6, SOCK_STREAM, IPPROTO_TCP);
 if (s == INVALID_SOCKET) printf("创建 Socket 失败.\n");
 else
 {
     printf("创建 Socket 成功.\n");
     addrinfo hints;
     addrinfo* res = NULL;
     memset(&hints, 0, sizeof(hints));
     hints.ai_family = AF_INET6; //注意 IPv6 程序，要用 AF_INET6
     hints.ai_socktype = SOCK_STREAM;
     hints.ai_protocol = IPPROTO_TCP;
     hints.ai_flags = AI_PASSIVE;
     //注意传入的是 IPv6 地址了，3000 是端口号
     reVel = getaddrinfo("::1", "3000", &hints, &res);
     if (reVel != 0) printf("getaddrinfo 失败.\n");
     else
     {
         printf("getaddrinfo 成功.\n");
         reVel = bind(s, res->ai_addr, res->ai_addrlen);
         if (reVel != 0)
         {
             printf("bind 失败.\n");
         }
         else
         {
             printf("bind 成功.\n");
             reVel = listen(s, 1);
             if (reVel != 0) printf("listen 失败.\n");
             else
             {
                 printf("listen 成功.开始等待客户接入\n");
//需要将结构 SOCKADDR_IN6 的 sin6_addr.s6_addr 调整为 u_char[20];
//否则 accept 时产生 10014 错误
                 SOCKADDR_IN6 childadd;
                 int len = sizeof(SOCKADDR_IN6);
                 SOCKET childs = accept(s, (sockaddr *)&childadd, &len);
                 printf("用户进入成功:%s\n", IPV6AddressToString(childadd.
                 sin6_addr.s6_addr));
                 memset(buf, 0, 1024);
                 recv(childs, buf, 1024, 0);
                 printf("收到数据:%s\n", buf);
                 send(childs, "OK", sizeof("OK"), 0);
                 closesocket(s);
                 closesocket(childs);
```

```
                    WSACleanup();
                }

            }
        }
    }
    return 0;
}
```

代码很简单，遵循了服务器端代码的老套路：先创建套接字，再绑定套接字，最后开始监听，等待客户端的连接。

（3）下面我们创建客户端程序。新打开一个 VC2017，然后新建一个控制台工程，工程名是 client。

（4）打开 client.cpp，输入如下代码：

```
#include "pch.h"
#include <stdio.h>
#include <winsock2.h>
#include <Ws2tcpip.h>

#pragma comment(lib,"ws2_32")  //加载 ws2_32lib 库
int main()
{
 WSADATA wsaData;
 int reVel;
 WSAStartup(MAKEWORD(1, 1), &wsaData);
 SOCKET s = socket(AF_INET6, SOCK_STREAM, IPPROTO_TCP);
 if (s == INVALID_SOCKET) printf("创建 Socket 失败.\n");
 else
 {
     printf("创建 Socket 成功.\n");
     addrinfo hints;
     addrinfo* res = NULL;
     memset(&hints, 0, sizeof(hints));
     hints.ai_family = AF_INET6;
     hints.ai_socktype = SOCK_STREAM;
     hints.ai_protocol = IPPROTO_TCP;
     hints.ai_flags = AI_PASSIVE;
     reVel = getaddrinfo("::1", "3000", &hints, &res); //3000 是端口号
     connect(s, res->ai_addr, res->ai_addrlen);
     send(s, "Hi, IPV6", sizeof("Hi, IPV6, HelloWorld"), 0);
     char* buf = new char[1024];
     recv(s, buf, 1024, 0);
     printf("收到数据:%s\n", buf);
     closesocket(s);
     WSACleanup();
 }
}
```

（5）保存工程。先运行 server 工程，再运行 client 工程，可以发现 server 端能收到来自 client 的消息了，如图 18-6 和图 18-7 所示。

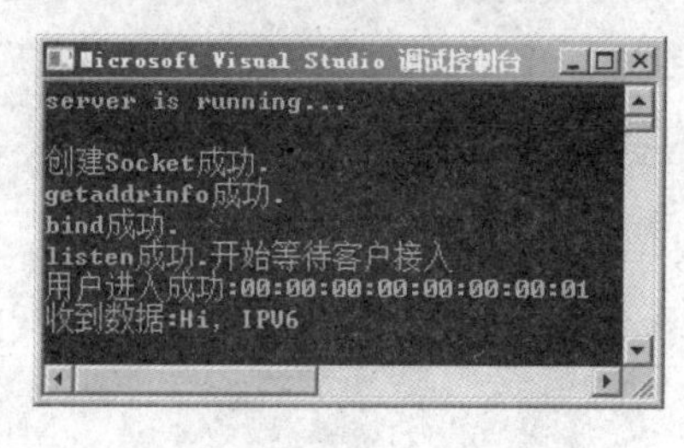

图 18-6

图 18-7

前面的 IPv6 程序是基于 TCP 协议的，而且是一个控制台程序，人机界面不是那么友好。下面我们开发一个基于 UDP 并且带有图形界面的 IPv6 局域网聊天程序，顺便检验一下在 MFC 程序中使用 IPv6 的情况。

【例 18.2】基于 IPv6 的局域网聊天程序（带界面）

（1）打开 VC2017，新建对话框工程 IPv6。

（2）切换到资源视图，删除上面所有的控件，然后添加 1 个列表框、3 个编辑框和 4 个按钮，并添加若干静态文本框，界面设计结果如图 18-8 所示。

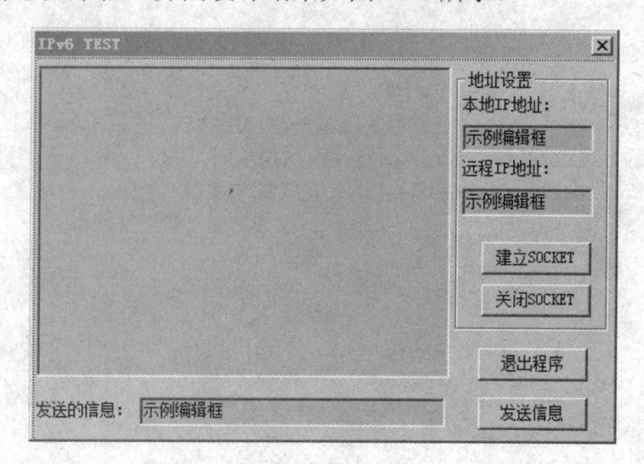

图 18-8

为“建立 SOCKET”按钮添加单击事件代码：

```
void CIPv6Dlg::OnCreateSocket()
{
 int ret;

 UpdateData(TRUE);

 memset(&hints,0,sizeof(hints));
 hints.ai_family=AF_INET6;
 hints.ai_socktype=SOCK_DGRAM;
 hints.ai_protocol=IPPROTO_UDP;  //聊天程序采用 UDP
```

```
    hints.ai_flags=AI_PASSIVE;

    ret = getaddrinfo(m_strLocalAddr,"3000",&hints,&res);  //解析本机 IPv6 地址
    if (ret!=0)
    {
        AfxMessageBox("解析本机 IPv6 地址失败");
        return;
    }
    s = socket(AF_INET6,SOCK_DGRAM,IPPROTO_UDP);   //建立基于 IPv6 的 UDP 套接字
    if (s==INVALID_SOCKET)
    {
        AfxMessageBox("建立 SOCKET 失败");
        return;
    }
    else
    {
        AfxMessageBox("建立 SOCKET 成功");
        ret = bind(s,res->ai_addr,res->ai_addrlen);  //绑定监听端口
        if (ret == SOCKET_ERROR)
        {
            AfxMessageBox("绑定 SOCKET 失败");
            return;
        }
        else
        {
            AfxMessageBox("绑定 SOCKET 成功");
            m_ctlCreateSocket.EnableWindow(FALSE);
            m_ctlCloseSocket.EnableWindow(TRUE);
            m_ctlSendMessage.EnableWindow(TRUE);
        }
    }
    DWORD ThreadID;
    Flag = true;
    CreateThread(NULL,
                0,
                 RecvProc,
                 this,
                 0,
                 &ThreadID);
}
```

其中，线程函数 RecvProc 用来在后台监听对方发来的信息。

为“关闭 SOCKET”按钮添加单击事件代码：

```
void CIPv6Dlg::OnCloseSocket()
{
 Flag = false;
 closesocket(s);
 m_ctlCreateSocket.EnableWindow(TRUE);
 m_ctlCloseSocket.EnableWindow(FALSE);
 m_ctlSendMessage.EnableWindow(FALSE);
```

```
}
```

为“退出程序”按钮添加单击事件代码：

```
void CIPv6Dlg::OnQuit()
{
 Flag = false;
 closesocket(s);
 WSACleanup();
 freeaddrinfo(res);
 EndDialog(1);
}
```

为“发送信息”按钮添加单击事件代码：

```
void CIPv6Dlg::OnSendMessage()
{
 int ret;

 UpdateData(TRUE);
 memset(&hints,0,sizeof(hints));
 hints.ai_family=AF_INET6;
 hints.ai_socktype=SOCK_DGRAM;
 hints.ai_protocol=IPPROTO_UDP;
 hints.ai_flags=AI_PASSIVE;

 //解析远程接收主机 IPv6 地址
 ret = getaddrinfo(m_strRemoteAddr,"3000",&hints,&res);
 if (ret != 0)
 {
     AfxMessageBox("解析远程 IPv6 地址失败");
     return;
 }
 else
 {

 sendto(s,m_strMessage,m_strMessage.GetLength(),0,res->ai_addr,res->ai_addr
len);
 }
}
```

（3）在文件 IPv6Dlg.cpp 开头加入头文件包含和 winsock 库的引用：

```
#include <winsock2.h>
#include <ws2tcpip.h>
#include "tpipv6.h"  // Ipv6 相关头文件
#pragma comment(lib,"ws2_32")  //加载 ws2_32lib 库
```

再定义一个宏和几个全局变量：

```
#define BuffSize 1024
```

```
SOCKET s;     //发送和接受的 SOCKET
struct addrinfo hints, *res=NULL;
bool Flag = false;
```

（4）以 release 模式编译生成工程，可以在 Release 文件夹下发现生成的 IPv6.exe 文件。为了模拟在局域网内聊天，我们把 IPv6.exe 复制一份到虚拟机 Win7 中，然后把 MFC 程序在干净 Win7 运行所依赖的 dll 也复制到虚拟机 Win7 中，并且要和 IPv6.exe 在同一目录。

提　示
MFC 程序在干净 Win7 运行所依赖的 dll，笔者已经花费 5 个小时整理出来了，具体可以见源码目录。

（5）在宿主机端打开命令行窗口，运行 ipconfig，找到本机 IPv6 地址（比如笔者的 IPv6 地址，待会要复制粘贴到程序界面），如图 18-9 所示。

图 18-9

在虚拟机端打开命令行窗口，运行 ipconfig，找到本机 IPv6 地址（比如笔者的 IPv6 地址，待会要复制粘贴到程序界面），如图 18-10 所示。

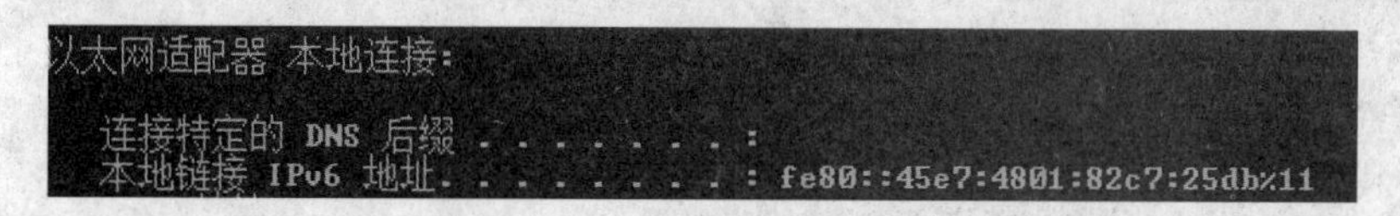

图 18-10

在 vmware 中，设置虚拟机 Win7 和宿主机的网络连接模式为桥接，如图 18-11 所示。

图 18-11

在宿主机端运行工程，在对话框左上角分别输入本机的 IPv6 地址（也就是宿主机端 Win7 的 IPv6 地址）和远程主机的 IPv6 地址（也就是虚拟机 Win7 的 IPv6 地址），然后点击“建立 SOCKET”按钮。

同样，在虚拟机端运行 IPv6.exe，在对话框左上角分别输入本机的 IPv6 地址（也就是虚拟机 Win7 的 IPv6 地址）和远程主机的 IPv6 地址（也就是宿主机端 Win7 的 IPv6 地址），然后点击“建立 SOCKET”按钮。

如果双方建立 socket 和绑定 socket 都成功，就可以互相发送信息了。在宿主机端的 IPv6.exe 程序界面的左下方编辑框中输入一行信息，并点击“发送信息”按钮，此时可以发现虚拟机端的 IPv6.exe 可以收到信息了。同样，如果在虚拟端的 IPv6.exe 程序界面的左下方编辑框中输入一行信息，并单击“发送信息”按钮，此时可以发现宿主机端的 IPv6.exe 可以收到信息了，如图 18-12 和图 18-13 所示。

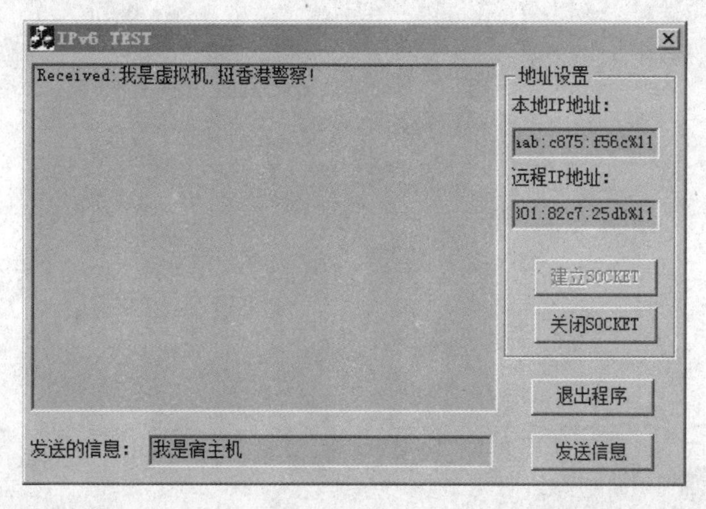

图 18-12

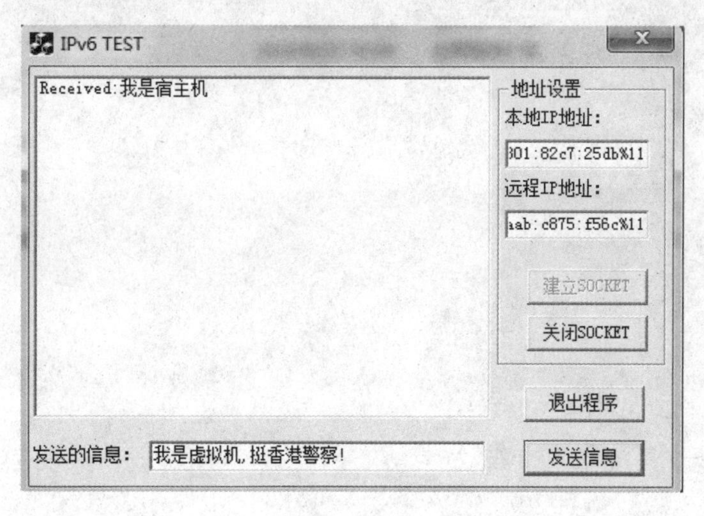

图 18-13

其中，图 18-12 是宿主机的运行界面。图 18-13 是虚拟机的运行界面。